“十三五”普通高等教育本科系列教材

U0803767

电工电子技术

理工类专业适用

（第二版）

主　编　张晓杰
副主编　徐安峰　周　焱
编　写　杨　帆　弓亚超　胡　玥
　　　　刘晓芳　曹延生
主　审　李晓明

中国电力出版社
CHINA ELECTRIC POWER PRESS

内 容 提 要

本书为“十三五”普通高等教育本科系列教材。

全书分上、下两篇。上篇为电工电子技术原理，共12章，主要内容有直流电路、电路的暂态分析、正弦交流电路、三相交流电路、变压器、电动机及其控制、半导体器件、基本放大电路、集成运算放大器及其应用、波形产生与直流稳压电源、数字集成电路和时序逻辑电路。下篇为电工电子技术实验，共8个实验项目。

本书在突出电路的基本理论、基本分析方法的同时，注意理论的应用，内容通俗易懂，理论联系实际。本书可作为高等学校非电类专业的教材，还可作为其他工科专业和各类注册工程师、工程技术人员的电工学参考书及函授教材。

图书在版编目（CIP）数据

电工电子技术：理工类专业适用/张晓杰主编．—2版．—北京：中国电力出版社，2017.8（2022.8重印）

“十三五”普通高等教育本科规划教材

ISBN 978-7-5123-9952-5

Ⅰ．①电…　Ⅱ．①张…　Ⅲ．①电工技术－高等学校－教材②电子技术－高等学校－教材　Ⅳ．①TM②TN

中国版本图书馆CIP数据核字（2017）第111977号

出版发行：中国电力出版社
地　　址：北京市东城区北京站西街19号（邮政编码100005）
网　　址：http：//www.cepp.sgcc.com.cn
责任编辑：牛梦洁
责任校对：常燕昆
装帧设计：郝晓燕　赵姗姗
责任印制：钱兴根

印　　刷：北京雁林吉兆印刷有限公司
版　　次：2011年11月第一版　2017年8月第二版
印　　次：2022年8月北京第八次印刷
开　　本：787毫米×1092毫米　16开本
印　　张：21.25
字　　数：518千字
定　　价：46.00元

电子电气基础课程教材编审委员会

序

进入21世纪，“985工程”和“211工程”的实施，推动了高水平大学和重点学科的建设，在高校中汇聚了一大批高层次人才，产生了一批具有国际先进水平的学术和科学技术研究成果。然而高校规模的超高速增大，导致不少学校的专业设置、师资队伍、教材资源和教学实验条件不能迅速适应发展需要，教学质量问题日益突现。高校教材，作为教学改革成果和教学经验的结晶，其质量问题自然备受关注。

需要指出的是，很多高等学校教材经过多年的教学实践检验，已经成为广泛使用的精品教材。同时，我们也应该看到，现用的教材中有不少内容陈旧，未能反映当前科技发展的最新成果，不能满足按新的专业目录修订的教学计划和课程设置的需要。这就要求我们的高等教育教材建设必须与时俱进、开拓创新，在内容质量和出版质量上均有新的突破。

根据教育部高教司2003年8月28日发出的［2003］141号文件，在教育部组织下，历经数年，2006～2010年教育部高等学校电子电气基础课程教学指导分委员会按照教育部的要求，致力于制定专业规范或教学质量标准，组织师资培训、教学研讨和信息交流等工作，并且重视与出版社合作，编著、审核和推荐高水平电子电气基础课程教材。

“电工学”“电路”“信号系统”“电子线路”“电磁场”“自动控制原理”“电机学”等电子电气基础课程是许多理工院校的先修课程，也是电子科学与技术、电气工程及其自动化等专业学科的基石，在科学研究领域和产业应用中发挥着极其重要的作用。此类教材的编写，应提倡新颖的立意，“适用、先进”的编写原则和“通俗、精炼”的编写风格，以百花齐放的形式和较高的编写质量来满足不同学科、不同层次的师生的教学要求。

本电子电气基础课程教材编审委员会即是基于此目的而设立的，希望能够鼓励更多的优秀教师参与其中，为高质量教材的编写和出版贡献出聪明才智和知识经验。

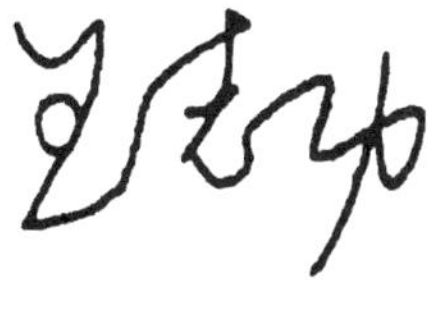

前　言

本书为“十三五”普通高等教育本科系列教材。

为适应非电类专业人才培养方案和教学内容体系改革以及互联网迅速发展的形势，本次修订在内容、叙述和习题等方面进行了调整、增删、修改和更新，主要变动和调整有：

(1) 全书改为上下两篇，上篇为电工电子技术原理，下篇为电工电子技术实验。

(2) 为学习方便，把原第 11 章数字电路分为组合逻辑电路和时序逻辑电路两部分。

(3) 删去原第 12 章模拟量和数字量的转换及第 13 章 EDA 技术。

(4) 删去部分习题答案。

(5) 重要章节增加新的例题。

(6) 补充一些新的习题，并按节内容对习题进行归类。

(7) 部分内容配套例题及数字资源，扫描二维码可下载学习资源。

书中标有星号(*)的内容属参考内容，可以根据实际需要讲授，用楷体字排版的是拓宽知识面内容，读者可自行阅读。

本书由河南城建学院张晓杰主编，徐安峰、周焱副主编。上篇第 1、7、9 章由张晓杰编写，第 2、11 章由杨帆编写，第 3、6 章由弓亚超编写，第 4、12 章由胡玥编写，第 8、10 章由徐安峰编写，第 5 章及下篇电工电子技术实验 1～5、7～8 及附录部分由刘晓芳编写，下篇电工电子技术实验 6 由曹延生编写。

由于编者水平所限，希望读者在使用过程中，对发现的不足和错误之处予以批评指正，意见请发邮箱 pdsxiaojie@163. com。

编　者

2016 年 9 月

第一版前言

本书是21世纪高等学校规划教材，依据教育部颁布的高等工科院校电工学课程教学基本要求，并根据近年来在电工学课程教学改革的实际情况和教学方面的实践经验编写。

电工学课程是高等理工科院校非电类专业学生的必修课程，其主要任务是为学生学习专业知识和从事工程技术研究打好理论基础，并使学生受到必要的基本技能的训练。随着近几年各类注册工程师考试的兴起，电工学作为考试内容的一部分也受到足够的重视；另外，电子信息技术迅速发展并且在非电类专业领域的应用也越来越广泛，因此，编写教材时既重视基本理论，又增加了一些新内容。本书对传统的电工学内容进行了精选，保留了必需的基础知识及各种社会考试需要的内容，删去了一些不常用的内容，增加了近年来一些新的技术，主要内容包括直流电路、电路的暂态分析、正弦交流电路、三相交流电路、变压器、电动机及其控制、半导体器件、基本放大电路、集成运算放大器及其应用、波形产生与直流稳压电源、数字集成电路、模拟量和数字量的转换、EDA技术，共13章。在内容的编写上本书的指导思想如下：

(1) 保证基础，降低深度，突出基本原理、基本分析方法和应用。例如：增加例题，降低对解题方法的要求，以够用为度；对习题进行了合理的安排，减少偏难习题，加强基本题。

(2) 增加可读性、拓宽知识面。在大部分章节的后面，增加了有关电工学方面的应用或阅读材料，以配合学习和阅读。

(3) 直流电路部分增加了节点分析法，保证每节有足够的例题，目的是为后续章节学习打下良好基础。

(4) 缩减了变压器和电动机及其控制、模拟电子部分，加强了运算放大电路、数字电路部分，增加了EDA技术。

书中标有星号（*）的章节属参考内容，可以根据实际需要讲授或读者自行阅读。

本书由河南城建学院张晓杰任主编，郑州大学张宇波、河南城建学院周焱任副主编。全书共13章，其中第1、7章由张晓杰编写，第2章由河南城建学院杨帆编写，第3章由河南城建学院弓亚超编写，第4章由河南城建学院胡玥编写，第5章及附录部分由河南城建学院刘晓芳编写，第6章由河南城建学院葛广军编写，第8、10章由河南城建学院徐安峰编写，第11、12章由周焱编写，第9、13章由张宇波编写。

本书由太原理工大学李晓明教授主审，李晓明教授从教材的结构、内容，一直到完成后的书稿都进行了认真审阅，谨在此表示衷心的感谢。

由于编者的水平所限，书中不足之处在所难免，殷切期望使用本书的教师、学生和其他读者给予批评指正。

编　者

2011年7月

目　录

下篇　电工电子技术实验

本书配套学习资源总码

上篇 电工电子技术原理

第1章 直 流 电 路

本章介绍电路的基本概念，电压、电流参考方向的概念，吸收、发出功率的计算方法和表达式，还介绍了独立电源、受控源，着重讨论电路的基本知识、基本定律以及电路的分析和计算方法。本章的内容不仅适用于直流电路，也适用交流电路，而且是今后学习电子电路的必要基础。

1.1 电路和电路模型

1.1.1 电路

简单地讲，电路是电流流过的路径。随着科学技术的发展，电工技术和电子技术的应用越来越广泛，电路的具体形式多种多样、千变万化。为实现应用目的，将若干电路元件或装置按一定方式相互连接，就构成了电路。

电路是为某种需要，按一定方式由若干电路元件相互连接所组成的整体。

实际电路的结构形式多种多样，其作用通常可分为两类：一类实现能量的传输和转换，另一类实现信号的传递和处理。

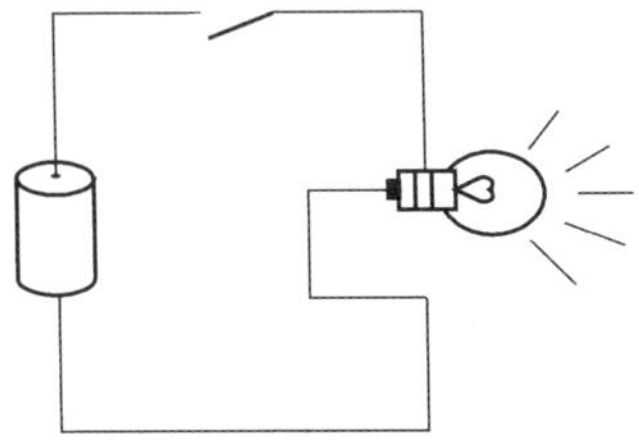
图 1-1 简单的照明电路

图 1-1 所示为一个简单的照明电路。图中电池把化学能转换成电能，经过导线的传输和开关的控制，灯泡再把电能转换成热能和光能。而电动机电路是把电能转换为机械能。这类电路一般传输简单、电压较高、电流较大，习惯上称为强电电路，主要是实现能量的传输和转换。

图 1-2 所示为一个收音机电路，调整天线线圈（L_1）和可变电容（C_{B1}），即可以选出空中传来的载有声音信息的无线电波众多信号中的一个需要信号，也就是所说的某个广播电台，再经过放大和处理，最后由扬声器（B）将广播电台播出的声音信号重现。这类电路在电子技术和非电量测量中经常遇到，虽然也存在能量的传输和转换，但主要关心的是信号传递速度和处理的效果。习惯上称电压较低、电流较小的电路为弱电电路。

组成电路的元件，按其在电路中的作用不同分为电源、负载、中间环节三个基本组成部分。

（1）**电源**。电源是将其他形式的能量转换为电能的设备，如蓄电池、发电机等；也可以是信号源，例如，在电子技术、控制技术中把非电量转换成电信号的各种信号发生器。

（2）**负载**。负载是用电设备或接收电信号的设备，如电动机、压力传感器、扬声器等。

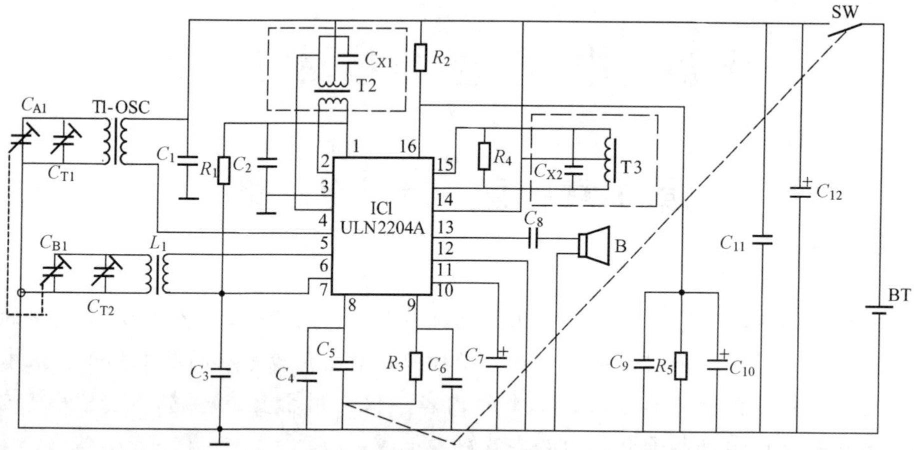

图 1-2 收音机电路

(3) **中间环节**。中间环节是指连接电源和负载部分的导线、开关设备和保护设备等，在电路中起到连通电路和传输电能、电信号的作用。

1.1.2 电路模型

组成电路的实际元件种类繁多，各具特性。为便于对实际电路元件进行分析和数学描述，将实际电路元件进行科学抽象，突出其主要电磁特性，忽略其次要特性，在一定条件下将实际电路元件等效为理想电路元件。

由理想电路元件相互连接所组成的电路称为电路模型。

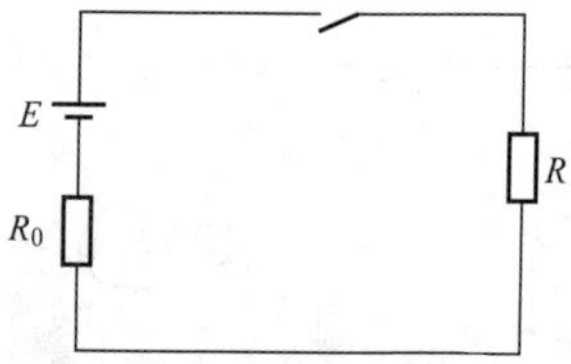

图 1-3 实际电路的模型

图 1-1 所示简单的照明电路由电源、负载及导线组成。若电源用电动势为 E 的理想电源和电阻元件 R_0 的串联组合作为模型，电阻元件 R 作为灯泡的电路模型，连接导线用理想导线（电阻为零）表示。则实际电路的模型如图 1-3 所示。

用理想电路元件等效实际器件的过程就是建立其模型，简称**建模**。建模时必须考虑工作条件，根据不同要求把给定工作情况下的主要物理现象及功能反映出来。例如一个用导线绕成的线圈，一方面当有电流通过时会产生磁通，形成磁场；其次，因为导线的电阻不为零，线圈还会消耗能量；另一方面，在导线中因存在电阻，线圈的匝与匝之间还存在分布电容。由此，线圈具有电感、电阻、电容三种性质。在直流的情况下，忽略其电感、电容性质，则称线圈为仅具有电阻性质的元件，为理想电阻元件。在较低频率下，就要用理想电阻元件和电感元件的串联组合作为其模型；在较高频率下，其模型还需要包含理想电容元件。可见，在不同的条件下，同一个实际元件可能采用不同的模型。

电路模型是由理想电路元件相互连接而构成的整体，理想电路元件是实际电路元件的等效表示，因此电路模型有时也称为**等效电路**。本书所涉及的电路一般不是实际电路，而是指由理想元件构成的电路模型。这为实际电路的分析计算带来很大方便，如果建模恰当，其分析和计算结果就与实际情况接近。

1.1.3　分析电路实质

电路中的电压和电流是在电源的作用下产生的，因此，把电源称为**激励**；由激励在电路中产生的电压和电流就称为**响应**。根据激励和响应之间的因果关系，又把激励称为**输入**，响应称为**输出**。分析电路的实质就是研究电路的工作过程、性能、特性等，也就是分析输入和输出之间的函数关系。

1.2　电路的物理量

电路的特性通过一些物理量（如电流、电压、电动势和功率等）来描述。在这些物理量（变量）中，电流和电压是基本物理量，其他为复合物理量。

1.2.1　电流及其参考方向

在电源作用下，电荷有规则地移动就形成了电流。习惯上，将正电荷的移动方向规定为电流的实际方向，那么负电荷的流向与电流的实际方向相反。目前已经清楚导线中的电流是由带负电荷的电子运动而产生的，但习惯上［这种习惯约定由美国科学家和发明家富兰克林（1706～1790）提出］仍沿用正电荷运动形成电流的说法。因此，对电流定义为：**电流是电荷对时间的变化率。**

其数学表示式为

$$i=\frac{\mathrm{d}q}{\mathrm{d}t} \tag{1-1}$$

式中：i 为电流，A（安［培］）；q 为电荷，C（库［仑］）；t 为时间，s（秒）。

如果电流不随时间而变化，则称为直流电（DC）。直流电是不随时间变化的恒定电流。恒定电流用符号 I 表示。

交流电（或称正弦电流）是最常用的随时间变化的电流。交流电（AC）是随时间按正弦规律变化的电流。常用家用电器，如空调、冰箱、洗衣机、微波炉等，都使用交流电。随时间变化的电流用小写字母 i 表示。

在进行电路的分析和计算时，需要知道电流的方向。电流的实际方向为正电荷移动的方向。对于简单的电路，电流的实际方向很容易确定。如图 1-4（a）所示，电流在电源内由负极流向正极，在外电路中由电源正极经过 a、b 点流向电源负极。而一些复杂的电路，如图 1-4（b）所示电路中，电阻 R_5 中电流的实际方向难以确定。对于交流电，电流的实际方向是随时间不断变化的，更难以在电路中标明电流的实际方向，为分析和计算电路的方便，引入了电流参考方向的概念。

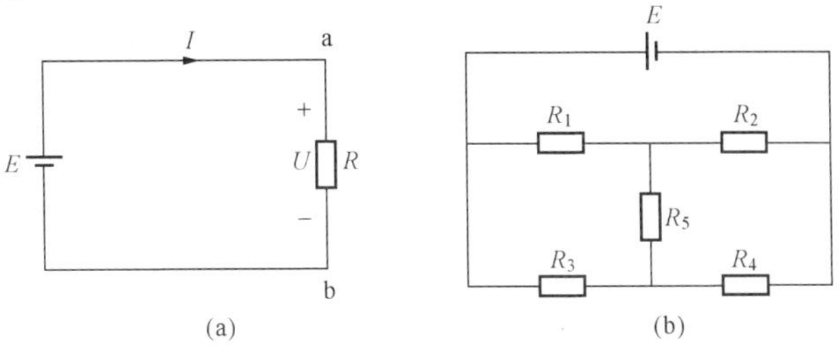

图 1-4　电流的方向

（a）简单电路；（b）复杂电路

电流参考方向为任意假设的正电荷移动方向（或称正方向）。

在对电路进行分析和计算时，先对所要讨论的电路任意指定一参考方向。如果计算结果电流值为正值（$i>0$），表示实际方向与任意指定的方向相同；如果计算结果电流值为负值（$i<0$），表示实际方向与任意指定的方向相反，如图 1-5 所示。

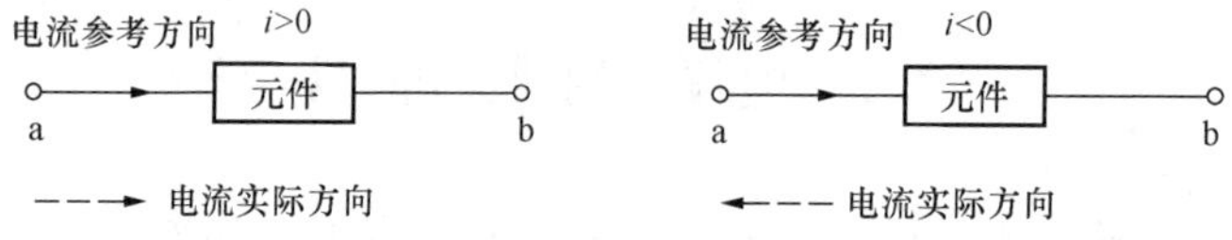

图 1-5　电流的参考方向与实际方向的关系

电流数值的正负，只反映电流的参考方向与实际方向的关系，这时的电流既有大小又有方向，作为一个代数量。在实际的应用中，电流的计算结果无论为正还是为负，没有必要再把实际方向标注在电路上，有了参考方向和计算结果，电流的实际方向就十分清楚了。另外，电流的实际方向是确定的，不会因为参考方向的不同而改变。本书后续章节中，电路中所标注的电流方向都是参考方向。

在电路中，电流的参考方向用箭头表示，如图 1-5 所示；也可用双下标表示，如 i_{ab} 表示参考方向由 a 指向 b。

1.2.2　电压及其参考方向

电场力把单位正电荷从电路的一点移到另一点所做的功称为电路中两点间电压，即

$$u(t)=\frac{dw}{dq} \tag{1-2}$$

式中：u 为电压，V（伏［特］）；w 为能量，J（焦［耳］）；q 为电荷，C（库［仑］）。

一般情况下，电压是任意的时间函数，用小写字母 $u(t)$ 表示两点间的瞬时电压。直流电路中，电压用大写字母 U 表示。

电场力将单位正电荷从电路的一点移到参考点所消耗的能量，称为该点的**电位**。V_a 表示 a 点的电位。参考点可以任意选择，参考点的电位为零。在电路的分析中，常选取电路的某一点作为参考点，则电路中任一点的电位为该点到参考点的电压。

【例 1-1】 计算各点电位值及电压值。

解 在图 1-6（a）中，设 a 点为参考点，即 $V_a=0$，则可得出

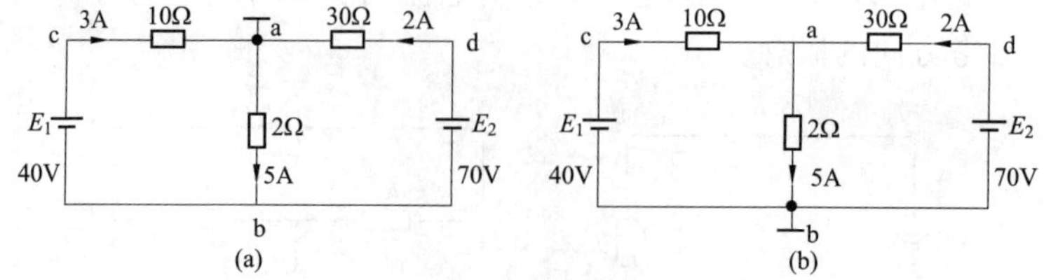

图 1-6　电位计算

(a) $V_a=0$；(b) $V_b=0$

$$V_b=U_{ba}-V_a=-2\times5=-10\ (V)$$

$$V_c = U_{ca} - V_a = 10 \times 3 = 30\ (V)$$
$$V_d = U_{da} - V_a = 30 \times 2 = 60\ (V)$$
$$U_{ab} = V_a - V_b = 0 - (-10) = 10\ (V)$$
$$U_{cb} = V_c - V_b = 30 - (-10) = 40\ (V)$$

如图 1-6（b）中，设 b 点为参考点，即 $V_b = 0$，如图 1-6（b），则可得出

$$V_a = U_{ab} - V_b = 2 \times 5 = 10\ (V)$$
$$V_c = E_1 = 40\ (V)$$
$$V_d = E_2 = 70\ (V)$$
$$U_{ab} = V_a - V_b = 10 - 0 = 10\ (V)$$
$$U_{cb} = V_c - V_b = 40 - 0 = 40\ (V)$$

由上面结果可看出：在一个确定的电路中，两点间的电压是不会变化的，而电位会随着参考点的改变发生变化。

电工技术中，电气设备外壳与大地相连，大地作为参考点，用符号“⏚”表示。电子技术中，元件的公共连接点或公共线作为参考点，用符号“⊥”表示。

根据电场力的特点，规定电压的实际方向由高电位指向低电位，即电位降低的方向。

同电流的情况一样，对于简单的电路，电压的实际方向很清楚，对于比较复杂的电路，电压的实际方向就难以确定，因此必须预先给电压任意指定参考方向（或称参考极性）。如果计算结果电压值为正值（$u>0$），表示实际方向与任意指定的方向相同。如果计算结果电压值为负值（$u<0$），表示实际方向与任意指定的方向相反，如图 1-7 所示。

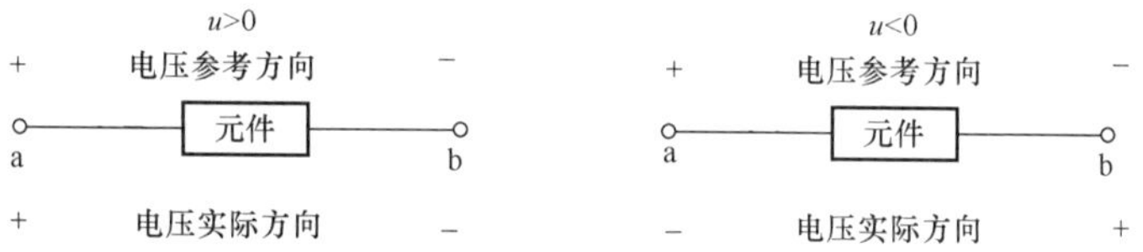

图 1-7　电压的参考方向与实际方向的关系

电压数值的正负，只反映电压的参考方向与实际方向的关系，这时电压是作为一个代数量。但为了分析方便，如果实际方向为已知，就常以其实际方向作为参考方向。

在电路中，电压的参考方向可用正（+）、负（−）极性表示，正极指向负极的方向就是电压的实际方向，有时也可用箭头表示或用双下标表示电压，如 u_{ab} 表示 a 点和 b 点之间电压参考方向由 a 指向 b。

一个元件的电流和电压的参考方向可以分别任意指定。**如果指定流过元件电流的参考方向由电压参考方向的正极指向负极，即电流参考方向与电压参考方向相一致，则把符合这一关系的电流和电压参考方向称为关联参考方向**。当二者相反时，称为**非关联参考方向**。

为分析方便，如果电路中电流、电压或电动势的实际方向为已知，就以实际方向作为参考方向。在图 1-4（a）中，流过电阻 R 的电流参考方向从上到下，电阻 R 两端的电压参考方向也从上到下，两者的参考方向一致，所以是关联参考方向。流过电动势为 E 的电源的电流参考方向从下到上，电压的参考方向从上到下，两者的参考方向相反，所以是非关联参考方向。

关于参考方向，需要注意：

（1）任一电路元件上的电流和电压的参考方向都可以分别独立地加以指定，参考方向可以任意假定而不会影响计算结果。如果与指定的参考方向相反时，则计算出的电流、电压值仅相差一负号，最后得到的实际结果仍然相同。

（2）电流值和电压值的正与负都只有在设定了它们的参考方向的前提下才有意义。如果电流、电压为正值，说明它们的实际方向分别与所假设参考方向相同，否则相反。

（3）描述任一电路元件或整个电路的电压、电流关系的任何方程也只有在选定了参考方向后才能明确建立。参考方向一旦选定，在电路计算过程中就不要再随意更改，以免造成混乱。

1.2.3 电动势

电源内的局外力（如电池中的化学力）将单位正电荷从电源负极（低电位端）移到正极（高电位端）所消耗的能量，称为**电动势**。显然，电动势的单位与电压单位相同。直流电路中用大写字母 E 表示电动势；若电动势为时间的函数，则可用小写字母 $e(t)$ 表示。

电动势的实际方向规定为由电源负极指向正极，即电位升高的方向，如图 1-4（a）所示。在指定电动势的参考方向下，电动势为代数量，其数值的正或负，仅反映参考方向与实际方向的关系。

1.2.4 功率与能量

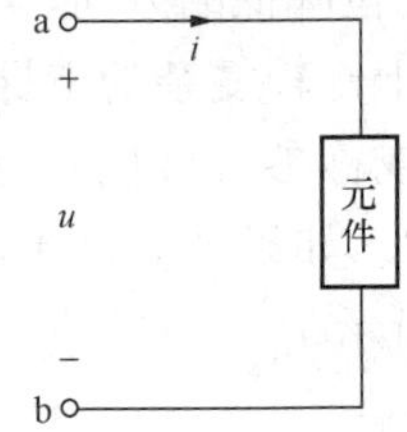

图 1-8 元件的功率

如图 1-8 所示，设通过电路元件的电流为 i，两端电压为 u，参考方向如图中所示，u 和 i 为关联参考方向。由式（1-2）可知，电场力将电荷 dq 从高电位移至低电位所做的功为

$$dw = u\,dq \tag{1-3}$$

功率是单位时间内消耗或吸收的能量，数学表达式为

$$p(t) = \frac{dw}{dt} \tag{1-4}$$

由式（1-1）、式（1-3）和式（1-4），有

$$p(t) = u(t)i(t) \tag{1-5}$$

式（1-5）可表述为：**被元件吸收或元件发出的功率是元件两端的电压与流过该元件电流的乘积**。功率是代数量，$p(t)>0$，元件（或电路）消耗（或吸收）功率；$p(t)<0$，元件（或电路）发出（或提供）功率。

式（1-5）中表达的功率是随时间变化的量，称为瞬时功率。在直流电路中功率用大写字母 P 表示。功率的单位为 W（瓦）。

在应用式（1-5）计算元件的功率时，需先指定电压和电流的参考方向。当电压和电流的参考方向为关联参考方向时，若 $p>0$，该元件吸收功率；若 $p<0$，该元件发出功率。

【例 1-2】 电路如图 1-9 所示，已知 $U=2V$，$I=3A$，求各元件的功率，并说明各元件是吸收功率或是发出功率。

解 对于元件 2，U 和 I 的方向为关联参考方向，且

$$P_2 = UI = 2\times3 = 6\ (W) > 0$$

所以，元件 2 吸收功率。

对于元件 1，U 和 I 的方向是非关联参考方向，且

$$P_1 = UI = 2\times3 = 6\ (W) > 0$$

所以，元件 1 发出功率。

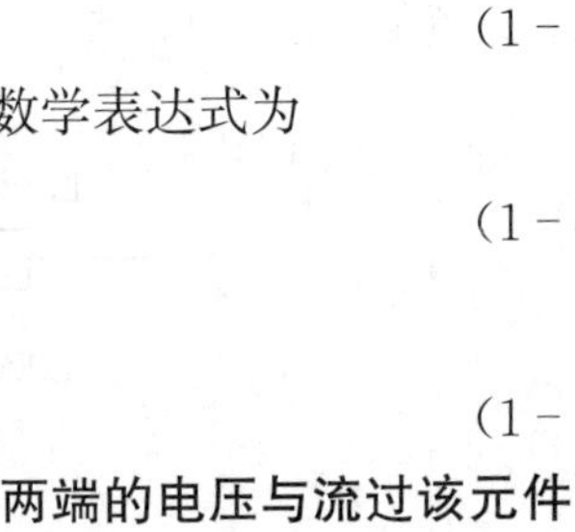

图 1-9 【例 1-2】图

【例1-3】 电路如图1-10所示，已知$U_{ab}=-20V$，$I=-1A$，$E_1=5V$，$E_2=10V$。试计算R的值，并求各元件的功率，说明元件是吸收功率还是发出功率。

解 要计算R的值，根据欧姆定律，需要求出流过R的电流和两端的电压。流过的电流I为已知，本题的关键是如何计算电阻R两端的电压，若m、n两点的电位已知，那么电阻R两端的电压即为U_{mn}。

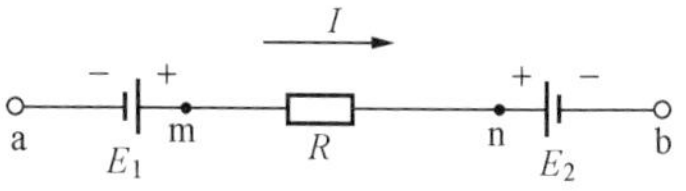

图1-10 【例1-3】图

设a点为参考点，则

$$V_a=0V$$

由$U_{ab}=V_a-V_b$可得

$$U_b=U_a-U_{ab}=0-(-20)=20\ (V)$$

因m点电位比a点电位高及$E_1=5V$，得

$$V_m=V_a+E_1=0+5=5\ (V)$$

因n点电位比b点电位高及$E_2=10V$，得

$$V_n=V_b+E_2=20+10=30\ (V)$$

从而有

$$U_{mn}=V_m-V_n=5-30=-25\ (V)$$

根据欧姆定律

$$R=\frac{U_{mn}}{I}=\frac{-25}{-1}=25\ (\Omega)$$

电源元件电动势为E_1：电流和电压为非关联参考方向，则有

$$P=UI=5\times(-1)=-5\ (W)<0\ (吸收功率)$$

电源元件电动势为R：电流和电压为关联参考方向，则有

$$P=UI=(-25)\times(-1)=25\ (W)>0\ (吸收功率)$$

电源元件电动势为E_2：电流和电压为关联参考方向，则有

$$P=UI=10\times(-1)=-10\ (W)<0\ (发出功率)$$

在判断电路中的元件是吸收或发出功率时，首先采用公式$P=UI$进行计算，然后根据电压和电流的参考方向是关联参考方向或非关联参考方向及$P>0$或$P<0$进行判断。

由式（1-4）得，从t_0到t的时间内，元件吸收或发出的能量为

$$W=\int_{t_0}^{t}p(t)\mathrm{d}t=\int_{t_0}^{t}u(t)i(t)\mathrm{d}t$$

能量的单位为J（焦[耳]），工程中常用kWh（千瓦时）作为计量电能的单位，$1kWh=3.6\times10^6J$（俗称1度电）。

1.3 电路的基本状态

电路使用过程中，在不同的工作条件下处于不同的状态，电路的基本状态有通路、开路和短路三种。

1.3.1 通路

如图1-11所示，实际电源表示为电动势为E的理想电源与电阻R_0的串联组合，R_L

表示负载电阻。

若开关S闭合，电路中就有了电流的流动，电路的这一状态称为**通路**。此时，电路中的电流为

$$I=\frac{E}{R_0+R_L} \tag{1-6}$$

电源的端电压为

$$U=E-IR_0 \tag{1-7}$$

因为电动势 E 和电阻 R_0 恒定不变，所以式（1－7）表明，电源的端电压等于电源的电动势与其内阻上电压降之差。

电源的端电压取决于电流的大小，与负载电阻有关。当电流 I 减小时，根据式（1－7），电源的端电压 U 将上升。如果式（1－7）用坐标曲线表示，纵坐标表示电源的端电压，横坐标表示电流，则称此曲线为**电源的伏安特性曲线或电源的外特性曲线**，如图 1－12 所示。由图可见电源的伏安特性曲线是一条向下倾斜的直线。

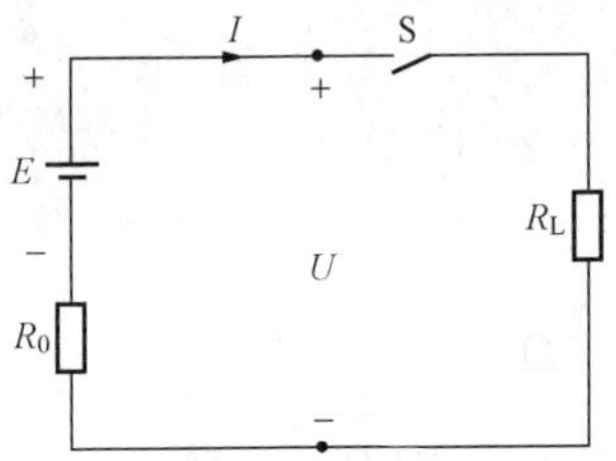

图 1－11　通路

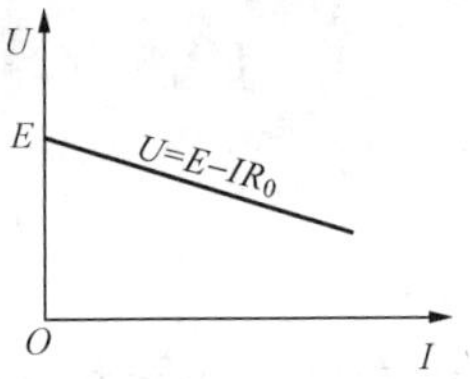

图 1－12　实际电源的伏安特性曲线

在式（1－7）两边同乘电流 I，得

$$UI=EI-I^2R_0$$

用功率表示为

$$\begin{aligned} P&=P_E-\Delta P \\ P_E&=P+\Delta P \\ P_E&=EI \\ P&=UI \\ \Delta P&=I^2R_0 \end{aligned} \tag{1-8}$$

式中：P_E 为电源产生的功率；P 为负载消耗（或从电源取用）的功率；ΔP 为电源内阻消耗的功率。

式（1－8）表明，电源产生的全部功率一部分输送给负载，另一部分消耗在内阻上。通路时，电源的状态称为**有载**或**负载状态**。

实际电路中，电源的内阻和连接导线都有功率消耗，这些能量被转换成热能散发到周围空气中。这样的功率消耗越小，在电源产生的功率不变时，电源提供给负载的功率和电流就越大，因此，在选择电源时希望其内阻足够小。在选择导线时，一定的截面积对应于相对确定的允许载流量，即导线截面积决定了通过的电流最大值，否则，会因导线过热而引起绝缘损坏或加快老化，甚至引起火灾，供配电系统中尤其注意。本书中如未加说明，导线电阻均忽略不计。

对于负载（各种电气设备）而言，它能承受的电压、允许通过的电流以及功率都有一定的限额，这些限额考虑了电气设备的可靠性、经济性等因素规定的电气设备的最佳工作状态，即电气设备的正常工作条件和工作能力，称其为**额定值**。额定值通常在电气设备铭牌上标出，如额定电压（U_N）、额定电流（I_N）、额定功率（P_N）。

在使用电气设备时，必须遵守额定值的规定。如果实际值超过额定值，会使电气设备的使用寿命降低或损坏；如果实际值低于额定值，会使设备的工作能力不能得到充分利用或使设备不能正常工作，甚至损坏设备。例如，一荧光灯的电压为 220V，功率为 36W，在正常使用时应接在 220V 的电源上，它的功率为 36W，并能保证正常使用寿命；若接在 380V 电源上，打开时发亮，但因超过额定电压过高，造成荧光灯损坏而熄灭；若接在 110V 电源上，荧光灯不能点亮。

1.3.2 开路

如图 1-11 所示电路，当开关断开时，电路中没有电流，这时电路所处的状态称为**开路**。

由式（1-7）可知，电路开路时有

$$U=E$$

上式表明，在开路状态下，电源的端电压等于电源的电动势，此时的电压称为**开路电压**，用 U_{oc} 表示。图 1-11 所示电路的开路状态如图 1-13 所示，则有

$$U_{oc}=U=E$$

电路处于开路状态时，电流 $I=0$，故电源不产生功率，负载与电源内部均不消耗功率，即

$$P_E=P=\Delta P=0$$

因此，对电源来讲，电路处于开路状态时，称为**空载**。

1.3.3 短路

当两根供电线路在某处用电阻近似为零的导线接通时，电流不流经负载，全部被导线所旁路，直接经导线流回电源，此时电路所处的状态称为**短路**。

由式（1-6）可知，电路短路时有

$$I=\frac{E}{R_0}$$

上式表明，在短路状态下，电路的电流等于电源的电动势与内阻的比值。电源的内阻一般很小，因此电路的电流数值较大，此时的电流称为**短路电流**，用 I_{sc} 表示。电路如图 1-14 所示，即

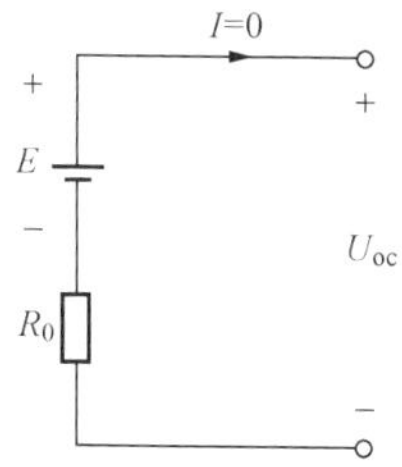

图 1-13 开路

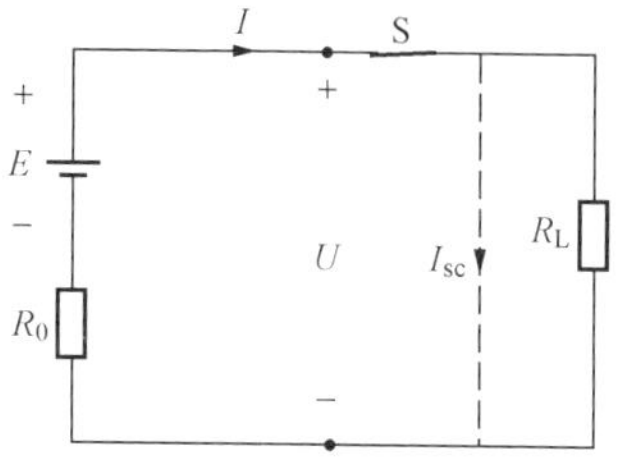

图 1-14 短路

$$I_{sc}=I=\frac{E}{R_0}$$

电路处于短路状态时，电源的端电压$U=0$，故电源输送给负载的功率

$$P=UI_{sc}=0$$

则由式（1-8）知

$$P_E=\Delta P=I_{sc}^2R_0=\frac{E^2}{R_0}$$

上式表明，电路短路时，电源产生的功率全部消耗在内阻上。短路电流比正常工作电流大得多，远远超过电源和导线的额定电流，如时间稍长，又没有及时切断，短路电流产生的剧热就会将设备烧毁或引起火灾。在日常使用中，电气绝缘损坏、误操作等都会引起电路短路。短路在电力系统中是最常见的故障，其后果非常严重。为了避免短路所引起事故，应采取有效措施，设法消除可能引起短路的一切因素。同时，为了减轻短路的严重后果和防止故障扩大，通常在电路中接入短路保护装置，如熔断器、断路器等，以便在发生短路时，保护装置迅速动作，将电源与事故电路断开。

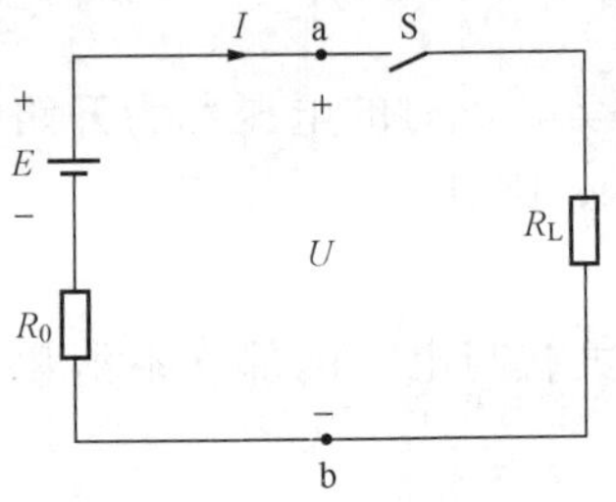

图 1-15 【例 1-4】图

【例 1-4】 电路如图 1-15 所示，当开关在打开位置时测得 a，b 两点间的电压$U=9V$，开关闭合时流经电路的电流$I=2A$，已知电阻$R_L=4\Omega$。试求：

（1）电源的电动势E和内阻R_0。

（2）电源产生的功率、内阻及负载消耗的功率。

（3）验证功率平衡。

解 （1）开关在打开位置，$I=0$，a、b 两点间的电压U为开路电压，故

$$U_{oc}=U=E=9V$$

开关闭合时，电路为通路状态，根据欧姆定律，有

$$I=\frac{E}{R_0+R_L}$$

因此可得

$$R_0=\frac{E}{I}-R_L=\frac{9}{2}-4=0.5\ (\Omega)$$

（2）电源产生的功率为

$$P_E=EI=9\times2=18\ (W)$$

内阻消耗的功率为

$$\Delta P=I^2R_0=2^2\times0.5=2\ (W)$$

负载消耗的功率为

$$P=I^2R_L=2^2\times4=16\ (W)$$

（3）功率平衡

$$P_E=\Delta P+P=18\ (W)$$

电源产生的功率等于内阻消耗的功率与负载消耗的功率之和，即功率平衡。

1.4　电压源与电流源及其等效变换

常见的实际电源有发电机、电池、信号源等。由于制造电源的材料是有电阻的，因此实际的电源一般不具有理想电源的特性，实际的电源在使用过程中，不仅给外电路提供能量，电源内部也消耗一定的能量。当一个电源内阻忽略不计时，可以用理想电压源和理想电流源两种不同的电路模型来表示。

1.4.1　理想电压源

理想电压源是一个实际电源抽象的电路模型，又称**恒定电压源或恒压源**。其图形符号如图 1－16（a）所示，直流电压源有时也用如图 1－16（b）所示的图形符号表示，其中长线端表示电源的“＋”端。

对实际电源，理想情况下，认为内阻为零，端电压不随电流变化，端电压 $u(t)$ 表示为

$$u(t)=u_s(t)$$

式中：$u_s(t)$ 为给定的时间函数。

由式可看出，端电压 $u(t)$ 与通过元件的电流无关，与 $u_s(t)$ 有关，随时间的变化而改变，且保持为给定的时间函数。若与时间没有关系，则理想电压源用大写 U_s 表示。理想电压源的伏安特性曲线如图 1－17 所示。它是一条与电流轴平行的直线。由于理想电压源的电压是给定的时间函数，与连接的电路无关，独立于外电路，所以又称为**独立电压源**，通常称**理想电压源**。

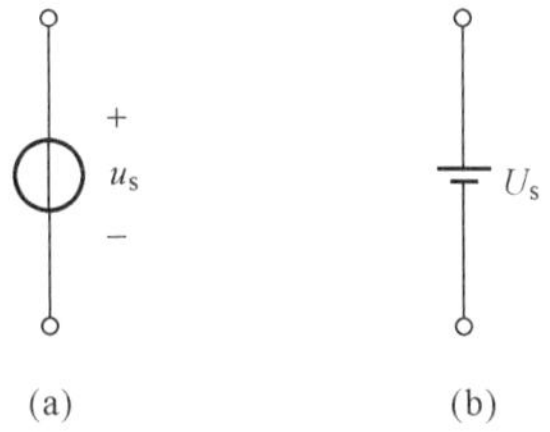

图 1－16　理想电压源

（a）电压与时间有关；（b）电压与时间无关

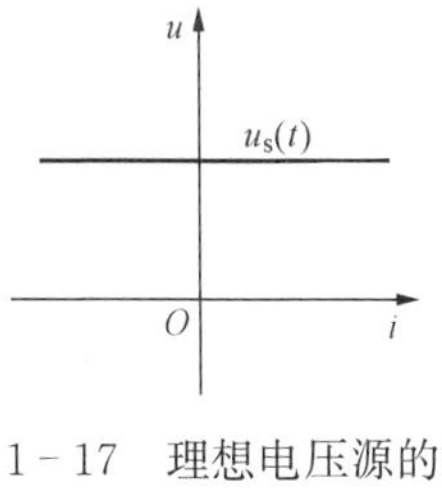

图 1－17　理想电压源的伏安特性曲线

下面根据简单的电路讨论理想电压源的重要特性。图 1－18 所示为理想电压源连接一个外电路，假定外电路为电阻 R，根据欧姆定律

$$i=\frac{u_s}{R} \tag{1-9}$$

由式（1－9）可知，电路电流 i 的值取决于电阻 R 的值，电阻 R 发生变化时，电流的值 i 随之变化，但电压 $u_s(t)$ 不变，可以表示为

$$u_s(t)=常数$$

即**理想电压源的端电压在任意时刻与流过的电流大小没有关系**。

由式（1－9）又可知，电路电流 i 的值与电阻 R 的值有关，即**电路的电流由负载决定，与外电路有关**。

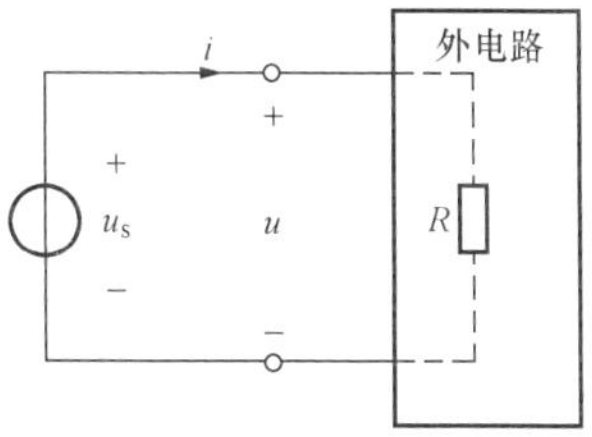

图 1－18　电压源外接电路

在理想电压源电路中，还要注意参考方向。习惯上电压

源两端的电压与流过的电流取为**非关联参考方向**，如图 1－18 所示。

1.4.2 理想电流源

理想电流源也是一个实际电源抽象的电路模型，又称**恒定电流源或恒流源**。其图形符号如图 1－19 所示，图中箭头表示电流的方向。

对实际电源，理想情况下，认为内阻为零，电流不随端电压变化，电源的电流 $i(t)$ 为

$$i(t)=i_s(t)$$

式中：$i_s(t)$ 为给定的时间函数。

由式可看出，电流 $i(t)$ 与通过元件的电流无关，与 $i_s(t)$ 有关，且保持为给定的时间函数。若与时间没有关系，则理想电流源用大写 I_s 表示。理想电流源的伏安特性曲线如图 1－20 所示。它是一条平行于电压轴的直线。由于理想电流源的电流是给定的时间函数，与连接的电路无关，独立于外电路，所以又称为**独立电流源**，通常称**理想电流源**。

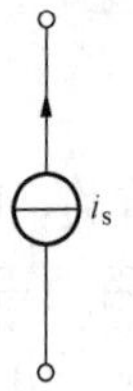

图 1－19 理想电流源

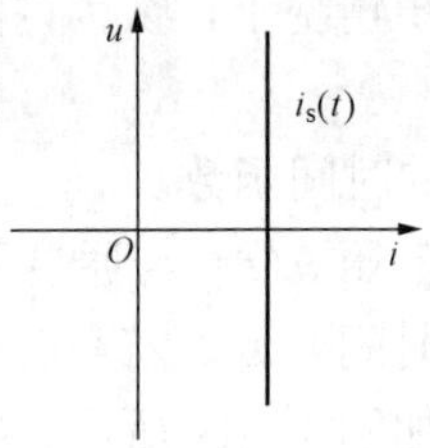

图 1－20 理想电流源的伏安特性曲线

下面根据简单的电路讨论理想电流源的重要特性。图 1－21 所示为理想电流源连接一个外接电路，假定外电路为电阻 R，根据欧姆定律则

$$u=i_sR \tag{1-10}$$

由式（1－10）可知，端电压 u 的值取决于电阻 R 的值，电阻 R 发生变化时，电压 u 随之变化，但电流 $i_s(t)$ 不变，可以表示为

$$i_s(t)=\text{常数}$$

即**理想电流源的电流在任意时刻与端电压的大小没有关系**。

由式（1－10）又可知，端电压 u 的值与电阻 R 的值有关，即**端电压的值由负载决定，与外电路有关**。

在理想电流源电路中，也还要注意参考方向，习惯上电流源的电流与端电压取为**非关联参考方向**，如图 1－21 所示。

【例 1－5】 如图 1－22 所示，已知 $U_s=5\text{V}$，$I_s=2\text{A}$，$R=10\Omega$，求电路中各元件的功率。

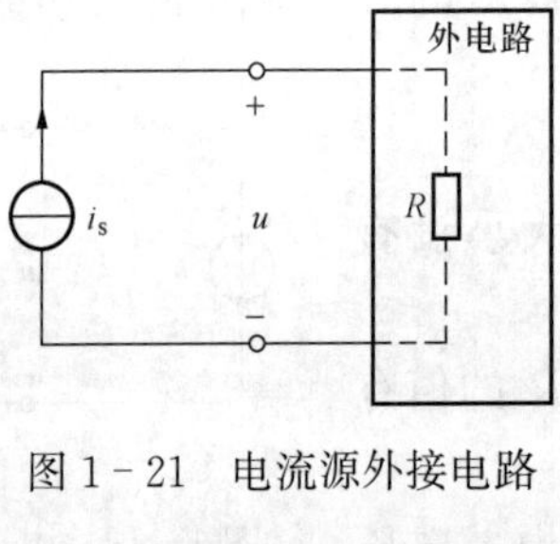

图 1－21 电流源外接电路

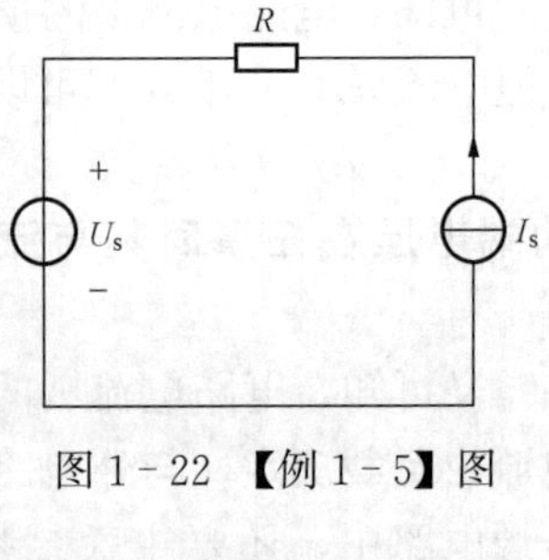

图 1－22 【例 1－5】图

解　设电压和电流的参考方向如图 1－22 所示。

(1) 电阻 R。电压与电流为关联参考方向，流过电阻的电流为理想电流源的电流，即 2A，根据欧姆定律，电阻两端的电压为

$$U_R = I_s R = 2 \times 10 = 20\ (\mathrm{V})$$

则功率为

$$P_R = UI = U_R I_s = 20 \times 2 = 40\ (\mathrm{W}) > 0$$

因为电阻的电压与电流为关联参考方向，且功率的值大于零，故电阻吸收功率。

(2) 理想电压源 U_s。理想电压源端电压和流过的电流已知，那么功率为

$$P_{U_s} = U_s I_s = 5 \times 2 = 10\ (\mathrm{W}) > 0$$

因理想电压源的端电压与电流为关联参考方向，且功率的值大于零，故理想电压源吸收功率。

(3) 理想电流源 I_s。理想电流源两端的电压为 25V，电流为 2A，则功率为

$$P_{I_s} = UI = (U_R + U_s) I_s = 25 \times 2 = 50\ (\mathrm{W}) > 0$$

因理想电流源的端电压与电流为非关联参考方向，且功率的值大于零，故理想电流源发出功率。

$$P_{I_s} = P_R + P_{U_s}$$

总发出的功率等于总吸收的功率，即功率平衡。

从【例 1－5】可看出，电源在电路中所起的作用并不都相同，尤其是在有多个电源的电路，有的是作为电源使用（如【例 1－5】中的理想电流源），有的是作为负载（如【例 1－5】中的理想电压源）。

1.4.3　电压源与电流源的等效变换

实际电源的模型，应该由提供电能的电源元件和消耗能量的电阻元件组成。下面利用实际电源的外特性来建立它的电路模型。

图 1－23 (a) 所示为实际电源外特性测试电路。图中 R_L 为外接负载，改变 R_L 的值，测量并画出某一时刻电源的外特性，即电源端电压 u 与输出电流 i 的伏安关系曲线，如图 1－23 (b) 实线所示。图中 u_s 是电源在某一时刻负载开路时的端电压。外特性表明，实际电源端电压随输出电流增大而减小，在正常工作条件下，外特性可用一条直线近似，如图 1－23 (b) 中虚线所示。

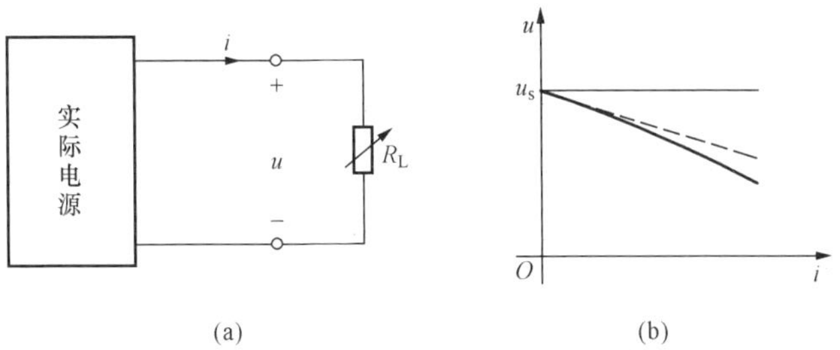

图 1－23　实际电源外特性测试

(a) 实际电源外特性测试电路；(b) 实际电源外特性曲线

设虚线的斜率为 $-R_s$，则可写出电源端口伏安关系为

$$u = u_s - R_s i \tag{1-11}$$

式中：R_s 为电源内阻，当电源在不同时刻的外特性为一组平行直线时，电源内阻 R_s 为定值。

根据式（1-11）画出实际电源的电路模型如图 1-24（a）所示。它由电压源 u_s 和电阻 R_s 串联组成，称为电压源—电阻串联模型，通常简称为**电压源模型**。当 R_s 为零时，它就是理想电压源，因此可将理想电压源看成是电压源模型的一种特例。

改写式（1-11）为

$$i=\frac{u_s}{R_s}-\frac{u}{R_s}$$

设 $i_s=\frac{u_s}{R_s}$，则有

$$i=i_s-\frac{u}{R_s} \tag{1-12}$$

这是电源端口伏安关系的另一种表示形式。根据式（1-12），可得到实际电源的另一种电路模型，如图 1-24（b）所示。它由电流源 i_s 和电阻 R_s 并联组成，称为电流源—电阻并联模型，简称为**电流源模型**。

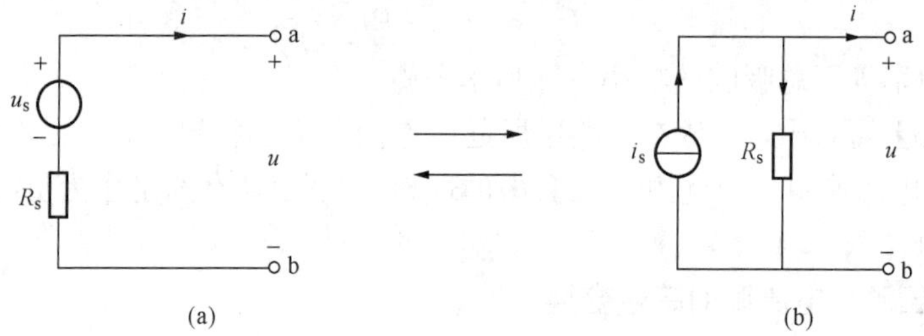

图 1-24　实际电源模型

（a）实际电源的串联模型；（b）实际电源的并联模型

由以上讨论可知，两种模型描述的是同一个实际电源的外特性，故具有相同的端口伏安关系。**对外电路而言，电压源模型与电流源模型互为等效。两种模型之间的相互转换是一种等效变换。**

等效变换时所要满足的条件是

$$\begin{cases} u_s=i_sR_s \\ i_s=\dfrac{u_s}{R_s} \end{cases} \tag{1-13}$$

电压源与电流源之间的等效变换不影响电路的其他部分，所以，在复杂电路分析和计算中，采用这种方法，会带来很大方便，但注意以下两点：

(1) 电源的等效变换仅对外电路而言，对电源内部是不等效的。例如，当外电路开路时，电压源的输出电流为 0，电压源不产生功率，内阻上也不消耗功率；但对电流源来说，其内阻上仍有电流流过，内阻将消耗功率。

(2) 保证变换过程中端口具有相同的伏安特性。负载电流从同一端流入，同一端流出。如图 1-24 所示，电压源 u_s 的极性上正下负，电流源 i_s 的方向自下而上。

(3) 理想电压源的外特性是平行于电流轴的直线，而理想电流源的外特性是平行于电压

轴的直线，它们是两条完全不同的外特性曲线，因此理想电源之间不能互相变换。

【例 1-6】 求图 1-25（a）所示电路中的电流 I。

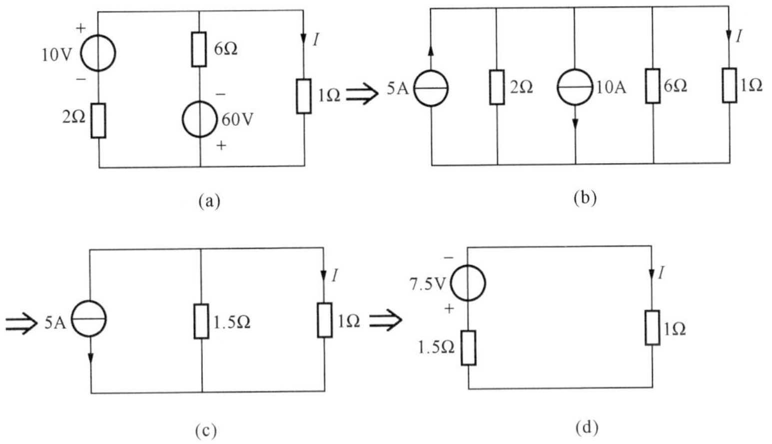

图 1-25 【例 1-6】电路图

（a）原电路图；（b）电压源转换为电流源；（c）简化电路；（d）电流源转换为电压源

解 对图 1-25（a）所示电路，利用电源等效变换化简。先将电路中的电压源分别变换为电流源，然后进行简化，再将电流源等效变换为电压源，转换过程如图 1-25 所示，最后应用欧姆定律求得电流 I

$$I=-\frac{7.5}{1.5+1}=-3\ (\mathrm{A})$$

【例 1-7】 求图 1-26（a）所示电路中的电流 I。

解 对图 1-26（a）所示电路，利用电源等效变换化简。先将电路中的电压源等效变换为电流源，电流源变换为电压源，如图 1-26（b）所示；然后对电阻的并联进行简化，简化电路如图 1-26（c）所示；再将电流源等效变换为电压源，如图 1-26（d）所示的单一回路。

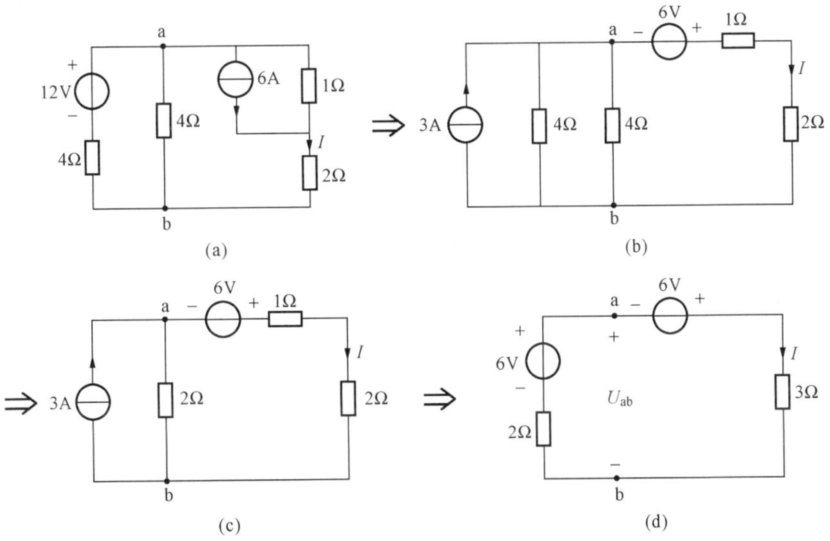

图 1-26 【例 1-7】电路图

（a）原电路图；（b）电压源变换为电流源；（c）简化电路；（d）电流源变换为电压源

由图 1－26（d），求得

$$I=\frac{6+6}{2+3}=2.4\ (\text{A})$$

1.5 基尔霍夫定律

欧姆定律主要反映元件上电压和电流的约束关系，基尔霍夫定律主要反映电路元件连接方式的电压和电流的约束关系。基尔霍夫定律和欧姆定律共同构成了电路分析理论的基础，是电路的基本定律。

在讨论基尔霍夫定律之前，先介绍与定律有关的支路、节点和回路等名词。

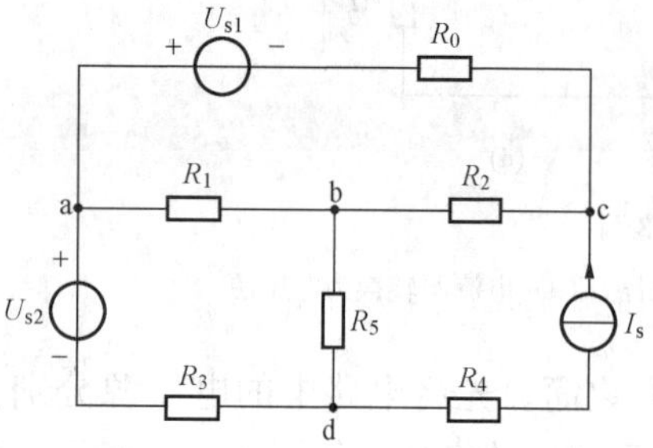

图 1－27 支路、节点和回路

电路中单个二端元件或其串联的组合称为支路。图 1－27 所示电路中，包括 ab、ad、ac、bc、bd、cd 六条支路。其中 ac、ad、cd 为两个二端元件的串联组合构成的支路，其余由单个元件构成支路。流经支路的电流称为**支路电流**，任一条支路只有一个支路电流。任一支路两端的电压称为**支路电压**。在电路分析和计算时，首先要标注电流或电压的参考方向。

电路中三条或三条以上支路的连接点称为节点。图 1－27 所示电路中，包括 a、b、c、d 四个节点。

由支路组成的任一闭合路径称为回路，或者说，在电路中从一个节点开始，无重复地经过若干节点，再回到起始节点，所构成的闭合路径称为**回路**。图 1－27 所示电路中，包括 acba、acbda、bcdb、acda 等 7 个回路。不含支路的回路称为**独立回路**，或称**网孔**，如 acba、abda、bcdb。回路不一定是网孔，但任一个网孔都是回路。

基尔霍夫定律包括基尔霍夫电流定律（KCL）和基尔霍夫电压定律（KVL）。

1.5.1 基尔霍夫电流定律（KCL）

基尔霍夫电流定律主要描述电路中与任一个节点相连的各支路电流之间的相互关系，其基础是电荷守恒定律，即在一个电路中电荷的代数和保持不变。KCL 在电路的分析和计算中适用于节点。

基尔霍夫电流定律（KCL）：**在任意电路中，任一时刻，对任一节点，所有流入节点的支路电流的代数和为零**。其数学表达式为

$$\sum i_n=0 \qquad (1-14)$$

式中：i_n 为流入该节点的第 n 条支路的电流。

在直流电路中，KCL 表示为

$$\sum I=0 \qquad (1-15)$$

KCL 中，电流的代数和是根据电流流出节点或是流入节点来判断，因此在应用 KCL 时，首先需要指定电路中所有支路电流的参考方向，对某一个节点，流入节点的电流前面取正号，流出节点的电流前面取负号。反之亦然，即电流的正、负可以任意选取。

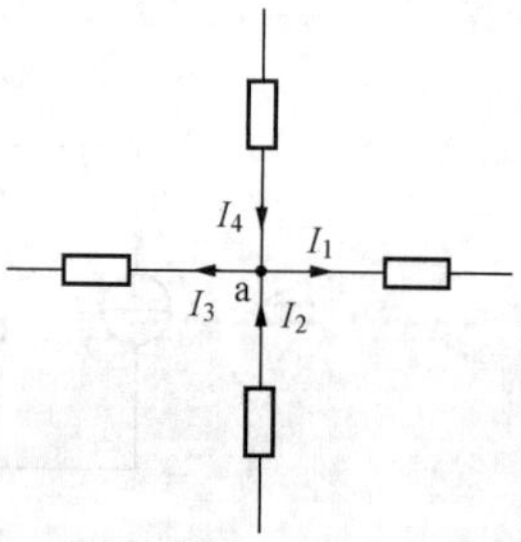

图 1－28 KCL 示例

如图 1－28 所示电路，对节点 a 应用 KCL，有

$$I_1 - I_2 + I_3 - I_4 = 0$$

或

$$-I_1 + I_2 + I_3 - I_4 = 0$$

或

$$I_1 + I_3 = I_2 + I_4$$

对于上式，方程的左边为流入节点的支路电流之和，方程的右边为流出节点的支路电流之和。因此 KCL 又可以表述为：**在任意的电路中，任一时刻，对任一节点，流入节点的支路电流之和等于流出节点的支路电流之和**。

基尔霍夫电流定律不仅适用于实际的节点，也可以应用到广义的节点，即任意假设的闭合面。

如图 1-29 所示电路，支路电流参考方向如图所示，用虚线表示闭合面，当闭合面趋于无限小时，即成为一个节点，这就是所说的**广义节点**。该闭合面内包含 3 个节点，即 b、c、d。对这些节点应用 KCL，规定流入节点的电流为正，流出节点的电流为负，则分别有

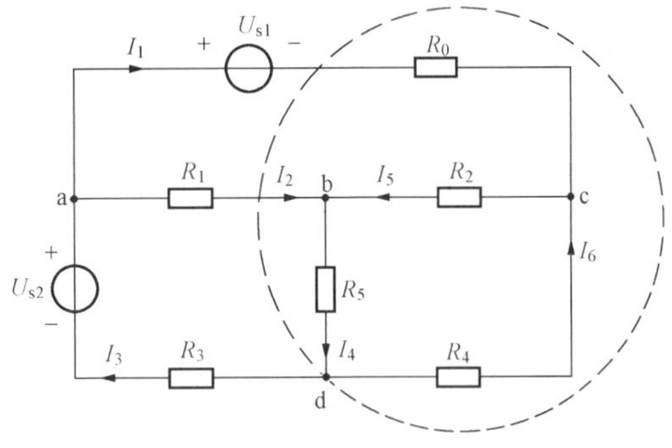

图 1-29　KCL 应用于闭合面

$$I_2 - I_4 + I_5 = 0$$

$$I_1 + I_6 - I_5 = 0$$

$$I_4 - I_3 - I_6 = 0$$

以上三式相加有

$$I_1 + I_2 - I_3 = 0$$

其中，I_1 和 I_2 流入闭合面，I_3 流出闭合面。3 个电流所在的支路与闭合面相交，如果规定流出闭合面的电流为正、流入闭合面的电流为负，同样可以得到上式。

因此对基尔霍夫电流定律的表述可以采用更为普遍的形式：**对任一电路，任一时刻，通过任一闭合面的支路电流的代数和等于零**。

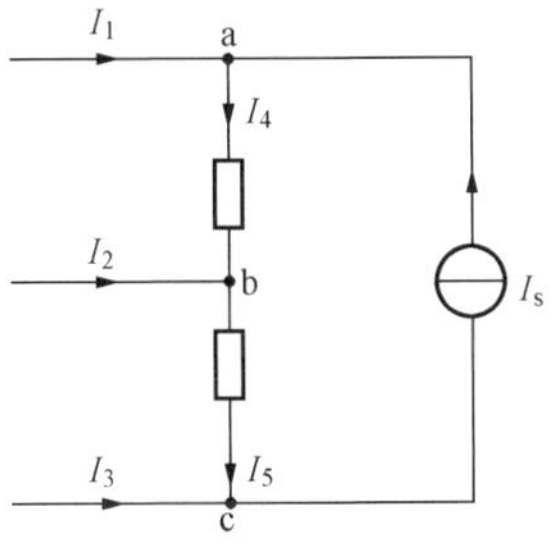

图 1-30　【例 1-8】图

【例 1-8】 在图 1-30 所示的电路中，已知 $I_1 = -3\text{A}$，$I_2 = 5\text{A}$，$I_s = 2\text{A}$，试求 I_3、I_4 和 I_5。

解　支路电流的参考方向如图所示，分别对节点 a、b、c 应用 KCL，有

$$I_1 + I_s = I_4$$

$$I_2 + I_4 = I_5$$

$$I_3 + I_5 = I_s$$

代入已知数据可得

$$I_3 = -2\text{A},\quad I_4 = -1\text{A},\quad I_5 = 4\text{A}$$

I_3 也可以由广义节点求得，即

$$I_1 + I_2 + I_3 = 0$$

$$I_3 = -2\text{A}$$

1.5.2 基尔霍夫电压定律（KVL）

基尔霍夫电压定律主要描述电路中任一个回路所含各支路电压之间的相互关系，其基础是能量守恒定律，在电路的分析和计算中适用于回路。

基尔霍夫电压定律（KVL）：在任意的电路中，任一时刻，对任一回路，沿该回路的所有支路电压的代数和为零。KVL 的数学表达式为

$$\sum u_b = 0 \tag{1-16}$$

式中：b 为该回路支路数；u_b 为第 b 条支路的支路电压。

在直流电路中 KVL 表示为

$$\sum U = 0 \tag{1-17}$$

KVL 中，电压的代数和根据支路电压的参考方向与回路绕向的关系来判断。因此在应用 KVL 时，首先给出各支路电压的参考方向，然后指定回路的绕行方向，根据支路电压的参考方向与回路绕行方向是否一致来决定代数和中每项取“+”号或是“−”号。凡支路电压的参考方向与回路的绕行方向一致的支路电压，在代数和中取“+”号，相反时，取“−”号。此外支路电压值本身也有“+”“−”之分，注意区别。

回路的绕行方向有顺时针方向和逆时针方向两种形式。环绕回路的起点可以是任一支路。无论哪种方向和哪一个起点，支路电压的代数和恒为零。

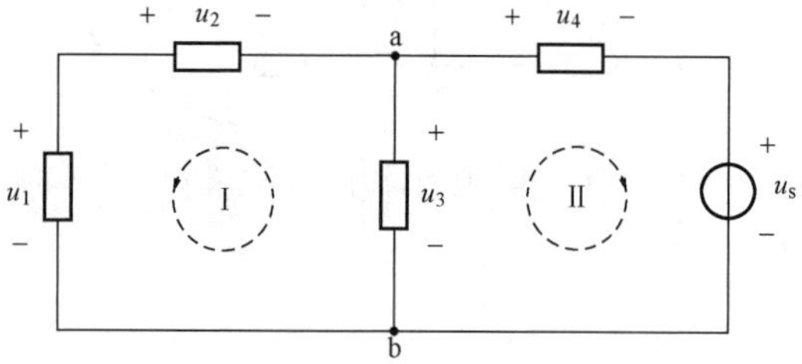

图 1-31 KVL 示例

下面以图 1-31 所示的电路为例说明 KVL。回路的绕行方向用虚线和箭头表示。图中选取Ⅰ和Ⅱ两个回路，回路的绕行方向和支路电压的参考方向如图所示。

对于回路Ⅰ，逆时针绕回路一周，假设从元件 1 开始，那么电压依次为 u_1、$-u_3$ 和 $-u_2$，根据 KVL，有

$$u_1 - u_3 - u_2 = 0$$

对于回路Ⅱ，顺时针绕回路一周，假设从电压源开始，那么电压依次为 u_s、$-u_3$ 和 u_4，根据 KVL，有

$$u_s - u_3 + u_4 = 0$$

上面两式可改写为

$$u_1 = u_3 + u_2$$

$$u_3 = u_s + u_4$$

对照电路可知，方程中 u_1、u_s 和 u_4 相对于回路的参考方向为电位降，u_2 和 u_3 相对于回路的参考方向为电位升，因此可以认为

回路中电位降的和＝电位升的和

这是 KVL 的另一种表示形式。KVL 可以表述为：**在任意的电路中，任一时刻，对任一回路，电位降的和等于电位升的和。**电位的升或降在电路中表示发出电能或吸收电能，发出与吸收二者的平衡，正是能量守恒定律的体现。

基尔霍夫电压定律不仅适用于电路中实在的回路，也可以应用到**虚拟的回路**（或称广义

回路)。如在图 1-32 (a) 所示电路中,求节点 e 与 g 之间的电压 u_{eg}。图 1-32 (a) 所示电路中,节点 e 与 g 没有直接相连,图中暂用虚线把节点 e 与 g 连接,构成一条虚拟支路,节点 e 与 g 之间的电压即为支路电压,由节点 degd 构成的回路即为虚拟回路,按图中回路的参考方向,根据 KVL,有

$$u_2 - u_{eg} - u_1 = 0$$

如图 1-32 (b) 所示为部分支路,按图中电流及回路的参考方向,根据 KVL,有

$$U + IR - U_s = 0$$

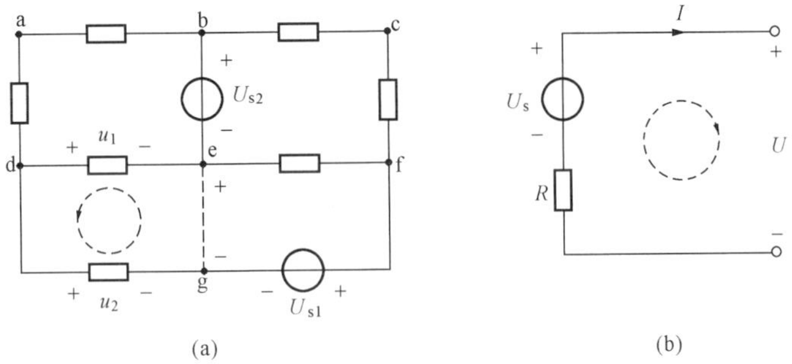

图 1-32　KVL 应用于虚拟回路

(a) 虚拟回路;(b) 部分支路

因此,利用 KVL 可以很方便地计算电路中任意两点之间的电压。

对一个电路应用基尔霍夫定律时应注意以下几点:

(1) 基尔霍夫定律适用于任一电路,包括线性电路和非线性电路,直流电路和交流电路。

(2) 应用基尔霍夫定律前,应对节点和支路进行编号,设定支路电流或电压的参考方向及有关回路的绕行方向。

(3) 基尔霍夫定律仅与元件的相互连接有关,而与元件的性质无关。

【例 1-9】 图 1-33 所示电路中,已知电阻 $R_1=1\Omega$,$R_2=4\Omega$,电压源 $U_{s1}=10V$,$U_{s2}=2V$,取 b 点为电位的参考点(即零电位),试求 a 点的电位 V_a。

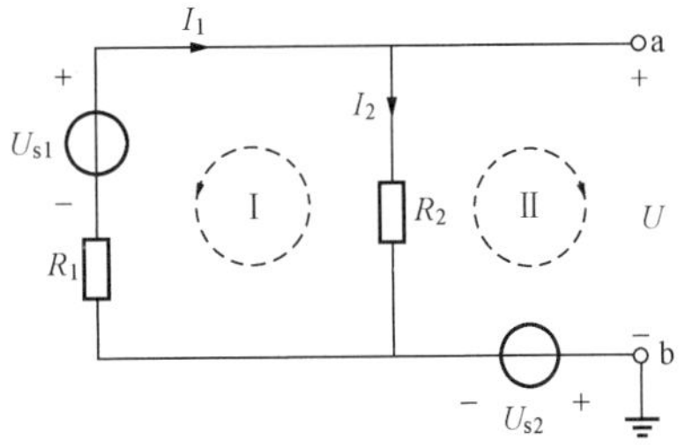

图 1-33 【例 1-9】图

解　各支路电流的参考方向如图所示。

对回路Ⅰ(绕行方向见图示)应用 KVL,有

$$U_{s1} - I_1R_1 - I_2R_2 = 0$$

因为回路Ⅱ为开路状态,故 $I_1=I_2$,代入数据得

$$10-(1+4)I_1=0$$

$$I_1=2\text{ (A)}$$

对回路Ⅱ(绕行方向见图所示)应用 KVL,有

$$U + U_{s2} - I_2R_2 = 0$$

代入数据得

$$U+2-2\times 4=0$$

$$U=6(\text{V})$$

所以

$$V_a = U = 6\ (\text{V})$$

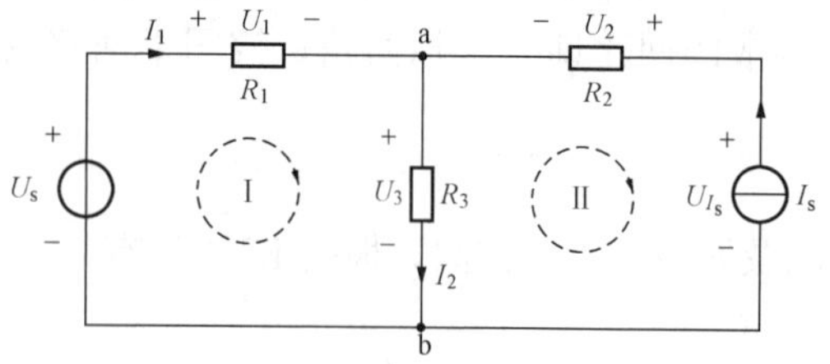

图 1-34 【例 1-10】图

【例 1-10】 图 1-34 所示电路中，已知电阻$R_1=2\Omega$，$R_2=10\Omega$，$R_3=8\Omega$，$U_s=5\text{V}$，$I_s=3\text{A}$，求 I_2 和 U_{I_s}。

解 各支路电流和电压的参考方向如图 1-34 所示。求解本题时，除了应用 KCL 和 KVL 外，还需要应用元件的电压与电流的关系。

对回路Ⅰ（绕行方向见图 1-34）应用 KVL，有

$$U_1 + U_3 - U_s = 0$$

即

$$I_1R_1 + I_2R_3 - U_s = 0 \tag{1}$$

对节点 a 应用 KCL，有

$$I_1 + I_s - I_2 = 0 \tag{2}$$

将式（1）和式（2）代入已知数据得

$$\begin{cases} 2I_1 + 8I_2 - 5 = 0 \\ I_1 + 3 - I_2 = 0 \end{cases}$$

解此方程组得

$$\begin{cases} I_1 = 1.9\ (\text{A}) \\ I_2 = 1.1\ (\text{A}) \end{cases}$$

对回路Ⅱ（绕行方向如图 1-34 所示）应用 KVL，有

$$U_{I_s} - U_3 - U_2 = 0$$

即

$$U_{I_s} - I_sR_2 - I_2R_3 = 0$$

代入已知数据得

$$U_{I_s} = I_2R_3 + I_sR_2 = 1.1\times 8 + 3\times 10 = 38.8\ (\text{V})$$

基尔霍夫（Gustav Robert Kirchhoff，1824—1887），德国物理学家、化学家和天文学家，主要从事光谱、辐射和电学方面的研究。1847 年提出了两个电路网络中电压与电流的基本定律。基尔霍夫定律和欧姆定律构成了电路分析理论的基础，对电路理论有重大作用。

基尔霍夫出生于东普鲁士 Konigsberg 一个律师的家庭。18 岁就读于 Konigsberg 大学，1854 年任海德堡大学教授。1875 年转到柏林大学任理论物理学教授。1875 年当选为英国皇家学会会员。1859 年发明分光仪，与德国化学家罗伯特·本生（Robert Bunsen）共同创立了光谱分析法，并用此法发现了元素铯（1860）和铷（1861）。同年提出热辐射中的基尔霍夫辐射定律，该定律是辐射理论的重要基础。基尔霍夫在工程界、化学界和物理界都是著名人物。

1.6 支路电流法

对一个具有 n 个节点、b 条支路的电路，当以支路电压和支路电流为电路变量列写方程

时，总计有 $2b$ 个未知量。为减少求解的方程数，可以利用元件的电压和电流关系，将各支路电压以支路电流表示，这时，得到以 b 个支路电流为未知量的 b 个方程。

支路电流法是以支路电流为未知量，根据基尔霍夫定律分别对节点和回路列出包含支路电流的电路方程组，然后解出各未知支路电流的电路分析方法。它是求解复杂电路的最基本方法。

现以图 1 - 35 所示电路为例，介绍支路电流法的一般分析步骤。

（1）**确定支路数，标出各支路电流的参考方向**。图 1 - 35 所示电路中有 5 条支路，需列出 5 个独立的支路电流方程。选择各支路电流的参考方向如图所示。

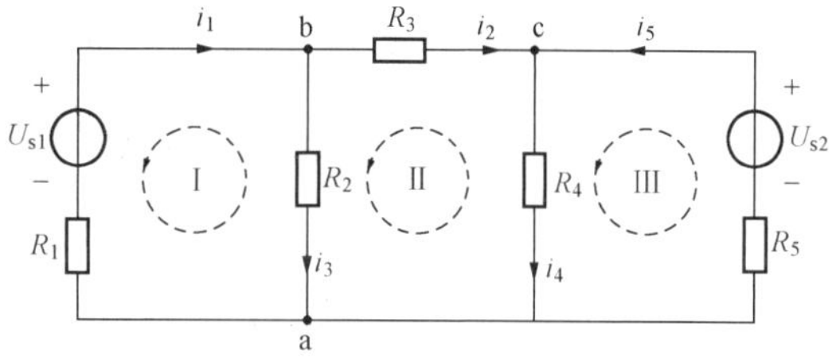

图 1 - 35 支路电流

（2）**确定节点数，根据 KCL 列出（$n-1$）个独立的节点电流方程**。图 1 - 35 所示电路中，有 a、b、c 3 个节点，利用 KCL 分别对节点列出方程

节点 a $\qquad -i_1+i_3+i_4-i_5=0$

节点 b $\qquad i_1-i_2-i_3=0$

节点 c $\qquad i_2-i_4+i_5=0$

以上 3 个方程等号左边相加为零，说明这些方程是非独立的，任意去掉一个方程后，剩余两个方程是独立的，即 3 个节点，可以列出 2 个独立的节点电流方程。

通常，如果电路有 n 个节点，那么根据 KCL 只能列出（$n-1$）个独立的节点电流方程。

（3）**确定剩余的方程式数，以支路电流为未知量，标出回路绕向，根据 KVL 列出［$b-(n-1)$］个独立的回路电压方程**。图 1 - 35 共有 5 条支路，能列出 2 个独立的节点电流方程，余下 3 个方程式可利用 KVL 列出。一般来说，平面电路的独立回路电压方程数等于电路的网孔数，对应三个网孔列出方程式

网孔Ⅰ $\qquad U_{s1}-R_1i_1-R_2i_3=0$

网孔Ⅱ $\qquad R_2i_3-R_4i_4-R_3i_2=0$

网孔Ⅲ $\qquad R_4i_4+R_5i_5-U_{s2}=0$

（4）**解联立方程式，解出 b 个支路电流**。应用基尔霍夫定律可列出 $(n-1)+[b-(n-1)]=b$（个）独立方程，从而解出 b 个支路电流。

【例 1 - 11】 图 1 - 36 所示的电路中，已知 $U_{s1}=10\text{V}$，$U_{s2}=18\text{V}$，$R_1=2\ \Omega$，$R_2=6\Omega$，$R_3=3\Omega$，试求各支路电流。

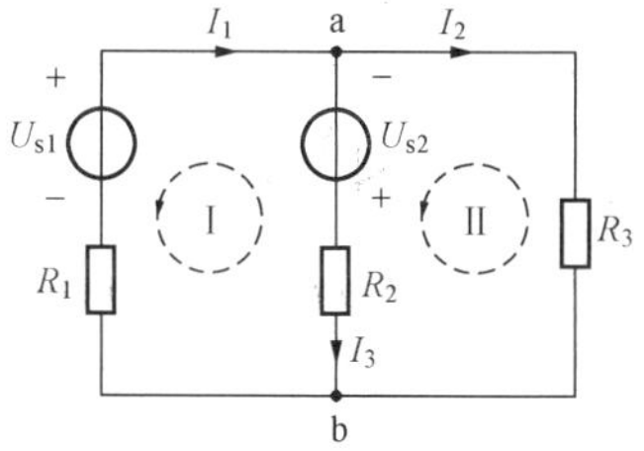

图 1 - 36 【例 1 - 11】的电路图

解 该电路的支路数 $b=3$，需要列出 3 个独立的支路电流方程，各支路电流的参考方向如图 1 - 36 所示；电路的节点数 $n=2$，应用 KCL 可列出 $2-1=1$（个）节点电流方程；剩余 2 个方程式可应用 KVL 列出 $3-(2-1)=2$（个）回路电压方程，回路绕行方向如图 1 - 36 所示。

根据以上分析，所列方程为

节点 a

$$I_1-I_2-I_3=0$$

网孔Ⅰ

$$U_{s1}+U_{s2}-R_2I_3-R_1I_1=0$$

网孔Ⅱ

$$-U_{s2}+R_2I_3-R_3I_2=0$$

代入数据

$$\begin{cases}I_1-I_2-I_3=0\\10+18-6I_3-2I_1=0\\-18+6I_3-3I_2=0\end{cases}$$

解得

$$\begin{cases}I_1=4\ (\mathrm{A})\\I_2=\dfrac{2}{3}\ (\mathrm{A})\\I_3=\dfrac{10}{3}\ (\mathrm{A})\end{cases}$$

【例1-12】 图1-37所示电路中，已知$U_{s1}=6\mathrm{V}$，$U_{s2}=10\mathrm{V}$，$I_s=2\mathrm{A}$，$R_1=1\Omega$，$R_2=2\Omega$，$R_3=4\Omega$，$R_4=2\Omega$，试求各支路电流。

解 该电路的支路数$b=5$，需要列出5个独立的支路电流方程，但ac支路为一电流源，电流大小已知，所以仅需列出4个独立的支路电流方程，其他支路电流的参考方向如图1-37所示；电路的节点数$n=3$，应用KCL可列出$3-1=2$（个）节点电流方程；剩余2个方程式可应用KVL列出回路电压方程，回路绕行方向如图1-37所示。

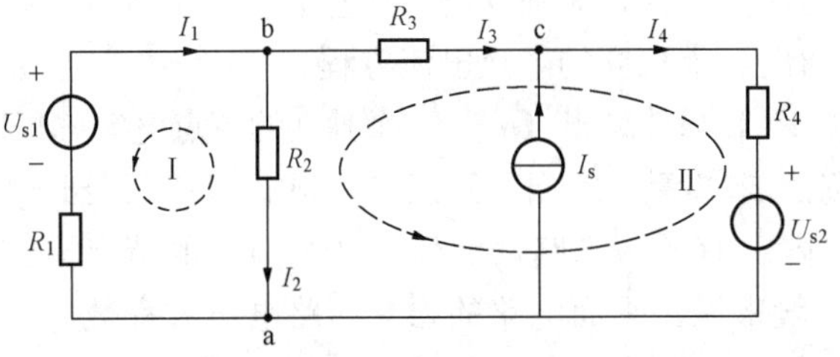

图1-37 【例1-12】的电路图

根据以上分析，所列方程为

节点a

$$-I_1+I_2-I_s+I_4=0$$

节点b

$$I_1-I_2-I_3=0$$

网孔Ⅰ

$$U_{s1}-R_2I_2-R_1I_1=0$$

网孔Ⅱ

$$R_2I_2-U_{s2}-R_4I_4-R_3I_3=0$$

代入数据，有

$$\begin{cases}-I_1+I_2-I_s+I_4=0\\I_1-I_2-I_3=0\\6-I_1-2I_2=0\\2I_2-10-2I_4-4I_3=0\end{cases}$$

解得

$$\begin{cases} I_1 = 1\ (\text{A}) \\ I_2 = 2.5\ (\text{A}) \\ I_3 = -1.5\ (\text{A}) \\ I_4 = 0.5\ (\text{A}) \end{cases}$$

【例 1－12】中，ac 支路仅有电流源且不存在与之并联的电阻，这种电流源称为**无伴电流源**。因含电流源的支路电流是已知的，故可少列 1 个方程。在利用 KVL 列回路电压方程时，因电流源两端的电压未知，故回路的选择尽量不包含电流源支路，否则会引入多余的变量。

1.7 节点电压法

节点电压法是以节点电压为未知量，根据 KCL 和支路的电压与电流关系（VAR）列电路方程组，然后解出各节点电压，再求出其他待求量的电路分析方法。

具有 n 个节点、b 个支路的电路，b 总是大于 n，当利用支路电流法分析电路时，需要解 b 个方程联立的方程组，而节点电压法只需列出 $n-1$ 个 KCL 方程。与支路电流法比较，这种方法因方程数减少而较为简便，尤其适合于少节点、多支路的电路分析计算。

现以图 1－38 所示电路为例，介绍节点电压法的一般分析步骤。

（1）**选择参考节点，给其余的 $n-1$ 个节点编号，标出各支路电流的参考方向**。参考点通常称为“地”点，设定其电位为零。参考点原则上可以任意选择，但为了使写出的节点方程比较简单，一般选择电路中连接支路数最多的节点作为参考节点。

图 1－38 所示电路中选择节点③为参考节点（$u_3=0$），节点①和②与节点③之间的电压为节点电压，记为 u_1 和 u_2。注意，节点电压总是相对于参考点而言，且节点电压高于参考点。各支路电流的参考方向如图 1－38 所示。

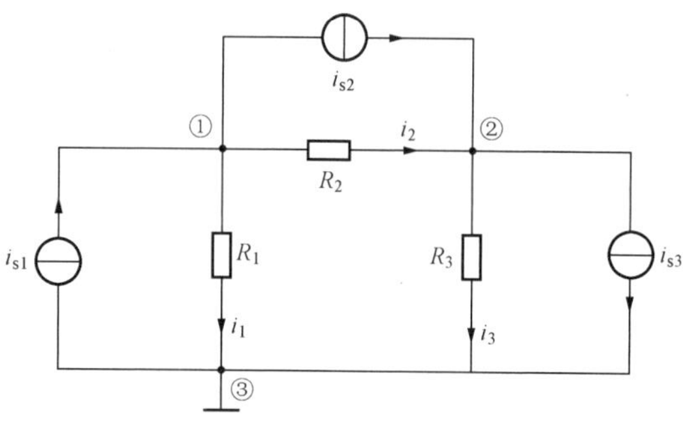

图 1－38　节点电压法

（2）**对 $n-1$ 个非参考节点利用 KCL 列方程，根据欧姆定律用节点电压表示各支路电流**。图 1－38 所示电路中，对节点①和②应用 KCL 定律，有

节点①　　$i_{s1} - i_{s2} - i_1 - i_2 = 0$

节点②　　$i_{s2} + i_2 - i_3 - i_{s3} = 0$

按欧姆定律将 i_1、i_2、i_3 用节点电压表示，即

$$i_{s1} - i_{s2} - \frac{u_1}{R_1} - \frac{u_1 - u_2}{R_2} = 0 \tag{1-18}$$

$$i_{s2} + \frac{u_1 - u_2}{R_2} - \frac{u_2}{R_3} - i_{s3} = 0 \tag{1-19}$$

为表示方便，电阻用电导表示。**电导**是电阻 R 的倒数，是对某元件传输电流强弱程度的一个度量，用符号 G 表示，单位为 S（西门子）。将式（1－18）、式（1－19）中电阻用电

导表示，经整理，有

$$(G_1+G_2)u_1-G_2u_2=i_{s1}-i_{s2}$$
$$-G_2u_1+(G_2+G_3)u_2=i_{s2}-i_{s3}$$

表示为一般形式，有

$$\begin{cases}G_{11}u_1+G_{12}u_2=i_{s11}\\G_{21}u_1+G_{22}u_2=i_{s22}\end{cases}\tag{1-20}$$

式中：G_{11}、G_{22} 分别为节点①、②的自导，是与相应节点连接的全部支路电导之和，$G_{11}=G_1+G_2$，$G_{22}=G_2+G_3$，自导总是正的；G_{12} 为节点①与节点②间的互导，$G_{12}=G_{21}=-G_2$，是连接于两节点间支路电导之和，互导总是负值；i_{s11}、i_{s22} 分别为节点①、②的流入电流，$i_{s11}=i_{s1}-i_{s2}$，$i_{s22}=i_{s2}-i_{s3}$，流入节点为正值，流出节点为负值。

式（1-20）称为**节点电压方程**。

（3）**解节点电压方程，求得节点电压，由节点电压计算其他待求量。**

显然，对于具有 n 个节点的电路，可列出 $n-1$ 个节点电压方程。如【例 1-11】中，有 3 个节点，则有 2 个方程。对于解方程组，可以采用任何一种解方程组的方法，如替代法、消元法等，也可以借助计算机软件，如 Matlab 等。

根据问题的具体要求，由节点电压进一步求出支路电压、支路电流。

【例 1-13】 用节点电压法求图 1-39（a）所示电路中各支路的电流。已知 $U_{s1}=2V$，$U_{s2}=8V$，$I_s=9A$，$R_1=1\Omega$，$R_2=2\Omega$，$R_3=4\Omega$，$R_4=4\Omega$。

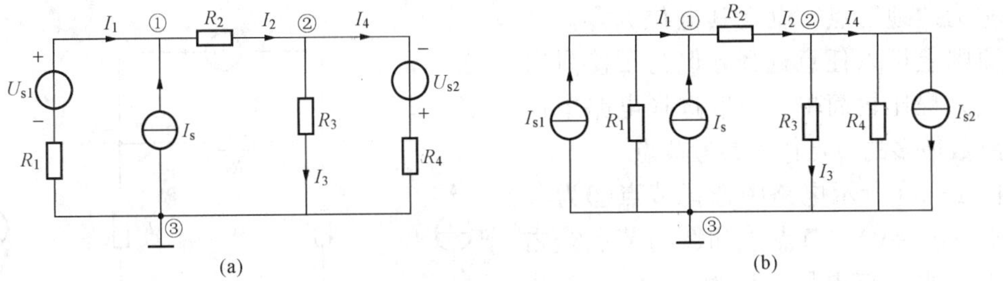

图 1-39 【例 1-13】电路图

（a）原电路图；（b）电压源转换为电流源

解 首先，应用电源等效变换方法，将图 1-39（a）中的电压源变换为电流源，如图 1-39（b）所示。图中 $I_{s1}=\dfrac{U_{s1}}{R_1}=\dfrac{2}{1}=2$（A），$I_{s2}=\dfrac{U_{s2}}{R_4}=\dfrac{8}{4}=2$（A）。

选择节点③为参考点，分别用 U_1、U_2 表示节点①和②的节点电压，电流参考方向如图 1-39 所示，则节点电压方程为

$$\left(\frac{1}{R_1}+\frac{1}{R_2}\right)U_1-\frac{1}{R_2}U_2=I_{s1}+I_s$$
$$-\frac{1}{R_2}U_1+\left(\frac{1}{R_2}+\frac{1}{R_3}+\frac{1}{R_4}\right)U_2=-I_{s2}$$

代入数据，求得节点电压

$$U_1=8\text{（V）},\quad U_2=2\text{（V）}$$

计算各支路电流

$$I_1=I_{s1}-\frac{U_1}{R_1}=2-\frac{8}{1}=-6\ (\mathrm{A})$$

$$I_2=\frac{U_1-U_2}{R_2}=\frac{8-2}{2}=3\ (\mathrm{A})$$

$$I_3=\frac{U_2}{R_3}=\frac{2}{4}=0.5\ (\mathrm{A})$$

$$I_4=I_{s2}+\frac{U_2}{R_4}=2+\frac{2}{4}=2.5\ (\mathrm{A})$$

或者对节点②利用 KCL 得

$$I_4=I_2-I_3=3-0.5=2.5\ (\mathrm{A})$$

上面求各支路电流是按图 1－39（b）所示，根据元件的电压和电流关系及 KCL 求得，也可以按图 1－39（a）所示，根据 KVL 求得，其结果一致。

【例 1－14】 电路如图 1－40 所示，求 i。

解 电路中节点编号和各支路电流参考方向如图 1－40 所示。节点①和④间为一纯电压源支路，选择其中之一为参考节点，则另一个节点电压为电压源端电压，不需要列出该节点电压方程。

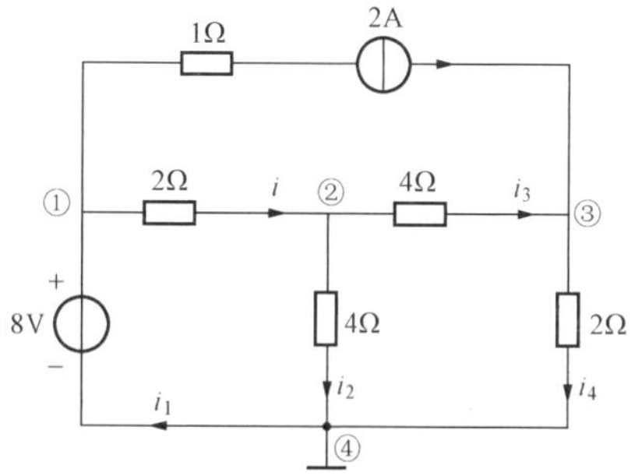

图 1－40 【例 1－14】电路图

选择节点④为参考节点，分别用 u_1、u_2、u_3 表示节点①、②、③的节点电压，则节点电压方程为

$$u_1=8$$

$$-\frac{1}{2}u_1+\left(\frac{1}{2}+\frac{1}{4}+\frac{1}{4}\right)u_2-\frac{1}{4}u_3=0$$

$$-\frac{1}{4}u_2+\left(\frac{1}{4}+\frac{1}{2}\right)u_3=2$$

解以上方程组，有

$$u_2=\frac{56}{11}\ (\mathrm{V}),\quad u_3=\frac{48}{11}\ (\mathrm{V})$$

应用欧姆定律，有

$$i=\frac{u_2-u_3}{2}=\frac{16}{11}\ (\mathrm{A})$$

从以上方程式可以发现，与电流源串联的电阻不在节点电压方程中，这是因为节点电压法是按 KCL 建立电路方程，电流源支路的电流由电流源的电流所决定而与串联的电阻元件无关。**因此，在列写节点电压方程时，不能把与电流源串联的电阻计入自导和互导中。**

1.8 叠 加 定 理

叠加定理是分析线性电路的最基本的方法之一，其目的是简化复杂电路的分析计算。叠加定理不仅适用于电路分析，而且在因果关系是线性的许多领域中都可以使用。

叠加定理：线性电路中，任一支路的响应是每个激励单独作用时在该支路所产生响应的代数和。

利用叠加定理计算复杂电路，就是把一个多独立源的复杂电路化为几个单电源电路进行计算，降低了电路的复杂程度，使电路简单，且便于分析计算。

应用叠加定理时应注意如下几点：

(1) **叠加定理用于计算电路中的电流或电压，不能用于功率的计算。**例如，电流 i_1、i_2 分别流经电阻 R，其功率分别为 $p_1=i_1^2R$、$p_2=i_2^2R$；若电流（i_1+i_2）流经电阻 R，则其功率 $p=(i_1+i_2)^2R\neq i_1^2R+i_2^2R\neq p_1+p_2$。这说明功率关系是非线性的，因为功率与电流、电压的关系不是线性关系，而是平方关系。

(2) **每个激励（独立源）单独作用，其余独立源均置于零，即不起作用的理想电压源用短路代替，理想电流源用开路代替，并保持除独立电源以外的电路参数及连接方式不变。**

(3) **总响应是各个响应分量的代数和，因此注意电压和电流的参考方向。响应分量与总响应的参考方向一致，响应分量前面取正号，反之，取负号。**

(4) **叠加定理适用于线性电路，不适用于非线性电路。**

【例 1-15】 图 1-41（a）所示电路中，已知 $U_s=6\text{V}$，$I_s=3\text{A}$，$R_1=1\Omega$，$R_2=5\Omega$，$R_3=4\Omega$，$R_4=2\Omega$，试用叠加定理计算 I，并计算电阻 R_4 消耗的功率。

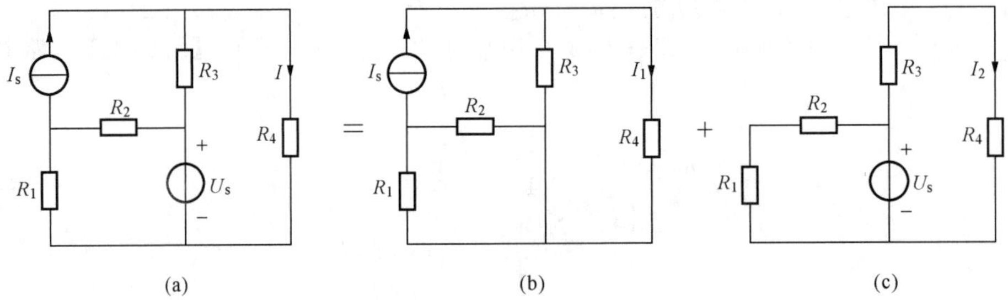

图 1-41 【例 1-15】电路图

(a) 原电路图；(b) 电压源置零；(c) 电流源置零

解 (1) 画出各独立电源单独作用时的电路模型。图 1-41（b）所示电路为电流源 I_s 单独作用电路，电压源 U_s 为零，其支路用短路代替；图 1-41（c）所示电路为电压源 U_s 单独作用电路，电流源 I_s 为零，其支路用开路代替。

(2) 求各独立源单独作用时的响应分量。

对图 1-41（b）所示电路，由于电压源短路，R_1 与 R_2，R_3 与 R_4 为并联电阻，所以

$$I_1=\frac{R_3}{R_3+R_4}I_s=\frac{4}{4+2}\times 3=2\ (\text{A})$$

对图 1-41（c）所示电路，由于电流源开路，R_1 与 R_2 对计算结果没有影响，R_3 与 R_4 为串联电阻，所以

$$I_2=\frac{U_s}{R_3+R_4}=\frac{6}{4+2}=1\ (\text{A})$$

（3）由叠加定理求得各独立源共同作用时的电路响应，即为各响应分量的代数和。I_1、I_2 与 I 参考方向均一致，所以

$$I=I_1+I_2=2+1=3\text{ (A)}$$

电阻 R_4 消耗的功率为

$$P=I^2R_4=3^2\times 2=18\text{ (W)}$$

【例 1-16】 电路如图 1-42 所示。测试线性无源网络（内部电路由线性元件组成，无独立电源），当 $U_s=8V$、$I_s=4A$ 时，$U=2V$；当 $U_s=10V$、$I_s=-2A$ 时，$U=-7V$。求当 $U_s=-1V$、$I_s=2A$ 时，电压 U 的值。

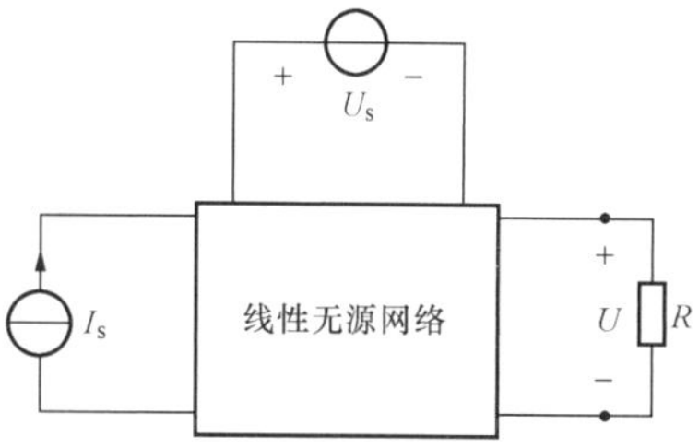

图 1-42 【例 1-16】电路图

解 电路中电压 U 的值是电压源 U_s 和电流源 I_s 共同作用的结果，因此可以利用叠加原理求解。

$$U=k_1U_s+k_2I_s$$

式中：系数 k_1 与 k_2 都是常数，表示独立电源分别单独作用时所产生的响应分量占总响应的比例。

将两次测试数据代入上式，有

$$\begin{cases}2=8k_1+4k_2\\-7=10k_1-2k_2\end{cases}$$

解方程组得

$$\begin{cases}k_1=-\dfrac{3}{7}\\k_2=\dfrac{19}{14}\end{cases}$$

所以

$$U=-\frac{3}{7}U_s+\frac{19}{14}I_s$$

当 $U_s=-1V$、$I_s=2A$ 时，有

$$U=\left(-\frac{3}{7}\right)(-1)+\frac{19}{14}\times 2=\frac{22}{7}\text{ (V)}$$

1.9 等效电源定理

在电路分析中，有时只需要研究复杂电路中的某一部分电路或求某个支路的电压或电流；那么，可以用电路分析方法列出方程组并求解；如果该支路参数发生了变化，电路的连接方式没有变化，需要重新列出方程组求解。为使这类问题的求解较为简单，等效电源定理提供了一个方法：**电路不变部分用一个等效电源来代替**。

图 1-43（a）所示电路，a 和 b 为接线端子，若把右半部分电路去掉，左半部分电路具有两个接线端，反之亦然。把凡是具有两个接线端的部分电路称为**二端网络**，常以 N 表示。不含有电源的二端网络称为无源二端网络，含有电源的二端网络称为有源二端网络。常以

N_0 表示无源二端网络，N_s 表示有源二端网络，如图 1－43（b）所示。

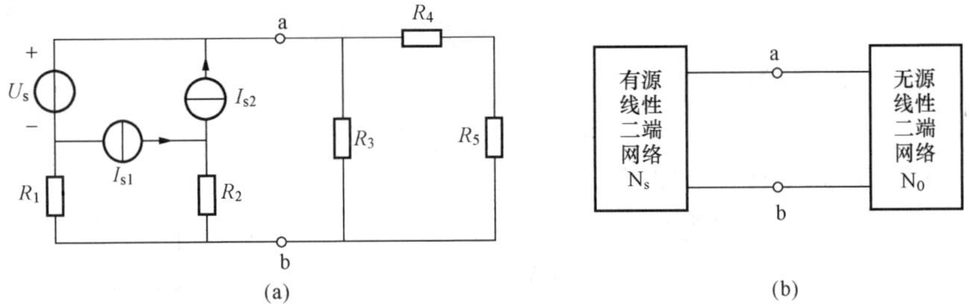

图 1－43　电路图及二端网络

(a) 电路图；(b) 二端网络

等效电源定理就是将有源二端网络用一个等效电源代替，包括**戴维南定理和诺顿定理**。戴维南定理是用电压源模型代替有源二端网络，诺顿定理是用电流源模型代替有源二端网络。

在电路分析中，等效电源定理是最常用定理之一，尤其适用于分析计算某支路或部分电路的电压和电流。

1.9.1　戴维南定理

戴维南定理：任何一个线性有源二端网络都可以用一个电压源与一个电阻串联组合代替。

根据戴维南定理，如图 1－43（a）所示的线性电路可以由图 1－44 来代替。图中 N_0 可以是一个电阻，也可以是局部电路。图 1－44 端子左边的电路称为戴维南等效电路。

因为图 1－43（a）所示电路与图 1－44 所示电路等效，所以它们在端口处具有相同的伏安特性。如果端口 a、b 开路，图 1－43（a）所示电路中 a、b 两端的开路电压一定等于图 1－44 中的电压 U，故

$$U_{oc}=U$$

如果将电路的所有独立源置零（电压源短路，电流源开路），因为两个电路等效，所以图 1－43（a）中 a、b 两端的等效电阻应该等于图 1－44 中的 R_0，故

$$R_0=R_{in}$$

等效电路中的电压源电压等于端点的开路电压，电阻等于所有独立电源为零时无源二端网络的等效电阻，如图 1－45 所示。

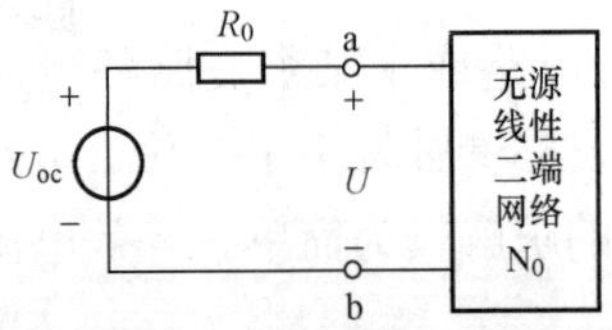

图 1－44　戴维南等效电路

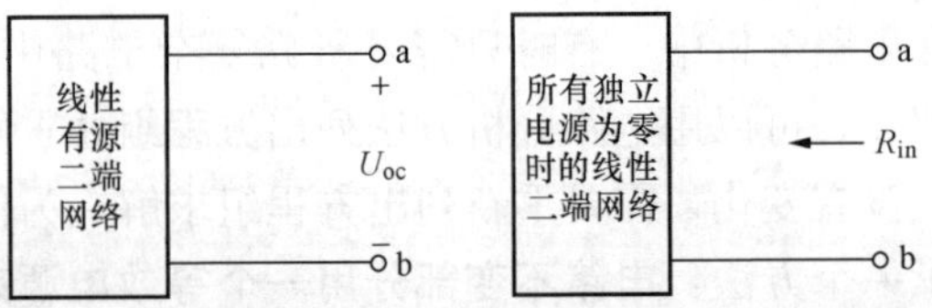

图 1－45　确定 U_{oc} 和 R_0

戴维南定理将一个复杂的电路用一个独立电压源和一个串联电阻来代替，简化了电路分

析和计算，在电路分析中非常重要。

【例 1-17】 电路如图 1-46 所示。已知 $U_s=100V$，$I_s=10A$，$R_1=15\Omega$，$R_2=10\Omega$，$R_3=5\Omega$，$R_4=6\Omega$，试求含源二端网络的戴维南等效电路。

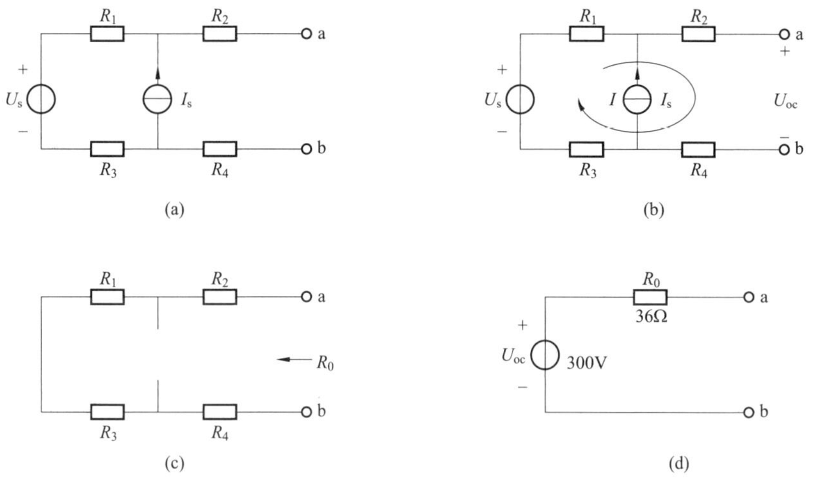

图 1-46 【例 1-17】电路

(a) 原电路；(b) 求 U_{oc}；(c) 求 R_0；(d) 戴维南等效电路

解 (1) 求开路电压 U_{oc}。选择回路如图 1-46 (b) 所示，根据 KVL 列方程有

回路 I
$$R_1I_s-U_{oc}+R_3I_s+U_s=0$$
$$15\times10-U_{oc}+5\times10+100=0$$

则有
$$U_{oc}=300\ (V)$$

(2) 求等效电阻 R_0。电路如图 1-46 (c) 所示，电压源短路，电流源开路，则有
$$R_0=R_2+R_1+R_3+R_4$$
$$=10+15+5+6$$
$$=36\ (\Omega)$$

(3) 画出戴维南等效电路，如图 1-46 (d) 所示。

【例 1-18】 电路如图 1-47 所示，求当电阻 R_L 分别为 1Ω 和 7Ω 时，电流 I。

解 (1) 求开路电压 U_{oc}。从 a、b 处断开待求支路并移去，构成有源二端网络如图 1-47 (b) 所示。

方法一 应用支路电流法求有源二端网络的开路电压。

各支路电流参考方向和回路绕行方向如图 1-47 (b) 所示，由 KCL、KVL 得

节点①
$$I_1-I_2+I_s=0$$

回路 I
$$2I_1+2I_2-8=0$$

代入已知数据
$$I_1=1A,\quad I_2=3A$$

回路 Ⅱ 利用 KVL，有
$$4I_3+2I_2-U_{oc}=0$$

电流 $I_3=0$，则有

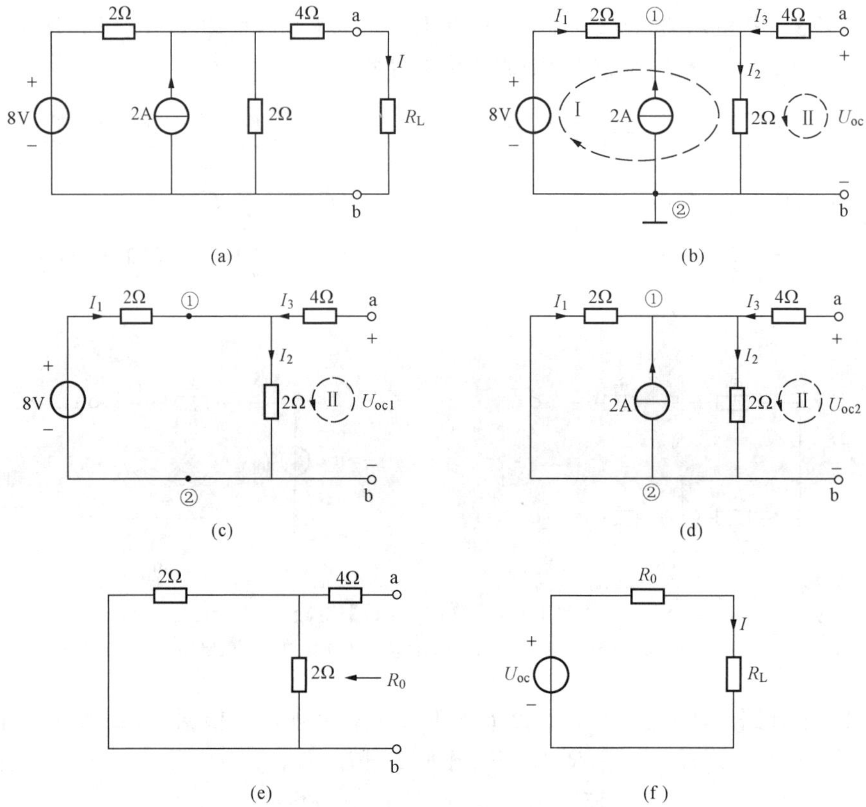

图 1-47 【例 1-18】电路

(a) 原电路；(b) 有源二端网络；(c) 电压源单独作用；(d) 电流源单独作用；
(e) 求等效电阻 R_0；(f) 戴维南等效电路

$$U_{oc}=2I_2=2\times3=6\ (\mathrm{V})$$

方法二 应用节点电压法求有源二端网络的开路电压。

选择节点②为参考节点，各支路电流参考方向如图 1-47（b）所示，因为电流 $I_3=0$，故节点①的电压即为开路电压，节点电压方程为

$$\left(\frac{1}{2}+\frac{1}{2}\right)U_{oc}=2+\frac{8}{2}$$

$$U_{oc}=6\ (\mathrm{V})$$

方法三 应用叠加定理求有源二端网络的开路电压。

电压源单独作用电路如图 1-47（c）所示，将电流源置零，电流 $I_3=0$，故

$$I_1=I_2=\frac{8}{2+2}=2\ (\mathrm{A})$$

$$U_{oc1}=2I_2=2\times2=4\ (\mathrm{V})$$

电流源单独作用电路如图 1-47（d）所示，将电压源置零，电流 $I_3=0$，故

$$I_2=\frac{2}{2+2}\times2=1\ (\mathrm{A})$$

$$U_{oc2}=2I_2=2\times 1=2\ (V)$$

故
$$U_{oc}=U_{oc1}+U_{oc2}=4+2=6\ (V)$$

（2）求等效电阻 R_0。将图 1－47（b）中的电压源短路、电流源开路，得图 1－47（e），其等效电阻

$$R_0=4+\frac{2\times 2}{2+2}=5\ (\Omega)$$

（3）画出戴维南等效电路，接入 R_L 支路，如图 1－47（f）所示，于是

$$I=\frac{U_{oc}}{R_0+R_L}$$

当 $R_L=1\Omega$ 时，有

$$I=\frac{6}{5+1}=1\ (A)$$

当 $R_L=7\Omega$ 时，有

$$I=\frac{6}{5+7}=0.5\ (A)$$

1.9.2　诺顿定理

1926 年，在戴维南公布了他的定理 43 年之后，一位在贝尔电话实验室工作的美国工程师诺顿（E. L. Norton）提出了类似定理，称为诺顿定理。

诺顿定理：任何一个线性有源二端网络都可以用一个电流源与一个电阻并联组合代替。

根据诺顿定理，图 1－48（a）所示的线性电路可以由图 1－48（b）所示的等效电路来代替。

对图 1－48（a）所示电路，如果端口 a、b 短路，其短路电流 I_{sc} 可以通过电路计算求得；对图 1－48（b）所示电路，如果端口 a、b 短路，其短路电流即为 I_{sc}。因为图 1－48 所示两个电路等效，所以

$$I_{sc}=I$$

考虑到电源模型之间的转换关系，诺顿和戴维南的等效电阻是相同的，即

$$R_0=R_{in}$$

等效电路中的电流源电流等于端点的短路电流，电阻等于所有独立电源为零时无源二端网络的等效电阻，如图 1－49 所示。

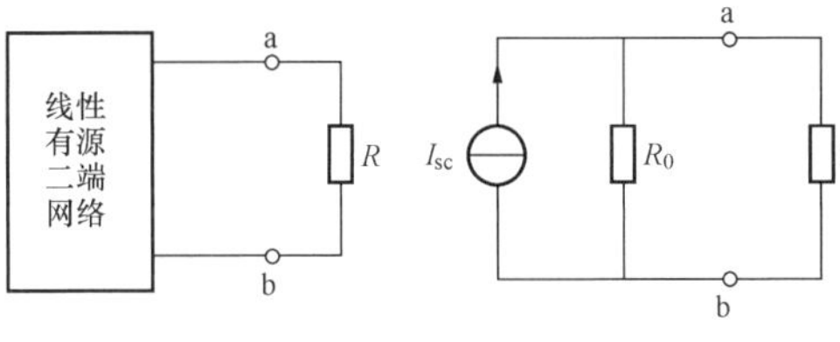

(a)　(b)

图 1－48　诺顿定理

(a) 线性电路；(b) 等效电路

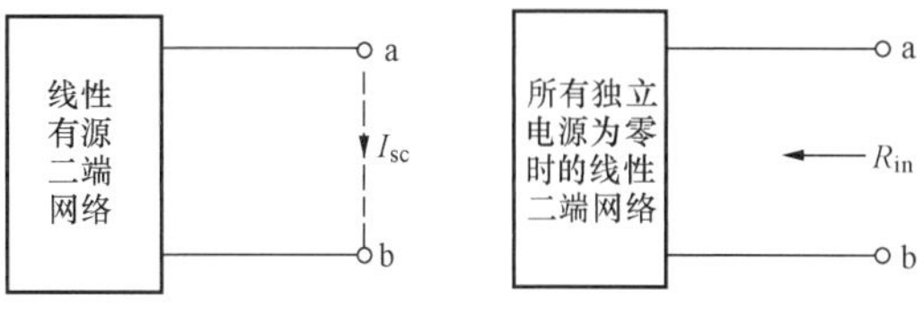

(a)　(b)

图 1－49　确定短路电流和等效电阻

诺顿等效电路和戴维南等效电路共有 U_{oc}、I_{sc} 和 R_0 3 个参数，其中 R_0 不变，存在一个基本关系：$U_{oc}=R_0 I_{sc}$。很显然，这是电压源模型和电流源模型间的转换关系。

【例 1－19】 用诺顿定理求图 1－50（a）所示电路中的电流 I。

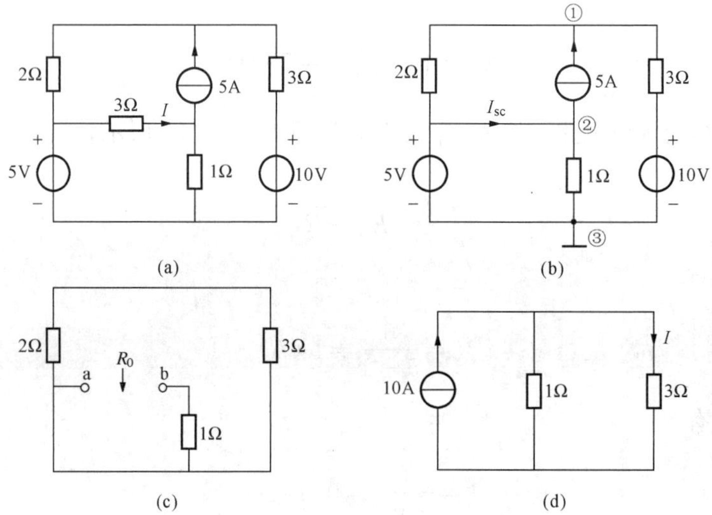

图 1－50 【例 1－19】电路图

（a）原电路；（b）求短路电流；（c）求等效电阻；（d）诺顿等效电路

解 （1）求短路电流 I_{sc}。将待求支路短路，设电流参考方向如图 1－50（b）所示。利用节点电压法，选择节点③为参考节点，则节点②电压为

$$U_2=5(\text{V})$$

对于节点②列 KCL 方程

$$I_{sc}-5-\frac{5}{1}=0$$

$$I_{sc}=10\ (\text{A})$$

（2）求等效电阻 R_0。将图 1－50（a）所示电路中的待求支路移去，电流源开路，电压源短路，得如图 1－50（c）所示电路，其等效电阻

$$R_0=1\ (\Omega)$$

（3）画出诺顿等效电路，接入待求支路，如图 1－50（d）所示，故

$$I=\frac{1}{3+1}\times 10=2.5\ (\text{A})$$

要确定戴维南或诺顿等效电路，就要求解出：

（1）开路电压 U_{oc}。

（2）短路电流 I_{sc}。

（3）独立电源为零时的等效电阻 R_0。

只要用最简单、最方便的方法计算出三个数据中的两个，根据电源转换关系，第三个数据就可以确定，然后画出等效电路。

戴维南 (Léon Charles Thévenin, 1857—1926)，法国电报工程师。在研究了基尔霍夫电路定律以及欧姆定律后，他发现了著名的戴维南定理，用于计算更为复杂电路中的电流。

戴维南出生在法国 Meaux，1876 年毕业于 Ecole Polytechnique。1882 年成为综合高等学院的讲师，1896 年被聘为电信工程学校的校长，随后在 1901 年任电信工坊的首席工程师，在 1914 年成为电报工程师协会的会员。他在 1883 年提出戴维南等效公式，并在 1883 年 12 月发表在法国科学院（French Academy of Science）的 Comptes Rendus 上。文仅一页半，是在直流电源和电阻下推出的。然而，由于其证明所带有的普遍性，实际上它适用于当时未知的其他情况，目前已成为一个重要的电路定理。

*1.10 受控电源电路

前面研究的电压源和电流源，因为都不受外电路的影响而独立存在，所以是独立电源。在电子电路中，还常遇到另一类型的电源，它们的电压源或电流源并不独立存在，而受电路中另一处的电压或电流控制，称为**受控电源**。

受控电源是从实际的电子器件（如晶体管、真空管等）抽象出来的数学模型。从表面上看，受控电源与独立电源有类似之处，但它们却有本质的区别。独立电源的电压或电流是客观存在的，不论它是否接入电路，该电压或电流始终存在；而受控电源单独存在时并无输出。

根据受控电源在电路中呈现的是电压还是电流，以及这一电压或电流是受电路中另一处的电压还是电流所控制，受控电源可分成电压控制电压源（VCVS）、电流控制电压源（CCVS）、电压控制电流源（VCCS）及电流控制电流源（CCCS）四种类型，如图 1-51 所示。

在电路图中，受控电源用菱形表示。图 1-51 中 u_1 和 i_1 分别表示控制电压和控制电流，μ、r、g、β 分别是有关的控制系数，这里 μ 和 β 是无量纲的纯数，r 具有电阻的量纲，g 具有电导的量纲。当这些系数为常数时，被控制量和控制量成正比，这样的受控电源称为**线性受控电源**。

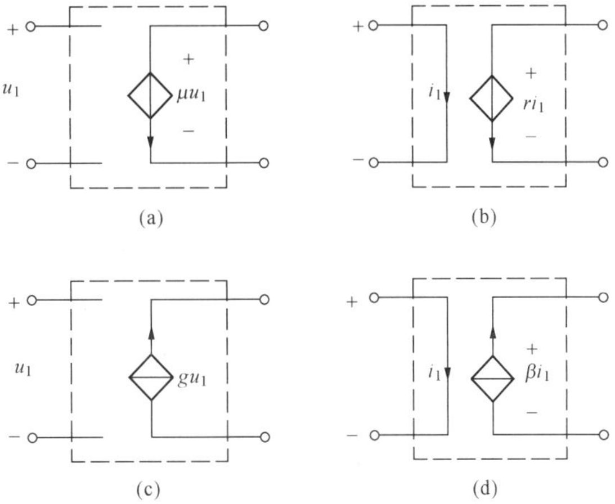

图 1-51 四种理想受控电源的电路模型

(a) VCVS；(b) CCVS；(c) VCCS；(d) CCCS

受控电源与独立电源的特性完全不同，它们在电路中所起的作用也完全不同。独立电源是电路的输入或激励，它为电路提供按给定时间函数变化的电压和电流，从而在电路中产生电压和电流。

受控电源则描述电路中两条支路电压和电流间的一种约束关系，它的存在可以改变电路中的电压和电流，使电路特性发生变化。假如电路中不含独立电源，不能为控制支路提供电压或电流，则线性受控电源以及整个线性电阻电路的电压和电流将全部为零。

对含有受控电源的线性电路，可以用前面所讲的分析方法进行分析与计算，但必须注意其激励电压（电流）是取决于控制量的。

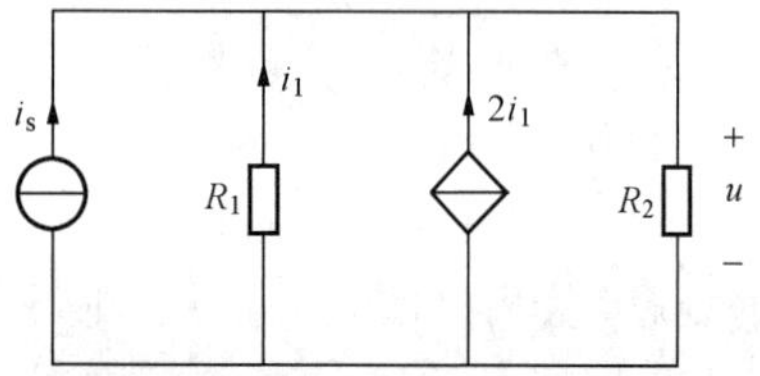

图 1 - 52 【例 1 - 20】电路图

【例 1 - 20】 电路如图 1 - 52 所示。已知 $R_1=4\Omega$，$R_2=2\Omega$，$i_s=10A$，试求电路中电压 u。

解 根据 KCL 有

$$-i_s+i_1-2i_1+\frac{u}{2}=0$$

根据欧姆定律得 $i_1=\frac{u}{4}$，则

$$-i_s+\frac{u}{4}-\frac{u}{2}+\frac{u}{2}=0$$

$$u=4i_s=4\times 10=40\ (\text{V})$$

*1.11 应　　用

本节讨论两个应用问题，最大功率传输和直流输电。

1.11.1 最大功率传输

在许多实际应用场合，电路是用来对负载提供功率的。对于电力系统而言，应保证有效地传输和利用电能，设法减少损耗，提高效率。对于电子装置，要考虑效率和经济性，同样要求损失的功率最小。但是，对于通信或信息处理系统等，本身设备的功率较小，这时，关心的并不是效率，而是要求传递到负载的功率最大。

若将已知有源二端网络等效为戴维南电路［如图 1 - 53（a）所示］，负载电阻 R_L 可调，则负载获得的功率为

$$p=i^2R_L=\left(\frac{u_{oc}}{R_0+R_L}\right)^2R_L$$

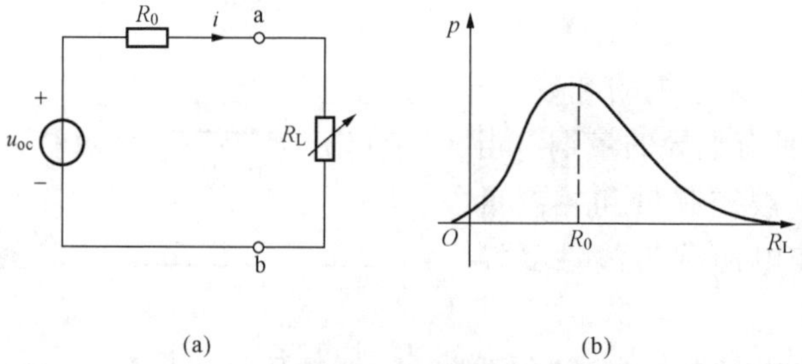

图 1 - 53 最大功率传输

(a) 电路图；(b) 最大功率传输曲线

因电路参数已知，所以 u_{oc} 和 R_0 通过计算可得到，固定不变。这时，改变负载电阻 R_L，则负载获得的功率也随之变化，其曲线如图 1 - 53（b）所示。由图 1 - 53（b）可见，

负载电阻在某个值时，所获得的功率最大，功率最大时负载电阻 R_L 等于戴维南等效电阻 R_0，即 $R_0=R_L$，该条件称为**最大功率定理**。

若将已知有源二端网络等效为诺顿电路，会得到同一个结论，因此**当负载电阻等于等效电源电路电阻时，获得的功率最大**。

$R_L=R_0$ 称为负载电阻与二端网络等效电阻匹配，也称为**最大功率匹配条件或最大功率传输条件**。因此，最大功率为

$$p_{max}=\frac{u_{oc}^2}{4R_0}$$

【例 1-21】 图 1-54（a）所示电路，若负载 R_L 可以任意改变，问 R_L 为何值时得到最大功率，并求出最大功率和功率传输效率。

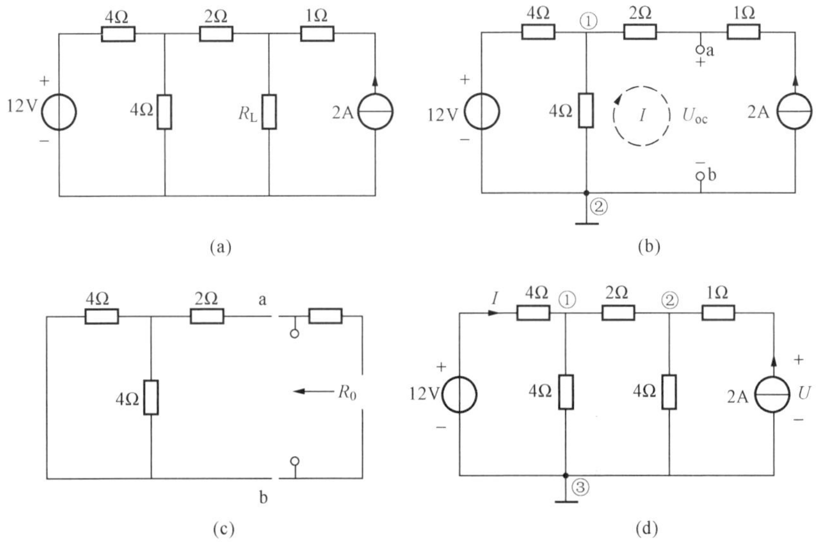

图 1-54 【例 1-21】电路图

（a）原电路；（b）求开路电压；（c）求等效电阻；（d）求最大传输功率

解 （1）负载支路 R_L 在 a、b 处断开，其余二端网络用戴维南等效电路代替，求开路电压 U_{oc}。如图 1-54（b）所示，利用节点电压法，选择节点②为参考节点，有

$$\left(\frac{1}{4}+\frac{1}{4}\right)U_1=\frac{12}{4}+2$$

$$U_1=10\text{（V）}$$

回路 I 利用 KVL，有

$$-U_{oc}+2\times2+U_1=0$$

$$U_{oc}=14\text{（V）}$$

（2）求等效电阻 R_0。将图 1-54（a）中的 R_L 移去，电压源短路，电流源开路，电路如图 1-54（c）所示，则

$$R_0=2+\frac{4\times4}{4+4}=4\text{（Ω）}$$

（3）根据最大功率传输条件，当 $R_L=R_0=4\Omega$ 时，负载获得最大功率，即

$$p_{\max}=\frac{u_{\mathrm{oc}}^2}{4R_0}=\frac{14^2}{4\times4}=12.25\ (\mathrm{W})$$

功率传输效率是负载吸收的功率所占电源产生的功率的比例。

如图1-54（d）所示，当$R_L=R_0=4\Omega$时，选择节点③为参考节点，列节点电压方程，有

$$\left(\frac{1}{4}+\frac{1}{4}+\frac{1}{2}\right)U_1-\frac{1}{2}U_2=\frac{12}{4}$$

$$-\frac{1}{2}U_1+\left(\frac{1}{2}+\frac{1}{4}\right)U_2=2$$

补充方程

$$I=\frac{12-U_1}{4}$$

$$U=U_2+1\times2$$

解得 $I=1.375\ (\mathrm{A}),\quad U=9\ (\mathrm{V})$

电压源产生的功率为

$$p_1=12I=12\times1.375=16.5\ (\mathrm{W})$$

电流源产生的功率为

$$p_2=2U=9\times2=18\ (\mathrm{W})$$

$$\eta=\frac{p_{\max}}{p_1+p_2}\times100\%=\frac{9}{16.5+18}\times100\%=26.1\%$$

由此可见，电路满足最大功率传输条件，但功率传输的效率并不高，这是因为给负载最大功率时会使电路内部功率损耗明显增大。

1.11.2 高压直流输电

我国土地辽阔，水力资源丰富，且大部分集中在西南、西北地区，到目前为止，开发程度不到1/3，开发潜力很大；另外，全国超过70%煤炭蕴藏量在西北、东北地区，而用电区主要集中在东南部沿海地区。这就决定了我国西电东送、北电南送的格局。

高压直流输电是将发电厂发出的交流电通过换流阀变成直流电，然后通过直流输电线路送至受电端再变成交流电，注入受电端交流电网。现代直流输电系统中，只有输电环节是直流电，发电系统和用电系统仍然是交流电。

直流输电的发展历史已有百余年了。我国直流输电技术在20世纪80年代得到发展，建成了舟山直流输电工程（±100kV，100MW，55km）和代表当时世界先进水平的葛—上（葛洲坝—上海）±500kV高压直流输电工程。到20世纪90年代以后，天广（天生桥—广东）、三常（三峡—常州）、三广（三峡—广东）和贵广（贵州—广东）±500kV高压直流输电工程分别投入运行。2006年12月19日，云广（云南—广东）±800kV特高压直流输电工程开工，线路全长1438km。2007年12月21日，四上（四川—上海）±800kV特高压直流输电示范工程动工修建，全长1907km，途经8省市，四次跨越长江，铁塔共计3939基，动态投资232.74亿元，2010年7月8日正式投入运营。

我国目前建成的高压直流输电工程均为两端直流输电系统，两端直流输电系统可以采用双极和单极两种运行方式。

在双极运行方式中，利用正负两极导线和两端换流站的正负极相连，构成直流侧的闭环回路。两端接地极所形成的大地回路可作为输电系统的备用导线。正常运行时，直流电流的路径为正负两根极导线。实际上，它们是由两个独立运行的单极大地回路系统构成。正负两极在地中的电流方向相反，地中电流为两极电流之差。两极电流之差形成的电流为不平衡电流，由接地极导引入大地。在双极运行时，不平衡电流一般控制在额定电流的1%之内。

单极运行方式又分为单极金属返回和单极大地返回两种运行方式。在单极金属返回运行方式中，利用两根导线构成直流侧的单极回路，直流线路中的一根导线用作正极导线或负极导线，另一根用作金属返回线。在此运行方式中，地中无电流通过。在单极大地返回运行方式中，利用一根或两根导线和大地构成直流侧的单极回路。在该运行方式中，两端换流站均需接地，大地作为一根导线，通过接地极入地的电流即为直流输电工程的运行电流。

高压直流输电与交流输电相比，有以下优点：

(1) 高压直流输电具有明显的经济性。对于架空线路，交流输电通常采用3根导线，而直流单极只需1根，双极只需2根，而输送的功率相同；另外，直流输电线路的杆塔结构也比同容量的三相交流输电线路的简单，同时大幅减少了线路走廊占地面积，对于电缆线路，其投资费和运行费都更为经济。在供电距离达到一定程度时，用高压直流电缆更为经济。

高压直流输电线路不产生电容电流，也就没有无功损耗，基本上只有芯线电阻损耗，绝缘电压相对较低。而在交流高压输电线路中，空载电容电流极为可观，线路损耗比较大。

(2) 高压直流输电适宜于海下输电。交流输电线路，除了芯线的电阻损耗外，还有绝缘中的介质损耗以及铅包和铠装中的磁感应损耗等。而高压直流输电线路，基本上只有芯线的电阻损耗。海底电缆长度超过40km时，采用高压直流输电无论是经济上还是技术上更为合理，故世界上远距离跨海输电一般都采用直流。目前最长的海缆工程已达到250km以上。

(3) 高压直流输电适宜大容量、远距离输电，没有系统的稳定问题。交流输电必须同步运行，其输送的功率有一定的极限，如果超过这一极限，送端的发电机和受端的发电机可能失去同步而造成系统的解列。高压直流输电不受同步运行稳定性问题的制约，对保证两端交流电网的稳定运行起了很大作用，因此适宜于远距离大功率输电，大电网之间通过高压直流输电互联，可迅速进行功率支援等。采用±800kV高压直流输电的距离可达2500km以上。

(4) 高压直流输电控制方便、速度快，运行可靠。高压直流输电工程的一个极发生故障时另一个极能继续运行，且可充分发挥其过负荷能力，即可以不减少或少减少输送功率损失，发生故障的损失比交流输电的小。输送功率的大小和方向可以快速控制和调节；能够通过换流站的无功功率控制，调节系统的交流电压；直流本身又带有调制功能，可以根据系统的要求作出反应。

(5) 由于高压直流架空线路具有“空间电荷”效应，即集肤效应，其电晕损耗和无线电干扰均比交流架空线路要小。

随着我国城市化进程的不断加速，城市配电网面临着严峻的挑战。城市配电网中，电动汽车、信息设备（如计算机与微处理器、通信系统设备、智能终端、传感器与传感器网络等）、半导体照明系统（LED）等直流负荷不断增加，建立直流配电网将减少电力变换环节，大幅提高供电效率。

图 1-55　高压直流输电线路

城市人口密度不断上升，负荷密集区用电量不断加大，原有的交流配电网已经难以满足供电要求。电力扩容所需的架空输电走廊已难获得，交流地下电缆输电的输送距离又受容性电流限制（研究表明，400～500kV电压等级交流电缆输送距离最大仅为50km），而使用地下直流电缆输电可避免容性电流问题，实现远距离输电。综上所述，直流配电网具有巨大优势：

（1）直接为直流负荷供电，减少中间电力变换环节。

（2）没有无功电流，增加传输容量与传输距离。

（3）易于实现分布式发电直接接入。

（4）只需两根导线，建设成本较低。

我国城市配电网可以采取分区供电的方式，交流负荷区采用交流配电，直流负荷区采用直流配电。直流配电可以增大电缆传输容量，足以满足城市直流负荷区供电要求，这也会缓解交流负荷区的供电压力；同时，可以将直流负荷区直流母线连入交流负荷区直流接入点，实现互相支持。

直流配电网还可以有效地集成楼宇太阳能发电、风电等分布式新能源发电。因此，直流配电网在微电网建设、大型离岸风电场内部联网及并网中都是较为理想的解决方案。

习　题　1

1.1　图 1-56 所示电路中，选择④为参考点，试求①、②、③各点电位及 U_{13}。

1.2　如图 1-57 所示电路中，当选取①为参考点时，②、③、④、⑤各点的电位分别为−5V、−2V、1V、8V，试求当选取③为参考点时，其余各点电位。

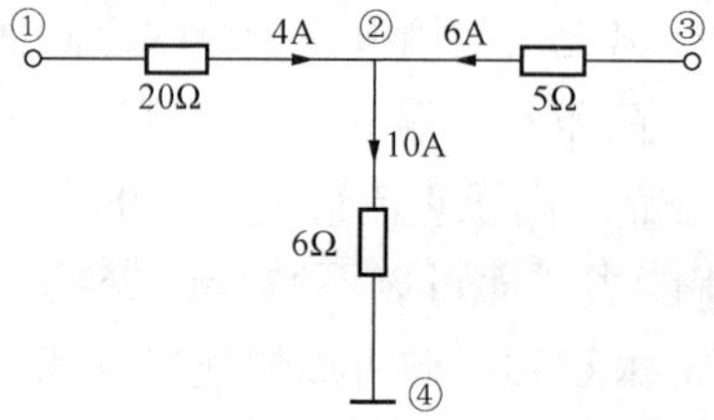

图 1-56　题 1.1 电路

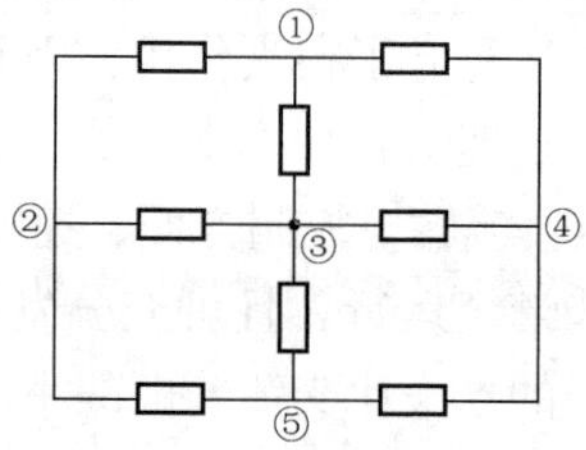

图 1-57　题 1.2 电路

1.3　计算图 1-58 中各元件的功率，说明元件是吸收功率或发出功率。

1.4　如图 1-59 所示，图 1-59（a）中元件吸收的功率为 30W，图 1-59（b）中元件发出的功率为−10W，计算两电路中电压 U，并标注电压参考方向。

1.5　已知图 1-60 中五个元件的电流和电压为：$I_1=2A$，$I_2=-3A$，$I_3=-1A$，$U_1=-10V$，$U_2=5V$，$U_3=8V$，$U_4=-2V$，$U_5=-13V$。其参考方向如图中所示，试判断：

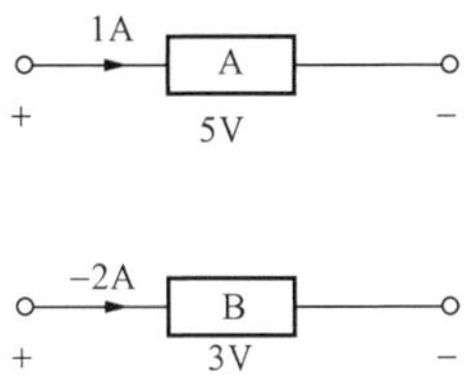

图 1 - 58　题 1.3 电路

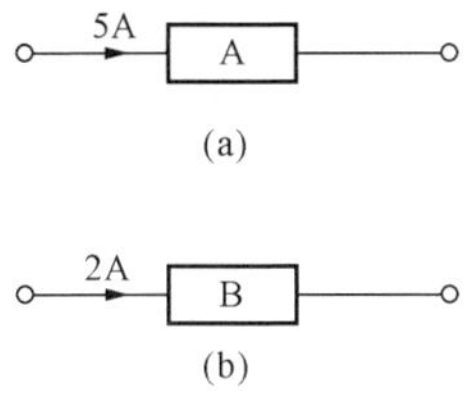

图 1 - 59　题 1.4 电路

(1) 各电流的实际方向和各电压的实际极性，并另画图表示。

(2) 哪些是电源，哪些是负载。它们的功率各是多少。

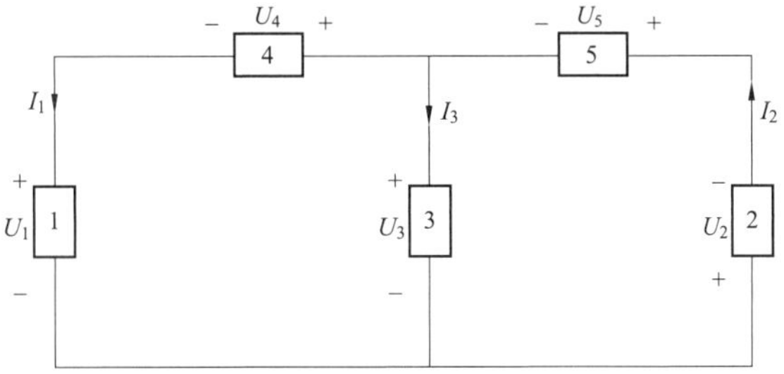

图 1 - 60　题 1.5 电路

1.6　一个额定电压为 220V 的电热器，由两根 4Ω 的电阻丝组成，这两个电阻丝串联时为低热，若并联为高热，试求在两种状态下的功率。

1.7　三个灯泡的额定值分别为 220V、15W，220V、40W，220V、100W，试分别计算三个灯泡串联和并联时流过每个灯泡的电流。

1.8　电路如图 1 - 61 所示，已知 $U_s=12V$，$I_s=1A$，$R_1=3\Omega$，$R_2=6\Omega$，$R_3=1\Omega$，$R_4=8\Omega$，利用电源等效，求 I。

1.9　电路如图 1 - 62 所示，已知 $U_{s1}=30V$，$U_{s2}=40V$，$I_s=16A$，$R_1=3\Omega$，$R_2=8\Omega$，$R_3=6\Omega$，$R_4=2\Omega$，利用电源等效，求 I。

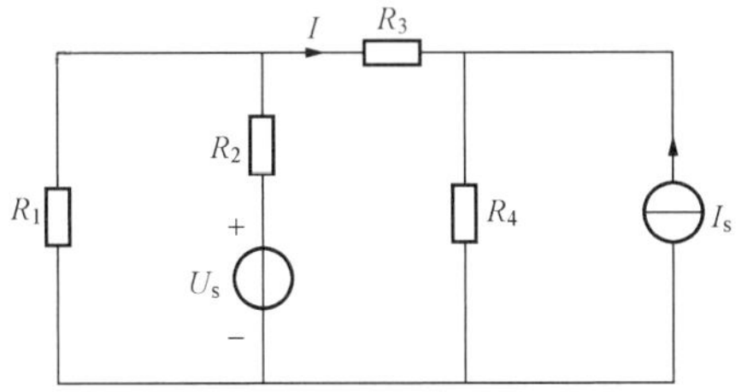

图 1 - 61　题 1.8 电路

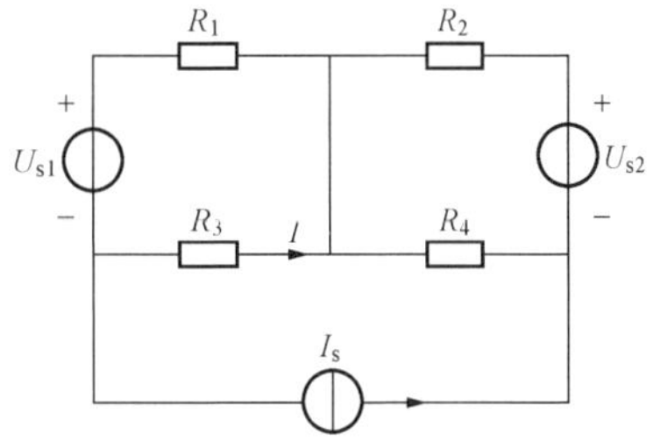

图 1 - 62　题 1.9 电路

1.10　求图 1 - 63 所示电路中的电压 U。

1.11　试求图 1 - 64 所示电路中每个元件的功率。

1.12　电路如图 1 - 65 所示，试列出 KCL、KVL 方程。

1.13　电路如图 1 - 66 所示。已知 $U_s=5V$，$I_s=1A$，$R_1=3\Omega$，$R_2=2\Omega$，利用基尔霍夫定律求 U。

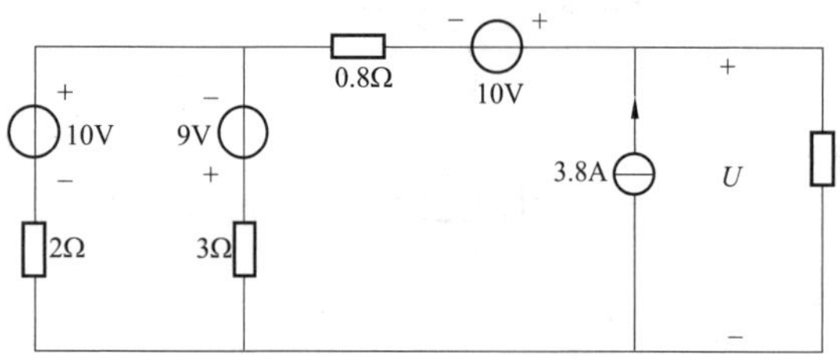

图 1－63　题 1.10 电路

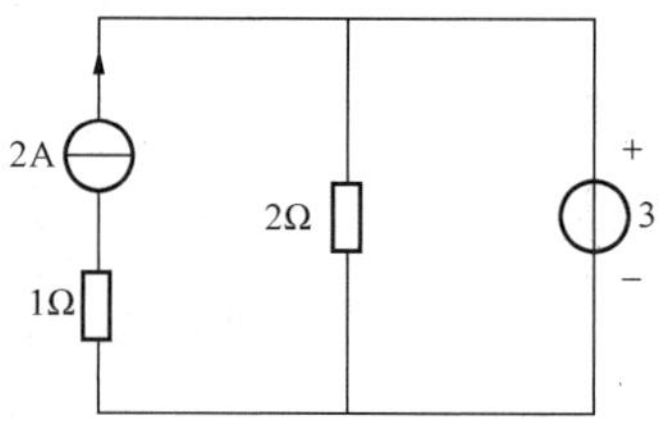

图 1－64　题 1.11 电路

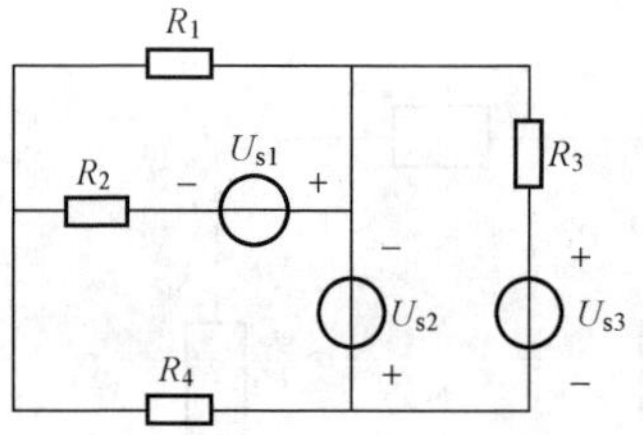

图 1－65　题 1.12 电路

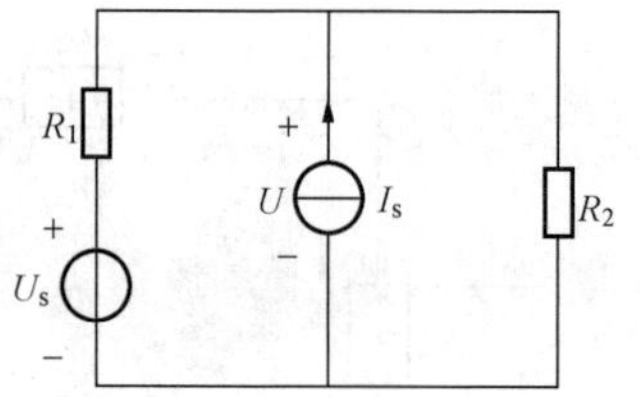

图 1－66　题 1.13 电路

1.14　电路如图 1－67 所示，利用基尔霍夫定律求 U。

1.15　电路如图 1－68 所示。已知 $U_{s1}=20V$，$U_{s2}=15V$，$I_s=4A$，$R_1=10\Omega$，$R_2=10\Omega$，$R_3=5\Omega$，利用支路电流法求各支路电流。

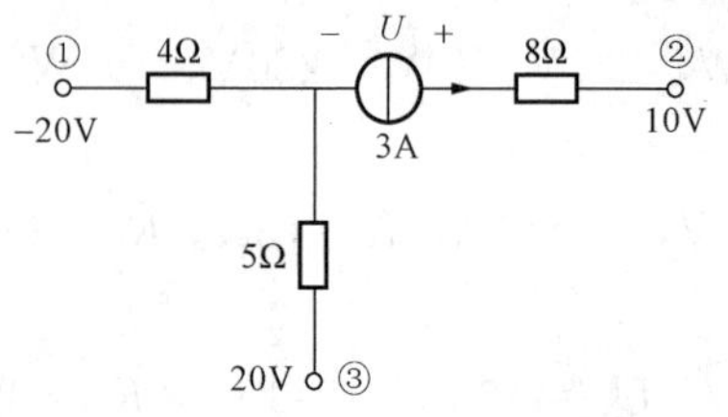

图 1－67　题 1.14 电路

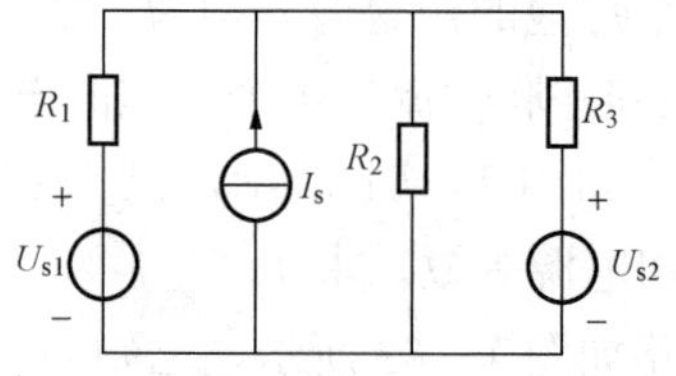

图 1－68　题 1.15 电路

1.16　电路如图 1－69 所示。已知 $U_{s1}=1V$，$U_{s2}=3V$，$I_s=4A$，$R_1=2\Omega$，$R_2=2\Omega$，$R_3=1\Omega$，$R_4=2\Omega$，利用支路电流法求电流 I。

1.17　求图 1－70 所示电路中的电流 I。

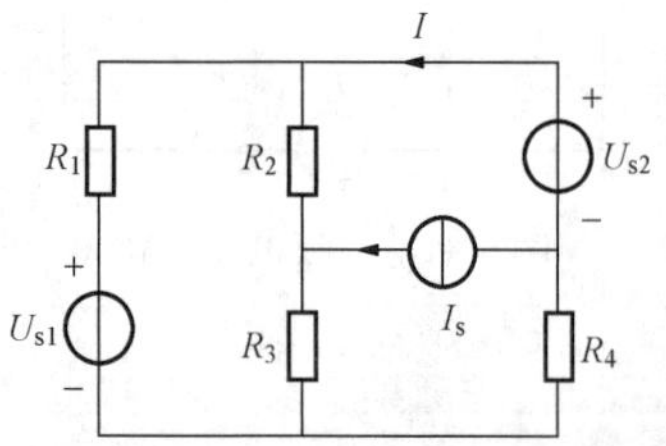

图 1－69　题 1.16 电路

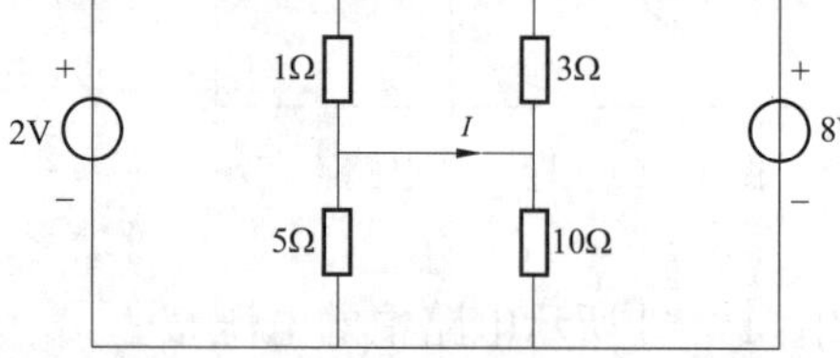

图 1－70　题 1.17 电路

1.18　电路如图 1－71 所示。已知 $I_{s1}=3A$，$I_{s2}=6A$，$I_{s3}=5A$，$R_1=4\Omega$，$R_2=1\Omega$，$R_3=2\Omega$，写出节点电压方程，并求各节点电压。

1.19　电路如图 1－72 所示，求各节点电压。

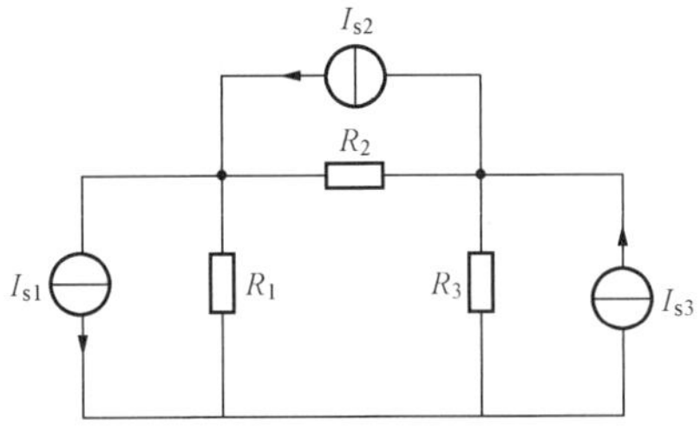

图 1－71　题 1.18 电路

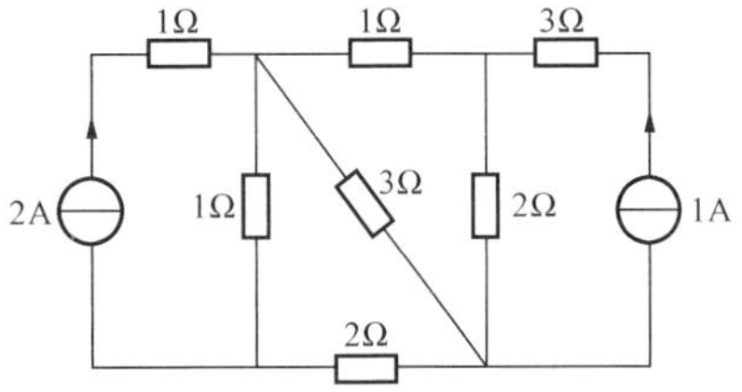

图 1－72　题 1.19 电路

1.20　电路如图 1－73 所示，利用节点电压法求电流 I。

1.21　电路如图 1－74 所示，利用叠加定理求电流 I。

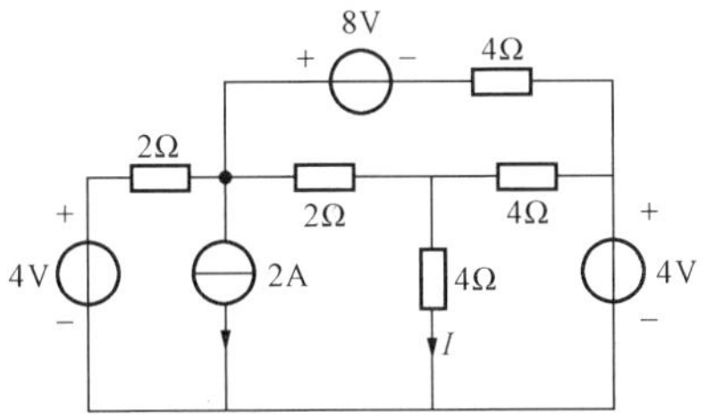

图 1－73　题 1.20 电路

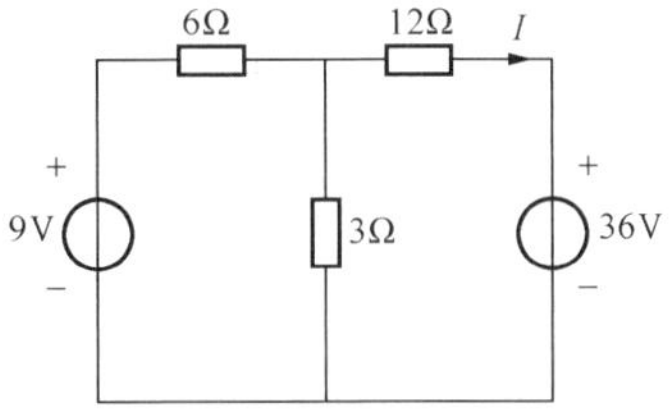

图 1－74　题 1.21 电路

1.22　电路如图 1－75 所示，利用叠加定理求电压 U。

1.23　电路如图 1－76 所示。若 $I=0$ 时，利用叠加定理求电流源电流 I_s。

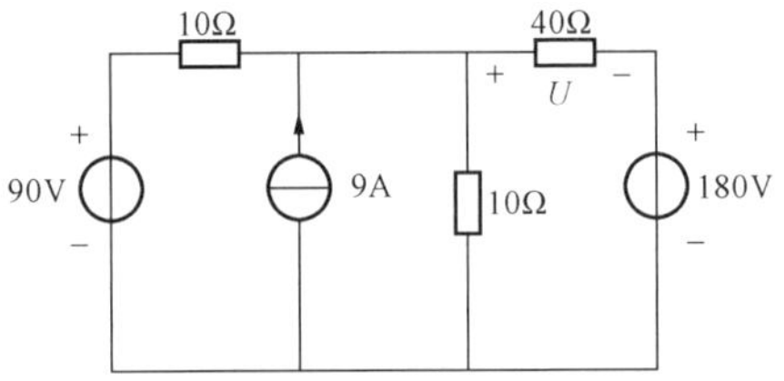

图 1－175　题 1.22 电路

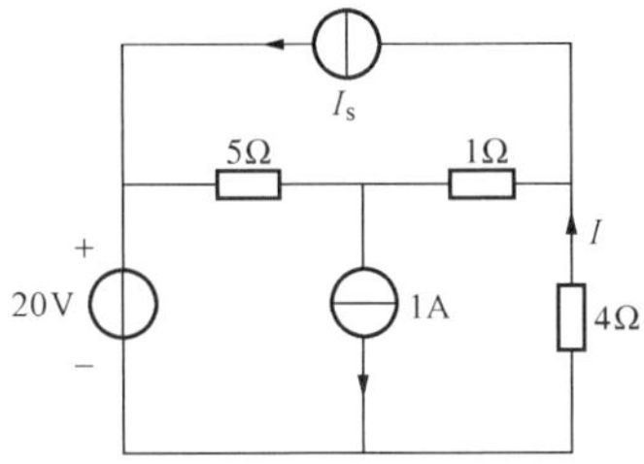

图 1－76　题 1.23 电路

1.24　电路如图 1－77 所示，利用支路电流法、节点电压法和叠加定理，求图中各元件的功率，并验证功率平衡。

1.25　电路如图 1－78 所示，求戴维南等效电路和诺顿等效电路。

1.26　电路如图 1－79 所示，利用戴维南定理求电流 I。

1.27　电路如图 1－80 所示。已知 $U_s=6\text{V}$，$I_s=3\text{A}$，$R_1=6\Omega$，$R_2=2\Omega$，$R_3=3\Omega$，$R_4=2\Omega$，利用戴维南定理求电流 I。

1.28　电路如图 1－81 所示，利用戴维南定理和诺顿定理求电压 U_0。

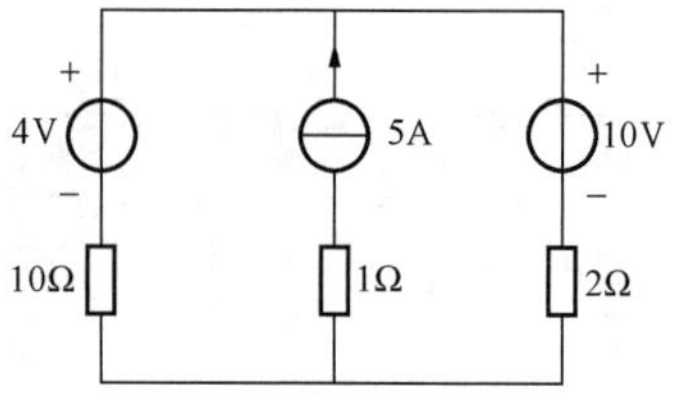

图 1－77　题 1.24 电路

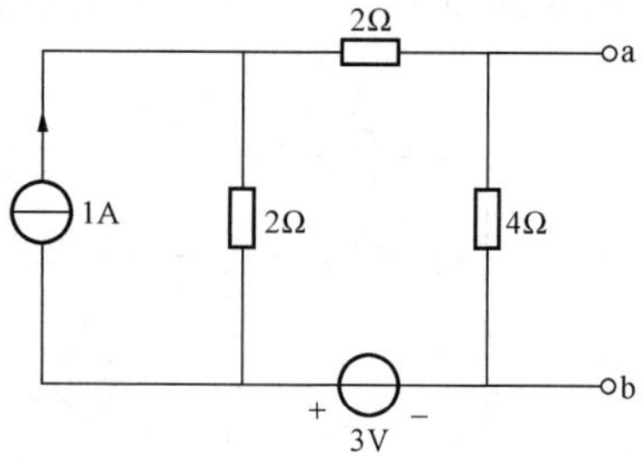

图 1－78　题 1.25 电路

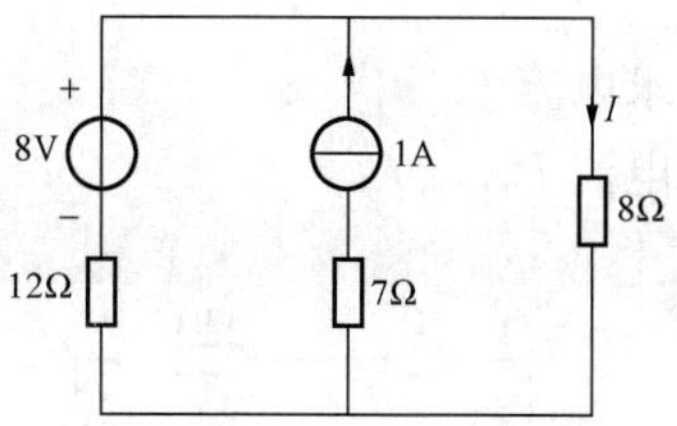

图 1－79　题 1.26 电路

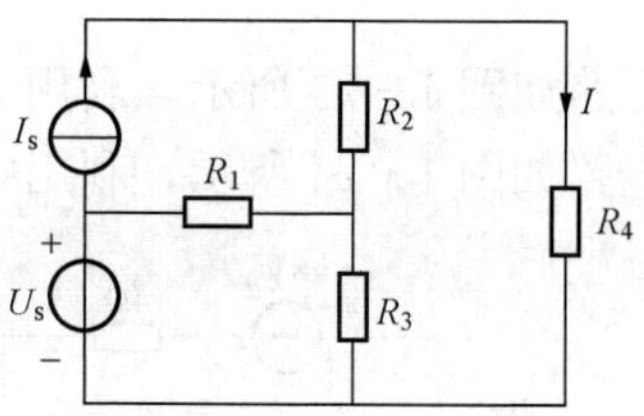

图 1－80　题 1.27 电路

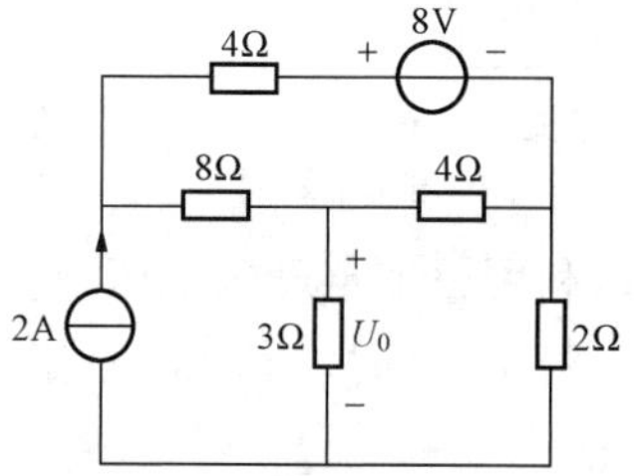

图 1－81　题 1.28 电路

第2章 电路的暂态分析

本章首先介绍暂态分析的基本概念和电容、电感两种理想电路元件，然后介绍电容和电感充放电的规律，最后归纳出一阶电路暂态分析的三要素法。

2.1 暂态分析的基本概念

电路的结构和电路元件的参数一定时，电路的工作状态一定，电压和电流是不会改变的，这时电路所处的状态称为**稳定状态**，简称**稳态**。

当电路在接通、断开、改接以及参数和电源发生突变时，都会引起电路工作状态的变化，把上述诸因素引起电路工作状态的变化统称为电路的**换路**。

换路后，旧的工作状态被破坏，新的工作状态在建立，电路将从一个稳态变化到另一个稳态，这种变化往往不是瞬间完成的，而是有一个过渡过程的。电路的过渡过程往往为时短暂，所以电路在过渡过程中的工作状态称为**暂态**，过渡过程又称为**暂态过程**。

电路在换路后为什么会有过渡过程呢？这是因为电路元件中能量的储存和释放是需要一定时间的。当电路中有储能元件电容器或电感器时，而且换路的结果将引起电容器中的电场能或电感器中的磁场能发生变化的话，电路中就会出现过渡过程。可见，换路是引起过渡过程的外因，而电容器中的电场能和电感器中的磁场能的不能突变则是引起过渡过程的内因。

尽管过渡过程的时间一般很短，比如几秒钟，甚至若干微秒或纳秒，但是在某些情况下，其影响却是不可忽视的，而且在近代电工和电子技术中还常常要利用过渡过程的特性来解决某些技术问题。例如电子式时间继电器的延时就是由电容器充放电的快慢程度决定的，要计算延时的长短，首先必须掌握充放电时电压与电流的变化规律。又如在电子技术中还常常利用过渡过程来改善或变换信号的波形。另一方面，又要注意到过渡过程中可能出现的过电压和过电流，以便采取适当措施，使电路中的电路元件免遭损坏。

本章只讨论仅含有一个储能元件（电容器或电感器）或经等效简化后只含一个储能元件的电路的暂态过程。

2.2 储 能 元 件

引起暂态过程的内因是储能元件（电容器和电感器）储存的能量不能突变，因而在对具体电路进行暂态分析以前，先介绍电容器和电感器这两种理想电路元件。

2.2.1 电容器

电容器是用来表征电路中电场能储存这一物理性质的理想元件。如图 2-1 所示，当电路中有电容器存在时，它的两个被绝缘体隔开的金属极板上会聚集起等量而异号的电荷。电压 u 越高，聚集的电荷 q 越多，产生的电场越强，储存的电场能就越多。若电荷 q 和电压 u 之间是线性函数关系，则称为**线性电容**；若电荷 q 和电压 u 之间不是线性函数关系，则称为

非线性电容。

在线性电容的情况下，q 与 u 的比值称为电容，即

$$C=\frac{q}{u} \tag{2-1}$$

式中：q 为电容器中聚集的电荷，C（库［仑］），u 为电压，V（伏［特］）；C 为电容器的电容 F（法［拉］），由于 F 的单位太大，实际使用中常采用 μF（微法）或 pF（皮法），$1F=10^{6}\mu F=10^{12}pF$。

当电路的某一部分只具有储存电场能的性质时，这一部分电路便可用图 2-1（b）所示的理想电容元件来代替。

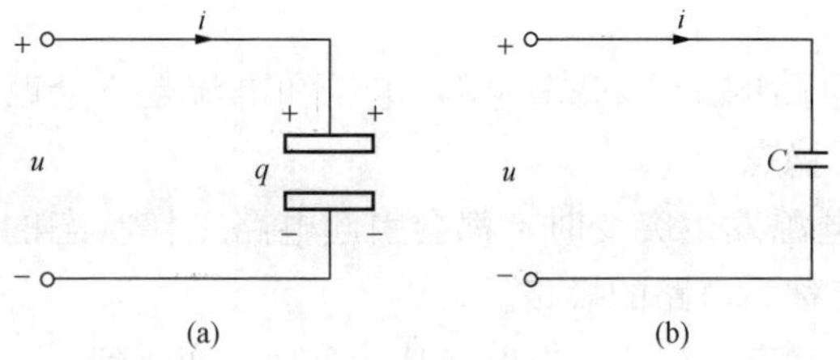

图 2-1　电容
（a）电容模型；（b）理想电容

当电容两端的电压 u 随时间变化时，电容两端的电荷 q 也将随之变化，电路中便出现了电荷的移动，即有了电流。将式（2-1）代入式 $i=\frac{dq}{dt}$ 中便可得到电容电压与电流的关系，即

$$i=C\frac{du}{dt} \tag{2-2}$$

当电压和电流随时间变化时，它们的乘积称为瞬时功率，也是随时间变化的。电容的瞬时功率为

$$p=ui=Cu\frac{du}{dt}$$

当 u 的绝对值增大时，$u\frac{du}{dt}>0$，$p>0$，说明此时电容从外部吸收电功率，把电能转换成了电场能；当 u 的绝对值减小时，$u\frac{du}{dt}<0$，$p<0$，说明此时电容向外部输出电功率，电场能又转换成了电能。可见，电容中储存电场能的过程是能量的可逆转换过程。在 $t=0\sim t$ 这段时间内，电压从零增大到某一数值 U，电容元件吸收的能量为

$$W_C=\int_0^t p\,dt=\int_0^t ui\,dt=\int_0^U Cu\,du=\frac{1}{2}CU^2 \tag{2-3}$$

电容元件吸收的能量以电场能量的形式储存在元件的电场中。

由于 $p=\frac{dW_C}{dt}$，如果外部不能向电容提供无穷大的功率，电场能就不可能发生突变。因此，电容的电压 u 也不可能发生突变。

在稳态直流电路中，电容两端的电压不随时间变化，即式（2-2）中电流 $I=0$，电容相当于开路，即电容有隔离直流的作用，简称**隔直作用**。

实际的电容元件即电容器，并不是一个完全理想的电容元件，它总要消耗一些电能。消耗电能的原因为：①极板间绝缘介质的电阻不可能是无穷大，而且由于温度、湿度对绝缘电阻的影响很大，所以会产生漏电现象，这些微小的漏电流通过介质时会消耗电能；②介质在交变电压作用下被反复地极化也要消耗电能，这种能量损耗称为介质损耗，特别是当电压的频率很高时，介质损耗更大。过大的介质损耗会引起电容器的过热甚至损坏，因此电容器用

在交流电路中的耐压值要比用在直流电路中的耐压值低得多。频率越高，耐压值越低。

电容器上一般都标有电容的标称值、误差和额定工作电压。**额定工作电压**是电容器长期（通常不少于 10000h）可靠地安全工作的最高电压。每种绝缘介质都只能承受一定的电场强度，当电场强度达到一定值时，介质分子中的束缚电子在很大的电场力作用下会被释放而成为自由电子，这些电子获得了很大的速度，当撞击其他原子时，又可能产生更多的自由电子，这样，绝缘介质的绝缘性能便会被破坏，从而使绝缘介质变成了导体，这种现象称为击穿。因此，当电压达到某一值时，电容器中的介质便会被击穿，这个电压称为**击穿电压**。电容器的额定工作电压一般约为击穿电压的 1/3～2/3。

2.2.2　电感器

电感器是用来表征电路中磁场能储存这一物理性质的理想元件。当电路中有电感器存在时，电流通过其线圈产生比较集中的磁场，因此必须考虑磁场能存储的影响。

在图 2-2（a）中，设线圈的匝数为 N，电流 i 通过线圈时产生的磁通为 Φ，两者的乘积称为线圈的**磁链**，即

$$\Psi = N\Phi \tag{2-4}$$

磁链与电流的比值称为电感器的**电感**，即

$$L = \frac{\Psi}{i} \tag{2-5}$$

式中：Ψ 和 Φ 的单位为 Wb（韦［伯］）；i 的单位为 A（安［培］）；L 的单位为 H（亨［利］）。

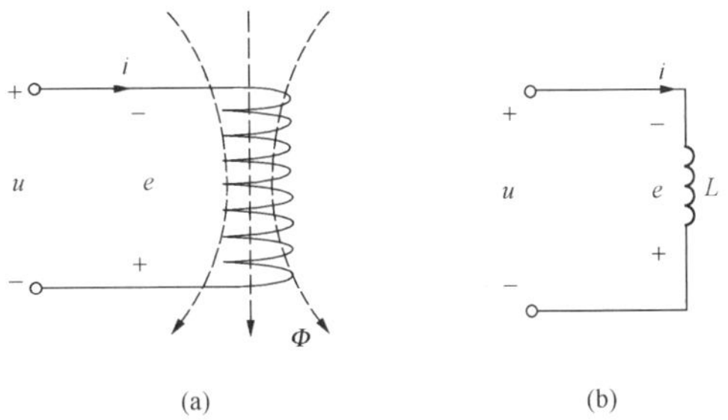

图 2-2　电感

（a）电感模型；（b）理想电感

当 Ψ 与 i 的比值是一个大于零的常数，且其韦安特性曲线是一条通过坐标原点的直线时，这种电感称为**线性电感**，否则是非线性电感。

如果线圈的电阻很小，可以忽略不计，而且线圈的电感为线性电感时，该线圈便可用图 2-2（b）所示的理想电感元件来代替。当线圈中的电流变化时，磁通和磁链将随之变化，并且在线圈中产生感应电动势。当规定 e 的方向与磁场线的方向符合右手螺旋定则时，e 为正，否则为负。e 为负的情况下，感应电动势 e 可以用下式计算

$$e = -N\frac{\mathrm{d}\Phi}{\mathrm{d}t} = -\frac{\mathrm{d}\Psi}{\mathrm{d}t} \tag{2-6}$$

在图 2-2 中，关联参考方向采用下述规定：u 与 i 的参考方向一致，i 与 e 的参考方向都与磁场线的参考方向符合右手螺旋定则，因此，i 与 e 的参考方向也应该一致。在此规定下，将式（2-5）代入式（2-6）中，便得到了电感中感应电动势的另一计算公式，即

$$e = -L\frac{\mathrm{d}i}{\mathrm{d}t} \tag{2-7}$$

根据基尔霍夫电压定律

$$u = -e$$

由此可知电感电压和电流的关系为

$$u = L\frac{\mathrm{d}i}{\mathrm{d}t} \tag{2-8}$$

电感的瞬时功率

$$p=ui=Li\frac{di}{dt}$$

当 i 的绝对值增大时，$i\frac{di}{dt}>0$，$p>0$，说明此时电感从外部吸收电功率，把电能转换成了磁场能；当 i 的绝对值减小时，$i\frac{di}{dt}<0$，$p<0$，说明此时电感向外输出电功率，磁场能又转换成了电能。可见，电感中储存磁场能的过程也是能量的可逆转换过程。在 $t=0\sim t$ 这段时间内，电流从零增大到某一数值 I，则电感元件吸收的能量为

$$W_L=\int_0^t p\,dt=\int_0^t ui\,dt=\int_0^I Li\,di=\frac{1}{2}LI^2 \tag{2-9}$$

电感元件吸收的能量以磁场能量的形式储存在元件的磁场中。

由于 $p=\frac{dW_L}{dt}$，如果外部不能向电感提供无穷大的功率，磁场能就不可能发生突变。因此，电感的电流 i 也不可能发生突变。

在稳态直流电路中，电感中的电流不随时间变化，由式（2-8）可知，电压 $U=0$，电感相当于短路，即电感有使直流短路的作用，简称**短直作用**。

实际的电感元件即电感器，通常是在绝缘骨架上用导线按一定规格、一定形状绕制而成的线圈，故又称电感线圈。根据线圈中间材料的不同，可分为空心电感线圈和铁磁芯（铁芯或磁芯）电感线圈两大类。电感线圈也不是理想电感元件。线圈本身总是有电阻的，电流通过线圈时会消耗一定的能量，当频率高时，还要考虑到集中效应和绝缘框架介质损耗的影响以及线圈匝间所存在的分布电容。

2.2.3 储能元件的串联和并联

1. 电容的串联和并联

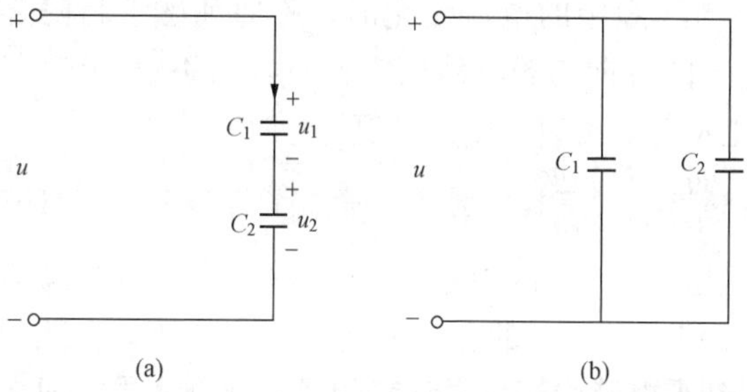

图 2-3 电容的串联和并联

(a) 电容的串联；(b) 电容的并联

如图 2-3（a）所示，电容串联时，其等效电容和各电容上电压的分配关系为

$$\frac{1}{C}=\frac{1}{C_1}+\frac{1}{C_2} \tag{2-10}$$

$$\begin{cases} u_1=\dfrac{C_2}{C_1+C_2}u \\ u_2=\dfrac{C_1}{C_1+C_2}u \end{cases} \tag{2-11}$$

如图 2-3（b）所示，电容并联时，其等效电容为

$$C=C_1+C_2 \tag{2-12}$$

选用电容器时，不仅应选择合适的电容数值，而且要确定恰当的额定工作电压。单个电容器不能满足要求时，可以把几个电容器串联或并联起来使用。

2. 电感的串联和并联

无互感存在的两电感线圈串联和并联时，其等效电感分别为

$$L=L_1+L_2 \tag{2-13}$$

$$\frac{1}{L}=\frac{1}{L_1}+\frac{1}{L_2} \tag{2-14}$$

选用电感器时，同样既要选择合适的电感数值，又不能使实际工作电流超过其额定电流。单个电感器不能满足要求时，也可以把几个电感器串联或并联起来使用。

2.3　换　路　定　律

如前所述，由于电容中的电场能和电感中的磁场能不会突变，所以换路瞬间，电容上的电压和电感中的电流是不可能突变的。因此，电容电压和电感电流在换路后的初始值应等于换路前的终了值。这一规律，称为电路的**换路定律**。若以 $t=0_-$ 表示换路前的终了时刻，以 $t=0_+$ 表示换路后的初始时刻，则换路定律可以表示成

$$\begin{cases}u_C(0_+)=u_C(0_-)\\ i_L(0_+)=i_L(0_-)\end{cases}$$

换路定律仅适用于换路瞬间，利用它可以由换路前的电路来确定换路后 u_C 和 i_L 的初始值，再由这两个初始值进一步确定换路后电路的其他电压和电流的初始值。

换路后的电路达到新的稳态后，电压和电流的数值称为**稳态值**。稳态值可由换路后的电路根据稳态电路的分析方法分析。注意：**在直流电路中，电容器起开路作用，电感器起短路作用。**

【例 2-1】 图 2-4 所示电路中，$R=1\text{k}\Omega$，$L=1\text{H}$，$U=12\text{V}$，开关闭合前 $i_L=0$，电路在 $t=0$ 时开关 S 闭合，求开关 S 闭合后瞬间电感电流 $i_L(0_+)$ 及电压 $u_L(0_+)$。

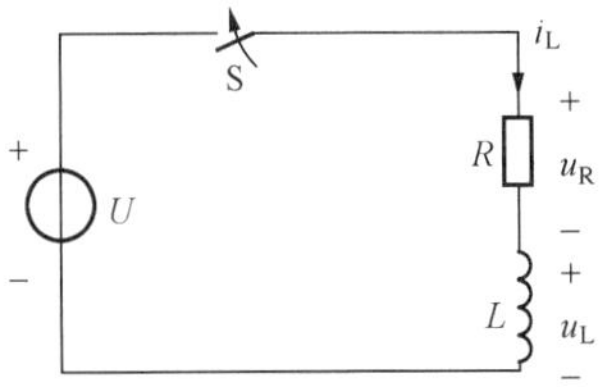

图 2-4 【例 2-1】图

解　由题意知

$$i_L(0_-)=0$$

由换路定律　$i_L(0_+)=i_L(0_-)=0$

由 KVL　$u_L=U-u_R=U-i_LR$

在 $t=0_+$ 时刻 $i_L(0_+)=0$，所以

$$u_L(0_+)=U-i_L(0_+)R=U=12\ (\text{V})$$

【例 2-2】 图 2-5 所示电路，在 $t=0$ 时开关 S 断开，此前电路已处于稳定状态，求 $t=0_+$ 时电容电压 $u_C(0_+)$ 及电流 $i_C(0_+)$ 的值。已知 $R_1=1\text{k}\Omega$，$R_2=2\text{k}\Omega$，$U=12\text{V}$。

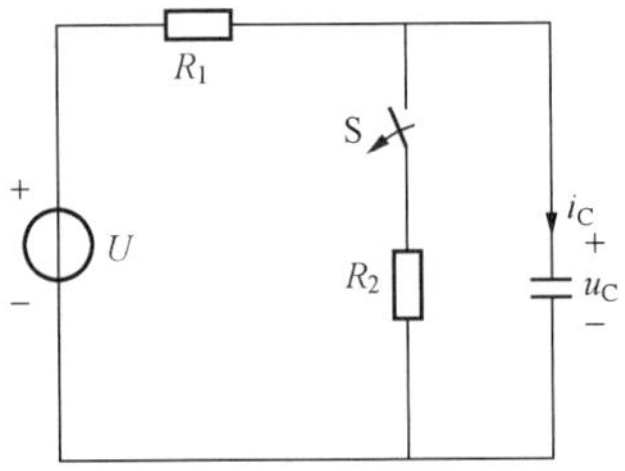

图 2-5 【例 2-2】图

解　换路前电容相当于开路，电容电压

$$u_C(0_-)=\frac{R_2}{R_1+R_2}U=\frac{2000}{1000+2000}\times 12=8\ (\text{V})$$

由换路定律知

$$u_C(0_+)=u_C(0_-)=8\ (\text{V})$$

开关 S 断开后，电阻 R_1 上的电压为

$$u_{R_1}(0_+)=U-u_C(0_+)=12-8=4\ (\text{V})$$

$$i_C(0_+)=i_{R_1}(0_+)=\frac{u_{R_1}(0_+)}{R_1}=\frac{4}{1000}=0.004\ (A)=4mA$$

2.4 RC电路的暂态分析

2.4.1 RC电路的零输入响应

RC 电路的零输入是指无电源激励，输入信号为零的条件下，由电容元件的初始状态 $u_C(0_+)$ 所产生的电路响应，称为**零输入响应**。

分析 RC 电路的零输入响应，实际上就是分析它的放电过程。图 2-6 是一 RC 放电电路。在换路前，开关 S 合在位置 2 上，电源对电容元件充电。在 $t=0$ 时将开关从位置 2 合到位置 1，使电路脱离电源，输入信号为零。此时，电容元件已储有能量，其电压的初始值 $u_C(0_+)=U_0$，于是电容元件经过电阻 R 开始放电。

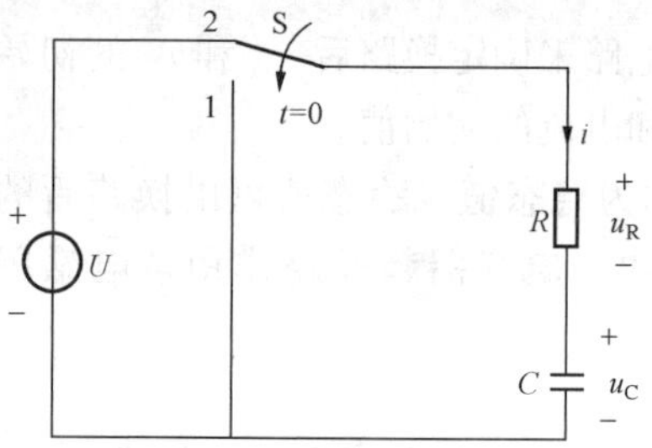

图 2-6 RC 放电电路

根据基尔霍夫电压定律，列出 $t\geqslant 0$ 时的电路方程

$$Ri+u_C=0$$

其中 $i=C\frac{du_C}{dt}$，所以

$$RC\frac{du_C}{dt}+u_C=0 \qquad (2-15)$$

式（2-15）为一阶常系数线性齐次微分方程，将其通解 $u_C=Ae^{pt}$ 代入式（2-15）并消去公因子 Ae^{pt}，得出该微分方程的特征方程

$$RCp+1=0$$

其根为

$$p=-\frac{1}{RC}$$

于是，式（2-15）的通解为

$$u_C=Ae^{-\frac{1}{RC}t} \qquad (2-16)$$

下一步要求定积分常数 A。根据换路定则，在 $t=0_+$ 时 $u_C(0_+)=U_0$，则 $A=U_0$，所以

$$u_C=U_0e^{-\frac{1}{RC}t}=U_0e^{-\frac{1}{\tau}t} \qquad (2-17)$$

式（2-17）中，$\tau=RC$，因为它具有时间的量纲，所以称为 RC 电路的**时间常数**。电压 u_C 衰减的快慢取决于电路的时间常数，其随时间的变化曲线如图 2-7 所示。它的初始值为 U_0，按指数规律衰减而趋于零。

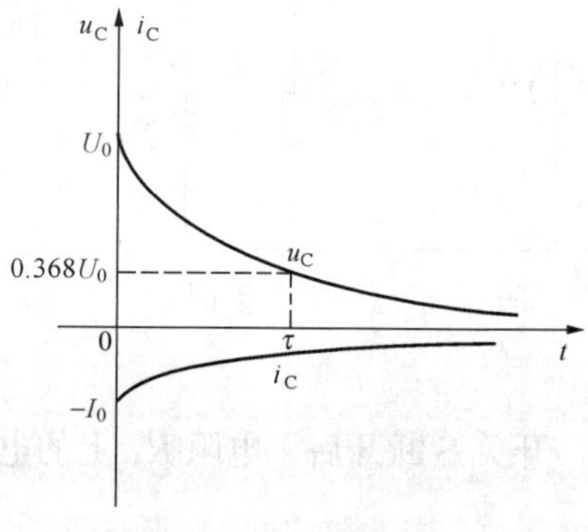

图 2-7 变化曲线

当 $t=\tau$ 时

$$u_C=U_0e^{-1}=0.368U_0$$

可见时间常数 τ 等于电压 u_C 衰减到初始值 U_0 的 36.8%所需的时间。从理论上讲，电路只有经过 $t=\infty$ 的时间才能达到稳定。但是，由于指数曲线开始变

化较快，而后逐渐缓慢，所以，实际工程上认为经过 $t=5\tau$ 的时间，就达到稳定状态了，这时

$$u_C=U_0e^{-5}=0.007U_0$$

时间常数 τ 越大，u_C 衰减（电容器放电）越慢，如图 2-8 所示。因为在一定初始电压 U_0 下，电容 C 越大，则储存的电荷越多；而电阻 R 越大，则放电电流越小，这都促使放电变慢。因此，改变 R 或 C 的数值，也就是改变电路的时间常数，就可以改变电容器放电的快慢。

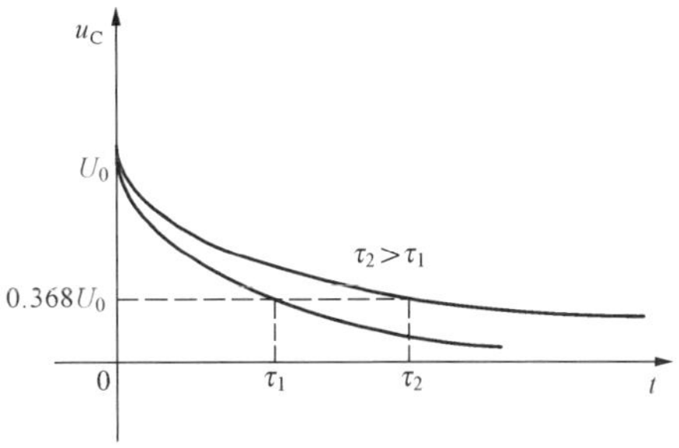

图 2-8　τ 越大，u_C 衰减越慢

至于 $t\geqslant0$ 时电容器的放电电流和电阻元件（电阻为 R）上的电压也可求出，即

$$i=C\frac{du_C}{dt}=-\frac{U_0}{R}e^{-\frac{t}{\tau}} \tag{2-18}$$

$$u_R=Ri=-U_0e^{-\frac{t}{\tau}} \tag{2-19}$$

式（2-18）、式（2-19）中的负号表示放电电流的实际方向与图中的参考方向相反。

【例 2-3】 如图 2-9 所示，开关合在位置 1 上，如在 $t=0$ 时把它合到位置 2，试求电容器上电压 u_C 及放电电流 i。已知 $R_1=1\text{k}\Omega$，$R_2=2\text{k}\Omega$，$R_3=3\text{k}\Omega$，$C=1\mu\text{F}$，$I=3\text{mA}$。

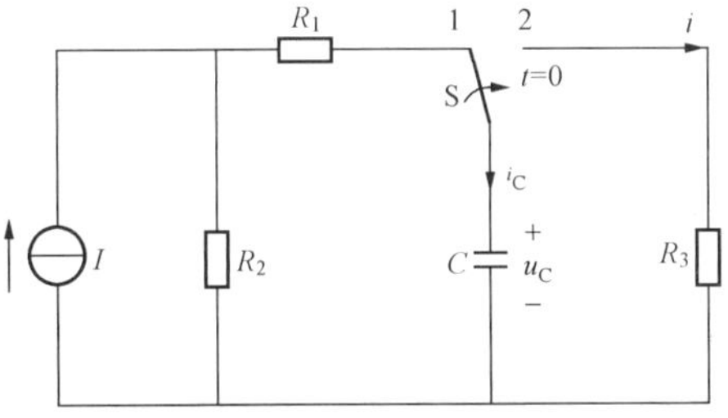

图 2-9 【例 2-3】图

解　在 $t=0_-$ 时，有

$$u_C(0_-)=R_2I=2\times10^3\times3\times10^{-3}=6\text{（V）}$$

由换路定律

$$u_C(0_+)=u_C(0_-)=6\text{（V）}$$

$t\geqslant0$ 时，$R_3i-u_C=0$，$i=-C\dfrac{du_C}{dt}$，由此得

$$R_3C\frac{du_C}{dt}+u_C=0$$

解得

$$u_C=Ae^{-\frac{1}{\tau}t}=Ae^{-\frac{1}{R_3C}t}=6e^{-\frac{1}{3\times10^{-3}}t}=6e^{-3.3\times10^2t}\text{（V）}$$

$$i_C=C\frac{du_C}{dt}=-\frac{U_0}{R_3}e^{-\frac{t}{\tau}}=-\frac{6}{3\times10^3}e^{-3.3\times10^2t}=-2e^{-3.3\times10^2t}\text{（mA）}$$

$$i=-i_C=2e^{-3.3\times10^2t}\text{（mA）}$$

电流参考方向如图 2-9 所示。

2.4.2　*RC* 电路的零状态响应

RC 电路的零状态是指换路前电容元件未储有能量，$u_C(0_-)=0$。在此条件下，由电源激励所产生的电路的响应，称为**零状态响应**。

分析 RC 电路的零状态响应，实际上就是分析它的充电过程。图 2－10 所示为一 RC 充电电路。在 $t=0$ 时将开关 S 闭合，电路即与一恒定电压为 U 的电压源接通，对电容元件开始充电。

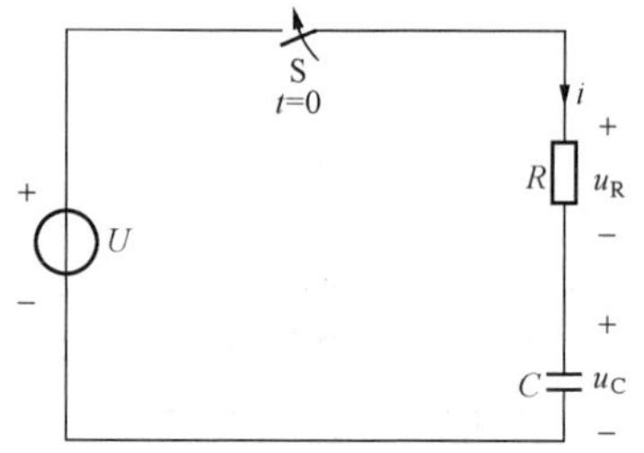

图 2－10 RC 充电电路图

根据基尔霍夫电压定律，列出 $t\geqslant 0$ 时的电路中电压和电流的微分方程

$$\begin{cases}U=Ri+u_C=RC\dfrac{\mathrm{d}u_C}{\mathrm{d}t}+u_C\\ u_C(0)=0\end{cases}\tag{2-20}$$

式（2－20）为一阶常系数线性非齐次微分方程，其通解由两部分组成：一部分是它相应的齐次微分方程的通解 u_C'，另一部分是该非齐次方程的特解 u_C''，即

$$u_C=u_C'+u_C''$$

由于与式（2－20）相应的齐次微分方程与式（2－15）完全相同，因此其通解为

$$u_C'=A\mathrm{e}^{-\frac{1}{RC}t}$$

特解 u_C'' 取决于输入函数，当输入函数为常量时，特解也为一常量，可设 $u_C''=K$，将其代入式（2－20），解得 $K=U$，所以

$$u_C=u_C'+u_C''=A\mathrm{e}^{-\frac{1}{\tau}t}+U$$

再将 $t=0$ 时的初始条件 $u_C(0)=0$ 代入上式，得到积分常数

$$A=-U$$

最终
$$u_C=u_C'+u_C''=-U\mathrm{e}^{-\frac{1}{\tau}t}+U=U(1-\mathrm{e}^{-\frac{1}{\tau}t})\tag{2-21}$$

式（2－21）即为电容电压表达式。从物理概念上讲，特解 u_C'' 受电路输入的制约，故有强制分量之称。当 $t=\infty$ 时，$u_C(\infty)=U=u_C''$，电路达到稳定状态，$u_C(\infty)$ 也就称为稳态时的电容电压。在这种情况下，特解又叫做**稳态分量**。对于常量输入，电路达稳态时，$u_C(\infty)$ 事实上就是电容开路时其两端的电压。对于齐次微分方程的通解 u_C'，由于其变化规律不受输入的制约，因而称为自由分量。这里自由分量是随时间的增长而衰减的，经过 $(4\sim5)\tau$ 的时间后，即趋于零。相对于稳态分量而言，该项又可称为**暂态分量**。

当 $t=\tau$ 时，有

$$u_C=U(1-\mathrm{e}^{-1})=0.632U$$

可见时间常数 τ 等于电压 u_C 上升到稳态值 U 的 63.2％所需的时间。实际工程上认为经过 $t=(4\sim5)\tau$ 的时间，充电过程结束。这时 u_C 达到稳态值 U 的 98.17％～99.3％。过渡过程进行的快慢仍取决于时间常数 τ，而 τ 与电路的输入无关。

解得 u_C 后，可得电路中的其他响应分别为

$$i_C=C\frac{\mathrm{d}u_C}{\mathrm{d}t}=\frac{U}{R}\mathrm{e}^{-\frac{1}{\tau}t}$$

$$i_R=i_C=\frac{U}{R}\mathrm{e}^{-\frac{1}{\tau}t}$$

$$u_R=Ri_R=U\mathrm{e}^{-\frac{1}{\tau}t}$$

u_C、u_R、i 随时间而变化的曲线如图 2－11 所示。

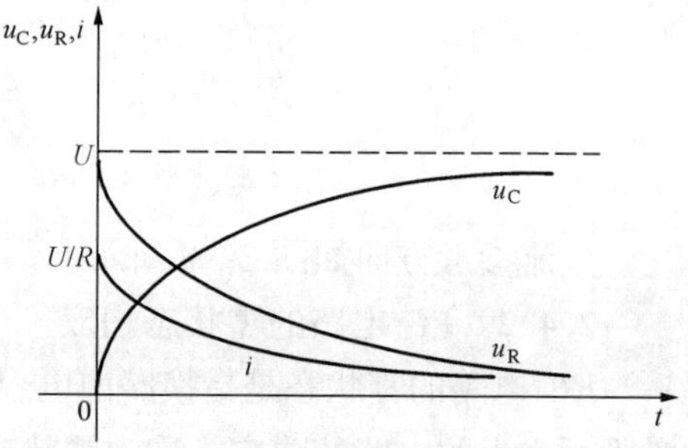

图 2－11 各响应的变化曲线

分析复杂一些的电路暂态过程时，还可以应用戴维南定理或诺顿定理将换路后的电路化简为一个简单电路，分析步骤如下：

(1) **将储能元件（电容或电感）划出，其余部分为二端网络，用戴维南定理等效成电压源和电阻串联形式，于是组成一个简单电路。**

(2) **求等效电源和等效内阻。**

(3) **计算电路的时间常数。**

(4) **将所得数据代入经典法得出的式子，如式（2-21）。**

【例 2-4】 在图 2-12（a）所示电路中，$U=9\text{V}$，$R_1=6\text{k}\Omega$，$R_2=3\text{k}\Omega$，$C=1000\text{pF}$，$u_C(0)=0$。试求 $t\geqslant 0$ 时的电压 u_C。

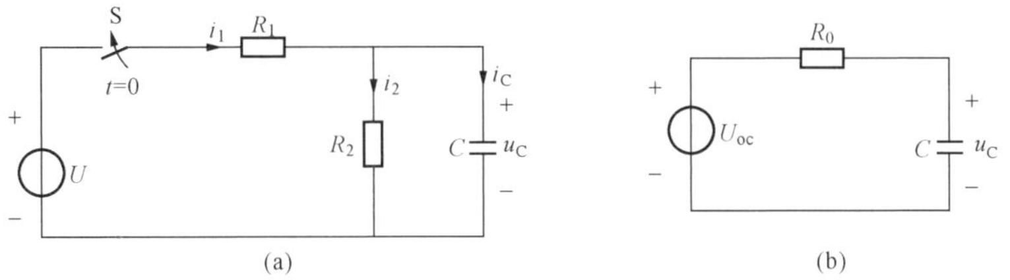

图 2-12 【例 2-4】图

(a) 原电路；(b) 等效电路

解 因为 $u_C(0)=0$，可知为零状态响应。当开关闭合后应用戴维南定理将换路后的电路化为图 2-12（b）所示等效电路（R_0C 串联电路）。其等效电源和内阻分别为

$$U_{oc}=\frac{R_2U}{R_1+R_2}=\frac{3\times 9}{6+3}=3\ (\text{V})$$

$$R_0=\frac{R_1R_2}{R_1+R_2}=\frac{6\times 3}{6+3}=2\ (\text{k}\Omega)$$

时间常数为

$$\tau=R_0C=2\times 10^3\times 1000\times 10^{-12}=2\times 10^{-6}\ (\text{s})$$

由式（2-21）得

$$u_C=U_{oc}(1-e^{-\frac{1}{\tau}t})=3(1-e^{-5\times 10^5 t})\ (\text{V})$$

2.4.3 *RC* 电路的全响应

RC 电路的全响应是指电源激励和电容元件的初始状态 $u_C(0_+)$ 均不为零时电路的响应，也就是零输入响应与零状态响应两者的叠加。

在图 2-10 所示的电路中，阶跃激励（直流电源）的幅值为 U，$u_C(0_-)=U_0$。$t\geqslant 0$ 时的电路的微分方程和式（2-20）相同，也由此得出

$$u_C=u_C'+u_C''=U+Ae^{-\frac{1}{RC}t}$$

但积分常数 A 与零状态时不同。在 $t=0_+$ 时，$u_C(0_-)=U_0$，则 $A=U_0-U$，所以

$$u_C=(U_0-U)e^{-\frac{1}{RC}t}+U \tag{2-22}$$

经整理后得出

$$u_C=U_0e^{-\frac{1}{\tau}t}+U(1-e^{-\frac{1}{\tau}t}) \tag{2-23}$$

显然，等号右边第一项即为式（2-17），是零输入响应；第二项即为式（2-21），是零状态响应。于是

全响应＝零输入响应＋零状态响应

这是叠加原理在电路暂态分析中的体现。在求全响应时，可把电容元件的初始状态 $u_C(0_+)$ 看作为一种电压源。$u_C(0_+)$ 和电源激励分别单独作用时所得出的零输入响应和零状态响应叠加，即为全响应。

式（2-22）的右边也有两项：U 为稳态分量，$(U_0-U)e^{-\frac{t}{\tau}}$ 为暂态分量。于是全响应也可表示为

全响应＝稳态分量＋暂态分量

求出 u_C 后，就可得出 i_C 和 u_R 等其他响应。

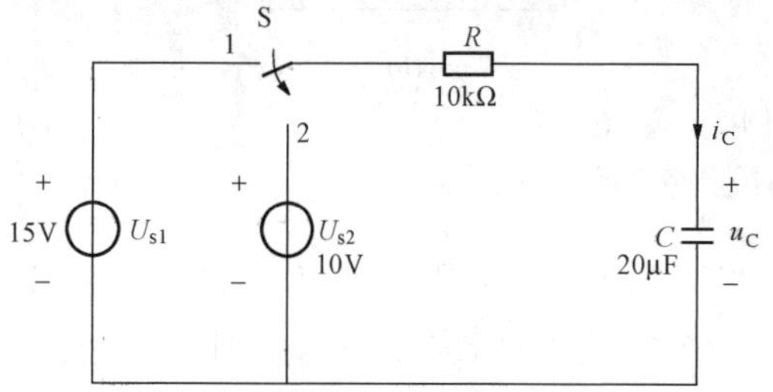

图 2-13 【例 2-5】图

【例 2-5】 在图 2-13 所示电路中，开关 S 合在位置 1 已处于稳定状态，现将开关合到位置 2，求换路后的 u_C 和 i_C。

解 由换路前的电路求得

$$u_C(0_-)=U_{s1}=15\ (\text{V})$$

由换路定律

$$u_C(0_+)=u_C(0_-)=15\ (\text{V})$$

换路后，电路处于稳态时

$$u_C(\infty)=U_{s2}=10\ (\text{V})$$

时间常数为

$$\tau=RC=10\times10^3\times20\times10^{-6}=0.2\ (\text{s})$$

由式（2-22）得

$$u_C=(15-10)e^{-5t}+10=(5e^{-5t}+10)\ (\text{V})$$

$$i_C=C\frac{du_C}{dt}=20\times10^{-6}\times(-5)\times5e^{-5t}=-0.5e^{-5t}\ (\text{mA})$$

2.5 *RL* 电路的暂态分析

RL 电路的暂态分析类似于 *RC* 电路的暂态分析。

2.5.1 *RL* 电路的零输入响应

图 2-14 所示是一 *RL* 串联电路。在换路前电路已处于稳态，开关合在位置 2 上，电感元件中通有电流。在 $t=0$ 时将开关合到位置 1，使电路脱离电源，此时电感元件已储有能量，其中电流的初始值 $i_L(0_+)=i_L(0_-)=\dfrac{U}{R}=I_0$。

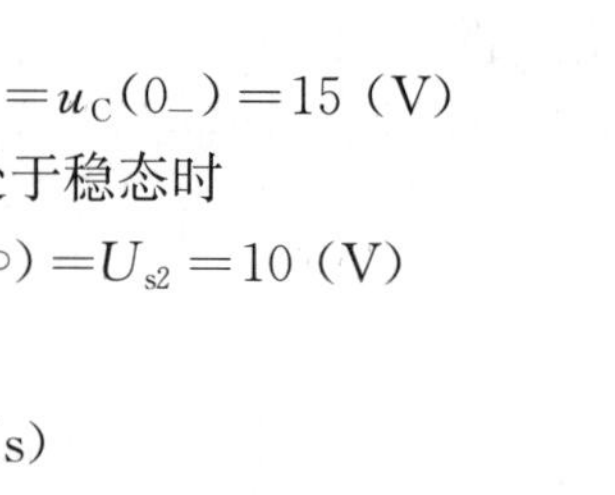

图 2-14 *RL* 串联电路图

根据 KVL，列出 $t\geqslant0$ 时的电路微分方程

$$Ri_L + L\frac{di_L}{dt} = 0 \tag{2-24}$$

式（2-24）是以电感电流 i_L 为变量的一阶常系数线性齐次微分方程，因此得出一阶 RL 电路的零输入响应电感电流的表达式为

$$i_L = I_0 e^{-\frac{R}{L}t} = I_0 e^{-\frac{1}{\tau}t} \tag{2-25}$$

其中
$$\tau = \frac{L}{R}$$

它也具有时间的量纲，是 RL 电路的**时间常数**。

由式（2-25）可得出 $t \geqslant 0$ 时电阻元件和电感元件上的电压，它们分别为

$$u_R = Ri_L = RI_0 e^{-\frac{1}{\tau}t}$$

$$u_L = L\frac{di_L}{dt} = -RI_0 e^{-\frac{1}{\tau}t}$$

所求 i_L、u_R、u_L 随时间而变化的曲线如图 2-15 所示。

【例 2-6】 图 2-16 所示电路中，已知 $R=4\Omega$，$L=0.1\text{H}$，$U_s=24\text{V}$，开关在 $t=0$ 断开，求 $t \geqslant 0$ 时的电流 i_L，其中电压表的内阻 $R_V=10\text{k}\Omega$，量程为 100V。问开关断开时，电压表有无危险。

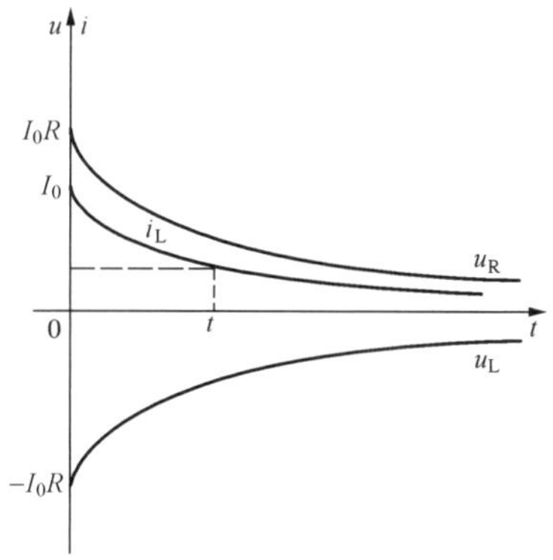

图 2-15 RL 电路零输入响应的变化曲线

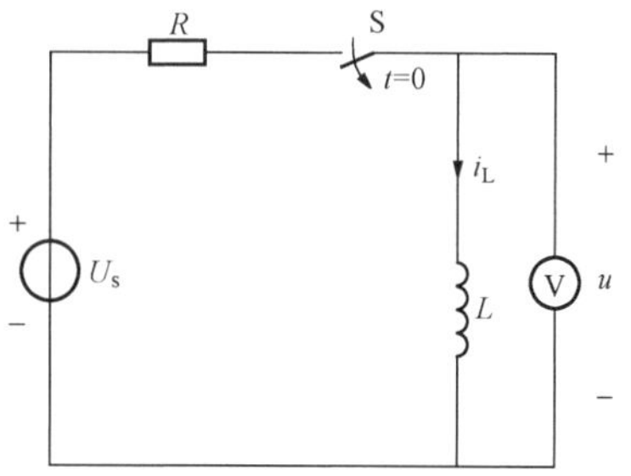

图 2-16 【例 2-6】图

解 由图 2-16 可知

$$i_L(0_-) = \frac{U_s}{R} = \frac{24}{4} = 6\ (\text{A})$$

由换路定律得
$$i_L(0_+) = i_L(0_-) = 6\ (\text{A})$$

时间常数
$$\tau = \frac{L}{R_V} = \frac{0.1}{10 \times 10^3} = 0.1 \times 10^{-4}(\text{s}) = 10\ (\mu\text{s})$$

由式（2-25）得

$$i_L(t) = 6e^{-\frac{t}{\tau}}(\text{A})$$

由 KVL

$$u(t) = -R_V i = -10 \times 10^3 \times 6e^{-10^5 t}\ (\text{V})$$

所以 $u(0_+)=-60\ (\mathrm{kV})$

在开关断开瞬间，电压表两端要承受-60kV 的高压，而电压表的量程只有 100V，所以电压表立即被损坏。工程中为安全起见，应在开关断开前先把电压表移去。

2.5.2 *RL* 电路的零状态响应

图 2-17 所示是 *RL* 串联电路。在 $t=0$ 时将开关闭合，电路即与一恒定电压为 U 的电压源接通。在换路前电感元件未储有能量，$i_L(0_+)=i_L(0_-)=0$，即电路处于零状态。

根据 KVL，列出 $t\geqslant 0$ 时的电路中电压和电流的微分方程

$$\begin{cases}U=L\dfrac{\mathrm{d}i_L}{\mathrm{d}t}+Ri_L\\ i_L(0)=0\end{cases} \tag{2-26}$$

该式与式（2-20）类似。式（2-26）是以电感电流 i_L 为变量的一阶常系数线性非齐次微分方程，因此得出一阶 *RL* 电路零状态响应电感电流的表达式为

$$i_L=i'_L+i''_L=-\frac{U}{R}\mathrm{e}^{-\frac{1}{\tau}t}+\frac{U}{R}=I(1-\mathrm{e}^{-\frac{1}{\tau}t}) \tag{2-27}$$

当 $t=\infty$时，$i_L(\infty)=U/R=I$，故 i''_L又称为稳态分量，相对而言，i'_L称为暂态分量。电路中的其他响应分别为

$$u_L=L\frac{\mathrm{d}i_L}{\mathrm{d}t}=U\mathrm{e}^{-\frac{1}{\tau}t}$$

$$u_R=Ri_L=U(1-\mathrm{e}^{-\frac{1}{\tau}t})$$

其波形如图 2-18 所示。

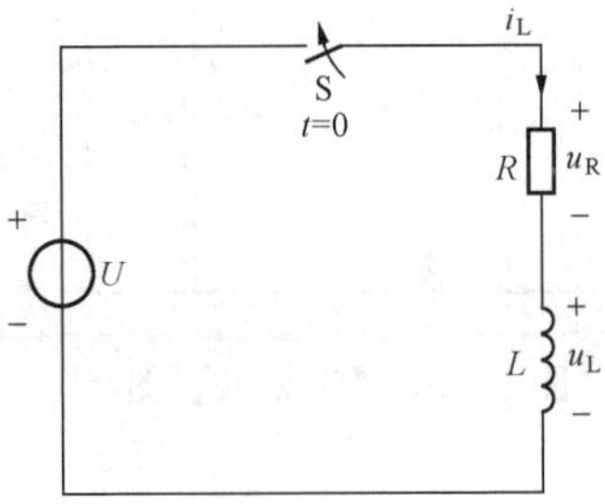

图 2-17 *RL* 串联电路图

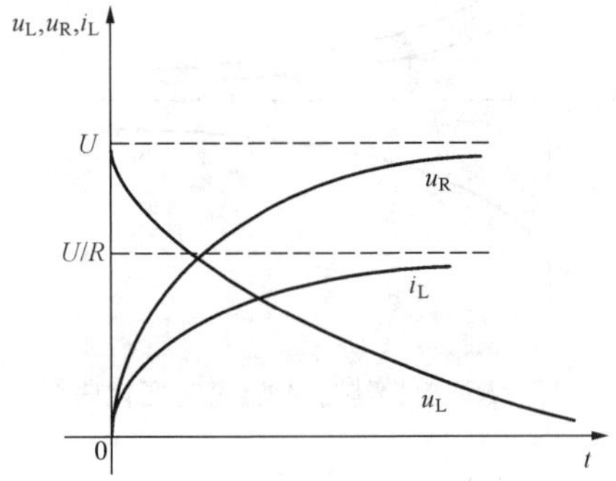

图 2-18 *RL* 电路零状态响应各响应波形图

2.5.3 *RL* 电路的全响应

RL 电路的全响应是指电源激励和电感元件的初始状态 $i_L(0_+)$ 均不为零时电路的响应，也就是零输入响应与零状态响应两者的叠加。

在图 2-17 所示电路中，**电压源电压**为 U，$i_L(0_-)=I_0$。$t\geqslant 0$ 时的电路的微分方程为

$$\begin{cases}U=L\dfrac{\mathrm{d}i_L}{\mathrm{d}t}+Ri_L\\ i_L(0)=I_0\end{cases}$$

解法与式（2-26）相同，只是 $t=0_+$时，$i_L(0_+)=I_0$，所以

$$i_L=\left(I_0-\frac{U}{R}\right)e^{-\frac{R}{L}t}+\frac{U}{R}=(I_0-I)e^{-\frac{R}{L}t}+I \tag{2-28}$$

经整理后得出

$$i_L=I_0e^{-\frac{1}{\tau}t}+I(1-e^{-\frac{1}{\tau}t}) \tag{2-29}$$

显然，等号右边第一项即为式（2-25），是零输入响应；第二项即为式（2-27），是零状态响应。于是

全响应＝零输入响应＋零状态响应

式（2-28）的右边也有两项：I 为稳态分量，$(I-I_0)e^{-\frac{t}{\tau}}$ 为暂态分量。于是全响应也可表示为

全响应＝稳态分量＋暂态分量

求出 i_L 后，就可得出 u_L 和 u_R 等其他响应。

【例 2-7】 电路如图 2-19 所示，开关在 $t=0$ 时闭合，求 $t\geqslant 0$ 时的 i_L、i_1、i_2。换路前电路处于稳态。

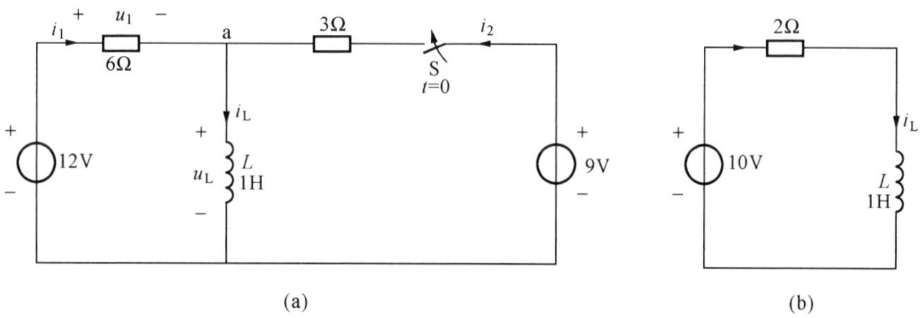

图 2-19 【例 2-7】图

(a) 换路前原电路；(b) 换路后等效电路

解　开关闭合前，已达到稳态

$$i_L(0_-)=\frac{12}{6}=2\ (\text{A})$$

所以初始值　$$I_0=i_L(0_+)=i_L(0_-)=2\ (\text{A})$$

开关闭合后，电路可用戴维南定理等效为图 2-19（b）所示电路，达到稳态后

$$I=i_L(\infty)=\frac{10}{2}=5\ (\text{A})$$

时间常数 τ　$$\tau=\frac{L}{R_0}=\frac{1}{2}=\frac{1}{2}\ (\text{s})$$

代入式（2-28）可得

$$i_L=(I_0-I)e^{-\frac{t}{\tau}}+I=-3e^{-2t}+5\ (\text{A})$$

$$u_L=L\frac{di_L}{dt}=6e^{-2t}\ (\text{V})$$

由 KVL

$$u_1 = 12 - u_L = 12 - 6e^{-2t} \quad (V)$$

$$i_1 = \frac{u_1}{6} = 2 - e^{-2t} \quad (A)$$

对节点 a 由 KCL

$$i_2 = i_L - i_1 = (-3e^{-2t} + 5) - (2 - e^{-2t}) = 3 - 2e^{-2t} \quad (A)$$

2.6 一阶电路暂态分析的三要素法

凡是含有一个储能元件或经等效简化后含有一个储能元件的线性电路，在进行暂态分析时，所列出的微分方程式都是一阶微分方程式，称这种电路为**一阶电路**。

在一阶 RC、RL 电路中，电路的响应是稳态分量和暂态分量两部分的叠加，如式（2-22）或式（2-28）的形式，如果写成一般表达式，则为

$$f(t) = f'(t) + f''(t) = f(\infty) + Ae^{-\frac{t}{\tau}}$$

式中：$f(t)$ 为电压或电流；$f(\infty)$ 为稳态分量；$Ae^{-\frac{t}{\tau}}$ 为暂态分量。

若初始值为 $f(0_+)$，则 $A = f(0_+) - f(\infty)$，则一阶线性电路中暂态响应的一般公式为

$$f(t) = f(\infty) + [f(0_+) - f(\infty)]e^{-\frac{t}{\tau}} \tag{2-30}$$

式中：$f(t)$ 为待求响应；$f(0_+)$ 为待求响应的初始值；$f(\infty)$ 为待求响应的稳态值；τ 为电路的时间常数。

可见 $f(0_+)$、$f(\infty)$ 和 τ 是确定任何一阶电路阶跃响应的三个要素。只要求出这三个数值，代入式（2-30），便可直接求得待求响应。因此，将这种方法称为**三要素法**，利用三要素法不但可以求 u_C 和 i_L，而且也同样可以直接求其他电压和电流。

应用三要素法求解电路的响应关键是正确确定三要素。

1. 时间常数 τ 的确定

对于 RC 电路，时间常数

$$\tau = R_0C$$

对于 RL 电路，时间常数

$$\tau = \frac{L}{R_0}$$

上述两种情况下 R_0 均为将换路后电路中所有独立电源置零后由储能元件（其参数为 L 或 C）两端观察的入端等效电阻。

2. 稳态值 $f(\infty)$ 的确定

求稳态值最基本的方法是作出 $t=\infty$ 时的等效电路，然后进行求解。在常量输入情况下，当 $t=\infty$ 电路达稳态后，电容可以用开路替代，电感可以用短路替代。替代后所得的电路是电阻性电路，可根据电路的具体情况选取适当的方法求解。

3. 初始值 $f(0_+)$ 的确定

初始值 $f(0_+)$ 是指任一响应 f 在换路后瞬间 $t=0_+$ 时的数值，它不仅与电路的输入有关，同时也与电路的初始状态有关。因此，为了确定电路中任一响应的初始值，应首先确定

电路的初始状态。

电路的初始状态可由给定的换路前的电路求得。对于常量输入，若电路在换路前已经达到稳定状态，则电容相当于开路，电感相当于短路。此时，电容电压和电感电流的稳态值即为换路前电路的初始状态。于是，可根据求稳态值的方法确定电路的初始状态 $u_C(0_-)$ 和 $i_L(0_-)$。

为了确定各初始值 $f(0_+)$，比较直观的方法是作出 $t=0_+$ 时的等效电路。换路后瞬间，有

$$\begin{cases}u_C(0_+)=u_C(0_-)\\ i_L(0_+)=i_L(0_-)\end{cases}$$

因此，在 $t=0_+$ 瞬间，电容可用一电压为 $u_C(0_+)$ 的电压源替代，电感可用一电流为 $i_L(0_+)$ 的电流源替代。替代后，原电路就转化为一个电阻性电路，即为 $t=0_+$ 时的等效电路，采用电阻性电路的分析方法，便能确定任一响应的初始值 $f(0_+)$。

【例 2-8】 图 2-20 所示电路中，开关 S 断开以前已达稳态，$t=0$ 时开关 S 断开。试用三要素法求 $t\geqslant 0$ 时的 $u_C(t)$。

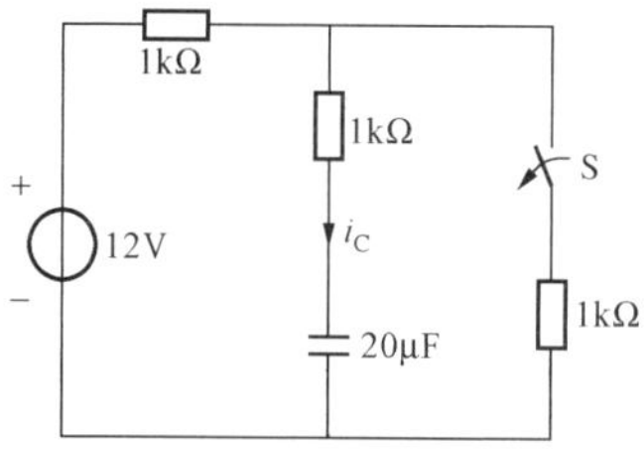

图 2-20 【例 2-8】图

解 (1) 求初值

$$u_C(0_-)=\frac{12\times 1}{1+1}=6\ (\text{V})$$

由换路定律

$$u_C(0_+)=u_C(0_-)=6\ (\text{V})$$

(2) 求稳态值

$$u_C(\infty)=12\ (\text{V})$$

(3) 求时间常数

$$R_0=1+1=2\ (\text{k}\Omega)$$

$$\tau=R_0C=(1+1)\times 10^3\times 20\times 10^{-6}=0.04\ (\text{s})$$

(4) 利用三要素公式得

$$u_C(t)=12+(6-12)\mathrm{e}^{-\frac{t}{0.04}}=12-6\mathrm{e}^{-25t}\quad(\text{V})$$

【例 2-9】 图 2-21 所示电路原处于稳态，开关 S 在 $t=0$ 时闭合，求响应 i_{R2}。

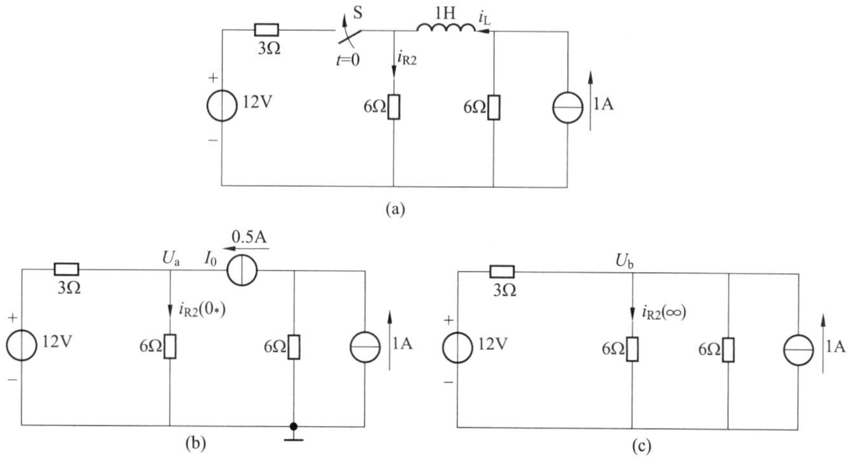

图 2-21 【例 2-9】图

解　（1）开关闭合前电路处于稳态，电感相当于短路，有

$$i_L(0_-)=\frac{6}{6+6}I_S=0.5\,(A)$$

开关闭合瞬间，由换路定律

$$i_L(0_+)=i_L(0_-)=0.5\,(A)$$

可将电感用0.5A电流源替代后作出$t=0_+$的等效电路，如图2-21（b）所示。用节点电压法求i_{R2}（0_+），即

$$\left(\frac{1}{3}+\frac{1}{6}\right)U_a=\frac{12}{3}+0.5$$

$$U_a=9\,(V)$$

$$i_{R2}(0_+)=\frac{U_a}{6}=1.5\,(A)$$

（2）开关闭合后达到新的稳态，等效电路如图2-21（c）所示，用节点电压法求i_{R2}（∞）

$$\left(\frac{1}{3}+\frac{1}{6}+\frac{1}{6}\right)U_b=\frac{12}{3}+1$$

$$U_b=7.5\,(V)$$

$$i_{R2}(\infty)=\frac{U_b}{6}=1.25\,(A)$$

（3）对于换路后的电路，将电压源、电流源置零，可以看出等效电阻为

$$R_0=\frac{3\times 6}{3+6}+6=8\ (\Omega)$$

$$\tau=\frac{L}{R_0}=\frac{1}{8}\ (s)$$

（4）将初始值i_{R2}（0_+）、稳态值i_{R2}（∞）、时间常数τ代入式（2-30），得

$$i_{R2}=i_{R2}(\infty)+[i_{R2}(0_+)-i_{R2}(\infty)]e^{-8t}=(1.25+0.25e^{-8t})\,A$$

【例2-10】　图2-22所示电路原处于稳态，开关S在$t=0$时由a合向b，应用三要素法求该电路的i_1、i_2和i_3。

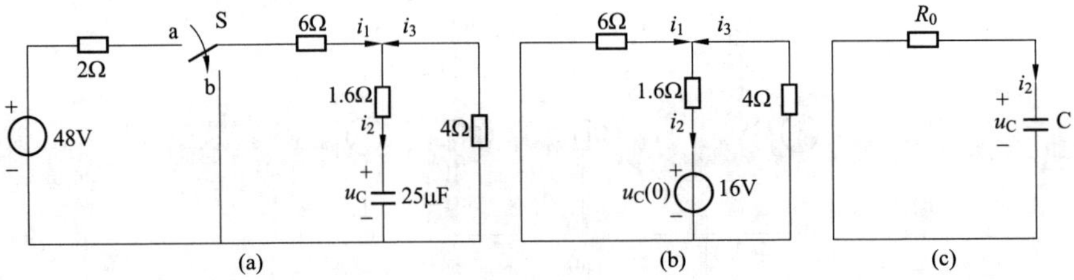

图2-22　【例2-10】图

解　（1）换路前稳态，电容相当于开路，又由换路定理有

$$u_C(0_+)=u_C(0_-)=\frac{48}{2+6+4}\times 4=16\,(V)$$

换路后瞬间0_+时刻等效电路图如图2-22（b）所示，可得

$$i_2(0_+)=-\frac{16}{1.6+6//4}=-\frac{16}{4}=-4\ (A)$$

$$i_1(0_+)=\frac{4}{6+4}i_2(0_+)=\frac{4}{10}\times -4=-1.6\ (A)$$

$$i_3(0_+)=\frac{6}{6+4}i_2(0_+)=\frac{6}{10}\times -4=-2.4\ (A)$$

(2) 换路后到达稳态的电流为

$$i_1(\infty)=0A,\ i_2(\infty)=0A,\ i_3(\infty)=0A$$

(3) 求时间常数 τ 电路，最终简化为图 2 - 22 (c) 所示，可得

$$\tau=R_0C=(1.6+6//4)\times 25\times 10^{-6}=10^{-4}\ (s)$$

把三要素代入式 (2 - 30)，得

$$i_1=i_1(\infty)+[i_1(0_+)-i_1(\infty)]\,e^{-\frac{1}{10^{-4}}t}=-1.6e^{-10^4t}\ (A)$$

$$i_2=i_2(\infty)+[i_2(0_+)-i_2(\infty)]\,e^{-\frac{1}{10^{-4}}t}=-4e^{-10^4t}\ (A)$$

$$i_3=i_3(\infty)+[i_3(0_+)-i_3(\infty)]\,e^{-\frac{1}{10^{-4}}t}=-2.4e^{-10^4t}\ (A)$$

*2.7　应　　用

电感要阻止其电流快速变化的特性可用于电弧或火花发生器中，汽车点火电路就是利用这个特性。

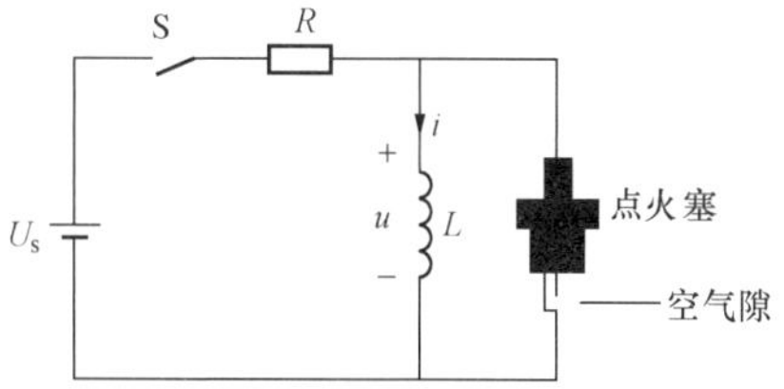

图 2 - 23　汽车点火电路

汽车的汽油发动机启动时要求气缸中的燃料空气混合体在适当的时候被点燃，该装置为点火塞。它基本上是一对电极，间隔一定的空气隙。若在两个电极间产生一个高压（几千伏），则空气隙中产生火花面点燃了发动机。汽车电池虽只有 12V，要得到几千伏的电压就要用一个点火线圈 L。因为电感两端的电压是 $u=L\mathrm{d}i/\mathrm{d}t$，所以若在一个很短的时间内使电流变化很大，就可以获得大的 $\mathrm{d}i/\mathrm{d}t$，从而使电感两端的电压很高。在图 2 - 23 中，当点火开关闭合时，流过电感的电流逐渐增加而达到其稳态值，$i=U_s/R$，这里 $U_s=12$ (V)。电感电流要充到稳态值所需的充电时间 t 是电路时间常数的 5 倍

$$t=5\frac{L}{R}$$

稳态时，i 是常数，$\mathrm{d}i/\mathrm{d}t=0$，所以电感两端的电压 $u=0$。若开关突然断开，电感两端就形成一个很高的电压（由于电磁场的快速变化）而在空气隙中产生火花或电弧。

习　题　2

2.1　图 2 - 24 所示两电路在换路前都处于稳态，试求两电流换路后电流 i 的初始值

$i(0_+)$ 和稳态值 $i(\infty)$。

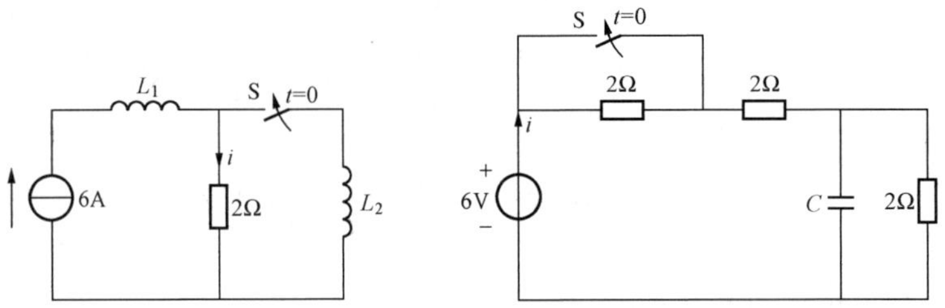

(a) (b)

图 2－24 题 2.1 图

2.2 有一个 RC 串联电路，已知 $C=100\mu F$，$R=10k\Omega$，将它们接到 30V 的直流电源上，试求：

(1) 与电源接通后，经过多长时间电容两端电压才能达到 20V（设电容初始电压为零）?

(2) 在电容电压达到 20V 的一瞬间，电阻两端电压是多少？此刻电容的储能是多少?

2.3 在图 2－25 所示电路中，$U_s=20V$，$R_1=12k\Omega$，$R_2=6k\Omega$，$C_1=10\mu F$，$C_2=20\mu F$，电容元件原均未储能。当开关闭合后，试求电容元件两端电压 u_C。

2.4 求图 2－26 所示电路的零输入响应 u_R。已知 $u_C(0_-)=10V$。

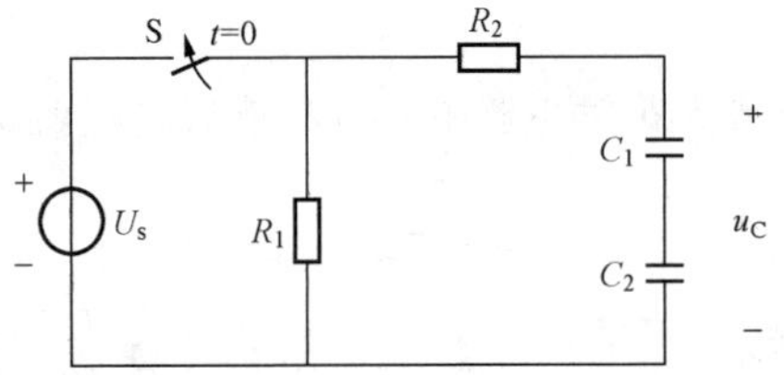

图 2－25 题 2.3 图

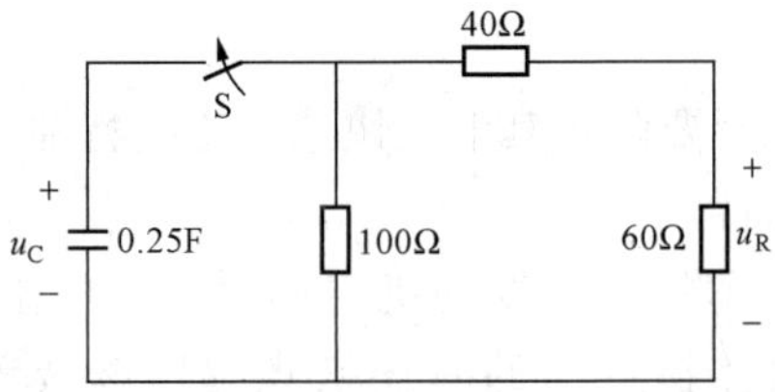

图 2－26 题 2.4 图

2.5 图 2－27 所示电路原已稳定，在 $t=0$ 时，将开关从 a 端接到 b 端，试求换路后的 i_L 和 u_L。

2.6 求图 2－28 所示电路的零状态响应 i_L。

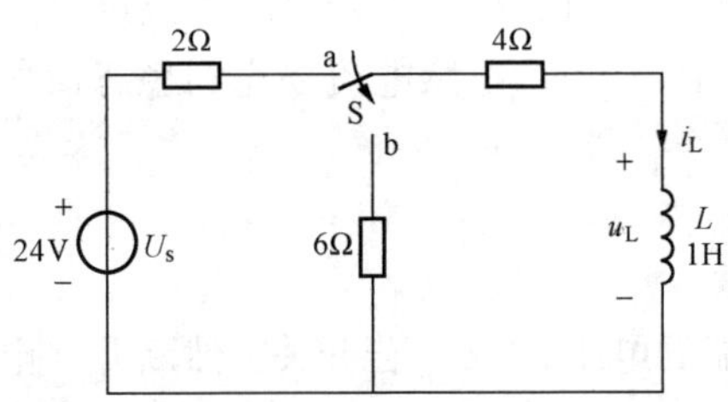

图 2－27 题 2.5 图

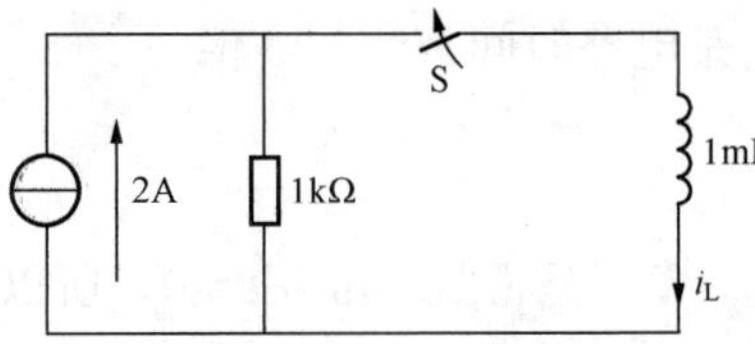

图 2－28 题 2.6 图

2.7 图 2－29 所示电路原已处于稳态，在 $t=0$ 时，将开关 S 闭合，试求响应 u_C、i_C，并说明是什么响应。

2.8 图 2－30 所示电路中，开关断开前电路已处于稳态。试确定在开关断开后初始瞬

间的 u_C、i_C、i_1、i_2 的初始值。

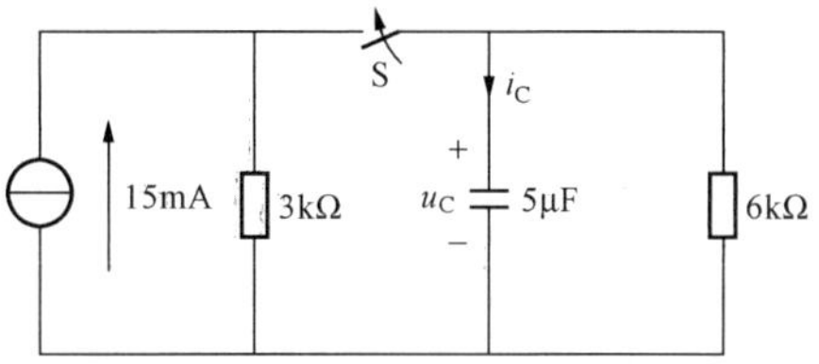

图 2-29　题 2.7 图

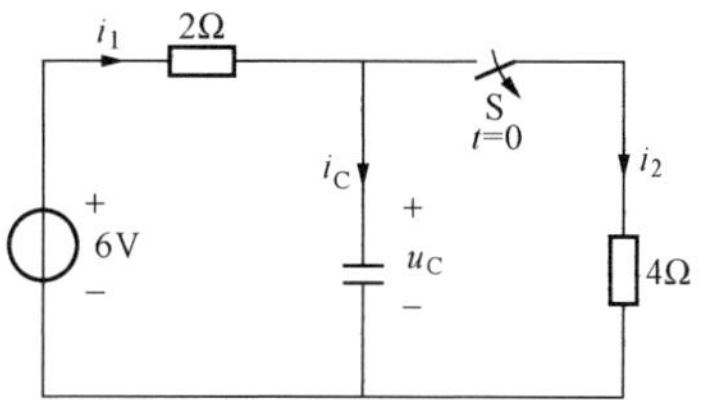

图 2-30　题 2.8 图

2.9　如图 2-31 所示电路中，原已处于稳态。试用三要素法求开关闭合后的 u_C。

2.10　如图 2-32 所示电路中，原已处于稳态。试用三要素法求开关断开后的 i_L 和 u_L。

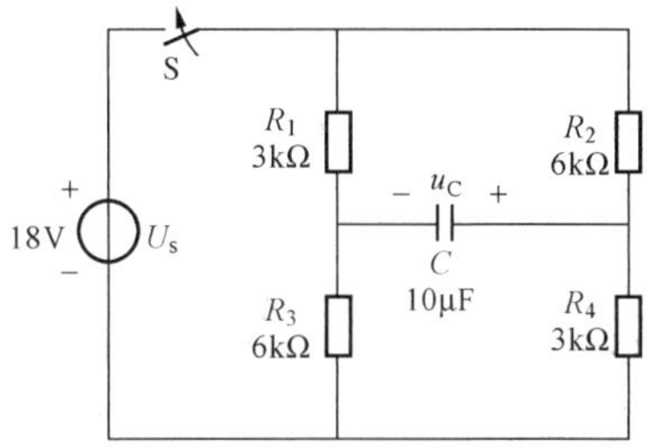

图 2-31　题 2.9 图

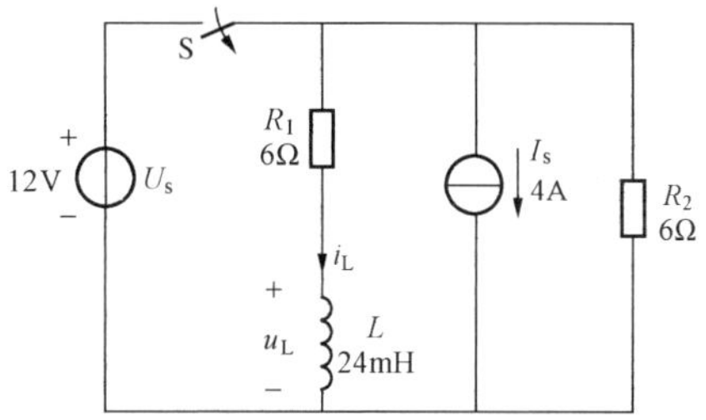

图 2-32　题 2.10 图

2.11　图 2-33 所示电路原已处于稳态，$t=0$ 时开关 S 断开，求 $t\geqslant 0$ 时 u_C 和 i_L。

2.12　图 2-34 所示电路。换路前已处于稳态，试求换路后（$t\geqslant 0$）的 u_C。

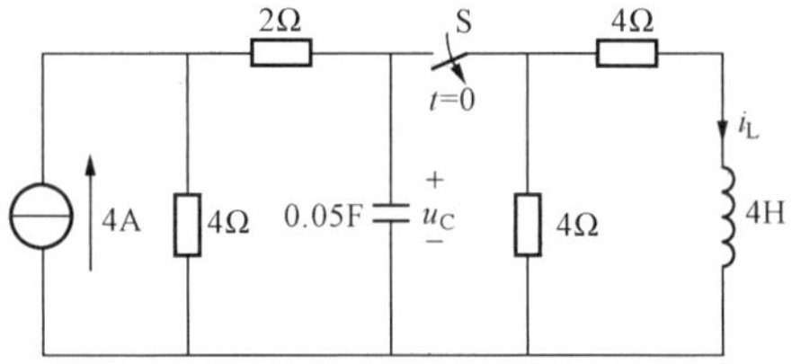

图 2-33　题 2.11 图

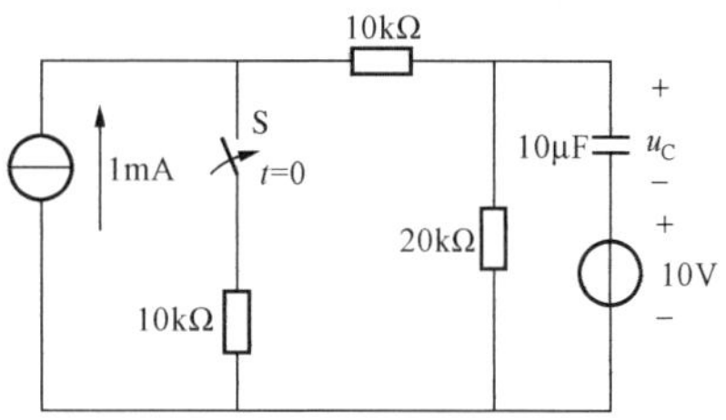

图 2-34　题 2.12 图

2.13　用三要素法求图 2-35 所示电路的全响应 u_C 和 i_R。已知 $t=0$ 时 S 闭合，闭合前电路已达稳态。

2.14　在图 2-36 所示电路中，N 为无源线性电阻网络，电路为零状态。当输入为单位阶跃函数时，测得 $u_0=(0.5+0.125e^{-0.25t})\times 1(t)$ 保持输入不变，若将 2F 的电容换成 2H 的电感，求输出电压 u_0 的零状态响应。

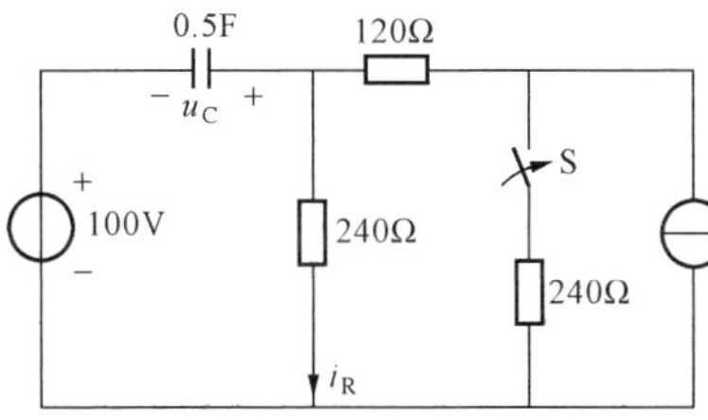

图 2-35　题 2.13 图

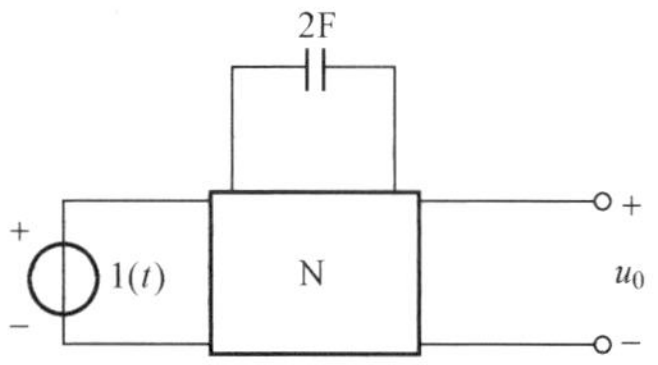

图 2-36　题 2.14 图

第3章 正 弦 交 流 电 路

正弦交流电路是电工学的重要内容之一，是学习电机、电器和电子技术的理论基础。

本章主要介绍正弦交流电的基本知识，包括交流电的基本概念，交流电的相量表示法，纯电阻、纯电感、纯电容等单一参数交流电路中电压、电流、功率的分析和计算方法，电阻、电感、电容串并联的多参数复杂交流电路中电压、电流、功率的分析和计算方法，以及谐振的基本概念等。

3.1 正弦交流电路的基本概念

正弦交流电是指随时间按正弦规律变化的电压和电流。含有正弦电源（激励）而且电路各部分所产生的电压和电流（响应）均按正弦规律变化的电路称为**正弦交流电路**。在生产和日常生活中所用的交流电，一般都是指正弦交流电。正弦交流电有着非常广泛的应用，不仅是目前供电和用电的主要形式，而且也是电子电路分析和研究的主要对象。

电路的基本分析方法对直流电路和交流电路都是适用的。但正弦交流电是随时间变化的，所以交流电路比直流电路复杂得多，必须建立交流的概念。

3.1.1 正弦量的特征值

工程上使用的交流电主要是指正弦交流电，**由于正弦交流电路中的电压和电流都是以时间 t 为函数按照正弦规律变化的，故这些物理量统称为正弦量**。正弦量的数学表达式为

$$\begin{cases} i(t)=I_m\sin(\omega t+\varphi_i) \\ u(t)=U_m\sin(\omega t+\varphi_u) \end{cases} \tag{3-1}$$

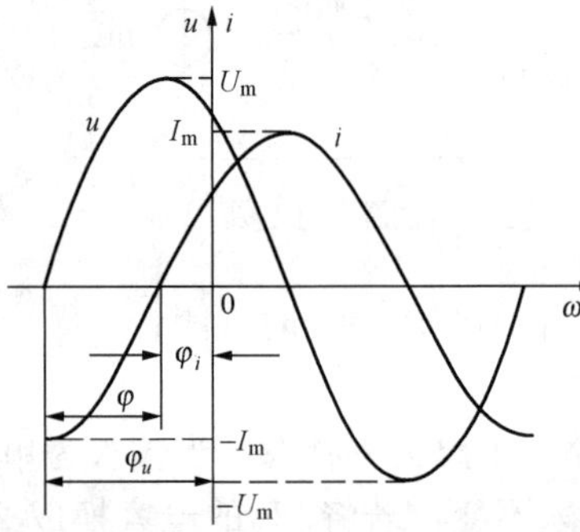

图 3-1 正弦量的波形图

正弦量的波形图如图 3-1 所示。

式（3-1）中，u 和 i 表示正弦量在任一时刻的量值，称为**瞬时值**；U_m、I_m 表示正弦量随时间变化所能达到的最大瞬时值，称为**幅值（或最大值）**；ω 称为**角频率**；φ_u、φ_i 称为**初相位**。

角频率、初相位、幅值称为正弦量的三要素。

1. 角频率（或频率、周期）

角频率表示正弦量在单位时间所变化的相角，用 ω 表示，单位是 rad/s（弧度/秒）。

角频率是表示正弦量做周期性循环变化的快慢程度，还常用频率和周期表示正弦量变化的快慢。

对于正弦函数来讲，其相位每变化 2πrad 就为一个周期，所以周期 T 与角频率 ω 的关

系为

$$T=\frac{2\pi}{\omega} \tag{3-2}$$

由式（3－2）可知，角频率越大，周期就越短，正弦量循环变化得就越快。因此角频率的大小，反映交流电做周期性循环变化的快慢。在实际应用中，更多的用频率这个概念来描述交流电做周期性循环变化的快慢。交流电的频率用 f 来表示，单位是 Hz（赫兹），它与周期及角频率的关系为

$$f=\frac{1}{T}=\frac{\omega}{2\pi} \tag{3-3}$$

我国电力系统的标准频率为 50Hz，称为工频。在其他的国家及不同的技术领域使用着各种不同的频率。美国、日本的工频为 60Hz。

2. 初相位

式（3－1）中，$(\omega t+\varphi_u)$、$(\omega t+\varphi_i)$ 都是随时间变化的电角度，反映了正弦量变化的进程，称为正弦交流电的相位。相位的单位是 rad（弧度），也可用（°）（度）。计时开始时刻（即 $t=0$ 时）的相位称为**初相位**，即

$$\begin{cases}\varphi_i=(\omega t+\varphi_i)\big|_{t=0}\\ \varphi_u=(\omega t+\varphi_u)\big|_{t=0}\end{cases} \tag{3-4}$$

初相位的值与所选择时间的起点有关，它反映了正弦量的初始值。

3. 幅值

正弦量的最大瞬时值称为幅值或最大值，反映了正弦量变化的规模，用大写字母并加注下标 m 表示，如正弦电压和电流的最大值分别用 U_m 和 I_m 表示。

3.1.2　正弦量的有效值

最大值虽然在一定程度上能够反映交流电的大小，但在一个周期中只有两个瞬间才能达到这个最大值，这样就给计量带来不便。因此，实际使用中用有效值表示正弦量的大小。

有效值的定义：如图 3－2 所示，设有两个相同的电阻 R，分别通以交流电流 i 和直流电流 I，如果一个周期内，两个电阻热效应相当，即 $W_d=W_a$，则该直流电流 I 为交流电流 i 的有效值。

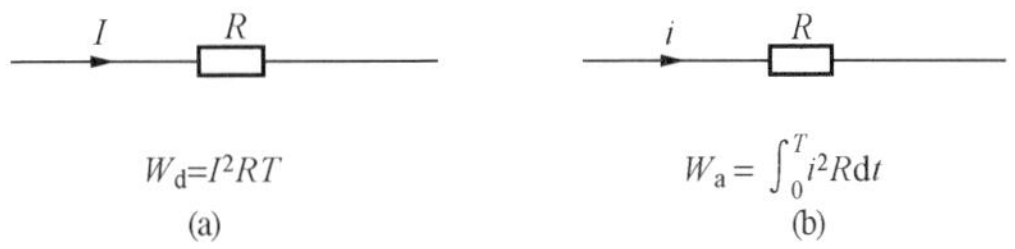

图 3－2　有效值的定义

(a) 通直流电流；(b) 通交流电流

由 $W_d=W_a$ 得

$$I=\sqrt{\frac{1}{T}\int_0^T i^2\,dt}$$

当正弦电流 $i=I_m\sin(\omega t+\varphi_i)$ 时，代入上式后可得

$$I=\sqrt{\frac{1}{T}\int_0^T I_m^2\sin(\omega t+\varphi_i)\,dt}=\frac{I_m}{\sqrt{2}} \tag{3-5}$$

同理，可知正弦交流电压的最大值 U_m 与有效值 U 之间的关系为

$$U=\frac{U_m}{\sqrt{2}}=0.707U_m \tag{3-6}$$

一般所讲的正弦电压或电流的大小，例如日常民用的 220V 交流电，都指的是有效值。

其最大值由式（3－6）可知为 311V。交流电压表和交流电流表的读数，一般也是有效值。

3.1.3 正弦量的相位差

为了比较同频率的正弦量的相位关系，引入相位差的概念。**相位差即两个同频率的交流电的相位之差**，用 φ 来表示。不同频率的交流电的相位差是一个随时间变化的函数，不是一个固定值，因此，计算两个不同频率交流电的相位差没有太大意义，一般不进行比较。

假设同频率的正弦电压和电流为

$$u=U_m\sin(\omega t+\varphi_u)$$
$$i=I_m\sin(\omega t+\varphi_i)$$

则 u 与 i 的相位差为

$$\varphi=(\omega t+\varphi_u)-(\omega t+\varphi_i)=\varphi_u-\varphi_i \tag{3-7}$$

式（3－7）表明，同频率的正弦量的相位差与时间无关，仅由两者的初相位决定。

相位差是反映两个同频率正弦量相互关系的重要物理量。它表示了两个同频率正弦量在 $-180°\sim180°$ 的区间内，随时间变化达到正向最大值的先后顺序。

若 $\varphi>0$，说明 u **超前于** i，超前的角度为 φ；

若 $\varphi<0$，说明 u **滞后于** i，滞后的角度为 φ；

若 $\varphi=0$，说明 u 与 i **同相位**，u 与 i 同时达到最大值；

若 $\varphi=\pm\pi$，说明 u 与 i **反相位**。

超前和滞后是个相对的概念。u 超前 i 了 φ，也可以说是 i 超前 u 了 $-\varphi$ 或 i 滞后 u 了 φ。u 超前 i 表明：从 $t=0$ 时刻起，u 先于 i 达到正向的最大值。

【例 3－1】 已知正弦电流 i_1、i_2 和正弦电压 u_3 分别为 $i_1=5\sin(\omega t+30°)$ A、$i_2=-10\sin(\omega t+45°)$ A、$u_3=-15\cos(\omega t+60°)$ V，试比较 i_1 与 i_2，i_1 与 u_3 之间的相位关系。

解 i_2 和 u_3 为非标准的正弦函数，需对其进行变换。

$$i_2=-10\sin(\omega t+45°)=10\sin(\omega t+45°-180°)=10\sin(\omega t-135°)$$
$$u_3=-15\cos(\omega t+60°)=15\sin(\omega t+60°+90°)=15\sin(\omega t+150°)$$

所以，i_1 与 i_2 的相位差为

$$\varphi_{12}=30°-(-135°)=165°$$

i_1 与 u_3 的相位差为

$$\varphi_{13}=30°-150°=-120°$$

也就是说，电流 i_1 超前 i_2 的角度为 165°；电流 i_1 超前电压 u_3 的角度为 $-120°$，或者说 u_3 超前 i_1 的角度为 120°。

3.2 正弦量的相量表示法

一个正弦量可以通过一些方法，如波形图和三角函数式表示出来。正弦量的各种表示方法是分析与计算正弦交流电路的工具。但是在正弦交流电路的分析和计算中，如果采用三角函数式，需要对其进行三角变换，这种运算方法比较麻烦。因此需要一种简便、实用的正弦量表示方法，以便使正弦交流电路的分析能与直流电路一样直观和方便，这种方法就是工程上使用广泛的相量表示法。**相量表示法，就是用复数来表示正弦量。**

3.2.1 复数的基本知识

1. 复数的表示形式

复数有两个要素，**模和辐角**。设复平面中有一复数 A，其模为 a，辐角为 φ_A，如图 3-3 所示。它可表示为以下几种形式

$$A = a_1 + \mathrm{j}a_2 \quad \text{（代数式）}$$

$$= a\cos\varphi_A + \mathrm{j}a\sin\varphi_A \quad \text{（三角函数式）}$$

$$= a\mathrm{e}^{\mathrm{j}\varphi_A} \quad \text{（指数式）}$$

$$= a\angle\varphi_A \quad \text{（极坐标式）}$$

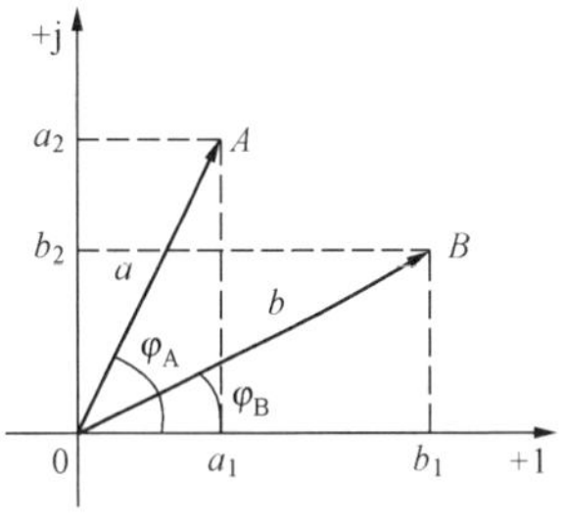

图 3-3 复数的表示方法

以上几种形式可以互相转换。

同理，复数 B 可以表示为

$$B = b_1 + \mathrm{j}b_2 = b\cos\varphi_B + \mathrm{j}b\sin\varphi_B = b\mathrm{e}^{\mathrm{j}\varphi_B} = b\angle\varphi_B$$

2. 复数的四则运算

加法 $A + B = (a_1 + \mathrm{j}a_2) + (b_1 + \mathrm{j}b_2) = (a_1 + b_1) + \mathrm{j}(a_2 + b_2)$

减法 $A - B = (a_1 + \mathrm{j}a_2) - (b_1 + \mathrm{j}b_2) = (a_1 - b_1) + \mathrm{j}(a_2 - b_2)$

乘法 $A \times B = a\mathrm{e}^{\mathrm{j}\varphi_A} \times b\mathrm{e}^{\mathrm{j}\varphi_B} = ab\mathrm{e}^{\mathrm{j}(\varphi_A + \varphi_B)} = ab\angle(\varphi_A + \varphi_B)$

乘法运算也可写为 $A \times B = a\angle\varphi_A \times b\angle\varphi_B = ab\angle(\varphi_A + \varphi_B)$

除法 $\dfrac{A}{B} = \dfrac{a\mathrm{e}^{\mathrm{j}\varphi_A}}{b\mathrm{e}^{\mathrm{j}\varphi_B}} = \dfrac{a}{b}\mathrm{e}^{\mathrm{j}(\varphi_A - \varphi_B)} = \dfrac{a}{b}\angle(\varphi_A - \varphi_B)$

除法运算也可写为 $\dfrac{A}{B} = \dfrac{a\angle\varphi_A}{b\angle\varphi_B} = \dfrac{a}{b}\angle(\varphi_A - \varphi_B)$

由上面可知，**当复数之间进行加减运算时，用代数式比较方便；当进行乘除运算时，用指数式或极坐标式比较方便。**

【例 3-2】 已知两个复数为 $A=2+\mathrm{j}3$，$B=4-\mathrm{j}3$，求它们的和、差、积、商。

解 由 A、B 的代数式可知它们的模和辐角分别为

$$a = \sqrt{2^2 + 3^2} = 3.6, \quad \varphi_A = \arctan\frac{3}{2} = 56.3^\circ$$

$$b = \sqrt{4^2 + (-3)^2} = 5, \quad \varphi_B = \arctan\frac{-3}{4} = -36.9^\circ$$

则

$$A = 2 + \mathrm{j}3 = 3.6\angle 56.3^\circ, \quad B = 4 - \mathrm{j}3 = 5\angle -36.9^\circ$$

所以

$$A + B = (2 + \mathrm{j}3) + (4 - \mathrm{j}3) = (2 + 4) + \mathrm{j}(3 - 3) = 6$$

$$A - B = (2 + \mathrm{j}3) - (4 - \mathrm{j}3) = (2 - 4) + \mathrm{j}[3 - (-3)] = -2 + \mathrm{j}6$$

$$A \times B = 3.6\angle 56.3^\circ \times 5\angle -36.9^\circ = (3.6 \times 5)\angle 56.3^\circ - 36.9^\circ = 18\angle 19.4^\circ$$

$$\frac{A}{B} = \frac{3.6\angle 56.3^\circ}{5\angle -36.9^\circ} = \frac{3.6}{5}\angle 56.3^\circ - (-36.9^\circ) = 0.72\angle 93.2^\circ$$

3.2.2 正弦量的相量表示

一个正弦量可以用波形图来表示，也可以用三角函数式来表示，为了计算方便，还可以

用复数来表示。为了区别于数学领域里的复数，将代表正弦交流电的复数称为相量。因此，**相量就是代表正弦交流电的复数**。为了不与一般的复数混淆，在代表交流电符号的顶部加一圆点，以示区别，如 $\dot{I}$、$\dot{I}_m$、$\dot{U}$、$\dot{U}_m$ 等。

确定一个正弦交流电的相量一般有两种方法。仍以正弦电流为例，假设有一正弦交流电流，其表达式为 $i(t)=I_m\sin(\omega t+\varphi_i)$。如果令其最大值和初相位分别等于一个复数的模和辐角，就得到该正弦电流的**最大值相量**，其表达式为

$$\dot{I}_m=I_m\underline{/\varphi_i} \tag{3-8}$$

由式（3-5）也可以表示为**有效值相量**，即

$$\dot{I}=I\underline{/\varphi_i} \tag{3-9}$$

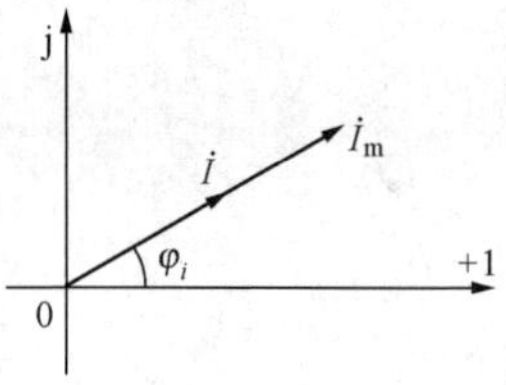

图 3-4 相量图

因此，一个正弦量的相量有最大值相量和有效值相量两种形式，它们都代表同一个正弦量。

相量也可以在复平面内用矢量来表示，这个矢量图称为**相量图**。正弦量 $i(t)=I_m\sin(\omega t+\varphi_i)$ 的相量图如图 3-4 所示。

正弦量和相量之间存在着一一对应关系。在已知正弦量的情况下，可以找到它所对应的相量；反过来，在已知相量的情况下，也可以写出该相量代表的正弦量。

注意

相量是表示正弦交流电的复数，而正弦交流电本身是时间的正弦函数（属于实数的范畴），所以相量并不等于正弦交流电，例如，$\dot{I}=I\underline{/\varphi_i}\neq\sqrt{2}I\sin(\omega t+\varphi_i)$。此外还要明确只有正弦交流电才能用相量表示，只有同频率的正弦交流电才能进行相量运算。

【例 3-3】 写出下列正弦电压、电流的相量并画出相量图

$$i=10\sqrt{2}\sin(\omega t-60°)\text{A}$$

$$u=220\sqrt{2}\sin(\omega t+30°)\text{V}$$

解 根据式（3-9）写出正弦电流、电压相量分别为

$$\dot{I}=10\underline{/-60°}=10\cos(-60°)+\text{j}10\sin(-60°)=5-\text{j}8.66\ (\text{A})$$

$$\dot{U}=220\underline{/30°}=220\cos(30°)+\text{j}220\sin(30°)=190+\text{j}110\ (\text{V})$$

相量图如图 3-5 所示。

需要说明的是，在画相量图的时候，可以将坐标轴省略，取一个初相位为 0 的相量作为参考相量，以其他相量与该参考相量的相位差画出相量图，如图 3-5 所示。

【例 3-4】 在图 3-6 所示电路中，设 $i_1=100\sqrt{2}\sin(\omega t+45°)\text{A}$、$i_2=60\sqrt{2}\sin(\omega t-30°)\text{A}$，求总电流 i。

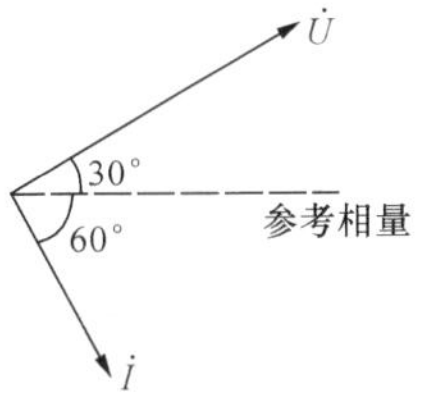

图 3－5　省去坐标轴的相量图

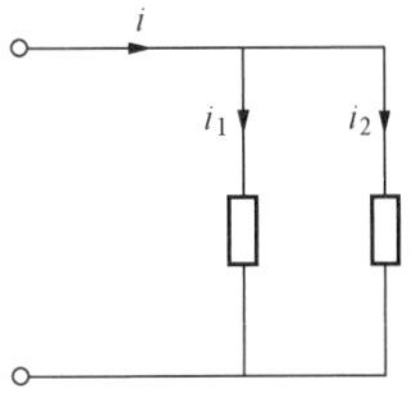

图 3－6　【例 3－4】图

解　由相量表示法可知 i、i_1、i_2 的相量分别为 $\dot{I}$、$\dot{I}_1$、$\dot{I}_2$，其中

$$\dot{I}_1 = 100\angle 45° = 70.7 + j70.7\ (A)$$

$$\dot{I}_2 = 60\angle -30° = 52 - j30\ (A)$$

由 KCL 得

$$\dot{I} = \dot{I}_1 + \dot{I}_2 = (70.7 + j70.7) + (52 - j30)$$
$$= 122.7 + j40.7 = 129\angle 18.2°\ (A)$$

于是得

$$i = 129\sqrt{2}\sin(\omega t + 18.2°)\ (A)$$

3.3　单一参数的交流电路

电阻、电感和电容都是表征电路性质的物理量，这三个物理量统称为电路参数。在实际电路中，这三个参数大多时候是同时存在的，但在一定条件下，可能只有一种参数起主要作用，其他参数影响很小，可以忽略。这种情况下，可以认为电路只由起主要作用的参数组成，这种理想化的电路称为单一参数电路。

3.3.1　电阻的正弦交流电路

图 3－7（a）所示为线性电阻电路。它可以看做是只有一个电阻，也可以看做是由多个电阻串并联组成而等效后的电路。

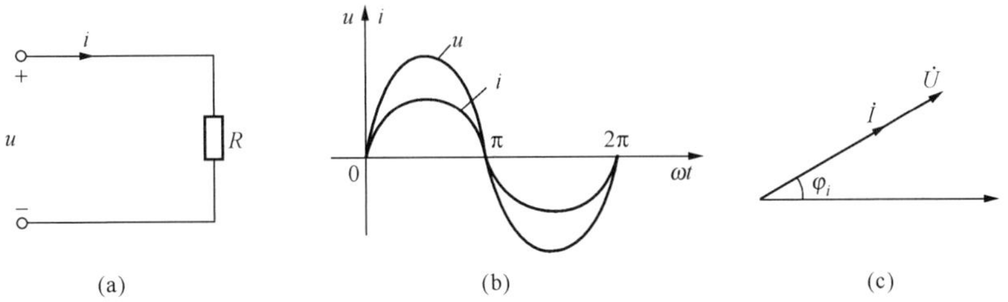

图 3－7　电阻的正弦交流电路

（a）线性电阻电路；（b）波形图；（c）相量图

假设流过电阻 R 的电流为

$$i = \sqrt{2} I \sin(\omega t + \varphi_i) \tag{3-10}$$

根据欧姆定律，电阻两端的电压为

$$u=iR=\sqrt{2}IR\sin(\omega t+\varphi_i)=\sqrt{2}U\sin(\omega t+\varphi_u) \tag{3-11}$$

由此可见

$$\begin{cases}U=IR\\ \varphi=\varphi_u-\varphi_i=0\end{cases} \tag{3-12}$$

式（3-12）表明，**对于线性电阻的正弦交流电路，电压有效值等于电流乘以电阻，电压与电流同相**。i 与 u 的波形如图 3-7（b）所示。

由式（3-10）得电流相量为

$$\dot{I}=I\underline{/\varphi_i} \tag{3-13}$$

由式（3-11）、式（3-12）得电压相量为

$$\dot{U}=U\underline{/\varphi_u}=RI\underline{/\varphi_i}=R\dot{I} \tag{3-14}$$

式（3-14）称为电阻元件伏安关系的相量形式。电压和电流的相量图如图 3-7（c）所示。

在交流电路中，由于电压和电流随时间按正弦规律变化，所以功率 ui 也是时间的函数，称其为**瞬时功率**，用小写字母 p 来表示。

设 $\varphi_u=\varphi_i=0$，则

$$p=ui=2UI\sin^2\omega t=UI(1-\cos 2\omega t) \tag{3-15}$$

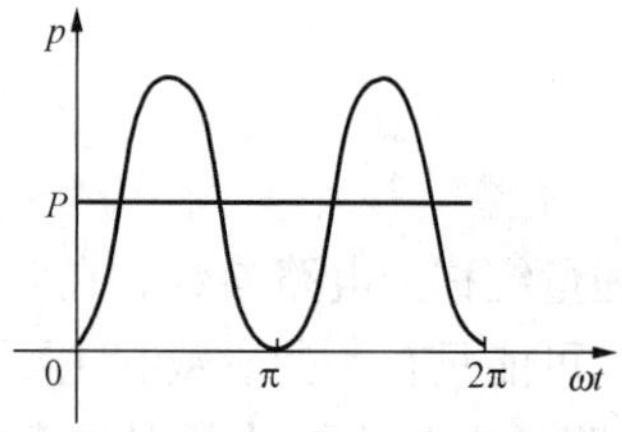

图 3-8　电阻的瞬时功率

由式（3-15）可知，瞬时功率 p 总为正值（见图 3-8），即电源总是通过电流把电能送到电阻中去，而电阻则把电能转化为其他形式的能量消耗掉。

瞬时功率是随时间变化的，无法描述吸收功率的大小。在工程计算和测量中常用到平均功率的概念，通常说电路的功率是指瞬时功率在一个周期内的平均值，即**平均功率（也称有功功率）**，用大写字母 P 来表示。

电阻电路的平均功率为

$$P=\frac{1}{T}\int_0^T p\,\mathrm{d}t=\frac{1}{T}\int_0^T UI(1-\sin 2\omega t)\,\mathrm{d}t=UI=I^2R=\frac{U^2}{R} \tag{3-16}$$

平均功率的单位为 W（瓦）或 kW（千瓦）。通常各种电气设备铭牌上标注的功率都是平均功率。

3.3.2　电容的正弦交流电路

如图 3-9 所示为线性电容电路。它可以看做是只有一个电容，也可以看做是多个电容串并联组成而等效后的电路。

假设加在电容两端的电压为

$$u=\sqrt{2}U\sin(\omega t+\varphi_u) \tag{3-17}$$

则电流为

$$\begin{aligned}i&=C\frac{\mathrm{d}u}{\mathrm{d}t}=C\frac{\mathrm{d}[\sqrt{2}U\sin(\omega t+\varphi_u)]}{\mathrm{d}t}=\sqrt{2}\omega CU\cos(\omega t+\varphi_u)\\&=\sqrt{2}\omega CU\sin(\omega t+\varphi_u+90^\circ)\\&=\sqrt{2}I\sin(\omega t+\varphi_i)\end{aligned} \tag{3-18}$$

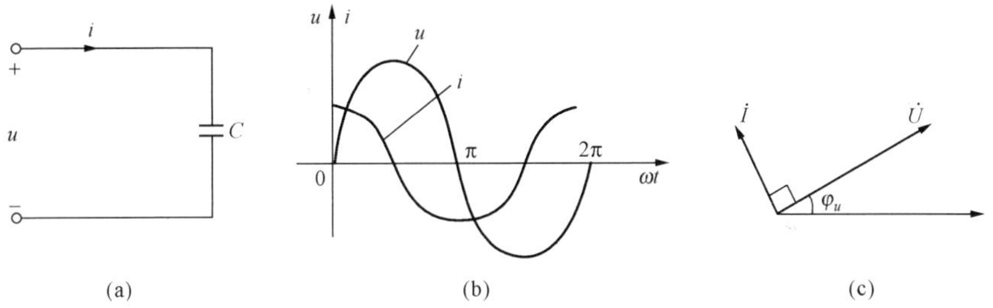

图 3-9　电容的正弦交流电路

(a) 电路图；(b) 波形图；(c) 相量图

由此可见

$$\begin{cases} I=\omega CU \\ \varphi=\varphi_u-\varphi_i=-90^\circ \end{cases} \tag{3-19}$$

式（3-19）表明，**对于线性电容的正弦交流电路，电流的有效值等于电压乘以** ωC，**电压滞后电流** 90°，**或者说电流超前电压** 90°。i 与 u 的波形如图 3-9（b）所示。

由式（3-17）得电压相量为

$$\dot{U}=U\angle\varphi_u \tag{3-20}$$

由式（3-18）、式（3-19）得电流相量为

$$\dot{I}=I\angle\varphi_i=\omega CU\angle\varphi_u+90^\circ=\omega C\angle 90^\circ\times U\angle\varphi_u=\mathrm{j}\omega C\dot{U} \tag{3-21}$$

或

$$\dot{U}=-\mathrm{j}\frac{1}{\omega C}\dot{I} \tag{3-22}$$

式（3-22）称为电容元件伏安关系的相量形式。它既表示了电容电压和电流有效值之间的数值关系，又表达了两者的相位关系。电压和电流的相量图如图 3-9（c）所示。

由式（3-19）得

$$I=\omega CU=\frac{U}{\frac{1}{\omega C}}=\frac{U}{X_C} \tag{3-23}$$

式中 X_C 越大，I 就越小。说明 X_C 有抗电流的作用，故称其为**容抗**。X_C 具有电阻量纲，单位为 Ω（欧［姆］）。其值为

$$X_C=\frac{1}{\omega C}=\frac{1}{2\pi fC} \tag{3-24}$$

式（3-24）表明，在电容 C 一定的条件下，容抗与频率成反比，频率越高，则容抗越小，对正弦电流的阻止能力越弱，意味着高频电流容易通过电容。若频率为无穷大，则容抗趋近于零，电容相当于短路；直流时频率为零，容抗为无穷大，此时电容相当于开路，即电容有**隔直**作用。

下面讨论电容在正弦交流电路中的功率。设 $i=\sqrt{2}I\sin(\omega t+90^\circ)$，则 $u=\sqrt{2}U\sin\omega t$，此时瞬时功率为

$$p=ui=2UI\sin(\omega t+90^\circ)\sin\omega t=UI\sin 2\omega t \tag{3-25}$$

式（3-25）表明，当 $p>0$ 时，电容从电源取用电能而存储在电场中，此时电容充电；

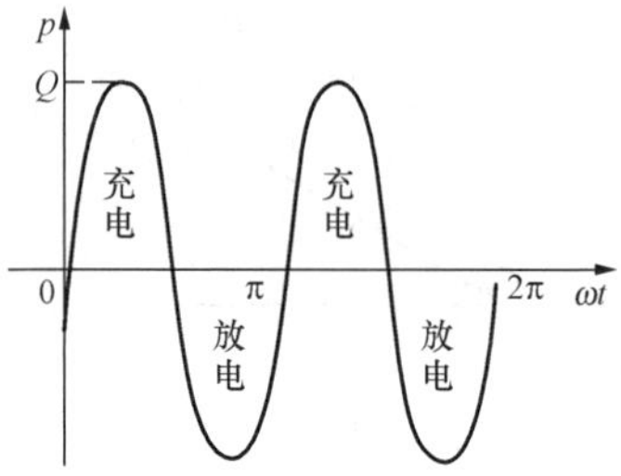

图 3-10　电容的瞬时功率

当 $p<0$ 时，电容将所存储的能量返还电源，此时电容放电。电容与电源之间不停地进行能量交换，这也是储能元件与耗能元件的重要区别。瞬时功率随时间变化的曲线如图 3-10 所示。

电容元件的平均功率，也称有功功率，即

$$P=\frac{1}{T}\int_0^T p\,\mathrm{d}t=\frac{1}{T}\int_0^T UI\sin 2\omega t\,\mathrm{d}t=0$$

平均功率为零表明电容元件与电源之间只有能量交换，电容器不消耗实际的有功功率。

理想电容虽然不消耗有功功率，但电容与电源之间存在着能量的互换。能量互换的规模用**无功功率**来衡量。为了区别于有功功率，无功功率用 Q 表示，单位为 var（乏）或 kvar（千乏）。无功功率的大小等于瞬时功率的最大值，由式（3-25）可知

$$Q_C=UI=I^2X_C=\frac{U^2}{X_C} \tag{3-26}$$

【例 3-5】 把一个 25μF 的电容器接到频率为 50Hz、电压有效值为 10V 的正弦电源上。试求：

（1）电容的电流和无功功率。

（2）如果保持电压值不变，电源频率变为 5000Hz，求电容的电流和无功功率。

解　（1）因为 $f=50$Hz，则

$$X_C=\frac{1}{\omega C}=\frac{1}{2\pi fC}=\frac{1}{2\times 3.14\times 50\times(25\times 10^{-6})}=127.4\ (\Omega)$$

电容的电流和无功功率分别为

$$I=\frac{U}{X_C}=\frac{10}{127.4}=0.078\ (\text{A})$$

$$Q=UI=10\times 0.078=0.78\ (\text{var})$$

（2）因为 $f=5000$Hz，则

$$X_C=\frac{1}{\omega C}=\frac{1}{2\pi fC}=\frac{1}{2\times 3.14\times 5000\times(25\times 10^{-6})}=1.274\ (\Omega)$$

电容的电流和无功功率分别为

$$I=\frac{U}{X_C}=\frac{10}{1.274}=7.8\ (\text{A})$$

$$Q=UI=10\times 7.8=78\ (\text{var})$$

3.3.3　电感的正弦交流电路

图 3-11（a）所示为线性电感电路。它可以看做是只有一个电感，也可以看做是多个电感串并联组成而等效后的电路。

假设流过电感的电流为

$$i=\sqrt{2}U\sin(\omega t+\varphi_i) \tag{3-27}$$

则电压为

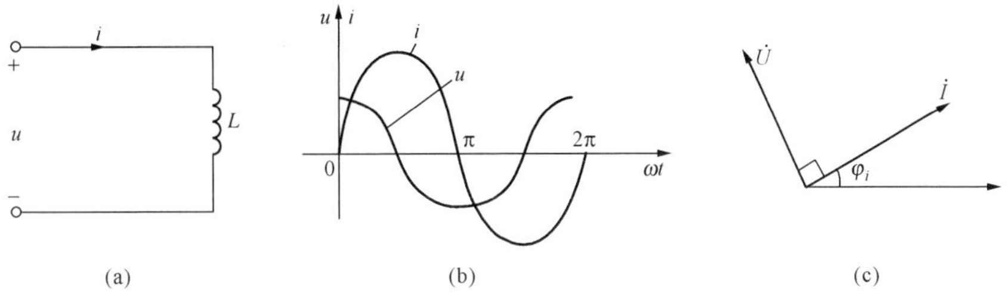

图 3-11　电感的正弦交流电路

(a) 电感电路；(b) 波形图；(c) 相量图

$$u=L\frac{di}{dt}=L\frac{d[\sqrt{2}I\sin(\omega t+\varphi_i)]}{dt}=\sqrt{2}\omega LI\cos(\omega t+\varphi_i)$$
$$=\sqrt{2}\omega LI\sin(\omega t+\varphi_i+90°)$$
$$=\sqrt{2}U\sin(\omega t+\varphi_u) \tag{3-28}$$

由此可见

$$\begin{cases}U=\omega LI\\ \varphi=\varphi_u-\varphi_i=90°\end{cases} \tag{3-29}$$

式（3-29）表明，**对于电感的正弦交流电路，电压的有效值等于电流乘以 ωL，电压超前电流** 90°，**或者说电流滞后电压** 90°。i 与 u 的波形见图 3-11（b）。

由式（3-27）得电流相量为

$$\dot{I}=I\underline{/\varphi_i} \tag{3-30}$$

由式（3-28）、式（3-29）得电流相量为

$$\dot{U}=U\underline{/\varphi_u}=\omega LI\underline{/\varphi_i+90°}=\omega L\underline{/90°}\times I\underline{/\varphi_i}=j\omega L\dot{I} \tag{3-31}$$

式（3-31）称为电感元件伏安关系的相量形式。它既表示了电感电压和电流有效值之间的数值关系，又表达了两者的相位关系。电压和电流的相量图如图 3-11（c）所示。

由式（3-29）有

$$U=\omega LI=X_L I \tag{3-32}$$

当电源电压 U 一定时，其中 X_L 越大，电流 I 就越小，说明 X_L 有抗电流的作用，故称其为**感抗**。X_L 具有电阻量纲，单位为 Ω（欧［姆］）。其值为

$$X_L=\omega L=2\pi fL \tag{3-33}$$

式（3-33）表明，在电感 L 一定的条件下，感抗与频率成正比，频率越高，则感抗越大，对正弦电流的阻止能力越强，意味着高频电流不容易通过电感；若频率为无穷大，则感抗趋近于无穷大，电感相当于开路，即电感有**高频扼流**作用。直流时频率为零，感抗为零，故电感在直流稳态时相当于短路。

下面讨论电感在正弦交流电路中的功率。设 $u=\sqrt{2}U\sin(\omega t+90°)$，则 $i=\sqrt{2}I\sin\omega t$，则瞬时功率为

$$p=ui=2UI\sin(\omega t+90°)\sin\omega t=UI\sin 2\omega t \tag{3-34}$$

式（3-34）表明，电感的瞬时功率 p 随时间 t 按正弦规律变化，其角频率是 2ω。当 $p>0$ 时，电感从电源取用电能以磁场能的形式存储在磁场中；当 $p<0$ 时，电感将所存储

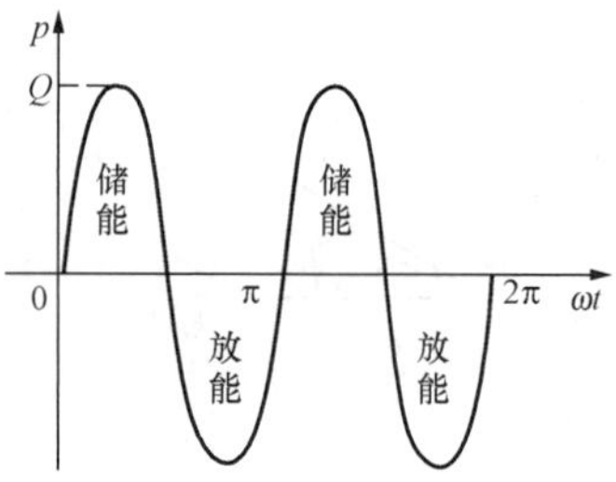

图 3-12　电感的瞬时功率

的能量释放出来又返还电源。当电流按正弦规律变化时，电感以 2 倍于电源频率的速度与电源不断地进行能量的互换。电感的瞬时功率曲线如图 3-12 所示。

同样，电感的平均功率或称有功功率为

$$P=\frac{1}{T}\int_{0}^{T}p\,\mathrm{d}t=\frac{1}{T}\int_{0}^{T}UI\sin 2\omega t\,\mathrm{d}t=0$$

平均功率为零表明电感电路中只有能量的交换，而不消耗实际的有功功率。

由式（3-34）可知，电感电路中的无功功率为

$$Q=UI=I^{2}X_{\mathrm{L}}=\frac{U^{2}}{X_{\mathrm{L}}} \tag{3-35}$$

【例 3-6】 把一个 0.1H 的电感元件接到频率为 50Hz、电压有效值为 10V 的正弦电源上。试求：

（1）电感的电流和无功功率。

（2）如果保持电压值不变，电源频率变为 5000Hz，求电感的电流和无功功率。

解　（1）因为 $f=50\mathrm{Hz}$，则

$$X_{\mathrm{L}}=\omega L=2\pi fL=2\times3.14\times50\times0.1=31.4\ (\Omega)$$

电感的电流和无功功率分别为

$$I=\frac{U}{X_{\mathrm{L}}}=\frac{10}{31.4}=0.318\ (\mathrm{A})$$

$$Q=UI=10\times0.318=3.18\ (\mathrm{var})$$

（2）因为 $f=5000\mathrm{Hz}$，则

$$X_{\mathrm{L}}=\omega L=2\pi fL=2\times3.14\times5000\times0.1=3140\ (\Omega)$$

电容的电流和无功功率分别为

$$I=\frac{U}{X_{\mathrm{L}}}=\frac{10}{3140}=0.00318=3.18\ (\mathrm{mA})$$

$$Q=UI=10\times0.00318=0.0318\ (\mathrm{var})$$

3.4　阻抗的串联与并联

上节中已经分析了电阻、电感和电容的正弦交流电路，本节以上述分析为基础，采用相量法分析多参数的交流电路。

3.4.1　阻抗

下面以电阻 R、电感 L 和电容 C 串联的电路为例，介绍阻抗的概念。

图 3-13（a）所示的在 RLC 串联电路中，当电路两端加上正弦交流电压 u 时，电路中将产生正弦交流电流 i，同时在各元件上分别产生电压 u_{R}、u_{C} 和 u_{L}。电流与各个电压的参考方向如图 3-13（a）所示。

根据 KVL 可知

$$u=u_{\mathrm{R}}+u_{\mathrm{L}}+u_{\mathrm{C}}$$

用相量表示各电压和电流的关系，则为

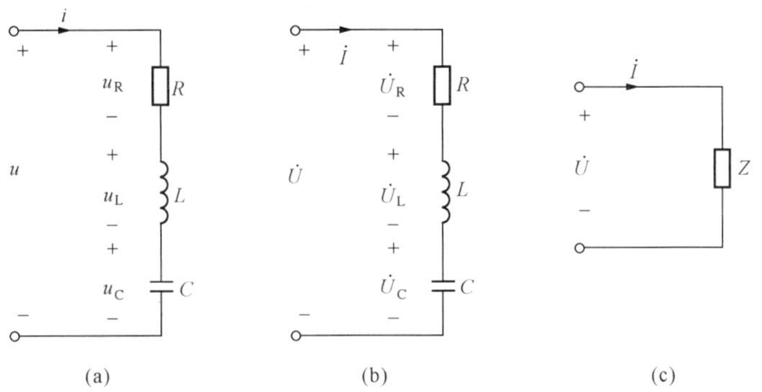

图 3-13 阻抗的概念
(a) 电路图；(b) 相量模型；(c) 等效阻抗

$$\dot{U}=\dot{U}_R+\dot{U}_L+\dot{U}_C$$

将单一参数电路的电压与电流关系式代入上式得

$$\begin{aligned}\dot{U}&=\dot{I}R+jX_L\dot{I}+(-jX_C\dot{I})=\dot{I}[R+j(X_L-X_C)]\\&=(R+jX)\dot{I}\\&=Z\dot{I}\end{aligned}\tag{3-36}$$

式（3-36）中

$$Z=R+j(X_L-X_C)=R+jX\tag{3-37}$$

式（3-36）的形式和欧姆定律类似，有时称为欧姆定律的相量形式。式（3-37）的 Z 称为**复数阻抗**，它是一个纯粹的复数，不表示正弦量，故在 Z 上不加点。$X=X_L-X_C$ 称为**电抗**。该复数阻抗的模 $|Z|$ 称为阻抗，它的辐角 φ 称为阻抗角，它们分别为

$$|Z|=\sqrt{R^2+(X_L-X_C)^2}=\sqrt{R^2+X^2}=\frac{U}{I}\tag{3-38}$$

$$\varphi=\arctan\frac{X_L-X_C}{R}=\varphi_u-\varphi_i\tag{3-39}$$

若设 $\dot{U}=U\angle\varphi_u$ 和 $\dot{I}=I\angle\varphi_i$，代入式（3-36），得

$$Z=\frac{\dot{U}}{\dot{I}}=\frac{U\angle\varphi_u}{I\angle\varphi_i}=\frac{U}{I}\angle\varphi_u-\varphi_i=|Z|\angle\varphi\tag{3-40}$$

可见，**电压与电流的有效值之比等于阻抗，电压与电流之间的相位差等于阻抗角**。

如果设电流 $\dot{I}=I\angle 0°$，即以电流 $\dot{I}$ 作为参考相量，图 3-14 画出了电压、电流的相量图。

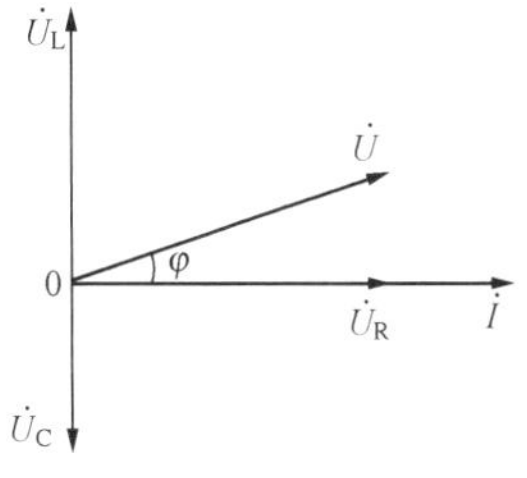

图 3-14 *RLC* 串联电路电压、电流相量图

由式（3-36）可以看出，*RLC* 串联交流电路的性质与电抗 $X=X_L-X_C$ 有关：

如果 $X>0$，即 $X_L>X_C$，则 $\varphi>0$。这说明电感起主要作用，电路呈电感性，此时电压超前电流。

如果 $X<0$，即 $X_L<X_C$，则 $\varphi<0$。这说明电容起主要作用，电路呈电容性，此时电压滞后电流。

如果 $X=0$，即 $X_L=X_C$，则 $\varphi=0$。此时电路呈电阻性，电压与电流同相，这种现象称为谐振。

对于纯电阻正弦交流电路，$Z_R=R$；对于纯电容正弦交流电路，$Z_C=-jX_C=-j/\omega C$；对于纯电感正弦交流电路，$Z_L=jX_L=j\omega L$。

引入阻抗概念后，使交流电路的计算得到简化，如 RLC 串联电路可简化为如图 3-13（c）所示的形式。

【例 3-7】 有一电感线圈，当接于电压为 36V 的直流电源时，测得线圈电流为 6A；当接入电压为 110V、频率为 50Hz 的正弦交流电源时，测得线圈电流为 11A，求线圈电阻和电感，并画出接于交流电源时的相量图。

解 （1）接于直流电源时，线圈中的感抗 $X_L=\omega L=0$，故可求得线圈电阻为

$$R=\frac{U}{I}=\frac{36}{6}=6\ (\Omega)$$

（2）当接于交流电源时，电路相当于电阻与电感的串联，其阻抗为

$$Z=R+jX_L$$

则

$$|Z|=\sqrt{R^2+X_L^2}=\frac{U}{I}=\frac{110}{11}=10\ (\Omega)$$

由此可得线圈的感抗和电感分别为

$$X_L=\sqrt{|Z|^2-R^2}=\sqrt{10^2-6^2}=8\ (\Omega)$$

$$L=\frac{X_L}{2\pi f}=\frac{8}{2\pi\times 50}=0.0255\ (\text{H})$$

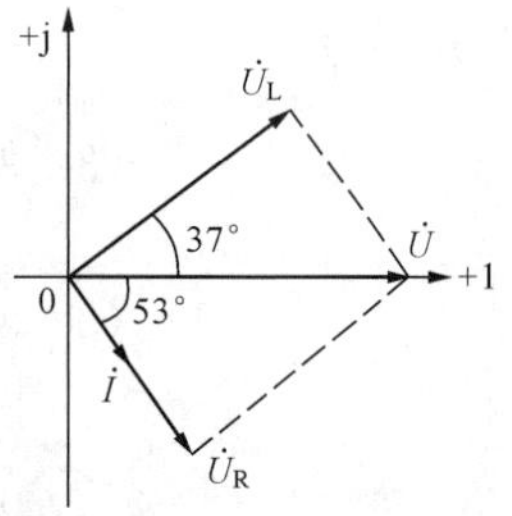

图 3-15 【例 3-7】相量图

（3）交流电源电压和线圈电流之间的相位差等于阻抗角为

$$\varphi=\varphi_u-\varphi_i=\varphi_Z=\arctan\frac{X_L}{R}=\arctan\frac{8}{6}=53°$$

电阻和电感的电压分别为

$$U_R=IR=11\times 6=66\ (\text{V})$$

$$U_L=IX_L=11\times 8=88\ (\text{V})$$

以电源电压为参考相量，画出相量图如图 3-15 所示。

3.4.2 阻抗的串联

在交流电路中，阻抗的连接形式是多种多样的，其中最简单和最常用的是串联与并联。

图 3-16（a）所示为两个阻抗串联的电路。根据 KVL 可以写出它的相量表示式

$$\dot{U}=\dot{U}_1+\dot{U}_2=\dot{I}Z_1+\dot{I}Z_2=\dot{I}(Z_1+Z_2)=\dot{I}Z \tag{3-41}$$

由式（3-41）可知，两个串联的阻抗可用一个等效复数阻抗 Z 来代替。等效后的电路如图 3-15（b）所示，其中等效复数阻抗为

$$Z=Z_1+Z_2 \tag{3-42}$$

但要注意

$$|Z|\neq|Z_1|+|Z_2|$$

一般地，对于几个元件的串联交流电路，其等效复数阻抗为

$$Z=Z_1+Z_2+\cdots+Z_n=\sum_{k=1}^{n}Z_k \tag{3-43}$$

【例 3-8】 在图 3-16（a）所示电路中，有两个阻抗 $Z_1=(6.16+j9)\Omega$ 和 $Z_2=(2.5-j4)\Omega$，它们串联在 $\dot{U}=220\angle 30^\circ$ V 的电源上，求电路中的电流 $\dot{I}$ 和各个阻抗上的电压 $\dot{U}_1$ 和 $\dot{U}_2$，并画出相量图。

解 $Z=Z_1+Z_2=(6.16+j9)+(2.5-j4)=8.66+j5=10\angle 30^\circ\ (\Omega)$

等效电路如图 3-16（b）所示。由图可得电流为

$$\dot{I}=\frac{\dot{U}}{Z}=\frac{220\angle 30^\circ}{10\angle 30^\circ}=22\angle 0^\circ\ (\text{A})$$

$$\begin{aligned}\dot{U}_1&=\dot{I}Z_1=(6.16+j9)\times 22\angle 0^\circ\\&=10.9\angle 55.6^\circ\times 22=239.8\angle 55.6^\circ\ (\text{V})\\\dot{U}_2&=\dot{I}Z_2=(2.5-j4)\times 22\angle 0^\circ\\&=4.71\angle -58^\circ\times 22\angle 0^\circ\\&=103.6\angle -58^\circ\ (\text{V})\end{aligned}$$

电流与各电压的相量图如图 3-17 所示。

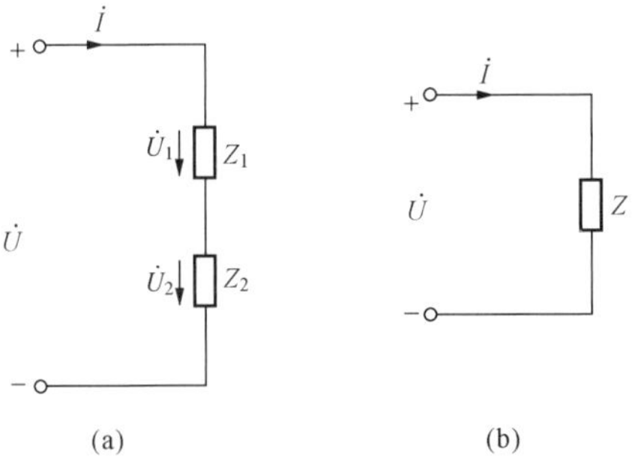

图 3-16 阻抗的串联

(a) 串联电路；(b) 等效电路

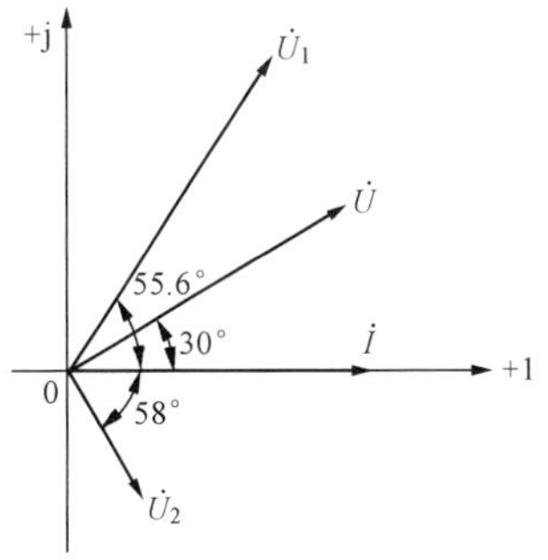

图 3-17 【例 3-8】相量图

3.4.3 阻抗的并联

图 3-18（a）所示为两个阻抗并联的电路。根据 KCL 可以写出它的相量表示式

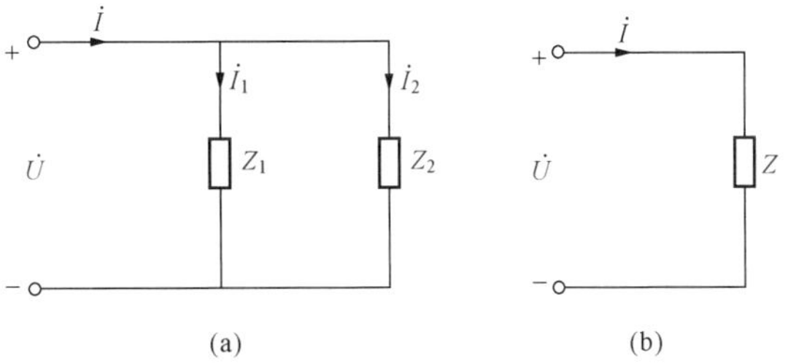

图 3-18 阻抗的并联

(a) 并联电路；(b) 等效电路

$$\dot{I}=\dot{I}_1+\dot{I}_2=\frac{\dot{U}}{Z_1}+\frac{\dot{U}}{Z_2}=\dot{U}\left(\frac{1}{Z_1}+\frac{1}{Z_2}\right)=\frac{\dot{U}}{Z} \tag{3-44}$$

由式（3－44）可知，两个并联的阻抗可用一个等效复数阻抗 Z 来代替。等效后的电路如图 3－18（b）所示，其中等效复数阻抗为

$$Z=\frac{Z_1Z_2}{Z_1+Z_2} \tag{3-45}$$

但要注意

$$|Z|\neq\frac{|Z_1||Z_2|}{|Z_1|+|Z_2|}$$

一般地，对于几个元件的并联交流电路，其等效复数阻抗 Z 为

$$\frac{1}{Z}=\frac{1}{Z_1}+\frac{1}{Z_2}+\cdots+\frac{1}{Z_n}=\sum_{k=1}^{n}\frac{1}{Z_k} \tag{3-46}$$

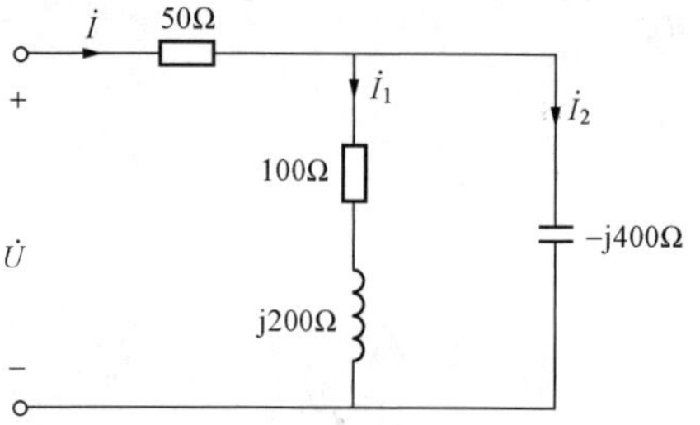

图 3－19 【例 3－9】图

【例 3－9】 在如图 3－19 所示电路中，电源电压 $\dot{U}=220\angle 0^\circ$ V，求等效阻抗 Z 和电流 $\dot{I}$、$\dot{I}_1$、$\dot{I}_2$。

解

$$\begin{aligned}Z&=50+\frac{(100+\mathrm{j}200)(-\mathrm{j}400)}{(100+\mathrm{j}200)+(-\mathrm{j}400)}\\&=(50+320+\mathrm{j}240)\\&=(370+\mathrm{j}240)\\&=440\angle 33^\circ\ (\Omega)\end{aligned}$$

$$\dot{I}=\frac{\dot{U}}{Z}=\frac{220\angle 0^\circ}{440\angle 33^\circ}=0.5\angle -33^\circ\ (\mathrm{A})$$

$$\begin{aligned}\dot{I}_1&=\frac{-\mathrm{j}400}{100+\mathrm{j}200-\mathrm{j}400}\times 0.5\angle -33^\circ\\&=\frac{400\angle -90^\circ}{224\angle -63.4^\circ}\times 0.5\angle -33^\circ\\&=0.89\angle -59.6^\circ\ (\mathrm{A})\end{aligned}$$

$$\dot{I}_2=\frac{100+\mathrm{j}200}{100+\mathrm{j}200-\mathrm{j}400}\times 0.5\angle -33^\circ=\frac{224\angle 63.4^\circ}{224\angle -63.4^\circ}\times 0.5\angle -33^\circ=0.5\angle 93.8^\circ\ (\mathrm{A})$$

3.5 交流电路的功率

由前面对单一参数交流电路功率的分析，可得出以下两个结论：

(1) 当电压与电流的相位差 φ 为零，即电流与电压同相位时，电路为纯电阻电路，电路中只消耗有功功率，没有无功功率。这时电路的电流是用来传递有功功率的。有功功率的大小为该电压与电流有效值的乘积。

(2) 当电压与电流的相位差 $\varphi=\pm 90^\circ$ 时，电路为纯电容或纯电感电路，电路中只消耗无功功率，没有有功功率。这时电路的电流是用来传递无功功率的。无功功率的大小为该电压与电流有效值的乘积。

如图 3-20 (a) 所示，对于一般的多参数交流电路来讲，不管无源二端网络内部结构多么复杂，总可以将其等效为一个复数阻抗 Z，此时电路中总电压与总电流之间的相位差是由阻抗角所决定的，如图 3-20 (b) 所示。为了便于计算电路的有功功率和无功功率，用矢量法将电流 $\dot{I}$ 分解为两个分量，如图 3-21 所示（与电压相同方向上的分量 $\dot{I}_P$，与电压垂直方向上的分量 $\dot{I}_Q$）。

由前面得出的结论可以知道，$\dot{I}_P$ 是用来传递有功功率的，且有功功率为

$$P=UI_P=UI\cos\varphi \tag{3-47}$$

$\dot{I}_Q$ 是用来传递无功功率的，且无功功率为

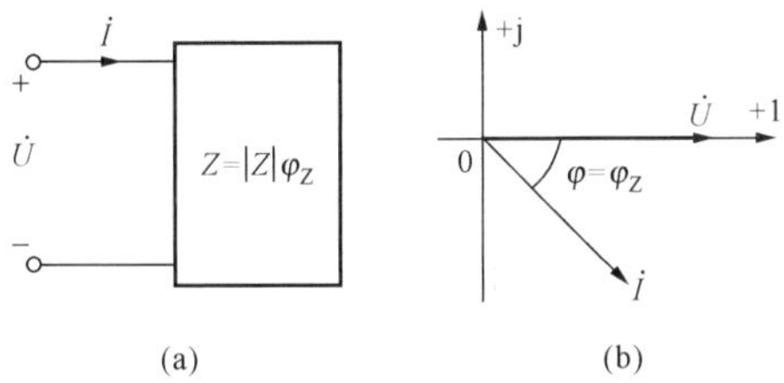

图 3-20　正弦交流电路无源二端网络及相量图

(a) 无源二端网络；(b) 相量图

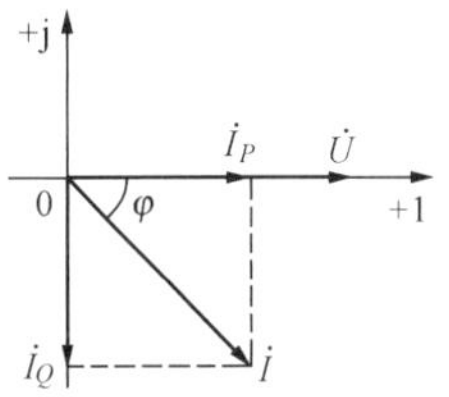

图 3-21　电流的有功分量和无功分量

$$Q=UI_Q=UI\sin\varphi \tag{3-48}$$

电路的电压有效值与电流有效值的乘积，称为电路的视在功率，用 S 来表示，即

$$S=UI \tag{3-49}$$

为了区别于有功功率和无功功率，视在功率的单位为 VA（伏安）或 kVA（千伏安）。视在功率常用来表示电气设备（如变压器）的容量。

由式 (3-47)～式 (3-49) 可知，P、Q、S 三种功率的关系为

$$\begin{cases} P=S\cos\varphi \\ Q=S\sin\varphi \\ S=\sqrt{P^2+Q^2} \end{cases} \tag{3-50}$$

【例 3-10】 在图 3-18 所示电路中电源电压 $\dot{U}=220\angle 0^\circ$ V，求电路总的有功功率、无功功率和视在功率。

解 $Z=\left[50+\dfrac{(100+\mathrm{j}200)(-\mathrm{j}400)}{(100+\mathrm{j}200)+(-\mathrm{j}400)}\right]=50+320+\mathrm{j}240$

$=370+\mathrm{j}240=440\angle 33^\circ$ (Ω)

则电压与电流的相位差为

$$\varphi=\varphi_Z=33^\circ$$

$$I=\frac{U}{|Z|}=\frac{220}{440}=0.5\ (\mathrm{A})$$

因此

$$S = UI = 220 \times 0.5 = 110\ (\text{VA})$$
$$P = S\cos\varphi = 110\cos 33^\circ = 92.25\ (\text{W})$$
$$Q = 110\sin 33^\circ = 59.91\ (\text{var})$$

3.6 功率因数的提高

交流电路的有功功率 $P = UI\cos\varphi = S\cos\varphi$，其中 φ 为电压与电流之间的相位差，如果 S 一定，功率 P 随着 $\cos\varphi$ 的变化而成正比变化，因此把 $\cos\varphi$ 称为**功率因数**。它是交流电路中有功功率与视在功率的比值，即

$$\cos\varphi = \frac{P}{S} \tag{3-51}$$

大多数家用电器（如电冰箱、空调、洗衣机、日光灯等）和工业电气设备（如感应电动机）呈现电感性负载特性，功率因数为 0～1。只有在电阻性负载（如白炽灯、电阻炉等）的情况下，电压和电流才同相位，其功率因数为 1。

当电压与电流之间有相位差时，即功率因数不等于 1 时，电路中发生能量互换，出现无功功率 $Q = UI\sin\varphi$。这样就会引起以下两个问题：

1. 电源设备的容量不能充分利用

电源设备的容量一定，功率因数越小，发出的有功功率越小，无功功率越大，电路中能量互换的规模越大，则电源设备发出的能量就不能充分利用。

假设一台变压器，其额定容量 $S_N = U_N I_N = 1000\text{kVA}$，如果负载功率因数 $\cos\varphi = 1$，则此变压器就能输出 1000kW 的有功功率；若负载的功率因数降到 0.5，则此变压器最多只能输出 500kW 的有功功率，也就是说，此时变压器的容量未能充分利用，不能发挥电源的潜力。

2. 增加线路的功率损耗

当负载的有功功率 P 和电压 U 一定时，功率因数 $\cos\varphi$ 越小，则输电线路中电流 $I = \frac{P}{U\cos\varphi}$ 就越大，消耗在输电线路电阻 R_l 上的功率 $\Delta P = R_l I^2$ 也就越大，增大了线路的设备损耗。

由此可见，提高功率因数，可以充分利用电源设备的容量，减少电能的损耗，具有很重要的经济意义。

国家颁布的《供电营业规则》中规定，高压供电的用户功率因数为 0.90 以上，其他电力用户功率因数为 0.85 以上，农业用电功率因数为 0.80。凡功率因数不能达到上述规定的新用户，供电企业可拒绝接电。

在生产生活中的各种用电设备，电感性负载居多（如电动机、电炉和日光灯等，这些负载中的线圈相当于电阻与电感的串联），所以可以采用**在负载两端并联补偿电容的方法来提高功率因数**，如图 3-22 所示。并联补偿电容之后，产生了电容电流 $\dot{I}_C$，它使总电流 $\dot{I}$ 减小，电路功率因数 $\cos\varphi$ 提高，但并不改变负载电路的电压、电流和有功功率，因为电容器是不消耗电能的，所以负载仍然可以正常工作。

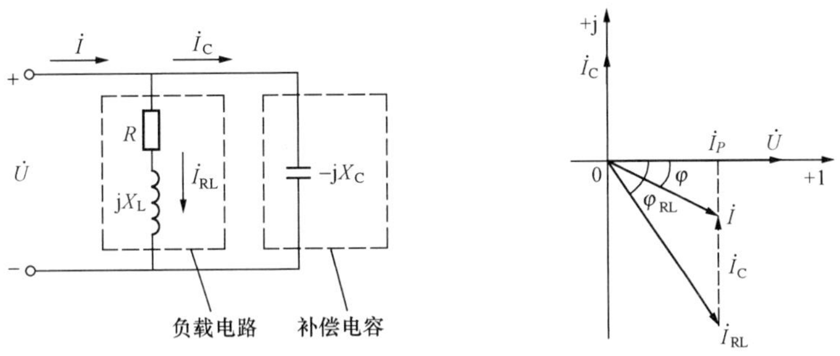

图 3-22　功率因数的提高原理

由相量图可以推导出补偿电容的计算公式。因为

$$I_C = I_{RL}\sin\varphi_{RL} - I\sin\varphi$$

而且补偿前后的有功功率不变，即

$$P = UI_{RL}\cos\varphi_{RL} = UI\sin\varphi$$

由上面两个式子得

$$I_C = \frac{P}{U\cos\varphi_{RL}}\sin\varphi_{RL} - \frac{P}{U\cos\varphi}\sin\varphi = \frac{P}{U}(\tan\varphi_{RL} - \tan\varphi)$$

由于 $I_C = \frac{U}{X_C} = \omega CU$，故得

$$\omega CU = \frac{P}{U}(\tan\varphi_{RL} - \tan\varphi)$$

补偿电容为

$$C = \frac{P}{\omega U^2}(\tan\varphi_{RL} - \tan\varphi) \tag{3-52}$$

式中：φ_{RL} 为补偿前的功率因数角；φ 为补偿后的功率因数角。

如果负载是电容性的，即负载的功率因数角 φ 是超前的，在这样的情况下，负载两端应该接上一个电感以提高功率因数。

【例 3-11】 某车间变电站的平均功率因数为 0.75，有功功率为 3000kW，电压 6.6kV。欲将功率因数提高到 0.9，问需并联多大的补偿电容？

解　补偿前 $\cos\varphi_{RL}=0.75$，则 $\tan\varphi_{RL}=0.88$；补偿后，$\cos\varphi=0.9$，则 $\tan\varphi=0.48$。故补偿电容的电容值为

$$C = \frac{P}{\omega U^2}(\tan\varphi_{RL} - \tan\varphi) = \frac{3000000}{314\times 6600^2}\times(0.88-0.48) = 8.7\times 10^{-5}(\text{F})$$

3.7　串联谐振与并联谐振

在含有 R、L、C 的交流电路中，电源的端电压与电路中的电流一般存在相位差。因为感抗、容抗都是频率的函数，适当地调节元件参数或电源频率，感抗和容抗就会随之发生变化，同时电路的相位差发生变化；当电路的电压与流入的电流同相位，这时整个电路呈电阻性，电路中的这种状态称为**谐振**。

谐振在无线电技术和电工技术中得到广泛的应用。在多种无线电设备中都采用谐振电路来完成调谐、滤波等功能。但在电力系统中却常要防止谐振发生，以免引起过电压、过电流，造成系统的设备损坏或人身事故。

按照发生谐振的电路不同，谐振现象可以分为**串联谐振**和**并联谐振**。

3.7.1 串联谐振

在 RLC 串联电路中，当电流与电源电压同相位，整个电路呈电阻性时，这种谐振现象称为**串联谐振**。

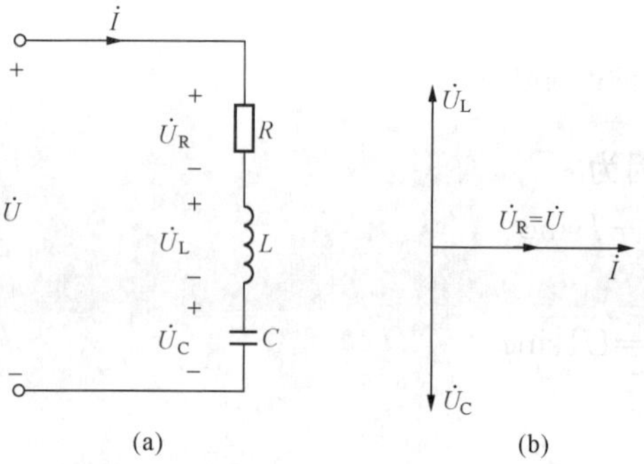

图 3-23 RLC 串联电路和谐振相量图

（a）串联电路；（b）谐振相量图

如图 3-23（a）所示为 RLC 串联电路，电路总的阻抗为

$$Z=R+\mathrm{j}(X_L-X_C)$$

1. 谐振产生的条件

当 $X_L=X_C$ 时，$Z=R+\mathrm{j}(X_L-X_C)=R$，此时电路呈电阻性，电流与电压同相位，所以谐振产生的条件是

$$X_L=X_C \tag{3-53}$$

因为 $X_L=\omega L$，$X_C=\dfrac{1}{\omega C}$，$\omega=2\pi f$，所以式（3-53）也可以表示为

$$f=f_0=\frac{1}{2\pi\sqrt{LC}} \tag{3-54}$$

式中：f_0 为串联谐振时的频率。

由式（3-54）可以看出，改变 f、L、C 三个量中任意一个，都可满足谐振条件，使电路发生谐振。

2. 串联谐振时电路的特性

（1）阻抗的模最小，电流最大，分别为

$$|Z_0|=\sqrt{R^2+(X_L-X_C)^2}=R$$

$$I_0=\frac{U}{|Z|}=\frac{U}{R}$$

（2）电容和电感上的电压相等，且均为电源电压的 Q 倍。如图 3-23（b）所示，谐振时 $X_L=X_C$，故$U_C=IX_C=IX_L=U_L$。而 $\dot{U}_L=-\dot{U}_C$，即 $\dot{U}_L$ 与 $\dot{U}_C$ 的有效值相等，相位相反，互相抵消，因此电源电压 $\dot{U}=\dot{U}_R$，所以串联谐振又称为**电压谐振**。

通常把串联谐振时 U_L 或 U_C 与 U 之比称为串联谐振电路的**品质因数**，也称为 **Q 值**，即

$$Q=\frac{U_L}{U}=\frac{U_C}{U}=\frac{IX_L}{IR}=\frac{IX_C}{IR}=\frac{2\pi f_0L}{R}=\frac{1}{2\pi f_0CR} \tag{3-55}$$

由式（3-55）可知，若 $X_L=X_C\gg R$，则 $U_L=U_C\gg U$。如图 3-23（a）所示电路中，如果 $f=199\text{kHz}$，$R=50\Omega$，$C=160\text{F}$，电源电压 $U=25\text{V}$，则电路谐振时，品质因数 $Q=\dfrac{1}{2\pi fRC}=100$，电容和电感上的电压均为 2500V。

在电力系统中应该尽量避免发生串联谐振，以防高电压损坏电感或电容元件。

3. 串联谐振在接收机输入电路中的应用

在通信工程中经常通过串联谐振将微弱信号进行放大。图 3－24（a）所示是接收机的输入电路。它的主要部分是天线线圈（电感为 L_1）、电感线圈（电感为 L）与可变电容器（电容为 C）组成的串联谐振电路，R 是电感（电感为 L）的电阻。天线所收到的各种不同频率的信号都会在谐振回路［见图 3－24（b）］中感应出相应的电动势 e_1、e_2、e_3 等。改变 C，对所需信号频率调到串联谐振，那么这时 LC 回路中该频率的电流最大，在可变电容器两端的这种频率的电压也就较高。其他各种不同频率的信号虽然也在接收机里出现，但由于它们没有达到谐振，在回路中引起的电流很小。这样就起到了选择信号和抑制干扰的作用。

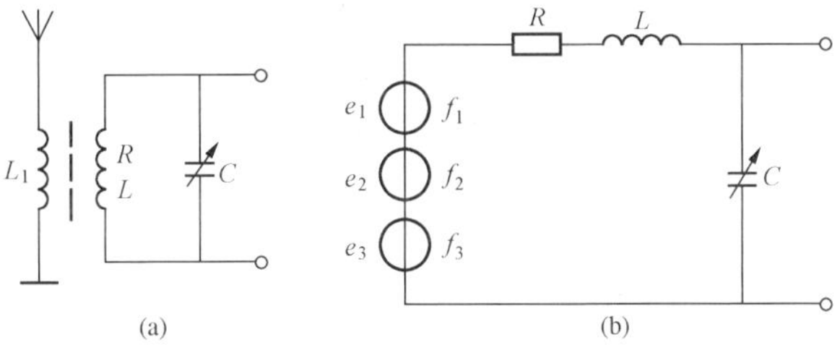

图 3－24 【例 3－12】图

（a）接收机输入电路；（b）谐振回路

【例 3－12】 某收音机的输入电路如图 3－24（a）所示。已知 $L=0.3\text{mH}$，$R=16\Omega$，今欲收听 640kHz 某电台的广播，应将可变电容 C 调到多少？如在调谐回路中 640kHz 信号的电压有效值为 $U=2\mu\text{V}$，求此时回路中该信号的电流多大？电容两端的电压多大？

解　根据 $f=\dfrac{1}{2\pi\sqrt{LC}}$ 可得

$$640\times10^3=\frac{1}{2\times3.14\times\sqrt{0.3\times10^{-3}C}}$$

$$C=204\ (\text{pF})$$

$$I=\frac{U}{R}=\frac{2\times10^{-6}}{16}=0.13\ (\mu\text{A})$$

$$X_C=X_L=2\pi fL=2\times3.14\times640\times10^3\times0.3\times10^{-3}=1200\ (\Omega)$$

$$U_C=IX_C=0.13\times10^{-6}\times1200=1.56\times10^4(\text{V})=156\ (\mu\text{V})$$

3.7.2 并联谐振

如图 3－25（a）所示为 RLC 并联电路。当电流与电源电压同相位，整个电路呈电阻性时，这种谐振现象称为**并联谐振**。

电路中总的阻抗为

$$Z=\frac{(R+jX_L)(-jX_C)}{(R+jX_L)+(-jX_C)}$$

1. 谐振产生的条件

因为通常线圈的电阻 R 很小，所以一般在谐振时，$X_L\gg R$，则总的阻抗可以化简为

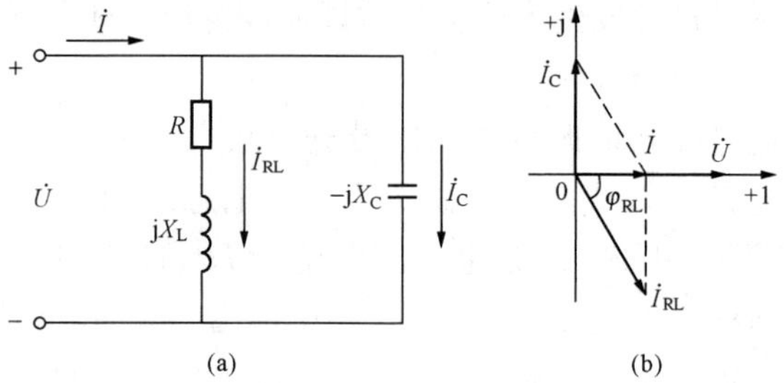

图 3-25 *RLC* 并联电路和谐振相量图

(a) 并联电路图；(b) 谐振相量图

$$Z=\frac{(R+jX_L)(-jX_C)}{(R+jX_L)+(-jX_C)}=\frac{X_LX_C}{\sqrt{R^2+(X_L-X_C)^2}}\angle\left(-arctan\frac{X_L-X_C}{R}\right)$$

当 $X_L=X_C$ 时，$\varphi=0$，电流与电压同相位，此时电路呈电阻性，所以 $X_L=X_C$ 就是谐振产生的条件，即

$$f=f_0=\frac{1}{2\pi\sqrt{LC}} \tag{3-56}$$

2. 并联谐振时电路的特性

(1) 阻抗的模最大，总电流最小分别为

$$|Z|=\frac{X_LX_C}{R},\ I=\frac{U}{|Z|}=\frac{RU}{X_LX_C}$$

(2) 电容和电感支路电流相等，且均为总电流的 Q 倍。

因为谐振时，有

$$I_{RL}=\frac{U}{\sqrt{R^2+X_L^2}}\approx\frac{U}{X_L}=\frac{X_C}{R}I=QI$$

$$I_C=\frac{U}{X_C}=\frac{U}{X_L}=I_{RL}=QI$$

由上式可知

$$I_C=I_{RL}=QI \tag{3-57}$$

Q 称为并联谐振时电路的品质因数。其值为

$$Q=\frac{X_C}{R}=\frac{X_L}{R}=\frac{1}{2\pi fRC}=\frac{2\pi fL}{R} \tag{3-58}$$

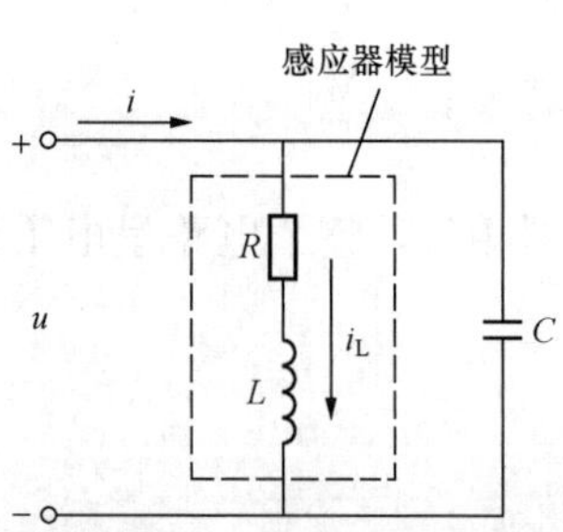

图 3-26 【例 3-13】图

【例 3-13】 图 3-26 所示为某中频感应炉的电路模型。已知正弦波中频电压的有效值 $U=700$V，并联谐振频率 $f=2500$Hz，感应器的等效电阻 $R=0.075\Omega$，等效电感 $L=0.045$mH。试求：

(1) 并联谐振时的补偿电容 C。

(2) 并联谐振时的总电流 i 与电感电流 i_L 的有效值。

解 (1) 电感器的感抗

$$X_L=2\pi fL=2\times3.14\times0.045\times10^{-3}=0.707\ (\Omega)$$

远大于等效电阻 R，故由谐振频率公式可求得补偿电容为

$$C=\frac{1}{(2\pi)^2Lf^2}=\frac{1}{(2\pi)^2\times 0.045\times 10^{-3}\times(2500)^2}=9.01\times 10^{-7}(\mathrm{F})=90.1(\mu\mathrm{F})$$

(2) 由于谐振时 $X_L=X_C$，则总电流

$$I=\frac{U}{|Z|}=\frac{RU}{X_LX_C}=\frac{RU}{X_L^2}=\frac{0.075\times 700}{(0.707)^2}=105\ (\mathrm{A})$$

电感电流

$$I_L=QI=\frac{X_L}{R}I=\frac{0.707}{0.075}\times 105=989.8\ (\mathrm{A})$$

在电子技术中，并联谐振和串联谐振电路有着广泛的应用。

*3.8 应 用

移相器是能够对波的相位进行调整的一种装置。早期模拟移相器的原理是根据任何传输介质对在其中传导的波动都会引入相移。现代电子技术发展后利用 A/D（模/数）、D/A（数/模）转换实现了数字移相。它是一种不连续的移相技术，特点是移相精确度高。

移相器在雷达、导弹姿态控制、加速器、通信设备、仪器仪表甚至于乐器等领域都有着广泛的应用。

对于 RC 串联电路，若输入电压是正弦波，则电路中各处的电压、电流都是正弦波。不论以 R 端或 C 端作输出，其输出电压较输入电压都具有移相作用，这种作用效果称**阻容移相**。阻容移相环节，在电子技术中广泛采用，如移相电路、耦合电路、微分电路、积分电路等。

若要修正电路中已经存在的不符合要求的相移或者想实现电路中有某种特定的相移，就常常要在电路中用上移相电路。两种常用的串联 RC 移相电路如图 3-27 所示。

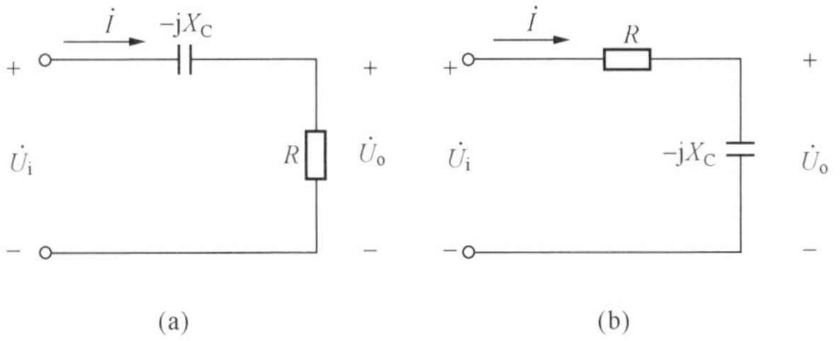

图 3-27 串联 RC 移相电路

(a) 输出超前移相；(b) 输出滞后移相

1. 输出超前移相

图 3-27（a）所示为输出超前移相电路，电路总阻抗为

$$Z=R-\mathrm{j}X_C=|Z|\angle\varphi$$

其中

$$\varphi=-\arctan\frac{X_C}{R}$$

由$\frac{\dot{U}}{\dot{I}}=Z$可知，电流$\dot{I}$超前于电压$\dot{U}_i$某个相位角$\varphi$，且

$$\varphi=\arctan\frac{X_C}{R}=\arctan\frac{1}{\omega CR} \quad (3-59)$$

由于电阻R两端的电压$\dot{U}_o$与$\dot{I}$是同相位的，所以输出电压$\dot{U}_o$超前于输入电压$\dot{U}_i$（输出超前），且超前的相角为φ，其中$\varphi=\arctan\frac{1}{\omega CR}$，调整$R$、$C$或$\omega$的值，可得到期望的$\varphi$。

2. 输出滞后移相

图3-27（b）所示的电路为输出滞后移相电路。同理分析可知，该电路输出电压$\dot{U}_o$滞后于输入电压$\dot{U}_i$（输出滞后），且滞后的相角为$90°-\varphi$，其中$\varphi=\arctan\frac{1}{\omega CR}$，其大小取决于$R$、$C$和$\omega$的值。

图3-27所示串联RC移相电路也是一个分压电路，随着相移量趋近于90°，其输出电压也趋于零。这样，上述简单的RC移相电路只适用于要求移相量较小的场合。如果要求移相量大于60°，则可以将简单RC电路级联起来，级联后提供的总相移等于单个相移之和。

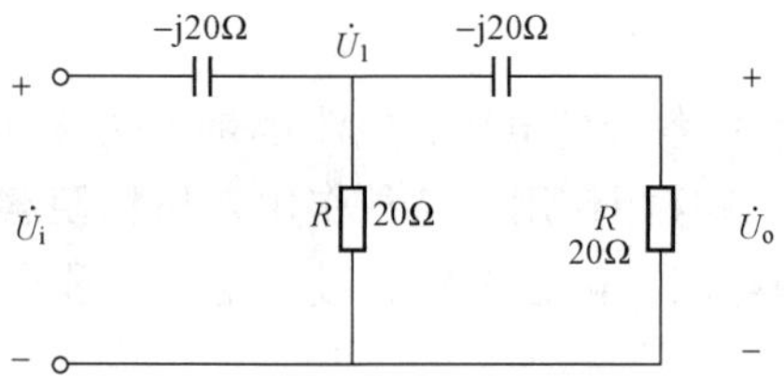

图3-28 90°超前移相的RC移相电路

【例3-14】 设计一个串联RC电路，提供90°的相位超前。

解 若选择串联RC电路在某个指定频率下，两个元件的电抗量相等，如$R=X_C=20\Omega$，则由式（3-59）可知，相移量正好是45°。将两个图3-27（a）所示那样的串联RC电路级联起来，得如图3-28所示的电路，该电路就能提供90°的相位超前量。用串并联结合方法，得图3-28中的阻抗为

$$Z=\frac{20\times(20-j20)}{20+20-j20}=12-j4\ (\Omega)$$

用分压公式，有

$$\dot{U}_1=\frac{Z}{Z-j20}\dot{U}_i=\frac{\sqrt{2}}{3}\angle 45°\dot{U}_i$$

$$\dot{U}_o=\frac{20}{20-j20}\dot{U}_1=\frac{\sqrt{2}}{2}\angle 45°\dot{U}_1$$

由上面两个式子可得

$$\dot{U}_o=\left(\frac{\sqrt{2}}{2}\angle 45°\right)\times\left(\frac{\sqrt{2}}{3}\angle 45°\dot{U}_i\right)=\frac{1}{3}\angle 90°\dot{U}_i$$

可见，输出超前于输入90°，但其大小只是输入的33%。

习　题　3

3.1　画出以下正弦交流电的波形图：

(1) $u=2\sin\omega t$ V。

(2) $u=2\sin(\omega t+30°)$ V。

(3) $u=2\sin(\omega t+60°)$ V。

(4) $i=4\sin 3t$ A。

(5) $i=4\sin(3t+30°)$ A。

(6) $i=4\sin\left(3t-\frac{\pi}{3}\right)$A。

3.2　已知正弦交流电压 $u_s=12\sin(10^3t+24°)$V。试求：

(1) 电压的角频率是多少？

(2) 电压的频率是多少？

(3) 电压的周期是多少？

(4) $t=2.5$ms 时刻的 u_s 是多少？

3.3　已知 $u=U_m\sin\omega t$ V，$U_m=310$V，$f=50$Hz，试求有效值 U 和 $t=0.1$ms 时的瞬时值。

3.4　已知 $i_1=15\sin(314t+45°)$A，$i_2=10\sin(314t-30°)$A，试问：

(1) i_1 和 i_2 的相位差等于多少？

(2) 画出 i_1 和 i_2 的波形图。

(3) 在相位上比较 i_1 和 i_2 谁超前？超前多少？

3.5　已知某负载的电压和电流的有效值和初相位分别是 2A，$-30°$；36V，45°，频率均为 50Hz。试回答：

(1) 写出它们的瞬时值表达式。

(2) 画出它们的波形图。

(3) 指出它们的幅值、角频率以及二者之间的相位差。

3.6　已知复数 $A=8+j6$ 和 $B=8\underline{/-45°}$，试求：

(1) $A+B$。　　(2) $A-B$。

(3) $A\times B$。　　(4) A/B。

(5) $jA+B$。　　(6) $A+B/j$。

3.7　已知相量 $\dot{I}_1=(2\sqrt{3}+j2)$A，$\dot{I}_2=(-2\sqrt{3}+j2)$A，$\dot{I}_3=(-2\sqrt{3}-j2)$A，$\dot{I}_4=(2\sqrt{3}-j2)$A，试把它们化为极坐标形式，并写出正弦量 i_1、i_2、i_3 和 i_4 的三角函数式。

3.8　写出下列正弦电压的相量式（用代数式和极坐标形式表示）：

(1) $u=10\sqrt{2}\sin\omega t$V。　　(2) $u=10\sqrt{2}\sin\left(\omega t+\frac{\pi}{2}\right)$V。

(3) $u=10\sqrt{2}\sin\left(\omega t-\frac{\pi}{2}\right)$V。　　(4) $u=10\sqrt{2}\sin\left(\omega t-\frac{3\pi}{4}\right)$V。

3.9　已知两个正弦电流 $i_1=8\sin(\omega t+60°)$A，$i_2=6\sin(\omega t-30°)$A，试用相量法计算

电流 $i=i_1+i_2$，并画出相量图。

3.10 在图 3-9（a）所示电容元件的正弦交流电路中，$C=4\mu F$，$f=50Hz$。试完成：

（1）已知 $u=220\sqrt{2}\sin\omega t\,V$，求电流 i。

（2）已知 $\dot{I}=0.1\angle -60^\circ\,A$，求 $\dot{U}$，并画出相量图。

3.11 在图 3-11（a）所示电感元件的正弦交流电路中，$L=100mH$，$f=50Hz$。试完成：

（1）已知 $i=7\sqrt{2}\sin\omega t\,A$，求电压 u。

（2）已知 $\dot{U}=127\angle -30^\circ\,V$，求 $\dot{I}$，并画出相量图。

3.12 单一参数交流电路中，下列各式哪些是对的，哪些是错的：

（1）$\frac{u}{i}=X_L$。 （2）$\frac{U}{I}=j\omega L$。

（3）$\frac{\dot{U}}{\dot{I}}=X_L$。 （4）$\dot{I}=-j\frac{\dot{U}}{\omega L}$。

（5）$u=L\frac{di}{dt}$。 （6）$\frac{U}{I}=X_C$。

（7）$\frac{U}{I}=\omega C$。 （8）$\dot{U}=-\frac{\dot{I}}{j\omega C}$。

3.13 图 3-29 所示的电路中，已知 $R=100\Omega$，$L=31.8mH$，$C=318\mu F$。求电源的频率和电压分别为 50Hz、100V 和 1000Hz、100V 两种情况下，开关 S 合向 a、b、c 位置时电流表的读数，并计算各元件中的有功功率和无功功率。

3.14 交流电路中，下列三种情况下电路中的 R 和 X 各为多少？

（1）$Z=(6+j8)\Omega$。

（2）$\dot{U}=50\angle 30^\circ\,V$，$\dot{I}=2\angle 30^\circ\,A$。

（3）$\dot{U}=100\angle -30^\circ\,V$，$\dot{I}=4\angle 40^\circ\,A$。

3.15 已知 $R=4\Omega$，$C=353.86\mu F$，$L=19.11mH$，三者串联后分别接于 220V、50Hz 和 220V、100Hz 的交流电源上，求上述两种情况下电路的电流 $\dot{I}$。

3.16 图 3-30 所示的电路中，已知 $Z_1=(6+j8)\Omega$，$Z_2=-j10\Omega$，$\dot{U}_S=15\angle 0^\circ\,V$，求 $\dot{I}$、$\dot{U}_1$、$\dot{U}_2$。

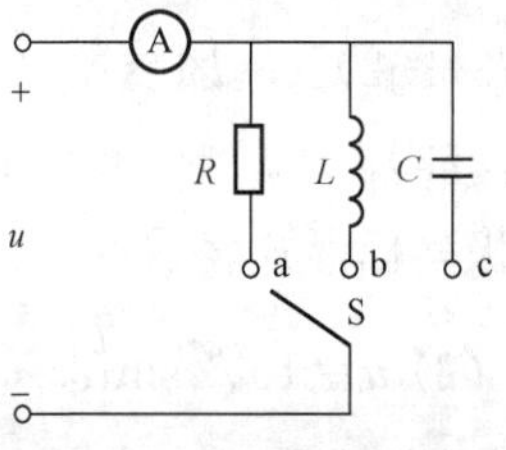

图 3-29 题 3.13 图

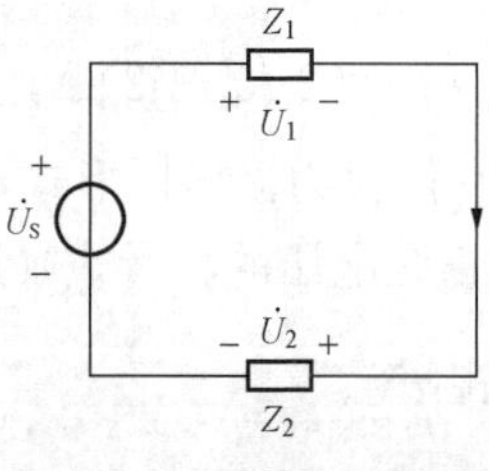

图 3-30 题 3.16 图

3.17 图 3-31 所示电路中，已知 $U=220V$，$f=50Hz$，开关 S 闭合前后电流表的读数不变。试求电流表的读数值以及电容 C（C 不为零）。

3.18　有一 RLC 串联的交流电路，已知 $R=10\Omega$，$X_C=8\Omega$，$X_L=6\Omega$，通过该电路的电流为 21.5A，求该电路的有功功率、无功功率和视在功率。

3.19　$Z_1=10\angle 30°\Omega$，$Z_2=10\angle -60°\Omega$，两者并联后接于 100V 的交流电源上，求电路总的有功功率、无功功率和视在功率。

3.20　图 3-32 所示日光灯电路，接于 220V、50Hz 交流电源上工作，测得灯管电压为 100V，电流为 0.4A，镇流器的功率为 7W。试求：

(1) 灯管的电阻 R_L 及镇流器的电阻 R 和电感 L。

(2) 灯管消耗的有功功率、电路消耗的总的有功功率以及电路的功率因数。

(3) 欲使电路的功率因数提高到 0.9，需并联多大的电容？

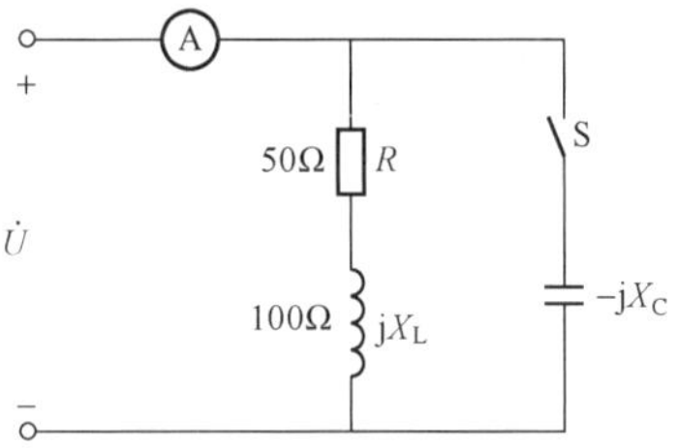

图 3-31　题 3.17 图

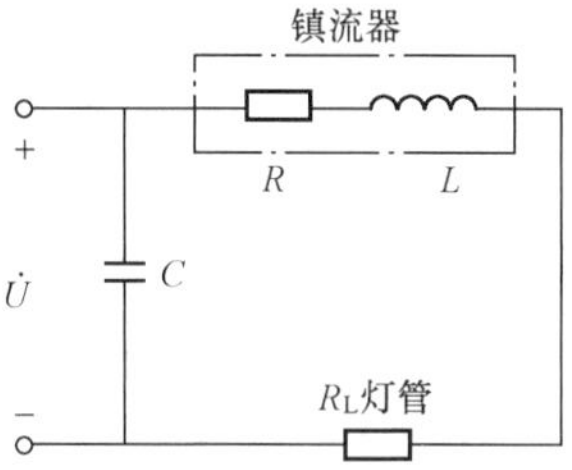

图 3-32　题 3.20 图

3.21　有一电感性负载，额定功率 $P_N=40$kW，额定电压 $U_N=380$V，额定功率因数 $\cos\varphi=0.4$，现接到 50Hz、380V 的交流电源上工作。试求：

(1) 负载的电流、视在功率和无功功率。

(2) 若与负载并联一电容，使电路总电流降到 120A，此时电路的功率因数 $\cos\varphi$ 提高到多少？并联的电容多大？

3.22　有一 RLC 串联的交流电路，已知 $R=20\Omega$，$L=4$mH，并已知电源电压为 10V，频率为 1000Hz，试求电路发生谐振时电容 C、总阻抗 Z 和电路中的电流 I。

3.23　图 3-33 所示电路中，$R=80\Omega$，$C=106\mu$F，$L=63.7$mH，$\dot{U}=220\angle 0°$V。试求：

(1) $f=50$Hz 时的 $\dot{I}$。

(2) f 为何值时，I 最小，此时的 $\dot{I}$ 是多少？

3.24　图 3-34 所示电路接于 $U=10$V 的信号源上，$C=1\mu$F。当信号源的 $\omega=1000$rad/s 时，$U_R=0$，当信号源的 $\omega=2000$rad/s 时，$U_R=10$V，求 L_1 和 L_2。

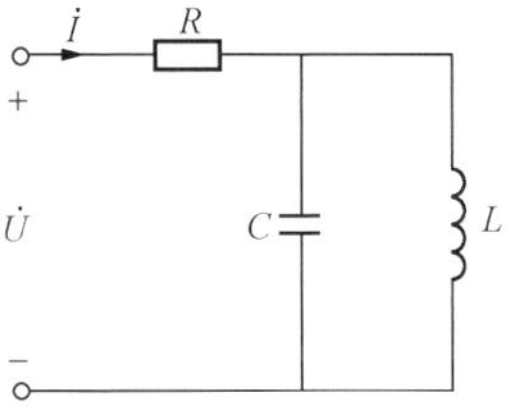

图 3-33　题 3.23 图

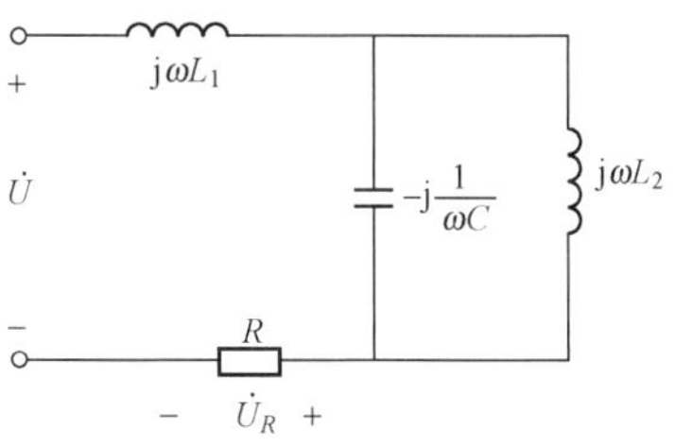

图 3-34　题 3.24 图

第4章 三相交流电路

本章主要介绍三相交流电路中电源和负载的连接方式以及对称三相电路中电压、电流和功率的计算，简单介绍一些电气安全的基本知识。

4.1 三相电源

电力系统中提供的交流电源绝大多数都是三相交流电源，由三相交流电源供电的电路称为**三相交流电路**，三相交流电路是目前电力系统中普遍采用的一种电路形式。

三相交流电源是由频率相同、幅值相等、相位彼此互差120°电角度的三个单相交流电源按一定的连接方式组合而成的。三相制供电比单相制供电优越，三相交流发电机比同尺寸的单相交流发电机输出功率大；在输送功率方面，同样条件下三相输电线比单相输电线节省材料。

4.1.1 三相交流电的产生

三相正弦交流电是三相交流发电机产生的。三相交流发电机主要由定子（不转动部分）和转子两部分组成。其结构示意图如图4-1所示。定子包括机座、定子铁芯、定子绕组等。定子铁芯固定在机座内，内圆周表面上冲有均匀分布的槽，槽内对称地嵌放三组完全相同的绕组，每一组称为一相。图4-1中，三相绕组的首末端分别用L1、L1′，L2、L2′，L3、L3′表示。三相绕组的各首端L1、L2、L3之间及各末端L1′、L2′、L3′之间的位置互差120°。

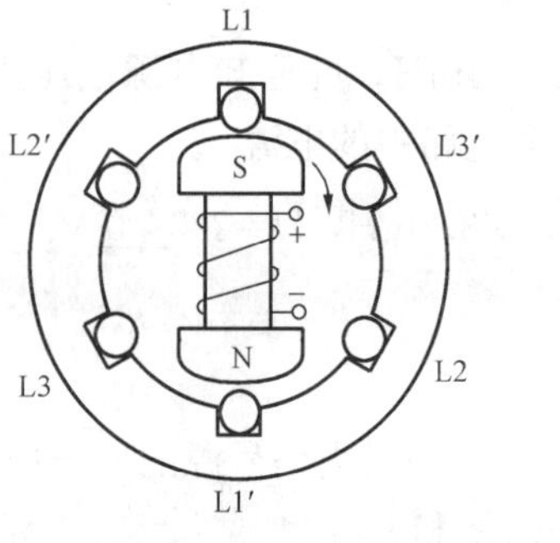

图4-1 三相交流发电机结构示意图

发电机的转子铁芯上安装有励磁绕组，通入直流电励磁。通过精心设计制造磁极面的形状，使定、转子间空气隙中的磁感应强度按正弦规律分布。

发电机的转子由原动机（汽轮机、涡轮机等）拖动，以顺时针方向匀速旋转时，定子的三相绕组将依次受到旋转磁场的切割，分别产生感应电动势e_1、e_2、e_3。三相绕组受磁场切割的速度相同，但同一时刻的磁感应强度不同，因而e_1、e_2、e_3频率相同，幅值相等，相位则不同。当磁极顺时针方向旋转时，e_1先达到最大值；转过120°后，e_2达到最大值；再转过120°，e_3达到最大值。周而复始。所以e_1的相位比e_2的相位超前120°，e_2的相位比e_3的相位超前120°，e_3的相位又比e_1的相位超前120°。

若以L1相绕组的感应电动势为参考，则三个电动势的表达式为

$$\begin{cases} e_1 = E_m \sin\omega t \\ e_2 = E_m \sin(\omega t - 120°) \\ e_3 = E_m \sin(\omega t + 120°) \end{cases} \tag{4-1}$$

式中：$E_m = \sqrt{2}E$。

或用相量表示为

$$\begin{cases}\dot{E}_1 = E\underline{/0^\circ} \\ \dot{E}_2 = E\underline{/-120^\circ} \\ \dot{E}_3 = E\underline{/120^\circ}\end{cases}$$

三相对称电动势的相量图和波形图如图 4-2 所示。

由图 4-2 可见，**三相电动势的幅值相等，频率相同，相位互差** 120°，这种电动势称为对称三相电动势。显然，三相电动势之和等于零，即

$$e_1 + e_2 + e_3 = 0 \quad (4-2)$$

或

$$\dot{E}_1 + \dot{E}_2 + \dot{E}_3 = 0 \quad (4-3)$$

三相正弦交流电达到正最大值（或相应零值）的先后顺序称为**相序**。上述三相电源相序为 L1→L2→L3，称为**顺序**；当磁极逆时针旋转时，相序则为 L1→L3→L2，称为**逆序**。

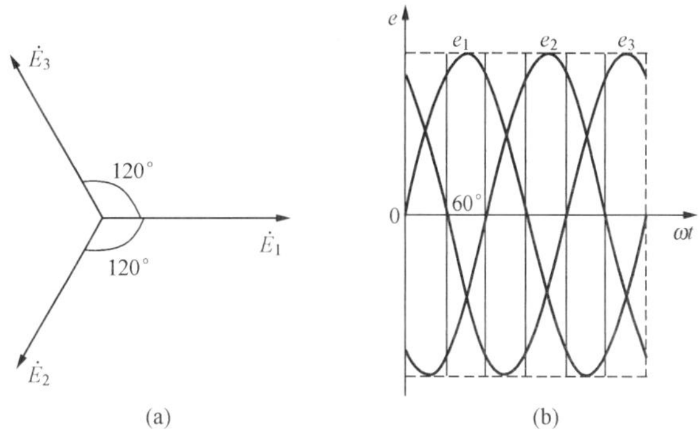

图 4-2　三相对称电动势

（a）相量图；（b）波形图

相序是一个十分重要的概念，为使电力系统能够安全可靠地运行，通常统一规定技术标准，一般在配电盘上用黄色标出 L1 相，用绿色标出 L2 相，用红色标出 L3 相。

因为每个线圈可以认为本身就是一个单相发电机，所以三相发电机既可对单相负载供电，也可以对三相负载供电。

4.1.2　三相电源的星形连接

发电机三相绕组接法通常如图 4-3（a）所示，即将三个末端 L1′、L2′和 L3′连接在一起，这一连接点称为**中性点**或**零点**，用 N 表示。这种连接法称为**星形连接**或**Y连接**。其中三个绕组的首端 L1、L2、L3 称为**端点**。从中性点引出的导线称为**中性线**或**零线**。从始端 L1、L2、L3 引出的三根导线称为**相线**或**端线**，俗称**火线**。就供电方式而言，从三相绕组首端和中性点一起向外引出四根供电线的供电方式称为**三相四线制**；若只从三个首端向外引出三根供电线，不引出中性线的供电方式则称为**三相三线制**。

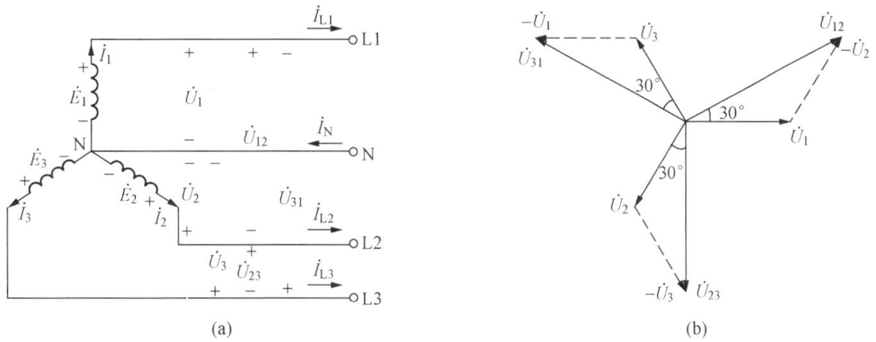

图 4-3　三相电源的星形连接

（a）三相四线制星形连接；（b）电压相量图

如图 4-3（a）所示，每相绕组始端与末端间的电压 $\dot{U}_1$、$\dot{U}_2$、$\dot{U}_3$，即相线与中性线间的电压，称为**相电压**，其有效值用 U_1、U_2、U_3 或者一般地用 U_{ph} 表示。而每两相绕组端点之间的电压 $\dot{U}_{12}$、$\dot{U}_{23}$、$\dot{U}_{31}$，即相线与相线之间的电压，称为**线电压**，其有效值用 U_{12}、U_{23}、U_{31} 或者一般地用 U_L 表示。

各相电动势的参考方向选定为自绕组的末端指向始端；相电压的参考方向选定为自始端指向末端；线电压的参考方向，例如 $\dot{U}_{12}$，是自 L1 端指向 L2 端。

在图 4-3（a）所示参考方向下，根据 KVL，线电压与相电压之间的关系为

$$\left.\begin{aligned}\dot{U}_{12}&=\dot{U}_1-\dot{U}_2\\ \dot{U}_{23}&=\dot{U}_2-\dot{U}_3\\ \dot{U}_{31}&=\dot{U}_3-\dot{U}_1\end{aligned}\right\}\tag{4-4}$$

由于三相电动势对称，因而三个相电压也可以认为是对称的，即 $U_1=U_2=U_3=U_{ph}$。根据式（4-4）可知线电压也是对称的，且大小相等，即 $U_{12}=U_{23}=U_{31}=U_L$。

以 $\dot{U}_1$ 为参考相量，根据式（4-4）画出电压相量图，如图 4-3（b）所示。可见线电压也是频率相同、幅值相等、相位互差 120°的三相对称电压，在相位上比相应的相电压超前 30°。

由相量图用几何方法可以求得线电压和相电压的大小关系，为

$$U_L=\sqrt{3}U_{ph}\tag{4-5}$$

发电机（或变压器）的绕组星形连接时，可引出四根导线，这样就可能提供给负载两种电压，通常在低压配电系统中相电压为 220V，线电压为 380V；但当发电机（或变压器）的绕组星形连接时，不一定都引出中性线。

三相电源工作时，每相绕组中的电流 $\dot{I}_1$、$\dot{I}_2$、$\dot{I}_3$ 称为电源的**相电流**，其有效值用 I_1、I_2、I_3 或者一般地用 I_{ph} 表示；由端点输送出去的电流 $\dot{I}_{L1}$、$\dot{I}_{L2}$、$\dot{I}_{L3}$ 称为**线电流**，其有效值用 I_{L1}、I_{L2}、I_{L3} 或者一般地用 I_L 表示。相电流和线电流的大小和相位均与负载相关。星形连接时，线电流就是对应的相电流，即

$$\left.\begin{aligned}\dot{I}_{L1}&=\dot{I}_1\\ \dot{I}_{L2}&=\dot{I}_2\\ \dot{I}_{L3}&=\dot{I}_3\end{aligned}\right\}\tag{4-6}$$

如果线电流对称，则相电流也一定对称，它们的有效值可以分别用 I_L 和 I_{ph} 表示，即 $I_{L1}=I_{L2}=I_{L3}=I_L$，$I_1=I_2=I_3=I_{ph}$。可见，在电流对称的情况下，星形连接的对称三相电源中，线电流的有效值等于相电流的有效值，在相位上线电流与对应的相电流相位相同。

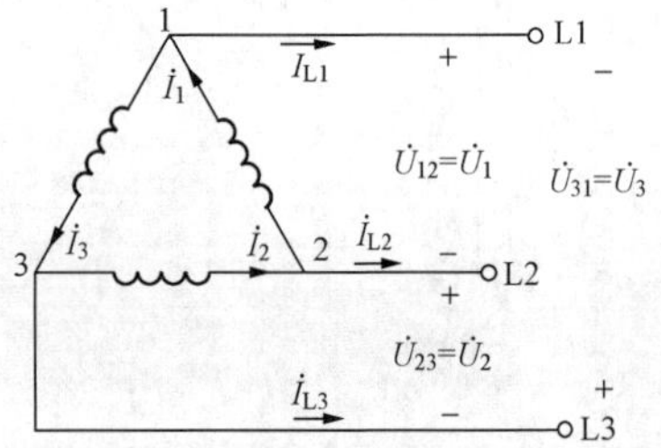

图 4-4 三相电源的三角形连接

4.1.3 三相电源的三角形连接

将三相电源中每相绕组的首端依次与另一相绕组的末端连接在一起，形成闭合回路，然后从三个连接点引出三根供电线，如图 4-4 所示，这种连接方法称为三相电源的**三角形连接**或**△连接**。

三角形连接时，线电压就是对应的相电压。由于三

相绕组产生的电动势大小都相同，相位互差 120°，所以线电压的有效值等于相电压的有效值，即

$$U_{L} = U_{ph} \tag{4-7}$$

相量之间的关系

$$\left.\begin{aligned}\dot{U}_{L1} &= \dot{U}_{1}\\ \dot{U}_{L2} &= \dot{U}_{2}\\ \dot{U}_{L3} &= \dot{U}_{3}\end{aligned}\right\} \tag{4-8}$$

由于电源为三角形连接，线电压就是对应绕组的相电压，即三角形连接只有三相三线制，只能提供一种等级的电压。

在图 4-4 所示参考方向下，根据 KCL，线电流与相电流的关系为

$$\left.\begin{aligned}\dot{I}_{L1} &= \dot{I}_{1} - \dot{I}_{3}\\ \dot{I}_{L2} &= \dot{I}_{2} - \dot{I}_{1}\\ \dot{I}_{L3} &= \dot{I}_{3} - \dot{I}_{2}\end{aligned}\right\} \tag{4-9}$$

若三相电源中的相电流幅值大小相等，相位各相差 120°，线电流也是对称的，则可求得

$$\dot{I}_{L} = \sqrt{3}\,\dot{I}_{ph}\,\underline{/30^\circ} \tag{4-10}$$

即线电流有效值等于相电流有效值的$\sqrt{3}$倍，在相位上线电流滞后于相应的相电流 30°。

三相交流发电机分为星形连接和三角形连接两种，通常采用星形连接。因为三角形连接必须保证每相的负载相等，一方面平常难以做到每相的负载相等；另一方面，当内部故障或绕组接错造成三相不对称时，三角形连接就会产生环流而危及发电机绕组安全。

4.2　三　相　负　载

在使用交流电的各种设备中，许多设备是需要三相电源才能工作的，如大功率电炉、三相交流电动机等（通常 3kW 以上的电动机全为三相电动机）。这些设备均为三相负载，这类负载的特点是三相的阻抗相等，称为**对称三相负载**。而另一类负载则只需要单相电源供电，如各种家用电器、照明用电光源、商用办公设备、个人电脑等，它们可接在三相电源的任何一相上，但许多这样的单相用电设备也需要按一定的方式接到三相电源上。虽然这些单相负载在设计供电线路方案时，可以尽可能地平均分配在三相电源上接成对称，而在实际运行时却无法保证负载对称，此类称为**不对称三相负载**。图 4-5 所示是三相电源供电给这两类负载的电路。

在三相供电系统中，三相负载或多个单相负载接入电源时，也有星形和三角形两种连接方法。无论采用哪种连接方法，每相负载首末端之间的电压称为负载的相电压，两相负载首端之间的电压称为负载的线电压；每相负载中通过的电流称为负载的相电流，负载从供电线上取用的电流称为负载的线电流。

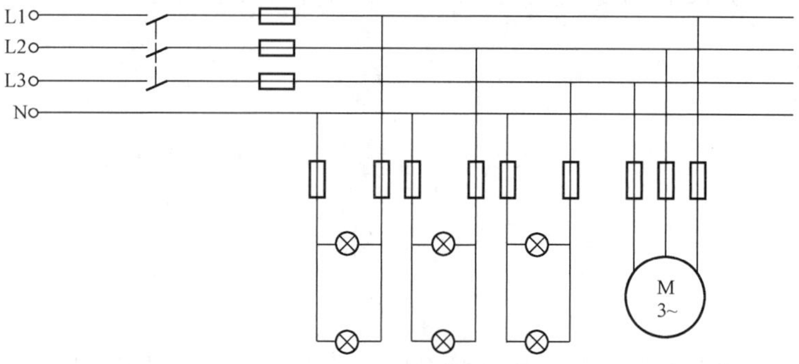

图 4-5　三相负载连接图

4.2.1　三相负载的星形连接

图 4-6 所示是三相负载为三相四线制星形连接时的电路。三个负载的一端连接在一起，接至电源中性线，其余三个端子分别与 L1、L2、L3 三根相线连接。

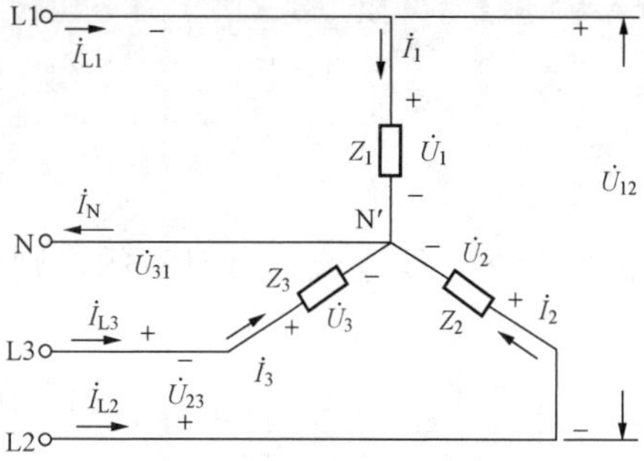

图 4-6　三相负载的星形连接

对三相电路应该一相一相计算。设电源相电压 $\dot{U}_1$ 为参考相量，则

$$\dot{U}_1 = U_1\angle 0°,\quad \dot{U}_2 = U_2\angle -120°,\quad \dot{U}_3 = U_3\angle 120°$$

电源相电压即为每相负载电压。所以每相负载中的相电流也可以分别求出，在图 4-6 中可看出三相负载的星形连接，负载的相电流即为线电流，即

$$\begin{cases} \dot{I}_{L1} = \dot{I}_1 = \dfrac{\dot{U}_1}{Z_1} = \dfrac{U_1\angle 0°}{|Z_1|\angle \varphi_1} = I_1\angle -\varphi_1 \\ \dot{I}_{L2} = \dot{I}_2 = \dfrac{\dot{U}_2}{Z_2} = \dfrac{U_2\angle -120°}{|Z_2|\angle \varphi_2} = I_2\angle -120° - \varphi_2 \\ \dot{I}_{L3} = \dot{I}_3 = \dfrac{\dot{U}_3}{Z_3} = \dfrac{U_3\angle 120°}{|Z_3|\angle \varphi_3} = I_3\angle 120° - \varphi_3 \end{cases} \tag{4-11}$$

其中

$$\varphi_1 = \arctan\frac{X_1}{R_1},\quad \varphi_2 = \arctan\frac{X_2}{R_2},\quad \varphi_3 = \arctan\frac{X_3}{R_3} \tag{4-12}$$

显然，在三相四线制供电系统中的单相负载，只要是星形连接结构，则三个相电流的大小和相位只需按式（4-11）计算即可，彼此之间是相互独立的。

从图 4-6 中可以得出中性线上的电流为

$$\dot{I}_N = \dot{I}_1 + \dot{I}_2 + \dot{I}_3 \tag{4-13}$$

如果负载对称，即

$$Z_1 = Z_2 = Z_3 = Z \tag{4-14}$$

即三相负载的阻抗大小要相等，阻抗角也要相等。这样由式（4-11）可知，因为相电压对称，所以负载相电流也是对称的，即

$$\begin{cases} I_1 = I_2 = I_3 = \dfrac{U_P}{|Z|} \\ \varphi_1 = \varphi_2 = \varphi_3 = \arctan\dfrac{X}{R} \end{cases} \tag{4-15}$$

显然，三相对称星形负载中性线电流为

$$\dot{I}_N = \dot{I}_1 + \dot{I}_2 + \dot{I}_3 = 0$$

即中性线上的电流为零，电压和电流的相量图如图 4－7 所示。那么没有电流流过的中性线就可以省去，这时三相四线制电路就变成了三相三线制电路。

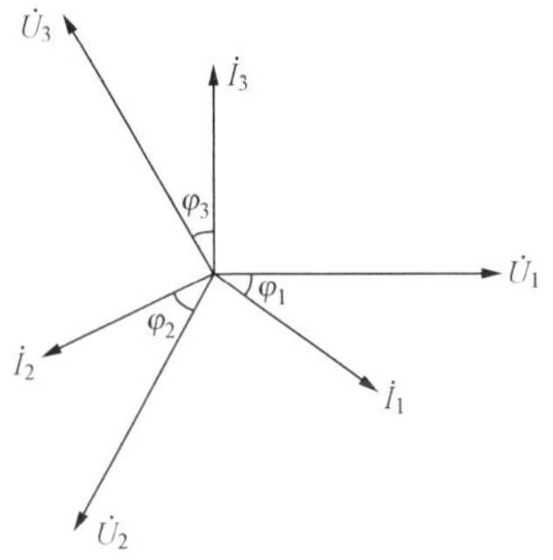

图 4－7　相量图

【例 4－1】　一组三相对称负载为星形连接，每相负载 $Z=(\sqrt{3}+j1)\Omega$，接入三相电源，已知 $u_1=220\sqrt{2}\sin\omega t$ V，求各相电流$\dot{I}_1$，$\dot{I}_2$，$\dot{I}_3$和中性线电流$\dot{I}_N$。

解　因三相负载对称，均为 $Z=\sqrt{3}+j1=2\underline{/30^\circ}$ (Ω)。

已知 $u_1=220\sqrt{2}\sin\omega t$ V，所以

$\dot{U}_1=220\underline{/0^\circ}$ V，$\dot{U}_2=220\underline{/-120^\circ}$ V，$\dot{U}_3=220\underline{/120^\circ}$ V

各相电流为

$$\dot{I}_1=\frac{\dot{U}_1}{Z}=\frac{220\underline{/0^\circ}}{2\underline{/30^\circ}}=110\underline{/-30^\circ}\ (A)$$

$$\dot{I}_2=\frac{\dot{U}_2}{Z}=\frac{220\underline{/-120^\circ}}{2\underline{/30^\circ}}=110\underline{/-150^\circ}\ (A)$$

$$\dot{I}_3=\frac{\dot{U}_3}{Z}=\frac{220\underline{/120^\circ}}{2\underline{/30^\circ}}=110\underline{/90^\circ}\ (A)$$

中性线电流为

$$\begin{aligned}\dot{I}_N &= \dot{I}_1+\dot{I}_2+\dot{I}_3=110\underline{/-30^\circ}+110\underline{/-150^\circ}+110\underline{/90^\circ} \\ &=110\times[\cos(-30^\circ)+\cos(-150^\circ)+\cos 90^\circ] \\ &\quad +j110\times[\sin(-30^\circ)+\sin(-150^\circ)+\sin 90^\circ] \\ &=110\times\left[\frac{\sqrt{3}}{2}-\frac{\sqrt{3}}{2}+0\right]+j110\times\left[-\frac{1}{2}-\frac{1}{2}+1\right]=0\ (A)\end{aligned}$$

结论： 在对称三相负载星形连接电路中，相电流只需计算一相即可，另外两相电流的大小相同，只是在相位上互差 120°，且因是对称负载，故中性线上的电流恒为零，中性线可省去。

如果是不对称负载星形连接时，因 $\dot{I}_N\neq 0$，所以，中性线不能省，见【例 4－2】。

【例 4－2】　图 4－8 所示不对称三相电路中，已知 $\dot{U}_A=220\underline{/0^\circ}$ V，$\dot{U}_B=220\underline{/-120^\circ}$ V，$\dot{U}_C=220\underline{/-240^\circ}$ V。若 $Z_a=484\Omega$，$Z_b=242\Omega$，$Z_c=121\Omega$，各相负载额定电压为 220V，试求各相负载的电压。

解　选取 N 点为参考点，对 N′点列节点电压方程，得

$$\dot{U}_{N'N}=\frac{\dfrac{220}{484}+\dfrac{220\underline{/-120^\circ}}{242}+\dfrac{220\underline{/-240^\circ}}{121}}{\dfrac{1}{484}+\dfrac{1}{242}+\dfrac{1}{121}}$$

$$= -62.86 + j54.43 = 83.15\angle 139.1^\circ \text{ (V)}$$

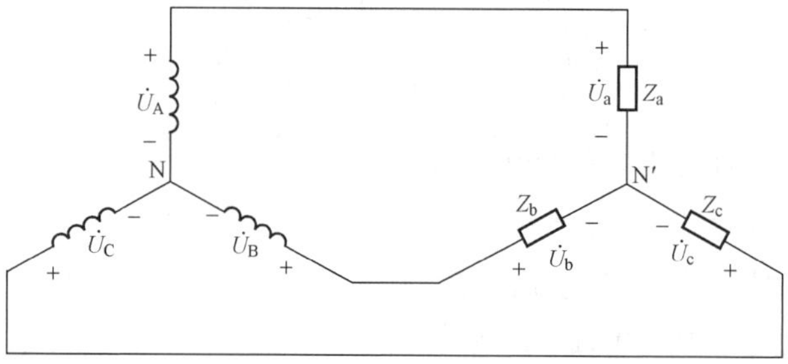

图 4-8 【例 4-2】电路图

$$\dot{U}_a = \dot{U}_A - \dot{U}_{N'N} = 220\angle 0^\circ - 83.15\angle 139.1^\circ = 288.0\angle -10.9^\circ \text{ (V)}$$

$$\dot{U}_b = \dot{U}_B - \dot{U}_{N'N} = 220\angle -120^\circ - 83.15\angle 139.1^\circ = 249.5\angle -100.9^\circ \text{ (V)}$$

$$\dot{U}_c = \dot{U}_C - \dot{U}_{N'N} = 220\angle -240^\circ - 83.15\angle 139.1^\circ = 144.0\angle -109.1^\circ \text{ (V)}$$

由计算结果可见，$\dot{U}_a$、$\dot{U}_b$ 远高于额定电压，而 $\dot{U}_c$ 远低于额定电压，结果各相负载都不能正常工作，甚至损坏，因此在三相负载不对称时，必须要有中性线。

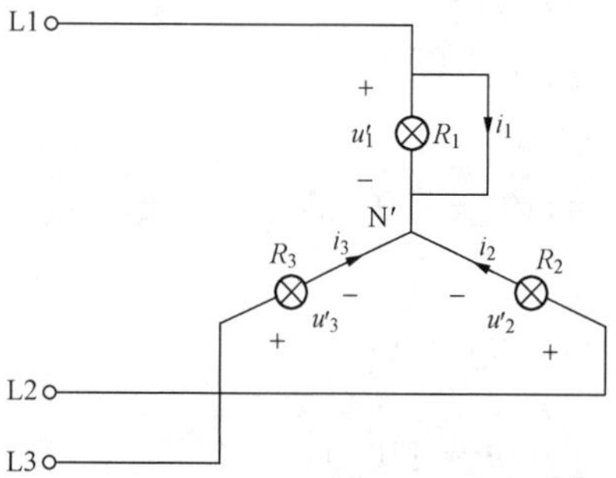

图 4-9 【例 4-3】电路图

【例 4-3】 在图 4-9 所示电路中，电源电压对称，相电压 $U_{ph}=220V$；负载为电灯组，在额定电压下其电阻分别是 $R_1=5\Omega$，$R_2=10\Omega$，$R_3=20\Omega$。当 R_1 短路而中性线又断开时，各相负载上会出现什么情况。

解 此时负载中性点 N′直接连到 L1 上，因此负载各相电压为

$$\dot{U}'_1 = 0V$$

$$\dot{U}'_2 = \dot{U}'_{21} = 380V$$

$$\dot{U}'_3 = \dot{U}'_{31} = 380V$$

在这种情况下，L2 相与 L3 相的电灯组上所加的电压都超过电灯的额定电压（220V），过不了多久电灯组被烧毁。

从【例 4-3】可以得出，负载为星形连接时：

（1）当三相负载不对称而有没有中性线时，三相负载的相电压不对称，势必使得有的相电压超过负载的额定电压，有的低于负载的额定电压，致使负载不能正常工作，甚至损坏。

（2）中性线的作用就在于使星形连接的不对称负载的相电压对称。为了保证负载的相电压对称，就不应让中性线断开。因此，不允许在中性线上安装会导致中性线单独断路的设备，如熔断器、自动空气开关等。

4.2.2 三相负载的三角形连接

如果三相负载接成三角形，则每相负载分别接在电源的两根相线之间，即负载的相电压就是电源的线电压。因三相电源的线电压一般总是对称的，故不论三角形负载是对称或不对称负载，都可以正常工作。

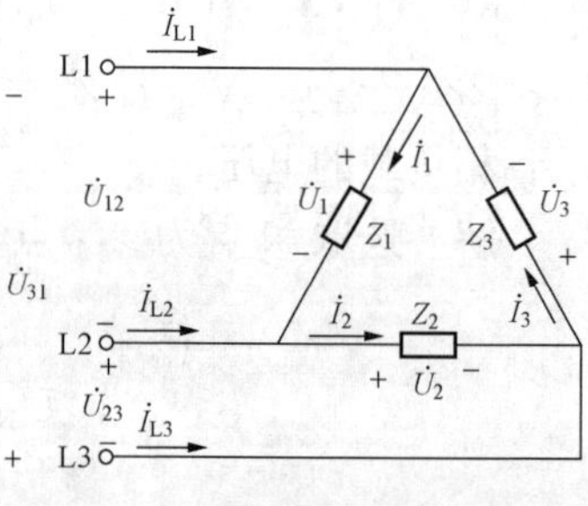

图 4-10 三相负载的三角形连接

三相负载的三角形连接见图 4-10。图中每相负载的相电流

分别为

$$\dot{I}_1=\frac{\dot{U}_{12}}{Z_1},\quad \dot{I}_2=\frac{\dot{U}_{23}}{Z_2},\quad \dot{I}_3=\frac{\dot{U}_{31}}{Z_3} \tag{4-16}$$

而根据 KCL，三根相线上的线电流分别为

$$\left.\begin{aligned}\dot{I}_{L1}&=\dot{I}_1-\dot{I}_3\\ \dot{I}_{L2}&=\dot{I}_2-\dot{I}_1\\ \dot{I}_{L3}&=\dot{I}_3-\dot{I}_2\end{aligned}\right\} \tag{4-17}$$

如果负载对称，$Z_1=Z_2=Z_3=Z$，则三个负载的相电流大小相等且在相位上互差 120°，即

$$I_1=I_2=I_3=I_{ph}=\frac{U_{ph}}{|Z|}$$

$$\varphi_1=\varphi_2=\varphi_3=\varphi=\arctan\frac{X}{R}$$

根据式（4－17）作出负载对称时线电流和相电流相量图，如图 4－11 所示。由图可以看出线电流也是对称的，在相位上比相应的相电流滞后 30°。

线电流和相电流在大小上的关系，也很容易从相量图上得出，即

$$I_L=\sqrt{3}I_{ph} \tag{4-18}$$

三相负载如何连接，应视电源电压和负载的额定电压而定。在我国低压供电系统中，线电压为 380V，相电压为 220V。如每相负载的额定电压为 220V 时，可以接成星形（如是不对称负载，必须采用三相四线制）；如每相负载额定电压为 380V 时，应接成三角形。

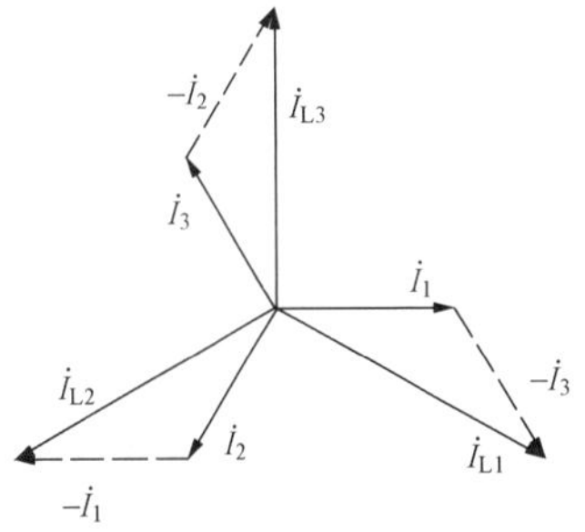

图 4－11　相量图

我国某些三相交流电动机产品使用中标注有电压 380V/220V，接法Y/△。它表示当电源电压为 380V 时，三相负载应接成星形；当电源电压是 220V 时，三相负载应接成三角形。

【例 4－4】 有一电源为星形连接、负载为三角形连接的对称三相电路，已知电源相电压 $U_{phs}=220$V，负载每相阻抗模 $|Z|=10\Omega$。试求负载的相电流和线电流以及电源的线电流和相电流的有效值。

解　由于电源为星形连接，故电源线电压

$$U_{Ls}=\sqrt{3}U_{phs}=1.73\times220=380\ (\text{V})$$

忽略供电线路的阻抗，则负载线电压

$$U_{LL}=U_{Ls}=380\ (\text{V})$$

由于负载是三角形连接，故负载相电压

$$U_{phL}=U_{LL}=380\ (\text{V})$$

由式（4－11）求得负载相电流

$$I_{phL}=\frac{U_{phL}}{|Z|}=\frac{380}{10}=38\ (\text{A})$$

由于负载为三角形连接，故负载线电流

$$I_{LL}=\sqrt{3}I_{phL}=1.73\times38=66\ (\text{A})$$

由于电源只向一组三相负载供电，故电源线电流

$$I_{Ls}=I_{LL}=66\ (\text{A})$$

由于电源为星形连接，故电源相电流

$$I_{phs}=I_{Ls}=66\ (\text{A})$$

4.3 三 相 功 率

无论负载是否对称，负载是星形连接或是三角形连接，三相总有功功率应等于各相有功功率的算术和，而三相总无功功率应等于各相无功功率的代数和，即

$$P=P_1+P_2+P_3 \tag{4-19}$$

$$Q=Q_1+Q_2+Q_3 \tag{4-20}$$

而三相视在功率为

$$S=\sqrt{P^2+Q^2} \tag{4-21}$$

假如三相负载对称，每相的有功功率、无功功率均相等，则有

$$P=3P_1=3U_{ph}I_{ph}\cos\varphi \tag{4-22}$$

$$Q=3Q_1=3U_{ph}I_{ph}\sin\varphi \tag{4-23}$$

将式（4-22）、式（4-23）代入式（4-21）可得三相负载对称时的三相视在功率

$$S=3U_{ph}I_{ph} \tag{4-24}$$

因为三相电路中测量线电压和线电流比较方便或者是已知的，所以三相功率通常不用相电压和相电流表示，而用线电压和线电流表示。通常所说的三相电压和三相电流都是指线电压和线电流的值。当对称负载采用星形连接时 $I_L=I_{ph}$，$U_L=\sqrt{3}U_{ph}$；当对称负载采用三角形连接时 $I_L=\sqrt{3}I_{ph}$，$U_L=U_{ph}$。

无论对称负载是星形连接或是三角形连接，如将上述关系式代入式（4-22）～式（4-24）则得

$$\left.\begin{aligned}P&=\sqrt{3}U_LI_L\cos\varphi\\Q&=\sqrt{3}U_LI_L\sin\varphi\\S&=\sqrt{3}U_LI_L\end{aligned}\right\} \tag{4-25}$$

应注意，式（4-25）中的 φ 角为相电压与相电流之间的相位差，不能错误地理解为线电压与线电流的相位差，φ 角取决于负载阻抗的阻抗角。

【例4-5】 某三相交流异步电动机，每相等效电阻 $R=29\Omega$，等效感抗 $X_L=21.8\Omega$。当电源线电压为380V时，求电动机绕组接成星形和三角形两种情况下的电动机线电流和输入功率。

解 （1）当电动机绕组为星形连接时，有

$$I_L=I_{ph}=\frac{U_{ph}}{|Z|}=\frac{220}{\sqrt{29^2+21.8^2}}=6.1\ (\text{A})$$

$$P=\sqrt{3}U_LI_L\cos\varphi=\sqrt{3}\times380\times6.1\times\frac{29}{\sqrt{29^2+21.8^2}}=3.2\ (\text{kW})$$

（2）当电动机绕组为三角形连接时，有

$$I_{ph}=\frac{U_L}{|Z|}=\frac{380}{\sqrt{29^2+21.8^2}}=10.47\ (\text{A}),\ I_L=\sqrt{3}I_{ph}=18.13\ (\text{A})$$

$$P=\sqrt{3}U_{L}I_{L}\cos\varphi=\sqrt{3}\times380\times18.13\times\frac{29}{\sqrt{29^{2}+21.8^{2}}}=9.5\ (kW)$$

从【例4－5】可以看出，无论对称负载是星形连接还是三角形连接，其计算功率的表达式都采用式（4－25）；若连接方式不同，其计算结果也不相同。

4.4 电气安全

4.4.1 触电类型

触电是指人体触及带电体。触电时电流对人体造成的伤害有电击和电伤两种类型。

电击是指电流通过人体内部时，破坏人体内部组织，影响呼吸、心脏及神经系统的正常功能，甚至危及生命。电击致伤的主要部位在人体内部，几十毫安的工频电流即可使人遭到致命的电击。电击可分为直接电击与间接接触电击。大部分触电死亡事故都是由电击造成的。

电伤是指电流的热效应、化学效应或机械效应对人体外部造成的伤害，如电弧或熔丝烧断时金属微粒造成烧伤。

触电按照人体触及带电体的方式和电流通过人体的途径，可分为**单相触电、两相触电、跨步电压触电**三种。

（1）**单相触电**是指人体某一部分触及一相电源或接触到漏电的电气设备，电流通过人体流入大地而造成的触电事故。单相触电的危险程度与电网中性点的运行方式有关，一般情况下，中性点接地电网的单相触电比中性点不接地电网危险大。

（2）**两相触电**是指人体的两个部位分别触及两根相线。这时人体承受380V的电压。不论电网的中性点接地与否，其危险都比较大。

（3）**跨步电压触电**是指当带电体接地有电流流入地下时，电流在接地点周围土壤中产生电压降，人在接地点周围、两脚之间出现的电压即为跨步电压，由此引起的触电事故称为跨步电压触电。

跨步电压使电流通过人体而造成伤害。因此，当设备外壳带电或通电、导线断落在地面时，应立即将故障点隔离，不能随便触及，也不能在故障点附近走动；已受跨步电压威胁者应采取单脚或双脚并拢方式迅速跳出危险区域。

4.4.2 电流对人体的危害

电流对人体伤害的严重程度与电流的种类、电流的大小、持续时间、电流经过身体的途径等因素有关。工频交流电的危险性大于直流电，因为交流电流主要是麻痹破坏神经系统，往往难以自主摆脱，高频（2000Hz以上）交流电由于趋肤效应，危险性减小。流过人体的工频电流在0.5～5mA时，就有痛感，但尚可忍受和自主摆脱；电流大于5mA后，将发生痉挛，难以忍受；电流达到50mA，持续数秒到数分钟，将引起昏迷和心室颤动，就有生命危险。最忌电流通过心脏和中枢神经，因此从手到手，从手到脚都是危险的电流途径，从脚到脚危险性较小，当然电流通过头部会损伤人脑而导致死亡，但通常四肢触电的机会更多一些。

例如，在操作电梯时，如用钥匙开启电梯时有麻电感觉，或操纵电梯时触及操纵盘面板或其他部位有麻电现象时，应立即停止电梯运行，并采取措施阻止乘客进入，立即通知有关人员查找原因，并作好记录，排除后方可运行。

4.4.3 电气安全措施

电气安全措施是指在保证人身及设备安全的条件下，应采取的科学措施和手段。

1. 建立健全各种操作规程和安全管理制度

(1) 安全用电，节约用电，自觉遵守供电企业制定的有关安全用电规定，做到安全、经济，不出事故。人体接触机会较少的场所，可选用电压为220V的悬挂式照明灯具。在工厂，工人接触机会较多的机床照明灯，应选用36V电压供电；在潮湿、有导电灰尘、有酸碱性气体的情况下，应选用24、12V或更低的电压来供电。

(2) 屋内配线，禁止使用裸导线或绝缘破损、老化导线；对绝缘破损部分，要及时用绝缘胶皮缠好。发生电气故障和漏电起火事故时，要立即拉断电源开关；在未切断电源以前，不要用水或酸、碱泡沫灭火器灭火。

(3) 禁止私拉电网，禁用“一线一地”接照明灯。

(4) 电气设备的金属外壳要接地，其目的是当其外壳带电后电流有通路而使电气设备保护装置控制开关跳闸，从而使电气设备不带电；在未判明电气设备是否有电之前，应视为有电；移动和抢修电气设备时，均应停电进行；灯头、插座或其他家用电器破损后，应及时找电工更换，不能带破损运行。

(5) 电线断线落地时，不能靠近，对于6～10kV的高压线路，应离开落地点10m远。更不能用手去捡电线，应派人看守，并赶快找电工停电修理。

(6) 用电要申请，安装、修理找电工。停电要有可靠联系方式和警告标志。

2. 技术防护措施

为了防止人身触电事故，通常采用的技术防护措施有电气设备的接地和保护接零、剩余电流动作保护器三种方式。

(1) 接地。接地按功能分，可以分为**工作接地**和**保护接地**。**工作接地**是指为保证电气设备正常工作，把电气设备（如发电机或变压器）的中性点直接接地。**保护接地**是指为了保证人身安全，避免发生触电事故，在中性点不接地系统中将电气设备在正常情况下不带电的金属部分（如外壳）与接地装置实行良好的金属性连接。这一系统又称为IT **系统**。

接地装置由接地体和接地线组成，埋入地下直接与大地接触的金属导体，称为接地体，连接接地体和电气设备接地螺栓的金属导体称为接地线。

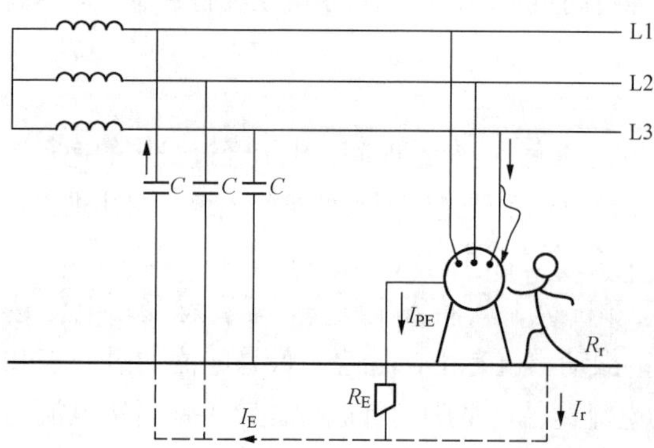

图4-12 IT系统

在中性点不接地系统中，用电设备外壳与大地通过接地装置进行电气连接，如图4-12所示。此时如果设备外壳带电，人体与接地体就相当于电阻的并联，流过每一通路的电流将与其电阻的大小成反比。人体的电阻通常在800～2000Ω之间，接地电阻小于4Ω，所以流过人体的电流很小，这样就可以避免人体触电的危险，起到保护作用。

应当指出，保护接地适用于中性点不接地的低压电网。若在中性点接地的系统，应采取设备外壳接零，一旦出现设备外壳带电，就会通过零线形成单相短路，并产生电火花，有可能引起火灾，某一相的大电流也会促使系统的保护装置迅速动作，从而中断了正常供电。

(2) 保护接零。**保护接零**是将接在三相四线系统中的电气设备在正常情况下不带电的金属部分与系统中的零线相连接，以避免人体遭受触电的危险，如图 4-13 所示。当设备正常工作时，外露部分不带电，人体触及外壳相当于触及零线，不会发生危险；如果出现漏电或一相碰壳时，该相相线与零线之间形成短路或接近短路，接于该相线上的短路保护装置或过电流保护装置便会动作，迅速切断电源，消除触电危险。这一系统又称为 TN **系统**。

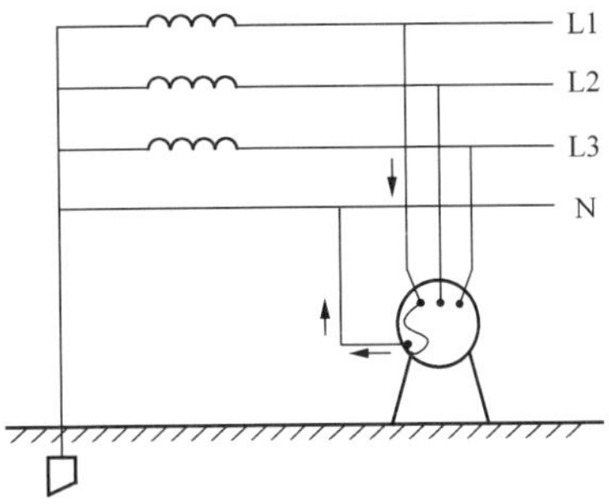

图 4-13　TN 系统

采用这种保护措施时，最好是从电源中性点引出两根零线，一条为工作零线，用 N 表示；另一条为保护零线，用 PE 表示。工作零线即中性线，正常工作时是有电流通过的。保护零线供保护接零用，正常工作时是没有电流通过的，只是在发生设备漏电或一相碰壳时才有故障电流通过。但是，由于经济和线路敷设等方面的原因，现实中常将 N 线和 PE 线部分或全部合而为一，因而 TN 系统又分为以下三种：保护零线与工作零线完全分开的称为 TN—S **系统**，如图 4-14 所示。保护零线与工作零线合而为一的称为 TN—C **系统**，如图 4-15 所示。这时的零线用 PEN 表示，称为保护中性线。保护零线与工作零线前一部分合用，后一部分分开的称为 TN—C—S **系统**，如图 4-16 所示。

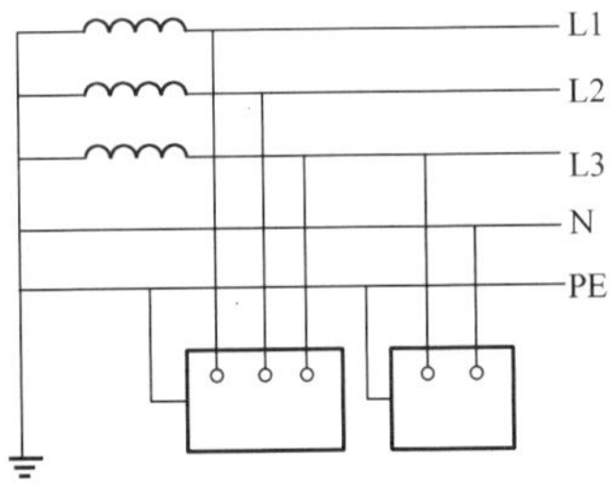

图 4-14　TN—S 系统

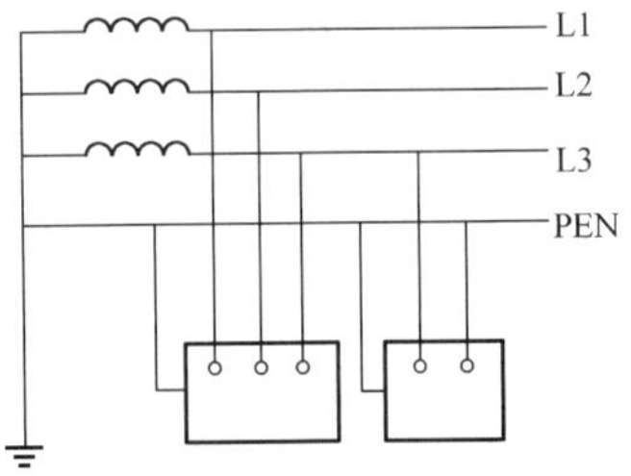

图 4-15　TN—C 系统

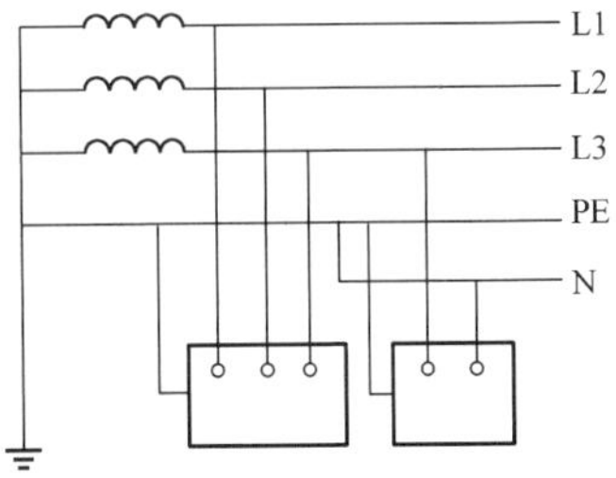

图 4-16　TN—C—S 系统

注意

采用保护接零时，已接零的设备外壳可以同时接地，这属于带重复接地的接零系统，其对安全是有益无害的。这种系统又称为 TT **系统**，如图 4-17 所示。但由同一台变压器供电的系统中，不能混用接零保护和接地保护。否则采用接地保护的设备发生碰壳故障时，所有采用接零保护的设备外壳可能会带上危险的高电压。

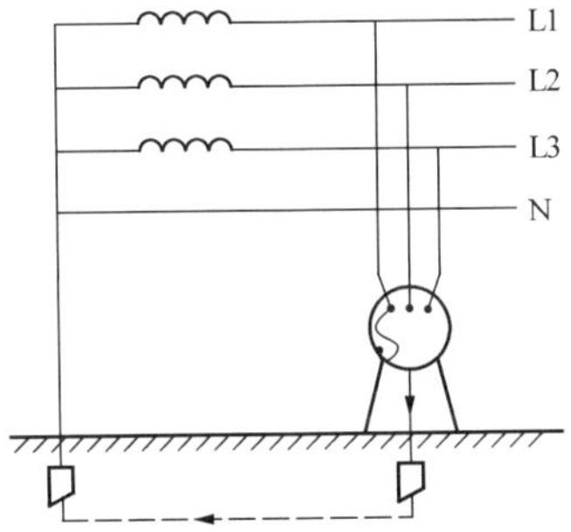

图 4-17　TT 系统

为确保保护接零的可靠，在电源中性线做了工作接地的系统中，还需相隔一定距离将中性线或接地线重新接地，称为重复接地。这样做即使出现中性线断线，但外露部分因重复接地而使其对地电压大大下降，对人体的危害也大大降低。不过应尽量避免中性线或接地线出现断线的情况。在架空线路终端及沿线每 1km 处、电缆或架空线引入建筑物处都要重复接地。

（3）安装剩余电流动作保护器。**剩余电流动作保护器**是推广采用的一种新的防触电的保护装置。在电气设备中发生漏电或接地故障而人体尚未触及时，该保护装置已切断电源；或者在人体已触及带电体时，能在非常短的时间内切断电源，减轻对人体的伤害。

剩余电流动作保护器在反应触电和剩余电流动作保护方面具有高灵敏性和动作快速性，这一点远超过其他保护电器。相比较而言，自动空气开关和熔断器正常时要通过负荷电流，主要作用是用来切断系统的相间短路故障。而剩余电流动作保护器是利用系统的剩余电流反应和动作，正常运行时系统的剩余电流几乎为零，故它的动作整定值可以整定得很小（一般为毫安级）；当系统发生人身触电或设备外壳带电时，出现较大的剩余电流，剩余电流动作保护器则通过检测和处理这个剩余电流后可靠地动作，切断电源。

电气设备漏电时，将呈现异常的电流或电压信号，剩余电流动作保护器通过检测、处理此异常电流或电压信号，促使执行机构动作。根据故障电流动作的剩余电流动作保护器称为电流型剩余电流动作保护器。根据故障电压动作的剩余电流动作保护器称为电压型剩余电流动作保护器。由于电压型剩余电流动作保护器结构复杂，受外界干扰动作特性稳定性差，制造成本高，现已基本淘汰。目前国内外剩余电流动作保护器的研究和应用均以电流型剩余电流动作保护器为主。

*4.5 应　　用

4.5.1 功率测量

测量三相交流电路的有功功率可以用功率表，而测量对称负载的视在功率可以使用电压表和电流表。

1. 三相四线制电路的有功功率测量

对于三相四线制电路，无论负载对称与否，都可用一个单相功率表测量各相的有功功率 P_1、P_2、P_3，则三相负载的总有功功率 $\sum P=P_1+P_2+P_3$，这称为**一表法**；或采用三个单相功率表同时分别测量三相有功功率，即**三表法**。测量三相功率的接线如图 4-18 所示。若三相负载是对称的，则只要测量一相的功率，再乘以 3 即可得到三相总的有功功率。

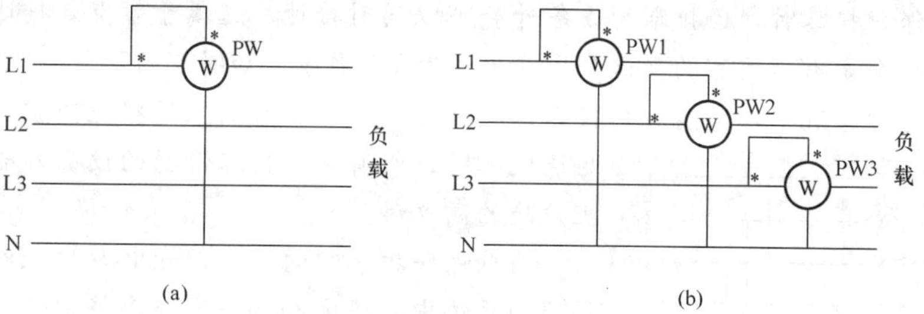

图 4-18 测量三相功率的接线图

（a）一表法；（b）三表法

2. 三相三线制电路的有功功率测量

三相三线制供电系统中，不论三相负载是否对称，也不论负载是星形连接还是三角形连接，都可以用二表法测量三相负载的总有功功率。用两只单相功率表测量三相功率的接线如图 4-19 所示。

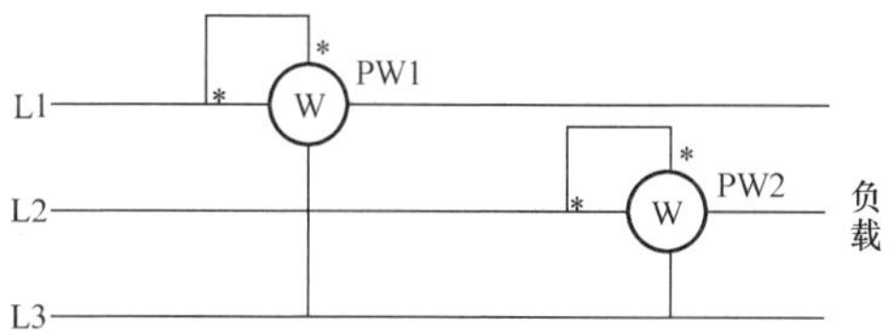

图 4-19　二表法测量三相功率的接线图

注意

两个单相功率表分别测量的读数是没有意义的，因为功率表分别测量的读数无法分清是电路中哪一部分的功率，而这两个功率表测量值的代数和等于三相电路总功率的瓦数。因为三相三线制电路中没有中性线，L3 中所流的电流不是独立的，它是 L1 中电流和 L2 中电流共同作用下的结果，所以三相三线制电路的有功功率应该等于 PW1 和 PW2 测量值的和。

在实际测量中，一般都使用三相三线制功率表代替两只单独的功率表，其读数就是两个单相功率表的代数和，可以更方便测量三相负载功率。

3. 三相负载的无功功率和视在功率的测量

在测量无功功率时，只需要将有功功率表换成无功功率表，也可以按照上面介绍的三表法、二表法、一表法测量三相电路的无功功率。

对于三相电路视在功率的测量，在对称负载的情况下可以用电压表和电流表分别测得三相电路的线电压 U_L 和线电流 I_L，而后按照公式 $S=\sqrt{3}U_L I_L$ 计算。但在不对称负载时，则此式不适用，视在功率只能按测得的三相有功功率 P 和三相无功率 Q 来计算，即

$$S=\sqrt{P^2+Q^2}$$

4.5.2　建筑供电

目前建筑供电采用的是 220V 或 380V、50Hz 的交流电，由当地供电企业提供的三线交流系统供电。图 4-20 所示为某建筑的供电系统图，供电电源采用三相四线制 220V/380V 电缆（四芯每芯额定截面积为 120mm^2 电力电缆）埋地入户，接入总配电箱（AL），在 AL 处做重复接地。建筑物内设 7 个楼层配电箱，AL 与楼层配电箱间采用三相五线制，供电接地形式采用 TN—C—S 系统。

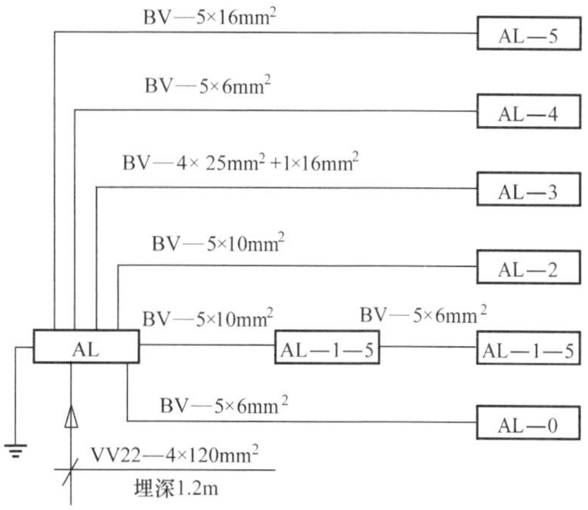

图 4-20　某建筑供电系统图

在建筑里，不仅有各种各样的单相电气设备，还有三相电气设备。单相设备接在三相线路中，应尽可能地均衡分配，使三相负荷尽可能地平衡。图 4-21 为 AL—5 配电箱大样图。由图可知，配电箱尺寸为 329mm×557mm×94mm，共设 8 个回路（N1～N8），

N1、N8 回路由 L1 相供电，N2、N6 回路由 L2 相供电，N3、N5 回路由 L3 相供电，N4、N7 回路采用三相供电，总计算有功功率为 22.72kW，计算电流为 45.8A。

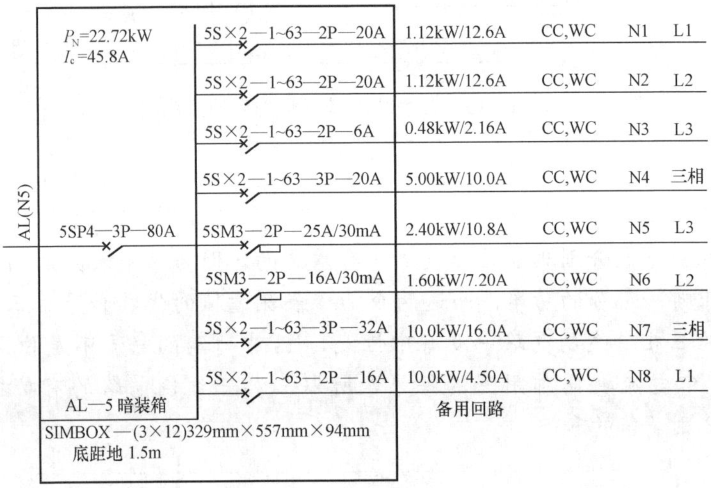

图 4-21 AL—5 配电箱大样图

习 题 4

4.1 三相对称电源，线电压 $U_L=380V$，负载为星形连接的三相对称电炉，每相电阻 $R=22\Omega$，试求此电炉工作时的相电流 I_{ph}。

4.2 在三相四线制供电系统中，为什么中性线上不允许接入开关和熔断器？

4.3 宿舍楼共有 220V、60W 的白炽灯 150 只，由三相四线制供电，其线电压为 380V。试求：

(1) 这些白炽灯应如何连接。

(2) 这些白炽灯分三相各 50 只并联组成，全部工作时线电流等于多少？

4.4 在图 4-22 所示三相电路中，$R=X_C=X_L=40\Omega$，接于线电压为 220V 的对称三相电源上，求各相线中的电流。

4.5 对称三相电源，线电压 $U_L=380V$，对称三相感性负载作三角形连接，若测得线电流 $I_L=17.3A$，三相功率 $P=9.12kW$，求每相负载的电阻和感抗。

4.6 图 4-23 所示电路的电源为 220V/380V，负载参数标于图中。试求出中性线电流 $\dot{I}_N=\dot{I}_{L1}+\dot{I}_{L2}+\dot{I}_{L3}$，并求出三相电路总功率 P。

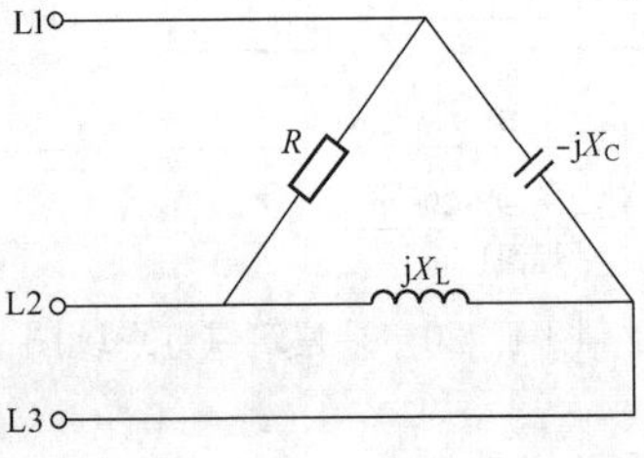

图 4-22 题 4.4 图

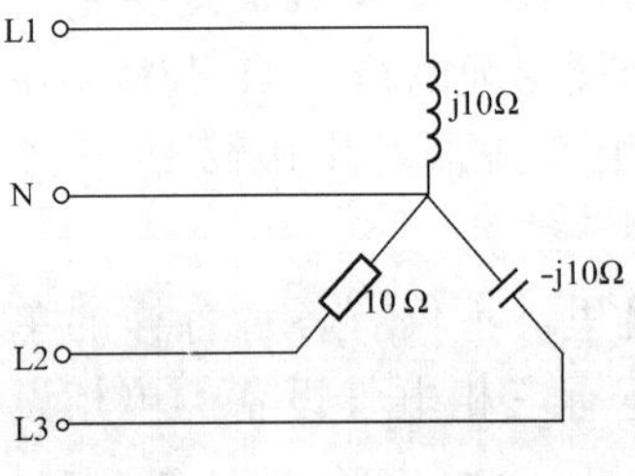

图 4-23 题 4.6 图

4.7　一个三相不对称负载星形连接，如图 4－24 所示电源线电压为 380V，试求：

(1) 有中性线时，求各相线电流及中性线电流。

(2) 无中性线时，R_1 短路，求 R_2、R_3 相电压和相电流。

(3) 无中性线时，R_2 开路，求 R_1、R_3 相电压和相电流。

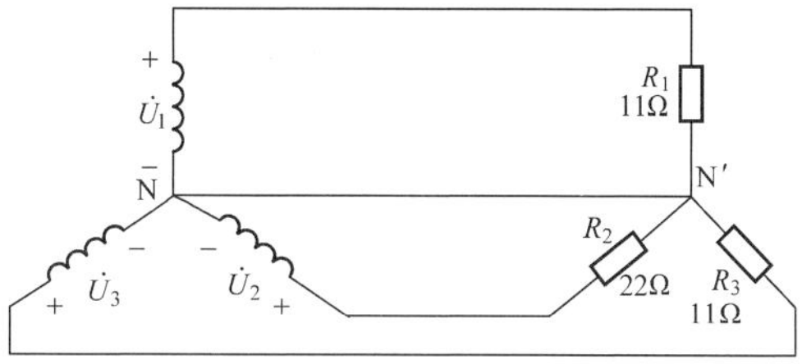

图 4－24　题 4.7 图

4.8　星形连接的对称三相负载，每相阻抗 $Z=(16+j12)\Omega$，接于线电压 $U_L=380V$ 的对称三相电源，试求线电流 I_L、有功功率 P、无功功率 Q 和视在功率 S。

4.9　某三相负载，额定相电压为 220V，每相负载的电阻为 4Ω，感抗为 3Ω，接于线电压为 380V 的对称三相电源上，试问该负载应采用什么连接方式？负载的有功功率、无功功率和视在功率是多少？

4.10　三相异步电动机的三相绕组为三角形连接，接于线电压 $U_L=380V$ 的对称三相电源上，若每相绕组的阻抗为 $Z=(8+j6)\Omega$，试求此电动机工作时的相电流 I_{ph}、线电流 I_L 和三相功率 P。

第5章　变　压　器

本章着重讨论变压器的工作原理、空载和有载运行的物理过程，分析三相变压器和其他特殊变压器，并介绍变压器的简单应用。

5.1　变压器的用途和结构

5.1.1　变压器的用途

变压器是一种常见的电气设备，具有变换电压、变换电流、变化阻抗和传递电能等作用，在各个领域有着广泛的应用。

电力变压器是电力系统中不可缺少的重要设备，包括升压变压器、降压变压器等。大型发电厂建在燃料资源或水力资源丰富的地区，为了减少功率损失，提高传输效率，在发电厂用变压器将电压升高后通过输电线路将电能传送到各处，再由降压变压器将电压降压到所需电压后供给厂矿企业和居民用电。目前情况是，在50km左右采用35kV输电，在100km左右采用110kV输电，在200～300km左右采用220kV或330kV输电，1000kV的输送距离能达到1000km以上。

在其他领域中，也时常用到各种各样的变压器，如供特殊电源用的特种变压器，包括电焊变压器、整流变压器、电炉变压器、中频变压器等；供测量用的仪用变压器，包括电流互感器、电压互感器、自耦变压器（调压器）等；用于自动控制系统的小功率变压器；用于通信系统的阻抗变换器等。

5.1.2　变压器的基本结构

变压器的工作原理是基于电磁感应现象。因此尽管变压器种类繁多，外形和体积有很大差别，但它们的基本结构都相同，主要由**铁芯**和**绕组**两部分组成。此外，变压器运行时要发热，还应有相应的冷却装置；为保证变压器的安全运行，还需要保护装置以及其他附件等。油浸式电力变压器的外形如图5-1所示。

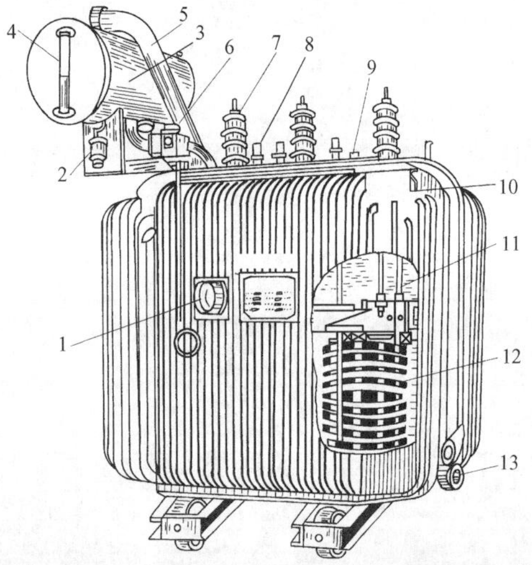

图5-1　油浸式电力变压器的外观图

1—温度计；2—吸湿器；3—储油柜；4—油位计；5—安全气道；6—气体继电器；7—高压绝缘套管；8—低压绝缘套管；9—分接开关；10—油箱；11—铁芯；12—绕组；13—放油阀门

1. 铁芯

铁芯是变压器中主要的磁路部分，是变压器磁场能量传递的通道，也是变压器的机械骨架。为了产生较强的磁场，并减小磁滞和涡流损耗，铁芯通常由含硅量较高、厚度分别为0.35、0.3、

0.27mm，表面涂有绝缘漆的热轧或冷轧硅钢片叠装而成。铁芯分为铁芯柱和铁轭两部分，铁芯柱上套绕组，铁轭则将铁芯柱连接成闭合磁路。

按铁芯与绕组相对位置的不同，铁芯结构的基本形式分为芯式和壳式两种。图 5-2 所示分别为单相芯式、单相壳式变压器的铁芯和绕组。

芯式变压器的结构特点是绕组包围铁芯，由于芯式变压器用硅钢片量较少，构造简单，绕组的安装和绝缘也比较容易，因此一般用于容量较大的变压器，在单相或三相电力变压器中较多采用。壳式变压器的结构特点是铁芯包围绕组，制造工艺较芯式变压器复杂，一般小型变压器较多采用这种结构形式。

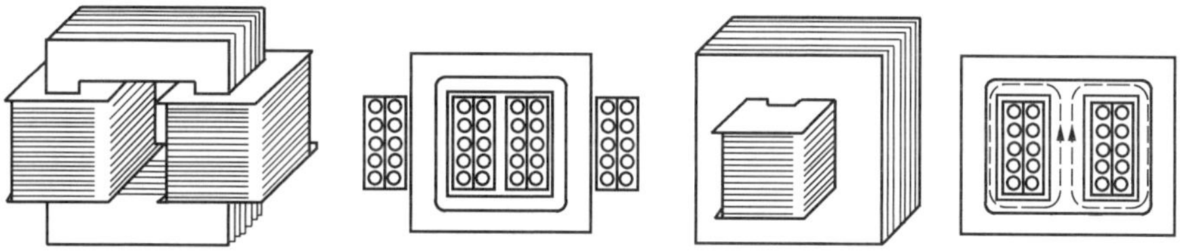

(a) (b)

图 5-2 芯式和壳式变压器的铁芯和绕组

(a) 单相芯式；(b) 单相壳式

2. 绕组

绕组是变压器的电路部分，是变压器实现电磁转换的重要组成部分。小容量的变压器多用高强度的漆包线绕制，而大中型容量的变压器则用有绝缘层的圆形或扁形铜（或铝）线绕成。

单相变压器有两个绕组，和电源连接的绕组称为一次绕组（也称初级绕组、原绕组），和负载连接的绕组为二次绕组（也称次级绕组、副绕组）。一次绕组和二次绕组均可以由一个或几个线圈组成，使用时可根据需要进行连接。

3. 冷却装置

变压器运行时所产生的损耗转换为热量，使绕组和铁芯发热。为了不使变压器因温度过高而烧坏或损伤绝缘材料，变压器设有冷却装置，包括风扇装置和散热器、冷却器油泵等。

油浸式电力变压器的器身装在充满变压器油的油箱中，油箱用钢板焊接而成，呈椭圆筒状，它的箱壁装有散热器，散热器采用扁管式。当变压器的上层油温和下层油温产生温差时，通过散热器形成油的对流，经散热器冷却后流回到油箱，起到降低变压器温度的作用。对于小容量变压器，散热量比较小，采用自然冷却散热器；对要求散热量大时，采用带风扇装置的散热器。

一部分大容量变压器，为达到冷却效果，增强油的循环流动，增设油泵，使其冷却效果更好。

4. 保护装置

油浸式电力变压器的保护装置包括温度计、吸湿器、储油柜、气体继电器等。

温度计用来指示变压器油温度，超过规定值时报警。吸湿器又称呼吸器，供清除和干燥由于变压器油温变化而进入变压器储油柜的空气中的杂质和潮气，以保持变压器油的清洁和绝缘强度。储油柜俗称油枕，是用钢板做成的圆筒形容器，水平安装在变压器油箱盖上，用弯曲连管与油箱连接，随时补充油箱内的变压器油。在储油柜的一端装有油位表，当储油柜内油位达到最高或最低时，均可自动发出报警信号。

气体继电器是变压器重要的保护元件，安装在油箱和储油柜的联管中间。它的作用是当变压器内部发生故障时，油中产生气体或油气流动时，气体继电器动作，发出信号或作用于变压器跳闸，以保护变压器。另外，发生故障后，可以通过气体继电器的视窗观察气体的颜色并抽取气体进行分析，从而对故障性质做出判断。

变压器除了按用途结构和冷却装置分类外，还可以按交流电相数不同分为单相变压器和三相变压器；按使用对象分为电力变压器、配电变压器、变流变压器、试验变压器及专门用途的专用变压器（电炉变压器 、整流变压器 、牵引变压器、启动变压器、矿用变压器、防爆变压器等）；按绕组形式分为双绕组变压器、三绕组变压器、自耦变压器。

5.2 单相变压器的工作原理

最简单的单相变压器是在一个闭合的铁芯上绕有两个匝数不等而彼此绝缘的绕组，如图 5-3 所示。其一次绕组匝数为 N_1，二次绕组匝数为 N_2。变压器的图形符号如图 5-4 所示，T 是它的文字符号。下面分别讨论变压器的电压变换、电流变换及阻抗变换。

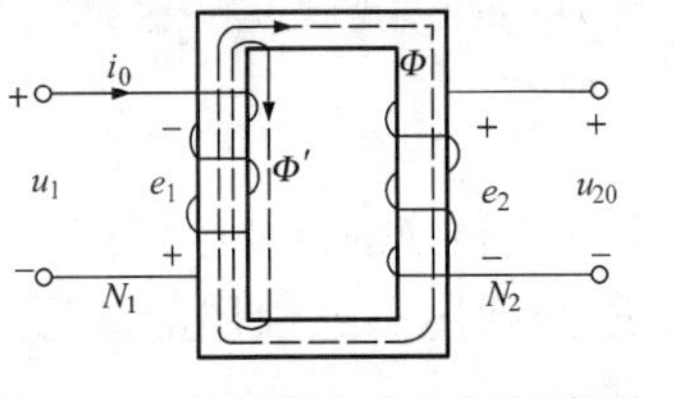

图 5-3 变压器空载运行示意图

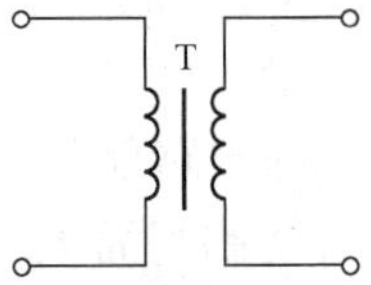

图 5-4 变压器的图形符号

5.2.1 空载运行与电压变换

变压器的一次绕组接上电源，二次绕组开路时的运行状态称为变压器的**空载运行**。图 5-3 所示为单相变压器空载运行示意图。

在图 5-3 中，当一次绕组加上正弦交流电压 u_1 后，便有交流电流 i_0（称为**空载电流**或**励磁电流**）通过。i_0 将在其四周建立磁场，并在一次绕组所包围的截面上建立磁通，这部分磁通绝大部分通过铁芯而闭合，它与一、二次绕组相交链，称为**主磁通**，用 Φ 表示。另外还有一小部分磁通经过铁芯及外部空间而闭合，它只穿过一次绕组而不通过二次绕组，这部分磁通称为**漏磁通**，用 Φ' 表示。由于铁芯的磁导率远大于空气或绝缘介质的磁导率，因而主磁通远大于漏磁通。

根据电磁感应定律，主磁通在一、二次绕组中产生的感应电动势分别为

$$e_1=-N_1\frac{\mathrm{d}\Phi}{\mathrm{d}t},\quad e_2=-N_2\frac{\mathrm{d}\Phi}{\mathrm{d}t}$$

当变压器一次绕组接入正弦电压 u_1 时，Φ 也按正弦规律变化。设 $\Phi=\Phi_\mathrm{m}\sin\omega t$，则

$$\begin{aligned}e_1&=-N_1\frac{\mathrm{d}(\Phi_\mathrm{m}\sin\omega t)}{\mathrm{d}t}=-N_1\omega\Phi_\mathrm{m}\cos\omega t\\&=2\pi fN_1\Phi_\mathrm{m}\sin(\omega t-90^\circ)\\&=E_{1\mathrm{m}}\sin(\omega t-90^\circ)\end{aligned}\tag{5-1}$$

同理

$$e_2=-N_2\frac{\mathrm{d}(\Phi_m\sin\omega t)}{\mathrm{d}t}=2\pi fN_2\Phi_m\sin(\omega t-90^\circ)$$
$$=E_{2m}\sin(\omega t-90^\circ) \tag{5-2}$$

式（5-1）、式（5-2）说明，在相位上，e_1 与 e_2 均比 Φ 滞后 90°；另外，在数值上，有

$$E_{1m}=2\pi fN_1\Phi_m,\ E_{2m}=2\pi fN_2\Phi_m \tag{5-3}$$

根据图 5-3 所规定的各物理量的参考极性与方向，设 R_1 为一次绕组的电阻，二次绕组空载时的端电压为 u_{20}，由 KVL 可知，这两个绕组电路的电压方程式分别为

$$u_1=-e_1-e_1'+R_1i_0 \tag{5-4}$$

$$u_{20}=e_2 \tag{5-5}$$

因一次绕组所加电压为正弦电压，不考虑电流、电动势波形畸变的影响，式（5-4）、式（5-5）中的电压、电流、电动势均认为是正弦量，则可以表示为相量形式

$$\dot{U}_1=-\dot{E}_1-\dot{E}_1'+R_1\dot{I}_0 \tag{5-6}$$

$$\dot{U}_{20}=\dot{E}_2 \tag{5-7}$$

由于一次绕组电阻产生的电压降及漏磁通产生的漏磁电动势非常小，可以忽略不计，因此式（5-6）可近似表示为

$$\dot{U}_1\approx-\dot{E}_1 \tag{5-8}$$

若只考虑数值关系，两个绕组电压有效值分别为

$$U_1\approx E_1=\frac{E_{1m}}{\sqrt{2}}=4.44N_1f\Phi_m \tag{5-9}$$

$$U_{20}=E_2=\frac{E_{2m}}{\sqrt{2}}=4.44N_2f\Phi_m \tag{5-10}$$

于是

$$\frac{U_1}{U_{20}}\approx\frac{E_1}{E_2}=\frac{N_1}{N_2}=k \tag{5-11}$$

式（5-11）中，k 为变压器的变压比，简称为变比。

式（5-11）表明，**变压器空载时，一、二次绕组电压之比等于一、二次绕组的匝数之比**。

变比是变压器的一个重要参数。若 $N_1>N_2$，则 $U_1>U_{20}$，$k>1$，变压器起降压作用，称为降压变压器；反之，若 $N_1<N_2$，则 $U_1<U_{20}$，$k<1$，变压器起升压作用，称为升压变压器。因此，适当地改变一、二次绕组的匝数，就可以达到变换电压的目的。

变压器的两个绕组之间，在电路上没有连接。一次绕组外加交流电压后，依靠两个绕组之间的磁耦合和电磁感应作用，使二次绕组产生交流电压，也就是说，一、二次绕组在电路上相互隔离。

5.2.2　有载运行与电流变换

将变压器一次绕组接上电压 u_1，二次绕组接上负载，这种运行状态称为变压器的**有载运行**。

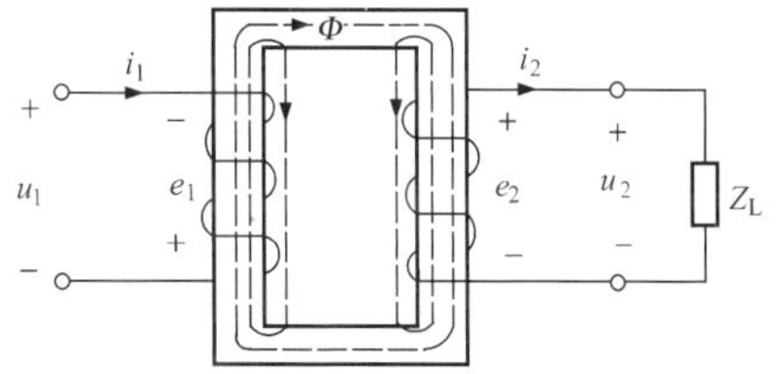

图 5-5　单相变压器有载运行示意图

图 5-5 所示为单相变压器有载运行示意图。一

次绕组接上电压 u_1，在二次绕组感应电动势 e_2 的作用下，二次绕组的电路中便产生电流 i_2；同时，一次绕组的电流从空载电流 i_0 相应地增大到 i_1；如果负载发生变化，则一次绕组电流 i_1 也随着负载电流 i_2 的变化而变化。这种物理现象可由变压器的磁动势平衡方程来说明。

当二次绕组接上负载后，二次绕组电流 i_2 则产生了磁动势 i_2N_2，该磁动势也在铁芯中产生磁通。根据楞次定律，i_2N_2 产生的磁通总是阻碍原来主磁通的变化，起着削弱主磁通的作用。由 $U_1 \approx E_1 = 4.44N_1 f\Phi_m$ 可知，当电源电压 U_1 及其频率 f 保持不变，一次绕组的匝数 N_1 固定，而且忽略不计绕组的阻抗压降时，**主磁通 Φ_m 也基本保持不变**，意味着有载运行和空载运行时主磁通 Φ_m 近似相等。

i_2N_2 产生的磁通削弱主磁通，为保持主磁通不变，i_1N_1 产生的磁通相应增大，由此可知，i_1 随 i_2 的变化而变化。当 $i_2=0$ 时，i_1 为空载电流 i_0。

上述分析说明，从空载到有载，若外加电压 U_1 及其频率 f 不变，主磁通的最大值 Φ_m 也基本不变，变压器有载运行时由 i_1 和 i_2 共同作用产生的合成磁动势的最大值和空载运行时由 i_0 产生的磁动势 i_0N_1 是相等的，即

$$i_1N_1 + i_2N_2 = i_0N_1$$

如电流为正弦量，则用相量表示为

$$\dot{I}_1N_1 + \dot{I}_2N_2 = \dot{I}_0N_1 \tag{5-12}$$

由于铁芯的磁导率很高，空载电流 i_0 很小，仅占额定电流的百分之几，一般很小，$\dot{I}_0N_1$ 与 $\dot{I}_1N_1$、$\dot{I}_2N_2$ 相比，可忽略不计，于是式（5-12）可写成

$$\dot{I}_1N_1 \approx -\dot{I}_2N_2 \tag{5-13}$$

式（5-13）中的负号表示，对于图 5-5 所示的电流参考方向，电流 i_1 和 i_2 在相位上几乎相差 180°。

由式（5-13）得一、二次绕组的电流有效值之比近似为

$$\frac{I_1}{I_2} = \frac{N_2}{N_1} = \frac{1}{k} \tag{5-14}$$

式（5-14）表明，**一、二次绕组电流有效值之比近似地与它们的匝数成反比，也就是说变压器有电流变换作用**。式（5-14）还表明，当变压器的匝数比不变时，则一次绕组电流 I_1 随二次绕组电流 I_2 的增加而增加。匝数多的绕组电压高而电流小，可用较细的导线绕制；匝数少的绕组电压低而电流大，须用较粗的导线绕制。

【例 5-1】 一变压器 $N_1=800$ 匝，$N_2=200$ 匝，$U_1=200\text{V}$，$I_2=8\text{A}$，负载为纯电阻，忽略变压器的漏磁和损耗，求变压器的二次绕组电压 U_2 和一次绕组电流 I_1。

解 变压比

$$k = \frac{N_1}{N_2} = \frac{800}{200} = 4$$

二次绕组电压

$$U_2 = \frac{U_1}{k} = \frac{220}{4} = 55\ (\text{V})$$

一次绕组电流

$$I_1=\frac{I_2}{k}=\frac{8}{4}=2\ (\mathrm{A})$$

5.2.3　阻抗变换

如图 5－6（a）所示，当变压器的二次绕组接上负载阻抗 Z_L 后，当 Z_L 发生变化时，i_2 发生变化，i_1 也随之发生变化，因此对图 5－6（a）所示电路中的虚线部分可以直接用一个阻抗 Z'_L来等效。所谓等效，就是输入电路的电压、电流和功率不变。等效后的电路如图 5－6（b）所示。就是说，直接接在电源上的阻抗 Z'_L和接在变压器二次绕组的负载阻抗 Z_L 是等效的。如果不考虑一、二次绕组的漏磁通感应电动势，并忽略各种损耗，则

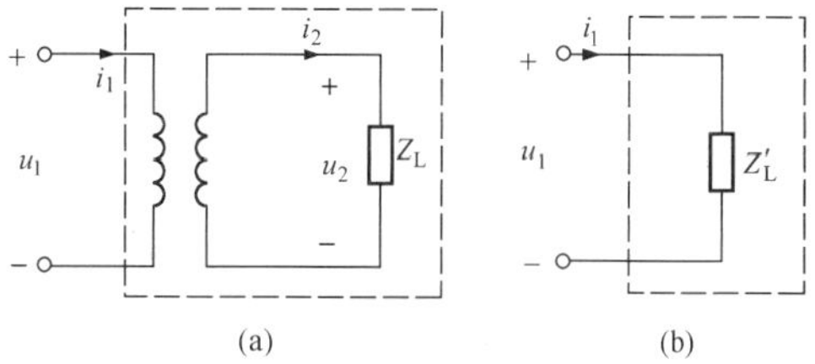

图 5－6　变压器的阻抗变换

（a）原电路；（b）等效电路

$$Z'_L=\frac{\dot{U}_1}{\dot{I}_1}=\frac{-k\dot{U}_2}{-\frac{1}{k}\dot{I}_2}=k^2\frac{\dot{U}_2}{\dot{I}_2}=k^2Z_L=\left(\frac{N_1}{N_2}\right)^2Z_L \tag{5-15}$$

式（5－15）表明，**接在二次绕组的阻抗 Z_L 对一次绕组的影响可以用一个等效阻抗 Z'_L 来替代，Z'_L等于 Z_L 的 k^2 倍。**

由式（5－15）可推出

$$|Z'_L|=k^2|Z_L| \tag{5-16}$$

式（5－16）表明，负载直接接电源时，阻抗模为$|Z_L|$；通过变压器接电源时，相当于将阻抗模$|Z_L|$增加到 k^2 倍。

通过以上分析，表明变压器具有阻抗变换作用，且变压器的阻抗变换只改变阻抗的大小，不改变阻抗的性质。在电子技术中，经常利用变压器的这一阻抗变换作用来实现阻抗匹配。

【例 5－2】　图 5－7（a）所示电路，已知电源内阻 $R_s=1\text{k}\Omega$，负载电阻 $R_L=10\Omega$。为使 R_L 上获得最大功率，求变压器的变比。

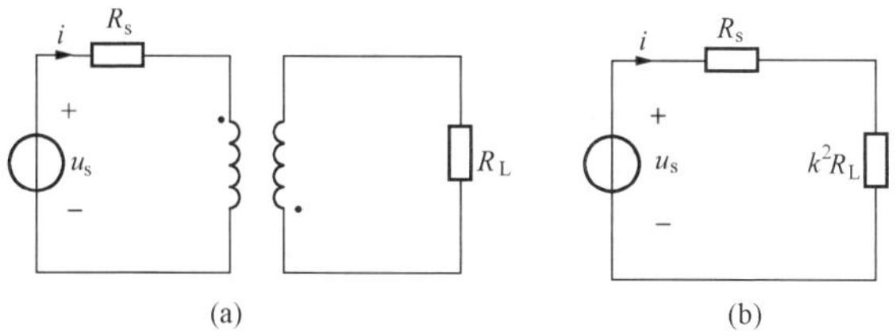

图 5－7　【例 5－2】电路图

（a）原电路；（b）等效电路

解　先将图 5－7（a）所示电路根据变压器阻抗变换的性质进行等效，等效后的电路图如图 5－7（b）所示。

由最大功率传输定律，当 $k^2R_L=R_s$ 时电路匹配，负载可获得最大功率，即

$$k^2\times 10=1000$$

$$k=10$$

【例 5－3】　一只电阻为 8Ω 的扬声器，需要把电阻提高到 800Ω 才可以接入半导体收音机的输出端，问应该利用变比为多大的变压器才能实现这一阻抗匹配？

解　由式（5－16）求得

$$k=\sqrt{\frac{800}{8}}=10$$

5.3　变压器的运行特性

5.3.1　变压器的外特性

因为变压器一、二次绕组都有电阻和漏磁感抗，当变压器有载时，必然在其上产生电压降。当负载电流 I_2 增加时，一、二次绕组的阻抗压降也随之增加，由于电源电压 U_1 为定值，因此二次电压 U_2 要发生变化。为了表示有载时二次电压 U_2 随负载电流 I_2 的变化规律，一般用变压器的外特性来描述。

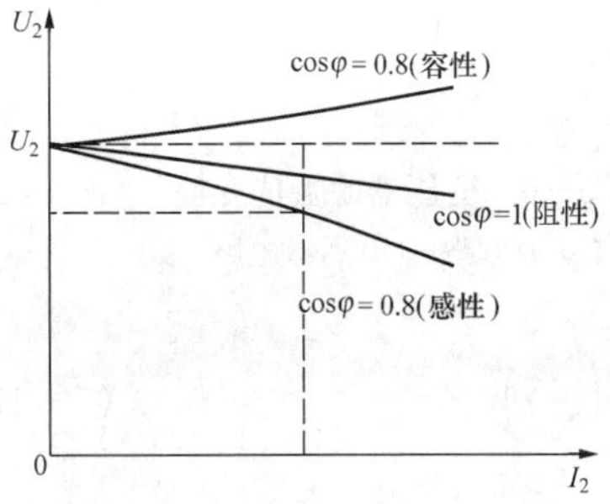

图 5－8　变压器外特性曲线图

变压器外特性就是当变压器的电源电压 U_1 和负载的功率因数 $\cos\varphi$ 都一定时，二次电压 U_2 随负载电流 I_2 变化的关系 $U_2=f(I_2)$，如图 5－8 所示。

由此可见：

(1) $I_2=0$ 时，$U_2=U_{20}$。

(2) 当负载为电阻性和电感性时，随着 I_2 的增大，U_2 逐渐下降。在相同的负载电流情况下，U_2 的下降程度与功率因数 $\cos\varphi$ 有关。

(3) 当负载为电容性负载时，随着功率因数 $\cos\varphi$ 的降低，曲线上升。所以，在供电系统中，常常在电感性负载两端并联一定容量的电容器，以提高负载的功率因数 $\cos\varphi$。

变压器的外特性还可以用电压变化率来表示。电压变化率是指变压器空载时二次电压 U_{20} 和额定负载时二次电压 U_2 之差与 U_{20} 的百分比，即

$$\Delta U(\%)=\frac{U_{20}-U_2}{U_{20}}\times 100\% \tag{5-17}$$

$\Delta U(\%)$ 的大小，反映了变压器供电电压的稳定程度，电压变化率越小，负载供电的电压越稳定。

5.3.2　变压器的损耗和效率

1. 变压器的损耗

变压器传输电能时总要产生损耗，这种损耗主要有**铜损耗** P_{Cu} 和**铁损耗** P_{Fe}。

铜损耗是指变压器绕组电阻所引起的损耗。当电流通过绕组电阻发热时，一部分电能就转变为热能而损耗。由于绕组一般都由带绝缘的铜线缠绕而成，因此称为**铜损耗**，即

$$P_{\mathrm{Cu}}=I_1^2R_1+I_2^2R_2$$

显然，流过一、二次绕组的电流 I_1、I_2 越大，铜损耗 P_{Cu} 就越大，它随着变压器负载的变化而改变，因此铜损耗又称**可变损耗**。

变压器的铁损耗包括磁滞损耗 P_{h} 和涡流损耗 P_{e}，即

$$P_{\mathrm{Fe}}=P_{\mathrm{h}}+P_{\mathrm{e}}$$

当交流电流通过变压器时，通过变压器硅钢片的磁力线的方向和大小随之变化，使得硅钢片内部分子相互摩擦，放出热能，从而损耗了一部分电能，这便是**磁滞损耗**。另外，当变压器工作时，铁芯中有磁力线穿过，在与磁力线垂直的平面上就会产生感应电流，由于此电流自成闭合回路形成环流，且成旋涡状，故称为涡流。涡流的存在使铁芯发热，消耗能量，这种损耗称为**涡流损耗**。

涡流损耗功率与铁芯的几何尺寸和材料有关。若铁芯是由平行于磁感应强度的硅钢片叠成，涡流损耗与钢片厚度的平方成正比，还与交变磁通的频率、材料的电导率及磁感应强度最大值有关。因此为了减少涡流损耗，硅钢片越薄越好。受工艺条件的限制，硅钢片不可能做得很薄，工频下硅钢片的厚度约为 0.35～0.5mm，音频下约为 0.02～0.05mm。而高频下则采用磁介质，如铁氧体，它的相对磁导率可高达几千，电阻率是金属的 1011 倍，涡流损耗小，适合于制作高频电磁器件。

实验证明，铁损耗 P_{Fe} 的大小与铁芯内磁场强度 B_m 和电源频率 f 有关，与负载大小无关，由于 B_m 与 f 均为常数，因此铁损耗又称**不变损耗**。

2. 变压器的效率

在额定功率时，变压器的输出功率 P_2 和输入功率 P_1 的比值，叫做**变压器的效率**，即

$$\eta=\frac{P_2}{P_1}\times 100\% \tag{5-18}$$

当变压器的输出功率 P_2 等于输入功率 P_1 时，效率 η 等于 100%，变压器将不产生任何损耗，但实际上这种变压器是没有的。变压器传输电能时总要产生损耗。大容量变压器的效率可达 98%～99%，小型变压器效率约为 70%～80%。

效率大小反映变压器运行的经济性能的好坏，是表征变压器运行性能的重要指标之一。

$$\eta=\frac{P_2}{P_1}\times 100\%=\frac{P_1-\sum P}{P_1}\times 100\%=\left(1-\frac{P_{Fe}+P_{Cu}}{P_2+P_{Fe}+P_{Cu}}\right)\times 100\% \tag{5-19}$$

其中，总损耗 $\sum P=P_{Fe}+P_{Cu}$。

通过对式（5-19）分析计算发现，当变压器的可变损耗等于不变损耗时，效率最高，此时所带负载为 50%～60%额定负载。

5.4　三相变压器简介

三相变压器在输送、分配电能的三相系统中应用广泛。三相变压器有三个相同截面的铁芯柱，每个芯柱上各绕着属于同一相的一、二次绕组。为了便于识别绕组的接线端，用大写字母 U1、V1、W1 表示一次绕组的首端，用 U2、V2、W2 表示一次绕组的末端，用小写字母 u1、v1、w1 表示二次绕组的首端，用 u2、v2、w2 表示二次绕组的末端，即 U1U2、V1V2、W1W2 是三个相的一次绕组，u1u2、v1v2 和 w1w2 是三个相的二次绕组。由于每个相的一、二次绕组绕在同一铁芯上，其工作情况和单相变压器相同。

5.4.1　三相变压器的连接方式

三相变压器原则上一次绕组和二次绕组均可连接成星形或三角形。因此，变压器有四种可能的接法：Yy、Yd、Dd 及 Dy。每组接法符号中高压绕组写在前面，用大写字母表示，低压绕组写在后面，用小写字母表示。三相绕组有星形、三角形等连接法，对高压绕组，用字母 Y、D 表示，低压绕组用 y、d 表示。如果星形连接有中性线引出，则用 YN、yn 表示。

对三相电力变压器，我国国家标准规定了以下五种标准连接方式：Yyn、Yd、YNd、Yy、YNy，其中前三种应用最为广泛。

Yyn 连接的三相变压器是供动力负载和照明负载共用的，最大容量一般为 1800kVA。低压一般是 400V，高压不超过 35kV。

Yd 连接的变压器，低压一般是 10kV，高压不超过 60kV。

YNd 连接主要用于高压或超高压输变电系统，一次绕组的中性点用于直接接地或经阻抗接地。

一次绕组采用 Y 或 YN 接法，相电压只有线电压的 $1/\sqrt{3}$，这种接法可以降低每相绕组的绝缘强度要求。二次绕组采用三角形接法，相电流只有线电流的 $1/\sqrt{3}$，这种接法可以减小每相绕组的导线截面。

5.4.2 变压器的额定值

为了正确使用变压器，应了解和掌握变压器的额定值。变压器的额定值是制造厂对变压器正常使用所作的规定，变压器在规定的额定值状态下运行，可以保证长期可靠地工作，并且有良好的性能。每台变压器都附有一块铭牌，用以标定变压器的额定值，因此额定值也称为铭牌数据。

按照国家规定，铭牌上除标出变压器名称、型号、产品代号、出厂序号、制造年月等以外，还要标出变压器的技术参数。

1. 相数

变压器分单相和三相两种。电力系统中，一般均制成三相变压器以直接满足输配电的要求。小型变压器有制成单相的，特大型变压器制成单相后组成三相变压器，以满足运输的要求。变压器的相数从变压器的型号中反映出来。

变压器的型号含义如图 5-9 所示。

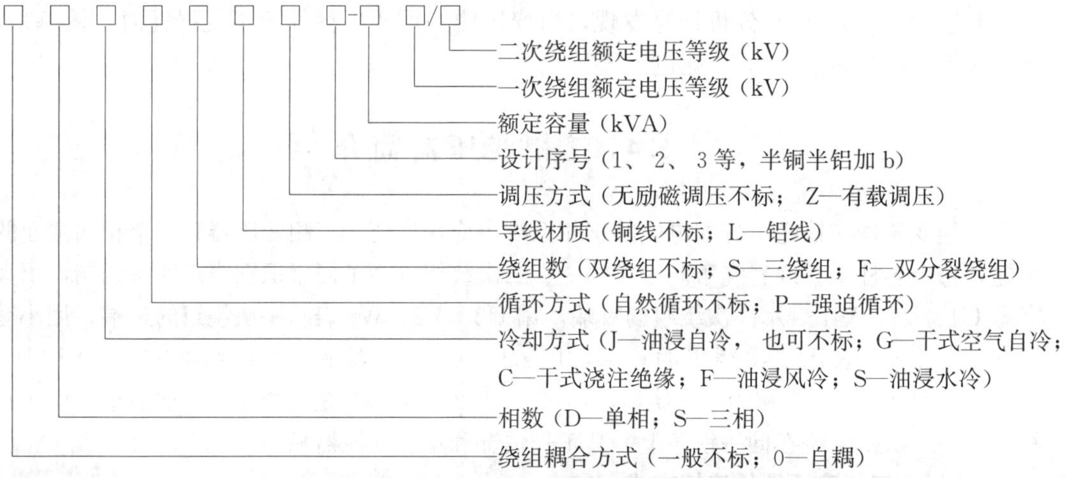

图 5-9 变压器型号含义图

例如 SL7-500/10 型表示为三相油浸自冷式铝线变压器，设计序号为 7，额定容量 500kVA，高压侧额定电压为 10kV。

2. 额定电压 U_{1N}/U_{2N}

额定电压是根据变压器的绝缘强度和容许温升而规定的电压值，以 V 或 kV 为单位。一次绕组额定电压 U_{1N} 是指变压器一次侧额定运行时规定的值。二次绕组额定电压 U_{2N} 是指变压器一次绕组加额定电压 U_{1N} 时，二次绕组空载时的电压。在三相变压器中额定电压 U_{1N}、U_{2N} 指线电压。

3. 额定电流 I_{1N}/I_{2N}

额定电流是指变压器按规定的工作时间（长时连续工作或短时工作或间歇断续工作）运行时一、二次绕组允许通过的最大电流，是根据绝缘材料容许温升所规定的电流值，用 I_{1N} 和 I_{2N} 表示，以 A 或 kA 为单位。在三相变压器中 I_{1N} 和 I_{2N} 指线电流。

4. 额定容量 S_N

额定容量指变压器二次绕组输出的额定视在功率，用符号 S_N 表示，以 VA 或 kVA 为单位。对于单相变压器，$S_N=U_{2N}I_{2N}$；对于三相变压器，$S_N=\sqrt{3}U_{2N}I_{2N}$。其中的 U_{2N}、I_{2N} 指二次绕组的线电压和线电流。

根据视在功率的计算公式 $S=UI$，可得变压器一次绕组的视在功率为

$$S_1=U_1I_1$$

变压器二次绕组的视在功率为

$$S_2=U_2I_2$$

根据变压器的电压和电流关系可知

$$S_1\approx S_2$$

这符合功率守恒定律，铭牌上给出的变压器容量通常是二次绕组的额定视在功率。一般情况下，一次绕组的额定视在功率也设计成与二次绕组的额定视在功率相同，即

$$S_N=U_{2N}I_{2N}=U_{1N}I_{1N}$$

变压器从电源输入的有功功率为

$$P_1=U_1I_1\cos\varphi_1$$

变压器向负载输出的有功功率为

$$P_2=U_2I_2\cos\varphi_2$$

5. 额定频率 f_N

额定频率是指变压器运行时使用交流电源电压的频率。我国的标准工业电源电压频率为 50Hz，有些国家的工业频率为 60Hz。

6. 额定温升

额定温升指变压器在额定值运行时，变压器内部温度容许超出规定的环境温度（+40℃）的数值。温升与变压器的损耗和散热条件有关。

5.5 特殊变压器

为了适应电子、机电一体化等发展的需要，除电力变压器外，还广泛采用各种特殊变压器，如自耦变压器、电压互感器、电流互感器等。

5.5.1 单相自耦变压器

图 5-10 所示是一种单相自耦变压器原理图。其结构特点是只有一个绕组，二次绕组是一次绕组的一部分，因此，一、二次绕组间既有磁的耦合作用，又有电气的直接联系。但自耦变压器同普通变压器一样也具有电压变换和电流变换的作用。设一次绕组的匝数为 N_1，二次绕组的匝数为 N_2，则一、二次绕组电压之比和电流之比分别为

$$\frac{U_1}{U_2}=\frac{N_1}{N_2}=k,\quad \frac{I_1}{I_2}=\frac{N_2}{N_1}=\frac{1}{k} \qquad (5-20)$$

自耦变压器比普通变压器结构简单，效率更高，但由于一、二次绕组有电的联系，因此不能用于电压比较高的场合。

实验室中常用的调压器就是一种可改变二次绕组匝数的自耦变压器，其外形如图5-11所示。使用时，改变滑动端的位置，便可得到不同的输出电压。注意：自耦变压器一、二次绕组千万不能对调使用，以防损坏变压器。

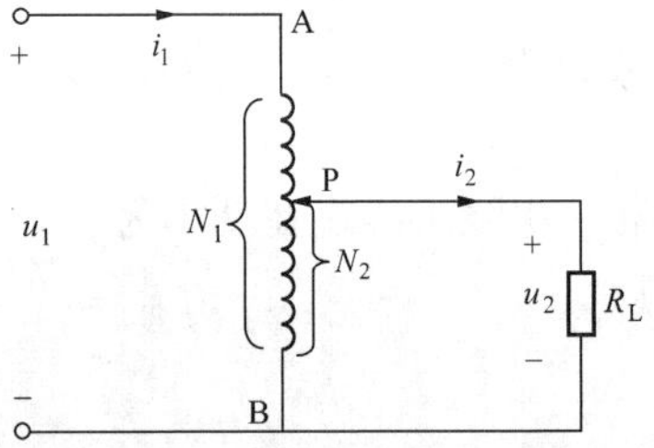

图5-10 单相自耦变压器原理图

图5-11 实验用自耦变压器外形

5.5.2 仪用互感器

仪用互感器是一种专供测量仪表或控制、保护设备中使用的变压器。当被测的电压过高或者电流太大时，不能用普通的低量程电压表和电流表直接进行测量，于是利用变压器的变压及变流原理，将高电压、大电流变为低电压、小电流后再用普通电表测量。这种供仪表配套使用的变压器，称为**仪用互感器**。

1. 电压互感器

电压互感器将高电压变换为低电压，以供测量、继电保护、信号指示等二次回路使用。

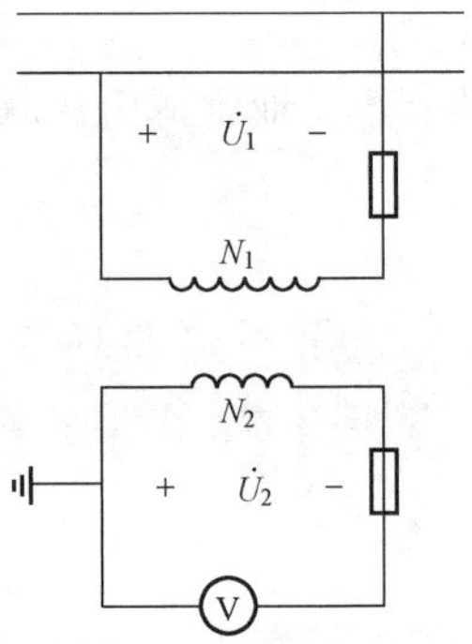

图5-12 电压互感器接线图

图5-12所示为电压互感器使用时的接线图。一次绕组匝数 N_1 较多，并联于被测线路，二次绕组匝数 N_2 较少，接入电压表或指示、控制仪表等，同时，二次绕组必须有一端接地，这样可以保证安全，且防止静电荷的积累影响仪表读数。因为电压表的电压线圈阻抗很高，所以电压互感器在使用时，相当于一台二次绕组处于空载状态的降压变压器。

为了方便，互感器的二次电压一般设计为100V，电压互感器的电压比为

$$\frac{U_1}{U_2}=\frac{N_1}{N_2}=k$$

当电压表读数为 U_2 时，被测电压 $U_1=kU_2$。故只要适当选择变比，就能从电压表上的标度直接读数。

由于电压互感器一次电压往往比较高，为了工作安全，电压互感器的铁芯、金属外壳及二次绕组的一端都必须接地。另外，电压互感器使用时严禁二次绕组短路，因为短路电流很大，会烧坏电压互感器。电压互感器在使用时一、二次绕组都接有熔断器作短路保护。

2. 电流互感器

电流互感器是将大电流变换为小电流，以供测量仪表或作为控制、保护设备的检测信号。

电流互感器的接线示意图如图 5－13 所示。一次绕组由一匝或数匝截面较大的导线绕制，与被测电路串联。二次绕组匝数 N_2 较多，截面较小，与阻抗很小的电流表接成闭合回路。

电流互感器的工作情况相当于变压器的短路运行。它实际上相当于一个有一定变比的升压变压器，把所需要测量的大电流变换成小电流进行测量，即

$$I_1 \approx \frac{N_2}{N_1}, \quad I_2 = \frac{1}{k} I_2$$

所以测量时只要把电流表的实际读数乘以变比就是被测电流 I_1。一般把电流互感器二次绕组的额定电流设计成 5A。

电流互感器使用时，二次绕组不能开路，若二次绕组开路，将会在二次绕组两端感应出一个数百伏甚至上千伏的电压，危及工作人员的安全。另外，电流互感器的铁芯和二次绕组一端也必须接地，确保工作安全，且防止静电荷的累积影响仪表的读数。

常用的钳形电流表也是一种电流互感器。它是与一个电流表接成闭合回路的二次绕组和一个铁芯构成，其铁芯可开可合。测量时，把待测电流的一根导线放入钳口中，电流表可直接读出被测电流的大小，如图 5－14 所示。

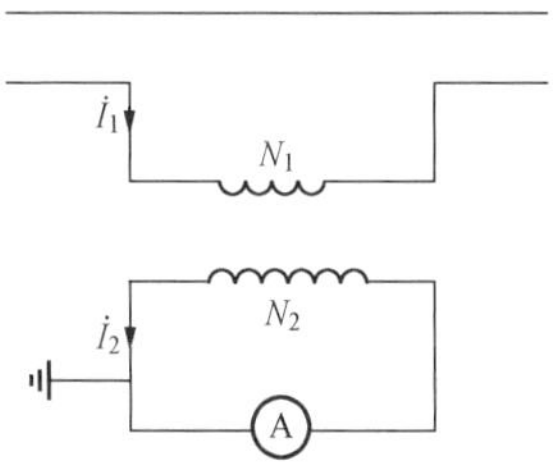

图 5－13　电流互感器接线图

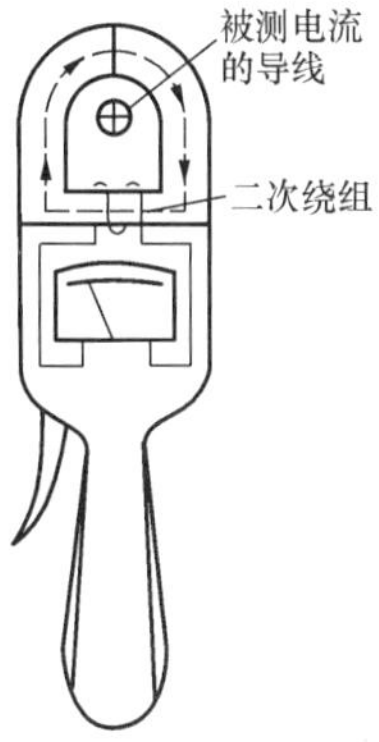

图 5－14　钳形电流表

*5.6　应　　用

变压器有许多应用，如变压器在电力输送和配电方面升高或降低电压和电流，将电路的一部分与另一部分隔离开来起隔离作用，变压器用作阻抗匹配装置等。本节主要讨论变压器的阻抗匹配和隔离作用。

5.6.1　阻抗匹配

在电子电路中，为了提高信号的传输功率和效率，常用变压器将负载阻抗变换为适当的数值，以取得最大的传输功率。这种做法称为**阻抗匹配**。

根据最大功率传输定理，当负载电阻 R_L 与等效电源电阻 R_s 相匹配时，负载可获得最大功率。但是在大多数情况下，R_L 和 R_s 是不相匹配的，而单相变压器可以实现最佳匹配。

如图 5－15 所示，变压器的变比 $k = N_1/N_2$，根据变压器的变阻抗关系，负载电阻反映到一次绕组的阻抗为 k^2R_L，即等效阻抗 k^2R_L 与电源电阻 R_s 相匹配，$k^2R_L = R_s$，即 $k =$

$\sqrt{R_s/R_L}$。这表明选择适当的变比 k 就能满足阻抗匹配要求。

如图 5 - 15（c）所示的理想变压器用于匹配放大电路与扬声器，以便扬声器获得最大功率。又如，一个无线电接收机的输入电阻是 300Ω，它直接与特征阻抗是 75Ω 的无线系统相连接时，阻抗是不匹配的，若在接收机前插入一个阻抗匹配变压器（合适的匝数比），则可实现最大功率传送。

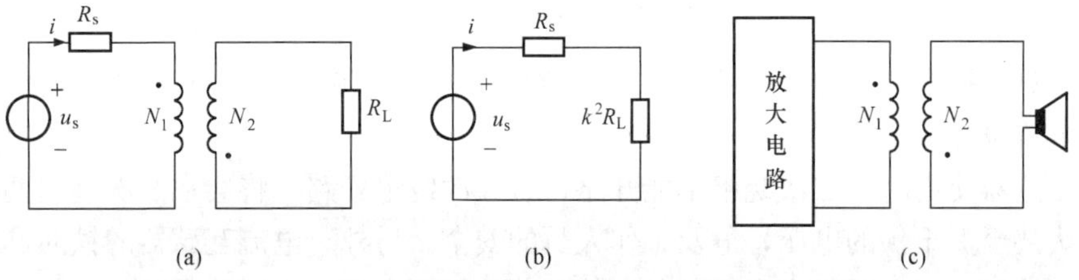

图 5 - 15　变压器用于阻抗匹配

(a) 原电路；(b) 等效电路；(c) 应用于放大电路与扬声器的阻抗匹配

5.6.2　隔离装置

电隔离是使两个电气设备之间没有电的连接。变压器的隔离作用，是指一次绕组与二次绕组在电路上是互相绝缘的，只是通过磁耦合来传递能量。

隔离变压器一般是指 1∶1 的变压器。由于二次绕组不和地相连，二次绕组任一根线与地之间没有电位差，使用安全，常用作维修电源。

隔离变压器不全是 1∶1 变压器。控制变压器和电子管设备的电源也是隔离变压器，如电子管扩音机、电子管收音机、示波器、车床控制变压器和空调设备等的电源都是隔离变压器。例如，为了安全维修彩电，常用 1∶1 的隔变压器。变压器作为隔离装置应用到很多电路中。下面举例说明。

(1) 图 5 - 16 所示的变压器起降压及交流电源与电路之间的隔离两个作用。这样在维修电路时减少了电击的危险。使用隔离变压器要注意两点：

1）变压器的二次绕组两端都不能接地。

2）人体不能同时触及二次绕组两端，否则就有触电的危险。

(2) 图 5 - 17 所示的变压器用于放大器的级与级之间的耦合，即利用变压器把前后级连接起来，通过电磁感应将前级的交流信号传送到后级。它只能传递交流信号而不能传递直流信号或变化缓慢的信号，这样放大器前后级之间的静态工作点互不影响，放大器可以正常工作。这里变压器起到了直流隔离作用。

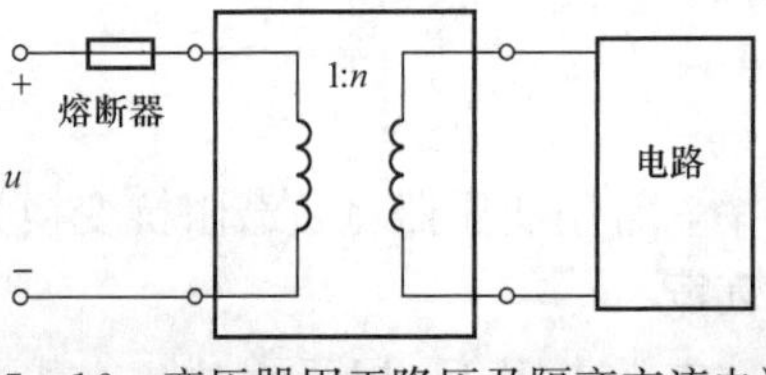

图 5 - 16　变压器用于降压及隔离交流电源

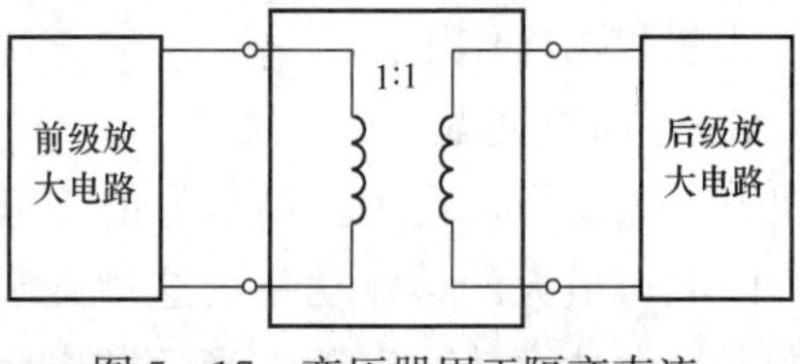

图 5 - 17　变压器用于隔离直流

(3) 仪用互感器中的变压器，一方面隔离了高压电源；另一方面降低了电压、减小了电流，使之达到安全水平。这样再用电压表或电流表去测量，就能确定高电压或大电流的数值。

5.6.3 变压器的发明

追溯变压器的发明史，还得从法拉第和亨利说起。

1831 年 8 月 29 日，法拉第发现了电磁感应现象。法拉第进行这个实验的装置（法拉第感应线圈）实际上是世界上第一只变压器雏形。同年 11 月 24 日，法拉第向英国皇家学会报告了他的实验及其发现，从而使法拉第被公认为电磁感应现象的发现者，他也顺理成章地成为变压器的发明人。

1830 年 8 月，时为纽约奥尔巴尼学院教授的美国著名科学家亨利利用学院假期，采用实验装置进行磁生电实验，亨利这个实验是电磁感应现象的非常直观的关键性实验，实验装置实际上也是一台变压器的雏形。但是，亨利做事谨慎，没有急于发表他的实验成果，直到 1832 年才将实验论文发表在《美国科学和艺术杂志》第 7 期上。但是，在此以前，法拉第首先公布了他的电磁感应实验，介绍了他的实验装置，因此电磁感应现象的发明权只能归法拉第，变压器的发明权也非法拉第莫属了。亨利虽然非常遗憾地与电磁感应现象的发明权和变压器的发明权擦肩而过，但他在电学上的贡献、对发明变压器的贡献则是有目共睹的。特别值得一提的是，亨利实验装置比法拉第感应线圈更接近于现代通用的变压器。

从现代变压器原理来看，法拉第使用的感应线圈是一只单芯闭合磁路双绕组式变压器。由于当时没有交流电源，所以它是一种原始的脉冲变压器，而亨利使用的变压器则是一种原始的双芯开路磁路双绕组式脉冲变压器。

1837 年，英国牧师卡兰（N. J. Callan）将佩奇变压器分成无电气连接的两部分。

与法拉第、亨利的变压器一样，佩奇和卡兰变压器都是利用断续直流工作的设备，只能用于实验观察，都无实际应用价值。

德国技师鲁姆科尔夫（H. D. Ruhmkorff，1803～1877）在变压器发明史上是一个贡献较大的人。他生于德国，后到巴黎定居，并自设精密机械制造工场。鲁姆科尔夫在理论上并无建树，但他善于研究他人的建议，并利用他心灵手巧的特长付诸实践，制造了一些优良的感应线圈。1842 年，在 Masson 和 Brequet 的指导下，他开始对卡兰变压器进行研究。1850 年制成第一只感应线圈（Inductorium）。1851 年，他提出第一个感应火花线圈（变压器）的专利。鲁姆科尔夫感应线圈是第一个有实用价值的变压器。

为了获得更大的火花，1856 年，英国电工技师瓦里（C. F. Varley，1828～1883）也对卡兰变压器作了改进，他采用一只双刀双掷开关来回改变电流方向，使一次线圈中的电流交替改变方向，从而二次线圈中感应出一个交变电流。因此可以说，瓦里感应线圈是交流变压器的始祖。

1862 年，莫里斯（Morris）、魏尔（Weave）和蒙克顿（Moncktom）取得一个将感应线圈用于交流电的专利权。

1868 年，英国物理学家格罗夫（W. R. Grove，1811～1896）制造的装置将交流电源与一次绕组相连，在二次绕组中得到一个电压不同的交流电流。因此格罗夫感应线圈实际上是世界上第一只交流变压器。

19 世纪 80 年代后，交流电进入人类社会生活，变压器的原理也为许多人所了解，人们自然而然想到将变压器用于实际交流电路中。在这方面迈出第一步并作出重大贡献的是法国人高兰德（L. Gauland，1850～1888）和英国人吉布斯（J. D. Gibbs）。1882 年 9 月 13 日，他们在英国申请了第一个感应线圈及其供电系统的专利，他们称这种感应线圈为“Secondary generator”（二次发电机）。高兰德—吉布斯二次发电机（变压器）是一种开路铁芯变压器。

1882 年 10 月 7 日，他们制成了第一台 3000/100V 的二次发电机，1983 年又制成一台容量约 5kVA 的二次发电机在伦敦郊外一个小型电工展览会上展出表演。当年，他们为伦敦市区铁路提供了几台小型变压器。1884 年，他们在意大利都灵技术博览会上展出了他们的变压器，并表演了交流远距离输电，采用开磁路变压器串联交流输电系统，将 30kW、133Hz 的交流电输送到 40km 远处。

高兰德—吉布斯二次发电机（变压器）虽然开辟了变压器的实际应用领域，但早期这种变压器存在某些先天不足，如开路铁芯、一次绕组串联等。首先对此质疑和作出改进的是匈牙利岗茨工厂（Ganz）的三个年轻工程师布拉什（1860～1939）、齐伯诺夫斯基（1853～1942）和德里（1854～1938）。

布拉什 1883 年进入岗茨工厂，长期担任技术负责人。他一生发明颇丰，曾获得 100 多项专利权，包括变压器、电压调整器、汽轮发电机等。布拉什是首次研究交流发电机并联运行人之一，他还发明了许多电机设计程序和设计计算方法。另外，他在 1885 年首先引入单词“Transformer”（变压器），这一简明传神的术语很快为人们所认同和接受，迅速取代以往采用的“感应线圈”“二次发电机”等术语，一直沿用至今。

齐伯诺夫斯基是 1878 年成立的岗茨工厂电气部的奠基人之一。1893 年，任匈牙利布达佩斯技术大学的电气教授。他一生取得 40 多项专利权，曾任匈牙利电工学会主席 30 年。

德里 1882 年加入岗茨工厂，他长期在销售部工作，但对电机和变压器颇有研究。他曾设计复励交流发电机，还发明了以他名字命名的双电刷推斥式电动机——德里电动机。

1884 年，意大利都灵技术博览会召开，布拉什和岗茨工厂一批技术人员参观了该博览会，见到了会上展出的高兰德—吉布斯二次发电机。布拉什当时敏锐地觉察到这种二次发电机有很大发展前途，注意到这种变压器的优点及不足之处。在博览会上，布拉什曾问高兰德：为什么你们的二次发电机不采用闭路铁芯？高兰德不假思索地回答：采用闭路铁芯非常危险，而且很不经济。

1884 年 7 月，布拉什从都灵回到布达佩斯后，立即将都灵博览会上的所见所闻告诉了齐伯诺夫斯基和达里，他们决定立即进行变压器的改进实验。布拉什建议采用闭路铁芯，齐伯诺夫斯基建议将一次绕组串联改为并联，并和德里一道进行研究实验。1884 年 8 月 7 日，他们在岗茨工厂实验杂志上介绍了有关闭合磁路铁芯的变压器。

1884 年 9 月 16 日，岗茨工厂制成的第一台变压器，它是一台单相壳式、闭路铁芯（铁丝）变压器。

1885 年 5 月 1 日，匈牙利布拉佩斯国家博览会开幕，一台 150V、70Hz 单相交流发电机发出的电流，经过 75 台岗茨工厂 5kVA 变压器（闭路铁芯、并联、壳式）降压，点燃了博览会场的 1067 只爱迪生灯泡，其光耀夺目的壮观场面轰动了世界。所以，后来人们把 1885 年 5 月 1 日作为现代实用变压器的诞生日而加以纪念。布达佩斯博览会使岗茨工厂名扬四海，博览会期间工厂就接到一批订单。

齐伯诺夫斯基—德里—布拉什（Z—D—B）变压器是变压器技术发展史上的重要里程碑，它所采用的闭路铁芯、一次绕组并联等基本结构一直沿用至今。可以说 Z—D—B 变压器已使现代变压器的结构基本定型，从此变压器正式进入交流电流的输电、配电领域，有力地推动了交流电流的普及应用，促进了现代交流电机的发展。

习 题 5

5.1 一台电压为 6000/220V 的单相变压器，向 5.5kW 的电阻性负载供电，求变压器的变压比及一、二次绕组的电流。

5.2 某单相变压器、一次绕组额定电压 $U_{1N}=220V$，二次绕组额定电压 $U_{2N}=24V$，一次绕组额定电流 $I_{1N}=6.5A$，试求二次绕组的额定电流 I_{2N}。

5.3 图 5-7 中，$R_L=8\Omega$ 为一扬声器，接在输出变压器的二次绕组，已知 $N_1=500$，$N_2=100$，信号源电压有效值 $U_s=10V$，内阻 $R_s=50\Omega$，求信号输出功率。

5.4 某收音机的输出变压器，一次绕组的匝数为 280，二次绕组的匝数为 100，原配接 8Ω 的扬声器，现改为 4Ω 的扬声器，问二次绕组的匝数应改为多少？

5.5 一台额定容量为 $S_N=3000VA$，额定电压为 3000/220V 的变压器供给某临时建筑用电，试求：

(1) 变压器的变压比。

(2) 一、二次绕组的额定电流。

(3) 二次绕组能接入 60W、220W 的白炽灯多少盏？

(4) 满载时可接 40W、220V、$\cos\varphi=0.4$ 的日光灯多少盏？

5.6 有一 80kVA、6000/220V 的单相变压器，在满载情况下向功率因数为 $\lambda_2=0.8$ 的感性负载供电，测得二次输出电压 $U_2=220V$，一次输入功率 $P_1=50kW$，求该变压器输出的有功功率、无功功率、视在功率以及变压器的效率。

5.7 一变压器容量为 30kVA，铁损耗为 320W，铜损耗为 400W，求在 $S_2=0.8S_N$ 的情况下，向 $\lambda_2=0.8$ 的感性负载供电时，变压器的效率。

5.8 某三相变压器的容量为 500kVA，Yd 连接，额定电压为 10.5/0.4kV，求高压绕组和低压绕组的额定相电压、相电流和线电流。

5.9 一自耦变压器，一次绕组的匝数 $N_1=1000$，接到 220V 的交流电源上，二次绕组的匝数 $N_2=600$，接到 $R=3\Omega$，$X_L=4\Omega$ 的感性负载上，忽略漏阻抗，求：

(1) 二次电压 U_2。

(2) 输出电流 I_2。

(3) 输出的有功功率 P_2。

5.10 在图 5-13 所示电路中，电流互感器的额定电流为 100/5A，现由电流表测得二次绕组电流为 5A，问一次绕组被测电流是多少？

第6章　电动机及其控制

本章首先介绍三相异步电动机的基本结构、工作原理、机械特性及电动机的启动、调速与制动。然后介绍常用低压电器的结构和工作原理，以便于正确选择和使用。接着讨论三相异步电动机的启动、运行、调速、制动等基本控制环节和原理，为分析和设计电气线路打下基础。最后，介绍可编程序控制器，它是在集成电路和计算机技术的基础上发展起来的一种新型工业控制装置，广泛应用于自动控制领域，将逐渐取代传统的继电控制系统。

6.1　三相异步电动机的结构和工作原理

电动机是利用电磁感应原理实现机械能与电能互相转换的装置。**发电机**用于将机械能转变成电能，而**电动机**用于将电能转变为机械能。

电动机按照它所耗用的电能种类不同，分为**直流电动机**和**交流电动机**。按照转速与电网电源频率之间的关系，交流电动机还可分为**异步电动机**和**同步电动机**。

各种电动机中应用最广的是交流异步电动机（又称感应电动机），它结构简单、运行可靠、价格便宜、维护方便。

6.1.1　三相异步电动机的结构

三相异步电动机由**定子**和**转子**两个基本部分组成，如图6-1所示。

图6-1　三相异步电动机的结构

1. 定子

定子是电动机的固定部分的总称，它主要由定子铁芯、定子绕组和机座等组成，用于产生旋转磁场。定子铁芯通常用0.5mm厚的硅钢片叠压成圆桶形，(各片间涂有绝缘漆。小型电动机为圆形冲片，大中型电动机由扇形冲片拼成。)它的内表面有均匀槽孔，用于嵌放定子绕组。如图6-2所示，三相定子绕组U1U2、V1V2、W1W2对称地嵌放在铁芯中，在空间上分别相差120°，称为三相对称绕组。其中U1、V1、W1称为三相绕组的首端；U2、V2 、W2称为三相绕组的末端。这6个端子引出到机座接线盒的接线柱上，可以根据需要将三相绕组接成星形或三角形，如图6-3所示。

2. 转子

转子是电动机的旋转部分的总称，它由转子铁芯、转子绕组、转轴和风扇等组成，通过转轴驱动外部机构运动。转子铁芯是电动机主磁路的一部分，通常用0.5mm硅钢片叠压成圆柱体，在外圆周表面冲有槽孔，用于嵌放转子绕组，如图6-2所示。

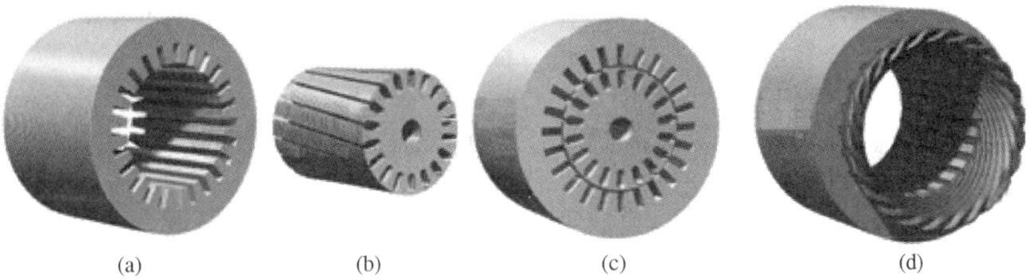

图 6-2　定子和转子铁芯

(a) 定子铁芯；(b) 转子铁芯；(c) 定子铁芯与转子铁芯；(d) 定子铁芯与定子绕组

异步电动机转子绕组按结构不同可分为**笼型**和**绕线型**两种形式。

笼型转子绕组有铜条和铸铝两种形式。对于容量为 100kW 以上的大型电动机，笼型转子常用铜条插入转子内，并在铜条两端焊上端环构成，如图 6-4（a）所示。对于中小型电动机的笼型转子，为了节省铜材料，一般采用铸铝转子，如图 6-4（b）所示。图 6-4（b）中，突出部分是散热的风叶，它在铸造铝转子的同时制成，以简化制造工艺，降低成本。

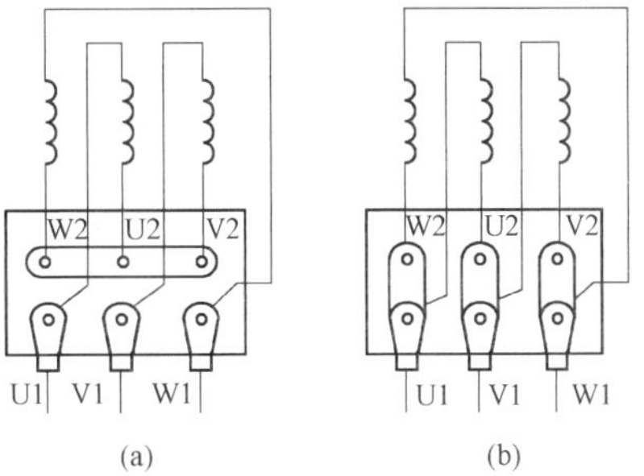

图 6-3　三相异步电动机接线柱的连接

(a) 星形连接；(b) 三角形连接

绕线型绕组和定子一样，也是在空间安放对称的三相绕组，并接成星形，然后将 3 个首端接到转轴 3 个彼此绝缘的铜制滑环上，如图 6-5 所示。图中，滑环对转子是绝缘的，它通过电刷将转子绕组的 3 个首端引出到机座的接线盒里，启动变阻器和调速变阻器通过电刷与集电环和转子绕组相连接，以便在转子回路中串入变阻器，改善电动机的启动性能和调速性能。

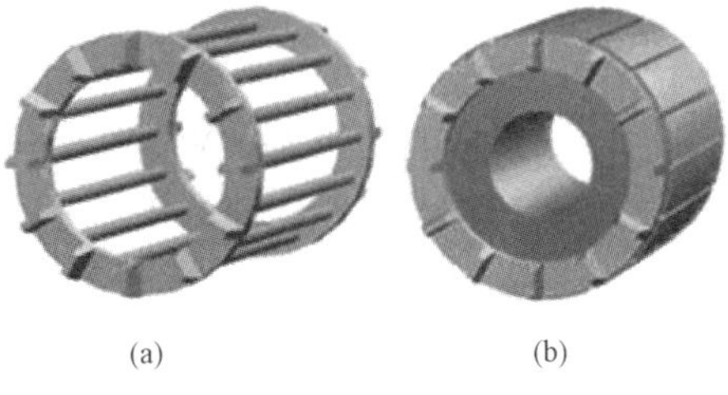

图 6-4　笼型转子结构

(a) 笼型绕组；(b) 铸铝转子

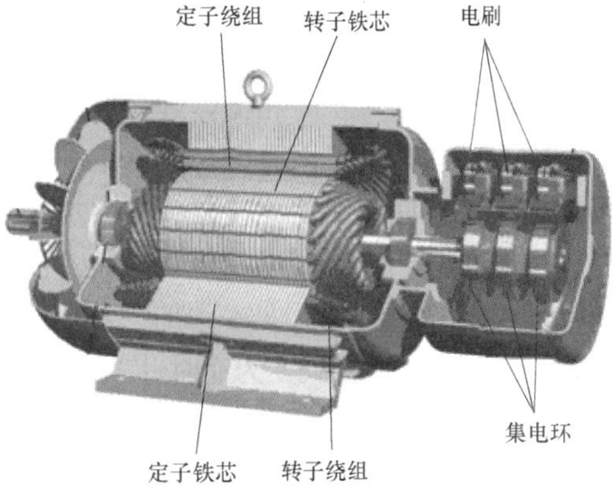

图 6-5　绕线型转子结构

绕线型转子异步电动机的结构比较复杂，价格比较高，因此其应用不如笼型异步电动机广泛。一般用在重载起动的场合，例如大型立式车床和起重设备等。

6.1.2　三相异步电动机的工作原理

当电动机的三相定子绕组（各相差 120°）通入三相交流电后，将产生一个旋转磁场，该旋转磁场切割转子绕组，从而在转子绕组中产生感应电流（转子绕组是闭合通路），载流的转子导体在定子旋转磁场作用下将产生电磁力，从而在电动机转轴上形成电磁转矩，驱动电动机旋转，并且电动机旋转方向与旋转磁场方向相同。

1. 旋转磁场

（1）旋转磁场的产生。在三相对称定子绕组中，U1U2、V1V2 和 W1W2 在空间上互差 120°。如果将三相绕组成星形连接，并接到对称的三相正弦交流电源上，如图 6－6 所示。当三相绕组各自通入电流时，将分别产生交变磁场。

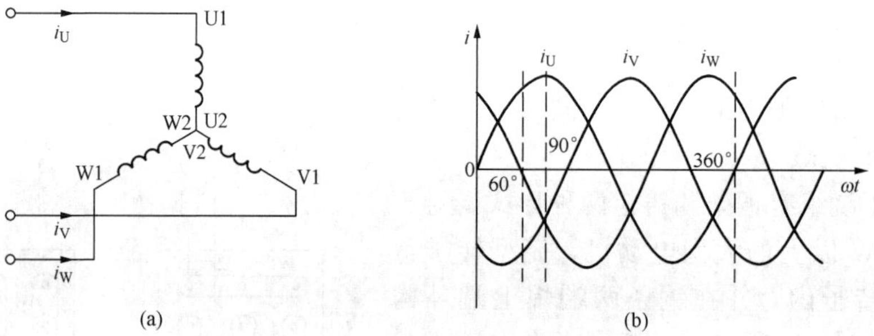

图 6－6 定子绕组通入三相对称交流电

（a）星形连接；（b）三相对称正弦交流电流

当 $\omega t=0°$时，$i_U=0$，故 U1U2 绕组中电流为零；i_V 为负值，则电流由末端 V2 流入，从首端 V1 流出；i_W 为正值，电流由首端 W1 流入，从末端 W2 流出。根据右手螺旋定则，各个导体中电流在定子空间中所产生的合成磁场如图 6－7（a）所示，是具有两个磁极的磁场。电动机磁场的磁极数常用**磁极对数** p 来表示，两个磁极，也称一对磁极，故磁极对数 $p=1$。

当 $\omega t=60°$时，$i_W=0$，$i_V<0$ ，$i_U>0$，这时在定子空间中的合成磁场如图 6－7（b）所示，也是一个两极磁场，与 $\omega t=0°$时相比，其合成磁场在空间顺时针旋转了 60°。

当 $\omega t=90°$时，$i_U>0$，$i_V<0$，$i_W<0$，同理，可画出此时空间中合成的磁场如图 6－7（c）所示。与 $\omega t=0°$时相比，其合成磁场在空间顺时针旋转了 90°。

由上面的分析可以看出，**随着定子绕组通入的三相电流不断变化，由它所产生的合成磁场就在定子空间不停地旋转，称其为旋转磁场**。

由图 6－7 可知，旋转磁场的旋转方向是 U→V→W（顺时针方向），与通入三相绕组的三相电流相序 $i_U \to i_V \to i_W$ 是一致的。若要改变旋转方向，只要将电动机 U、V、W 中任意两根接线交换，旋转磁场就变为逆时针旋转，即**旋转磁场的旋转方向与三相电流的相序一致**。

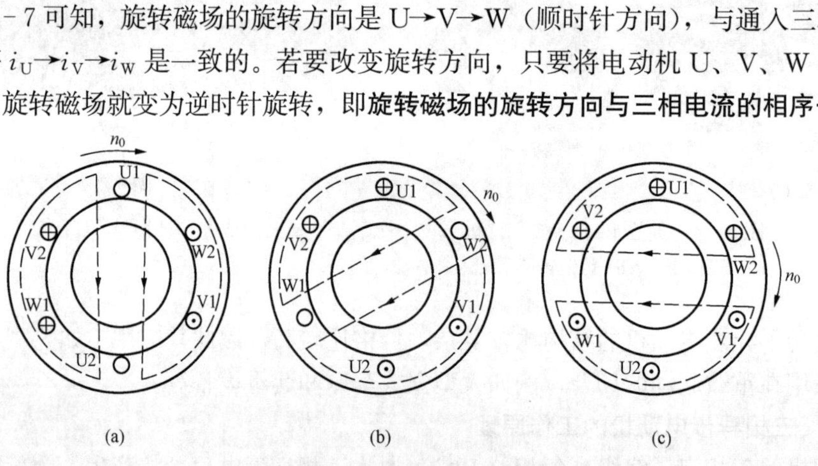

图 6－7 两极旋转磁场示意图

（a）$\omega t=0°$；（b）$\omega t=60°$；（c）$\omega t=90°$

(2) 旋转磁场的转速。由图 6-7 可见，当 $p=1$ 的情况下，三相交流电变化一个周期 T 时，合成磁场在空间旋转了一周。当电源频率为 f 时，对应的磁场转速 $n_0=60f$。当电动机的合成磁场具有 p 对磁极时，三相定子绕组电流变化一个周期所产生的合成磁场在空间转过一对磁极的角度，所以合成磁场的转速为

$$n_0=\frac{60f}{p} \tag{6-1}$$

旋转磁场的转速 n_0 称为**同步转速**，其单位为 r/min（转/分）。我国交流电网电源频率 $f=50$Hz，因此，可以计算出当 p 分别为 1、2、3、4 时相应的同步转速。

2. 转子的转动原理

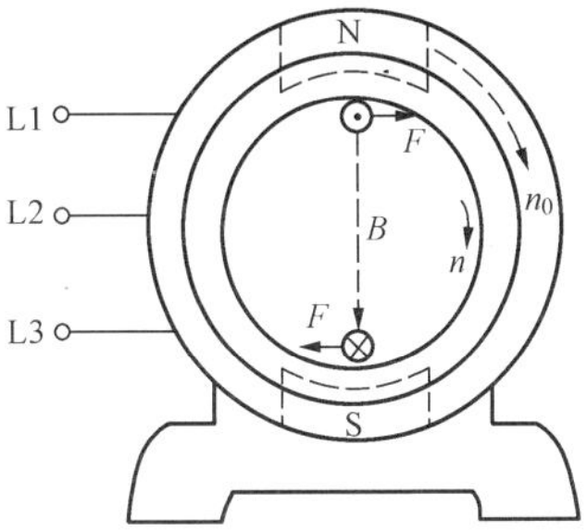

图 6-8　转子的转动原理

旋转磁场以同步转速 n_0 顺时针旋转，相当于磁场不动，转子逆时针切割磁力线，产生感应电流，用右手定则判定，转子下半部分的感应电流流入纸面。有电流的转子在磁场中受到电磁力的作用，用左手定则判定，上半部分所受磁场力向右，下半部分所受磁场力向左，如图 6-8 所示。这两个力对转子转轴形成电磁转矩，使转子沿旋转磁场的方向（顺时针方向）以转速 n 旋转。因为异步电动机的转子电流是由电磁感应而产生的，所以这种电动机称为**感应电动机**。显然，$n<n_0$。

如果 $n=n_0$，那么转子与旋转磁场之间就没有相对运动，转子绕组中不产生感应电流，也不可能产生电磁转矩，转子就不会转动。可见转子总是以小于旋转磁场的转速转动，才能产生电磁转矩，因此这种电动机称为**异步电动机**。

异步电动机的同步转速与转子转速之差 n_0-n，用 Δn 表示，叫作**转速差**。转速差与同步转速之比，称为**转差率**，用 s 表示，即

$$s=\left(\frac{n_0-n}{n_0}\right)\times 100\% \tag{6-2}$$

转差率是异步电动机的一个主要参数。在电动机启动瞬间，转差率最大，$s=1$；在空载运行时，转子的转速最高，则转差率最小。通常三相异步电动机在额定负载条件下运行时，转子的转速比空载时略低，所以额定转差率 s_N 约为 1%～9%。

【例 6-1】　有一台 4 极感应电动机，在额定电压 380V，额定电源频率 $f=50$Hz 时，额定转速为 1440r/min，试求这台感应电动机的转差率。

解　因为磁极对数 $p=\frac{4}{2}=2$，所以同步转速为

$$n_0=\frac{60f_1}{p}=\frac{60\times 50}{2}=1500\ (\text{r/min})$$

转差率为

$$s=\frac{n_0-n}{n_0}\times 100\%=\frac{1500-1440}{1500}\times 100\%=4\%$$

6.2 三相异步电动机的特性和额定值

三相异步电动机的电磁转矩可以随负载的变化而自动调整，这种能力称为**自适应负载能力**。自适应负载能力是异步电动机区别于其他动力机械的重要特点。对于柴油机，当负载增加时，必须由操作者加大油门，才能带动新的负载。

6.2.1 三相异步电动机的电磁转矩特性

三相异步电动机的电磁转矩是由转子导体中的电流 I_2 与旋转磁场 Φ 相互作用产生的。因此，电磁转矩 T 的大小与 I_2、Φ 以及转子电路的功率因数 $\cos\varphi_2$ 成正比，其计算式为

$$T = K_T \Phi I_2 \cos\varphi_2 \tag{6-3}$$

式（6-3）中 I_2 和 $\cos\varphi_2$ 均与转差率 s、转子电阻 R_2、电动机启动瞬间的转子感抗 X_{20} 以及电源电压 U_1 等有关。可以证明，异步电动机的电磁转矩 T 可表示为

$$T = K_T \frac{sR_2U_1^2}{R_2^2 + (sX_{20})^2} \tag{6-4}$$

式中：K_T 为与电动机结构相关的常数。

由式（6-4）可见，电磁转矩与电源电压的平方成正比，说明电源电压的变化对电磁转矩影响很大。当电源电压和频率一定，且 R_2 和 X_{20} 都为常数时，电磁转矩 T 只随转差率 s 变化，即 $T=f(s)$，它的特性曲线如图 6-9 所示，称为**电磁转矩特性曲线**。

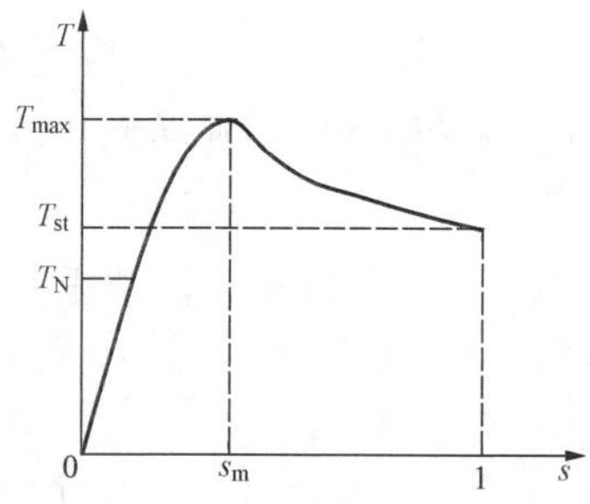

图 6-9 电磁转矩特性曲线

根据式（6-4）及图 6-9 曲线可知：在 $0<s<s_m$ 区间，电磁转矩随转差率的增加而增加。这是因为 s 很小时，$sX_{20} \ll R_2$，略去 sX_{20} 不计，可以近似地认为 T 与 s 成正比，曲线变化比较明显。在 $s_m<s<1$ 区间内，随着 s 增加，sX_{20} 增加，$sX_{20} \gg R_2$，略去 R_2 不计，可近似地认为 T 与 s 成反比，曲线变化比较平坦。在图 6-9 中，还可以得到以下几个重要转矩。

1. 最大转矩 T_{max}

由 $T=f(s)$ 曲线（图 6-9）可知，在 $s=s_m$ 时，电动机的电磁转矩达到最大值 T_{max}。T_{max} 称为电动机的**最大转矩或临界转矩**，与之对应的转差率 s_m 称为**临界转差率**。

为了求得最大转矩的关系式，对式（6-4）令 $\frac{dT}{ds}=0$，则可求得出现最大转矩时的转差率为

$$s_m = \frac{R_2}{X_{20}} \tag{6-5}$$

将式（6-5）代入式（6-4），可得到最大转矩为

$$T_{max} = K_T \frac{U_1^2}{2X_{20}} \tag{6-6}$$

临界状态说明了电动机的短时过载能力。因为电动机虽然不允许长期过载运行，但是只要是过载时间很短，电动机的温度还没有超过允许值，就停止工作或减小负载，在这种情况

下，从发热的角度看，电动机短时过载是允许的。可是过载时，负载转矩却必须小于最大转矩，否则电动机带不动负载，转速会越来越低，直到停转，出现堵转现象。此时定子和转子电流都将剧增，使电动机的温度迅速升高，很容易导致电动机的绕组烧毁。为此，引入了**过载系数** λ_m，它是指电动机最大转矩 T_{max} 与额定转矩 T_N 的比值，即

$$\lambda_m = \frac{T_{max}}{T_N} \tag{6-7}$$

异步电动机的过载系数一般为 1.8～2.2，特殊用途的异步电动机 λ_m 允许较大。

2. *启动转矩* T_{st}

电动机在启动瞬间（$n=0$ 时）的转矩称为**启动转矩**，用 T_{st} 表示。此时将 $s=1$ 代入式（6-4）得到启动转矩为

$$T_{st} = K_T \frac{R_2 U_1^2}{R_2^2 + X_{20}^2} \tag{6-8}$$

由式（6-8）可见，T_{st} 与 U_1^2 和 R_2 有关。U_1 降低时，T_{st} 将减小；适当增大 R_2 时，T_{st} 将增大。只有当 $T_{st} \geqslant T_N$ 时，电动机才能启动运行。

为此，通常用启动转矩与额定转矩的比值来反映电动机的直接启动能力，用 λ_{st} 表示，即

$$\lambda_{st} = \frac{T_{st}}{T_N} \tag{6-9}$$

$$T_N = 9550 \frac{P_N}{n_N}$$

式中：T_N 为额定转矩；P_N 为电动机的额定输出功率，kW；n_N 为电动机的额定转速。笼型异步电动机的直接启动能力低，λ_{st} 一般为 1～1.2，起重机用的电动机，要求直接启动能力要高些。而线型异步电动机启动时，常在转子绕组中外接电阻来增大启动转矩，可改善启动性能。

6.2.2　三相异步电动机的转矩平衡

电动机在工作时，作用在转子上的转矩，除了电磁转矩 T 外，还有空载转矩 T_0（由风阻和轴承摩擦等形成的转矩）和负载转矩 T_L（生产机械的阻转矩）。电磁转矩减去空载转矩是电动机的输出转矩 T_2，即

$$T_2 = T - T_0 \tag{6-10}$$

电动机只有在 $T_2 = T_L$ 时才能稳定运行。也就是说，电动机在稳定运行时应满足转矩平衡方程式为

$$T = T_0 + T_L \tag{6-11}$$

T_0 一般很小，电动机在满载运行或者接近满载运行时，T_0 可忽略不计，这时 $T \approx T_2 = T_L$。

电动机在稳定运行时，T_L 若减小，则原来的平衡被打破。T_L 减小瞬间，$T_2 > T_L$，电动机加速，n 增加，s 减小，转子电流 I_2 减小，定子电流 I_1 也随之减小；I_2 减小又会使 T 减小，直到恢复 $T_2 = T_L$ 为止，电动机便在比原来高的转速和比原来小的电流下重新稳定运行。反之，当 T_L 增加时，T 相应增加，电动机将在比原来低的转速和比原来大的电流下重新稳定运行。

6.2.3　三相异步电动机的功率传递

电动机输出的机械功率 P_2 为

$$P_2=T_2\omega=\frac{2\pi}{60}T_2 n \qquad (6-12)$$

式中：ω 为转子的旋转角速度，单位是 rad/s（弧度/秒）；T_2 的单位是 N·m（牛·米）；n 的单位是 r/min（转/分）；P_2 的单位为 W（瓦）。

三相异步电动机从电源输入的有功功率为

$$P_1=\sqrt{3}U_{1L}I_{1L}\lambda=3U_{1P}I_{1P}\lambda \qquad (6-13)$$

式中：U_{1L} 和 I_{1L} 是定子绕组的线电压和线电流；U_{1P} 和 I_{1P} 是定子绕组的相电压和相电流；三相异步电动机是感性负载，定子相电流滞后于电压一个 φ 角，$\lambda=\cos\varphi$ 是三相异步电动机的功率因数。

P_1 和 P_2 之差是电动机的功率损耗 P，它包括铜损耗 P_{Cu}、铁损耗 P_{Fe}、机械损耗 P_{Me}，即

$$P=P_1-P_2=P_{Cu}+P_{Fe}+P_{Me} \qquad (6-14)$$

三相异步电动机的效率

$$\eta=\frac{P_2}{P_1}\times100\% \qquad (6-15)$$

【例 6-2】 某三相异步电动机，极对数 $p=2$，定子绕组三角形连接，接于 50Hz、380V 的三相电源上工作，当负载转矩 $T_L=91\text{N}\cdot\text{m}$ 时，测得 $I_{1L}=30\text{A}$，$P_1=16\text{kW}$，$n=1470\text{r/min}$，求该电动机带此负载运行时的 s、P_2、η 和 λ。

解 $n_0=\frac{60f_1}{p}=\frac{60\times50}{2}=1500$ (r/min)

$$s=\frac{n_0-n}{n_0}=\frac{1500-1470}{1500}=0.02$$

$$P_2=\frac{2\pi}{60}T_2 n=\frac{2\pi}{60}T_L n=\frac{2\times3.14}{60}\times91\times1470=14\times10^3=14\ (\text{kW})$$

$$\eta=\frac{P_2}{P_1}\times100\%=\frac{14}{16}\times100\%=87.5\%$$

$$\lambda=\frac{P_1}{\sqrt{3}U_{1L}I_{1L}}=\frac{16\times10^3}{\sqrt{3}\times380\times30}=0.81$$

6.2.4 三相异步电动机的机械特性

异步电动机的机械特性是指转速 n 与电磁转矩 T 的函数关系，即 $n=f(T)$。曲线如图 6-10所示。机械特性曲线可分为两部分：ab 部分称为**稳定运行区间**，bc 部分称为**非稳定运行区间**。下面由图 6-9 和图 6-10 简要分析这两个区间的运行情况。

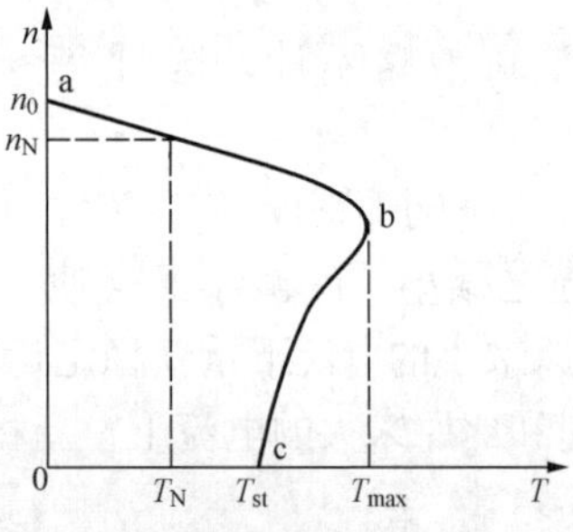

图 6-10 三相异步电动机机械特性曲线

1. 稳定运行

设负载转矩 T_L 为 T_N 时，电动机稳定运行在 $0<s<s_m$ 区间，则电磁转矩等于负载转矩 $T=T_N$，$n=n_N$；若由于某种原因使负载转矩 T_L 增大时，最初瞬间 $T<T_L$，所以电动机转速开始下降 $n<n_N$，致使 s 增大，使电磁转矩 T 增加。当 T 增加到重新等于 T_L 时，则电动机在新的状态

下运行，但此时转速变低。可见，在 $0<s<s_m$ 范围之内运行时，无论 T_L 增大或减小，电动机都能够自动适应负载的变化，通过调节自身转速和转矩来达到新的平衡，从而保持稳定运行。此区间曲线上的 ab 段相对比较平坦，说明电动机转矩在较大范围变化时，它的转速变化不大，这种情况称为**硬的机械特性**。在这个区间电动机的运行调节过程，可以归纳为 $T_L\uparrow\rightarrow n\downarrow\rightarrow s\uparrow\rightarrow T\uparrow\rightarrow T=T_L$（运行时转速下降）。

2. 非稳定运行

在 $s_m<s<1$ 区间，如果负载 T_L 增大时，同样由于 $T<T_L$ 使电动机转速 n 下降。从这区间的曲线来看，T 与 s 的变化相反，n 下降则使 s 增大，反而使 T 减小。这样，T 与 T_L 差距变大，使转速进一步下降，很有可能使电动机停车，即 $n=0$。停车时将造成转子及定子绕组的电流急剧增大，使电动机过热而损坏。总之，在 $s_m<s<1$ 区间，电动机的转速和转矩不能适应负载的变化。在这个区间电动机的运行过程，可以归纳为 $T_L\uparrow\rightarrow n\downarrow\rightarrow s\uparrow\rightarrow T\downarrow\rightarrow T\ll T_L\rightarrow n\downarrow\downarrow\cdots\rightarrow n=0$（停车）。

6.2.5　三相异步电动机的额定值

(1) **额定功率** P_N：指在额定状态下运行时，电动机轴上输出的机械功率，单位为 kW。

(2) **额定电压** U_N：指电动机在额定运行时定子绕组的线电压，它与绕组的接法有对应关系。目前 Y 系列异步电动机的额定电压都是 380V，功率在 3kW 以下的都接成星形，而 4kW 以上的都接成三角形，一般规定电压偏移不应超过额定值的 5%，过高或过低均会缩短电动机的使用寿命。

(3) **额定转速** n_N：指电动机在额定运行状态时的转速，单位为 r/min。它是指电动机在定子为额定电压和额定电流时电动机轴上的转速，额定转速略小于同步转速。

(4) **额定电流** I_N：指电动机在额定运行情况下，定子绕组的线电流。定子绕组有两种接法，有两个相对应的额定电流。

(5) **额定频率** f_N：指额定电压的频率，国产电动机均为 50Hz。

(6) **额定效率** η_N：指电动机在额定运行时的效率，即额定功率与输入功率之比，根据式（6－16）计算

$$\eta_N=\frac{P_N}{P_{1N}}\times 100\% \qquad (6-16)$$

三相异步电动机在满负荷时（额定负载）功率因数和效率均较高，$\cos\varphi=0.7\sim0.9$，在空载或轻载时，其功率因数和效率均较低，所以要尽量避免电动机处于轻载运行或长期空载运行。

【例 6－3】 某三相异步电动机，极对数 $p=1$，定子绕组三角形连接，$U_N=380V$，$f_N=50Hz$，$P_N=22kW$，$I_N=42.2A$，$\lambda_N=0.89$，$n_N=2940r/min$。求额定状态下运行时：

(1) 转差率。

(2) 定子绕组的相电流。

(3) 输入有功功率。

(4) 效率。

解　(1) 由极对数 $p=1$、$f_N=50Hz$，可得同步转速为

$$n_0=\frac{60f_1}{p}=\frac{60\times 50}{1}=3000\ (r/min)$$

故，额定转差率为

$$S_N = \frac{n_0 - n_N}{n_0} = \frac{3000 - 2940}{3000} = 0.02$$

（2）由于定子三相绕组为三角形连接，故定子相电流为

$$I_{1P} = \frac{I_N}{\sqrt{3}} = \frac{42.2}{\sqrt{3}} = 24.4\ (A)$$

（3）输入有功功率为

$$P_{1N} = \sqrt{3} U_N I_N \lambda_N = \sqrt{3} \times 380 \times 42.2 \times 0.89 = 24.7\ (kW)$$

（4）效率为

$$\eta = \frac{P_N}{P_{1N}} \times 100\% = \frac{22}{24.7} \times 100\% = 89\%$$

【例 6-4】 某三相异步电动机，额定功率 $P_N = 45kW$，额定转速 $n_N = 2970r/min$，$K_M = 2.2$，$K_S = 2.0$。若 $T_L = 200N \cdot m$，试问能否带此负载：

（1）长期运行。

（2）短时运行。

（3）直接启动。

解 （1）电动机的额定转矩为

$$T_N = \frac{60}{2\pi} \frac{P_N}{n_N} = \frac{60}{2 \times 3.14} \times \frac{45 \times 10^3}{2970} = 145N \cdot m$$

由于 $T_N < T_L$，故不能带此负载长期运行。

（2）电动机的最大转矩为

$$T_M = K_M T_N = 2.2 \times 145 = 319N \cdot m$$

由于 $T_M > T_L$，故可以带此负载短时运行。

（3）电动机的启动转矩为

$$T_S = K_S T_N = 2.0 \times 145 = 290N \cdot m$$

由于 $T_S > T_L$，故可以带此负载直接启动。

6.3 三相异步电动机的启动、调速与制动

6.3.1 三相异步电动机的启动

三相异步电动机与电源接通以后，转子从静止开始转动，一直到达稳定转速，这个过程称为**启动**。

1. 直接启动

启动时，通过一些直接启动设备，把全部电源电压直接加到电动机的定子绕组，称为**直接启动**。显然，这时启动电流较大，可达额定电流的 4～7 倍，根据对国产电动机实际测量，某些笼型异步电动机甚至可达 8～12 倍。

一般规定，异步电动机的功率低于 7.5kW 时允许直接启动。如果功率大于 7.5kW，满足一定条件时，也可以直接启动，否则不允许直接启动。

这种启动方式具有较大的启动电流，对于供电设备会产生短时过负荷、电压波动大，过大的启动电流也会在线路上造成较大的电压降，影响供电线路上其他设备的正常工作。此外，当启动频繁时，过大的启动电流会使电动机过热，影响其使用寿命。

2. 降压启动

降压启动是指利用启动设备将电压适当降低后加到电动机的定子绕组上进行启动，待电动机启动运转后，再使其电压恢复到额定值正常运行。降压启动可以减小启动电流，由于电动机的转矩和电压的平方成正比，所以降压启动时启动转矩也因此减小，因此降压启动多用于笼型电动机的空载或轻载启动。常用的降压启动方法有以下几种：

(1) Y—△换接启动。启动时，三相定子绕组接成星形，待转速接近稳定时，再改接为三角形，这种启动方法称为Y—△换接启动。Y—△换接启动适用于正常运行时定子绕组为三角形连接的笼型电动机。目前我国生产的 Y 系列电动机，容量在 4kW 以上的都是三角形接法。

图 6-11 所示为Y—△换接启动原理电路。当开关投向Y星形侧时，定子绕组的 U1、V1、W1（首端）接电源，U2、V2、W2（末端）接在一起，组成星形启动电路。这时，每相绕组所承受电压均为电源的相电压，由式（6-8）可知，启动转矩为直接启动的 1/3。当电动机降压启动后且转速接近稳定值时，再将开关 Q2 迅速投向△三角形侧位置，使定子绕组 U1W2、V1U2、W1V2 相连，接成三角形，外接电源为线电压，并处于长期运行。

采用这种启动方式，电动机的启动电流和启动转矩都降低到直接启动时的 1/3，使用时要注意启动转矩是否满足要求。

(2) 自耦变压器降压启动。自耦变压器降压启动是利用自耦变压器降低加到电动机定子绕组的电压，以减小启动电流，自耦变压器降压启动时，电动机的启动电流一般不超过额定电流的 3～4 倍。自耦变压器降压启动适用于容量较大或正常运行时定子绕组为三角形连接又不能采用Y—△启动器的笼型异步电动机。

图 6-12 所示为自耦变压器降压启动原理电路图。启动时，把开关 Q2 投向“启动”位置，这时自耦变压器一次绕组加全电压，电动机定子绕组为二次绕组的抽头电压，这个电压通常比电源的线电压低。待电动机启动后，由 Q2 逐段切除自耦变压器的二次绕组，使电动机的转速逐步接近 n_N。当开关 Q2 转换到“运行”位置时，则自耦变压器二次绕组全部被切除，电动机处于全压运行。

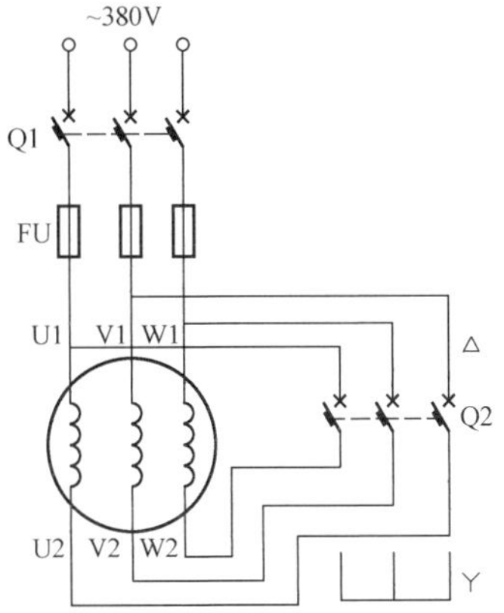

图 6-11　Y—△换接启动原理电路

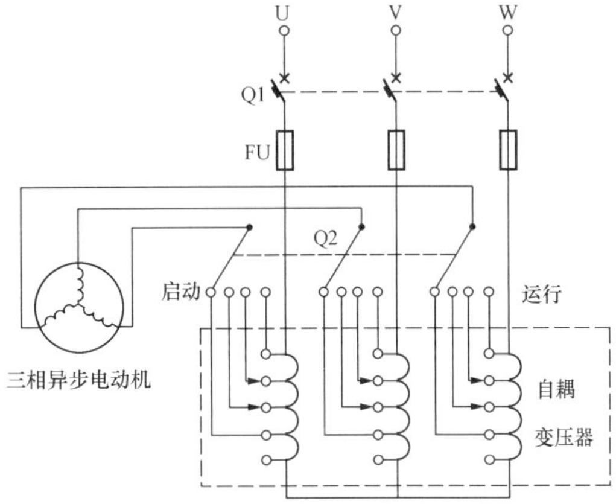

图 6-12　自耦变压器降压启动原理电路

自耦变压器降压启动时，启动转矩和电流通过自耦变压器可以调节，但设备庞大、成本高，而且不允许频繁启动。

（3）转子绕组中串接电阻降压启动。对于绕线型电动机的启动，通过在转子电路中串接适当的启动电阻，启动后，再将电阻短路，电动机在额定电压下正常运行。

这种启动方式是通过调节所串启动电阻的大小来调节启动电流的。其优点为设备简单、造价低，且能提高启动转矩，但能量损耗较大。

（4）电子软启动方式。电子软启动方式主要适用于交流电动机的启动、运行和停止的控制和保护。交流异步电动机软启动装置均采用计算机控制技术和电力电子技术相结合，采用大功率晶闸管作为主回路的开关元件，通过改变晶闸管的导通角来控制电动机电压的平稳升降和无触点通断，实现电动机的平稳起停。可实现以启动电动机所需的最小电流来启动电动机，减少电流对电网的冲击，降低设备的振动和噪声，降低启动机械应力，延长电动机及相关设备的使用寿命。

软启动装置分主回路和控制回路。柜内主要电器及元件有真空接触器（真空断路器）、晶闸管、双 CPU 控制系统、电压互感器、电流互感器等，可以根据不同的应用情况设置初始转矩、启动时间、停机时间、限流和各种保护值等。平滑的启动特性和免维护等使其具有传统软启动方法无法比拟的优越性。

常见的轻载软启动方法有**限流或恒流启动法和电压控制启动法**，重载软启动方法有**斜坡电压法、转矩控制法、转矩加脉冲突跳控制法**。

6.3.2 三相异步电动机的调速

调速就是在负载不变的条件下改变异步电动机的转速 n。由式（6－2）得三相异步电动机的转速公式为

$$n=(1-s)n_0=(1-s)\frac{60f}{p} \tag{6-17}$$

可见，改变电动机的极对数 p、供电电源频率 f 及转差率 s 均可改变转速。

1. 变极对数调速方法

设计制造的电动机具有不同的磁极对数，根据需要改变定子绕组的连接方式，就能改变磁极对数，使电动机得到不同的转速。

这种调速方法的特点是具有较硬的机械特性、稳定性良好、接线简单、控制方便、价格低；但只能进行速度挡数不多的有级调速，且级差较大，不能获得平滑调速。本方法适用于不需要无级调速的生产机械，如金属切削机床、升降机、起重设备、风机、水泵等。

2. 变频调速方法

目前变频调速发展迅速，已得到越来越广泛的应用。变频调速是采用晶闸管整流器将交流电转换为直流电，再由逆变器变换为频率、电压有效值可调的三相交流电，为三相异步电动机供电，实现电动机无级调速。

变频调速系统的主要设备是**变频器**，变频器可分成交—直—交变频器和交—交变频器两大类，目前国内大都使用交—直—交变频器。其特点是效率高、调速范围大、精确度高、应用范围广，可用于笼型异步电动机。

变频器主要由整流器、逆变器和控制电路三大部分组成，如图 6－13 所示。图中，整流

器用于将 50Hz（大功率采用三相，小功率采用单相）的交流电源变换为直流电；控制电路用于控制整流电流的大小和调节逆变器频率或电压 U_1 等。逆变器用于将直流电变换为三相交流电，提供给笼型电动机，由此可以实现电动机的无级调速。

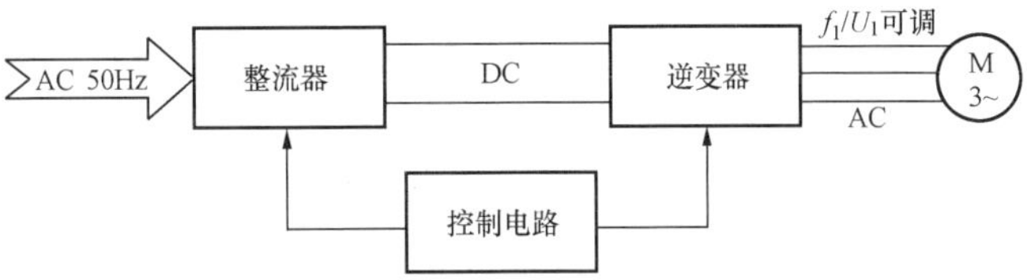

图 6－13 交—直—交变频调速装置示意图

在对异步电动机进行变频调速时，尽量使电动机的主磁通保持额定值不变。若磁通太弱，铁芯利用率低，在同样的转子电流下，电磁转矩小，则拖动负载能力下降；若磁通过强，容易造成电动机的磁路过饱和，使电动机的功率因数降低，铁芯损耗剧增。所以，电动机的主磁通过低或过高，都会给电动机带来不良的后果。在实际应用中，应根据不同负载的需要，采用不同的调速方式。目前变频调速普遍采用恒转矩、恒功率负载两种方式。

3. 改变转差率调速

通过改变接在转子电路中调速电阻的大小，实现平滑调速。此种调速方法，只适用于绕线型电动机，广泛应用于起重设备中。其缺点是损耗较大。

由图 6－9 所示电磁转矩特性曲线可以看到，改变转子电路电阻，即可改变转矩特性曲线的位置，因此在同一负载转矩下有不同的转速。此时 n_0 没有改变，所以属于改变转差率的调速方法。

异步电动机常用的还有**电磁调速**和**液力耦合器调速**，前者适用于中、小功率，要求平滑、低速运行生产机械，后者适用于风机、水泵。

6.4 单相异步电动机

单相异步电动机是由单相交流电源供电的电动机，凡是有单相交流电源的场合都可使用，单相异步电动机具有结构简单、成本低、噪声小、运行可靠等优点。因此，广泛用于家用电器、电动工具、自动控制和医疗器械中。

单相异步电动机的构造各有特点，形式繁多，其组成包括**定子**和**转子**两个基本部分。一般转子采用笼型，定子则有所不同。下面介绍两种常用的单相异步电动机及控制元件。

6.4.1 电容分相式异步电动机

单相异步电动机的定子绕组通以单相电流后，电动机内就产生一交变磁场，但磁场的方向时而垂直向上，时而垂直向下，即单相定子绕组的磁场不是旋转磁场，所以转子不能自行启动。因此，单相异步电动机转动的关键是产生一个启动转矩。

分相式电动机定子上嵌有两个绕组，一个称为**主绕组**（或称为**工作绕组**），另一个称为**辅助绕组**（或者称为**启动绕组**）。两个绕组在空间相位差 90°，它们接在同一单相电源上，如图 6－14 所示，其中 S 为一离心开关，平时处于闭合状态，当电动机的转速达到 75％～80％额定转速 n_N 时，由离心开关把辅助绕组从电源断开。

主绕组与辅助绕组电路的阻抗特性不同，因此可以构成一个两相定子系统，在电动机中形成旋转磁场，产生启动转矩。在辅助绕组中串联电容器 C，若容量选择恰当，可使辅助绕组的电流领先于主绕组电流 90°，从而获得较大的启动转矩。电动机启动后，也需将辅助绕组从电源切除，由于电容器是短时工作的，一般可选用交流电解电容器。

如果电容器设计长期接在电网上工作，其接线图如图 6－15 所示。这时对电动机本身来说好像是一台两相异步电动机（两个绕组在空间相差 90°，而绕组中的电流在相位上也相差约 90°），定子绕组在气隙中产生的旋转磁场，使电动机的性能有较大的改善，它的功率因数、效率及过载能力都比普通的单相异步电动机高。

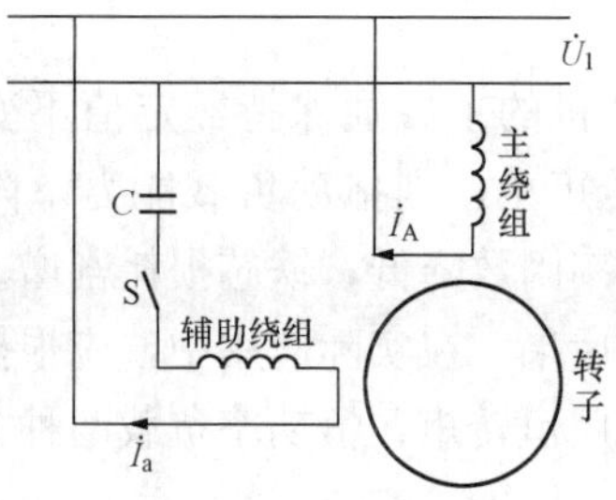

图 6－14　电容分相式异步电动机接线

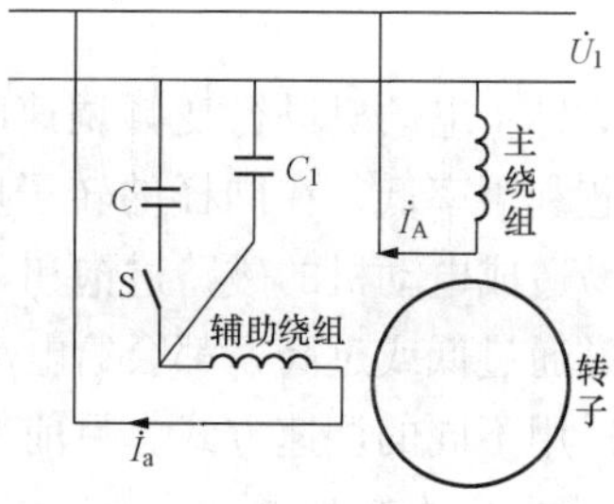

图 6－15　电容电动机的接线

图 6－15 中，C 为启动电容，C_1 为运行电容，通常 $C>C_1$，所以电动机启动后仍要用离心开关 S 将启动电容 C 切除。这种电动机的功率较大，一般为 60～750kW，广泛用于潜水泵电动机。由于 C_1 长期工作，所以应选用油浸式电容器。电容分相式异步电动机改变转向的方法是将任一绕组的首末端互换。

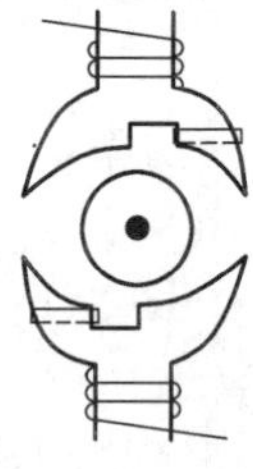
图 6－16　罩极式单相异步电动机

6.4.2　罩极式单相异步电动机

罩极式单相异步电动机定子铁芯做成凸极式，转子仍为笼型，如图 6－16 所示。定子通入电流后，部分磁通穿过短路环，并在其中产生感应电流。短路环中的电流阻碍磁通的变化，致使有短路环部分和没有短路环部分产生的磁通有了相位差，从而形成旋转磁场，使转子转起来。

6.4.3　控制元件

1. 离心开关

在单相异步电动机启动过程中，当转子转速达到额定转速的 70%左右时，常利用离心开关使单相异步电动机的启动绕组脱离电源。

2. 启动继电器

家用电冰箱中的电动机与压缩机组装在一起，放在密封的罐子里，不便于安装离心开关，采用启动继电器代替离心开关。继电器的线圈串联在主绕组回路中，启动时，主绕组电流很大，衔铁动作，使串联在二次绕组回路中的动合触点闭合，于是二次绕组接通，电动机处于两相绕组运行状态。随着转子转速上升，主绕组电流不断下降，吸引线圈的吸力下降，当到达一定的转速时，电磁铁的吸力小于触点的反作用弹簧的拉力，触点被打开，从而切除二次绕组。

3. PTC 启动器

PTC 是一种能“通”或“断”的热敏电阻。PTC 热敏电阻是一种新型的半导体元件，其电阻值随着 PTC 热敏电阻本体温度的升高呈现出阶跃性的增加，温度越高，电阻值越大，可用作延时型启动开关。使用时，将 PTC 元件与电容启动或电阻启动电动机的辅助绕组串联。在启动初期，因 PTC 热敏电阻尚未发热，阻值很低，辅助绕组处于通路状态，电动机开始启动。随着时间的推移，电动机的转速不断增加，PTC 元件的温度因本身发热而上升，当超过居里点（最小阻值对应的温度点）时，电阻剧增，辅助绕组电路相当于断开，但还有一个很小的维持电流，并有 2～3W 的损耗，使 PTC 元件的温度维持在居里点值以上。当电机停止运行后，PTC 元件温度不断下降，约 2～3min 其电阻值降到居里点以下，这时又可以重新启动，这一时间正好是电冰箱和空调机所规定的两次开机间的停机时间。PTC 启动器的优点是无触点、运行可靠、无电火花，防火、防爆性能好，且耐振动、耐冲击、体积小、质量轻、价格低。

*6.5 直流电机

直流电机是能实现直流电能和机械能互相转换的电机。当它作为电动机运行时是直流电动机，将电能转换为机械能；作为发电机运行时是直流发电机，将机械能转换为电能。

直流电动机有较大的启动转矩和较好的调速性能，所以，对于启动、制动频繁，启动转矩较大和调速要求较高的生产机械，如大型起重机械、矿井提升设备、电气机车、龙门刨床、造纸机等生产机械仍采用直流电动机拖动。直流电动机的缺点是构造复杂、价格昂贵、维修困难。

直流电机的结构由**定子**和**转子**两大部分组成。直流电机运行时静止不动的部分称为定子，定子的主要作用是产生磁场，由机座、主磁极、换向极、端盖、轴承和电刷装置等组成。运行时转动的部分称为转子，其主要作用是产生电磁转矩和感应电动势，是直流电机进行能量转换的枢纽，所以通常又称为**电枢**，由转轴、电枢铁芯、电枢绕组、换向器和风扇等组成。

6.5.1 直流电动机的工作原理

如图 6-17 所示是一个直流电动机的模型。图中 N、S 为一对固定的磁极，两个磁极间装着一个可以转动的铁质圆柱体，称为电枢（直流电动机的转子），圆柱体表面固定着一个线圈 abcd，上线圈记为 ab，下线圈记为 cd。图中 A、B 称为电刷，1、2 称为换向片。电刷 A 接直流电源的正极，电刷 B 接直流电源的负极，电流总是从电刷 A 流进，经线圈后再由电刷 B 流出。开始时，线圈边 ab 处于 N 极下，线圈 cd 处于 S 极下，如图 6-17 所示，根据左手定则，产生的电磁转矩为顺时针方向。转过 180°后，线圈变成 cd 处于 N 极下，线圈变成 ab 处于 S 极下。这时由于电刷和换向片的作用，N、S 极下导体的电流方向仍没有改变，产生的电磁转矩仍然是顺时针方向。这

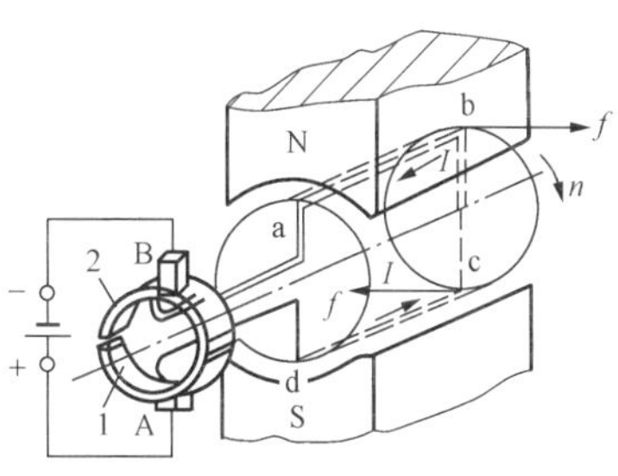

图 6-17 直流电动机的模型图

样在电磁转矩的推动下，电枢将朝着顺时针方向继续旋转。外电路将直流电压加于直流电动机电刷两端，电枢导体里的电流是交流才能保证电枢继续朝同一方向旋转，而使外电路的直流电在导体里成为交流电是由换向器来完成的。所以，直流电动机是由载流导体在磁场中受到电磁力的作用，形成方向不变的转矩，使转子连续旋转的。

6.5.2　直流电动机的磁场

直流电动机磁场由永久磁铁或励磁绕组通以直流电励磁产生，励磁绕组和电枢绕组不同的连接，形成了不同的励磁方式。不同的励磁方式，电机的性能将不同。有些直流电动机以永久磁铁作为固定磁场，大多数直流电动机是在主磁极的励磁绕组中通以直流电流来建立励磁磁场。直流电动机的励磁方式分为他励、并励、串励和复励等四种类型。

1. 他励直流电动机

他励直流电动机的接法如图 6－18（a）所示，电枢绕组和励磁绕组分别由两个互相独立的直流电源 U 和 U_f 供电。所以励磁电流 I_f 不受电枢电压 U 及电枢电流 I_a 的影响，永磁式直流电机可以看作是他励直流电动机。

2. 并励直流电动机

并励直流电动机接法如图 6－18（b）所示，励磁绕组和电枢绕组并联后由同一电压 U 供电，所以电动机出线电流 I 与电枢电流 I_a 及励磁电流 I_f 的关系为 $I=I_a+I_f$。

3. 串励直流电动机

串励直流电动机接法如图 6－18（c）所示，励磁绕组和电枢绕组串联后施加同一电压 U，所以电流 I 与 I_a 及串励绕组电流 I_s 相等，即 $I=I_a=I_f$。

4. 复励直流电动机

复励直流电机的主磁极上有两套励磁绕组：一套与电枢绕组并联，称为并励绕组 N_f；另一套与电枢绕组串联，称为串励绕组 N_s。根据 N_s 所接的回路，还可分为长复励和短复励两种，这两种接法在性能上没有多大差别。把 N_s 接在总电流回路，如图 6－18（d）所示，称为短复励，这时串励电流 I_s 等于总电流，即 $I_s=I=I_a+I_f$；将 N_s 接在电枢回路中，如图 6－18（e）所示，称为长复励，这时串励电流 I_s 等于电枢电流，即 $I_s=I_a$、$I=I_a+I_f$。

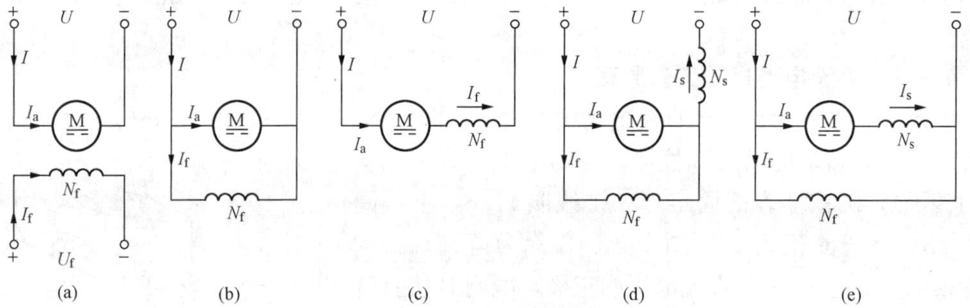

图 6－18　直流电机的励磁方式

（a）他励；（b）并励；（c）串励；（d）短复励；（e）长复励

6.5.3　直流电动机的运行特性

1. 直流电动机的启动

在电动机启动瞬间，$n=0$，电枢电流为 I_a，由于电枢电阻 R_a 很小，直接启动的电流为额定电流的10～20倍；同时，启动转矩正比于启动电流，所以启动转矩也大，很容易造成传动机构因受到太大冲击力而损坏，这些情况都是不允许的。因此，直流电动机在启动时，应在电枢电路中串联启动电阻R_{st}。只要选择合适的R_{st}值，就可将启动电流限制在额定电流1.5～2.5倍范围之内。这时，电动机的启动电流可由式（6-18）计算。

$$I_{ast}=\frac{U}{R_a+R_{st}} \tag{6-18}$$

启动之前，应将启动电阻放在最大数值，待启动正常后，再把它短接，使电枢电阻恢复为额定值。直流电动机在启动和工作时，励磁电路一定要接通，不允许断开，而且启动时要满励磁。否则，磁路中只有很少的剩磁，可能产生以下问题：

（1）电动机静止时，由于转矩太小，将不能启动，这时反电动势为零，电枢电流很大，电枢绕组将被烧坏。

（2）若电动机在有载运行时断开励磁绕组，反电动势E立即减小而使电枢电流增大，同时由于所产生的转矩不满足负载的需要，电动机必将减速而停转，这将促使电枢电流剧增，烧毁电枢绕组和换向器。

（3）若电动机在空载运行时断开励磁绕组，可能造成飞车。因为$\Phi\downarrow\rightarrow E_a\downarrow\rightarrow I_a\uparrow\rightarrow T\uparrow\rightarrow T\gg T_L\rightarrow n\uparrow$，会导致电动机遭受严重的机械损伤，而且电流过大可能使电枢绕组烧坏。

2. 直流电动机的调速

电动机驱动生产机械，对电动机的转速不仅要能调节，而且要求调节的范围宽、过程平滑，调节的方法简单、经济。直流电动机与异步电动机相比，虽然结构复杂、价格高、维修也不方便，但在调速性能上有其独特的优点：① 调速均匀平滑，可以无级调速；② 调速范围宽，调速比（即为最大转速和最小转速之比）可达到较高的倍数。因此，机械变速所用的齿轮箱可大大简化。

直流电动机的转速公式为

$$n=\frac{U-I_aR_a}{C_e\Phi} \tag{6-19}$$

式中：R_a为电枢电路的电阻；Φ为每极磁通；I_a为电枢电流；U为电枢两端电压；C_e为与电动机结构相关的常数。

根据式（6-19）可知，直流电动机的调速有三种方法：改变励磁电流从而改变磁通，称为**弱磁调速**；改变施加在电枢两端的电压U，称为**降压调速**；改变串入电枢回路的调节电阻，称为**电枢回路串电阻调速**。

*6.6 其他用途的电动机

6.6.1 同步电动机

同步电动机是指转子转速与定子旋转磁场的转速相同的交流电动机。其转子转速n与磁极对数p、电源频率f之间满足$n=60f/p$。转速n取决于电源频率f，故电源频率一定时，转速不变，且与负载无关。同步电动机具有运行稳定性高和过载能力大等特点，常用于多机同步传动系统、精密调速稳速系统和大型设备（如轧钢机）等。

同步电动机属于交流电动机，定子绕组与异步电动机相同。它的转子旋转速度与定子绕组所产生的旋转磁场的速度是一样的，所以称为同步电动机。正由于这样，同步电动机的电流在相位上是超前于电压的，即同步电动机是一个容性负载。为此，在很多时候，同步电动机是用以改进供电系统的功率因数的。同步电动机常用在中等功率（50kW）以上、不需调速且转速要求恒定的生产机械中，如大型的空气压缩机、水泵、钢球磨煤机、压缩机、轧钢机等。

同步电动机按其结构可分为**旋转磁极式**和**旋转电枢式**两种。旋转磁极式同步电动机的定子与三相异步电动机的定子相似，而其转子为磁极，在磁极的铁芯上绕有励磁绕组，该绕组通过电刷、滑环与直流电源相连。当定子绕组中通入三相电流后，便产生了旋转磁场，其转速为 n_1。旋转磁场的磁极对转子的异性磁极产生较强的吸力，吸住转子，使其按旋转磁场的转向并以同步转速而旋转。在规定的负载范围内，同步电动机的转速为恒定值。

旋转磁极式电动机由于特点突出，在生产实际中有着广泛的应用。同步电动机一个突出的特点是功率因数可调，如果在一定的负载下，调节直流励磁电流时，可以引起定子电流的相位和大小发生变化，所以，同步电动机的功率因数可以用调节励磁电流大小的方法来调节。有时，同步电动机不带负载，专门用来改善电网的功率因数，这样运行的同步电动机称为同步补偿机。但由于同步电动机结构复杂、价格较贵，所以，在能采用异步电动机的场合，一般不采用同步电动机。

6.6.2 步进电动机

步进电动机作为执行元件，是机电一体化的关键产品之一，广泛应用在各种自动化控制系统中。随着微电子和计算机技术的发展，步进电动机的需求量与日俱增，在各个国民经济领域中都有应用。

步进电动机是一种将电脉冲转化为角位移的执行机构。当步进驱动器接收到一个脉冲信号时，它就驱动步进电动机按设定的方向转动一个固定的角度（称为“步距角”），它的旋转是以固定的角度一步一步运行的。可以通过控制脉冲个数来控制角位移量，从而达到准确定位的目的；同时可以通过控制脉冲频率来控制电动机转动的速度和加速度，从而达到调速的目的。

步进电动机分永磁式（PM）、反应式（VR）和混合式（HB）三种。永磁式步进电动机一般为两相，转矩和体积较小，步进角一般为 7.5°或 15°；反应式步进电动机一般为三相，可实现大转矩输出，步进角一般为 1.5°，但噪声和振动都很大，已在 20 世纪 80 年代被欧美等发达国家淘汰；混合式步进电动机混合了永磁式和反应式的优点，它又分为两相和五相两种，两相步进角一般为 1.8°，而五相步进角一般为 0.72°。这种步进电动机的应用最为广泛。

步进电动机可以作为一种控制用的特种电机，利用其没有积累误差（精确度为 100%）的特点，广泛应用于各种开环控制。

6.6.3 伺服电动机

伺服电动机又称执行电动机，用作自动控制装置中执行元件的微特电动机，又称执行电动机。其功能是将电信号转换成转轴的角位移或角速度。伺服一词源于希腊语“奴隶”的意思。人们想把“伺服机构”当作得心应手的驯服工具，服从控制信号的要求而动作。在信号来到之前，转子静止不动；信号来到之后，转子立即转动；当信号消失，转子能即时自行停转。这种电动机由于它的“伺服”性能，因此而得名。

伺服电动机分交流伺服电动机和直流伺服电动机两类。交流伺服电动机的工作原理与交流感应电动机相同。在定子上有两个相空间位移90°电角度的励磁绕组 W_f 和控制绕组 W_c，W_f 接一恒定交流电压，利用施加到 W_c 上的交流电压或相位的变化，达到控制电动机运行的目的。

交流伺服电动机具有运行稳定、可控性好、响应快速、灵敏度高及机械特性和调节特性的非线性度指标严格（要求分别小于10%～15%和小于15%～25%）等特点。输出功率一般为0.1～100W，电源频率分50、400Hz等多种。它的应用很广泛，如用在各种自动控制、自动记录等系统中。

直流伺服电动机的工作原理与一般直流电动机相同。在永磁式直流伺服电动机中，励磁绕组被永久磁铁所取代，磁通 Φ 恒定。

直流伺服电动机具有良好的线性调节特性及快速的时间响应。直流伺服电动机的特性较交流伺服电动机硬。通常应用于功率稍大的系统中，如随动系统中的位置控制等。

20世纪80年代以来，随着集成电路、电力电子技术和交流可变速驱动技术的发展，永磁交流伺服驱动技术有了突出的发展，各国著名电气厂商相继推出各自的交流伺服电动机和伺服驱动器系列产品，并不断完善和更新。交流伺服系统已成为当代高性能伺服系统的主要发展方向，使原来的直流伺服面临被淘汰的危机。90年代以后，世界各国已经商品化了的交流伺服系统是采用全数字控制的正弦波电动机伺服驱动，交流伺服驱动装置在传动领域的发展日新月异。

*6.7 电动机的选择

合理选择电动机关系到生产机械的安全运行和投资效益。可根据生产机械所需功率选择电动机的容量，根据工作环境选择电动机的结构形式，根据生产机械对调速、启动的要求选择电动机的类型，根据生产机械的转速选择电动机的转速。

1. 功率选择

应根据电动机拖动的负载，最经济合理地确定电动机的功率。例如：要防止选择的电动机功率过大，避免出现“大马拉小车”现象，既浪费能源，又增加了投资；同时也应当防止选择的电动机功率过小，电动机可能在过载状态下工作，很容易烧坏定子绕组。电动机的功率选择，一般按电动机的工作方式和所需要的功率确定。电动机在接近额定状态下工作时，其效率和功率因数最高。

2. 类型的选择

电动机的类型，应根据生产机械的要求，从技术和经济方面进行选择。生产机械不带负载启动的，通常采用笼型异步电动机，如一般机床、水泵等；若要带负载启动，可采用高启动转矩电动机；若启动、制动频繁，且要求启动转矩大，可选用绕线型异步电动机，如起重机、轧钢机等。

3. 结构型式的选择

为使电动机在不同的环境中安全可靠地工作，防止电动机可能对环境造成灾害，必须根据不同的环境要求选用适当的防护形式。常见的防护形式有开启式、防护式、封闭式和防爆式四种。

4. 转速选择

电动机的额定转速应根据生产机械的要求选定。转速高的电动机，体积小，价格便宜；

而转速低的电动机，体积大，价格贵。应当兼顾经济的目的，结合生产机械传动机构的成本选择合适转速的电动机。

5. 电压的选择

电压选择主要依据电动机运行场所供电网的电压等级，同时还应兼顾电动机的类型和功率。小容量的电动机额定电压多为380V，大容量的电动机有时采用3kV和6kV的高压电动机。

另外，电动机的选择安装应遵循如下原则：有大量尘埃、爆炸性或腐蚀性气体，环境温度40℃以上以及水中作业等场所，应该选择具有合适防护型式的电动机；一般场所安装电动机，要注意防止潮气，电动机基础高于周围平面，安装换气扇排潮；通风条件要良好，环境温度过高会降低电动机的效率，甚至使电动机过热烧毁；灰尘会附在电动机的绕组上，使电动机绝缘电阻降低、冷却效果恶化；安装地点要便于对电动机的维护、检查。

6.8 常用低压电器

控制电器按照额定电压的不同分为低压电器和高压电器两大类。工作在交流电压1200V或直流电压1500V及以下的电路中能根据外界的信号和要求，手动或自动地接通、断开电路，以实现对电路或非电对象的切换、控制、保护、检测、变换和调节的元件或设备称为**低压电器**。

低压电器可以分为配电电器和控制电器两大类，是成套电气设备的基本组成元件。随着新技术、新工艺、新材料研究与应用的发展，低压电器目前正朝着高性能、高可靠性、小型化、数模化、模块化、组合化和零部件通用化的方向发展。

本节主要介绍控制电路中常用的一些电气元件。

6.8.1 刀开关

刀开关是低压电器中结构简单的一种手动电器，常用于电气设备维修时与电源隔离。刀开关加熔断器后用于切断或接通500V以下交流、直流电源的低压电路。在负载功率较小的场合，也可用作手动操作开关。如作为小功率笼型异步电动机的直接启、停控制的操作开关。刀开关由操作手柄、触刀、静插座和绝缘底板组成。刀开关的结构和图形、文字符号如图6-19所示。

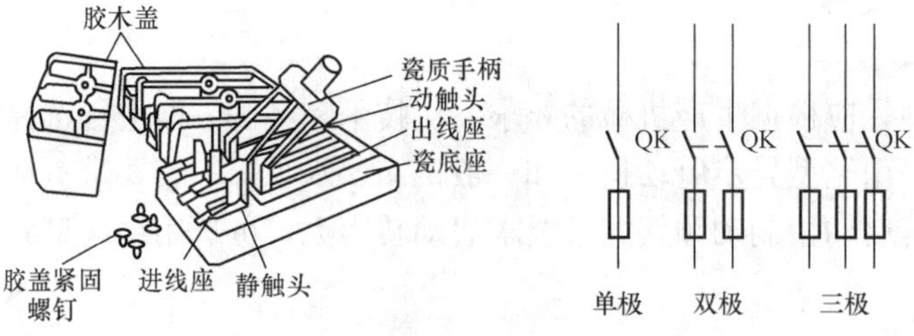

(a) (b)

图6-19 刀开关的结构和图形、文字符号

(a) 刀开关的结构；(b) 刀开关的图形、文字符号

刀开关在安装时，应使刀开关在合闸状态下手柄向上，不能倒装和平装，以防止闸刀松

动落下时误合闸。

选择刀开关时，其极数应与电源进线数相等，额定电压等于或略大于电源电压，额定电流等于或略大于线路负载的电流。

6.8.2 熔断器

熔断器是一种结构最简单而有效的**短路保护**电器，它串接在被保护电路中，当电路发生短路故障时，过大的短路电流使熔断器熔体能够快速熔化而切断电源，达到保护线路及电气设备的目的。熔断器由金属熔体（俗称保险丝）和支架触点装置及外壳构成。熔断器中的熔体是电路中对发热最为敏感的器件。

熔断器的类型及图形符号，如图 6-20 所示。它的主要类型有插入式熔断器、螺旋式熔断器和密封管式熔断器等。它主要由熔体和熔管等组成。熔体由低熔点的合金材料制成丝状或薄片状。熔管是安装熔体的外壳，在熔体熔断时兼有灭弧作用。

熔断器的选择主要是确定熔体的额定电流。熔体最小熔化电流 I_{min} 与电路额定电流 I_N 之比称为熔化系数。照明线路的熔断器熔体的额定电流应略大于线路实际的工作电流，电阻性负载的熔化系数选用 1.5～2 为宜，容性负载的熔体额定电流大于电容器额定电流的 1.6 倍。感性负载应按下列情况选择。

（1）单台电动机

$$I_{FU}=(1.5\sim2.5)I_N$$

式中：I_N 为电动机额定电流；I_{FU} 为熔体电流。

（2）多台电动机

$$I_{FU}=(1.5\sim2.5)I_{Nmax}+\sum I_N$$

式中：I_{Nmax} 为一台容量最大电动机的额定电流；$\sum I_N$ 为其他电动机额定电流的总和。

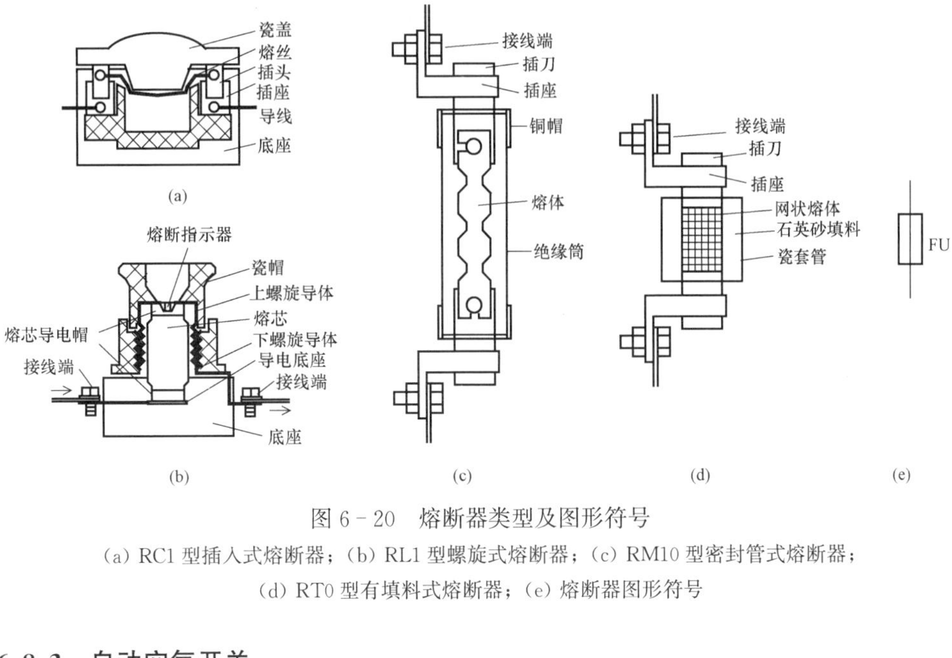

图 6-20　熔断器类型及图形符号

（a）RC1 型插入式熔断器；（b）RL1 型螺旋式熔断器；（c）RM10 型密封管式熔断器；（d）RT0 型有填料式熔断器；（e）熔断器图形符号

6.8.3 自动空气开关

自动空气开关又叫**低压断路器**，是低压电路中广泛应用的一种保护电器。它可以实现短路、**欠电压**和**过载保护**。这种电器的主要特点是动作后不需要更换元件，工作可靠，使用安全，操作简便，断电能力大。自动空气开关按其结构特点，可分为框架式（俗称万能式）和塑料外壳式两种。下面以塑料外壳自动空气开关为例，简要介绍它的基本结构、工作原理。

图 6－21 是自动空气开关工作原理示意图和符号。它主要由触点、灭弧系统和各种脱扣器等三部分组成。脱扣器有欠电压（失电压）脱扣器、热脱扣器（用于过负荷保护）、分励脱扣器（用于远距离操作）和自由脱扣器等。开关的操作靠手动完成。触点闭合后，自由脱扣器将触头锁在合闸位置上。当电路有故障时，通过脱扣器使自由脱扣器动作，自动跳闸实现保护作用，分励脱扣器可作为远距离控制分断电路。

自动空气开关额定电压和额定电流应选择不小于线路或设备工作电流数值，且它的通断能力应不小于电路的最大短路电流。例如电路工作电流为 60A，若短路电流不太大时，可选用塑料外壳式断路器；若短路电流相当大时，可选用限流式自动空气开关；若额定电流比较大或有选择性保护要求时，应选择框架式断路器；对控制和保护含半导体器件的直流电路，应选择直流快速断路器等。

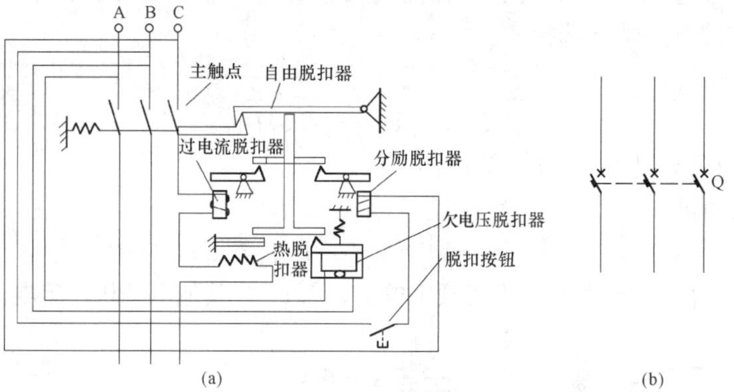

图 6－21 自动空气开关的原理图和符号
（a）自动空气开关原理图；（b）自动空气开关符号

6.8.4 交流接触器

交流接触器用于频繁接通、切断主电路和大容量控制电路，并具有**欠电压**和**失电压**保护功能的自动开关电器，是电力系统中应用最为广泛的控制电器之一。

交流接触器通过电磁系统控制主触点的通断。主触点串接在主电路中，电磁线圈接在控制电路中。利用控制电磁线圈的通电或断电，可实现远距离对主电路设备的自动控制。接触器按照主触点控制电路的种类，分为直流接触器和交流接触器。

交流接触器的结构如图 6－22 所示，其图形和文字符号如图 6－23 所示。它由以下四部分组成。

（1）电磁机构由线圈、动铁芯和静铁芯组成，将电磁能量转化为机械能量，带动触点动作，以实现电路的分断控制。

（2）触点组有主触点和辅助触点。主触点控制主电路通断；辅助触点分布在主触点两侧，分断控制电路及电气连锁。在图 6－23 中，表示线圈在没有通电时的触点状态，简称常态。常态下处于断开的触点，称为**动合触点**，动合主触点如图 6－23（b）所示；常态下处于闭合的触点，称为**动断触点**，动断辅助触点如图 6－23（c）所示。

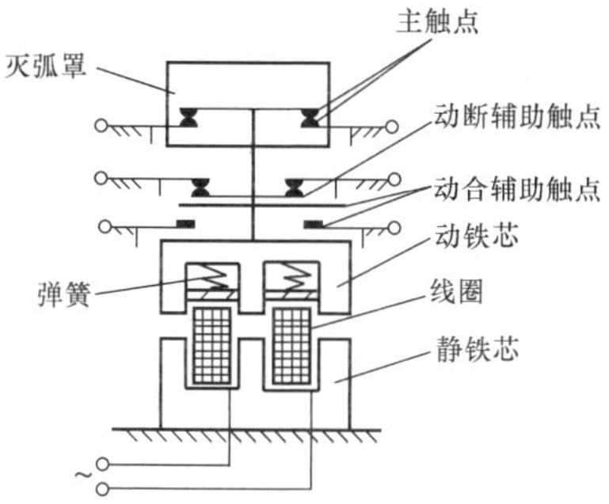

图 6-22 交流接触器结构简图

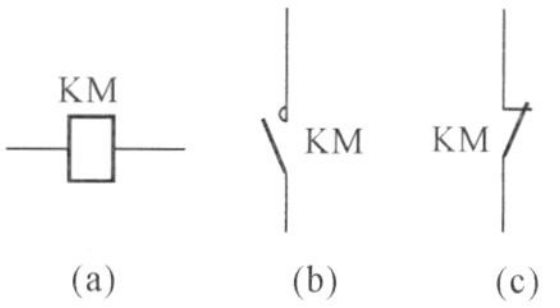

图 6-23 交流接触器的图形和文字符号

(a) 线圈；(b) 动合主触点；(c) 动断辅助触点

(3) 灭弧装置。容量在 10A 以上的接触器都有灭弧装置，由于主电路切断电流大，故灭弧装置都装在主触点处，以熄灭触点断开瞬间产生的电弧。

(4) 其他部件。包括反作用弹簧、缓冲弹簧、触头压力弹簧、传动机构及外壳等。

交流接触器的线圈额定电压有 36、127、220、380V 四种。规定接触器吸合电压大于线圈额定电压的 85%时应可靠吸合，而释放电压不高于线圈额定电压的 70%。

6.8.5 热继电器

热继电器是依据电流的热效应及金属片受热变形的原理制造的一种自动开关器件，主要用于电动机的**过载保护**。

热继电器由双金属片、发热元件、触点等组成，如图 6-24 所示。双金属片是热继电器的感温元件，由不同线膨胀系数的两种金属片碾压而成；发热元件是电热丝，串接在电动机定子绕组中；触点通常连接主电路。当通过发热元件的电流小于某一规定值（称为热继电器的整定值）时，双金属片膨胀变形幅度不大，其作用力可顶住扣板的压力，维持触点状态。当发热元件的电流超过整定值时，加热元件发热，使双金属片受热膨胀变形，并逐渐向上弯曲，使其作用力逐渐减弱。经过一段时间，当弹簧的拉力大于双金属片的作用力时，扣板将自动弹开，使触点断开，切断控制电路。热继电器复位时，只要等待双金属片冷却后，可通过按压手动按钮即可完成。

热继电器图形和文字符号如图 6-25 所示。热继电器的整定电流是热元件允许长期通过，又不致引起热继电器动作的电流值。整定电流调节装置的调节范围为 66%～100%。例如额定电流为 16A 的热继电器，最小整定电流可调节到 10A，最大整定电流为 16A。热继电器的动作需要一段时间，时间的长短与发热元件的电流值有关。热继电器存在热惯性，只能作为过载保护，不能作为短路保护。

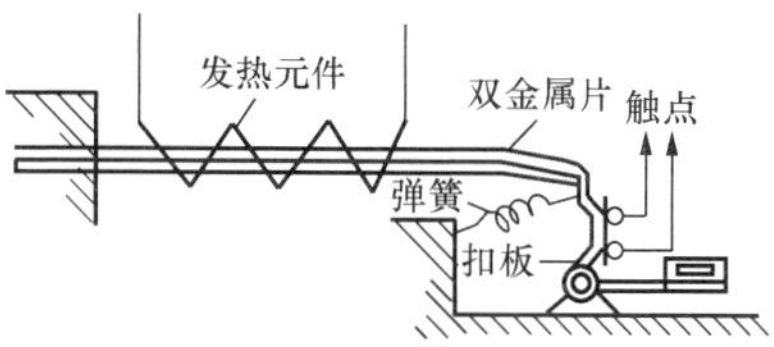

图 6-24 热继电器的结构图

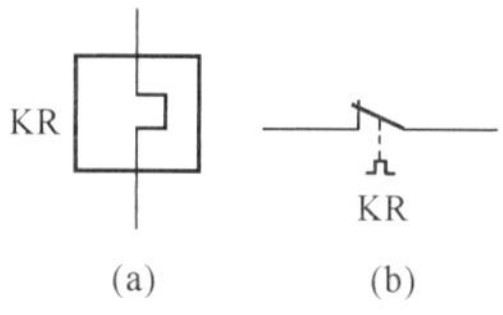

图 6-25 热继电器图形符号和文字符号

(a) 发热元件；(b) 动断触点

由于传统的热继电器在保护功能、重复性、动作误差等方面的性能指标比较落后，所以目前已逐步用性能较先进的电子型电动机保护器来取代热继电器。

6.8.6 时间继电器

时间继电器是利用电磁原理实现触点延时接通或断开的自动控制电器，主要用在按时间顺序控制的电路中。按动作分可分为电磁式、空气阻尼式、电动式和电子式，按延时分可分为通电延时型和断电延时型。

空气阻尼式时间继电器的优点是结构简单、延时范围大、寿命长、价格低廉，还附有延时的触点；缺点是准确度低，延时误差大。因此适用于延时精确度要求不高的场合。

电子式时间继电器采用晶体管来延时电路的接通。它的延时范围宽、体积小、精确度高、调节方便及寿命长。

下面以空气阻尼式时间继电器为例介绍其基本工作原理。

空气阻尼式时间继电器利用空气阻尼原理获得延时，它由电磁机构、延时结构和触点系统三部分组成。电磁结构为直动式双 E 形铁芯，触点系统采用微动开关，延时结构采用气囊式阻尼器。

JS7－A 系列时间继电器的结构如图 6－26 所示。当线圈通电后衔铁吸合，微动开关受压，其触点瞬时动作，活塞杆在塔形弹簧的作用下，带动活塞及橡皮膜向上移动，但由于橡皮膜下方气室的空气稀薄，形成负压，因此活塞杆只能缓慢地向上移动，其移动的速度依气孔的大小而定，通过调节螺杆进行调整。经过一定的延时后，活塞杆能移动到最上端。这时通过杠杆压动微动开关，使其动断触点断开，动合触点闭合，起延时的作用。微动开关为通电延时触点。

当线圈断电时，电磁吸力消失，衔铁在反力弹簧作用下释放，通过活塞杆将活塞推向下端，这时橡皮膜下方气室内的空气通过橡皮膜、弱弹簧和活塞的肩部所形成的单向阀，迅速地从橡皮膜上方的气室缝隙中排掉，微动开关迅速复位，无延时。时间继电器图形和文字符号如图 6－27 所示。

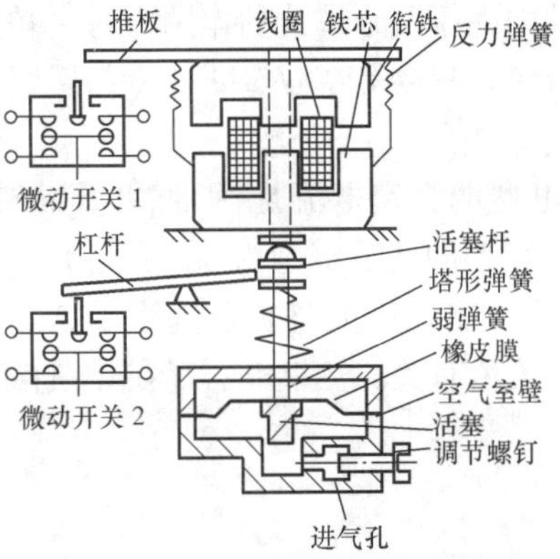

图 6－26 JS7－A 系列时间继电器

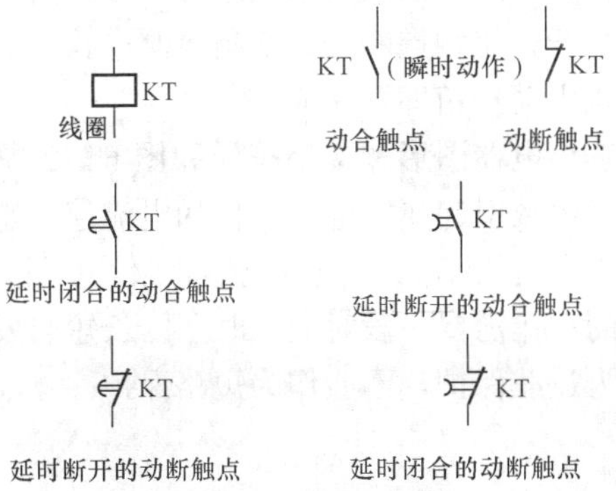

图 6－27 时间继电器的图形和文字符号

6.8.7 中间继电器和固态继电器

中间继电器常用于传递信号和控制其他电器，主要用在控制电路中，也可直接控制小容量电动机。中间继电器的结构和接触器基本相同，只是电磁机构的尺寸较小，触点数量较多。因为触点电流小，故不配灭弧罩。选用继电器时主要考虑其线圈额定电压和触点数量。

固态继电器（SSR）是一种新型无触点继电器，它由光电耦合器件、集成触发电路和功率电路构成，其可靠性、使用寿命等指标优于电磁式继电器。

6.8.8　按钮开关和行程开关

1. 按钮开关

按钮开关是一种简单的手动开关，应用广泛，主要用于接通或断开控制电路。按钮开关由按钮帽、复位弹簧、桥式触点和外壳组成。其结构示意图如图 6－28 所示，文字符号为 SB。按钮开关在外力作用下，首先断开动断触点，然后再接通动合触点。复位时，动合触点先断开，动断触点后闭合。

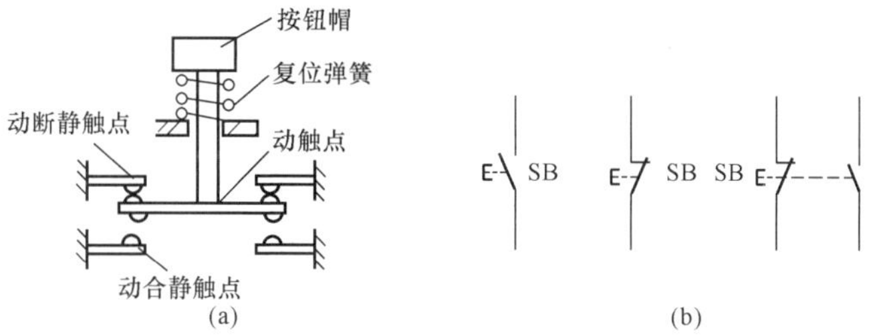

图 6－28　按钮开关的结构示意图和图形符号

(a) 按钮开关的结构示意图；(b) 图形符号

2. 行程开关

行程开关是利用机械运动部件的碰撞来发布控制指令的电器，用于控制生产机械的运动方向、行程大小及位置保护等。在用作位置保护时，行程开关又称为限位开关。在电气传动的位置控制或保护中应用十分普遍。

从结构上看，行程开关分为操动机构、触点系统和外壳三部分。图 6－29 为 LX19 系列行程开关的结构图。行程开关的文字符号用 SP 表示。为提高行程开关性能，发展了无触点行程开关，又称接近开关，它是一种非接触型开关。按感测机构的工作原理它分为高频振荡型、电容型、磁敏元件型、光电型和超声波型。

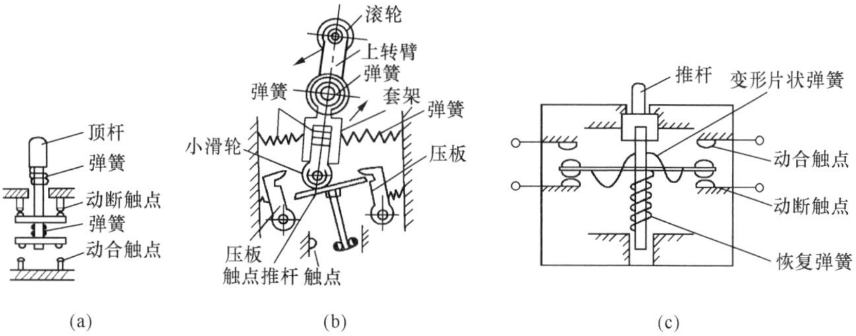

图 6－29　LX19 行程开关的结构图

(a) 操动机构；(b) 触点系统；(c) 外壳

6.9　常用电动机控制电路

控制电路由用电设备、控制电器和保护电器组成。它们按照一定顺序接通与断开，实现对生产机械的自动控制。

6.9.1 电动机的直接启动控制

如图 6－30 所示是三相笼型异步电动机直接启动控制电路。它可分为主电路和控制电路两部分。主电路由刀开关 QK、熔断器 FU、接触器 KM 的主触点、热继电器的热元件以及电动机 M 等构成；控制电路由启动按钮 SB2、停止按钮 SB1、接触器 KM 的线圈及其动合辅助触点、热继电器 KR 的动断触点等构成。在继电接触器控制系统中，常将主电路画在左侧，控制电路画在右侧，所有电气元件的可动部分按照未受外力作用或未通电时的状态绘制。

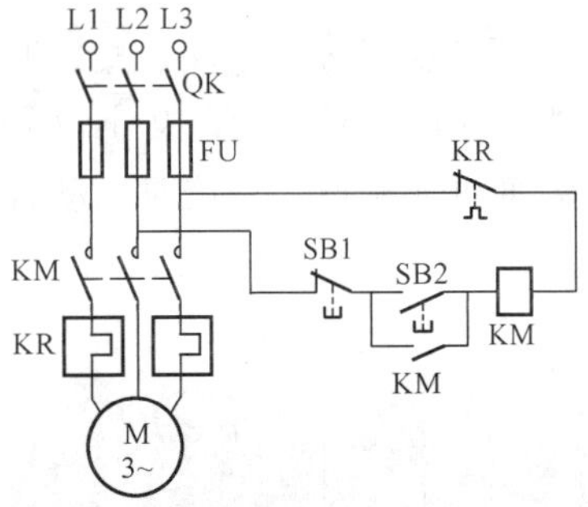

图 6－30 电动机直接启动控制电路

1. 线路工作原理

接通电源开关 QK，按下 SB2，接触器 KM 线圈通电，其主触点闭合，电动机 M 直接启动运行。同时与 SB2 并联的动合辅助触点 KM 闭合。当 SB2 复位时，KM 线圈通过 KM 的辅助触点继续通电，使 M 连续运行。这种依靠接触器自身触点使线圈持续通电的作用称为**自锁**。按下停止按钮 SB1，控制电路断电。这时接触器 KM 断电释放，KM 的主触点将三相电源切断，使电动机 M 立即停转。同时 KM 的辅助触点断开，切断线圈 KM 的电源。

2. 电路保护环节

（1）熔断器 FU 作为电路的**短路保护**，一旦发生短路事故，熔体立即熔断，切断电源。

（2）热继电器 KR 作为电路的**过载保护**。当电动机在运行过程中长期过载，或发生断相故障使电动机电流超过额定值时，热继电器 KR 动作，控制电路断开，接触器 KM 主触点断开，电动机停转，实现了过载保护。由于热继电器惯性较大，即使热元件流过几倍额定电流也不会立即动作。只有在负载较长时间过载时 KR 才动作，达到过载保护。

（3）接触器实现**欠电压与失电压保护**。当电源出现欠电压或失电压时，接触器的衔铁自行释放，即使电源恢复正常时，也要再次按下 SB2，接触器线圈才能通电，所以电动机不会自行启动，避免可能出现的设备与人身事故。

6.9.2 长动和点动控制

生产实际中，某些生产机械需要点动控制。所谓**点动**，就是按下按钮，KM 通电，电动机旋转；松开按钮，KM 断电，电动机停转。而在长动控制中，即使松开按钮，KM 线圈继续保持通电状态。因此长动与点动的区别是启动按钮有无自锁回路。

图 6－31 是带手动开关 SA 的点动控制电路。当需要点动时将开关 SA 打开，取消 SB2 的自锁回路，即可实现点动控制。当需要连续工作（长动）时，合上 SA 开关，将自锁触点接入，即可实现连续控制。

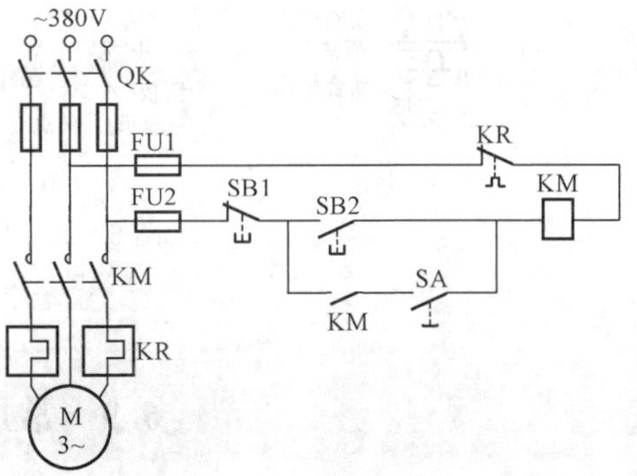

图 6－31 带手动开关 SA 的点动控制电路

图 6－32（a）中增加了一个复合按钮 SB3，这样，点动控制时，按下 SB3，其动断触点先断开自锁电路，动合触头后闭合，接通启动控

制电路，KM线圈通电，主触点闭合，电动机启动。当松开SB3时，KM线圈断电，主触点断开，电动机停止转动。若需要电动机长期工作，则按下SB2即可，停机时需按停止按钮SB1。

图6-32（b）是利用中间继电器实现点动的控制电路。利用启动按钮SB2控制中间继电器K，K的动合触点并联在SB3两端，控制接触器KM，实现电动机长动。当需要点动时，按下SB3按钮，KM通电。松开SB3，KM断电。

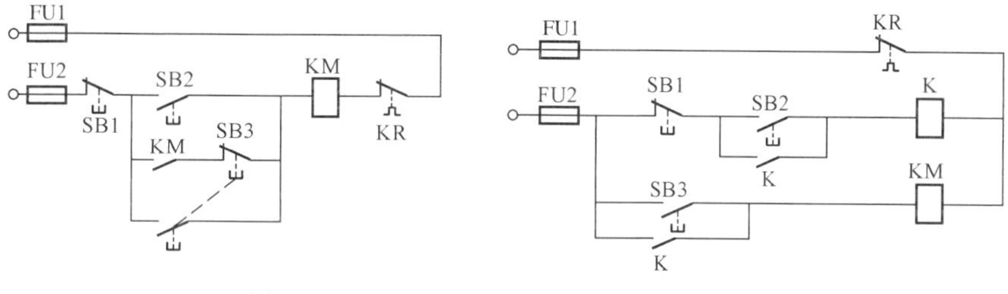

图6-32 改进后的点动控制电路

（a）增加复合按钮；（b）利用中间继电器

6.9.3 电动机的正反转控制

在实际应用中，往往要求生产机械改变运动方向，如工作台前进和后退、电梯的上升和下降等，这就要求电动机能实现正、反转控制。由三相异步电动机的工作原理可知，改变电动机三相电源的相序（任意两相对调），就能改变电动机的转向，这可通过两个接触器KM1、KM2进行控制。

电动机正、反转控制电路如图6-33所示。图中，KM1为正向接触器，控制电动机M正转；KM2为反向接触器，控制电动机M反转。

正转控制：合上刀开关QK→按下正向启动按钮SB2→正向接触器KM1通电→KM1主触点和自锁触点闭合→电动机M正转。

反转控制：合上刀开关QK→按下反向启动按钮SB3→反向接触器KM2通电→KM2主触点和自锁触点闭合→电动机M反转。

停机：按下停止按钮SB1→KM1（或KM2）断电→M停转。

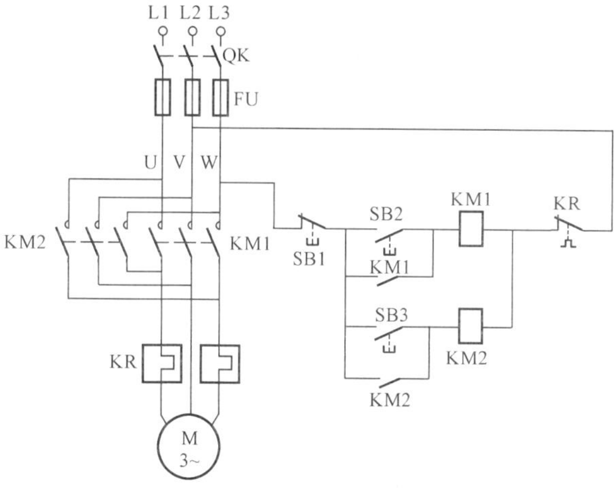

图6-33 电动机正、反转控制电路

这种控制电路的主要缺点是两个接触器KM1、KM2会同时通电，造成主电路电源短路。为解决这个问题，在图6-34中设置连锁环节，如图6-34（a）所示。即将其中一个接触器的动断触点串入另一个接触器线圈中，在任何一个接触器先通电后，即使按下相反方向的启动按钮，另一个接触器也无法通电。在同一时间内，两个接触器只允许一个通电工作的控制作用，称为**连锁**。利用两个接触器的辅助动断触点实现联锁控制称**电气互锁**。

图 6 - 34（a）的控制电路只能实现“正→停→反”或者“反→停→正”控制，即必须按下停止按钮后，再反向或正向启动，操作不方便。为此，在控制电路中加入机械互锁，利用复合按钮的触点实现“正→反→停”或者“反→正→停”的连锁控制，这种控制方式称**机械互锁**，如图 6 - 34（b）所示。该控制电路中，既有接触器动断触点的电气互锁，也有复合按钮动断触点的机械互锁，称为**双重互锁**。该线路操作方便、安全可靠，得到广泛应用。

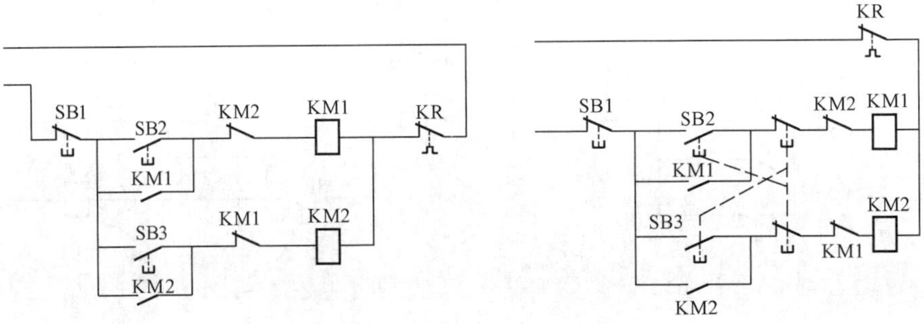

(a) (b)

图 6 - 34 设置互锁环节的电动机正反转控制电路

(a) 电气互锁电路；(b) 双重互锁电路

6.9.4 顺序控制与多地点控制

1. 多台电动机的顺序控制

在电气控制电路中，有时要求一个拖动系统中多台电动机按先后顺序工作。例如，机床中要润滑电动机启动后，主轴电动机才启动。如图 6 - 35 所示为两台电动机顺序启动控制电路。在图 6 - 35（a）中，接触器 KM1 和 KM2 分别控制电动机 M1 和 M2 的启动和停止，M1 先启动后，M2 再启动。

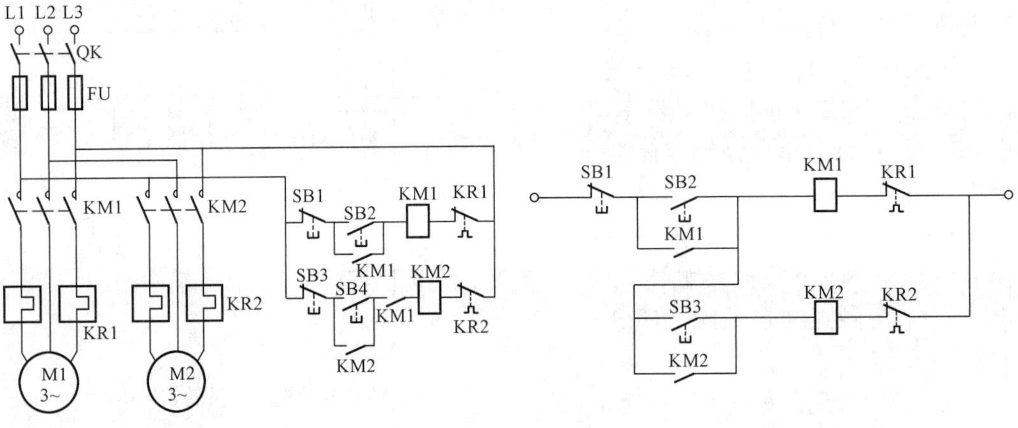

(a) (b)

图 6 - 35 三相异步电动机顺序控制电路

(a) 原电路；(b) 简化电路

多台电动机的顺序控制工作过程如下：合上 QK→按下启动按钮 SB2→接触器 KM1 接通→电动机 M1 启动→KM1 动合触点闭合→按下启动按钮 SB4→接触器 KM2 通电→电动机

M2 启动。按下停止按钮 SB1，两台电动机同时停止。若将图 6-35（a）的控制部分改用图 6-35（b）电路的接法，可以省去接触器 KM1 的一对动合触点和 SB4，使控制电路得到简化。

2. 多地点控制

如图 6-36 所示为三地点控制电路。把一个启动按钮和一个停止按钮构成一组，并把三组启动、停止按钮分别放置三地，即能实现三地点控制。多地点控制的接线原则是启动按钮应并联连接，停止按钮应串联连接。

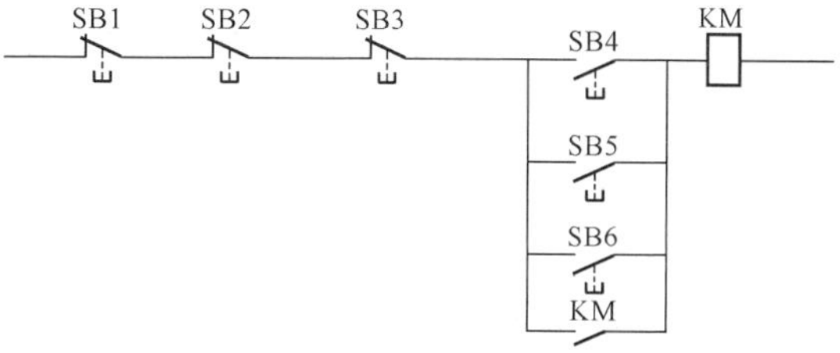

图 6-36 三地点的控制电路

6.9.5 自动往返控制

机床电气设备中，有时要求机床能够自动往返运动，即要求控制电路实现电动机正反转的自动切换。自动往返控制电路如图 6-37 所示。电动机的正、反转是实现工作台自动往返循环的基本环节。控制电路按照行程控制原则，采用限位开关对生产机械运动的行程位置进行控制。在图 6-38 中，SQ3、SQ4 分别为反、正向极限保护开关，防止限位开关 SQ1 和 SQ2 失灵时造成工作台从床身上冲出。

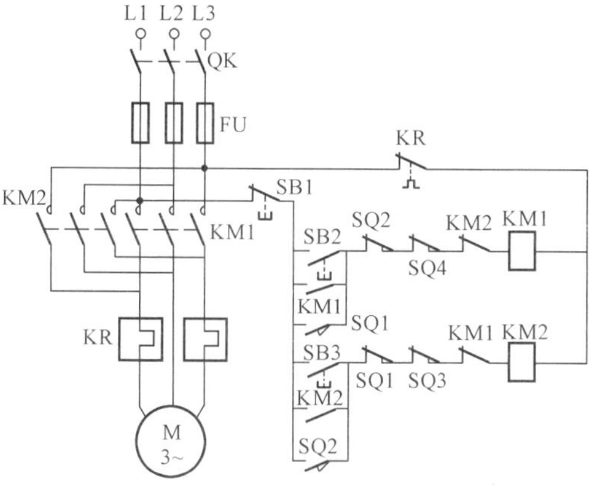

图 6-37 自动往返控制电路

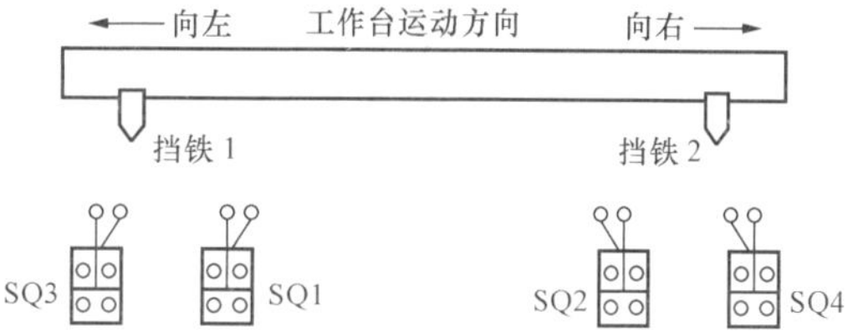

图 6-38 机床往返控制示意图

6.9.6 三相异步电动机的制动

三相异步电动机切除电源后由于惯性总要转动一段时间才能停下来。而生产中起重机的吊钩要求准确定位，万能铣床的主轴要求能迅速停下来，这些都需要对拖动的电动机进行制动。制动方法有机械制动和电气制动两大类。

1. 机械制动

机械制动是采用机械装置使电动机断开电源后迅速停转的制动方法。机械制动主要采用电磁抱闸、电磁离合器制动等。电磁抱闸是靠闸瓦的摩擦片制动闸轮。电磁离合器是利用动、静摩擦片之间足够大的摩擦力使电动机断电后立即制动。两者都是利用电磁线圈通电后产生磁场，使静铁芯产生足够大的吸力吸合衔铁或动铁芯（电磁离合器的动铁芯被吸合，动、静摩擦片分开），克服弹簧的拉力而满足工作现场的要求。

（1）电磁抱闸断电制动控制电路。电磁抱闸断电制动控制电路如图 6-39 所示。合上电源开关 QS 和开关 S，电动机接通电源，同时电磁抱闸线圈 YB 通电，衔铁吸合，克服弹簧的拉力使制动器的闸瓦与闸轮分开，电动机正常运转。断开开关，电动机失电，同时电磁抱闸线圈 YB 也失电，衔铁在弹簧拉力作用下与铁芯分开，并使制动器的闸瓦紧紧抱住闸轮，电动机被制动而停转。图中开关 S 可采用倒顺开关、主令控制器、交流接触器等满足控制电动机的正反转的要求。

这种制动方法在起重机械上应用广泛，如行车、卷扬机、电动葫芦（大多采用电磁离合器制动）等。其优点是能准确定位，可防止电动机突然断电时重物自行坠落造成事故。

（2）电磁抱闸通电制动控制电路。采用电磁抱闸断电制动时，其闸瓦紧紧抱住闸轮，若想手动调整工件很困难。因此，对电动机制动后仍想调整工件的相对位置的机床设备就不能采用断电制动，而应采用通电制动控制，其电路如图 6-40 所示。当电动机运转时，电磁抱闸线圈无法得电，闸瓦与闸轮分开，无制动作用；当电动机需停转按下停止按钮 SB2 时，复合按钮 SB2 的动断触点先断开切断 KM1 线圈，KM1 主、辅触点恢复无电状态，结束正常运行并为 KM2 线圈得电作好准备，经过一定的行程，SB2 的动合触点接通 KM2 线圈，其主触点闭合，电磁抱闸的线圈通电，使闸瓦紧紧抱住闸轮制动；当电动机处于停转常态时，电磁抱闸线圈也无电，闸瓦与闸轮分开，这样操作人员可扳动主轴调整工件或对刀等。

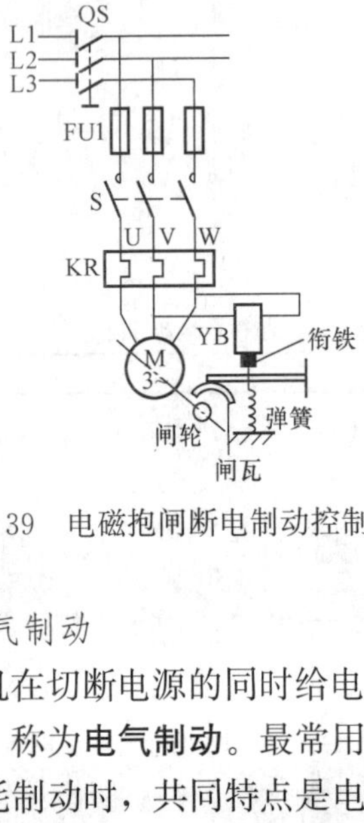

图 6-39 电磁抱闸断电制动控制电路

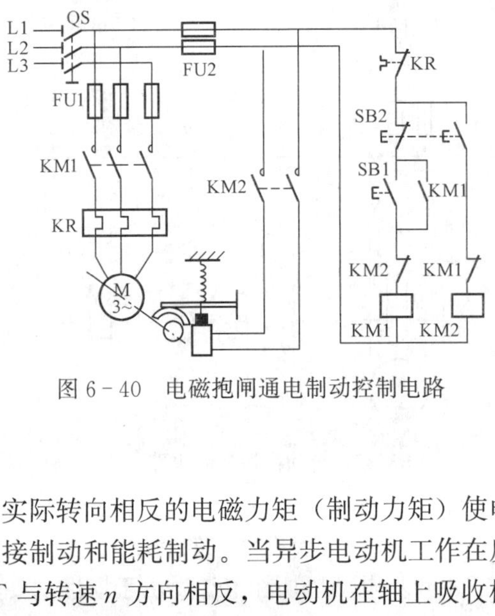

图 6-40 电磁抱闸通电制动控制电路

2. 电气制动

电动机在切断电源的同时给电动机一个和实际转向相反的电磁力矩（制动力矩）使电动迅速停止，称为**电气制动**。最常用的方法有反接制动和能耗制动。当异步电动机工作在反接制动与能耗制动时，共同特点是电动机转矩 T 与转速 n 方向相反，电动机在轴上吸收机械能，并转换为电能，以达到制动目的。

（1）能耗制动。能耗制动原理电路如图 6-41 所示。当电动机需要制动时，首先将电动机开关 Q 从"运行"位置与交流电源断开，并转接到"制动"位置，使直流电源 U 立即给定子绕组通入电流，通入直流电流时，定子绕组将建立一个静止的直流磁场，而电动机转子由于惯性作用继续沿着原来方向转动。根据电磁感应定律可知，此时转子导体切割这个磁场，形成感应电流而产生制动转矩。根据左手定则，可确定制动转矩的方向与原来的转矩方向相反，阻止电动机继续转动，使电动机迅速停车。

在这种制动过程中，转子的动能转换为电能，并将其消耗在转子电阻上，所以称为能耗制动。

(2) 反接制动。实现反接制动最简单的方法是将定子绕组的两相反接即可，其原理电路如图 6-42 所示。为了迅速停车（或反向运转），可将 Q2 由右边（运行）位置搬向左边（制动）位置上，使定子两相反接，改变电源的相序，使旋转磁场的方向发生改变，产生与原来转矩方向相反的制动转矩，这对由于惯性作用仍沿着原来方向转动的电动机起到制动作用。为避免电动机反向启动，这种制动电路还需设有测速装置，当电动机转速接近零时自动切断电源。

反接制动的特点是设备简单，制动效果好。有些中小型车床和机床主轴的制动常采用这种方法。

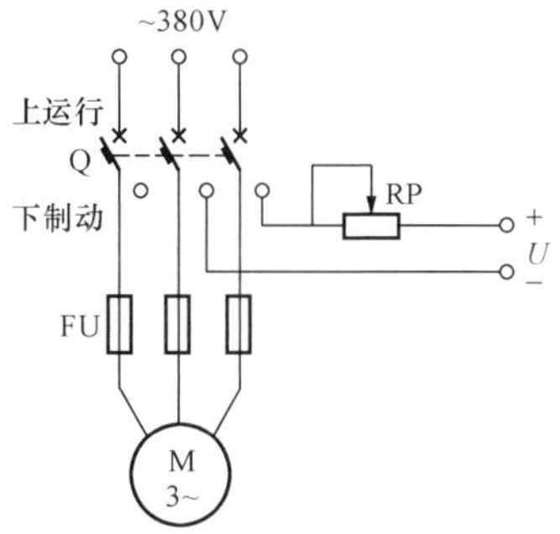

图 6-41　能耗制动原理电路图

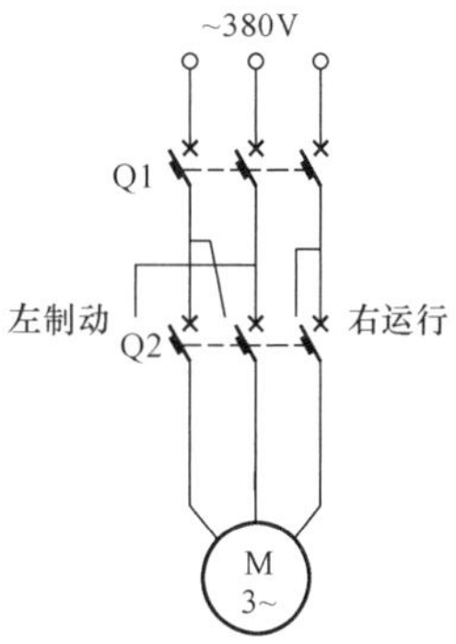

图 6-42　反接制动原理电路图

*6.10　可编程序控制器

在工业生产过程中，大量的开关量顺序控制，它按照逻辑条件进行顺序动作，并按照逻辑关系进行连锁保护动作的控制。传统上，这些功能是通过气动或电气控制系统来实现的。1968 年美国通用汽车（GM）公司提出取代继电器控制装置的要求，第二年，美国数字公司研制出了基于集成电路和电子技术的控制装置，首次采用程序化的手段应用于电气控制，这就是第一代可编程序控制器（Programmable Controller，PC）。为与个人计算机（PC）相区别，也为了反映可编程控制器的功能特点，可编程序控制器定名为 Programmable Logic Controller，简称 PLC。

可编程控制器定义为是一种专为在工业环境下应用而设计的数字运算的电子系统，它采用了可编程序的存储器，用来在其内部存储执行逻辑运算、顺序控制、定时、计数和算术运算等操作的指令，并通过数字式和模拟式的输入和输出，控制各种类型机械的生产过程。

PLC 是在传统的继电器—接触器控制的基础上结合先进的微机技术发展起来的一种崭新的工业控制装置。它把 PC 的功能齐全、灵活性和通用性强等特点与继电器—接触器控制的简单易懂、价格便宜等优点结合在一起，问世以来，应用日益广泛，发展十分迅速。

6.10.1　PLC 的结构

PLC 是以微处理器为核心的电子系统，其基本结构框图如图 6-43 所示。它包括输入部分、逻辑部分和输出部分。

（1）输入部分：收集并保存被控对象实际运行的数据和信息。例如来自被控对象上的各种开关信息或操作台上的操作命令等。

（2）逻辑部分：处理输入部分所取得的信息，并按照被控对象实际的动作要求执行相应的逻辑功能。

（3）输出部分：对需要实时操作的设备提供实际操作信号。由于输入信号一般为开关信号或电压、电流形成的信号源，它们必须转换成微处理器所能接受的电平信号，所以中间必须加入变换器。同样，微处理器输出的电平信号，也必须转换成控制设备所需的开关信号或电压、电流信号，因此也要加入变换器。

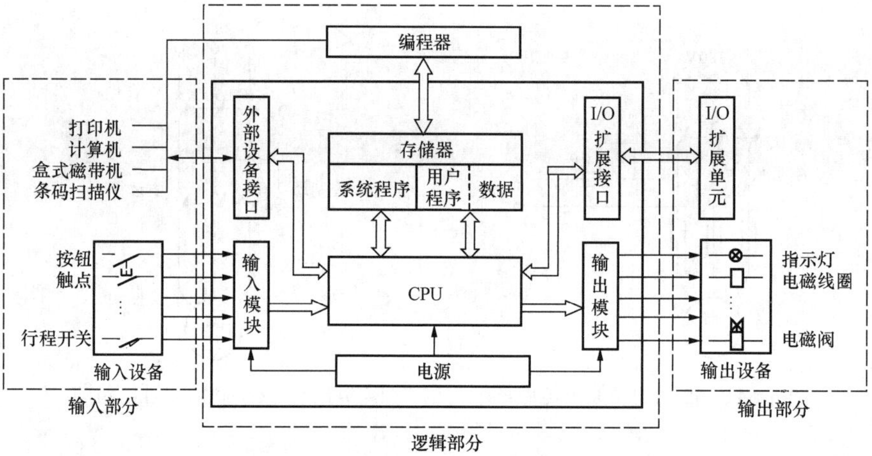

图 6-43　PLC 控制系统的基本结构框图

PLC 组成部件包括 CPU、存储器、I/O、编程器、电源和其他外设。

（1）CPU 是 PLC 的核心部分，与通用微机 CPU 一样，CPU 在 PLC 系统中的作用类似于人体的神经中枢。

（2）存储器是存放系统工作程序（监控程序）、模块化应用功能子程序的地方。系统程序直接关系到 PLC 的性能，不能由用户直接存取，所以，通常 PLC 产品资料中所指的存储器形式或存储方式及容量是指用户程序存储器而言。

（3）I/O（输入/输出）是 CPU 与现场 I/O 装置或其他外部设备之间的连接部件。PLC 提供了各种操作电平与驱动能力的 I/O 模块，以及各种用途的 I/O 组件供用户选用。I/O 模块可与 CPU 放在一起，也可远程放置。通常，I/O 模块上还具有状态显示和 I/O 接线端子排。

（4）编程器是 PLC 重要的外围设备，是 PLC 开发应用、监测运行、检查维护不可缺少的工具，用于用户程序的编制、编辑、调试、检查和监视，通过键盘和显示器去检测 PLC 内部状态和参数，通过通信端口与 CPU 联系，实现与 PLC 的人机对话。

（5）电源为内部开关稳压电源，供内部电路使用；大多数机型还可以向外提供直流 24V 稳压电源，为现场的开关信号、外部传感器供电。外部可用一般工业电源，并备有锂电池（备用电池），使外部电源故障时内部重要数据不致丢失。

（6）其他外设包括磁盘、光盘、EPROM 写入器（用于固化用户程序）、打印机、图形监视系统或上位计算机等。

6.10.2　PLC的分类

1. 按结构分类

(1) 整体式PLC。它是将电源、CPU、存储器及I/O等各个功能模块集成在一个机壳内，不需要机架。整体式PLC结构紧凑、体积小、价格低，微型PLC多采用这种结构。

(2) 分体式PLC。它是将构成PLC的各个部件按功能做成独立的模块，如CPU模块、电源模块、I/O模块及其他的各种功能模块等，然后安装在机架（也称为底板）上。分体式PLC配置灵活、装配维护方便，一般大中型PLC多采用这种结构。

2. 按I/O点数分类

(1) 小型PLC。它的I/O点数在256点以下，存储容量2000步，用于逻辑控制、定时、计数、顺序控制等场合。

(2) 中型PLC。它的I/O点数在256～2048点之间，存储容量达8000步。逻辑运算、算术运算、数据传送、中断、数据通信、模拟量处理等功能较齐全。

(3) 大型PLC。它的I/O点数在2048点以上，存储容量达15000步以上，不仅有数据运算、模拟控制、联网通信、监视记录和打印功能，还具有中断、智能控制、远程控制等强大功能。

6.10.3　PLC的电动机控制应用

PLC可看成是由普通继电器、定时器、计数器等组合而成的电气控制系统。PLC内部的继电器实际上是指存储器中的存储单元，称为软继电器。当输入到存储单元的逻辑状态为1时，则表示相应继电器的线圈通电，其动合触点闭合，动断触点断开；而当输入到存储单元的逻辑状态为0时，则表示相应继电器的线圈断电，其动合触点断开，动断触点闭合。所以这些软继电器体积小、功耗低、无触点、速度快、寿命长，并且具有无限多的动合、动断触点供程序使用。PLC内部元件符号如图6-44所示。

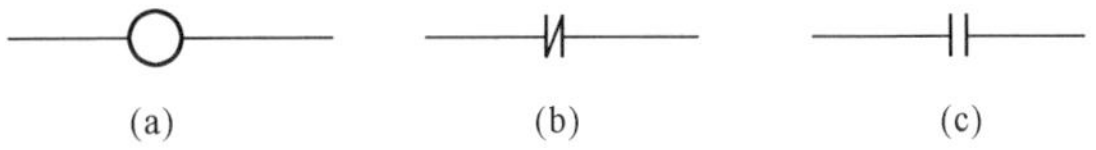

图6-44　PLC内部元件符号
(a) 线圈符号；(b) 动断触点符号；(c) 动合触点符号

以两台三相笼型异步电动机启动控制电路为例，其接触器控制电路如图6-45所示，KT—时间继电器，KM1、KM2—接触器，SB1—启动按钮，SB2—停止按钮，用于顺序控制三相异步电动机M1、M2的运转，原理简单。若用PLC的梯形图表示时，其控制梯形图如图6-46所示，它与接触器控制过程基本一致。

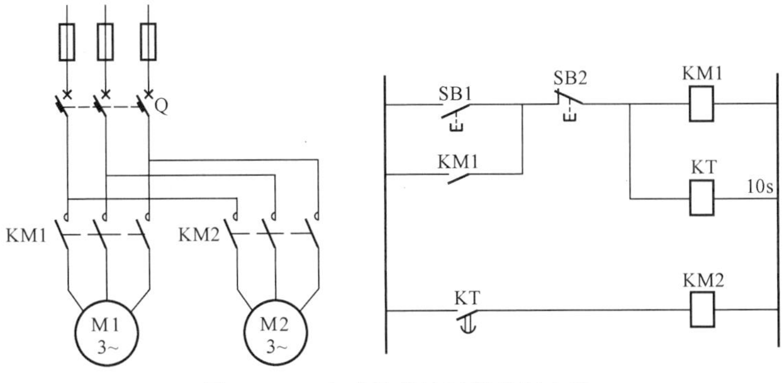

图6-45　电动机的接触器控制电路

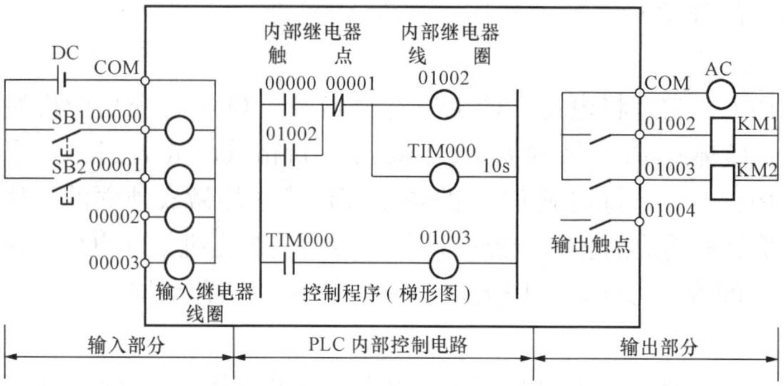

图 6-46　电动机控制的梯形图

电动机的 PLC 控制电路可分成输入部分、内部控制电路和输出部分 3 部分。

(1) 输入部分。输入部分由输入接线端与等效输入继电器组成。输入继电器由接入输入端点的外部信号来驱动，其作用是收集被控制设备的各种信息或操作命令。

(2) 内部控制电路。内部控制电路由大规模集成电路构成的微处理器和存储器组成，经过制造厂家的开发，为用户提供部件。内部控制电路的部件包括输出继电器、定时器、计数器、移位寄存器等，这些部件也有许多对动合触点和动断触点供 PLC 内部使用。PLC 内部控制电路的作用是处理由输入部分所取得的信息，并根据用户程序的要求，使输出达到预定的控制要求。

(3) 输出部分。其作用是驱动被控制的设备按程序的要求动作。对应每一条输出电路，相当于有一个输出继电器，此输出继电器有一个对外动合触点与输出端相连，其余均为供 PLC 内部使用的动合触点和动断触点。当输出继电器接通时，对外动合触点闭合，外部执行元件可以通电动作。

PLC **梯形图**实际上就是用户所编写的应用程序，等效于 PLC 内部的接线图。当用编程器将梯形图程序送入 PLC 内，PLC 就可以按照预先制定的方案工作。

6.10.4　PLC 的应用领域

目前，PLC 在国内外已广泛应用于钢铁、采矿、水泥、石油、化工、电力、机械制造、汽车、装卸、造纸、纺织、环保等各行各业。其应用范围大致可归纳为以下几种：

1. 开关量的逻辑控制

这是 PLC 最基本、最广泛的应用领域。它取代传统的继电器控制系统，实现逻辑控制、顺序控制。可用于单机控制，也可用于多机群控，亦可用于自动生产线的控制等。

2. 运动控制

PLC 可用于直线运动或圆周运动的控制。早期直接用开关量 I/O 模块连接位置传感器和执行机械，现在一般使用专用的运动模块。目前，制造商已提供了拖动步进电动机或伺服电动机的单轴或多轴位置控制模块，即把描述目标位置的数据送给模块，模块移动一轴或多轴到目标位置。当每个轴运动时，位置控制模块保持适当的速度和加速度，确保运动平滑。

3. 过程控制

PLC 通过模拟量的 I/O 模块实现模拟量与数字量的 A/D、D/A 转换，可实现对温度、压力、流量等连续变化的模拟量的 PID 过程控制。

4. 数据处理

现代的 PLC 具有数学运算（包括矩阵运算、函数运算、逻辑运算）、数据传递、排序和查表、位操作等功能，可以完成数据的采集、分析和处理。

5. 通信联网

PLC 的通信包括 PLC 与 PLC 之间、PLC 与上位计算机和它的智能设备之间的通信。PLC 和计算机之间具有 RS-232 接口，用双绞线、同轴电缆将它们连成网络，以实现信息的交换。还可以构成集中管理、分散控制的分布控制系统。

并不是所有的 PLC 都具有上述的全部功能，有的小型 PLC 只具有上述部分功能。

*6.11 应　　用

如图 6-47 所示为建筑混凝土搅拌机控制电路。由图可以看出，搅拌机电动机 M1 采用正、反转电路进行控制。料斗电动机 M2 上并联一个电磁铁线圈 1YA，用此来进行制动。运行时 M2 通电运转，电磁铁也同时得电吸合，制动电动机 M2 轴上的制动闸瓦松开，使电动机运转；在停止时由于电动机断电，从而使电磁铁 1YA 也断电，在弹簧的作用下，制动电动机 M2 使它立即停转。图 6-47 中 SQ1 和 SQ2 分别为限位开关，当上、下运料达到极限时，料斗运转升降触及限位开关后，能分别控制相应回路交流接触器线圈断电释放，从而使电动机停止运行。

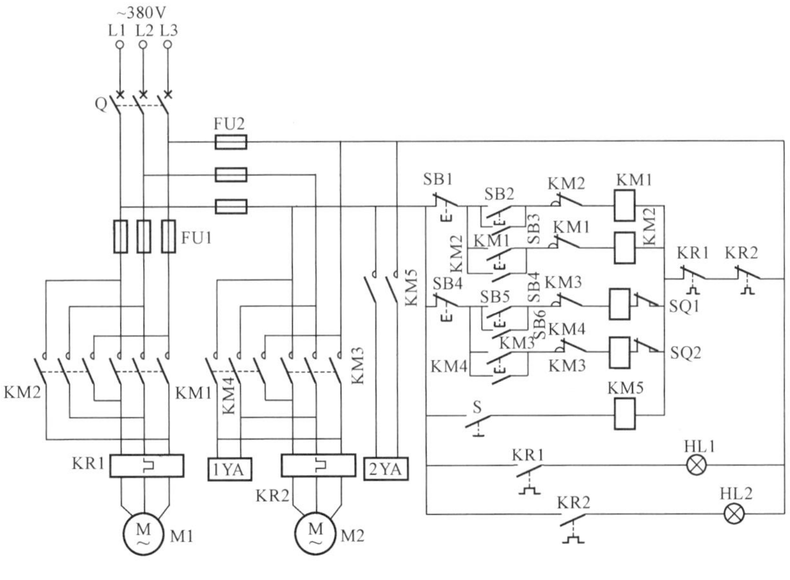

图 6-47　建筑混凝土搅拌机控制电路

S—加水控制电磁阀开关；SQ1、SQ2—限位开关；HL1、HL2—M1、M2 电动机过载指示灯

建筑混凝土搅拌机的控制电路保护环节如下：

(1) 电源开关 Q 装在搅拌机旁边的配电箱内，一方面用于控制总电源供给，另一方面用于出现机械性电器故障时紧急停电用。

(2) 电动机设有短路保护、过载保护。

（3）料斗设有升降限位保护。

（4）为防止电源短路，正反转接触器间设有互锁保护。

习　题　6

6.1　什么叫同步转速？它与哪些因素有关？一台4个磁极的三相异步交流电动机，试写出电源频率 $f=50\text{Hz}$ 的同步转速。

6.2　某三相异步电动机，定子电压的频率 $f_1=50\text{Hz}$，极对数 $p=1$，转差率 $s=0.015$。求同步转速 n_0、转子转速 n。

6.3　某三相异步电动机，$P_1=1$，$f_1=50\text{Hz}$，$s=0.02$，$P_2=30\text{kW}$，$T_0=0.51\text{N}\cdot\text{m}$。求：同步转速、转子转速、输出转矩及电磁转矩。

6.4　一台4个磁极的三相异步电动机，定子电压为380V，频率为50Hz，三角形连接。在负载转矩 $T_L=133\text{N}\cdot\text{m}$ 时，定子线电流为47.5A，总消耗功率为5kW，转速为1440r/min。求：同步转速、转差率、功率因数及效率。

6.5　某三相异步电动机，定子电压380V，三角形连接。当负载转矩为51.6N·m时，转子转速为740r/min，效率为80%，功率因数为0.8。求：输出功率、输入功率及定子线电流和相电流。

6.6　某三相异步电动机，$U_N=380\text{V}$，$I_N=9.9\text{A}$，$\eta_N=84\%$，$\lambda_N=0.73$，$n_N=720\text{r/min}$。求：s_N 及 P_N。

6.7　有一台Y200L－4型异步电动机，$P_N=30\text{kW}$，$U_N=380\text{V}$，$I_N=56.8\text{A}$，$s_N=0.02$。额定运行时的铜损耗 $P_{Cu}=1.2\text{kW}$，铁损耗 $P_{Fe}=1.0\text{kW}$，机械损耗 $P_{Me}=0.3\text{kW}$。求额定转速 n_N，额定输出转矩 T_{2N}，额定功率因数 λ_N 和额定效率 η_N。

6.8　某三相异步电动机，$P_N=30\text{kW}$，$n_N=980\text{r/min}$，$K_M=2.2$，$K_S=2.0$。求：

（1）$U_{1L}=U_N$ 时的 T_M 和 T_S。

（2）$U_{1L}=0.8U_N$ 时的 T_M 和 T_S。

6.9　某三相异步电动机，$P_N=11\text{kW}$，$U_N=380\text{V}$，$n_N=2900\text{r/min}$，$\lambda_N=0.88$，$\eta_N=85.5\%$。试问：

（1）$T_L=40\ \text{N}\cdot\text{m}$ 时，电动机是否过载？

（2）$I_{1L}=10\text{A}$ 时，电动机是否过载？

6.10　Y162M2－2型三相异步电动机，$P_N=15\text{kW}$，$U_N=380\text{V}$，三角形连接，$n_N=2930\text{r/min}$，$\eta_N=88.2\%$，$\lambda_N=0.78$。$K_C=27$，$K_s=2$，$K_M=2.2$。启动电流不允许超过150A。若 $T_L=60\text{N}\cdot\text{m}$，试问：电动机分别在长期运行、短时运行及直接启动情况下，能否带此负载。

6.11　为什么单相异步电动机没有固定的转向？观察电风扇，采用分相起动后有固定的转向吗？

6.12　他励直流电动机在运行中，励磁绕组断线会出现什么后果？

6.13　直流发电机的励磁方式有哪几种？

6.14　三相异步电动机断了一根电源线后，为什么不能启动？而运行中断了一线，为什么可能继续转动？这两种情况对电动机有何影响？

6.15 既然在电动机的主电路中装有熔断器，为什么还要装热继电器？装热继电器是否就可以不装熔断器？为什么？

6.16 交流接触器线圈断电后，衔铁不能立即释放，从而使电动机不能及时停止，分析出现这种故障的原因，应如何处理？

6.17 画出既能点动又能长动的三相笼型异步电动机的继电器—接触器控制电路。

6.18 画出能在两地分别控制同一台笼型异步电动机启停的继电器-接触器控制电路。

6.19 试分析图 6-48 所示正反转控制电路中有哪些错误？并说明这些错误所造成的后果及如何改正。

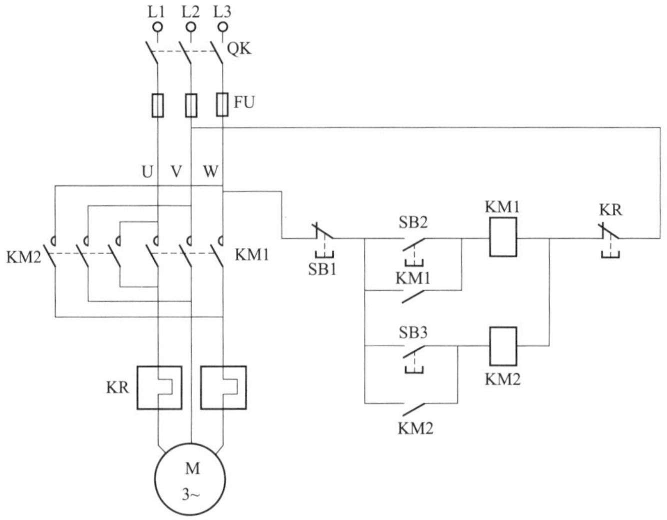

图 6-48 题 6.19 图

6.20 两台皮带运输机分别由两台笼型异步电动机拖动，由一套启停按钮控制它们的启停。为了避免物体堆积在运输机上，要求电动机按下述顺序启动和停车：启动时，M1 启动后 M2 才能随之启动；停止时，M2 停止后 M1 才随之停止，试画出控制电路。

6.21 画出一台三相异步电动机正反转启停控制电路。要求：在正转和反转的预定位置能自动停车，并具有短路、过载和失电压保护。

第7章 半导体器件

半导体器件是构成各种电子电路的基础。本章介绍半导体的基本概念、半导体二极管、半导体三极管、场效应管和晶闸管的结构、工作原理、特性曲线和主要参数，为今后学习电子电路的分析与设计打下基础。

7.1 半导体的基础知识

半导体器件是近代电子设备的重要组成部分，具有体积小、质量轻、使用寿命长、输入功率小等优点，在工业上得到了广泛的应用。

导电能力介于导体与绝缘体之间的物质称为**半导体**。半导体在掺杂、受热或光照以后，其导电能力明显增强，其特殊的导电特性，根本原因在于其内部结构的特殊性。

7.1.1 本征半导体

完全纯净的、具有晶体结构的半导体称为**本征半导体**。

常用的半导体材料是硅（Si）和锗（Ge），它们各有 4 个价电子，为 4 价元素。现以硅原子为例：每个硅原子最外层的 4 个价电子分别和周围 4 个硅原子的价电子形成共用电子对，构成共价键结构，如图 7-1 所示。

共价键中的电子，称为**价电子**。价电子在获得一定能量（温度升高或受光照）后，即可挣脱原子核的束缚，成为**自由电子**（带负电），同时共价键中留下一个空位，称为**空穴**（带正电），如图 7-2 所示。

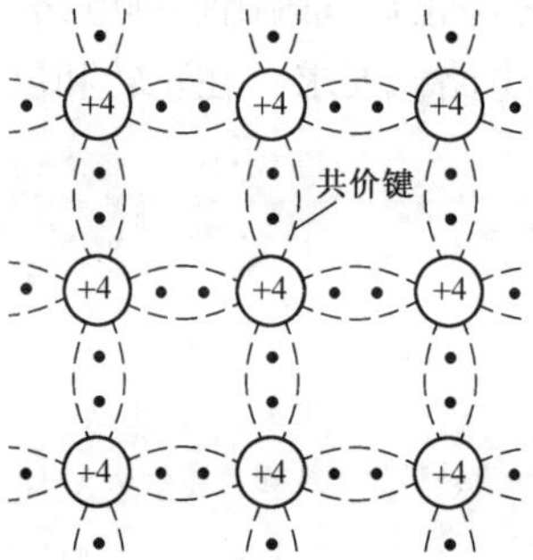

图 7-1 本征半导体的共价键结构

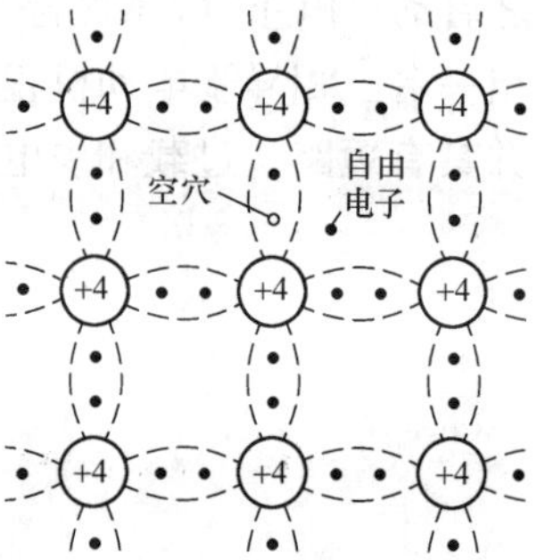

图 7-2 本征半导体的两种载流子

在本征半导体中激发产生的自由电子和空穴总是成对出现的，在外电场的作用下，空穴吸引相邻原子的价电子来填补，而在该原子中出现一个空穴，其结果相当于空穴的运动（正电荷的移动）。

所以，本征半导体有**自由电子和空穴**两种导电粒子（载流子）。当半导体两端加上外电压时，载流子定向运动，在半导体中将出现两部分电流：自由电子作定向运动形成的电子电流，价电子递补空穴运动形成的空穴电流。

运载电荷的粒子称为**载流子**。导体导电只有一种载流子，即自由电子；而半导体有自由电子和空穴两种载流子，这是半导体导电的特殊性质。

在一定温度下，自由电子、空穴的产生与复合会达到动态平衡。即半导体中载流子的浓度与环境温度有关：温度升高，载流子浓度升高，导电性能随之增强。所以，半导体器件的温度稳定性较差。

7.1.2 杂质半导体

为了提高半导体的导电性能，通过扩散工艺在本征半导体中掺入微量的杂质元素，就得到了杂质半导体。控制掺入杂质元素的浓度，就可以控制半导体的导电性能。按照掺入元素的不同，杂质半导体可分为 N **型半导体**和 P **型半导体**。

1. N 型半导体

在本征半导体中掺入+5 价元素，如磷（P）、砷（As）等，由于这类元素的原子最外层有 5 个价电子，故在构成的共价键结构中，由于存在多余的价电子而产生大量自由电子，这种半导体主要靠自由电子导电，称为电子型半导体，简称 N **型半导体**。其中自由电子为多数载流子，热激发形成的空穴为少数载流子，如图 7－3 所示。

2. P 型半导体

在本征半导体中掺入+3 价元素，如硼（B）、铝（Al）等，由于这类元素的原子最外层只有 3 个价电子，故在构成的共价键结构中，由于缺少价电子而形成大量空穴，这类掺杂后的半导体其导电作用主要靠空穴运动，称为空穴型半导体，简称 P **型半导体**。其中空穴为多数载流子，热激发形成的自由电子是少数载流子，如图 7－4 所示。

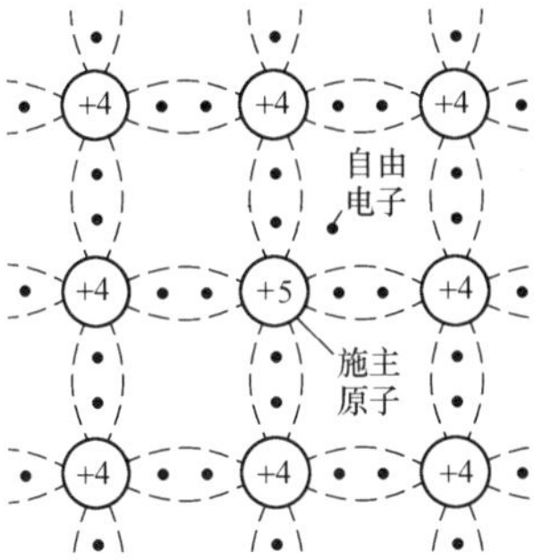

图 7－3 N 型半导体

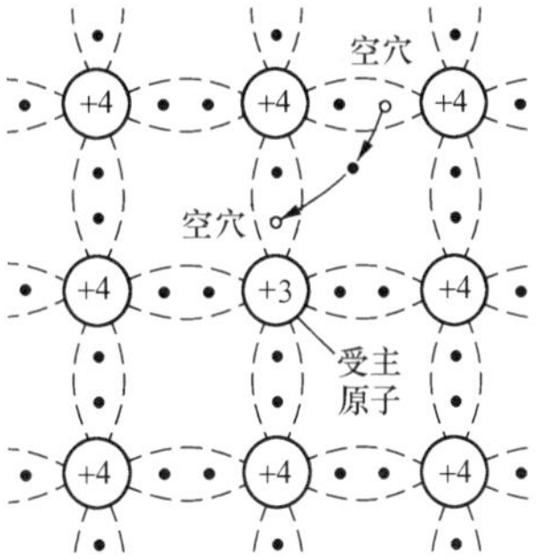

图 7－4 P 型半导体

7.1.3 PN 结

1. PN 结的形成

利用不同的掺杂工艺，将 P 型半导体和 N 型半导体制作在同一个半导体硅片上，在 P 型半导体和 N 型半导体的交界面就形成了 **PN 结**。PN 结的形成过程如图 7－5 所示。

当把 P 型半导体与 N 型半导体制造在同一块硅片上时，在 N 型和 P 型半导体的交界面两侧明显存在着自由电子、空穴浓度差，在交界面就会产生**扩散运动**。如图 7－5（a）所示，P 区的空穴会向 N 区运动，与 N 区的自由电子复合而消失；而 N 区的自由电子会向 P 区运动，与 P 区的空穴复合而消失。

伴随着这种扩散和复合运动的进行，在交界面两侧形成一个由正离子和负离子构成的空间电荷区，这就是 PN **结**。如图 7-5（b）所示，空间电荷区存在着由 N 区指向 P 区的内电场 $\boldsymbol{E}$，显然内电场的存在，阻止了扩散运动，并反向推动 P 区的自由电子向 N 区、N 区的空穴向 P 区进行**漂移运动**。

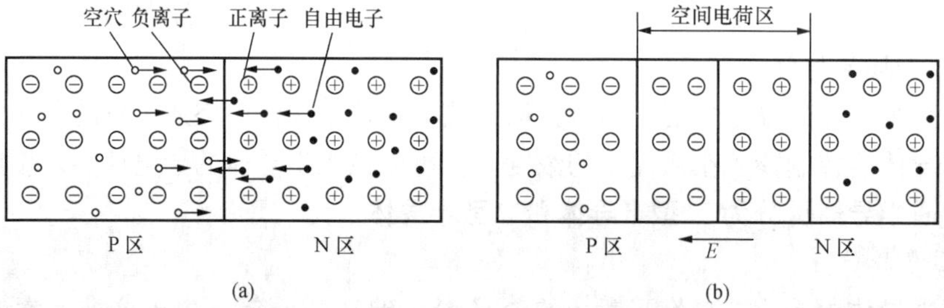

图 7-5　PN 结的形成

(a) 多数载流子扩散运动；(b) 动态平衡时的 PN 结

在一定条件下，扩散运动和漂移运动达到动态平衡，空间电荷区的宽度基本稳定，PN 结就处于相对稳定状态。

2. PN 结的单向导电性

PN 结的单向导电性是指**当 PN 结外加正向电压时导通，有较大的正向电流流过；当 PN 结外加反向电压时截止，仅有较小的反向电流流过。**

(1) 外加正向电压（正向偏置）。PN 结外加正向电压是指 PN 结的 P 区接电源的正极，N 区接电源的负极，通常称作 PN 结**正向偏置**，如图 7-6（a）所示。

外加电场与内电场方向相反，内电场削弱，扩散运动大大超过漂移运动，N 区自由电子不断扩散到 P 区，P 区空穴不断扩散到 N 区，形成较大的正向电流，这时称 PN 结处于**导通状态**。

(2) 外加反向电压（反向偏置）。PN 结外加反向电压是指 PN 结的 P 区接电源的负极，N 区接电源的正极，通常称作 PN 结**反向偏置**，如图 7-6（b）所示。

外加电场与内电场方向相同，增强了内电场，多数载流子扩散难以进行，少数载流子在电场作用下形成反向电流 $I\approx 0$，这时称 PN 结处于**截止状态**。

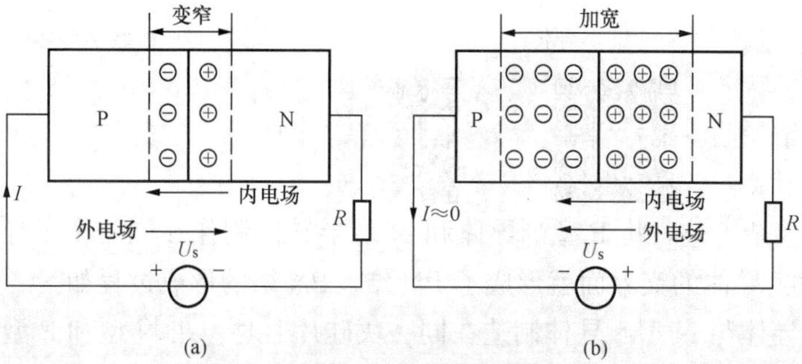

图 7-6　PN 结的单向导电性

(a) PN 结加正向电压；(b) PN 结加反向电压

7.2　半导体二极管

7.2.1　半导体二极管的基本结构

在 PN 结两端各引出一根电极引线并用管壳封装起来，就构成了半导体二极管，简称**二极管**。由 P 区引出的线为**正极**（阳极），由 N 区引出的线为**负极**（阴极），如图 7－7 所示。半导体二极管按其结构不同可分为**点接触型**和**面接触型**两类。

点接触型二极管一般为锗管，其 PN 结面积很小，不能通过较大的电流，但高频性能好，多用于高频检波及脉冲数字电路中的开关元件。

面接触型二极管一般为硅管，其 PN 结面积大，可以通过较大的电流，但工作频率较低，多用在低频整流电路中。

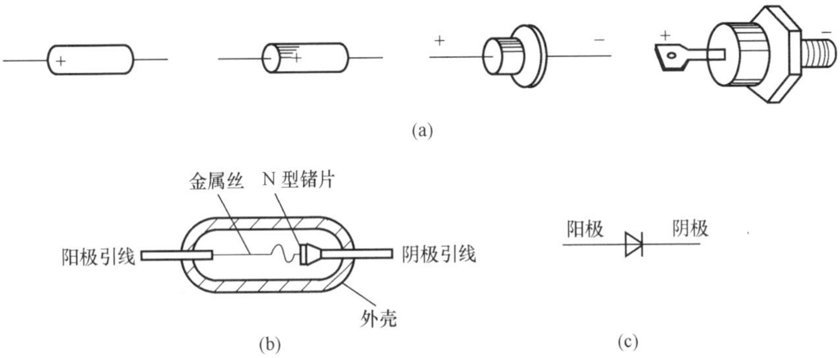

图 7－7　二极管的外形、结构及符号

（a）二极管的外形；（b）二极管结构；（c）二极管符号

7.2.2　二极管的特性和主要参数

1. 伏安特性

二极管的电流与电压之间的关系称为二极管的伏安特性，硅二极管和锗二极管的伏安特性如图 7－8 所示，它们可以分为正向特性和反向特性。

（1）正向特性。外加正向电压较小时，外电场不足以克服内电场对多数载流子扩散的阻力，PN 结仍处于截止状态 。这一段所对应的电压称为二极管的**死区电压**。通常死区电压硅管约为 0.5V，锗管约为 0.1V。

正向电压大于死区电压后，内电场被大大削弱，正向电流随着正向电压增大迅速上升，这时的二极管真正导通。由于这一段特性很陡，在正常工作范围内，二极管两端的电压几乎恒定。硅管约为 0.7V，锗管约为 0.3V。

（2）反向特性。外加反向电压时，由于 PN 结处于截止状态，少数载流

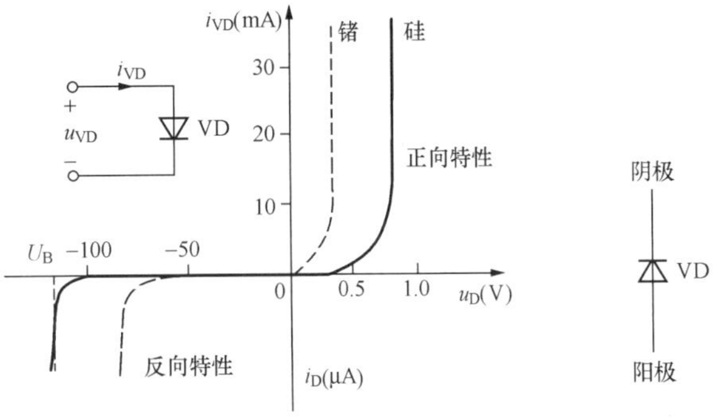

图 7－8　二极管的伏安特性曲线电路及符号

子的漂移运动形成了很小的反向电流，反向电流很小。反向电流有两个特点：①随温度的上升而迅速增大；②在反向电压不超过一定范围时，反向电流的大小基本恒定，通常称为**反向饱和电流**。一般硅管的反向饱和电流在几微安以下，锗管则可达几百微安。

当反向电压大于击穿电压时，反向电流急剧增加。二极管失去单向导电性，即**反向击穿**。反向击穿会使 PN 结损坏，使用二极管时应尽量避免。

由伏安特性可知，二极管是一个非线性电阻元件，它的电流和电压之间不存在确定的比例关系，电阻不是一个常数。

2. 二极管的主要参数

对二极管的特性，常用以下几个主要参数进行描述：

(1) 最大整流电流 I_F。最大整流电流 I_F 指二极管长期工作时允许通过的最大正向平均电流，该值与 PN 结面积和散热条件有关。使用时正向平均电流不能超过此值，否则会烧坏二极管。

(2) 最大反向工作电压 U_{RM}。最大反向工作电压 U_{RM} 指二极管正常工作时所能承受的最大反向电压，超过此值时，二极管有可能因反向击穿而被损坏。通常规定最大反向工作电压为反向击穿电压的 1/2 或 2/3。

(3) 反向电流 I_R。反向电流 I_R 指二极管未发生击穿时的反向电流。其值越小，说明二极管的单向导电性越好。

(4) 最高工作频率 f_M。最高工作频率 f_M 指二极管正常工作时的上限频率值，它的大小与二极管的结电容有关，若超过此值，二极管的单向导电性会受到影响。

【例 7-1】 电路如图 7-9 所示，已知电路中的二极管为硅管，问二极管 VD 是否能导通，求 U_{ab}、I。

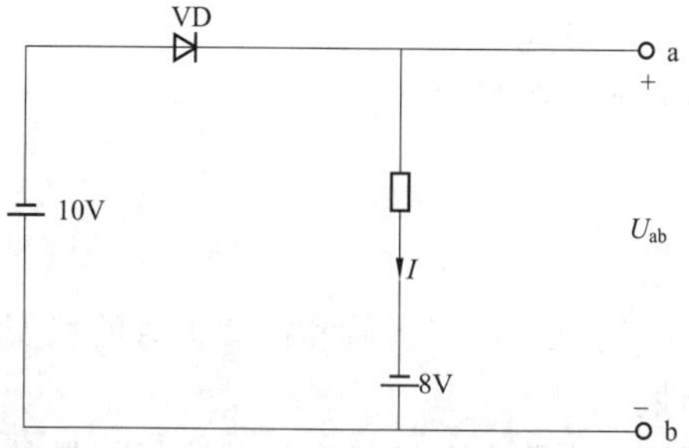

图 7-9 【例 7-1】图

解 分析时，可以先假设二极管不导通，来判断加在二极管两端的正向电压是否大于导通电压。若大于导通电压，则二极管导通，二极管两端电压等于导通电压，否则二极管截止。

图 7-9 中，假设二极管不导通后，以 b 点为参考点，即令 $U_b=0$，则 VD 的正极电位为 -10V，负极电位为 -8V，所以 VD 的正向电压为

$$-10-(-8)=-2(\text{V})<0.6\text{V}$$

所以二极管 VD 截止，$U_{ab}=-8$V，$I=0$A。

【例 7-2】 如图 7-10 所示电路，已知 $u_i=2t$ V，设二极管是理想的，试画出输出电压 u_o 的波形。

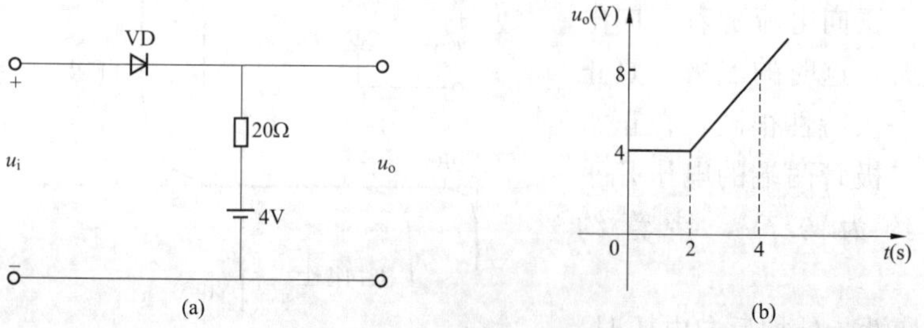

图 7-10 【例 7-2】图

(a) 电路；(b) 输出波形

解　二极管的阴极通过电阻接 4V 电源的正极，阳极接输入信号的正极。所以当输入电压 $u_i \leqslant 4V$ 时，二极管 VD 处于截止状态 $u_o = 4V$；当 $u_i > 4V$ 时，二极管 VD 处于导通状态，此时输出电压为 $u_o = 2t$，所以输出电压 u_o 的波形如图 7－10（b）所示。

7.2.3　特殊二极管

1. 稳压管

稳压管是一种特殊的二极管，具有稳定电压的作用。它是一种用特殊工艺制造的面接触型二极管。稳压管的伏安特性曲线与普通二极管相似，但其反向特性曲线较陡，反向击穿电压较低，容许通过的电流也较大，如图 7－11 所示。

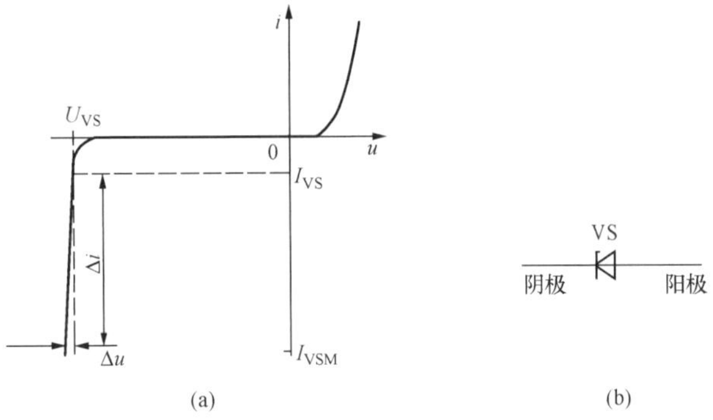

图 7－11　稳压管的伏安特性和图形符号

（a）伏安特性；（b）图形符号

稳压管工作于**反向击穿区**，其稳定电压就是反向击穿电压。由图 7－11 中可以看出，在反向击穿区，当反向电流 Δi 变化时，稳压管两端的电压 U_{VS} 变化很小，可从其两端获得一个稳定的电压。利用这一特性，稳压管在电路中起稳压作用。由伏安特性可知，稳压二极管的稳压范围是在 $I_{VS} \sim I_{VSM}$，如果电流小于最小稳定电流 I_{VS}，则电压不能稳定；如果电流大于最大稳定电流 I_{VSM}，稳压二极管将会过热损坏。所以，使用时要根据负载和电源电压的情况设计好外部电路，以保证稳压二极管工作在这一范围。

与普通二极管不同，稳压管的反向击穿是可逆的。

2. 发光二极管

发光二极管是一种光发射器件，英文缩写是 LED。因化学性质又分为有机发光二极管 OLED 和无机发光二极管。发光二极管的结构、外形及符号如图 7－12 所示。此类二极管由镓（Ga）、砷（As）、磷（P）等元素的化合物制成。发光二极管与普通二极管一样，是由一个 PN 结组成，也具有单向导电性，但只能正向偏置。当给发光二极管加上正向电压后，导通电流足够大时，能把电能直接转换为光能，发出光来。目前发光二极管的颜色有红、黄、橙、绿、白和蓝 6 种，所发光的颜色主要取决于制作二极管的材料，例如用砷化镓发出红光，而用磷化镓则发出绿光。其中白色发光二极管是新型产品，主要应用在手机背光灯、液晶显示器背光灯、照明等领域。

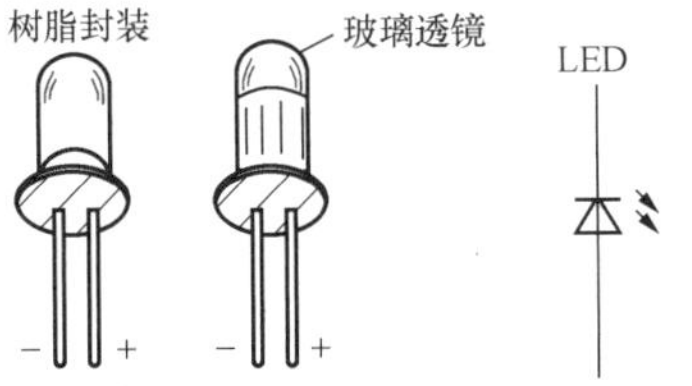

图 7－12　发光二极管的结构、外形及符号

发光二极管的伏安特性与一般二极管类似，正向电压较一般二极管高，为 1.5～3V，电流为 2～25mA。

此外，常见的特殊二极管还有光电二极管（光敏二极管）、变容二极管、激光二极管等。

7.3 半导体三极管

半导体三极管由两种极性的载流子在其内部作扩散、复合和漂移运动，所以也称为**双极型晶体管**（BJT），一般简称**晶体管**。它是通过一定的制作工艺，将两个PN结结合在一起的器件，两个PN结相互作用，使三极管成为一个具有控制电流作用的半导体器件。三极管可以用来放大微弱的信号或作为无触点开关。

1947年12月，美国贝尔实验室的肖克莱、巴丁和布拉顿，研制出一种点接触型的锗晶体管，晶体管被认为是现代历史上最伟大的发明之一，在重要性方面可以与印刷术、汽车和电话等发明相提并论。1956年，这三人因发明晶体管同时荣获诺贝尔物理学奖。

贝尔实验室1947年制造的第一个晶体管是手工打造的，晶体管的发明为后来集成电路的问世奠定了基础。现在一个针头的空间就能塞进去6000多万个32nm晶体管（针头直径约1.5mm）；英文句点符号“.”的面积大约有0.1mm^2，可以放进去400多万个32nm晶体管。晶体管具有当初人们不曾料想的特性：它可持续缩小体积，这使得晶体管与电子产品可以不断降低价格，且功能变得越来越强大。这一特性最终成就了摩尔定律。

7.3.1 半导体三极管的基本结构

三极管可由半导体硅材料制成，称为硅三极管；由锗材料制成，称为锗三极管。三极管从应用的角度讲，种类很多。根据工作频率，可分为高频管、低频管和开关管；根据工作功率，可分为大功率管、中功率管和小功率管。

三极管从结构上可分为两类：NPN型三极管和PNP型三极管。三极管的结构示意图和符号如图7-13所示。

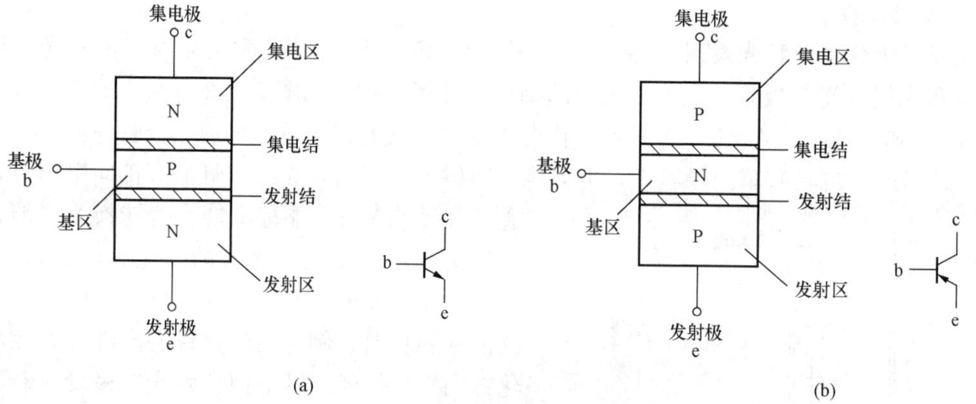

图7-13 三极管的结构示意图和符号

(a) NPN型三极管的结构示意图和符号；(b) PNP型三极管的结构示意图和符号

三极管制作时，通常基区做得很薄（几微米到几十微米），且掺杂浓度低，发射区的杂质浓度则比较高，集电区的面积则比发射区做得大，这是三极管实现电流放大的内部条件。

7.3.2 半导体三极管放大作用

三极管实现放大的外部条件是其发射结必须加正向电压（正偏），而集电结必须加反向电压（反偏）。

1. 实验结论

为了了解三极管的放大原理及电流分配原则，首先做一个实验，实验电路如图 7－14 所示。

把晶体管接成基极电路和集电极电路，发射极是公共端，这种接法称为**共发射极接法**。

图 7－14 中晶体管采用 NPN 型硅管（3DG6），发射结加正向电压（正向偏置），集电结加反向电压（反向偏置），并且 $U_{CC}>U_{BB}$。

改变可变电阻 R_b，则基极电流 I_B、集电极电流 I_C 和发射极电流 I_E 都发生变化，电流的方向如图 7－14 所示。

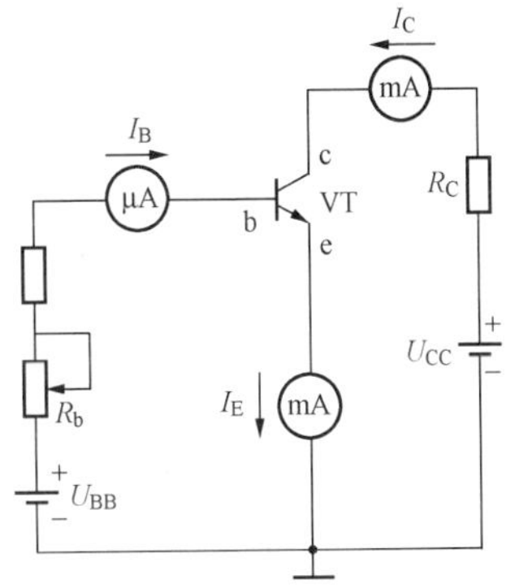

图 7－14　三极管电流放大的实验电路

测量结果列于表 7－1 中。

表 7－1　晶体管电流测量数据

I_B(mA)	0	0.02	0.04	0.06	0.08	0.10
I_C(mA)	<0.001	0.70	1.50	2.30	3.10	3.95
I_E(mA)	<0.001	0.72	1.54	2.36	3.18	4.05

由此实验及测量结果可归纳出以下几点：

（1）实验数据中的每一列数据均满足 $I_E=I_B+I_C$，此结果符合基尔霍夫电流定律。

（2）每一列数据 $I_C\approx I_E$，且远大于 I_B，这就是晶体管的电流放大作用，也就是通常所说的基极电流对集电极电流的控制作用。而且，电流放大作用还体现在 I_B 的微小变化 ΔI_B 即可引起 I_C 的较大变化。比较第三列和第四列的数值，可得出

$$\frac{\Delta I_C}{\Delta I_B}=\frac{2.30-1.50}{0.06-0.04}=40$$

集电极电流的变化量 ΔI_C 与基极电流的变化量 ΔI_B 的比值称为**电流放大系数**，一般用 β 表示，即

$$\beta=\frac{\Delta I_C}{\Delta I_B}$$

（3）从表 7－1 中可知，当 $I_B\approx 0$（基极开路）时，集电极电流的值很小，称此电流为三极管的穿透电流 I_{CEO}。穿透电流 I_{CEO} 越小越好。

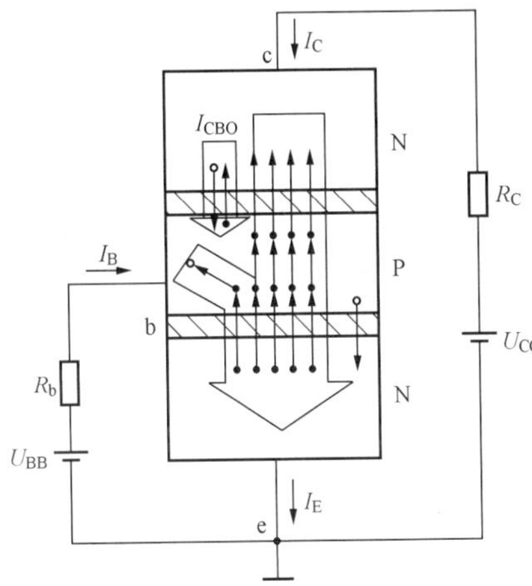

图 7－15　三极管内部载流子的传输与电流分配示意图

2. 三极管实现电流分配的原理

上述实验结论可以用载流子在三极管内部的运动规律来解释。图 7－15 为三极管内部载流子的传输与电流分配示意图。

（1）发射区向基区发射自由电子，形成发射极电流 I_E。由于发射结处于正向偏置，发射区的自

由电子不断扩散到基区，形成 I_E。

（2）自由电子在基区与空穴复合，形成基极电流 I_B。自由电子在向集电结方向扩散过程中，不断与空穴（P 型基区中的多数载流子）复合，由于基区接电源 U_{BB} 的正极，基区受激发的电子不断被电源拉走，形成电流 I_{BE}，它基本上等于基极电流 I_E。在中途被复合的电子越多，扩散到集电结的电子就越少，这不利于晶体管的放大作用。为此，基区要求做得很薄，掺杂浓度要很小（这是放大的内部条件）。

（3）集电区收集从发射区扩散过来的自由电子，形成集电极电流 I_C。由于集电结反向偏置，内电场增强，阻碍多数载流子的扩散运动。阻挡集电区（N 型）的自由电子向基区扩散，但可将从发射区扩散到基区并到达集电区边缘的自由电子拉入集电区，形成电流 I_{CE}，它基本上等于集电极电流 I_C。

3. 结论

（1）要使三极管具有放大作用，发射结必须加正向电压（正向偏置），而集电结必须加反向电压（反向偏置）。

（2）一般有 $\beta \gg 1$，通常认为 $\bar{\beta}=\frac{I_{CE}}{I_{BE}}=\frac{I_C-I_{CBO}}{I_B+I_{CBO}}\approx\frac{I_C}{I_B}$，即 $\bar{\beta}\approx\beta$。

（3）三极管的电流分配及放大关系式为

$$I_E=I_C+I_B=(1+\beta)I_B\text{，而 } I_C=\beta I_B$$

三极管的电流放大作用的实质是**以很小的 I_B 控制较大的 I_C**，因此把双极型三相管称为电流控制器件（CCCS）。

7.3.3 半导体三极管的特性曲线和主要参数

晶体管的特性曲线是用来表示该晶体管各电极间电压和电流之间的相互关系，反映了晶体管的性能，是分析放大电路的重要依据。

特性曲线可以用专用的图示仪进行显示，也可通过实验测量得到。以 NPN 型硅三极管为例，其常用的是共射极接法时的输入特性曲线和输出特性曲线。

1. 输入特性

输入特性是指当集电极与发射极之间的电压 U_{CE} 为常数时，I_B 与 U_{BE} 之间的关系曲线，即

$$I_B=f(U_{BE})\big|_{U_{CE}=\text{常数}}$$

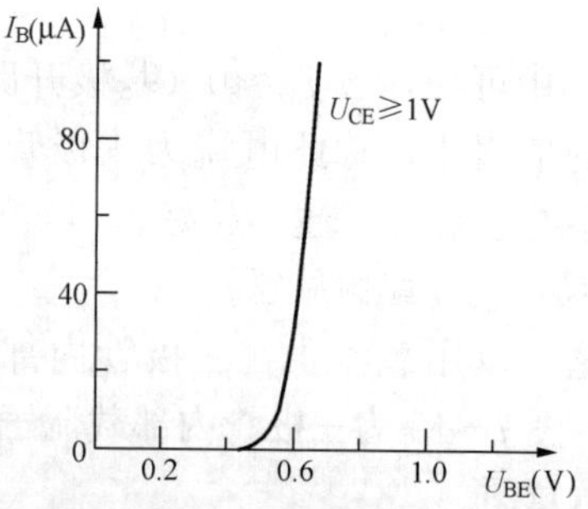

图 7－16 晶体管的输入特性曲线

实验测得晶体管的输入特性曲线如图 7－16 所示。

（1）当 $U_{CE}=0$ 时，电路可看成在 B、E 之间并联了发射结与集电结两个正向偏置的 PN 结。此时，输入特性曲线与二极管正向伏安特性曲线相似。

（2）当 $U_{CE}>0$ 且足够大时，集电结反向偏置，为维持基极电流 I_B，必须增大发射结正向电压 U_{BE}，使得特性曲线右移。实际上，当 $U_{CE}\geqslant 1$V 后，I_C 已基本保持不变。因此，通常只需画出 $U_{CE}\geqslant 1$V 时的一条输入特性曲线即可，如图 7－16 所示。

晶体管的输入特性与二极管正向伏安特性一样，也有一段死区。硅管的死区电压约为0.5V，锗管约为0.1V。正常工作时NPN型硅管发射结电压$U_{BE}\approx0.6\sim0.7V$，PNP型锗管$U_{BE}\approx-0.2\sim-0.3V$。

2. 输出特性

输出特性是指当基极电流I_B为是常数时，I_C与U_{CE}之间的关系曲线，即

$$I_C=f(U_{CE})\big|_{I_B=常数}$$

实验测得晶体管的输出特性曲线如图7-17所示。从图中可以看出，三极管的输出特性是一组曲线，一个确定的I_B对应一条输出特性曲线。

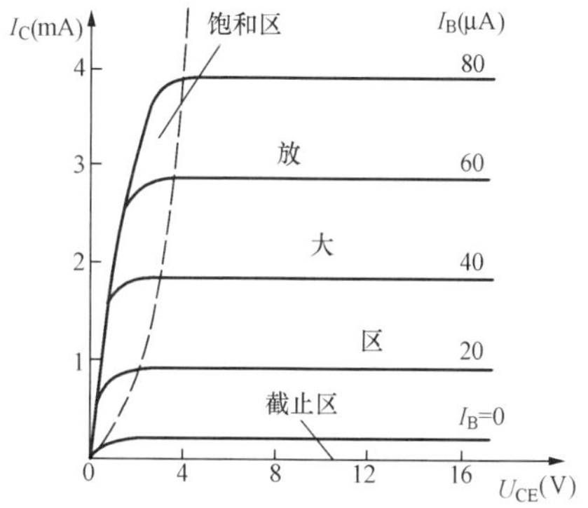

图7-17　晶体管的输出特性曲线

一般把晶体管的输出特性分为3个工作区域：

(1) 截止区。输出特性在$I_B=0$的曲线以下的区域，称为**截止区**。此时，$I_C\approx0$。晶体管工作在截止状态时：发射结和集电结均反向偏置；若不计穿透电流I_{CEO}，有I_B、I_C近似为0；晶体管的集电极和发射极之间电阻很大，相当于一个开关断开。为了截止可靠，常使$U_{BE}\leqslant0$。

(2) 放大区。图7-17中，输出特性近似平坦的区域称为**放大区**。晶体管工作在放大状态时：三极管的发射结正向偏置，集电结反向偏置；基极电流I_B微小的变化会引起集电极电流I_C较大的变化，有电流关系式$I_C=\beta I_B$；对NPN型的三极管，有电位关系$U_C>U_B>U_E$；对NPN型硅三极管，发射结电压$U_{BE}\approx0.7V$；对NPN型锗三极管，$U_{BE}\approx0.3V$。

(3) 饱和区。通常称晶体管在$U_{BC}=0$时，即$U_{CE}=U_{BE}$时的工作状态为临界**饱和区**。在临界饱和曲线左侧$U_{BE}<U_{CE}$为饱和区。晶体管工作在饱和状态时：晶体管的发射结和集电结均正向偏置；晶体管已失去电流放大作用，I_B的变化对I_C的影响较小，两者不再符合β倍数量关系，通常$U_{CE}<1V$；U_{CE}的值很小，称为晶体管的饱和压降，用U_{CES}表示（一般硅三极管的U_{CES}约为0.3V，锗三极管的U_{CES}约为0.1V），集电极和发射极近似短接，晶体管类似于一个开关导通。

晶体管作为开关使用时通常工作在截止和饱和状态，作为放大元件使用时一般要工作在放大状态。

晶体管工作区可判断分析非常重要，当放大电路中的三极管不工作在放大区时，放大信号会出现严重失真。

3. 主要参数

晶体管的特性除用特性曲线表示外，还可用一些数据来说明，这些数据就是晶体管的参数。晶体管的参数也是设计电路、选用晶体管的依据。主要参数有以下几个：

(1) 电流放大系数$\bar{\beta}$和β。共射极静态电流（直流）放大系数$\bar{\beta}=\dfrac{I_C}{I_B}$，共射极动态电流（交流）放大系数$\beta=\dfrac{\Delta I_C}{\Delta I_B}$。

实际应用中，两者的数据较为接近，常用$\beta\approx\bar{\beta}$这个关系。由于制造工艺和原材料的分

散性，即使同一型号的晶体管，其电流放大系数也有很大的差别。β 值太小，电流放大作用不明显；β 值太大，晶体管的工作状态不稳定。因此，通常选择 β 的值为 100 左右。

（2）集电极最大允许电流 I_{CM}。集电极电流 I_C 超过一定值后，晶体管的 β 值下降。β 值下降到正常值的 2/3 时的集电极电流，称为集电极最大允许电流 I_{CM}。

（3）反向击穿电压 $U_{(BR)CEO}$。基极开路时，集电极和发射极之间的最大允许电压称为反向击穿电压。实际值超过此值会导致集电结反向击穿，晶体管损害。

（4）集电极最大允许耗散功率 P_{CM}。当晶体管因受热而引起的参数变化不超过允许值时，集电极所消耗的最大功率，即 $P_{CM}=U_{CE}I_C$。

耗散功率与晶体管的最高允许集电结温度和集电极最大电流有密切关系。硅管的集电结温度允许值大约为 150℃，锗管的集电结温度允许值为 85℃左右。要保证晶体管集电结温度不超过允许值，就必须将产生的热散发出去。晶体管在使用时，其实际功耗不允许超过 P_{CM} 值，否则会造成晶体管因过载而损坏。通常将耗散功率 $P_{CM}<1W$ 的晶体管称为小功率晶体管，将 $1W\leqslant P_{CM}<5W$ 的晶体管被称为中功率晶体管，将 $P_{CM}\geqslant 5W$ 的晶体管称为大功率晶体管。P_{CM} 的大小也与晶体管散热条件有关，增加散热片可提高 P_{CM} 的值。

【例 7-3】 已知某晶体管在放大电路中的两个电极的电流分别是 $I_A=20\mu A$，$I_B=1mA$，两个电流的实际方向如图 7-18（a）所示。试求：

（1）另一个电极的电流 I_C 的值，并标出它的方向。

（2）求出晶体管的共射极电流放大导数 β 的值，判断该晶体管是 NPN 型或 PNP 型，并指出三个电极名称。

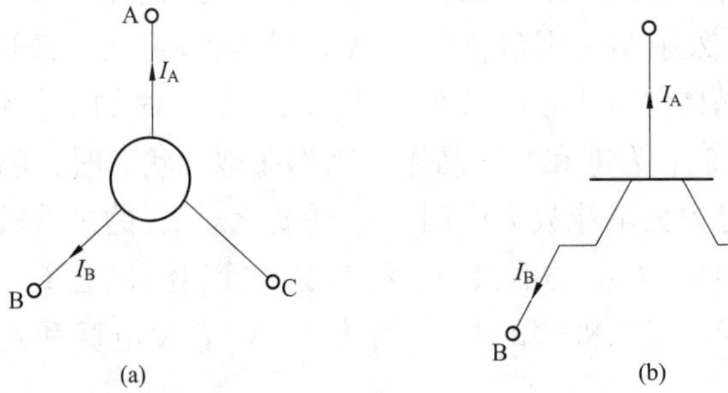

图 7-18 【例 7-3】图

解　根据基尔霍夫电流定律可知

$$I_C=I_A+I_B=1.02\ (mA)$$

I_C 的方向如图 7-18（b）所示。

根据晶体管三个电极电流之间的关系可知，A 是基极，B 是集电极，C 是发射极，该晶体管是 PNP 型。

$$\beta=\frac{I_B}{I_A}=\frac{1000}{20}=50$$

7.4 绝缘栅场效应管

场效应晶体管（Field Effect Transistor，FET）简称**场效应管**，是一种新型的半导体三极管。一般的晶体管是由两种极性的载流子参与导电，而 FET 仅是由一种载流子参与导电，它与双极型相反，有时又称单极型晶体管。FET 属于电压控制型半导体器件，是利用电场效应来控制其电流的大小，其输出电流取决于输入端电压的大小。具有输入电阻高（10^8～$10^9\,\Omega$）、噪声小、功耗低、动态范围大、易于集成、没有二次击穿现象、安全工作区域宽等优点，无论是在分立元件还是在集成电路中，其应用日益广泛。

根据结构不同，场效应管分为结型场效应管和绝缘栅场效应管两大类。由于绝缘栅场效应管的应用更为广泛，这里仅介绍绝缘栅场效应管。

7.4.1　基本结构和工作原理

绝缘栅场效应管是由金属（Metal）、氧化物（Oxide）和半导体（Semiconductor）材料构成的，因此又称 MOS 管。

绝缘栅场效应管分为**增强型**和**耗尽型**两种，每一种又包括 N **沟道**（电子导电）和 P **沟道**（空穴导电）两种类型。其中 N 沟道简称 NMOS 管，P 沟道简称 PMOS 管。

增强型 MOS 管与耗尽型 MOS 管的区别是增强型 MOS 管在栅源之间未加电压时，无导电沟道；只有当栅源之间加上电压后，才能产生导电沟道。而耗尽型 MOS 管在栅源之间未加电压时，已经存在导电沟道。

1. 增强型绝缘栅场效应管

以 N 沟道增强型 MOS 管为例，它是以一块杂质浓度较低的 P 型半导体作为衬底，用半导体工艺技术制作两个高浓度的 N 型区，两个 N 型区分别引出一个金属电极，作为 MOS 管的**源极** S 和**漏极** D；P 形硅片表面覆盖一层极薄的 SiO_2 绝缘层，绝缘层上引出一个金属电极称为 MOS 管的**栅极** G。B 为从衬底引出的金属电极，一般工作时衬底与源极相连。N 沟道增强型 MOS 管的结构与符号如图 7－19 所示。栅极 G、源极 S 和漏极 D 分别与三极管的基极、发射极和集电极相对应。

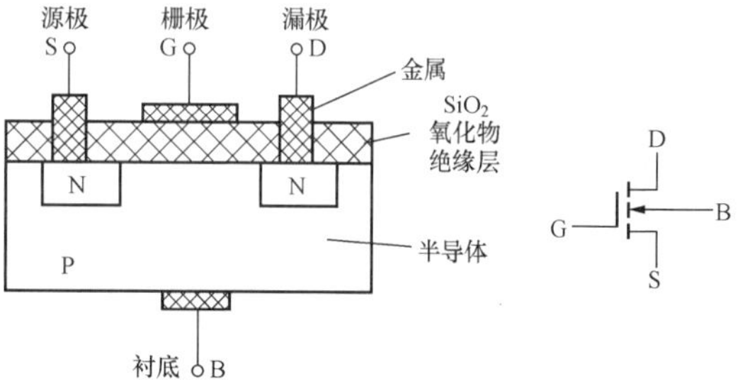

图 7－19　N 沟道增强型 MOS 管的结构与符号

绝缘栅场效应管的工作原理是利用 U_{GS} 控制载流子的多少来改变导电沟道的宽窄，从而控制漏极电流 I_D。如图 7－20 所示，在 G、S 极之间加电压 U_{GS}，D、S 极之间加电压 U_{DS}，衬底 B 与源极 S 相连。

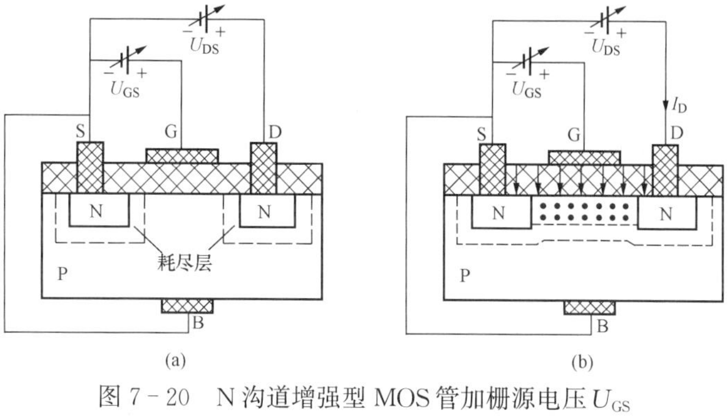

图 7－20　N 沟道增强型 MOS 管加栅源电压 U_{GS}

(a) $U_{GS}=0$；(b) $U_{GS}>0$

（1）$U_{GS}=0$ 时，因为 D、S 极之间是一对背靠背的 PN 结，所以无论 D、S 极之间加何种电压，总有一个 PN 结是截止的，漏极电流 I_D 近似为零。

（2）D、S 极之间不加电压，G、S 极之间加正向电压（$U_{DS}=0$，$U_{GS}>0$）时，在 U_{GS} 的作用下，栅极表面会积累正电荷，使得栅极附近的 P 型衬底中留下不能移动的负离子，形成耗尽层。

当 U_{GS} 大于一定值时，可在表面形成一个 N 型薄层，称为**反型层**，这个反型层即是漏—源之间的导电沟道。形成导电沟道后，U_{GS} 越大，反型层越厚，导电沟道电阻越小。形成导电沟道所需要的最小栅源电压，称为**开启电压** $U_{GS(th)}$ 或 U_T。

（3）$U_{GS}>U_{GS(th)}$ 时，导电沟道已经形成。此时，在 D、S 极之间加正向电压 U_{DS}（$U_{DS}>0$），将产生漏极电流 I_D。U_{GS} 越大，导电沟道越厚，沟道电阻越小，I_D 越大。由于这种 MOS 管必须依靠外加电压来形成导电沟道，故称为增强型。

漏极电流 I_D 由 U_{GS} 和 U_{DS} 共同决定，当 $U_{GD}=U_{GS}-U_{DS}>U_{GS(th)}$ 时，即 $U_{DS}<U_{GS}-U_{GS(th)}$，I_D 随 U_{DS} 增大而增大，增大的斜率与 U_{GS} 有关。

在 $U_{DS}>U_{GS}-U_{GS(th)}$ 时，I_D 的变化几乎与 U_{DS} 无关，而仅由 U_{GS} 决定，此时可将 I_D 看作电压 U_{GS} 控制的电流源。

2. 耗尽型绝缘栅场效应管

N 沟道耗尽型 MOS 管的制作与 N 沟道增强型 MOS 管不同，而是预先在 SiO_2 绝缘层中掺入大量的正离子。其结构示意图及符号如图 7-21 所示。

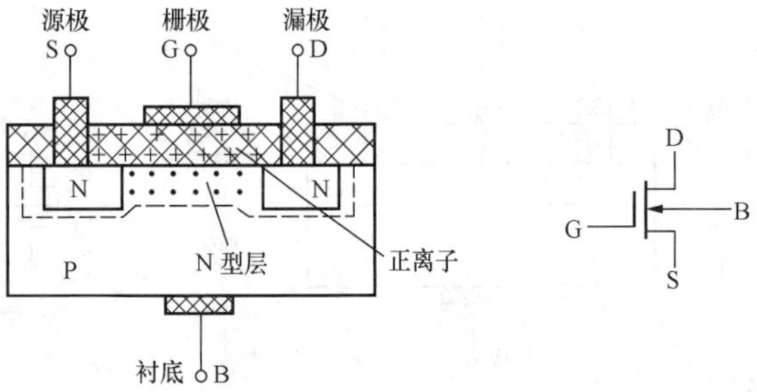

图 7-21　N 沟道耗尽型 MOS 管的结构与符号

耗尽型 MOS 管存在原始导电沟道，即使 $U_{GS}=0$，只要加入正向电压 U_{DS}，就能产生漏极电流 I_D。

当 U_{DS} 较小时，在一定的 U_{GS} 下，I_D 几乎随 U_{DS} 的增大而线性增大，I_D 增长的斜率取决于 U_{GS} 的大小。在一定的 U_{DS} 下，I_D 随 U_{GS} 的增加而增长。

当 $U_{GS}>0$ 时，导电沟道加厚，I_D 增大；当 $U_{GS}<0$ 时，会在沟道内产生出正电荷与负电荷复合，沟道变窄，沟道电阻增大，I_D 减小。U_{GS} 达到一定值（向负方向增大）时，反衬层消失，沟道被夹断，$I_D\approx 0$，这时的 U_{GS} 称为**夹断电压** $U_{GS(off)}$ 或 U_P。因为这种 MOS 管通过外加电压可以改变导电沟道的厚薄，直至耗尽，所以称为**耗尽型场效应管**。

U_{DS} 对反衬层的影响与增强型 MOS 管一样，此处不再阐述。

P 沟道增强型场效应管和耗尽型场效应管的结构和工作原理与 N 沟道类似。使用时应注意电源的极性和电流的方向都与 N 沟道相反。

7.4.2　特性曲线

由于 MOS 管的栅极是绝缘的，栅极电流 $I_G\approx 0$，因此不研究 I_G 和 U_{GS} 之间的关系。I_D 和 U_{GS}、U_{DS} 之间的关系可以转移特性和漏极特性来表示。

1. 转移特性

在 U_{DS} 一定时，漏极电流 I_D 与栅源电压 U_{GS} 之间的关系，即 $I_D=f(U_{GS})$ 称为场效应管的**转移特性**。转移特性反映了场效应管栅源电压 U_{GS} 对漏极电流 I_D 的控制作用，可由实验得出。

2. 漏极特性

在 U_{GS} 一定时，漏极电流 I_D 与漏源电压 U_{DS} 之间的关系，即 $I_D=f(U_{DS})$ 称为场效应管的**漏极特性**。

场效应管的图形符号、电压极性及特性曲线见表 7 - 2。

表 7 - 2　场效应管的图形符号、电压极性及特性曲线

结构种类	工作方式	符号	电压极性		转移特性 $I_D=f(U_{GS})$	输出特性 $I_D=f(U_{DS})$
			U_P 或 U_T	U_{DS}		
绝缘栅 N 沟道	耗尽型	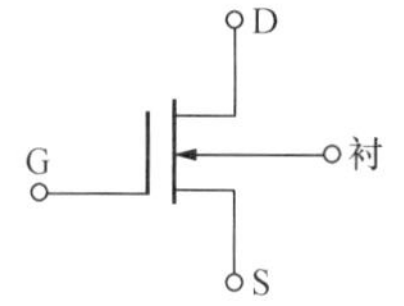	(－)	(＋)	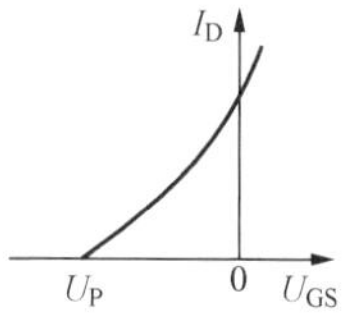	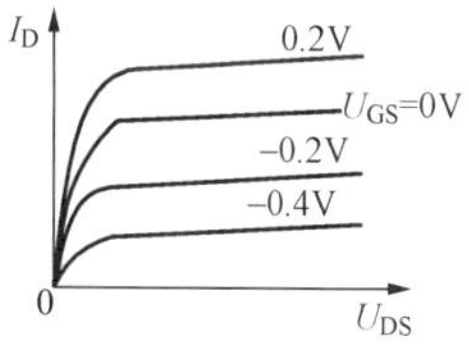
	增强型	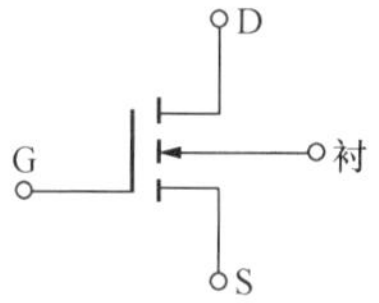	(＋)	(＋)	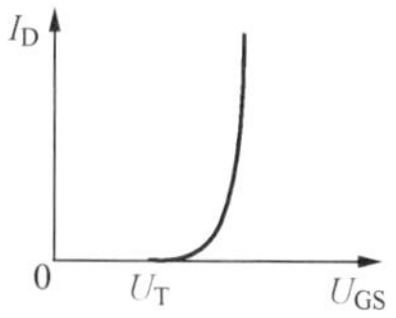	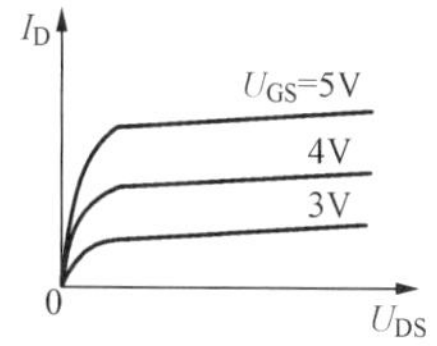
绝缘栅 P 沟道	耗尽型	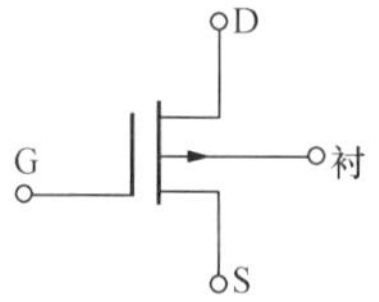	(＋)	(－)	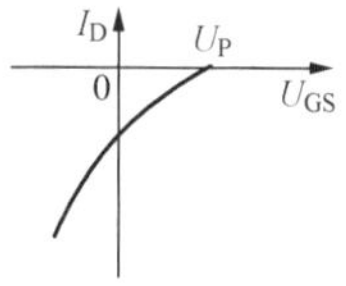	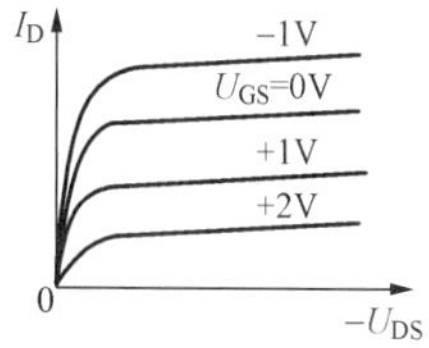
	增强型	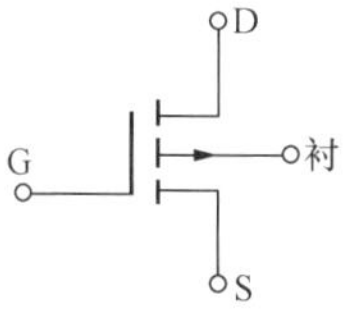	(－)	(－)	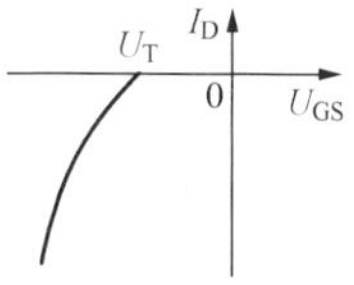	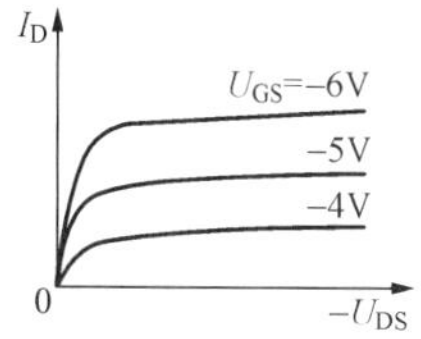

7.4.3　场效应管使用注意事项

使用场效应管时，除注意它的参数外，还要注意以下几点：

（1）为了安全使用场效应管，在线路的设计中不能超过管的耗散功率、最大漏源电压、最大栅源电压和最大电流等参数的极限值。

（2）各类型场效应管在使用时，都要严格按要求的偏置接入电路中，要遵守场效应管偏置的极性。如结型场效应管栅源漏之间是 PN 结，N 沟道管栅极不能加正偏电压，P 沟道管栅极不能加负偏电压等。

（3）MOS 场效应管由于输入阻抗极高，所以在运输、储藏中必须将引出脚短路，要用金属屏蔽包装，以防止外来感应电动势将栅极击穿。尤其要注意，不能将 MOS 场效应管放入塑料盒子内，保存时最好放在金属盒内，同时也要注意管的防潮。

（4）为了防止场效应管栅极感应击穿，要求一切测试仪器、工作台、电烙铁、线路本身都必须有良好的接地。特别在焊接绝缘栅场效应管时，要按源极—漏极—栅极的先后顺序焊接，并且要断电焊接。

（5）在安装场效应管时，注意安装的位置要尽量避免靠近发热元件。为了防止管件振动，有必要将管壳体紧固起来。管脚引线在弯曲时，应当大于根部尺寸 5mm 处进行，以防止弯断管脚和引起漏气等。

（6）绝缘栅型场效应管在不使用时，由于它的输入电阻非常高，须将各电极短路，以免外电场作用而使管子损坏。

7.5 晶　闸　管

晶闸管（Thyristor）是晶体闸流管的简称，俗称**可控硅**（SCR），是在晶体管基础上发展起来的一种大功率开关型半导体器件，能在高电压、大电流下工作。1957 年美国通用电气公司开发出世界上第一款晶闸管产品，并于 1958 年将其商业化。晶闸管也像半导体二极管那样具有单向导电性，但它的导通时间是可控的，在电力电子行业中得到了广泛应用，主要用于整流、逆变、调压及开关等方面。它的出现使半导体器件由弱电领域扩展到强电领域。

1. 普通晶闸管的基本结构和工作原理

晶闸管是 PNPN 四层半导体结构，形成 3 个 PN 结，从外层 P 区、外层 N 区和内层 P 区分别引出三个电极，即**阳极** A、**阴极** K 和**控制极**（又称**门极**或**触发极**）G，晶闸管的结构和符号如图 7－22 所示。

为了便于分析晶闸管的工作原理，可将晶闸管看成是 PNP 型和 NPN 型的两个三极管组合而成的复合管，其等效电路如图 7－23 所示。

晶闸管工作时，阳极 A 与阴极 K 之间的电压 u_A 称为阳极电压，控制极 G 与阴极 K 之间的电压 u_G 称为控制电压或触发电压。

当控制极 G 极无电压（即 $u_G=0$）时，在阳极 A 加正向或反向电压，晶闸管总有一个 PN 结反偏，晶闸管不会导通，称晶闸管处于关断或阻断状态。

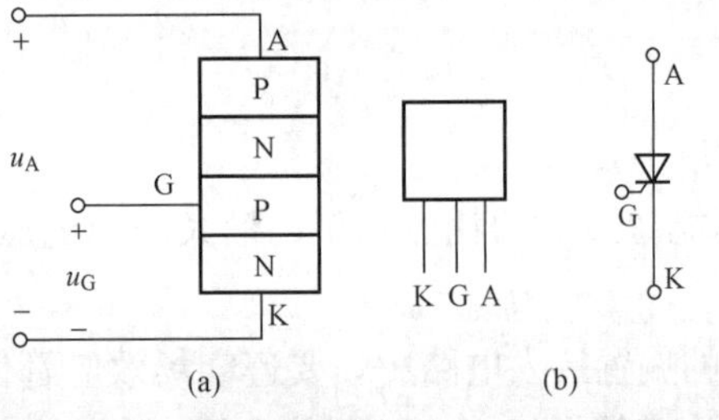

图 7－22　晶闸管的结构和符号

（a）结构示意图；（b）符号

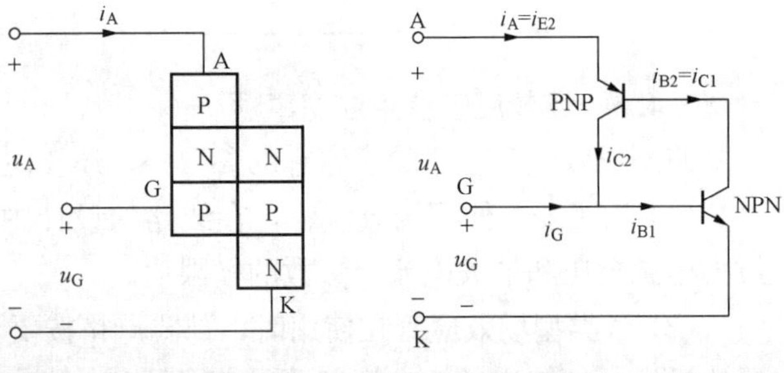

图 7－23　晶闸管的等效电路

当控制极 G 和阳极 A 都加正向电压，两个晶体管（PNP 和 NPN）都处于放大状态，在 u_G 的作用下，产生控制电流 i_G，即开始时的 NPN 管的基极电流 i_{B1}，经过放大，在 NPN 管的集电极产生电流 i_{C1}，它就是 PNP 管的基极电流 i_{B2}，再经过放大，在 PNP 管的集电极产生电流 i_{C2}，这一电流又流入 NPN 管的基极而再次放大，如此循环，直到晶闸管全部导通。即使 $i_G=0$，但是因为晶闸管导通后，$i_{B1} \gg i_G$，所以仍有 $i_{B1}=i_{C2}$，这时晶闸管保持导通状态，控制极 G 失去控制作用，PNP 和 NPN 完全饱和，晶闸管仍处于关断状态。

由以上分析，得到如下结论：

（1）晶闸管导通必须具备两个条件：① 阳极与阴极之间加正向电压；② 门极与阴极之间加正向电压（通常加正向触发脉冲）。

（2）晶闸管导通后，控制极失去控制作用，所以晶闸管为半控型器件。

（3）关断晶闸管必须使阳极电流 i_A 减小，当 $i_A < I_H$（晶闸管最小维持电流），从而关断 PNP 和 NPN。

*2. 可关断晶闸管 GTO

普通晶闸管（SCR）通过门极正信号触发之后，撤掉信号能维持通态。如果使之关断，必须切断电源，使正向电流低于维持电流 I_H，或施以反向电压强行关断。这就需要增加换向电路，不仅使设备的体积、质量增大，而且会降低效率，产生波形失真和噪声。可关断晶闸管克服了上述缺陷，它既保留了普通晶闸管耐压高、电流大的特性又具有自关断能力、使用方便的特点，是理想的高压、大电流开关器件。目前，GTO 已达到 6000A/6000V 的容量。大功率可关断晶闸管已广泛用于斩波调速、变频调速、逆变电源等领域，它的结构及符号如图 7-24 所示。

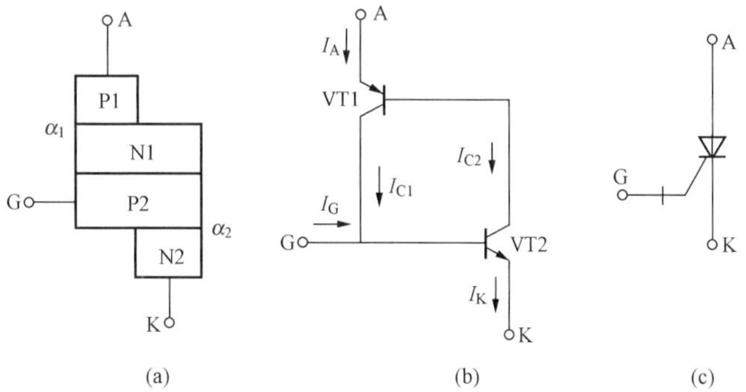

图 7-24　GTO 的结构及符号

(a) 结构示意图；(b) 等效电路；(c) 符号

GTO（Gate Turn-Off Thyristor）是晶闸管的一种派生器件，其导通原理和普通晶闸管相似，但可以通过在门极施加负的脉冲电流（$I_G<0$）使其关断，属于全控型器件（通过控制极可以控制导通，也可以控制关断）。

GTO 同属于 PNPN 四层三端器件，引出阳极、阴极、门极。但其内部包含着数百个共阳极的小 GTO 元件，它们的门极和阴极分别并联在一起，这是为了便于实现门极控制关断所采取的特殊设计。

当 GTO 已处于导通状态时，对门极加负的关断脉冲，形成 $-I_G$，相当于减小 I_{C1} 电流，使 VT2 的基极电流减小，而 I_{C2} 和 I_K 随之减小，I_{C2} 减小又使 I_A 和 I_{C1} 减小，又进一步减小 VT2 的基极电流，当 I_A 和 I_K 的减小使 $\alpha_1+\alpha_2<1$ 时（α_1 和 α_2 分别为 VT1 和 VT2 的共基极电流增益），VT1、VT2 退出饱和，GTO 不满足维持导通条件，阳极电流下降到零而关断。

*7.6 应　　用

7.6.1 二极管的整流电路

目前除了利用干电池、蓄电池和直流发电机等获得直流电外，比较经济和方便的方法是利用二极管的单向导电性将交流电变成直流电，以供大多数电子设备使用。

将交流电变成直流电的过程叫作**整流**。在汽车交流发电机中，就是利用二极管组成的整流板将发电机发出的三相交流电整流为直流电。汽车交流发电机的整流电路和电压波形如图 7－25所示。

图 7－25 中，六只整流二极管构成的整流电路接成电桥形式，故称为**三相桥式整流电路**，将发电机的交流电变为 12V 的直流电。

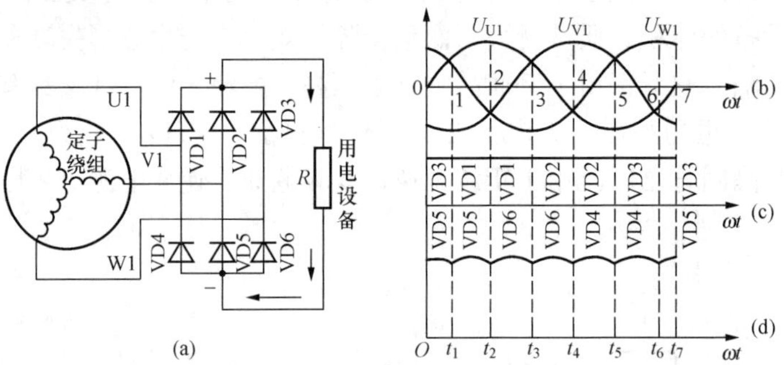

图 7－25　汽车交流发电机的整流电路和电压波形

(a) 整流电路；(b) 三相交流电波形；(c) 某瞬间导通的二极管；(d) 整流后负载上的电压波形

三相桥式整流工作原理：在电路中，三个二极管的正极引出线分别与三相绕组的首端相连。在某一瞬间，只有与电位最高的一相绕组相连的二极管导通。同样，三个二极管的负极引出线也分别同三相绕组的末端相连。在某一瞬间，只有与电位最低的一相绕组相连的二极管导通。

其整流过程如下：

在 $t=0$ 时，$U_{U1}=0$，U_{V1} 为负值，U_{W1} 为正值，则二极管 VD3、VD5 获得正向电压而导通。电流从 W1 相出发，经 VD3、用电设备、VD5 回到 V1 相构成回路。因为二极管内阻很小，所以此时 W1、V1 之间的电压都加在负载上。

在 $t_1 \sim t_2$ 时间内，U1 相电压最高，V1 相电压最低，所以 VD1、VD5 处于正向电压下而导通，U1、V1 之间的电压加在负载上。

在 $t_2 \sim t_3$ 时间内，U1 相电压最高，W1 相电压最低，所以 VD1、VD6 处于正向电压下而导通，U1、W1 之间的电压加在负载上。

在 $t_3 \sim t_4$ 时间内，VD2、VD6 导通，V1、W1 之间的电压加在负载上。

这样反复循环，六只二极管轮流导通，在负载端便得到一个较平稳的直流电压。电压波形如图 7－25（d）所示。

7.6.2　电子调压器

电子调压器适用于 14V、500W 以下的各种交流发电机，某型号电子调压器电路如图 7－26 所示。

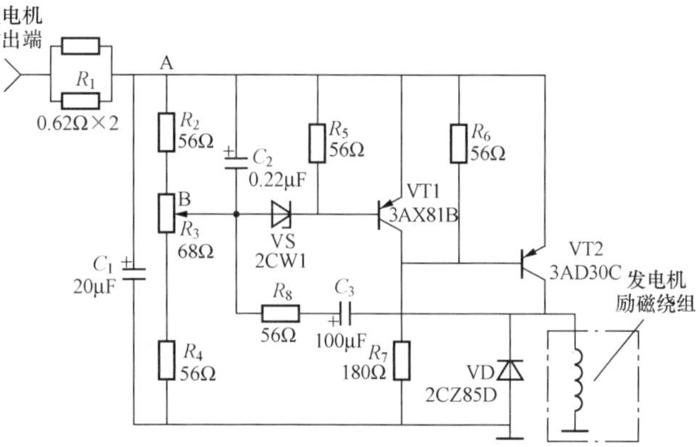

图 7－26　电子调压电路

电阻 R_2、R_3、R_4 组成分压电路，B 点电位随着发电机输出电压的变化而变化。在发电机输出电压小于预定调节电压值时，AB 之间的电压小于稳压管 VS 的反向击穿电压，稳压管 VS 截止，三极管 VT1 基极电流等于零，VT1 截止。而 VT2 的发射极和基极处于较高的电压作用下饱和导通，接通励磁线圈，发电机正常发电。

当发电机输出电压升高，达到预定调节值时，AB 之间的电压大于稳压管 VS 的反向击穿电压，稳压管 VS 导通，三极管 VT1 基极流过电流，VT1 饱和导通，同时 VT1 将 VT2 的发射极和基极短路，使 VT2 截止，断开励磁线圈，发电机输出电压下降。

当发电机输出电压稍低于调节值时，稳压管 VS 又恢复到截止状态，VT1 由导通变为截止，使 VT2 导通。如此反复，使发电机的输出电压维持在规定的调整值附近。

电阻 R_5 提供 VT1 基极工作电位，R_7 是 VT1 的负载电阻，R_6 提供 VT2 基极工作电位。电阻 R_8 和 C_3 可以加速三极管 VT2 的开关转换速度，减少损耗。电容 C_1 的作用是延缓分压电阻上的电压变换速度，降低开关管的开关频率，减少 VT2 管的发热程度。

电容 C_2 是滤波电容，可以使稳压管 VS 两端的电压平滑过渡，减小发电机输出电压的脉动影响，降低开关管的开关频率和损耗。二极管 VD 是续流二极管，保护开关管 VT2 免受励磁线圈反向电动势的冲击。

习　题　7

7.1　PN 结为何具有单向导电性？能否说 N 型半导体带正电，P 型半导体带负电？

7.2　杂质半导体的载流子为何有多数载流子、少数载流子之分？多数载流子的数量与何有关？

7.3　某场效应管，当 $U_{GS}>3V$、$U_{DS}>0V$ 时，有 $I_D>0$。试问该管为何种类型？

7.4　晶闸管由阻断到导通必须具备什么条件？由导通到阻断必须具备什么条件？

7.5　为什么晶闸管导通后，控制极就失去控制作用？GTO与普通晶闸管有什么区别？

7.6　电路如图7－27所示，假设图中的二极管是理想的，试判断二极管是否导通，并求出相应的输出电压。

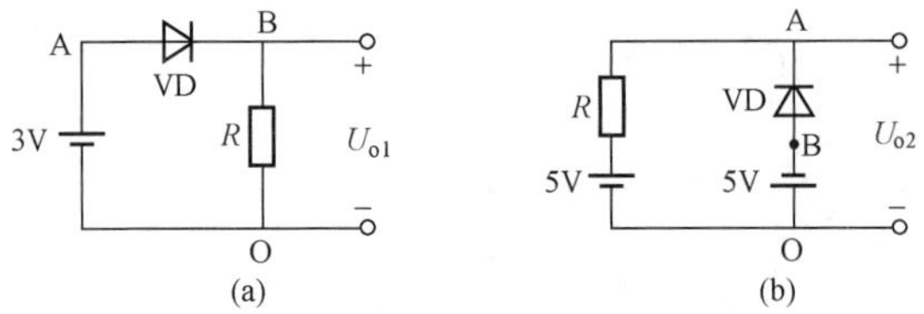

图7－27　题7.6电路

7.7　如图7－28所示，二极管的正向导通压降为0.7V，试分析电路的工作原理，并画出u_o和u_i的波形。

7.8　试判断图7－29中理想二极管是导通还是截止？并求出A、O两端电压U_{AO}。

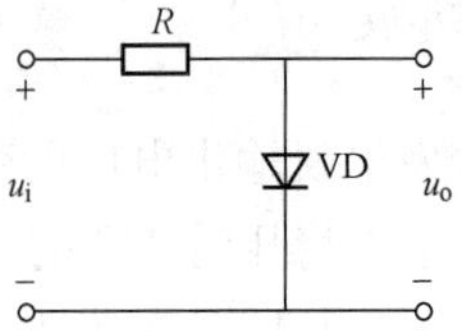

图7－28　题7.7电路

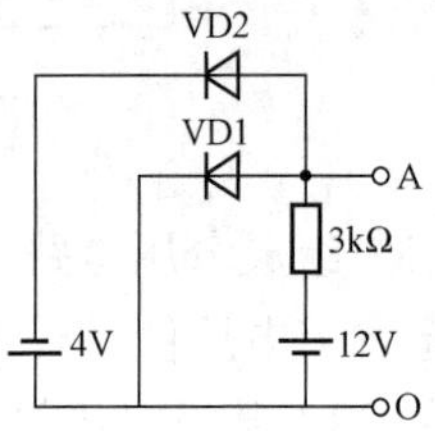

图7－29　题7.8电路

7.9　图7－30中VD1～VD3为理想二极管，A，B，C灯都相同，试问哪个灯最亮？

7.10　测得三只晶体管的直流电位如图7－31所示，试判断它们的工作状态。

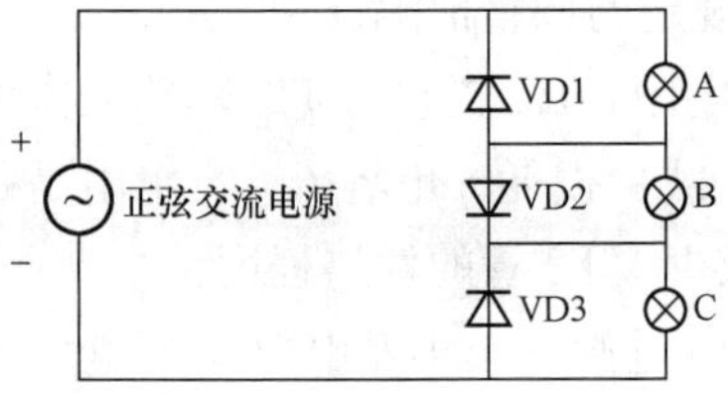

图7－30　题7.9电路

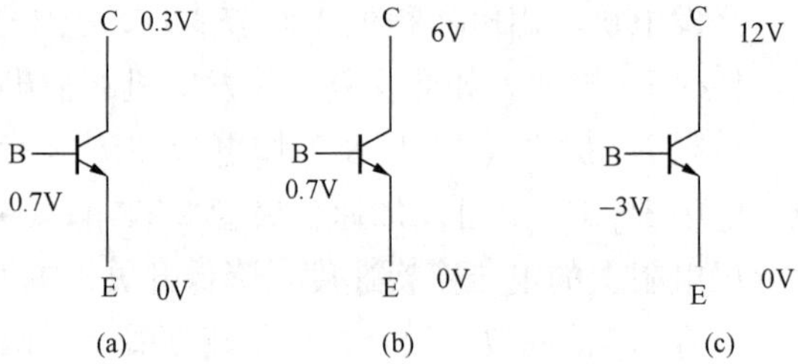

图7－31　题7.10电路

7.11　设硅稳压管VS1和VS2的稳定电压分别为5V和10V，求图7－32中电路的输出电压U_o。已知稳压管的正向压降为0.7V。

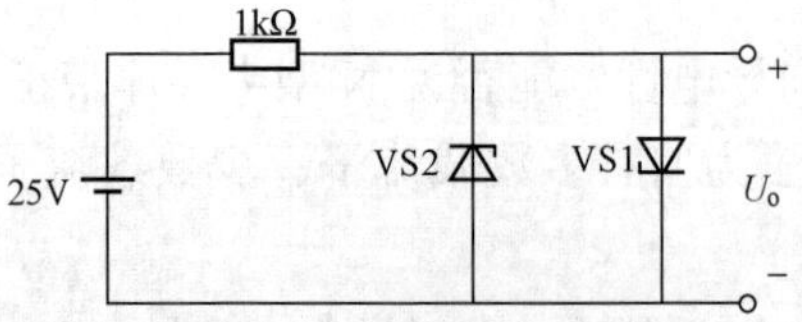

图7－32　题7.11电路

7.12　图 7-33 中，VD 为理想二极管，已知：$u_i=18\sin\omega t$ V，试画出 u_o 的波形。

7.13　在晶体管放大电路中测得三个晶体管的各个电极的电位如图 7-34 所示。试判断各晶体管的类型（是 PNP 管还是 NPN 管，是硅管还是锗管），并区分 e、b、c 三个电极。

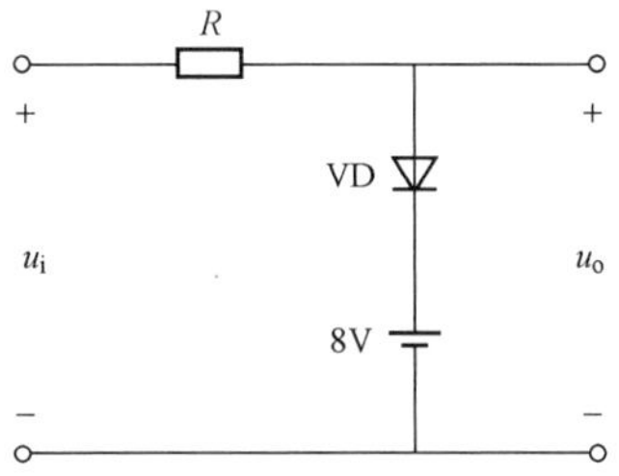

图 7-33　题 7.12 电路

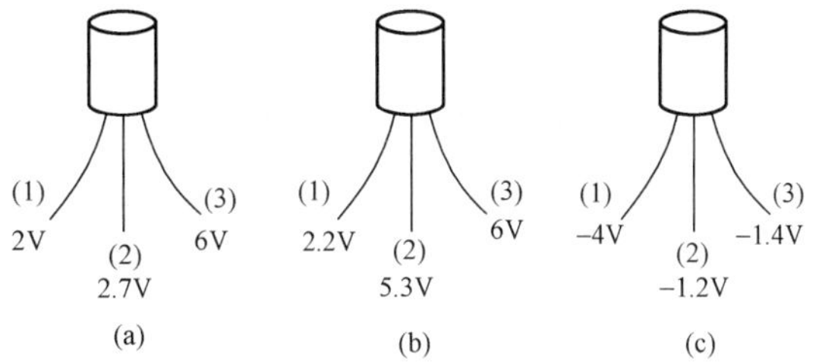

图 7-34　题 7.13 电路

7.14　设半导体三极管的 $\beta=80$，如图 7-35 所示，试分析当开关 S 分别接通 A、B、C 三位置时，三极管各工作在输出特性曲线的哪个区域，并求出相应的集电极电流 I_c。

7.15　图 7-36 所示分别是三个 MOS 管的转移特性曲线，试问三条特性曲线分别代表哪一种类型的 MOS 管。

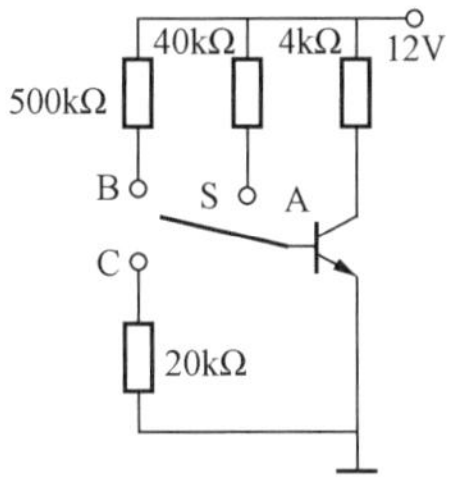

图 7-35　题 7.14 电路

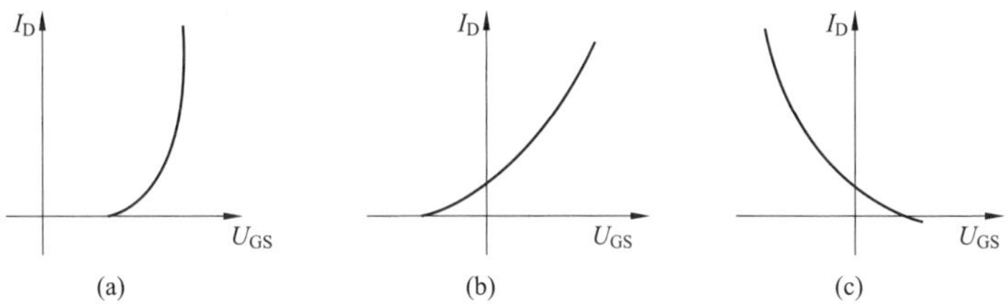

图 7-36　题 7.15 图

第8章　基本放大电路

本章详细介绍了晶体管共发射极放大电路、共集电极放大电路和场效应管共源放大电路的工作原理、直流参数和交流参数的分析计算方法，简单介绍了多级放大电路和集成功率放大电路。本章所讲的基本放大电路是所有模拟集成电路的基本单元，也是学习后续章节内容的重要基础，工程上的各类放大电路都是由若干基本放大电路组合而成的。

8.1　基本放大电路的组成

无线电接收信号，大多数传感器输出的信号通常是很微弱的电信号，对这些过于微弱的电信号，既无法直接显示，一般也很难作进一步分析和处理。为了增强微弱的电信号，几乎每个电子系统中都要用到不同类型的放大电路。

放大电路的功能是**将微弱的电信号不失真地放大到需要的数值**。常见的扩音机就是一个典型的放大电路的应用实例。扩音机的核心部分是放大电路，输入信号来自话筒，输出信号则送到扬声器。放大电路将输入的音频信号放大若干倍，并保证输出信号不失真后输出，扬声器所需的能量由外接电源提供，输入信号起控制输出较大功率的作用。

由于任何稳态信号都可分解为若干频率的正弦信号（谐波）的叠加，所以放大电路常以正弦波作为测试信号。

8.1.1　放大电路的组成

如图8-1所示是常见的单管共发射极放大电路。它由三极管、电阻、电容及直流电源组成。由信号源提供的信号 u_i 经电容 C_1 加到三极管的基极与发射极之间，放大后的信号 u_o 从三极管的集电极（经电容 C_2 后）与发射极之间输出。电路以发射极作为输入、输出回路的公共端，故称为共发射极放大电路。共发射极放大电路是放大电路中应用最广泛的一种电路形式。电路中每部分的作用如下：

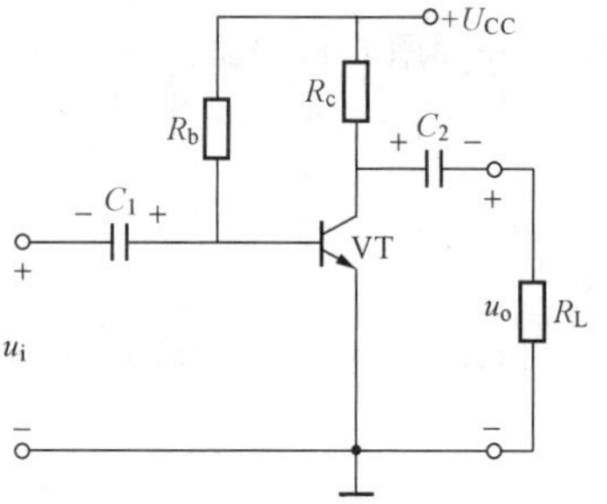

图8-1　共发射极放大电路

(1) 信号源 u_i 为放大电路提供交流信号。

(2) 输入耦合电容 C_1，其作用是隔断信号源与晶体管之间的直流联系；对信号频率而言，其容抗足够小，可视为短路，因而信号可顺利通过，起到传送交流的作用，因此 C_1 也称为隔直电容。

(3) 电阻 R_b。调节 R_b 的大小，就可改变基极电流的大小，电阻 R_b 称为偏置电阻，它保证晶体管有一个合适的基极电流。

(4) 晶体管VT和集电极电阻 R_c。晶体管是放大电路的核心，具有电流控制作用。R_c 是集电极的负载，其作用是将集电极电流的变化转换成电压的变化送到输出端，以实现晶体管的电流放大作用转换为电路的电压放大作用。

(5) 输出耦合电容 C_2，用于隔断晶体管与负载 R_L 的直流联系，对交流可视为短路。

(6) 放大电路负载 R_L，取出输出信号。

(7) 直流电源 U_{CC} 为放大电路提供所需的能量。

概括地说，在组成晶体管放大电路时必须遵循以下几个原则：

(1) 必须根据放大电路中晶体管的类型提供直流电源，以便设置合适的静态工作点，并作为输出的能源。电源的极性和大小应使晶体管发射结处于正偏，保证晶体管工作在导通状态；集电结处于反向偏置，以保证晶体管工作在放大区。

(2) 电阻取值合适，与电源配合，使放大管有合适的静态工作电流。

(3) 输入信号必须能够作用于放大管的输入回路。输入信号必须能够改变基极与发射极之间的电压，从而改变基极或发射极电流。

(4) 当负载接入时，必须保证放大电路输出回路的动态电流能够作用于负载，从而使负载获得比输入信号大得多的电流或电压。

【例 8－1】 用组成放大电路遵循的原则判断图 8－2 所示电路是否具有放大作用。

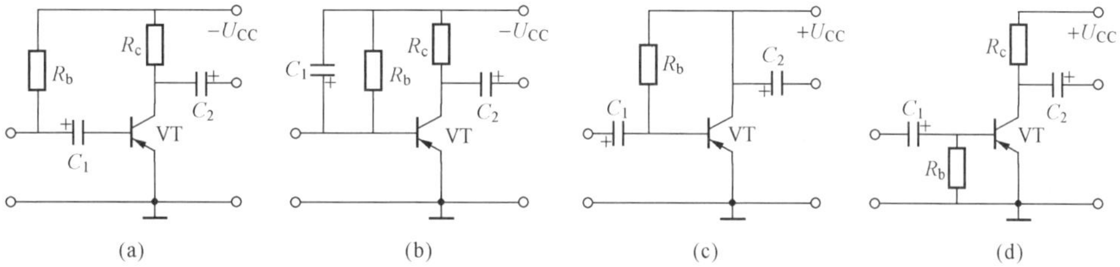

图 8－2 【例 8－1】图

解　图 8－2 (a) 由于 C_1 隔直流作用，晶体管基极无输入直流通路，无法工作在放大区。图 8－2 (b) 由于 C_1 的旁路作用使得输入信号电压无法加到三极管的基极。图 8－2 (c) 由于没有 R_c，只有信号电流，动态电流不能够作用于负载，因此无信号电压输出，或者说输出信号电压无法取出。图 8－2 (d) 发射结没有正向偏置电压。所以 4 个电路均不能放大交流信号。

8.1.2　放大电路的性能指标

如图 8－3 所示为放大电路的示意图。对于信号而言，任何一个放大电路均可看成一个两端口网络。左边为输入端口，当内阻为 R_s 的正弦波信号源 $\dot{U}_s$ 作用时，放大电路得到输入电压 $\dot{U}_i$，同时产生输入电流 $\dot{I}_i$；右边为输出端口，输出电压为 $\dot{U}_o$，输出电流为 $\dot{I}_o$，R_L 为负载电阻。不同放大电路在 $\dot{U}_s$ 和 R_L 相同的条件下，$\dot{I}_i$、$\dot{U}_o$、$\dot{I}_o$ 将不同，说明不同放大电路从信号源得到的电流不同，且对同样信号的放大能力也不同；同一放大电路在幅值相同、频率不同的 $\dot{U}_s$ 作用下，$\dot{U}_o$ 也不同，即同一放大电路对不同频率的信号产生的放大能力也存在差异。为了反映放大电路各方面的性能，引入如下主要指标：

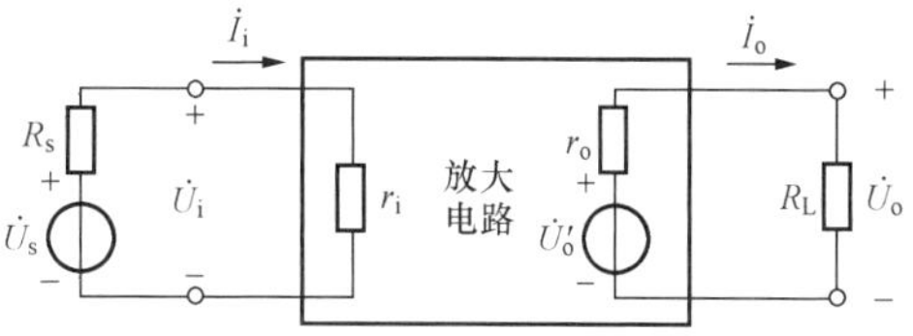

图 8－3　放大电路示意图

1. 电压放大倍数（或增益）A_u

放大电路输出电压的变化量和输入电压的变化量之比称为放大电路的**电压放大倍数**，即

$$A_u=\frac{\Delta U_o}{\Delta U_i} \tag{8-1a}$$

在输入信号为正弦信号时，也可表示为

$$A_u=\frac{\dot{U}_o}{\dot{U}_i} \tag{8-1b}$$

其绝对值为

$$|A_u|=\frac{U_o}{U_i}=\frac{U_{om}}{U_{im}} \tag{8-1c}$$

A_u 无量纲，在工程上常用以 10 为底的**对数增益**表达，其基本单位为贝尔（Bel，B），平时用它的 1/10 单位**"分贝"**（dB）。用分贝表示的电压增益为

$$\text{电压增益}=20\lg|A_u|\quad \text{dB} \tag{8-2}$$

电压放大倍数反映了放大电路的放大能力。在实际测量电压放大倍数时，需用示波器观察输出端的波形，只有在不失真的情况下，测试数据才有意义，其他指标亦如此。

2. 输入电阻

当放大电路与信号源相连时，放大电路就相当于信号源的一个负载电阻，这个电阻就是放大电路本身的**输入电阻**。它定义为输入电压有效值 U_i 和输入电流有效值 I_i 之比，用符号 r_i 表示，即

$$r_i=\frac{U_i}{I_i} \tag{8-3}$$

输入电阻是从放大电路输入端看进去的等效电阻，它在数值上等于输入电压变化量与输入电流变化量之比，即

$$r_i=\frac{\Delta U_i}{\Delta I_i} \tag{8-4}$$

r_i 越大，表明放大电路从信号源得到的电流越小，放大电路所得到的输入电压 U_i 越接近信号源电压 U_s。换言之，信号源内阻的压降越小，信号电压损失越小。但是，若信号源内阻 R_s 是常量，为使输入电流大一些，则应使 r_i 小一些。一般都希望 r_i 能大一些，最好远远大于信号源内阻 R_s。

3. 输出电阻

任何放大电路的输出端都可以等效成一个有内阻的电压源，从放大电路输出端（**断开负载电阻 R_L 后**）看进去的等效电阻称为**输出电阻** r_o。

如图 8-3 所示，U_o'为空载时输出电压的有效值，U_o 为带负载后输出电压的有效值，因此

$$U_o=\frac{R_L}{r_o+R_L}U_o' \tag{8-5}$$

输出电阻

$$r_o=\left(\frac{U_o'}{U_o}-1\right)R_L \tag{8-6a}$$

这是实际中测量放大电路输出电阻的计算公式。

输出电阻 r_o 的另一种定义是**输入信号为零时，输出电压和输出电流之比**，即

$$r_o=\frac{\dot{U}_o}{\dot{I}_o}\bigg|_{\dot{U}_s=0} \tag{8-6b}$$

放大器输出电阻 r_o 的大小决定它带负载的能力。**带负载能力，是指放大电路的输出量随负载变化的程度**。当负载变化时，输出量变化很小或基本不变，表示带负载能力强，即输出量与负载大小的关联程度越弱，放大电路的带负载能力越强。一般都希望 r_o 能小一些，最好远远小于负载电阻 R_L。

4. 频率特性

由于放大电路中耦合电容及晶体管 PN 结电容等的存在，它们的容抗随频率变化而变化。频率很低时，耦合电容的容抗大，其分压作用不可忽略；频率很高时，结电容的容抗小，其分流作用不可忽略。同时，晶体管的电流放大倍数 β 等参数也与频率有关，频率很高时，β 将下降。因此，同一放大电路在输入信号频率较低或较高时，放大倍数的数值会下降并产生相移。一般情况，放大电路只适用于放大某一特定频率范围内的信号。电压放大倍数 $|A_u|$ 与信号频率 f 的关系称为**幅频特性**。输出电压与输入电压的相位差 φ 与信号频率 f 的关系称为**相频特性**，两者总称为**频率特性**。

图 8-4 所示为某放大电路的频率特性曲线，图中 A_{uo} 为**中频放大倍数**。

在信号频率下降到一定程度时，放大倍数的数值明显下降。使放大倍数的数值等于 0.707 倍 $|A_{uo}|$ 的频率称为**下限截止频率** f_L。信号频率上升到一定程度时，放大倍数的数值也将减小。使放大倍数的数值等于 0.707 倍 $|A_{uo}|$ 的频率称为**上限截止频率** f_H。f 小于 f_L 的部分称为放大电路的低频段，f 大于 f_H 的部分称为放大电路的高频段，而 f_L 与 f_H 之间形成的频带称为中频段，也称为放大电路的通频带 f_{bw}，即

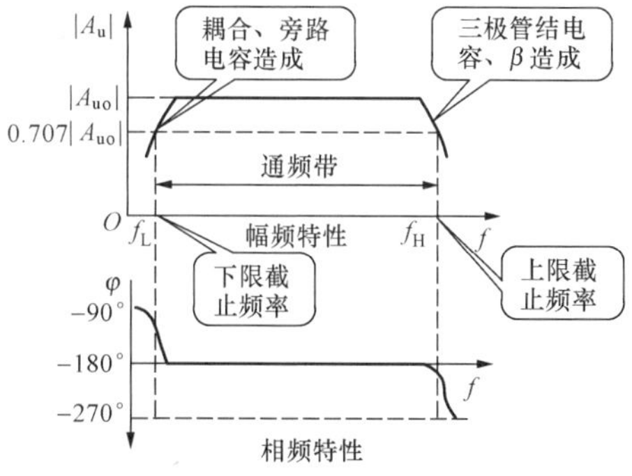

图 8-4　放大电路的频率特性

$$f_{bw}=f_H-f_L \tag{8-7}$$

通频带用于衡量放大电路对不同频率信号的放大能力。通频带越宽，表明放大电路对不同频率信号的适应能力越强。

由于放大电路的输入信号通常不是单一频率的正弦波，而是包括各种不同频率的正弦分量，输入信号所包含的正弦分量的频率范围称为输入信号的**频带**。由于放大电路中三极管具有非线性特性，它们的线性放大范围有一定的限度，当输入信号幅度超过一定值后，输出电压将产生**非线性失真**，包括饱和失真、截止失真、交越失真和不对称失真。

8.2　共发射极放大电路

8.2.1　静态分析

1. 静态工作点的求解

在放大电路中，当有输入信号时，交流量与直流量共存。当没有输入信号（$u_i=0$）时，电路中各处的电压、电流都是直流恒定的，称为直流工作状态或静止状态，简称**静态**。静态

分析就是分析放大电路的直流工作情况，以确定晶体管各电极的直流电压和电流的数值。

直流电源单独作用时晶体管的基极电流 I_B、集电极电流 I_C、基极与发射极间电压 U_{BE}、集电极与发射极间电压 U_{CE} 称为放大电路的**静态工作点** Q，四个物理量也记作 I_{BQ}、I_{CQ}、U_{BEQ}、U_{CEQ}。静态分析的主要方法有估算法（也称解析法）和图解法。

(1) 估算法。在近似估算中常认为 U_{BEQ} 为已知量，硅管约为 0.7V，锗管约为 0.3V。这样四个物理量就只需要计算 I_{BQ}、I_{CQ} 和 U_{CEQ}。计算时，为便于分析，可将原电路中只含静态直流分量的这部分电路画出来。这种只研究放大电路中直流分量时的电路，也就是直流电源单独作用时的电路，称为**直流通路**。

画直流通路的原则：①电容视为开路；②电感视为短路（即忽略线圈电阻）；③信号源视为短路，但保留其内阻。

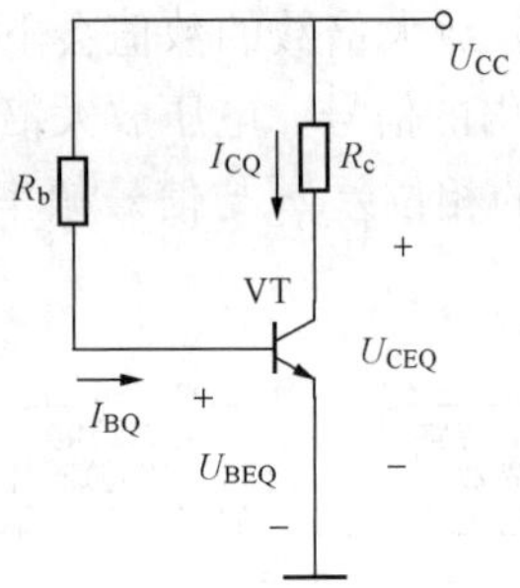

图 8-5 直流通路

图 8-1 所示的直流通路如图 8-5 所示，静态工作点的表达式为

$$I_{BQ}=\frac{U_{CC}-U_{BEQ}}{R_b}$$
$$I_{CQ}=\beta I_{BQ}$$
$$U_{CEQ}=U_{CC}-I_{CQ}R_c \tag{8-8}$$

【例 8-2】 在图 8-1 所示电路中，已知 $U_{CC}=6V$，$R_b=270k\Omega$，$R_c=1.5k\Omega$，$\beta=100$，晶体管为硅管。试求放大电路的静态工作点。

解 由式（8-8）求得

$$I_{BQ}=\frac{U_{CC}-U_{BEQ}}{R_b}=\frac{6-0.7}{270}=0.0196(\text{mA})\approx 20\mu\text{A}$$
$$I_{CQ}=\beta I_{BQ}=100\times 0.0196=1.96(\text{mA})$$
$$U_{CEQ}=U_{CC}-I_{CQ}R_c=6-1.96\times 1.5=3.06(\text{V})$$

【例 8-3】 在如图 8-5 所示电路中，如果把 R_b 换为光敏电阻，R_c 换为红色发光二极管（正极接电源正），则电路可实现“见光就亮”的功能，试分析其原理。

已知 $U_{CC}=3V$，光敏电阻的亮电阻为 20kΩ、暗电阻为 1MΩ，发光二极管的最小发光电流为 1mA。晶体管为硅管，$\beta=80$。

解 (1) 有光时，$R_b=20k\Omega$，由式（8-8）求得

$$I_{BQ}=\frac{U_{CC}-U_{BEQ}}{R_b}=\frac{3-0.7}{20}=0.115(\text{mA})=115\mu\text{A}$$
$$I_{CQ}=\beta I_{BQ}=80\times 0.115=9.2(\text{mA})$$

流过二极管的电流 9.2mA，大于最小发光电流，发光二极管点亮。

(2) 无光时，$R_b=1M\Omega$，则

$$I_{BQ}=\frac{U_{CC}-U_{BEQ}}{R_b}=\frac{3-0.7}{1000}=0.0023(\text{mA})\approx 2.3\mu\text{A}$$
$$I_{CQ}=\beta I_{BQ}=80\times 0.0023\approx 0.18(\text{mA})$$

流过二极管的电流小于最小发光电流，发光二极管不发光。

(2) 图解法。在实际测出放大管的输入特性、输出特性和已知放大电路中其他各元件参数的情况下，利用作图的方法对放大电路进行分析即为**图解法**。

对图 8-1 所示放大电路的输入回路，静态工作点既应在晶体管的输入特性曲线上，又应满足输入回路的电压方程

$$U_{BE}=U_{CC}-I_{B}R_{b} \tag{8-9}$$

在输入特性坐标系中，画出式（8-9）所确定的直线，直线与曲线的交点就是静态工作点 Q，其横坐标值为 U_{BEQ}，纵坐标为 I_{BQ}，如图 8-6（a）所示。式（8-9）所确定的直线称为输入回路负载线。

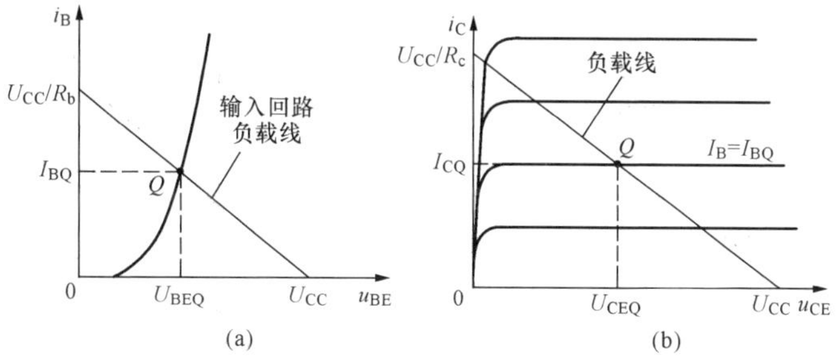

图 8-6 用图解法求解静态工作点

（a）输入回路的图解分析；（b）输出回路的图解分析

与输入回路相似，在晶体管的输出回路中，静态工作点既应在 $I_B=I_{BQ}$ 的那条输出特性曲线上，又应满足输出回路的电压方程

$$U_{CE}=U_{CC}-I_{C}R_{c} \tag{8-10}$$

在输出特性坐标系中，画出式（8-10）所确定的直线，找到 $I_B=I_{BQ}$ 的那条输出特性曲线，该曲线与上述直线的交点就是静态工作点 Q，其横坐标值为 U_{CEQ}，纵坐标为 I_{CQ}，如图 8-6（b）所示。式（8-10）所确定的直线称为输出回路负载线。

图解法的特点是直观形象地反映晶体管的工作情况，但必须实测出所用晶体管的特性曲线。因此，图解法多用于分析输出幅值比较大而工作频率不太高时的情况。在实际应用中，多用于分析 Q 点位置、最大不失真输出电压和失真情况的定性分析。

2. 静态工作点的影响

静态工作点选择是否合适将会影响到动态时的放大质量，关系到输出和输入信号波形是否失真。

当输入电压为正弦波时，若静态工作点合适且输入信号幅值较小，则晶体管基极与发射极间的动态电压为正弦波，基极动态电流也为正弦波，如图 8-7（a）所示。为了便于区分，通常直流分量用大写字母和大写下标表示，交流分量用小写字母和小写下标表示，总的电压、电流瞬时值用小写字母和大写下标表示。在放大区内集电极电流随基极电流按 β 倍变化，并且 i_C 与 u_{CE} 将沿负载线变化。当 i_C 增大时，u_{CE} 减小。由此得到动态集电极与发射极间电压 u_{ce}，即输出电压 u_o，u_o 与 u_i 反相，如图 8-7（b）所示。

当 Q 点过低时，在输入信号的负半周靠近峰值的某段时间内，晶体管基极与发射极间电压总量 u_{BE} 小于开启电压 U_{on}，晶体管截止。因此基极 i_b 电流将产生底部失真，如图 8-8（a）所示。集电极电流 i_c 和 R_c 上的电压的波形必然随 i_b 产生同样的失真；而输出电压 u_o

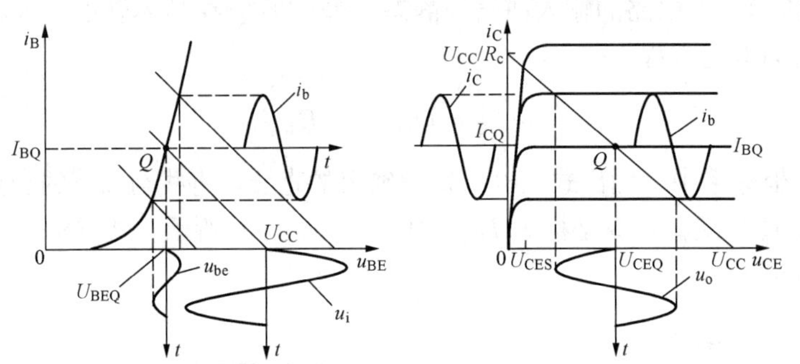

(a)　　(b)

图 8－7　共发射极放大电路的波形分析

(a) 输入回路；(b) 输出回路

与 R_c 上电压的变化相位相反，从而导致 u_o 波形产生顶部失真，如图 8－8（b）所示。因晶体管截止产生的失真称为**截止失真**。在如图 8－8 所示电路中，要消除截止失真，可以减小 R_b 或增大 U_{CC}，通常采用前者。

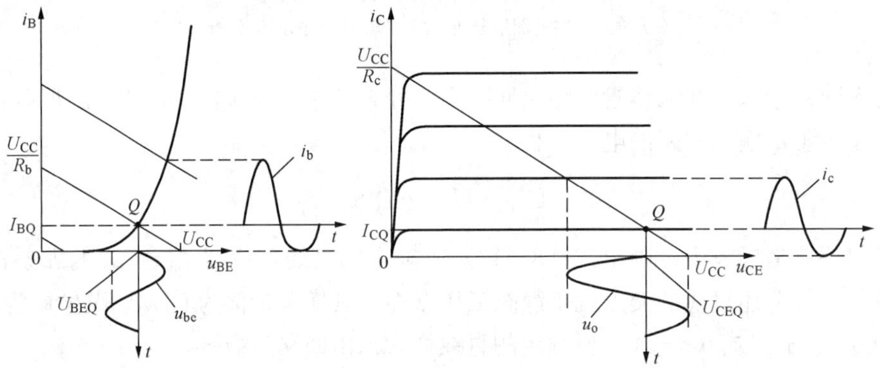

(a)　　(b)

图 8－8　共射极放大电路的截止失真

(a) 输入回路；(b) 输出回路

当 Q 点过高时，由于输入信号在正半周靠近峰值的某段时间内进入了饱和区，导致集电极动态 i_c 电流产生顶部失真，集电极电阻 R_c 上的电压的波形必然随之产生同样的失真，u_o 波形产生底部失真。因晶体管饱和产生的失真称为**饱和失真**，波形图请读者参考图 8－8 自己画出。在图 8－4 中，为了消除饱和失真，可以增大 R_b 以减小基极静态电流 I_{BQ}，从而降低 I_{CQ}；也可减小 R_c，从而增大管压降 U_{CEQ}；或者更换一只 β 值较小的晶体管。

3. 典型的静态工作点稳定电路

静态工作点不但决定了电路是否会产生失真，而且还影响着电压放大倍数、输入电阻等动态参数。实际上电源电压的波动、元件的老化及温度变化所引起的晶体管参数变化，都会造成静态工作点的不稳定。在诸多因素中，**温度对晶体管参数的影响是最主要的**。

稳定静态工作点 Q 点就是通过采取措施使温度变化时，I_{BQ}、I_{CQ}、U_{CEQ} 基本不变。常用引入直流负反馈或温度补偿的方法使 I_{BQ} 在温度变化时产生与 I_{CQ} 相反的变化。

(1) 静态工作点稳定的原理。典型的静态工作点稳定电路如图 8－9 所示，图 8－9（a）

直接耦合型，图 8-9（b）为阻容耦合型，它们具有相同的直流通路，如图 8-9（c）所示。

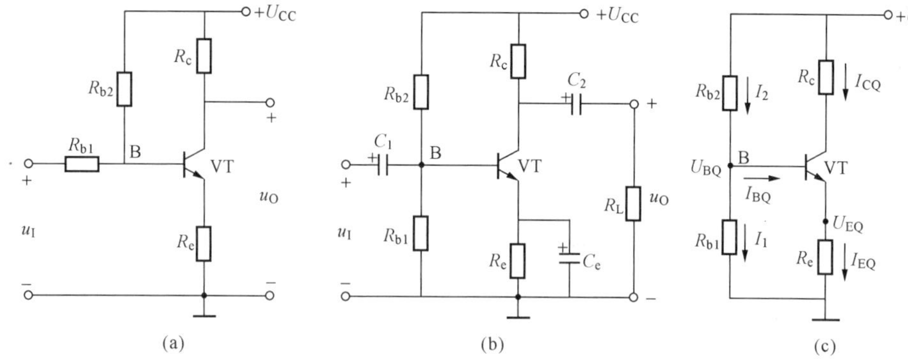

图 8-9　静态工作点稳定的共发射极电路

（a）直接耦合型；（b）阻容耦合型；（c）直流通路

图 8-9 所示电路与图 8-1 相比，不同之处有两点：一是基极偏置电路改为了**基极固定分压式偏置电路**，电阻 R_{b1} 和 R_{b2} 构成一个分压器，提供基极偏置电压。二是发射极增加了 R_e、C_e，R_e 让发射极的电位高于接地电位，起**直流负反馈**的作用，用于抵消在温度变化时 I_{CQ} 的变化；C_e 是旁路电容，对交流短路，保证接入 R_e 后不改变电路的电压放大倍数。

若选择合适的参数，使 $I_1 \gg I_{BQ}$，B 点的电位

$$U_{BQ} \approx \frac{R_{b1}}{R_{b1}+R_{b2}}U_{CC} \tag{8-11}$$

式（8-11）表明，晶体管的基极电位可近似认为仅决定于 R_{b1}、R_{b2} 对 U_{CC} 的分压，而与环境温度无关，即当温度变化时，U_{BQ} 基本不变。

当温度升高时，晶体管的 I_C 及 I_E 增大，发射极电阻 R_e 上的压降即 U_E 增大，由于 $U_{BE}=U_{BQ}-U_E$，且 U_{BQ} 基本不变，所以 U_{BE} 下降，导致 I_B 减小，I_C 随之减小。

当温度降低时，各物理量的变化方向相反，I_C 及 U_{CE} 也将基本不变。

为了稳定放大电路的静态工作点，在电路中还可以采取其他措施，如在发射极用恒流源代替电阻 R_e 等。

（2）静态工作点的估算。已知 $I_1 \gg I_{BQ}$，$U_{BQ} \approx \frac{R_{b1}}{R_{b1}+R_{b2}}U_{CC}$，则

$$I_{CQ} \approx I_{EQ} = \frac{U_{BQ}-U_{BEQ}}{R_e} \tag{8-12}$$

$$U_{CEQ} \approx U_{CC} - I_{CQ}(R_c+R_e) \tag{8-13}$$

$$I_{BQ} = I_{EQ}/(1+\beta) \tag{8-14}$$

从式（8-11）和式（8-12）可以看出，I_{EQ} 只取决于外电路 U_{CC} 和 R_{b1}、R_{b2}、R_e，而与晶体管参数无关，即稳定了 I_{EQ}。I_{EQ} 稳定，I_{CQ} 也就稳定了，因此 Q 点稳定。

因为晶体管的 β 值具有离散性，改进后的电路如图 8-9（b）与图 8-1 相比，能够避免更换晶体管对静态工作点的影响，降低了在工程应用中器件的选取标准和难度。

【例 8-4】 在如图 8-9（b）所示电路中，已知 $U_{CC}=12V$，$R_{b1}=6.8k\Omega$，$R_{b2}=22k\Omega$，$R_e=560\Omega$，$R_c=1k\Omega$，晶体管为硅管。试求：$\beta=100$ 和 $\beta=200$ 时的 I_{BQ}、I_{CQ} 和 U_{CEQ}，验证 Q 点不受晶体管参数影响。

解 在图 8-9（b）所示电路中，已知 $I_1 \gg I_{BQ}$，则 B 点电压

$$U_{BQ} \approx \frac{R_{b1}}{R_{b1}+R_{b2}}U_{CC}=\frac{6.8}{28.8}\times 12=2.83(\mathrm{V})$$

发射极电压

$$U_{EQ}=U_{BQ}-U_{BEQ}=2.83-0.7=2.13(\mathrm{V})$$

所以

$$I_{CQ} \approx I_{EQ}=\frac{U_{EQ}}{R_e}=\frac{2.13}{560}=0.0038\mathrm{A}=3.8(\mathrm{mA})$$

$$U_{CQ}=U_{CC}-I_{CQ}R_c=12-0.0038\times 1000=8.2(\mathrm{V})$$

$$U_{CEQ}=U_{CQ}-U_{EQ}=8.2-2.13=6.07(\mathrm{V})$$

因为 $I_{BQ}=I_{EQ}/(1+\beta)$，所以：

$\beta=100$ 时

$$I_{BQ}=3.8/101 \approx 37.6(\mu\mathrm{A})$$

$\beta=200$ 时

$$I_{BQ}=3.8/201 \approx 18.9(\mu\mathrm{A})$$

通过计算可以看出，I_{CQ} 和 U_{CEQ} 只取决于外电路参数（电源和电阻），而与晶体管的 β 无关，β 值只影响 I_{BQ}，从而避免了更换晶体管时因 β 值的离散性对静态工作点的影响。

8.2.2 动态分析

当放大电路有信号输入时，电路中各处的电压、电流都处于变动的工作状态，简称**动态**。动态分析就是分析有变化着的输入信号时，电路中各种变化量的变动情况和相互关系。具体讲，就是分析放大电路的性能指标，即求放大倍数 A_u，输入电阻 r_i 和输出电阻 r_o。动态分析的主要工具是交流等效电路。

由于正弦信号是一种基本信号，在对放大电路进行动态性能的分析或测试时，常用基本正弦信号作为输入信号。

1. 晶体管的交流小信号电路模型

由于晶体管的特性曲线在放大区近似为直线。因此，在小信号情况下，晶体管的电压和电流的交流分量之间的关系基本上是线性的。所以在作小信号动态分析时，可以将晶体管作为一个线性的电路模型来代替，称为晶体管的交流小信号电路模型。下面分析这个交流小信号的电路模型。

在如图 8-10（a）所示的共发射极放大电路中，设基极电路的电压和电流分别为 U_{BEQ} 和 I_{BQ}。当基极和发射极之间的电压在 U_{BEQ} 的基础上出现一个微小的变化量 Δu_{BE} 时，基极电流也产生一个变化量 Δi_B，如图 8-10（b）所示。因为 i_C 受 i_B 控制，故在集电极就有 Δi_C 和 Δu_{CE}，如图 8-10（c）所示。

设 U_{BEQ} 和 I_{BQ} 在输入曲线对应点为 Q，在 Q 点附近电压和电流的变化量 Δu_{BE} 和 Δi_B 比较小，于是可以把 Q 点附近的一段曲线近似地看成是直线。Δu_{BE} 和 Δi_B 之比就是动态电阻，即

$$r_{be}=\frac{\Delta u_{BE}}{\Delta i_B} \tag{8-15}$$

在输入信号为正弦信号时，可写成

$$r_{be}=\frac{\dot{U}_{BE}}{\dot{I}_B}$$

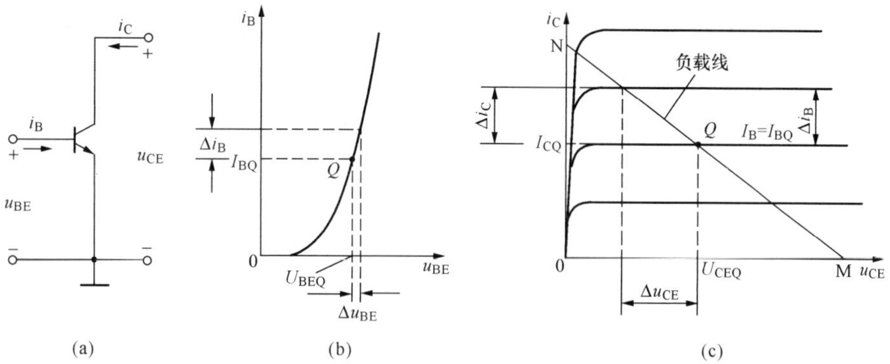

图 8－10　小信号电路模型分析

（a）电路图；（b）基极特性曲线；（c）集电极特性曲线

r_{be} 称为**晶体管的输入电阻**，一般为数百至数千欧。除了利用输入特性和式（8－15）计算外，在常温下低频小功率晶体管的输入电阻还可以用下面的公式估算

$$r_{be}=200+(1+\beta)\frac{26(\mathrm{mV})}{I_{EQ}(\mathrm{mA})} \quad 或 \quad r_{be}=200+\beta\frac{26(\mathrm{mV})}{I_{CQ}(\mathrm{mA})} \tag{8-16}$$

显然，r_{be} 的大小与晶体管的电流放大倍数 β 和 Q 点有关，Q 点越高，即 I_{EQ}（I_{CQ}）越大，r_{be} 越小。

式（8－16）适用范围为 $0.1\mathrm{mA}<I_{EQ}<5\mathrm{mA}$，实验表明，超过此范围，会有较大的误差。

如前所述，对变化量来说，晶体管的基极和发射极之间可以用输入电阻 r_{be} 来等效。因晶体管工作在放大区，可以近似地认为其输出特性是一簇以 I_B 为变量的平行于横轴的直线，其 Δi_C 只受 Δi_B 控制，而与 Δu_{CE} 几乎无关，因此从晶体管的输出端看进去，可以用一个等效的电流源 $\beta\Delta I_B$ 来表示，不过这个电流源的电流 Δi_C 不是一个固定值，而是受 Δi_B 控制的，由此可以画出对变化量而言的电路模型，如图 8－11 所示。因为这个电路模型只适用于变化量较小即小信号的情况，且忽略 U_{CE} 对 I_B 和 I_C 的影响，故称为简化的小信号模型。在输入信号为正弦信号时

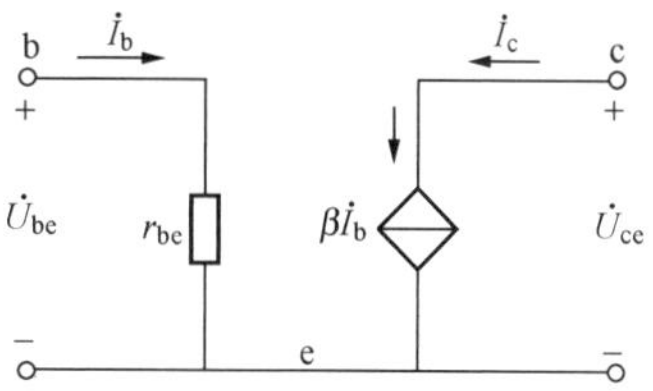

图 8－11　晶体管小信号模型

$$\dot{I}_c=\beta\dot{I}_b \tag{8-17}$$

2. 放大电路的交流通路

晶体管的交流小信号电路模型适用于交流小信号，用来分析放大电路中的交流分量。只研究放大电路交流分量作用时的电路，即输入信号单独作用时交流信号流经的通路称为放大电路的**交流通路**。也就是说，在对放大电路进行静态分析时要画出它的直流通路，而进行动态分析时要画出它的交流通路。

画交流通路的原则如下：

（1）容量大的电容（如耦合电容）视为短路。

（2）内阻很小的直流电源（如 $+U_{CC}$）视为短路。

根据这一原则，图 8－1 所示放大电路的交流通路如图 8－12 所示。

3. 放大电路的交流等效电路

将交流通路中的晶体管用交流小信号模型代替，便得到在小信号（即交流信号）情况下对放大电路动态分析的等效电路，称为放大电路的**交流等效电路**。

将图 8-12 中的晶体管用交流小信号模型代替，即得到了图 8-1 所示共发射极放大电路的交流等效电路，如图 8-13 所示。

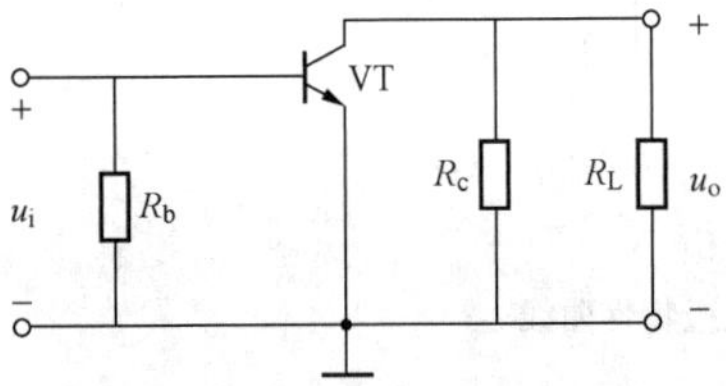

图 8-12　交流通路

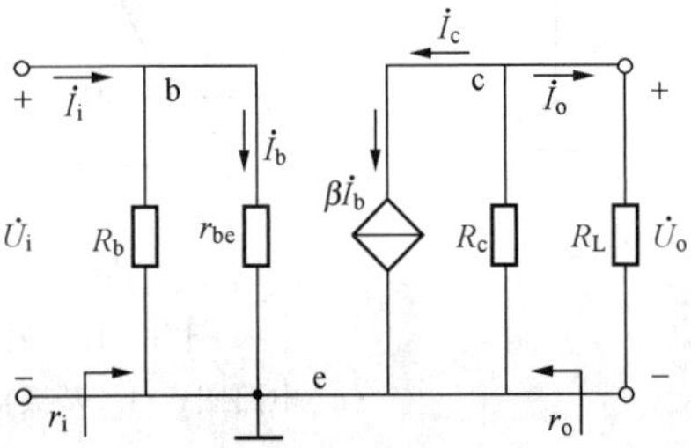

图 8-13　共发射极放大电路的交流等效电路

画出放大电路的交流等效电路的步骤如下：

(1) 画出放大电路的交流通路。

(2) 找出放大电路中的晶体管，将基极、集电极和发射极分别用 b、c、e 标示，然后用交流小信号模型代替晶体管，其他元件位置不变。

(3) 用相量符号标出各电压和电流量及其参考方向。

对放大电路进行动态分析时，首先要画出其交流等效电路，然后可根据公式求出放大电路的主要性能指标，如电压放大倍数、输入电阻、输出电阻等。

4. 共射放大电路动态参数的分析

根据图 8-13 所示共发射极放大电路的交流等效电路，可以求解放大电路的电压放大倍数、输入电阻、输出电阻。

(1) 电压放大倍数。由图 8-13 可知，$\dot{U}_i=\dot{I}_b r_{be}$，$\dot{U}_o=-\dot{I}_c(R_c//R_L)=-\beta\dot{I}_b(R_c//R_L)$

根据 A_u 的定义，代入式 (8-1b) 得

$$A_u=\frac{\dot{U}_o}{\dot{U}_i}=-\frac{\beta R'_L}{r_{be}}\quad (R'_L=R_c//R_L) \tag{8-18}$$

A_u 为负值，表明输出电压与输入电压的相位相反。

(2) 输入电阻。根据 r_i 的定义，代入式 (8-3) 得

$$r_i=\frac{U_i}{I_i}=R_b//r_{be} \tag{8-19}$$

通常情况下，$R_b \gg r_{be}$，所以 $r_i \approx r_{be}$。由式 (8-19) 可知，r_i 与信号源的内阻无关。

图 8-14　求放大电路的输出电阻

(3) 输出电阻。当定量分析放大电路的输出电阻时，常采用如图 8-14 所示的方法：在信号源 $\dot{U}_s$ 短路但保留其内阻 R_s 和负载 R_L 开路的条件下，在放大电路的输出端加一测试电压 $\dot{U}_t$，相应地产生一个测试电流 $\dot{I}_t$，于是可得到输出电阻为

$$r_o=\frac{\dot{U}_t}{\dot{I}_t}\bigg|_{U_s=0,\ R_L=\infty} \quad (8-20)$$

式（8－20）适用于求解各种类型放大电路的输出电阻。根据上述方法，如图 8－13 所示共发射极放大电路输出电阻为

$$r_o=R_c \quad (8-21)$$

由式（8－21）可知，r_o 与负载无关。在此电路中，R_c 的阻值一般为几千欧，所以，基本共发射极放大电路的输出电阻较高。

【例 8－5】 在如图 8－1 所示电路中，已知 $U_{CC}=6V$，$R_b=270k\Omega$，$R_c=R_L=2k\Omega$，晶体管为硅管，$\beta=100$。试求放大电路的 A_u、r_i 和 r_o。

解 由【例 8－2】可知，$I_{CQ}=1.96mA$，所以

$$r_{be}=200+\beta\frac{26}{I_{CQ}}=200+100\times\frac{26}{1.96}\approx 1527(\Omega)\approx 1.53(k\Omega)$$

$$A_u=\frac{\dot{U}_o}{\dot{U}_i}=-\frac{\beta R'_L}{r_{be}}\approx-\frac{100\times 1}{1.53}\approx-65 \quad (R'_L=R_c /\!/ R_L=1k\Omega)$$

$$r_i=\frac{U_i}{I_i}=R_b /\!/ r_{be}=270 /\!/ 1.53\approx 1.53(k\Omega)$$

$$r_o=R_c=2(k\Omega)$$

【例 8－6】 在如图 8－9（b）所示电路中，已知 $U_{CC}=30V$，$R_{b1}=10k\Omega$，$R_{b2}=100k\Omega$，$R_e=1k\Omega$，$R_c=4.7k\Omega$，$R_L=6.2k\Omega$，晶体管为硅管，$\beta=100$。设电容 C_1、C_2、C_e 对交流信号可视为短路。试完成下列工作：

（1）估算 Q 点，即求 I_{BQ}、I_{CQ} 和 U_{CEQ}。

（2）计算 A_u、r_i 和 r_o。

解 （1）根据图 8－9（c）所示直流通路，按式（8－11）～式（8－14）估算 I_{BQ}、I_{CQ} 和 U_{CEQ}。

设 $I_1\gg I_{BQ}$，则

$$U_{BQ}\approx\frac{R_{b1}}{R_{b1}+R_{b2}}U_{CC}=\frac{10}{10+100}\times 30\approx 2.73(V)$$

$$I_{CQ}\approx I_{EQ}=\frac{U_{BQ}-U_{BEQ}}{R_e}=\frac{2.73-0.7}{1}=2.03(mA)$$

$$I_{BQ}=I_{EQ}/(1+\beta)=2.03/101\approx 20.3(\mu A)$$

$$U_{CEQ}\approx U_{CC}-I_{CQ}(R_c+R_e)=30-2.03\times(4.7+1)\approx 18.43(V)$$

（2）计算 A_u、r_i 和 r_o。首先画出其交流通路和交流等效电路，分别如图 8－15 和图 8－16 所示。

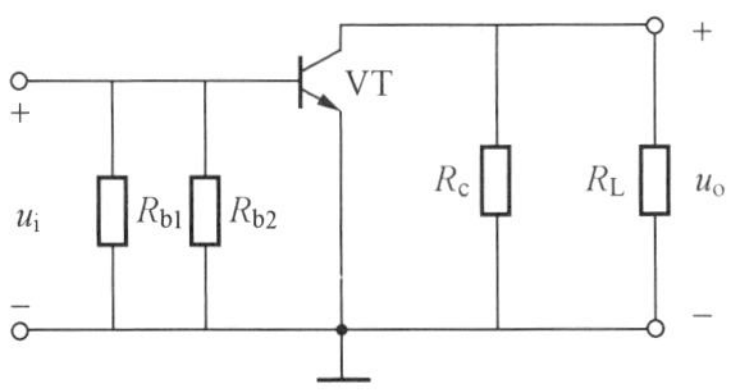

图 8－15 【例 8－6】的交流通路

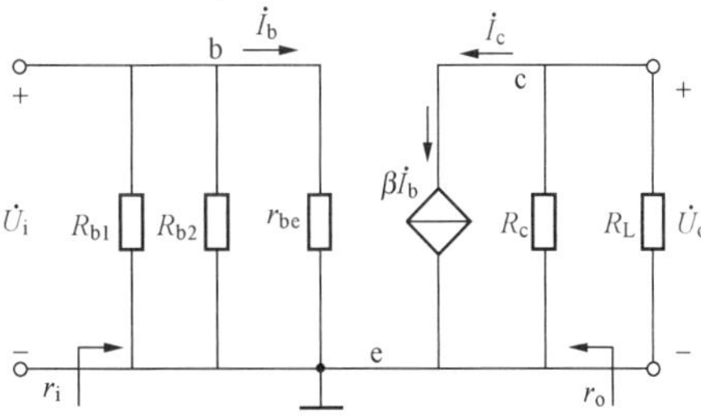

图 8－16 【例 8－6】的交流等效电路

$$r_{be}=200+\beta\frac{26}{I_{CQ}}=200+100\times\frac{26}{2.03}\approx1.48(k\Omega)$$

$$A_u=\frac{\dot{U}_o}{\dot{U}_i}=-\frac{\beta(R_c/\!/R_L)}{r_{be}}\approx-\frac{100\times2.67}{1.48}\approx-180$$

$$r_i=\frac{U_i}{I_i}=R_{b1}/\!/R_{b2}/\!/r_{be}\approx1.48(k\Omega)$$

$$r_o=R_c=4.7(k\Omega)$$

8.3 共集电极放大电路

根据交流通路输入与输出回路公共端的不同，单管放大电路有三种基本组态，即共发射极组态、共集电极组态和共基极组态，其中共基极组态是三种接法中高频特性最好的电路，常作为宽频带放大电路。这三种组态在电路结构和性能上有各自的特点，但基本分析方法一样。本节介绍共集电极组态。

如图 8－17（a）所示是共集电极放大电路的原理图，如图 8－17（b）、（c）所示分别是它的直流通路和交流通路。由交流通路可见，负载电阻是接在发射极上，输入电压 u_i 加在基极和集电极之间，而输出电压 u_o 从发射极和集电极之间取出，所以集电极是输入、输出电路的共同端点。因为 u_o 从发射极输出信号，所以共集电极电路又称为**射极输出器**。

1. 电路静态分析

根据图 8－17（b），由于电阻 R_e 对静态工作点的自动调节（负反馈）作用，该电路的 Q 点基本稳定。由直流通路可得

$$I_{BQ}=\frac{U_{CC}-U_{BEQ}}{R_b+(1+\beta)R_e}$$

$$I_{EQ}\approx I_{CQ}=\beta I_{BQ}$$

$$U_{CEQ}=U_{CC}-I_{EQ}R_e \tag{8-22}$$

2. 动态分析

将图 8－17（c）中的晶体管 VT 用交流小信号模型代替，即得到了如图 8－18 所示共集电极放大电路的交流等效电路。

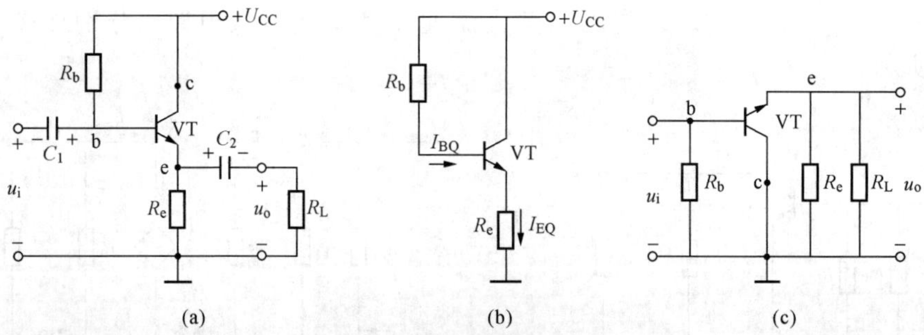

图 8－17　共集电极放大电路

（a）电路图；（b）直流通路；（c）交流通路

由交流等效电路可推导出以下计算公式：

（1）电压放大倍数为

$$A_u=\frac{\dot{U}_o}{\dot{U}_i}=\frac{(1+\beta)R'_L}{r_{be}+(1+\beta)R'_L}\approx\frac{\beta R'_L}{r_{be}+\beta R'_L}<1 \tag{8-23}$$

一般 $r_{be}\ll\beta R'_L$，故射极输出器的电压放大倍数接近于1而略小于1，这是由于在输入回路中有 $\dot{U}_{be}=\dot{U}_i-\dot{U}_o$ 的关系，因此它的输出电压 $\dot{U}_o$ 总是略小于 $\dot{U}_i$。

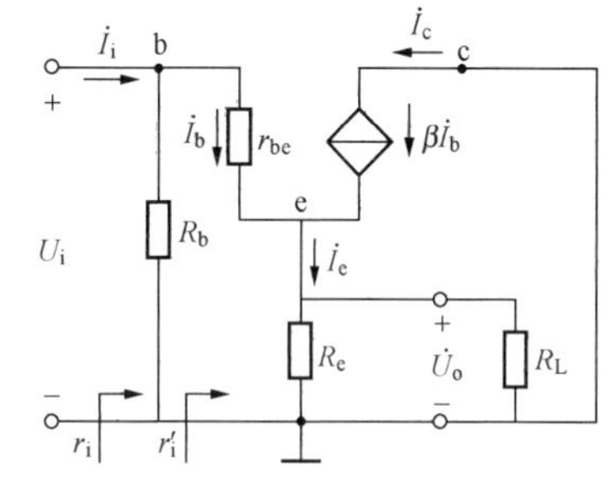

图 8-18　共集电极放大电路的交流等效电路

由式（8-23）可见：① $A_u>0$，说明输出电压与输入电压同相；② $A_u<1$，说明电路没有电压放大作用，只有电流放大作用。电压放大倍数接近于1，说明输出电压的大小和输入电压的大小近似相等，因此共集电极电路通常又称为**电压跟随器**。

（2）输入电阻为

$$r_i=R_b /\!/ r'_i=R_b /\!/ [r_{be}+(1+\beta)R'_L] \tag{8-24}$$

当 $r_{be}\ll\beta R'_L$ 及 $\beta\gg1$ 时

$$r_i\approx R_b /\!/ \beta R'_L \tag{8-25}$$

由此可见，与共发射极基本放大电路比较，共集电极放大电路的输入电阻是比较高的，比共发射极放大电路大几十倍到几百倍。

（3）输出电阻为

$$r_o=R_e /\!/ \frac{R'_s+r_{be}}{1+\beta} \tag{8-26}$$

由式（8-26）可知，共集电极电路的输出电阻由两部分并联组成，R_e 为发射极电阻，$(R'_s+r_{be})/(1+\beta)$ 是基极回路电阻（R'_s+r_{be}）折合到射极回路时的等效电阻。$R'_s=R_s /\!/ R_b$，R_s 为信号源的内阻，通常有

$$R_e\gg\frac{R'_s+r_{be}}{1+\beta}\quad 及\quad \beta\gg1$$

所以

$$r_o\approx\frac{R'_s+r_{be}}{\beta}=\frac{(R_s /\!/ R_b)+r_{be}}{\beta}$$

上式说明，共集电极电路的输出电阻很低，一般在几十欧到几百欧的范围内。为了降低输出电阻，应选用 β 较大的晶体管。

虽然电压跟随器的电压增益小于1，但是它的输入电阻高，可减小放大电路对信号源（或前级）所取的信号电流。同时，它的输出电阻低，可减小负载变动对电压增益的影响。另外，它对电流仍有放大作用。由于它具有以上优点，因此电压跟随器获得了广泛的应用。

8.4　多级放大电路

8.4.1　基本放大电路的派生电路

在实际电路中，为了进一步改善放大电路的性能，可用多只晶体管构成复合管来取代基本放大电路中的一只晶体管，也可根据需要将两种基本接法组合起来，以得到多方面性能优

越的放大电路。

1. 复合管放大电路

(1) 复合管。如图 8-19（a）、（b）所示为两只同类型（NPN 或 PNP）晶体管组成的复合管，等效成与它们组成的晶体管同类型的管子；如图 8-19（c）、（d）所示为不同类型晶体管组成的复合管，又称为**互补型复合管**，等效成与 VT1 管同类型的管子。下面以图 8-19（a）为例分析复合管的电流放大系数 β 与 VT1、VT2 的电流放大系数 β_1、β_2 的关系。

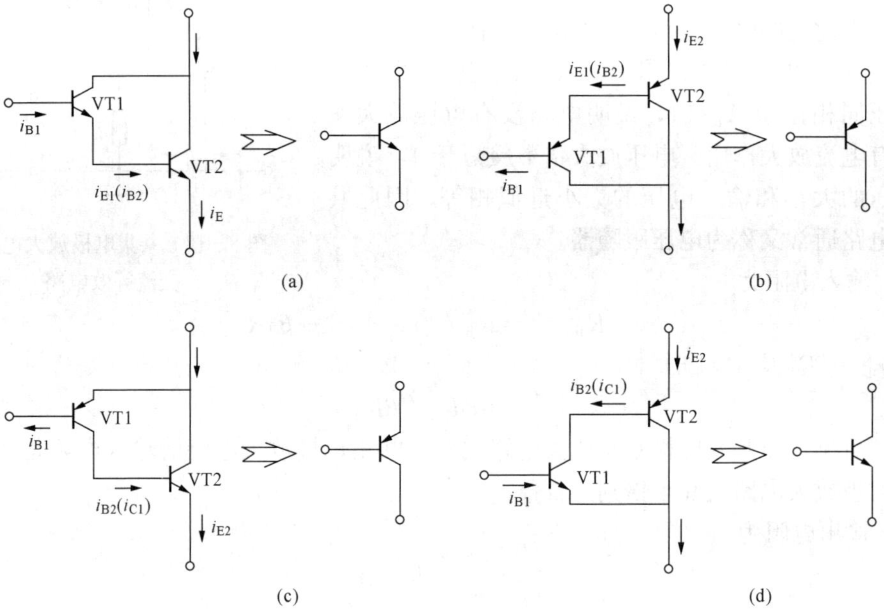

图 8-19 复合管

(a) 两只 NPN 管复合；(b) 两只 PNP 管复合；(c) PNP 管与 NPN 管复合；(d) NPN 管与 PNP 管复合

在图 8-19（a）中，复合管的基极电流 i_B 等于 VT1 管的基极电流 i_{B1}，集电极电流 i_C 等于两管的集电极电流之和，而 VT2 管的基极电流 i_{B2} 等于 VT1 管的发射极电流 i_{E1}，所以

$$i_C = i_{C1} + i_{C2} = \beta_1 i_{B1} + \beta_2(1+\beta_1) i_{B1} = (\beta_1 + \beta_2 + \beta_1\beta_2) i_{B1}$$

因为 β_1 和 β_2 至少为几十，因而 $\beta_1\beta_2 \gg \beta_1 + \beta_2$，所以可以认为复合管的电流放大系数

$$\beta \approx \beta_1\beta_2 \tag{8-27}$$

用上述方法可以推导出图 8-27（b）、（c）、（d）所示复合管的 β 均约为 $\beta_1\beta_2$。

由图 8-27（a）、（b）可见，对于同类型的两只晶体管构成的复合管而言，其输入电阻为

$$r_{be} = r_{be1} + (1+\beta_1) r_{be2} \tag{8-28}$$

由图 8-27（c）、（d）可见，对于不同类型的两只晶体管构成的复合管而言，其输入电阻为

$$r_{be} = r_{be1}$$

复合管具有很高的电流放大倍数，同时，若用同类型的晶体管构成复合管时，其输入电阻也很高。特别是当它制成集成器件时，因其使用方便而受到用户的欢迎。复合管也称为**达林顿管**。

(2) 复合管共发射极放大电路。将如图 8-1 所示放大电路中的晶体管用图 8-19 (a) 所示复合管来代替，得到如图 8-19 (a) 所示的复合管共发射极放大电路，图 8-20 (b) 是它的交流等效电路。

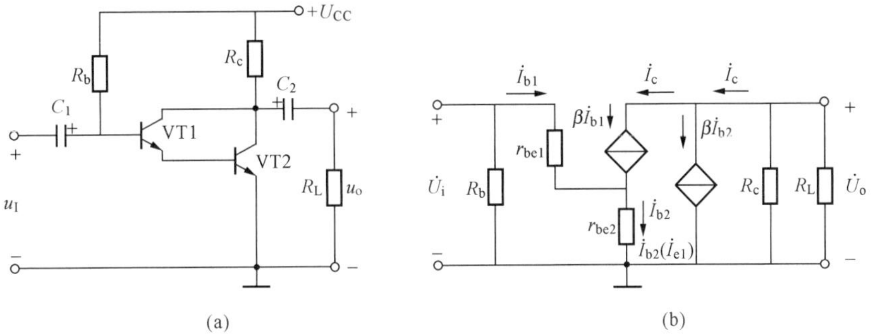

图 8-20 复合管共发射极放大电路

(a) 电路图；(b) 交流等效电路

由图 8-20 (b) 可知

$$\dot{I}_c = \dot{I}_{c1} + \dot{I}_{c2} \approx \beta_1\beta_2\dot{I}_{b1}$$

$$\dot{U}_i = \dot{I}_{b1}r_{be1} + \dot{I}_{b2}r_{be2} = \dot{I}_{b1}r_{be1} + \dot{I}_{b1}(1+\beta_1)r_{be2}$$

$$\dot{U}_o \approx -\beta_1\beta_2\dot{I}_{b1}(R_C /\!/ R_L)$$

$$A_u \approx -\frac{\beta_1\beta_2(R_C /\!/ R_L)}{r_{be1}+(1+\beta_1)r_{be2}} \tag{8-29}$$

$$r_i = R_b /\!/ [r_{be1}+(1+\beta_1)r_{be2}] \tag{8-30}$$

式 (8-30) 与式 (8-19) 相比，r_i 明显增大。说明当 $\dot{U}_i$ 相同时，从信号源得到的电流将显著减小。

分析表明，复合管共发射极放大电路增强了电流放大能力，从而减小了对信号源驱动电流的要求；从另一个角度看，若驱动电流不变，则采用复合管后，输出电流将增大约 β 倍。

【例 8-7】 在如图 8-1 所示电路中，已知 $U_{CC}=6V$，$R_b=100k\Omega$，$R_c=1k\Omega$。晶体管均为硅管，$\beta=100$。

试求：(1) I_{BQ}、I_{CQ}。

(2) 将 VT 用图 8-20 (a) 中的复合管 (VT1、VT2 与 VT 参数一致) 替换，I_{CQ} 如何变化？

解 (1) $I_{BQ}=\dfrac{U_{CC}-U_{BEQ}}{R_b}=\dfrac{6-0.7}{100}=0.053\ (mA)=53\mu A$

$$I_{CQ}=\beta I_{BQ}=100\times 0.053=5.3\ (mA)$$

(2) 用复合管时

$$I_{BQ}=\frac{U_{CC}-2U_{BEQ}}{R_b}=\frac{6-1.4}{100}=0.046\ (mA)=46\mu A$$

$$\beta \approx \beta_1\beta_2 = 100\times 100 = 10000$$

$$I_{CQ}=\beta I_{BQ}=10000\times 0.046=46\ (\text{mA})$$

计算表明：采用复合管后 I_{CQ} 增大近 9 倍。几十毫安的电流足以驱动小型继电器。

2. 组合放大电路

(1) 共射—共基放大电路。将共发射极电路与共基极电路组合在一起，既保持共发射极放大电路电压放大倍数能力较强的优点，又获得共基极放大电路较好的高频特性。如图 8-21 所示为共射—共基放大电路的交流通路，VT1 组成共发射极电路，VT2 组成共基极电路。

若晶体管 VT1、VT2 的电流放大倍数分别为 β_1 和 β_2，VT1 的输入电阻为 r_{be1}，从图 8-21 中可以推导出电压放大倍数

$$A_u=\frac{\dot{U}_o}{\dot{U}_i}=\frac{\dot{I}_{c1}}{\dot{U}_i}\cdot\frac{\dot{U}_o}{\dot{I}_{e2}}=\frac{\beta_1\dot{I}_{b1}}{\dot{I}_{b1}r_{be1}}\cdot\frac{-\beta_2\dot{I}_{b2}(R_c/\!/R_L)}{(1+\beta_2)\dot{I}_{b2}}=-\frac{\beta_1}{r_{be1}}\cdot\frac{\beta_2(R_c/\!/R_L)}{(1+\beta_2)}$$

因为 $\beta_2\gg 1$，即 $\beta_2/(1+\beta_2)\approx 1$，所以

$$A_u=-\frac{\beta_1(R_c/\!/R_L)}{r_{be1}}\tag{8-31}$$

上式表明，共射—共基放大电路与单管共发射极放大电路的电压放大倍数相同。

(2) 共集—共基放大电路。如图 8-22 所示电路为共集—共基放大电路的交流通路，它以 VT1 管组成的共集电极放大电路作为输入级，故输入电阻较大；以 VT2 管组成的共基极放大电路作为输出级，故有一定电压放大能力；由于共集和共基电路均有较高的上限截止频率，故电路有较宽的通频带。

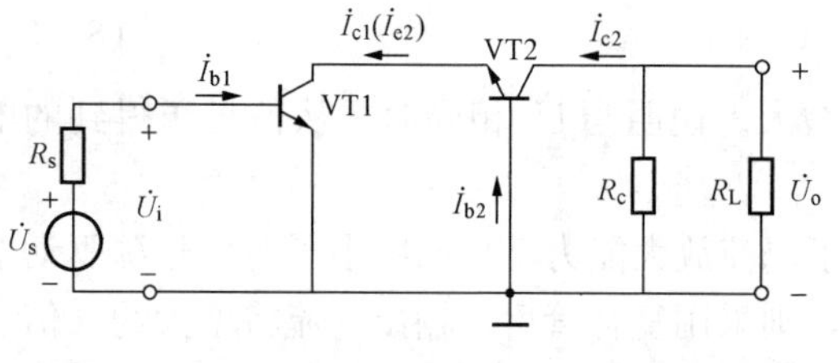

图 8-21　共射—共基放大电路的交流通路

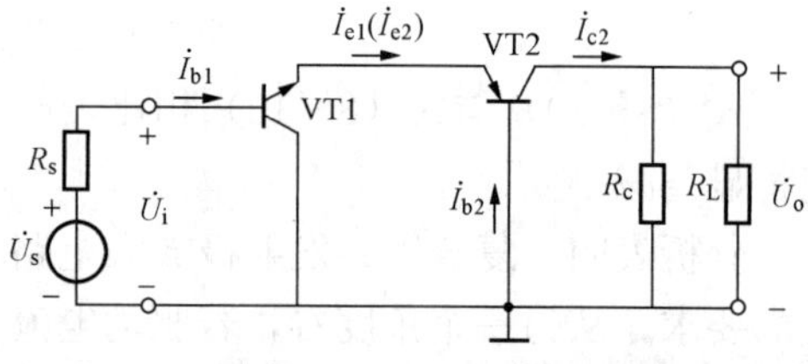

图 8-22　共集—共基放大电路的交流通路

可见，利用三种组态的基本放大电路相互组合可以组成不同的组合电路，其性能在多方面优于单管基本放大电路。

8.4.2　多级放大电路

1. 多级放大电路的耦合方式

在实际应用中，常对放大电路的性能提出多方面的要求。例如，要求一个放大电路输入电阻大于 2MΩ，电压放大倍数大于 2000，输出电阻小于 100Ω 等。仅靠前面所讲的任何一种放大电路均不可能同时满足上述要求，这时就可选择多个基本放大电路，将它们合理连接构成多级放大电路。

组成多级放大电路的每一级基本放大电路称为一级，级与级之间的连接称为级间耦合。多级放大电路有**直接耦合、阻容耦合、变压器耦合和光电耦合**四种常见的耦合方式，前两种应用最广泛。

（1）直接耦合。将前一级的输出端直接连接到后一级的输入端，称为**直接耦合**，如图 8－23（a）所示。图中两级放大电路均为共射组态，R_{c1} 既是第一级的集电极负载电阻，又是第二级的基极偏置电阻，输入信号经 VT1 放大后由其集电极输出，直接连接到第二级的基极。图中 VT2 的发射极接入稳压管 VS 起稳定本级 Q 点的作用。在图 8－23（a）中，为了使各级晶体管都工作在放大区，必然要求 VT2 的集电极电位高于基极电位。如果放大电路级数很多，且仍为 NPN 管构成的共射电路，则由于集电极电位的逐级升高，以至于接近电源电压，势必使后级的静态工作点不合适。因此，直接耦合放大电路常采用 NPN 和 PNP 管混合使用的方法解决上述问题，如图 8－23（b）所示。在图 8－23（b）中，VT2 为 PNP 管，要保证其工作在放大区，就必须使它的集电极电位低于基极电位（即 VT1 管的集电极电位）。

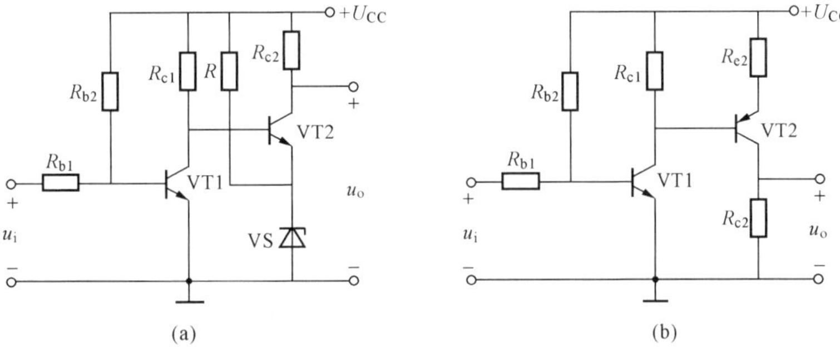

图 8－23　直接耦合放大电路

（a）后级加稳压管；（b）NPN 和 PNP 混合使用

采用直接耦合方式使各级之间的直流通路相连，因而静态工作点相互影响。当输入信号为零时，前级由温度变化所引起的电流、电位的变化会逐级放大。这种输入电压为零、而输出电压的变化不为零的现象称为**零点漂移**。由于存在零点漂移，给电路的分析、设计和调试带来一定的困难。实际应用时，常采用计算机软件辅助分析。

直接耦合放大电路的突出优点是具有良好的低频特性，可以放大变化缓慢的信号；由于电路中没有大容量电容，电路易于集成化。

（2）阻容耦合。将放大电路前级的输出端通过电容连接到后一级的输入端，称为**阻容耦合**，如图 8－24 所示为两级阻容耦合放大电路，第一级为共射组态，第二级为共集组态。

由于电容有隔直流通交流的特点，因而阻容耦合放大电路各级的静态工作点相互独立，在求解或实际调试 Q 点时可按单级处理，所以电路的分析、设计和调试简单易行。而且，只要输入信号的频率较高，耦合电容容量较大，前级的输出信号就可以几乎没有衰减地传递到后一级的输入端，因此，在分立元件电路中阻容耦合方式得到非常广泛的应用。

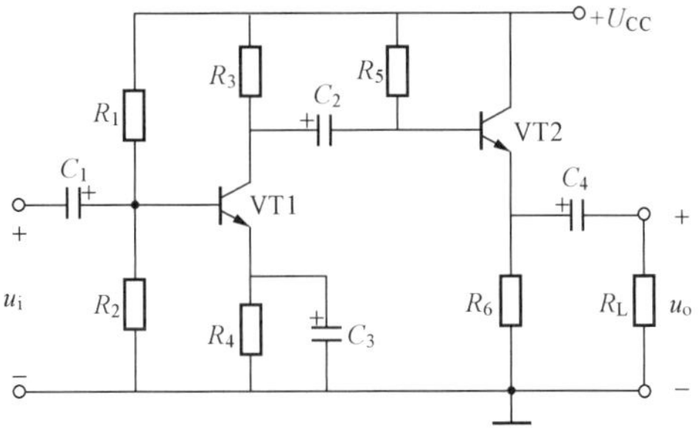

图 8－24　两级阻容耦合放大电路

阻容耦合放大电路的低频特性差，不能放大变化缓慢的信号。因为电容对这类信号呈现很大的容抗，导致信号不能正常向后一级传递。此外，在集成电路中制造大容量电容很困难，所以这种耦合方式的电路不便于集成。

（3）其他耦合方式。如图 8-25（a）所示电路为变压器耦合共发射极放大电路，图中 R_L 可以是负载，也可以是后级放大电路。

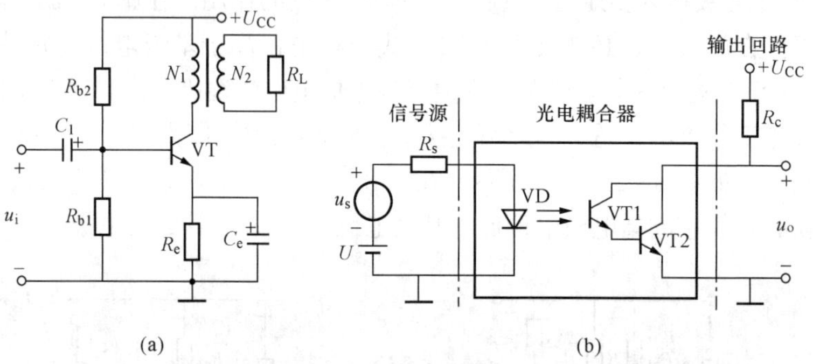

图 8-25 其他耦合方式

（a）变压器耦合共射放大电路；（b）光电耦合放大电路

变压器耦合方式的优点是各级的静态工作点互不影响，便于分析、设计和调试，且能实现阻抗变换，可以选择最佳的负载值与放大电路匹配。缺点是频率特性较差，不能耦合低频及直流信号，笨重、体积大、价格贵，通常用于分立元件功率放大电路或高频调谐电路。

如图 8-25（b）所示为光电耦合放大电路。光电耦合是通过电光转换实现电信号的传递，在电气上实现了隔离。光电耦合器已经实现了集成化，体积小，使用十分方便。但在线性放大电路中，由于光电耦合器件特性的非线性限制了它的应用，因而在数字电路中，应用非常广泛。

2. 多级放大电路的动态分析

一个 n 级放大电路的框图如图 8-26 所示。由图可知，放大电路中前一级的输出电压是后一级的输入电压，即 $\dot{U}_{o1}=\dot{U}_{i2}$、$\dot{U}_{o2}=\dot{U}_{i3}$、…、$\dot{U}_{o(n-1)}=\dot{U}_{in}$，所以多级放大电路的电压放大倍数为

$$A_u=\frac{\dot{U}_{o1}}{\dot{U}_i}\cdot\frac{\dot{U}_{o2}}{\dot{U}_{i2}}\cdots\frac{\dot{U}_o}{\dot{U}_{in}}=A_{u1}\cdot A_{u2}\cdot\cdots\cdot A_{un}$$

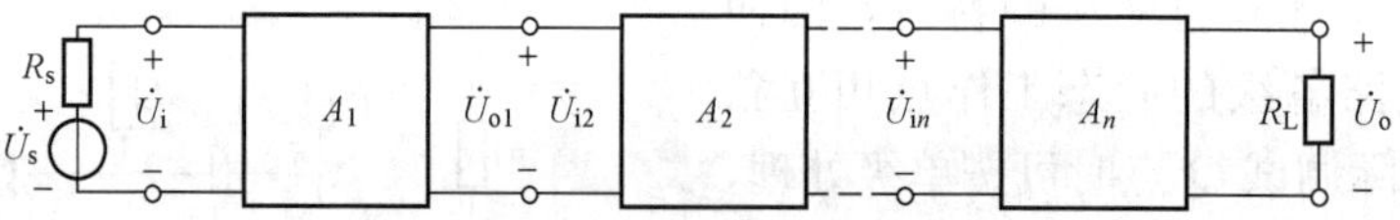

图 8-26 多级放大电路的方框图

即

$$A_u=\prod_{j=1}^{n}A_{uj}$$

上式表明，多级放大电路的电压放大倍数等于组成它的各级放大电路电压放大倍数之积。对于第一级到第（$n-1$）级，每一级的放大倍数均应该是后级输入电阻作为负载时的放大倍数。

根据放大电路输入电阻的定义，多级放大电路的输入电阻就是第一级放大电路的输入电

阻，即

$$r_i = r_{i1}$$

根据放大电路输出电阻的定义，多级放大电路的输出电阻就是最后一级放大电路的输出电阻，即

$$r_o = r_{on}$$

应当注意，当共集电极放大电路作为输入级（即第一级）时，由式（8－24）可知，它的输入电阻及其负载与第二级的输入电阻有关；而当共集电极放大电路作为输出级（即最后一级）时，由式（8－26）可知，它的输出电阻及其信号源内阻，与倒数第二级的输出电阻有关。

当多级放大电路的输出产生失真时，应首先确定是在哪一级先出现的失真，然后再判断产生了饱和失真，还是截止失真，继而采取措施消除失真。

【例 8－8】 已知如图 8－24 所示电路中，$R_1=33\text{k}\Omega$，$R_2=R_5=10\text{k}\Omega$，$R_4=1.5\text{k}\Omega$，$R_3=2\text{k}\Omega$，$R_6=1.5\text{k}\Omega$；$U_{CC}=12\text{V}$；晶体管的 β 值均为 60，$r_{be1}=r_{be2}=0.6\text{k}\Omega$。求总电压放大倍数 。

解 第一级为共射放大电路，它的负载电阻即第二级的输入电阻

$$R_{L1}=r_{i2}=R_5 /\!/ [r_{be2}+(1+\beta_2)R_6]=\frac{10\times[0.6+(1+60)\times 1.5]}{10+[0.6+(1+60)\times 1.5]}=9.02\ (\text{k}\Omega)$$

$$R'_{L1}=R_3 /\!/ R_{L1}=\frac{2\times 10^3\times 9.02\times 10^3}{2\times 10^3+9.02\times 10^3}=1640\ (\Omega)=1.64\ (\text{k}\Omega)$$

$$A_{u1}=-\beta_1\frac{R'_{L1}}{r_{be1}}=-60\times\frac{1.64}{0.6}=-164$$

第二级为共集放大电路，可取 $A_{u2}=1$，故

$$A_u=A_{u1}A_{u2}=-164\times 1=-164$$

*8.5 应 用 举 例

8.5.1 图像信号放大电路

图 8－27 所示为图像信号放大电路（图中三极管均为 2SC3113）。电路由 3 级组成，级间采用直接耦合方式。VT1 为共发射极放大电路，基极采用固定分压式偏置；VT2 为共基放大组态，其高频特性较好，VT1 和 VT2 组合后，放大倍数与单管的电压放大倍数接近，但拓宽了频带。由于共基极放大电路有较高的输出电阻，所以带负载能力较弱，为此将输出信号送到输出级 VT3，该级采用电压跟随器，利用其输入电阻高，输出

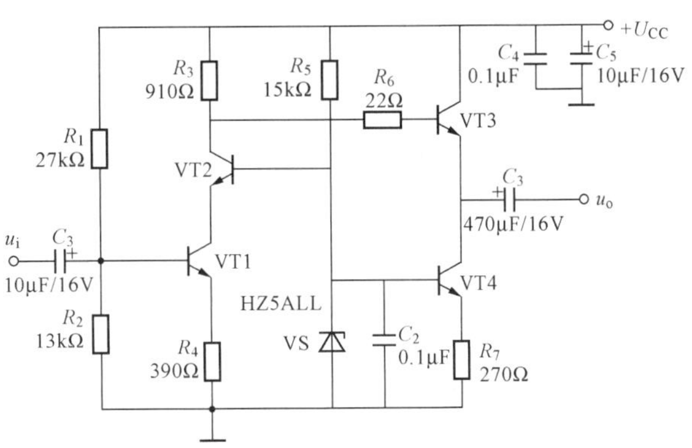

图 8－27　图像放大电路

电阻低，带负载能力强的特性。其发射极电阻 R_e 改用电流源来代替。由于

$$I_{EQ4}=(U_{VS}-U_{BEQ4})/R_7$$

$$I_{EQ4}\approx I_{CQ4}$$

所以由 R_5、稳压管 VS（稳压值为 U_{VS}）、R_7 和 VT_4 组成的电路是一个电流近似等于 I_{EQ4} 的电流源。

由于电流源具有直流电阻小而交流电阻很大的特点，在模拟集成电路中，广泛地把它作为负载使用，称为**有源负载**。因为电流源直流电阻小，所以在无信号时发射极电流小，从而抑制了电路的发热。

如图 8－28 所示电路中，VT1 和 VT2 的组合形式又称为**渥尔曼电路**，即将晶体管纵向堆积起来（将下面晶体管的集电极与上面晶体管的发射极连接起来），上面晶体管的基极交流接地。所谓渥尔曼（Cascode）电路，就是将这样连接的晶体管看作一个器件，并以发射极接地来使用的电路（渥尔曼电路也可以用场效应管组成）。

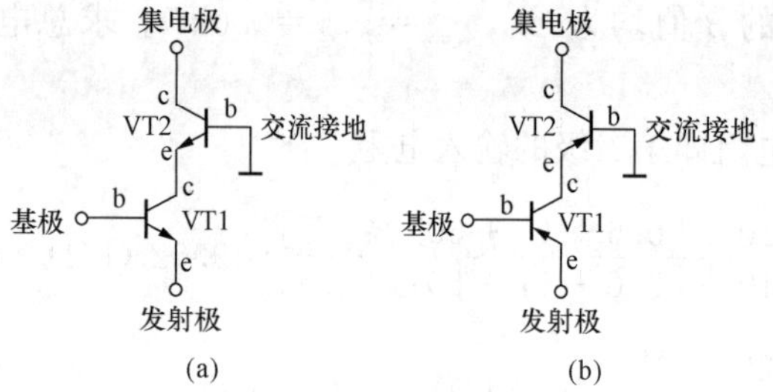

图 8－28　渥尔曼电路

(a) 双 NPN 管；(b) 双 PNP 管

图 8－27 中，采用渥尔曼电路能得到与共基极放大电路相同的频率特性，所以能够处理图像信号那样的高频信号。但是，渥尔曼电路的输入输出信号相位相反，所以放大图像信号时，则黑白（明暗）反转，必须加以注意。

图 8－27 中输入级发射极电流取为 5mA 左右，输出级发射极电流取为 15mA 左右，使频率特性提高一些（通常，晶体管流过大一些的发射极电流，则频率特性变好）。

电阻 R_5 和稳压二极管 VS（稳压值为 4.6V），既是 VT2 的基极偏置电路，又是有源负载 VT4 的基极偏置电路，采用稳压管有利于稳定静态工作点。

晶体管采用超 β 管，如 2SC3113。视频信号是具有超过 4MHz 频带的高频信号。

由于电路的输入信号频率范围较宽，输入耦合电容要取比较大的值，C_1 取 10μF。C_3 为输出信号耦合电容，其容量较大取 470μF。C_2 将 VT2 的基极交流接地，保证 VT2 的共基放大组态。C_4、C_5 为滤波电容，用于滤除电源中纹波和高频干扰。

在输出信号长距离传输时，或要求带负载能力较强时，必须连接共集放大电路（即电压跟随器）来降低输出电阻。否则，渥尔曼电路本来的频率特性将不能正常发挥出来。

8.5.2　集成功放

在实际电路中，多级放大电路除了将小信号放大到一定的幅值外，往往要求其末级（即输出级）输出一定的功率，以驱动负载。能够向负载提供足够信号功率的放大电路称为**功率放大电路**，简称**功放**，例如使扬声器发声、使电动机旋转、使继电器动作等。电压放大和功率放大都是利用晶体管的放大作用将信号放大，所不同的是，前者的目的是输出足够大的电压或电流，而后者主要是要求输出最大的功率；前者工作在小信号状态，而后者是工作在大信号状态。

LM386 是美国国家半导体公司生产的音频集成功放，具有自身功耗低、电压增益可调、

电源电压范围大、外接元件少和总谐波失真小等优点，广泛用于低电压消费类产品中。

其主要参数为：静态功耗低，约为 4mA，可用于电池供电；工作电压范围宽，4～12V 或 5～18V；电压增益可调，20～200dB，即电压增益的调节范围为 26～46dB；当电源电压为 12V 时，在 8Ω 的负载情况下，可提供几百毫瓦的功率，典型输入阻抗为 50kΩ。

图 8－29 所示为 LM386 内部电路的原理图，它是一个直接耦合的三级放大电路，如图 8－29 中点画线所划分。图 8－30 为其外形和引脚排列图。

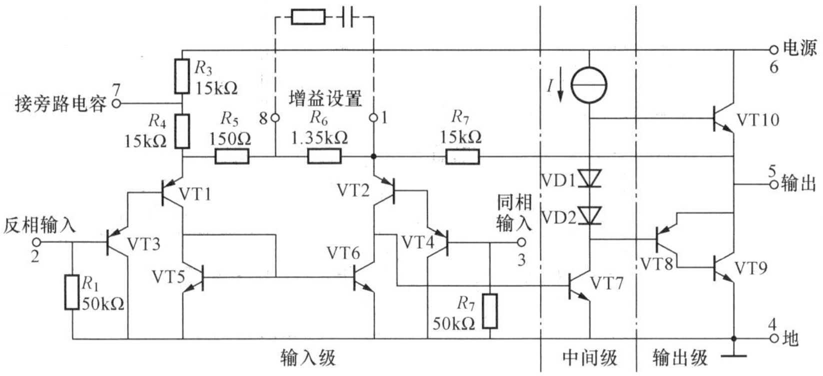

图 8－29　LM386 内部电路的原理图

引脚 2 为反相输入端；引脚 3 为同相输入端；引脚 5 为输出端；引脚 6 和 4 分别为电源和地；引脚 1 和 8 为电压增益设置端；使用时在引脚 7 和地之间接旁路电容，通常取 10μF。

LM386—1 和 LM386—3 的电源电压为 4～12V，LM386—4 的电源电压为 5～18V。因此，对于同一个负载，当电源电压不同时，最大输出功率的数值将不同；当然对于同一个电源，当负载不同时，最大输出功率的数值也将不同。如当电源电压为 16V 时，在 32Ω 的负载情况下，输出 1W 的功率。

如图 8－31 所示电路为 LM386 的一种基本用法，也是外接元件最少的一种用法。C_1 为输出电容。由于引脚 1 和 8 开路，集成功放的增益为 20dB，即电压放大倍数为 20（若 1 和 8 之间接一 10μF 的电容使交流短路，则功放的增益为 46dB，即电压放大倍数为 200）。利用 R_W 可调节扬声器的音量。R 和 C_2 串联构成校正网络用来进行相位补偿。

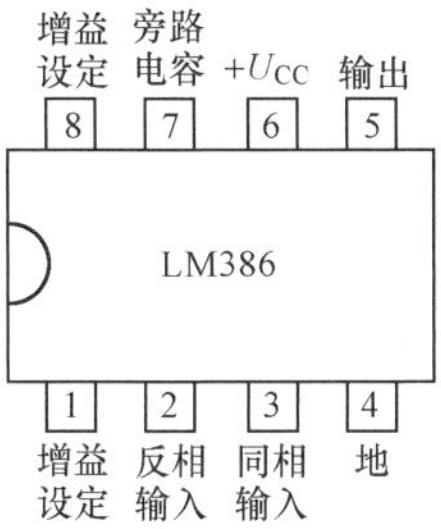

图 8－30　LM386 的引脚排列

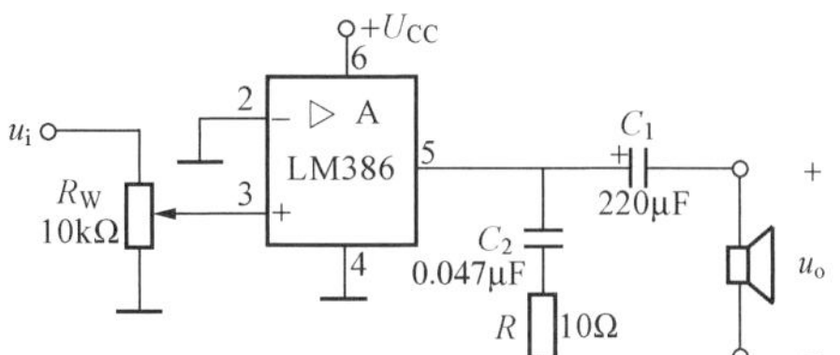

图 8－31　LM386 最简电路

图 8－32 所示电路为 LM386 的一般用法，图中利用 R_2 的改变来改变 LM386 的电压增益。

图 8－33 为 TDA1521 的基本用法。TDA1521 是立体声扩音机用双声道功放，广泛应用

于有源音箱、功放等。其内部引入了深度电压串联负反馈，闭环电压增益为 30dB，并具有待机、净噪功能以及短路和过热保护功能。当电源 $\pm U_{CC}=\pm 16V$、$R_L=8\Omega$ 时，最大输出功率可达 2×12W。

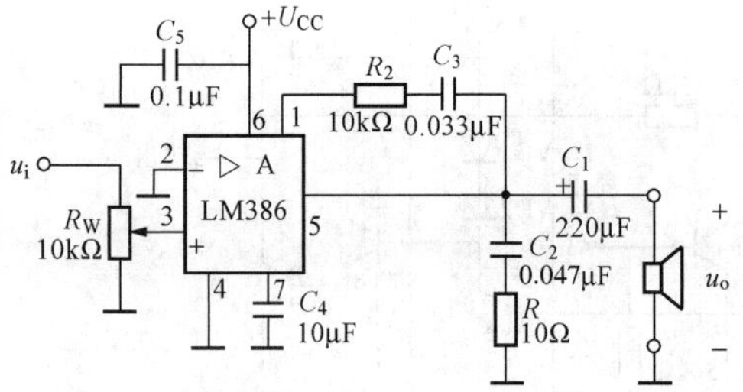

图 8-32　LM386 的一般用法

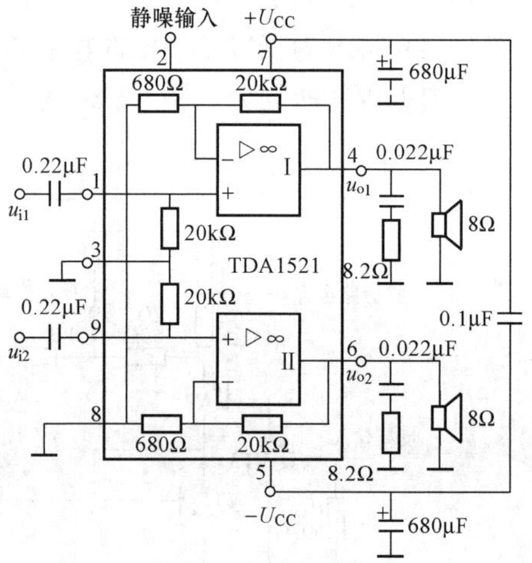

图 8-33　TDA1521 典型应用电路

*8.6 场效应管放大电路

场效应管通过栅—源之间的电压 u_{GS} 来控制漏极电流 i_D，因此它和晶体管一样可以实现能量的控制，构成放大电路。

场效应管的源极、栅极和漏极与晶体管的发射极、基极和集电极相对应，因此在组成放大电路时也有共源、共漏和共栅三种基本组态的电路，其中以共源放大电路应用较多，本节以它为例来分析场效应管放大电路。

8.6.1 场效应管的偏置电路及其分析

与晶体管放大电路一样，为了使电路正常放大，必须设置合适的静态工作点：在漏极加正电源的情况下，对 N 沟道 JFET 而言，栅—源电压 U_{GS} 必须小于零；对于 N 沟道增强型 MOSFET 而言，栅—源电压 U_{GS} 必须大于零并且大于开启电压 $U_{GS(th)}$，以保证在信号的整个周期内场效应管均工作在恒流区。

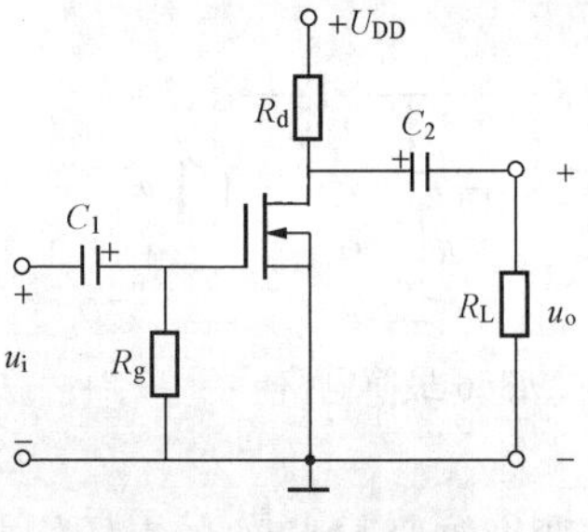

图 8-34　自给偏压 JFET 共源放大电路

以基本共源放大电路为例，下面介绍常见的自给偏压电路、分压式偏置电路。

1. 自给偏压电路

图 8-34 所示为 N 沟道 JFET 共源放大电路，也是典型的自给偏压电路。

在静态时，由于 JFET 的栅极电流为零，因此流过电阻 R_g 的电流为零，栅极电压 U_{GQ} 也为零；而漏极电流 I_{DQ} 流过源极电阻 R_s 必然产生电压，使源极电压 $U_{SQ}=I_{DQ}R_s$，因此，栅—源之间静态电压为

$$U_{GSQ}=U_{GQ}-U_{SQ}=-I_{DQ}R_s \tag{8-32}$$

可见，电路是靠源极电阻上的电压为栅—源两极提供一个负偏压，故称为自给偏压。

将式（8-32）与场效应管的电流方程联立，可解出 I_{DQ} 和 U_{GSQ}。

JFET 的电流方程为

$$I_{DQ}=I_{DSS}\left(1-\frac{u_{GSQ}}{U_{GS(off)}}\right)^2 \tag{8-33}$$

式中：I_{DSS} 是 $U_{GS}=0$ 时的 I_D，称为饱和漏极电流。

$$U_{DSQ}=U_{DD}-I_{DQ}(R_d+R_s) \tag{8-34}$$

电路中 R_d 与共射电路中 R_C 具有相同的作用，将漏极电流 i_D 的变化转换成电压 u_{DS} 的变化，从而实现电压放大。

增强型 MOSFET 的电流方程为

$$i_D=I_{DO}\left(\frac{u_{GS}}{U_{GS(th)}}-1\right)^2 \tag{8-35}$$

式中：I_{DO} 是 $U_{GS}=2U_{GS(th)}$ 时的 i_D。

2. 分压式偏置电路

图 8-35 为 N 沟道增强型 MOS 管构成的共源放大电路，它靠 R_{g1} 与 R_{g2} 对电源 U_{DD} 分压来设置偏压，故称分压式偏置电路。

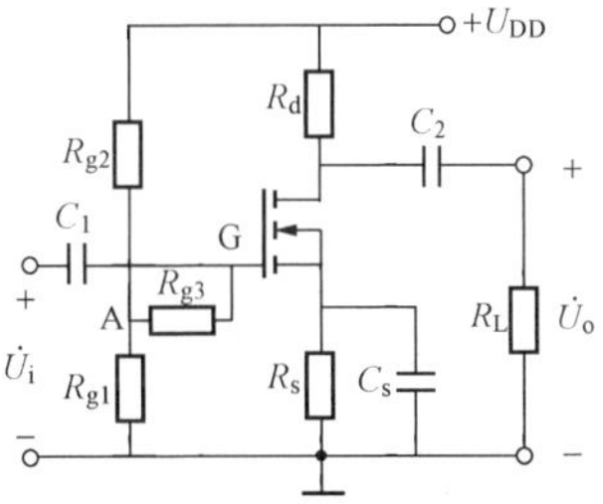

图 8-35　分压式偏置共源放大电路

在静态时，由于栅极电流为零，因此流过电阻 R_{g3} 的电流为零，所以

$$U_{GQ}=U_A=\frac{R_{g1}}{R_{g1}+R_{g2}}U_{DD}$$

$$U_{SQ}=I_{DQ}R_S$$

$$U_{GSQ}=U_{GQ}-U_{SQ}=\frac{R_{g1}}{R_{g1}+R_{g2}}U_{DD}-I_{DQ}R_s$$

与式（8-35）联立可得 I_{DQ} 和 U_{GSQ}，再利用式（8-34）求得 U_{DSQ}。

电路中 R_{g3} 取值一般为 10MΩ 左右，以增加输入电阻。

8.6.2　场效应管放大电路的动态分析

1. 场效应管的低频小信号模型

与分析晶体管的小信号等效模型相同，将场效应管实际情况看成一个两端口网络，栅极与源极之间看成输入端口，漏极和源极之间看成输出端口。

由于场效应管的输入电阻很大，输入回路栅—源之间相当于开路，输出回路与晶体管小信号等效模型相似，是一个电压控制的电流源，如图 8-36 所示。

其中，$g_m=\left.\frac{\partial i_D}{\partial u_{GS}}\right|_{U_{DS}}$ 称为正向传输导纳，单位为 S。

对于增强型 MOS 管而言，由式（8-35）可得

$$g_m\approx\frac{2}{U_{GS(th)}}\sqrt{I_{DO}I_{DQ}} \tag{8-36}$$

式（8－36）表明，g_m 与 Q 点紧密相关，Q 点越高，g_m 越大。因此 FET 管和 BJT 一样，Q 点不仅影响电路是否会产生失真，而且影响着电路的交流参数。在实际应用中 g_m 通常根据漏极电流大小从场效应管的性能参数查得。

2. 共源放大电路的动态分析

图 8－34 所示共源放大电路的交流等效电路如图 8－37 所示。

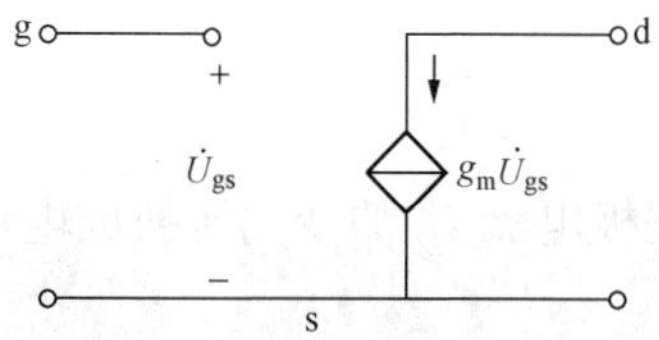

图 8－36　场效应管的低频小信号模型

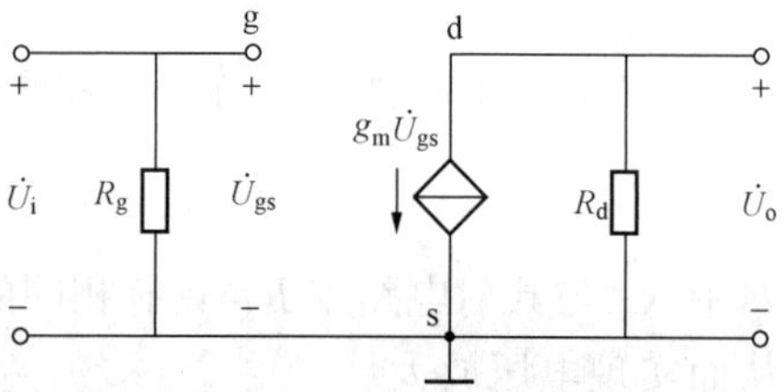

图 8－37　图 8－35 的交流等效电路

由图可求解 A_u、r_i 和 r_o。

$$A_u=\frac{\dot{U}_o}{\dot{U}_i}=\frac{-\dot{I}_d R_d}{\dot{U}_{gs}}=-\frac{g_m\dot{U}_{gs}R_d}{\dot{U}_{gs}}=-g_m R_d \tag{8-37a}$$

$$r_i=R_g \tag{8-37b}$$

$$r_o=R_d \tag{8-37c}$$

与共射放大电路类似，共源放大电路具有一定的电压放大能力，且输出电压与输入电压反相，只是共源电路比共射电路的输入电阻大得多。

场效应管与晶体管相比，最突出的优点是可以组成高输入电阻的放大电路。此外由于它还有噪声低、温度稳定性好、抗辐射能力强等优于晶体管的特性，而且便于集成化，可构成低功耗电路，所以被广泛地应用于各种电子电路中。

习　题　8

8.1　已知某放大器的负载 $R_L=1\text{k}\Omega$，在输入端加 1kHz 正弦信号，用示波器监视输出波形，调整输入信号幅度使输出信号最大且不失真。此时用交流毫伏电压表测得输出电压：有负载时 $U_o=1\text{V}$，断开负载时 $U_o'=1.02\text{V}$。求该放大器的输出电阻。

8.2　电路如图 8－38（a）所示，图 8－38（b）是晶体管的输出特性，静态时 $U_{BEQ}=0.7\text{V}$。利用图解法分别求出 $R_L=\infty$ 和 $R_L=3\text{k}\Omega$ 时的静态工作点和最大不失真输出电压 U_{om}（有效值）。

8.3　已知图 8－39 中晶体管的 $\beta=80$。分别计算 $R_L=\infty$ 和 $R_L=3\text{k}\Omega$ 时的 Q 点、A_u、r_i 和 r_o。

8.4　已知图 8－40 中晶体管的 $\beta=100$，$r_{be}=1\text{k}\Omega$。

（1）现已测得静态管压降 $U_{CEQ}=6\text{V}$，估算 R_b 的值。

（2）若测得 $\dot{U}_i$ 和 $\dot{U}_o$ 的有效值分别为 1mV 和 100mV，则负载电阻 R_L 为多少？

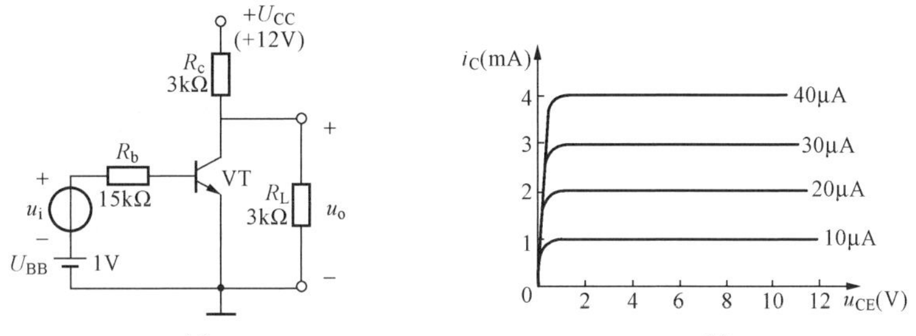

图 8－38　题 8.2 电路

(a) 电路图；(b) 晶体管输出特性

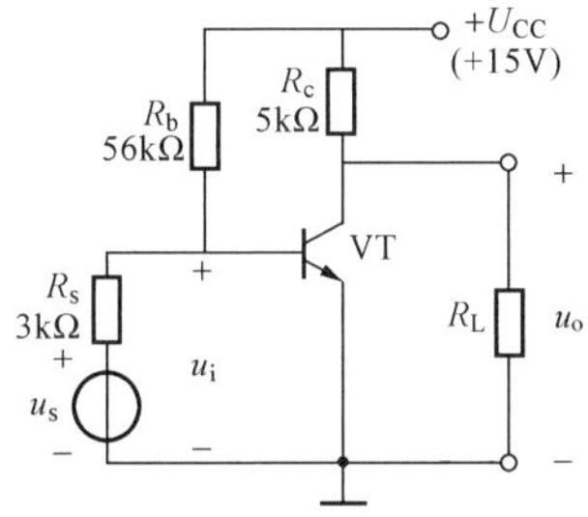

图 8－39　题 8.3 电路

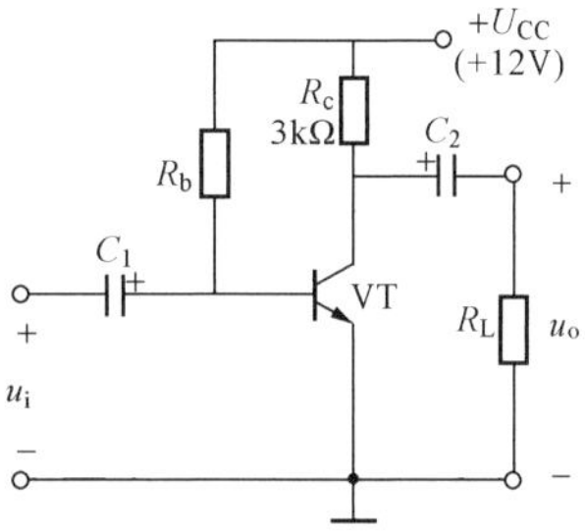

图 8－40　题 8.4 电路

8.5　在题 8.4 所示电路中，设静态时 $I_{CQ}=2\text{mA}$，晶体管饱和管压降 $U_{CES}=0.6\text{V}$。试问：当负载电阻 $R_L=\infty$ 和 $R_L=3\text{k}\Omega$ 时电路的最大不失真输出电压各为多少？

8.6　已知晶体管的 $\beta=100$，如图 8－41 所示。

(1) 求电路的 Q 点、A_u、r_i 和 r_o。

(2) 若电容 C_e 开路，则将引起电路的哪些动态参数发生变化？如何变化？

8.7　设图 8－42 所示电路所加输入电压为正弦波。试问：

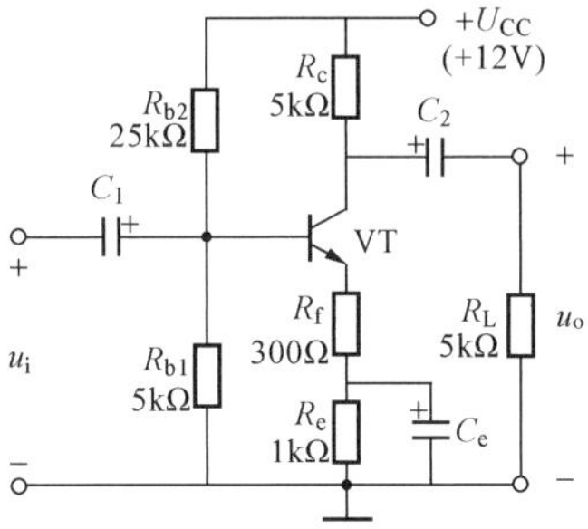

图 8－41　题 8.6 电路

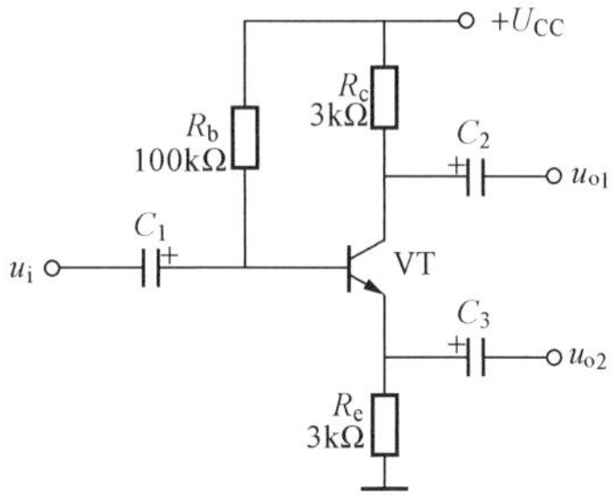

图 8－42　题 8.7 电路

(1) $A_{u1}=\dot{U}_{o1}/\dot{U}_i\approx$？$A_{u2}=\dot{U}_{o2}/\dot{U}_i\approx$？

(2) 画出输入电压和输出电压 u_i、u_{o1}、u_{o2} 的波形。

8.8　设各电路的静态工作点均合适，分别画出它们的直流通路、交流通路和交流等效电路，并写出 A_u、r_i 和 r_o 的表达式，如图 8－43 所示。

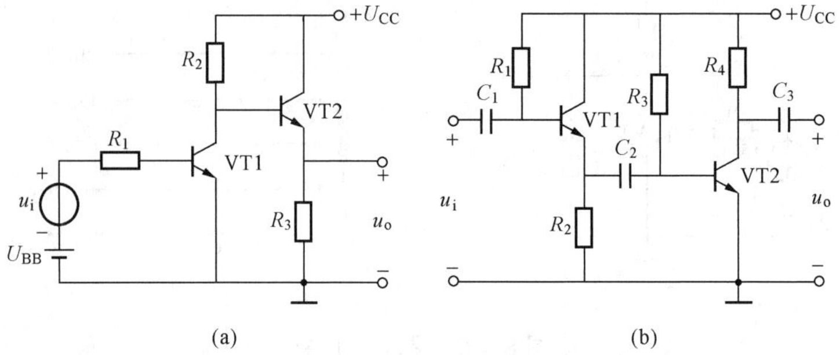

图 8－43　题 8.8 电路

8.9　已知如图 8－44（a）所示电路中场效应管的转移特性和输出特性分别如图 8－44（b）、（c）所示。

（1）利用图解法求解 Q 点。

（2）利用等效电路法求解 A_u、r_i 和 r_o。

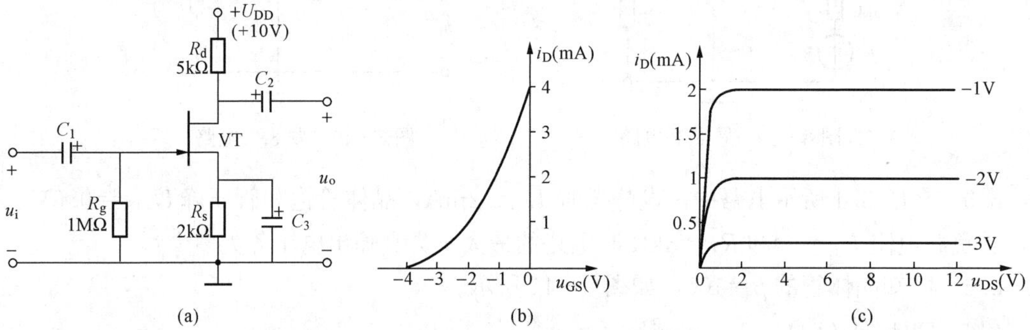

图 8－44　题 8.9 图

第9章 集成运算放大器及其应用

本章介绍集成运算放大器的组成及各部分的作用，集成运放的传输特性，理想运算放大器的工作特点，以及放大电路中的反馈、负反馈类型和负反馈对放大电路性能的影响，并介绍了比例、加减法、积分、微分等基本运算电路。

9.1 集成运算放大器

集成电路IC（integrated circuit）是20世纪60年代初期发展起来的一种半导体器件。它是利用半导体制造工艺，将整个电路中的元器件制作在一块半导体芯片上，封装后构成具有特定功能的电路块。集成电路与分立元件组成的放大电路相比，具有体积小、质量轻、功耗低、工作可靠、可靠性高、价格便宜等特点，自问世以来，发展十分迅速。

集成运算放大器（integrated operational amplifer）简称**集成运放**（integrated OPA），是具有高放大倍数的集成电路。它能实现不同的用途，例如，利用集成运放可非常方便地完成信号放大、信号运算（加、减、乘、除、对数、反对数、平方、开方等）、信号处理（滤波、调制）、波形的产生和变换及自动控制等，是电子技术领域中广泛应用的基本电子器件。集成运放的种类非常多，可适用于不同的场合。

9.1.1 集成运放的组成

集成运放通常包含四个基本组成部分，即**输入级**、**中间级**、**输出级**以及**偏置电路**，如图9-1所示。

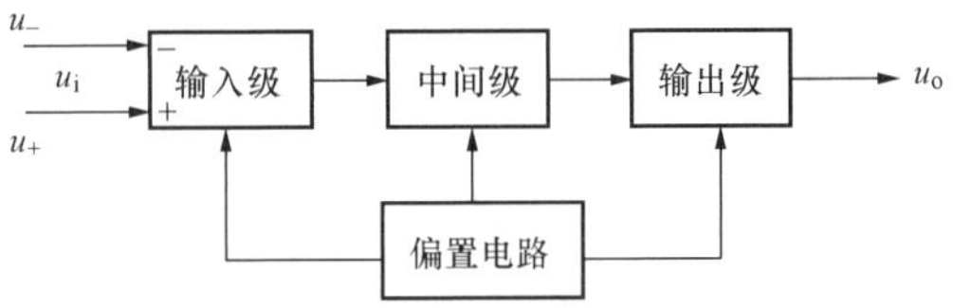

图9-1 集成运放的基本组成

（1）**输入级**：通常采用差动放大电路构成，目的是减小放大电路的零点漂移，提高输入阻抗及抗干扰能力，若输入级采用场效应管组成的差分式放大电路，性能更优越。输入级有同相和反相两个输入端：同相输入端输入信号时，输出信号与输入信号同相或同极性；反相输入端输入信号时，输出信号与其反相或极性相反。

（2）**中间级**：由多级电压放大电路组成，是集成运放最主要的电压放大级，该级的放大倍数可达数万倍。一般由共发射极接法组成多级直接耦合放大电路。

（3）**偏置电路**：为各级放大电路提供稳定和合适的偏置电流，决定各级的静态工作点，保证晶体管工作在放大状态，一般由恒流源电路构成。

（4）**输出级**：以放大功率为目的，向负载提供一定的功率，要求具有较小的输出电阻，以提高运算放大器的带负载能力。一般由互补对称电路组成功率放大器。

实际集成运放电路结构比较复杂，主要是为了提高其性能指标，会增加一些元器件和电路，但无论集成运放的电路结构多么复杂，在使用时只把它作为一个单一的放大器件来处理，只需参考它的技术指标和引脚功能。

9.1.2 差动放大电路

1. 电路结构

集成运放的输入级采用差动放大电路，它能较好地抑制零点漂移。差动放大电路如图 9-2 所示，图中三极管 VT1 和 VT2 特性相同，组成对称电路。

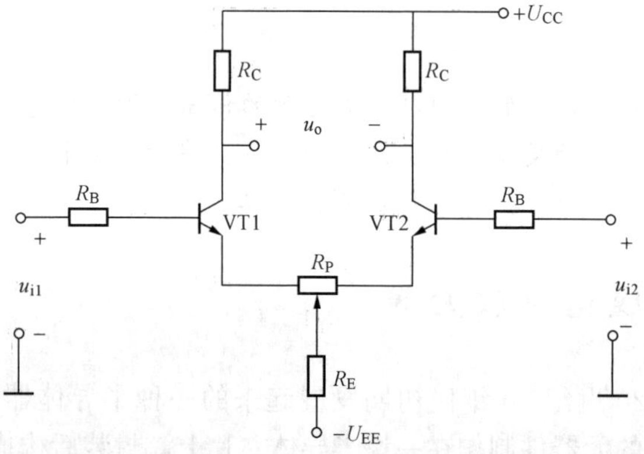

图 9-2 差动放大电路

差动放大电路的结构特点如下：

(1) **电路对称**。要求两边的元件特性及参数尽量一致。

(2) **双端输入**。两个输入信号分别接于两个输入端与地之间。

(3) **双电源**。集电极电源 U_{CC} 和发射极电源 U_{EE}。

差动放大电路的输入分为三种情况：

(1) u_{i1} 与 u_{i2} 大小相等、方向相同，称为**共模输入**。

(2) u_{i1} 与 u_{i2} 大小相等、方向相反，称为**差模输入**。

(3) u_{i1} 与 u_{i2} 不是共模，也不是差模，称为**比较输入**。此时，可将输入信号分解为一对共模信号 u_{ic} 和一对差模信号 u_{id}，则有

$$u_{ic}=\frac{u_{i1}+u_{i2}}{2}$$

$$u_{id}=\frac{u_{i1}-u_{i2}}{2} \tag{9-1}$$

2. 主要特点

(1) 差动放大电路对共模信号有很强的抑制作用，理想情况下，电路完全对称，共模信号作用时，两管的集电极电位变化相同，因此，$u_o=0$，即共模放大倍数

$$A_c=0$$

(2) 差动放大电路对差模信号有很大的放大作用，差模放大倍数 $A_d=\frac{u_o}{u_i}$ 较大。因此差动放大电路实际上是将两个输入端的差放大后输出到负载上，即差动放大电路的输出为

$$u_o=A_d(u_{i1}-u_{i2}) \tag{9-2}$$

(3) 对差动放大电路，差模信号是有用的信号，通常希望有较大的放大倍数；而共模信号则是温度漂移或干扰产生的无用附加信号，需要对它进行抑制。由于每个三极管的零点漂移依然存在，且电路不可能完全对称，因此共模放大倍数并不为零。通常将差模电压放大倍数与共模电压放大倍数之比定义为**共模抑制比**，即

$$K_{CMR}=\frac{A_d}{A_c} \tag{9-3}$$

共模抑制比反映了差动放大电路抑制共模信号的能力，其值越大，电路抑制共模信号的能力越强。在理想对称的情况下，$K_{CMR}\to\infty$。

9.1.3 互补对称功率放大电路

集成运放不仅应有放大倍数较高的电压放大级，还要有一个能输出一定功率信号的输出

级，使送到负载的输出信号驱动负载装置，比如扬声器等。这种以输出大功率为目的的放大电路称为功率放大电路。

1. 电路结构

互补对称放大电路如图 9-3 所示，该电路是由两个射极输出器组成。图中，VT1 和 VT2 分别为 NPN 型管和 PNP 型管，两管的基极、发射极连接在一起，信号从基极输入，从发射极输出，R_L 为负载。

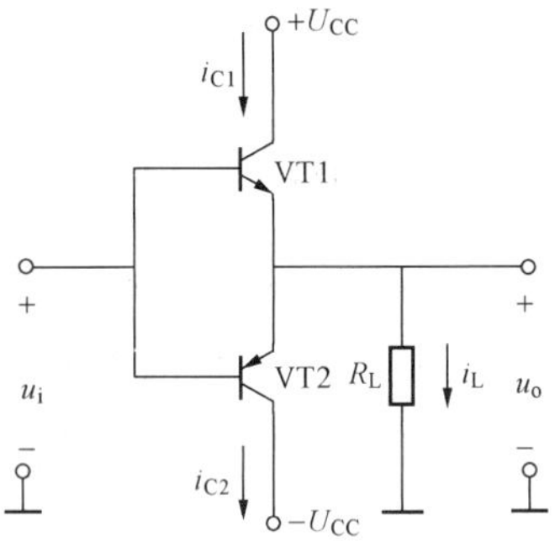

图 9-3 互补对称放大电路

当输入信号为正半周时，NPN 管导通，PNP 管截止，负载上的输出波形为正半周；当输入信号为负半周，PNP 管导通，NPN 管截止，负载上输出波形为负半周。在这一电路中，两管上下对称，轮流工作，互相补充，因此称为**互补对称放大电路**。

2. 主要特点

因为互补对称放大电路没有偏置电阻 R_B，所以在无信号输入时，$I_B=I_C=0$，管子本身没有损耗，电路的效率高；有信号输入时，两管交替工作，并且管子往往在接近极限状态下工作，电路输出功率大；由于两管都是发射极输出，所以电路具有输出电阻低、带负载能力强的特点。

互补对称电路结构对称，采用正、负对称电源，静态时无直流电压输出，所以负载可直接接到发射极，实现了直接耦合，在集成电路中得到广泛应用。

9.1.4 集成运放的图形符号和主要参数

图 9-4 所示为集成运放的图形符号。图中▷表示放大器，A_0 表示放大倍数，左侧为输入端，右侧为输出端。

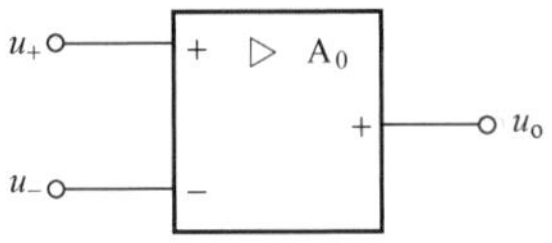

图 9-4 集成运放的图形符号

标“+”的输入端称为**同相输入端**，输入信号由此端输入时，输出信号与输入信号相位相同。

标“−”的输入端称为**反相输入端**，输入信号由此端输入时，输出信号与输入信号相位相反。

如果将两个输入信号分别从上述两端与地之间输入，则信号的这种输入方式称为**差分输入**。

同相输入、反相输入及差分输入是集成运放最基本的信号输入方式。

要正确地选用集成运放，必须了解其主要参数。

(1) 开环电压放大倍数 A_0。A_0 是指集成运放在无外加回路（称开环）时的输出电压与两输入端之间的信号电压之比，也称开环电压增益，常用分贝（dB）表示，它体现了集成运放的电压放大能力，常用集成运放的开环电压增益一般在 80～140dB。A_0 越大，电路越稳定，运算精确度也越高。

(2) 最大输出电压 U_{oPP}（或称输出峰—峰电压）。U_{oPP} 是集成运放在不失真情况下输出的最大电压。

(3) 差模输入电阻 r_i 与输出电阻 r_o。r_i 反映了集成运放输入端向差模输入信号源取用电流的大小，r_i 越大越好，一般为 10^5～$10^{11}\Omega$。r_o 反映了集成运放带负载的能力，其值越小越好，通常为几十至几百欧。

(4) 共模抑制比 K_{CMR}。K_{CMR} 用来综合衡量集成运放的放大能力和抗温漂、抗共模干扰的能力，一般为 70～130dB。

(5) 最大共模输入电压 U_{icmax}。U_{icmax} 指集成运放所能承受的共模输入电压最大值。超过此值，会使输入级工作不正常和共模抑制比下降，甚至损坏。

(6) 最大差模输入电压 U_{idmax}。U_{idmax} 指集成运放两输入端之间所能承受的最大电压值。

以上介绍的是运放的几个主要参数，另外还有温度漂移、静态功耗、带宽等，可查阅相关手册。

9.1.5 集成运放的电压传输特性

集成运放的输出电压与输入电压（即同相输入端与反相输入端之间的差值电压）之间的关系曲线称为集成运放的**电压传输特性**，即

$$u_o = f(u_+ - u_-)$$

集成运放的电压传输特性如图 9-5 所示。从图中曲线可看出，集成运放有一个线性放大区（线性区）和两个饱和区（非线性区）。

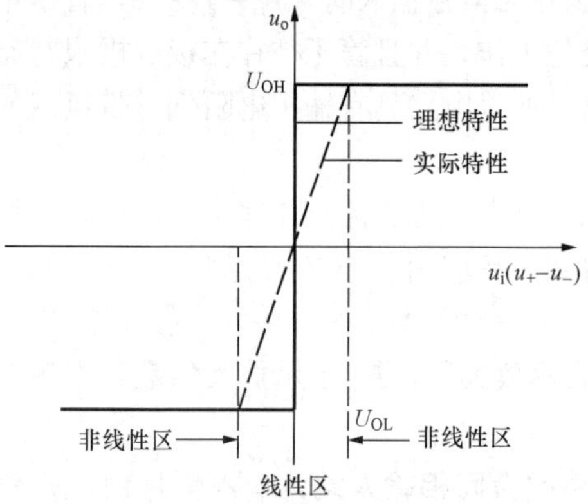

图 9-5 集成运放的电压传输特性

当集成运放工作在线性区时，输出电压 u_o 与输入电压 $u_i(u_i=u_+-u_-)$ 是线性关系，即

$$u_o = A_0 \cdot (u_+ - u_-) = A_0 \cdot u_i \quad (9-4)$$

式中：A_0 为开环时的差模电压放大倍数；u_+ 和 u_- 分别为同相输入端和反相输入端对地的电压。

线性区的斜率取决于 A_0 的大小。由于受电源电压的限制，u_o 不可能随 u_i 的增加而无限增加，因此，当 u_o 增加到一定值后，便进入了正、负饱和区。正饱和区 $u_o=U_{OH}$，负饱和区 $u_o=U_{OL}$，正、负饱和区的输出电压一般略低于正、负电源电压。

集成运放在应用时，工作于线性区的称为**线性应用**，工作于饱和区的称为**非线性应用**。由于集成运放的开环电压放大倍数 A_0 很大，线性区很窄，而输出电压为有限值，所以即使输入电压很小，由于外部干扰等原因，要使其稳定地工作在线性区，也必须引入深度负反馈（详见 9.2 节）。

9.1.6 理想集成运放

1. 理想集成运放的条件

常用集成运放具有很大的开环电压增益和共模抑制比，很大的输入电阻，很小的输出电阻，这些指标已接近理想的程度。因此，在实际应用中将集成运放理想化，即认为

(1) 开环电压增益接近于无穷大，即

$$A_0 \to \infty \quad (9-5)$$

(2) 输入电阻接近无穷大，即

$$r_i \to \infty \quad (9-6)$$

(3) 输出电阻接近于零，即

$$r_o \to 0 \quad (9-7)$$

(4) 共模抑制比接近于无穷大，即

$$K_{CMR} \to \infty \tag{9-8}$$

2. 理想集成运放的特性

图 9-5 中的理想特性即是理想集成运放的输出特性，由于 $A_0 \to \infty$，线性区几乎与纵轴重合。当理想集成运放工作在饱和区时，输入一微小信号，输出电压即达到正向饱和电压 U_{OH} 或反向饱和电压 U_{OL}，即：

$u_- > u_+$ 时，　　$u_o = U_{OL}$

$u_- < u_+$ 时，　　$u_o = U_{OH}$

当理想集成运放工作在线性区时，u_o 与 u_i 是线性关系，即

$$u_o = A_0 \cdot u_i = A_0 \cdot (u_+ - u_-)$$

此时，可得到在线性工作区时的三点重要结论：

(1) 因为 $r_i \to \infty$，所以理想集成运放两个输入端的输入电流均为零，即

$$i_+ = i_- = 0 \tag{9-9}$$

相当于同相输入端和反相输入端与理想集成运放内部电路之间断路，称为**虚断路**，简称**虚断**。

(2) 因为 $A_0 \to \infty$，而输出电压 u_o 为有限值，所以输入电压 $u_i = u_+ - u_- = u_o / A_0 = 0$，于是可认为同相输入端对地电压和反相输入端对地电压相等，即

$$u_+ = u_- \tag{9-10}$$

相当于同相输入端与反相输入端之间短路，称为**虚短路**，简称**虚短**。

若信号从反相输入端输入，而同相输入端接地，则 $u_- = u_+ = 0$，即反相输入端的电位为地电位，通常称为**虚地**。

虚断和**虚短**是集成运放线性应用时，进行电路分析和设计的两个重要依据。

(3) 由于理想集成运放的输出电阻 $r_o \to 0$，所以当负载变化时，其输出电压 u_o 不变。

以上三点是分析理想运放在线性区工作的基本依据。利用理想集成运放特性可大大简化集成运放应用电路的分析和计算，其结果误差很小，在工程上是允许的。

9.2　放大电路中的负反馈

9.2.1　反馈的基本概念

将放大电路输出信号（电压或电流）的一部分或全部，通过某种电路（反馈电路）送回到输入回路，从而影响输入信号的过程称为**反馈**。任意一个反馈放大电路都可以表示为一个基本放大电路和反馈网络组成的闭环系统。实现这一反馈的电路和元件称为**反馈电路**和**反馈元件**，图 9-6 所示为一负反馈放大电路的原理框图。

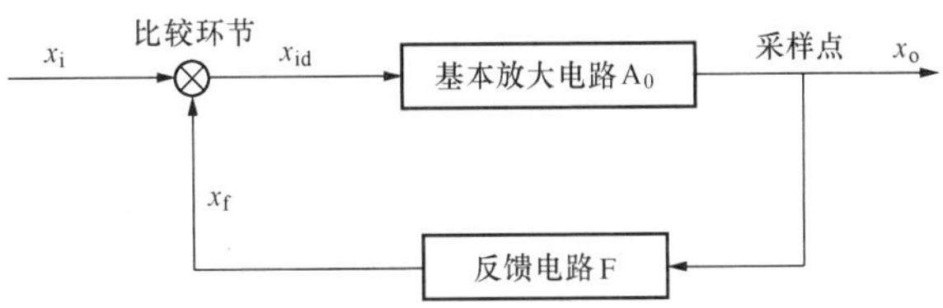

图 9-6　负反馈放大电路的原理框图

图中 x_i、x_{id}、x_f、x_o 分别表示放大电路的输入信号、净输入信号、反馈信号和输出信号，它们可以是电压量，也可以是电流量。

没有引入反馈时的基本放大电路称为**开环电路**，放大电路的电压放大倍数称为**开环电压放大倍数**或**开环增益**，用 A_0 表示，即

$$A_0=\frac{x_o}{x_{id}} \tag{9-11}$$

有反馈时，基本放大电路和反馈电路构成一个闭合环路，常称为**闭环**。放大电路的电压放大倍数称为**闭环电压放大倍数**或**闭环增益**，用 A_f 表示，即

$$A_f=\frac{x_o}{x_i} \tag{9-12}$$

反馈信号与输出信号之比称为**反馈系数**，用 F 表示，即

$$F=\frac{x_f}{x_o} \tag{9-13}$$

对于负反馈放大电路，基本放大电路的净输入信号为

$$x_{id}=x_i-x_f \tag{9-14}$$

综合以上几式，反馈放大电路的放大倍数为

$$A_f=\frac{x_o}{x_i}=\frac{x_o}{x_{id}+x_f}=\frac{A_0}{1+A_0F} \tag{9-15}$$

式（9-15）是反馈放大电路的基本关系式。通常称 $|1+A_0F|$ 为反馈深度。从式（9-15）可知：

(1) 若 $|1+A_0F|>1$，则 $A_f<A_0$，说明引入反馈后，由于净输入信号的减小，使放大倍数降低了，引入的是负反馈，且反馈深度的值越大（即反馈深度越深），负反馈的作用越强，A_f 也越小。

(2) 若 $|1+A_0F|<1$，则 $A_f>A_0$，说明引入反馈后，由于净输入信号的增强，使放大倍数增大了，引入的是正反馈。

因此，根据反馈信号对输入信号作用的不同，反馈可分为正反馈和负反馈两种类型。反馈信号增强输入信号的为**正反馈**；反馈信号削弱输入信号的为**负反馈**。

9.2.2 负反馈的类型及判断

1. 反馈的类型

根据反馈电路在输出端采样信号的不同，可分为电压反馈和电流反馈。若反馈信号取自（正比于）输出电压，则称为电压反馈；若反馈信号取自（正比于）输出电流，则称为电流反馈。

根据反馈信号在输入端与输入信号比较形式的不同，可分为串联反馈和并联反馈。如果反馈信号与输入信号串联（反馈信号以电压的形式出现：$x_f=u_f$），则为串联反馈；如果反馈信号与输入信号并联（反馈信号以电流的形式出现：$x_f=i_f$），则为并联反馈。

由此，电路中的负反馈可以归纳为 4 种类型，即电压串联负反馈、电压并联负反馈、电流串联负反馈、电流并联负反馈。

(1) 电压串联负反馈。电压串联负反馈的典型电路如图 9-7 所示。采样点和输出电压 u_o 同端点，为电压反馈；反馈信号 u_f 与输入信号 u_s 在不同端点，为串联反馈。

R_1 和 R_2 构成反馈环节，输入信号 u_s 通过 R_s 加于集成运放同相输入端。输出电压 u_o

通过 R_1 和 R_2 分压，分在 R_1 上的电压即为反馈信号 u_f，即

$$u_f = \frac{R_1}{R_1 + R_2} u_o$$

放大电路引入电压串联负反馈后，通过自身闭环系统的调节，可使输出电压趋于稳定。

电压串联负反馈的特点是输出电压稳定，输出电阻减小，输入电阻增大，具有很强的带负载能力。

(2) 电压并联负反馈。电压并联负反馈的典型电路如图 9-8 所示。采样点和输出电压 u_o 同端点，为电压反馈；反馈信号 i_f 与输入信号 u_s 在同端点，为并联反馈。

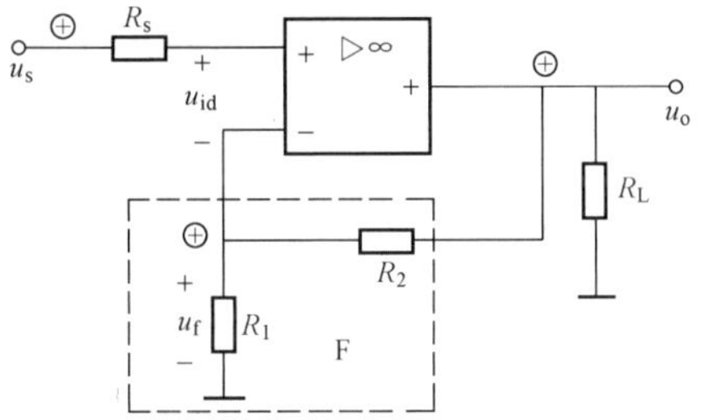

图 9-7　电压串联负反馈

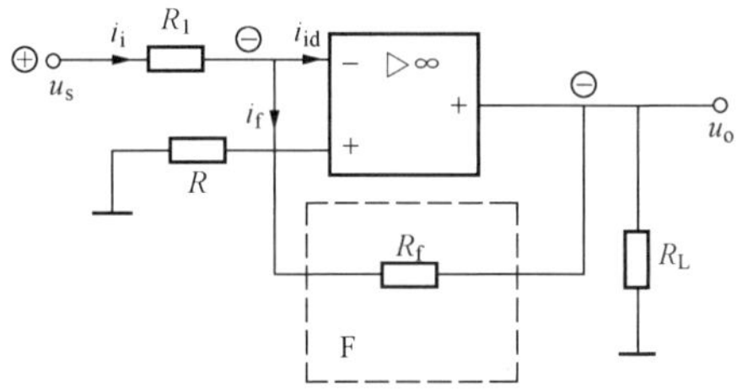

图 9-8　电压并联负反馈

反馈电阻 R_f 连接于输入、输出端之间，输入信号 u_s 通过 R_1 加于集成运放反相输入端。通过 R_f 的电流即为反馈信号 i_f，即

$$i_f = \frac{u_- - u_o}{R_f} \approx -\frac{u_o}{R_f}$$

电压并联负反馈的特点是输出电压稳定，输出电阻和输入电阻均减小。

(3) 电流串联负反馈。电流串联负反馈的典型电路如图 9-9 所示。输出电压 $u_o = 0$ 时，反馈信号仍然存在，为电流反馈；反馈信号 u_f 与输入信号 u_s 在不同端点，为串联反馈。

R_1 和 R_2 构成反馈环节，输入信号 u_s 通过 R_s 加于集成运放同相输入端。负载中通过的电流为 i_o，R_1 上的电压即为反馈信号 u_f，即

$$u_f = i_o R_1$$

电流串联负反馈的特点是输出电流稳定，输出电阻和输入电阻均增大。

(4) 电流并联负反馈。电流并联负反馈的典型电路如图 9-10 所示。输出电压 $u_o = 0$ 时，反馈信号仍然存在，为电流反馈；反馈信号 i_f 与输入信号 u_s 在同端点，为并联反馈。

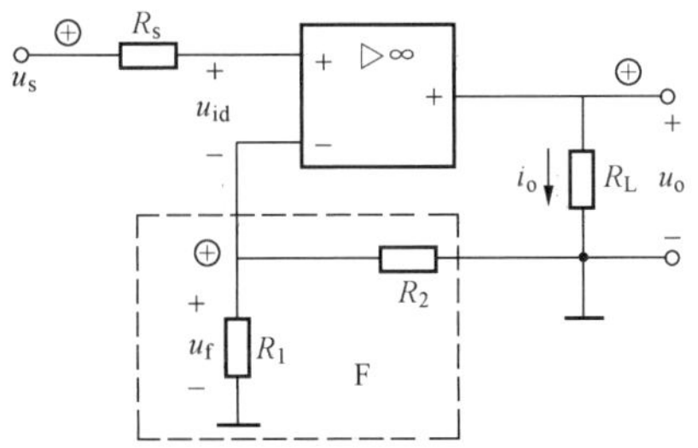

图 9-9　电流串联负反馈

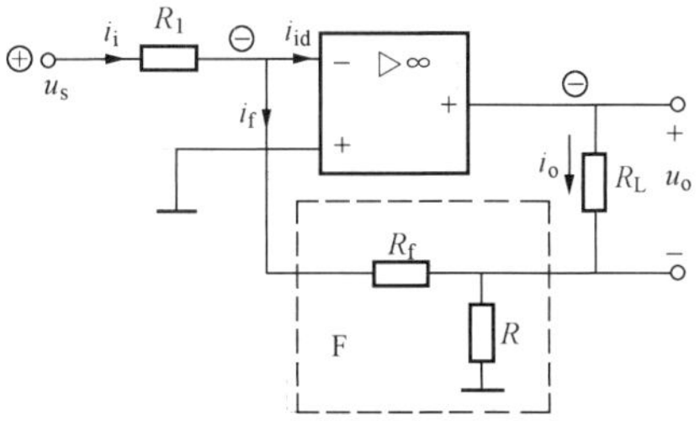

图 9-10　电流并联负反馈

R 和R_f 构成反馈环节，输入信号 u_s 通过R_1 加于集成运放反相输入端。通过R_f 的电流即为反馈信号 i_f，即

$$i_f=\frac{R}{R_f+R}(-i_o)$$

电流并联负反馈的特点是输出电流稳定，输出电阻增大，输入电阻减小。

2. 反馈的判断

（1）正反馈和负反馈的判断。正反馈和负反馈的判断是看反馈量，使净输入增大为正反馈，使净输入减小则为负反馈。通常采用瞬时极性法判断。首先将反馈电路与放大电路的输入端断开，然后设定输入信号的瞬时极性为“＋”，再看反馈回来的信号是正极性还是负极性。如反馈信号是削弱输入信号，使净输入量减小，则为负反馈；反之，反馈信号是加强输入信号，使净输入量增加，则为正反馈。如图 9－9 所示电路，设输入端瞬时极性为“＋”，则输出端瞬时极性为“＋”，经 R_1 和 R_L 传递到反相输入端的反馈信号 u_f 瞬时极性也为“＋”，净输入信号为 $u_{id}=u_s-u_f$，因为 u_s 与 u_f 瞬时极性相同，反馈信号使净输入信号减小，因此为负反馈。

（2）串联反馈和并联反馈的判断。反馈的串并联类型是指反馈信号影响输入信号的方式，即在输入端的连接方式。串联反馈是指净输入电压和反馈电压在输入回路中的连接形式为串联，而并联反馈是指净输入电流和反馈电流在输入回路中并联。串联负反馈如图 9－7 所示，图中 u_{id} 与 u_f 串联连接；如果引回到输入另一端则为串联反馈，如图 9－10 所示，图中 i_{id} 与 i_f 并联连接。

（3）电压反馈和电流反馈的判断。电压、电流反馈是指反馈信号取自输出信号（电压或电流）的形式，通常看反馈电路与输出端的连接形式。电压反馈以图 9－7 为例，反馈电压 u_f 是经 R_1、R_2 组成的分压器由输出电压 u_o 取样得来。反馈电压是输出电压的一部分，故是电压反馈。在判断电压反馈时，可以采用一种简便的方法，即根据电压反馈的定义，反馈信号与输出电压成比例，设想将放大电路的负载 R_L 两端短路，短路后如果 $u_f=0$（或 $i_f=0$），就是电压反馈。

电流反馈以图 9－10 为例，图中反馈电流 i_f 为电阻 R_1 和 R_f 对输出电流 i_o 的分流，所以是电流反馈。另一种简便方法就是将负载 R_L 开路（$R_L=\infty$），致使 $i_o=0$，从而使 $i_f=0$，即由输出引起的反馈信号消失了，从而确定为电流反馈。

综上所述，由单个集成运放组成的反馈电路，反馈信号接到反相输入端构成负反馈，反馈电路在输入回路的接法决定了是串联或并联反馈，在输出回路的接法决定是电压或电流反馈。

9.2.3 负反馈对放大电路的影响

引入负反馈后，放大电路的净输入信号减小，导致输出信号减小，放大倍数降低，但放大电路的多种性能得到了改善。

1. 提高放大倍数的稳定性

对式（9－15）进行分析可知，闭环放大倍数的相对变化量是开环放大电倍数相对变化量的 $1/(1+A_0F)$ 倍，即**负反馈电路的反馈越深，放大倍数就越稳定**。

在深度负反馈条件下，式（9－15）可写为 $A_f=A_0/FA_0=1/F$，A_f 与 A_0 无关，仅取决于反馈电路，因此可使闭环放大倍数十分稳定。

2. 减小非线性失真

三极管是一个非线性器件，以三极管为主要元件构成的放大器在对信号进行放大时不可避免地会产生非线性失真。假设放大器的输入信号为正弦信号，没有引入负反馈时，开环放大器产生如图 9－11（a）所示的非线性失真，即输出信号的正半周幅度变大，而负半周幅度变小。

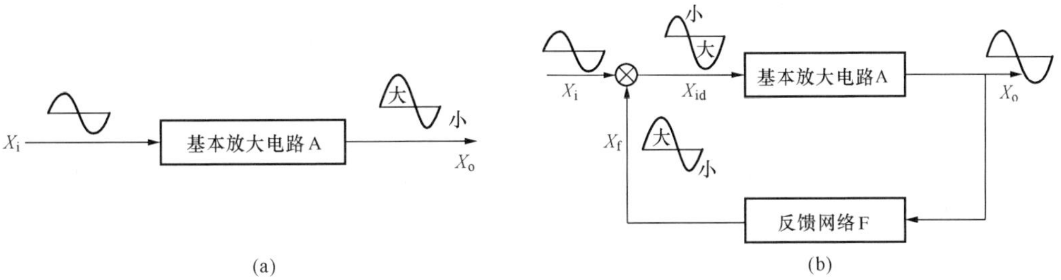

图 9－11　非线性失真的改善

（a）无负反馈；（b）有负反馈

现在引入负反馈，假设反馈网络为不会引起失真的线性网络，则反馈回的信号同输出信号的波形一样。反馈信号在输入端与输入信号相比较，使净输入信号 $\boldsymbol{X}_{id}=(\boldsymbol{X}_i-\boldsymbol{X}_f)$ 的波形正半周幅度变小，而负半周幅度变大，如图 9－11（b）所示。经基本放大电路放大后，输出信号趋于正、负半周对称的正弦波，从而减小了非线性失真。

3. 抑制噪声和干扰

在反馈环内，放大电路本身产生的噪声和干扰信号可以通过负反馈进行抑制，其原理与减小非线性失真的原理相同。但对反馈环外的噪声和干扰信号，引入负反馈也无能为力。

4. 扩展频带

通频带是放大电路的技术指标之一，通常要求放大电路有较宽的通频带。在多级放大电路中，级数越多，增益越大，频带越窄。图 9－12 所示为放大电路的幅频特性。无负反馈时，放大电路的幅频特性及通频带如图中上面曲线所示；引入负反馈后，放大倍数下降，幅频特性变为下面的曲线。由于放大倍数稳定性的提高，在低频段和高频段的电压放大倍数下降程度减小，使得下限频率降低，上限频率升高，从而通频带由 BW 加宽到 BW_f，扩展了放大电路的通频带。

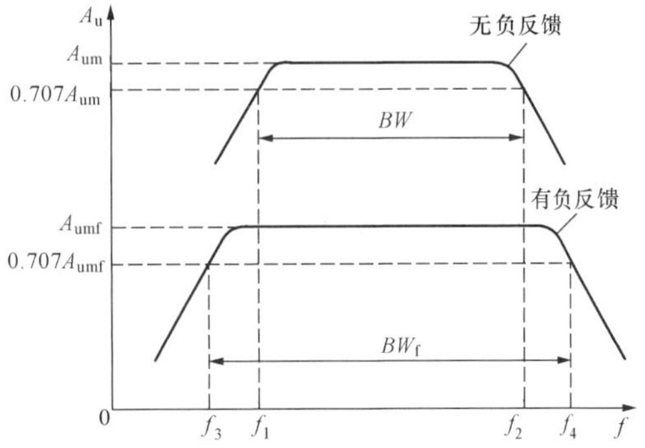

图 9－12　放大电路的幅频特性（负反馈扩展频带）

5. 改变输入和输出电阻

引入负反馈后，放大电路的输入、输出电阻都会受到一定的影响。反馈类型不同，影响也不同。串联负反馈使放大电路的输入电阻增大，而并联负反馈使输入电阻减小。

对于电压负反馈，由于反馈信号正比于输出电压，具有稳定输出电压的作用，因此使放大电路的输出电阻减小；对于电流负反馈，由于反馈信号正比于输出电流，具有稳定输出电流的作用，因此使输出电阻增大。

9.3 基本运算电路

当集成运放加入负反馈，工作在线性区时，可组成模拟信号放大器、正弦波振荡电路和有源滤波电路等；当集成运放加入正反馈或处于开环状态，工作在非线性区时，可组成矩形波发生器、幅值比较器等。本节介绍集成运放的一些数学运算功能，实现这些功能的电路统称为运算电路。

9.3.1 比例运算电路

比例运算电路的输出电压与输入电压之间存在比例关系，它是最基本的运算电路。根据输入信号接法的不同，比例运算电路有 3 种基本类型，即反相比例运算电路、同相比例运算电路和差分比例运算电路。

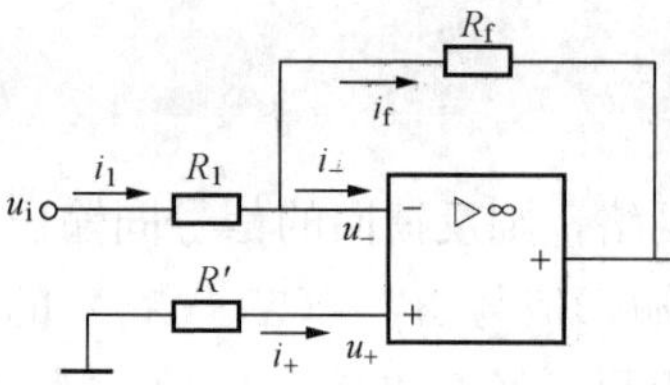

图 9-13 反相比例运算电路

1. 反相比例运算电路

反相比例运算电路也称为反相放大器，如图 9-13 所示。输入信号 u_i 通过 R_1 接到反相输入端；同相输入端通过 R'接地；R_f 为反馈电阻，引入了电压并联负反馈。

根据理想运放的条件 $i_-=i_+=0$ $u_-=u_+=0$ 可知

$$i_1=i_f$$

$$i_1=\frac{u_i-u_-}{R_1}=\frac{u_i}{R_1}$$

$$i_f=\frac{u_--u_o}{R_f}=-\frac{u_o}{R_f}$$

所以

$$u_o=-R_f i_f=-\frac{R_f}{R_1}u_i$$

式中的负号表示输出电压与输入电压的相位相反。

反相比例运算放大电路的闭环电压放大倍数 A_f 为

$$A_f=\frac{u_o}{u_i}=-\frac{R_f}{R_1}$$

当 $R_f=R_1$ 时，$u_o=-u_i$，即 $A_f=-1$，该电路就成了反相器。

图 9-13 中，R'称为平衡电阻，其作用是保持集成运放输入级电阻的对称性，其阻值等于反相输入端对地的等效电阻，即 $R'=R_1/\!/R_f$。

2. 同相比例运算电路

图 9-14 同相比例运算电路

同相比例运算电路又称为同相放大器，电路如图 9-14 所示。输入信号 u_i 通过 R'接到同相输入端；反相输入端通过 R_1 接地；反馈电阻 R_f 引入电压串联负反馈。

根据理想运放的条件 $i_-=i_+=0$ $u_-=u_+$

可知

$$i_1 = i_f$$

$$u_- = u_+ = u_i$$

而
$$i_1 = \frac{0 - u_-}{R_1} = -\frac{u_i}{R_1} = i_f$$

$$i_f = \frac{u_- - u_o}{R_f} = \frac{u_i - u_o}{R_f}$$

所以

$$u_o = \left(1 + \frac{R_f}{R_1}\right) u_i$$

可见，u_o 与 u_i 相位相同，且成正比。

同相比例运算电路闭环电压放大倍数为

$$A_f = \frac{u_o}{u_i} = 1 + \frac{R_f}{R_1}$$

所以，A_f 必定大于或等于 1。当 $R_f = 0$ 或 $R_1 = \infty$ 时，$u_o = u_i$，即 $A_f = 1$，这时输出电压跟随输入电压作相同的变化，称为电压跟随器。电压跟随器的电路及符号如图 9－15 所示。该电路具有输入电阻高、输出电阻低、带负载能力强等特点。平衡电阻 $R' = R_1 /\!/ R_f$。

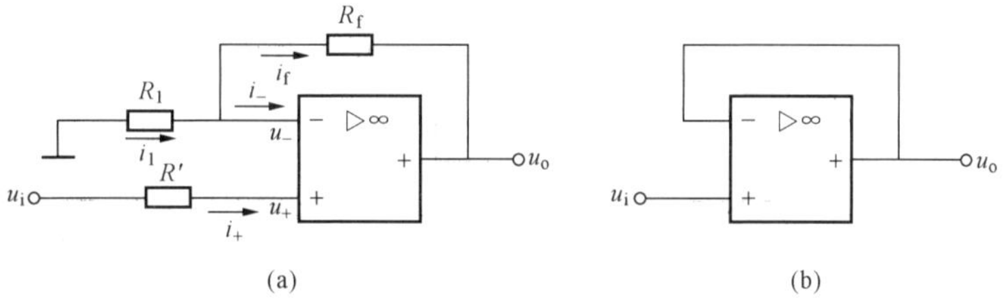

图 9－15　电压跟随器的电路及符号

(a) 电压跟随器的电路；(b) 电压跟随器的符号

9.3.2　加减运算电路

1. 加法运算电路

如果在反相输入端增加多个输入电阻，就构成了反相加法运算电路，如图 9－16 所示。由于反相输入端为**“虚地”**，$u_+ = u_- = 0$，故由电路可知

$$i_f = i_1 + i_2$$

因
$$i_1 = \frac{u_{i1}}{R_1},\quad i_2 = \frac{u_{i2}}{R_2},\quad i_f = -\frac{u_o}{R_f}$$

故
$$u_o = -\left(\frac{R_f}{R_1} u_{i1} + \frac{R_f}{R_2} u_{i2}\right)$$

若 $R_1 = R_2 = R_f$，则

$$u_o = -(u_{i1} + u_{i2})$$

可见输出电压 u_o 与两个输入电压 u_{i1}、u_{i2} 之间是一种反相输入加法运算关系。这一运

算关系可推广到有更多信号输入的情况。

2. 减法运算电路

如果在集成运放的两个输入端分别加上输入信号，就构成了减法运算电路，如图 9－17 所示。

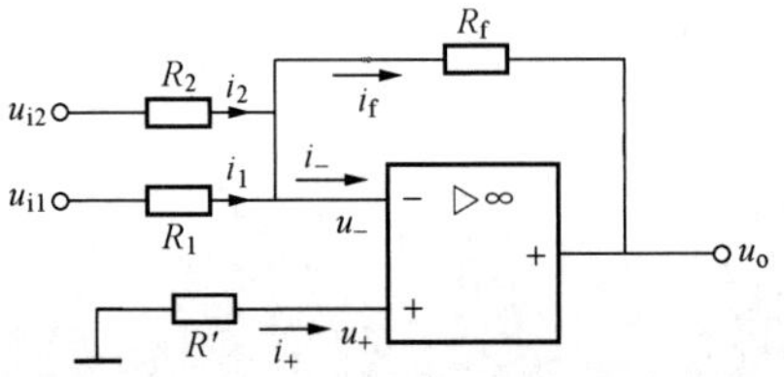

图 9－16 反相加法运算电路

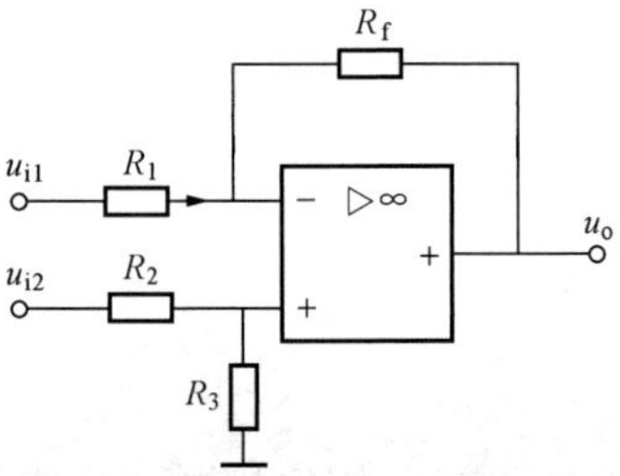

图 9－17 减法运算电路

由叠加定理可知：

u_{i1} 单独作用时为反相输入比例运算电路，其输出电压为

$$u_o'=-\frac{R_f}{R_1}u_{i1}$$

u_{i2} 单独作用时为同相输入比例运算，其输出电压为

$$u_o''=\left(1+\frac{R_f}{R_1}\right)\frac{R_3}{R_2+R_3}u_{i2}$$

u_{i1} 和 u_{i2} 共同作用时，输出电压为

$$u_o=u_o'+u_o''=-\frac{R_f}{R_1}u_{i1}+\left(1+\frac{R_f}{R_1}\right)\frac{R_3}{R_2+R_3}u_{i2}$$

为使集成运放两个输入端的外接电阻平衡，常取 $R_1=R_2$，$R_3=R_f$，则上式简化为

$$u_o=\frac{R_f}{R_1}(u_{i2}-u_{i1})$$

若 $R_1=R_2=R_3=R_f$，则

$$u_o=u_{i2}-u_{i1}$$

由此可见，输出电压 u_o 与两个输入电压 u_{i1}、u_{i2} 之差成正比，实现了减法运算。该电路又称为差动输入运算电路或差动放大电路。差动输入运算电路在测量和自动控制系统中得到了广泛应用。

【例 9－1】 求图 9－18 所示电路中 u_o、u_i 的关系。

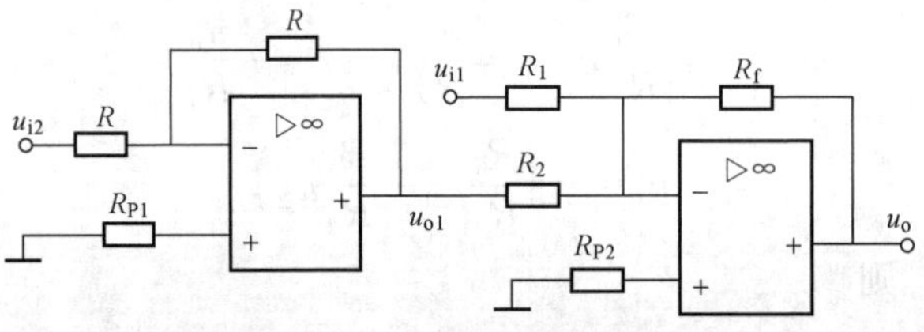

图 9－18 【例 9－1】图

解 电路由第一级的反相器和第二级的加法运算电路级联而成，因此

$$u_{o1}=-u_{i2}$$

$$u_o=-\left(\frac{R_f}{R_1}u_{i1}+\frac{R_f}{R_2}u_{o1}\right)=\frac{R_f}{R_2}u_{i2}-\frac{R_f}{R_1}u_{i1}$$

【例 9-2】 若要求图 9-19 所示电路的输出 u_o 为 $-u_o=3u_1+0.2u_2$，已知 $R_3=10\text{k}\Omega$，求 R_1 和 R_2。

解 图 9-19 中的运放为理想运放，可应用其两条规则。

由"**虚断**"，$i_-=0$，得 $i=i_1+i_2$，故

$$-\frac{u_o-u_-}{R_3}=\frac{u_1-u_-}{R_1}+\frac{u_2-u_-}{R_2}$$

根据"**虚短**"，得 $u_-=u_+=0$，代入上式中，可得

$$-\frac{u_o}{R_3}=\frac{u_1}{R_1}+\frac{u_2}{R_2}$$

$$-u_o=R_3\left(\frac{u_1}{R_1}+\frac{u_2}{R_2}\right)$$

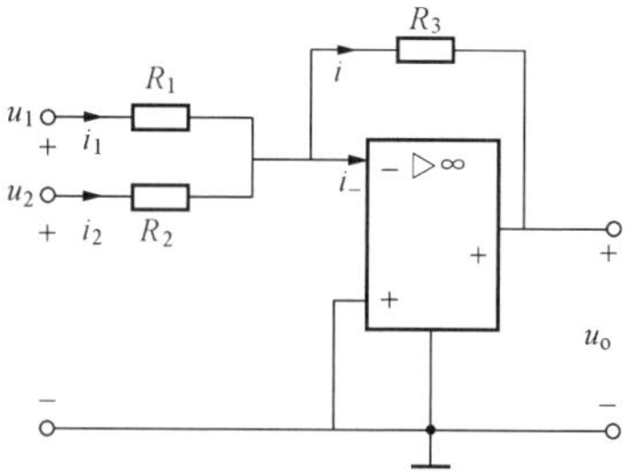

图 9-19 【例 9-2】图

代入已知条件，得

$$3u_1+0.2u_2=\frac{R_3}{R_1}u_1+\frac{R_3}{R_2}u_2$$

故

$$R_1=\frac{R_3}{3}=3.33\ (\text{k}\Omega)$$

$$R_2=\frac{R_3}{0.2}=50\ (\text{k}\Omega)$$

【例 9-3】 求图 9-20 所示电路的电压比$\frac{u_o}{u_s}$。

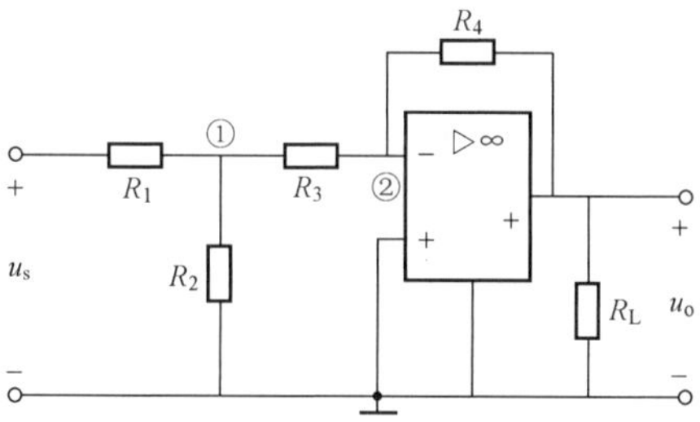

图 9-20 【例 9-3】图

解 采用节点电压法分析。独立节点①和②的选取如图 9-20 所示，列出节点电压方程，应用"**虚断**"，可得

$$\left(\frac{1}{R_1}+\frac{1}{R_2}+\frac{1}{R_3}\right)u_{n1}-\frac{1}{R_3}u_{n2}=\frac{u_s}{R_1}$$

$$-\frac{u_{n1}}{R_3}+\left(\frac{1}{R_3}+\frac{1}{R_4}\right)u_{n2}-\frac{1}{R_4}u_o=0$$

应用"**虚短**"，得 $u_{n2}=0$，代入上述方程中得，$u_{n1}=-\frac{R_3}{R_4}u_o$，故有

$$\left(\frac{1}{R_1}+\frac{1}{R_2}+\frac{1}{R_3}\right)\left(-\frac{R_3}{R_4}u_o\right)=\frac{u_s}{R_1}$$

整理后得

$$\frac{u_o}{u_s}=-\frac{R_2R_4}{R_1R_2+R_2R_3+R_3R_1}$$

9.3.3 积分、微分运算电路

1. 积分电路

若将反相比例运算电路中的反馈元件 R_f 用电容 C 替代，就可以实现积分运算，即输出电压与输入电压的积分成正比。积分电路基本形式及积分波形如图 9-21 所示。

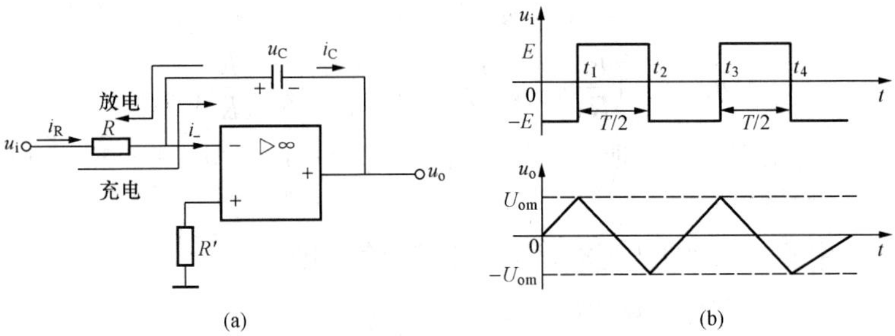

图 9－21　积分电路基本形式及积分波形

（a）积分电路基本形式；（b）积分波形

由于同相输入端虚地，且 $i_+=i_-=0$，$u_-=u_+=0$，由图可得

$$i_R=i_C$$

$$i_R=\frac{u_i}{R}$$

$$i_C=C\frac{du_C}{dt}=-C\frac{du_o}{dt}$$

由此可得

$$u_o=-u_C=-\frac{1}{C}\int i_C dt=-\frac{1}{C}\int i_R dt=-\frac{1}{RC}\int u_i dt$$

即输出电压与输入电压对时间的积分成正比。

若 u_i 为恒定电压 U，则输出电压 u_o 为

$$u_o=-\frac{U}{RC}t$$

利用积分运算电路，在积分常数和输入方波电压的幅值满足一定关系时，可将输入的方波电压变换为三角波电压输出，实现波形变换，如图 9－21（b）所示。

2. 微分电路

微分是积分的逆运算，只需要将积分电路中反相输入端的电阻与反馈电容调换位置，就成为微分电路，其输出电压是输入电压的微分，如图 9－22 所示。

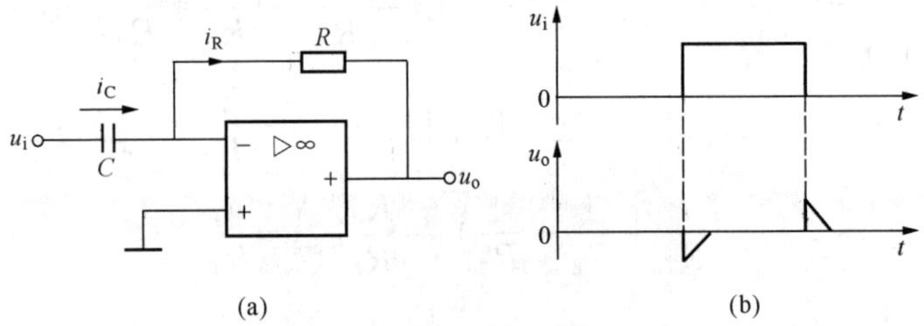

图 9－22　基本微分电路及微分波形

（a）基本微分电路；（b）输入、输出波形

由于反相输入端虚地，且 $i_+=i_-=0$，由图可得

$$i_R=i_C$$

$$i_R=-\frac{u_o}{R}$$

$$i_C = C\frac{du_C}{dt} = C\frac{du_i}{dt}$$

由此可得

$$u_o = -RC\frac{du_i}{dt}$$

即输出电压与输入电压对时间的微分成正比。

若 u_i 为恒定电压 U，则在 u_i 作用于电路的瞬间，微分电路输出一个尖脉冲电压，波形如图 9－22（b）所示。

9.4 电压比较器

当集成运放不加反馈或加正反馈时，由于其放大倍数非常大，工作于电压传输特性的饱和区，只存在正、负饱和两种状态，输出不是高电平就是低电平。集成运放的这种工作状态属于集成运放的非线性应用，在模数转换、测量、通信、波形变换和自动控制等方面应用广泛。

电压比较器是集成运放非线性应用基本电路之一，它的基本功能是比较两个输入端的模拟电压，判断出其中哪一个电压高，哪一个电压低，并在输出端以高电平或低电平表示比较的结果。

电压比较器已经广泛地应用在各种控制电路和保护电路中，如应用在现代的液晶、等离子平板电视中。在平板电视中，特别是故障率较高的开关电源、驱动电路、背光板电路中用电压比较器构成的保护电路比比皆是，对电路的安全、保护起到极大的作用。

常用的电压比较器有过零比较器、滞回比较器、双限比较器等。

1. 过零比较器

图 9－23（a）所示为加限幅电路的过零比较器电路，VS 为限幅稳压管。信号从集成运放的反相输入端输入；参考电压为零，从同相端输入。当 $u_i>0$ 时，输出 $u_o=-(U_{VS}+U_D)$；当 $u_i<0$ 时，$u_o=+(U_{VS}+U_D)$。其电压传输特性如图 9－23（b）所示。

过零比较器结构简单、灵敏度高，但抗干扰能力差。

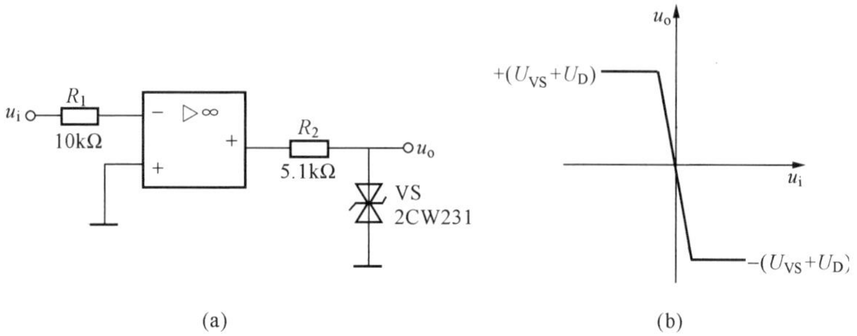

图 9－23 过零比较器

（a）电路图；（b）电压传输特性

2. 滞回比较器

过零比较器在实际工作时，如果 u_i 在过零值附近，则由于零点漂移的存在，u_o 将不断由一个极限值转换到另一个极限值，这在控制系统中，对执行机构是很不利的。为此，就需要输出特性具有滞回现象。如图 9－24（a）所示，从输出端引一个电阻分压正反馈支路到同相输入端，若 u_o 改变状态，Σ点也随着改变电位，使过零点离开原来位置。

当 u_o 为正（记作 U_+）时，$U_\Sigma=\frac{R_2}{R_2+R_f}U_+$，则当 $u_i>U_\Sigma$ 后，u_o 即由正变负（记作 U_-），此时 U_Σ 变为 $-U_\Sigma$。故只有当 u_i 下降到 $-U_\Sigma$ 以下，才能使 u_o 再度回升到 U_+，于是出现图 9－24（b）所示的滞回特性。

$-U_\Sigma$ 与 U_Σ 的差别称为回差。改变 R_2 的数值可以改变回差的大小。

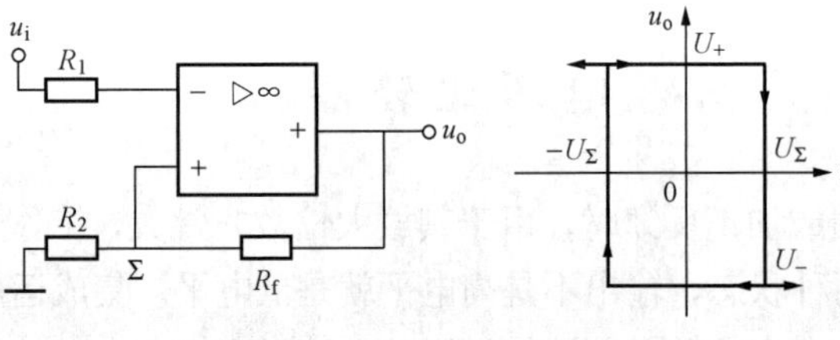

图 9－24　滞回比较器

（a）电路图；（b）传输特性

3. 双限比较器

双限比较器又称为窗口比较器。简单的比较器仅能鉴别输入电压 u_i 比参考电压 U_R 高或低的情况，而窗口比较器是由两个简单比较器组成，如图 9－25 所示，它能指示出 u_i 值是否处于 U_{R+} 和 U_{R-} 之间。如 $U_{R-}<u_i<U_{R+}$，窗口比较器的输出电压 u_o 等于集成运放的正饱和输出电压（$+U_{OH+}$）；如果 $u_i<U_{R-}$ 或 $u_i>U_{R+}$，则输出电压 u_o 等于集成运放的负饱和输出电压（$-U_{OL-}$）。

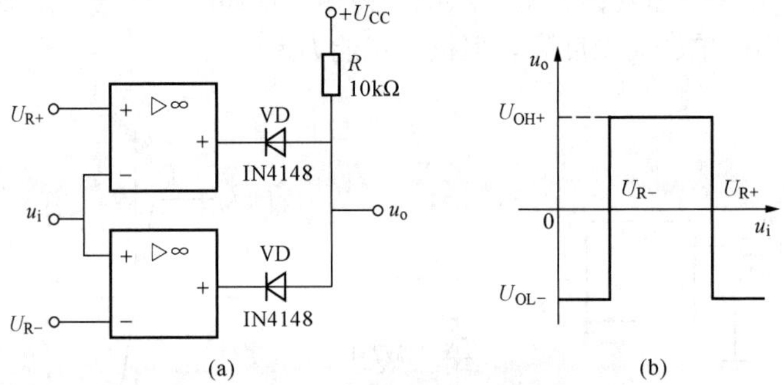

图 9－25　由两个简单比较器组成的窗口比较器

（a）电路图；（b）传输特性

*9.5　应　　用

9.5.1　电桥信号放大电路

如果需要对温度、压力或形变等进行检测，可采用图 9－26 所示的电桥信号放大电路，图中电桥的一个臂是由传感器构成的。

当传感器的阻值没有变化，即 $\Delta R=0$ 时，电桥平衡，电路输出电压 $u_o=0$；当传感器因温度、压力或其他变化而使传感元件的电阻值发生变化，即 $\Delta R\neq 0$ 时，电桥就失去平衡，变化量变成了电信号而产生输出电压 u_o。输出电压 u_o 一般很小，需要经过放大器进行放大。

9.5.2　过温保护电路

图 9－27 所示电路是利用集成运放组成的过温保护电路。图中 R_1 是负温度系数热敏电阻，温度高时，阻值变小。KA 是继电器，在温度超过上限值时继电器动作，自动切断加热电源。

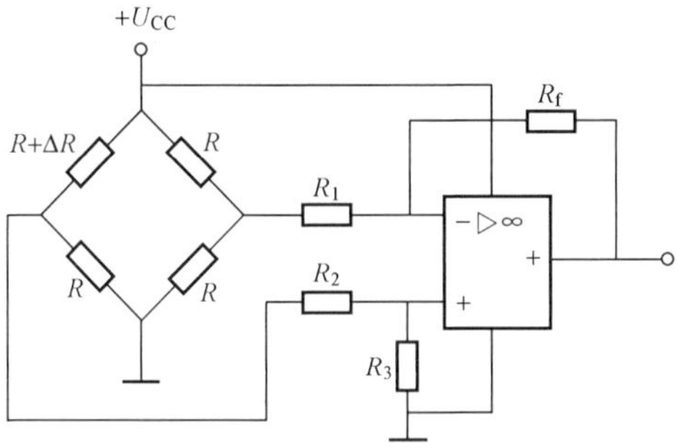

图 9－26　电桥信号放大电路

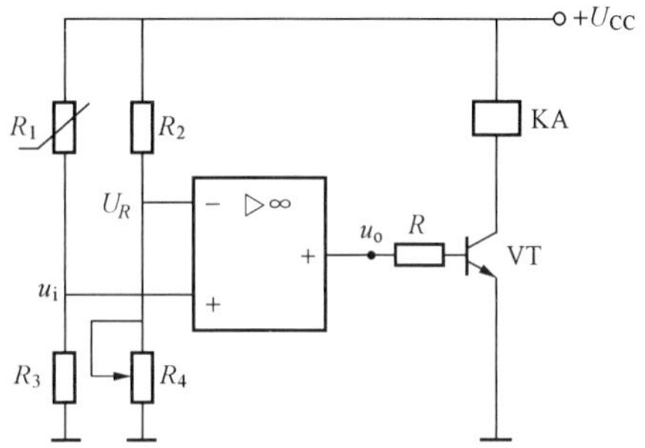

图 9－27　过温保护电路

在图 9－27 中集成运放作电压比较器使用。电阻 R_2 和 R_4 串联，由 R_4 上分得的电压作参考电压 U_R；R_1 和 R_3 串联，由 R_3 上分得的电压作为输入电压 u_i。

正常工作时，温度未超过上限值，则 $u_i<U_R$，$U_o=-U_{OL}$，三极管截止，KA 不会动作；当温度超过上限值时，R_1 的阻值刚好下降到使 $u_i>U_R$，$U_o=+U_{OH}$，三极管饱和导通，KA 动作，切除加热电源，从而实现温度超限保护作用。

调节 R_4 可改变参考电压 U_R。在某些复印机中就采用这种电路来防止热辊温度过高而造成损坏。

习　题　9

9.1　在图 9－28 中，电源电压为 ±18V，$A_o=106\text{dB}$（2×10^5 倍），额定输出电压为 ±13V，其他为理想特性，试求在两输入端对地加下列输入信号时的输出电压 u_o：

（1）$u_1=-10\mu\text{V}$，$u_+=-15\mu\text{V}$。

（2）$u_-=-10\mu\text{V}$，$u_+=15\mu\text{V}$。

（3）$u_-=1.0001\text{V}$，$u_+=1\text{V}$。

（4）$u_1=0\text{V}$，$u_+=5\text{mV}$。

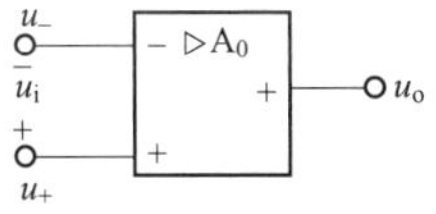

图 9－28　题 9.1 电路

9.2　判断图 9－29 所示电路的反馈极性。

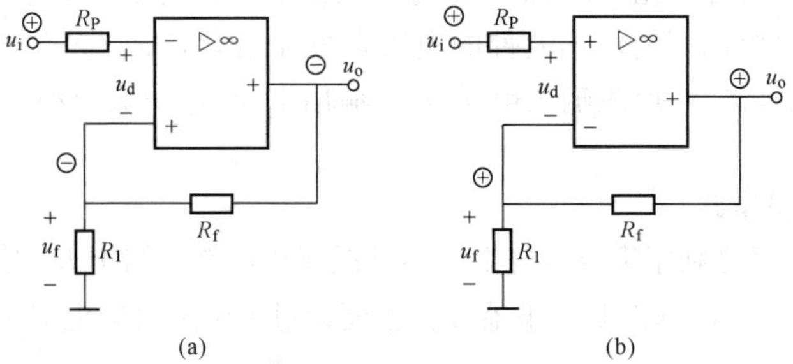

图 9－29　题 9.2 电路

9.3　试判断图 9－30 所示各电路中的反馈（正、负、串联、并联、电压、电流）。

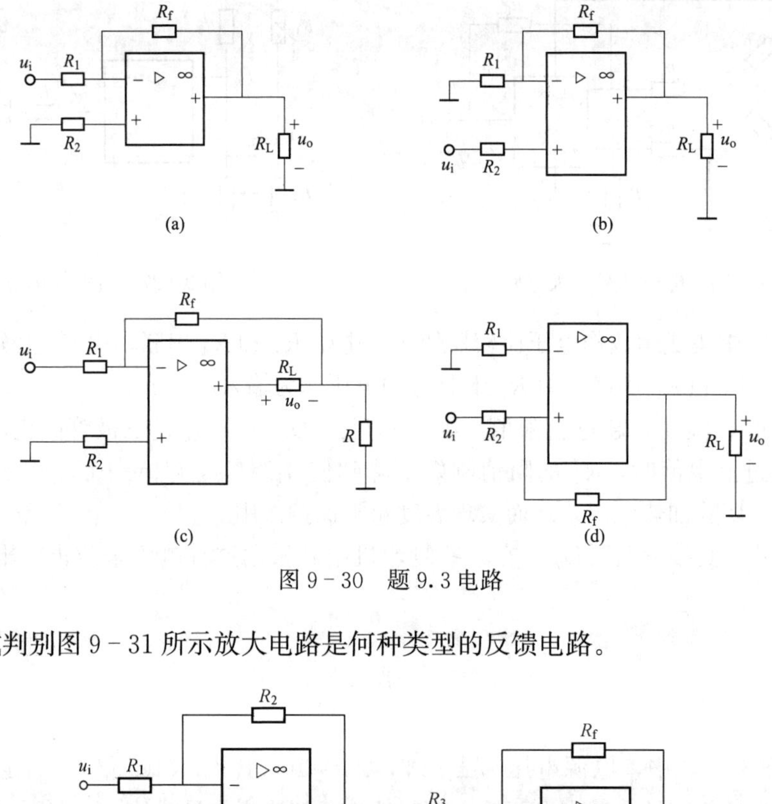

图 9－30　题 9.3 电路

9.4　试判别图 9－31 所示放大电路是何种类型的反馈电路。

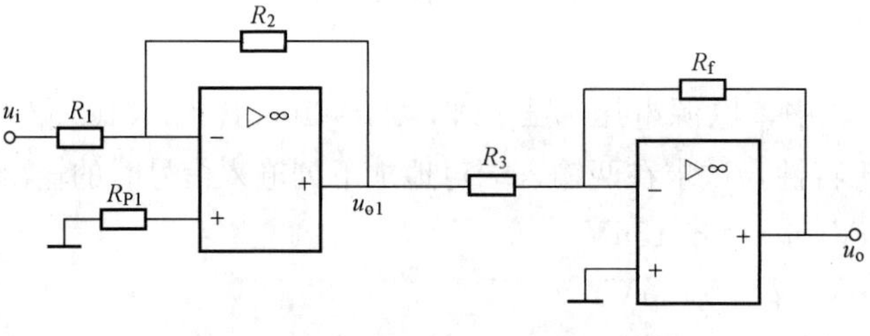

图 9－31　题 9.4 电路

9.5　如图 9－32 所示，反相加法运算电路中，若 $R_1=5\text{k}\Omega$，$R_2=R'=10\text{k}\Omega$，$R_f=20\text{k}\Omega$，$u_{i1}=1\text{V}$，$u_{i2}=2\text{V}$，最大输出电压 $u_{om}=\pm12\text{V}$。求输出电压 u_o。

9.6　一测量系统的电路如图 9－33 所示，若其输出电压与输入电压关系为 $u_o=5(u_{i2}-u_{i1})$，且 $R_f=100\text{k}\Omega$。试确定 R_1、R_2、R_3 的阻值。

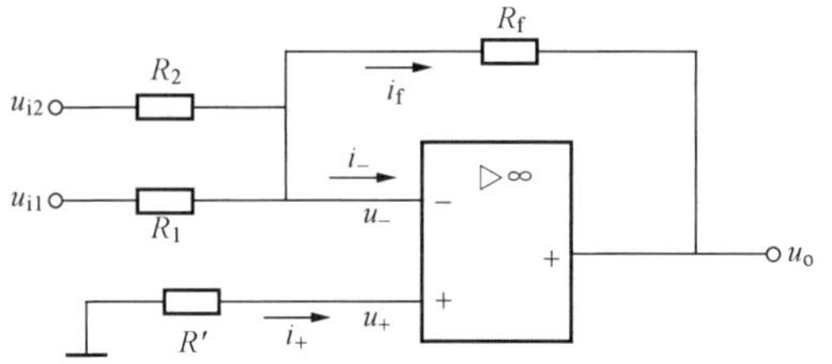

图 9-32　题 9.5 电路

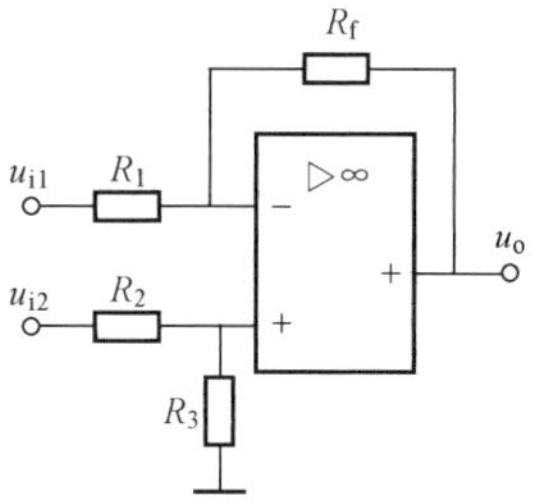

图 9-33　题 9.6 电路

9.7　求图 9-34 所示电路中 u_o 与 u_{i1}、u_{i2} 的关系。

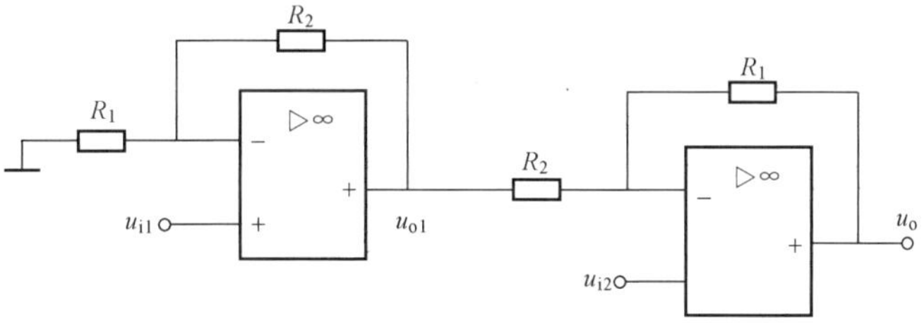

图 9-34　题 9.7 电路

9.8　求图 9-35 所示电路中 u_o 与 u_{i1}、u_{i2} 的关系。

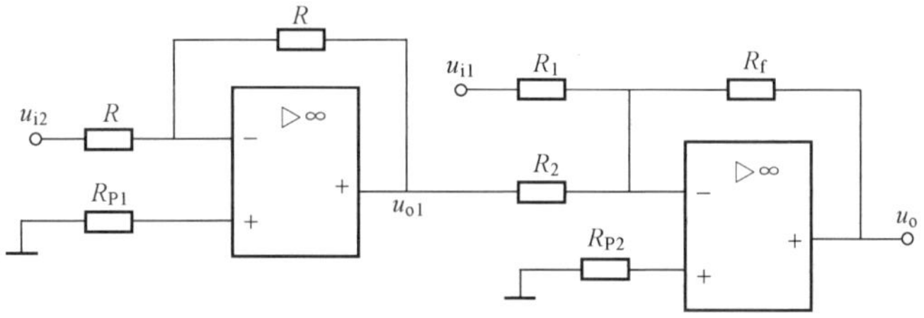

图 9-35　题 9.8 电路

9.9　电路如图 9-36 所示，已知 $R_1=10\text{k}\Omega$，$R_F=50\text{k}\Omega$。

求：(1) A_f、R_2。

(2) 若 R_1 不变，要求 A_f 为 -10，则 R_f、R_2 应为多少？

9.10　为了用低值电阻得到高放大倍数的比例运算，如图 9-37 所示，用 T 形网络代替反馈电阻 R_f，试证明电压放大倍数为

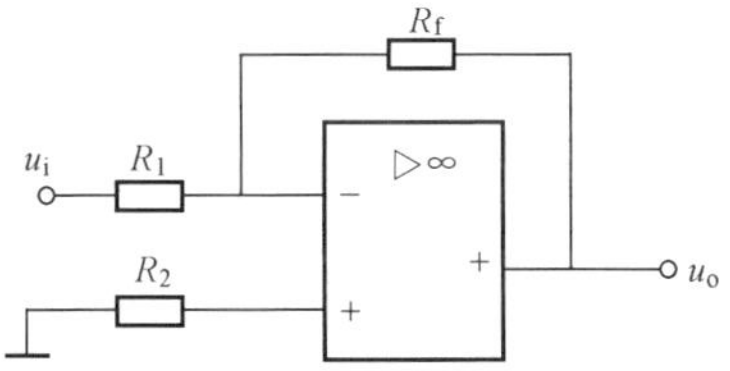

图 9-36　题 9.9 电路

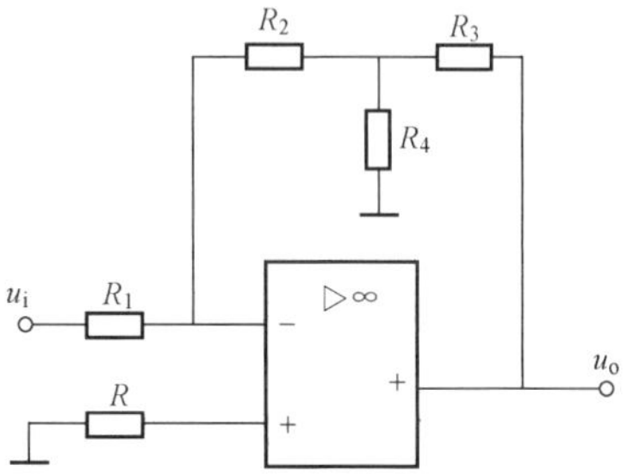

图 9-37　题 9.10 电路

$$A_u = \frac{u_o}{u_i} = \frac{R_2 + R_3 + R_2R_2/R_4}{R_1}$$

9.11　如图 9-38 所示的积分运算电路，已知 $u_c(0)=0$，当电阻、电容为下列数值时，画出相应的输出电压波形：

（1）$R=100\text{k}\Omega$，$C=1\mu\text{F}$。

（2）$R=50\text{k}\Omega$，$C=0.5\mu\text{F}$。

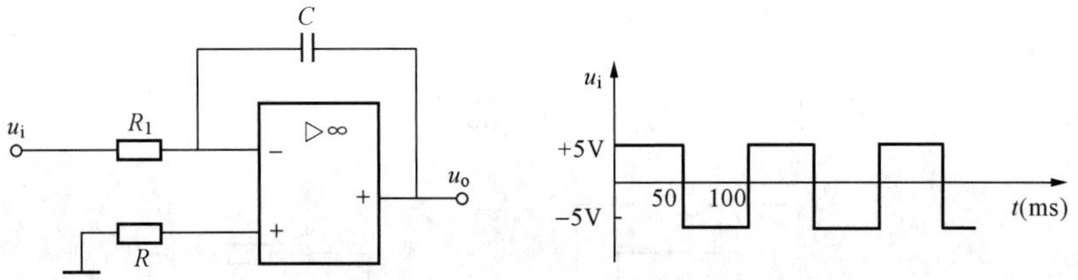

图 9-38　题 9.11 电路

9.12　求图 9-39 所示电路中 u_o 与 u_i 的关系。

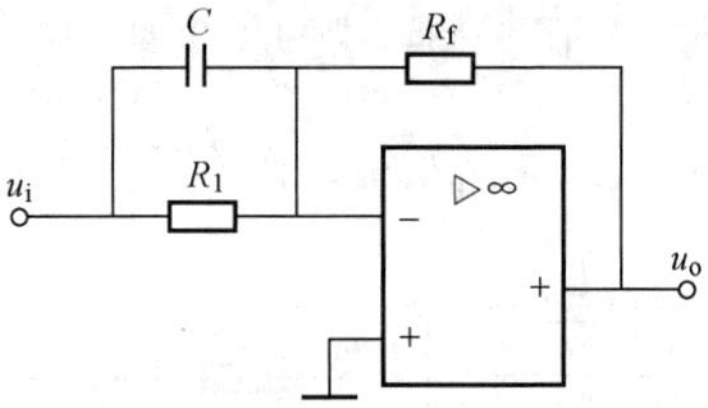

图 9-39　题 9.12 电路

第 10 章　波形产生与直流稳压电源

电源为电子系统提供能量，常用的电源有直流稳压电源和信号发生器两大类。信号发生器部分主要讲述常用的正弦波振荡电路和非正弦波发生电路。直流稳压电源部分主要讲述了线性直流电源的组成，阐述了电路各部分的工作原理、不同类型电源电路的结构及工作特点。

10.1　正弦波振荡电路

正弦波振荡电路是在没有外加输入信号的情况下，依靠电路自激振荡而产生正弦波输出电压的电路。它由放大、反馈、选频和稳幅环节组成，属于正反馈电路。正弦波振荡电路广泛应用于测量、遥控、通信、自动控制、热处理和超声波电焊等加工设备之中，也作为模拟电子电路中的测试信号。

10.1.1　正弦波振荡电路的基本原理

一个放大电路通常在输入端外加信号时输出端才有输出。如果在它的输入端不外接信号的情况下，在输出端仍有一定频率和幅度的信号输出，这种现象就是放大电路的自激振荡。自激振荡对于放大电路是有害的，它破坏了放大电路的正常工作状态，需要加以避免和消除。但在振荡电路中，自激却是有益的。对于自激振荡的频率和幅度加以选择和控制，就可构成正弦波振荡器。

1. 自激振荡条件

图 10-1 (a) 中，$\dot{A}$ 是放大电路，$\dot{F}$ 是反馈网络，反馈极性为正反馈。电路在输入端接入一定频率和幅值的正弦信号 $\dot{X}_i$，因此净输入 $\dot{X}_i'=\dot{X}_i+\dot{X}_f$，如果增大 $\dot{X}_f$、减小 $\dot{X}_i$，最终达到 $\dot{X}_i=0$、$\dot{X}_f=\dot{X}_i'$，即 $\dot{X}_f$ 与 $\dot{X}_i'$大小相等且相位相同，那么此时撤去 $\dot{X}_i$，放大电路保持输出电压不变。这时正反馈电路就变成自激振荡电路，其原理框图如图 10-1 (b) 所示。若图中含有选频电路，则可产生某一频率的正弦波。

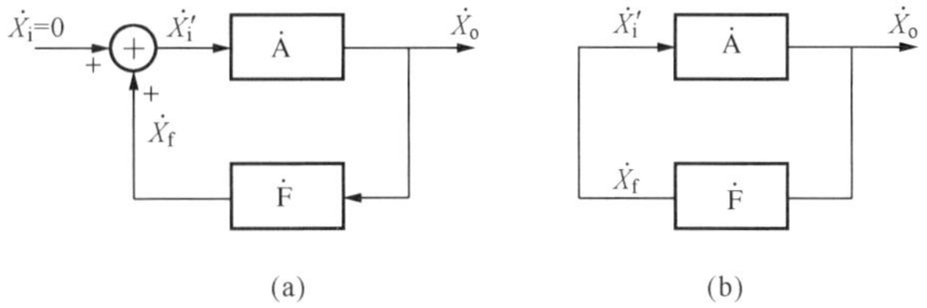

图 10-1　正弦波振荡电路的原理框图

(a) 正反馈电路；(b) 自激振荡电路原理框图

由 $\dot{X}_f=\dot{X}_i'$　且 $\dot{X}_f=\dot{X}_o\dot{F}$、$\dot{X}_i'=\dfrac{\dot{X}_o}{\dot{A}}$ 得

$$\dot{X}_o=\dot{A}\dot{X}_f=\dot{A}\dot{F}\dot{X}_o$$

因 $\dot{X}_o\neq 0$，所以正弦波振荡的条件为

$$\dot{A}\dot{F}=1 \tag{10-1}$$

写成模与相角的形式为

$$\begin{cases}|\dot{A}\dot{F}|=1 & (10-2a)\\ \varphi_A+\varphi_F=2n\pi \quad (n\text{ 为整数}) & (10-2b)\end{cases}$$

式（10－2a）称为幅值平衡条件，保证反馈有足够的强度；式（10－2b）为相位平衡条件，保证反馈极性为正反馈。为了使输出量在接通电源后能够有一个从小到大直至平衡在一定幅值的过程，电路的起振条件为

$$|\dot{A}\dot{F}|>1 \qquad (10-3)$$

除频率 $f=f_0$ 以外，电路的输出量均逐渐衰减为零，因此输出量为 $f=f_0$ 的正弦波。

2. 正弦波振荡电路的组成及分类

正弦波振荡电路必须由以下四个部分组成：

(1) 放大电路：保证电路能够有从起振到动态平衡的过程，使电路获得一定幅值的输出量，实现能量的控制。

(2) 选频网络：确定电路的振荡频率，使电路产生单一频率的振荡，即保证电路产生正弦波振荡。

(3) 正反馈网络：引入正反馈，使放大电路的输入信号等于反馈信号。

(4) 稳幅环节：也就是非线性环节，作用是使输出信号的幅值稳定。

在不少实用电路中，常将选频网络和正反馈网络“合二为一”。而且对于分立元件放大电路，也不再另加稳幅环节，而是依靠晶体管特性的非线性来起到稳幅作用。

按振荡电路中选频电路的不同，正弦波振荡电路可分为 RC 振荡电路、LC 振荡电路和石英晶体振荡电路三种类型。RC 振荡电路的振荡频率较低，一般在 1MHz 以下；LC 振荡电路的振荡频率多在 1MHz 以上；石英晶体振荡电路也可等效为 LC 振荡电路，其特点是振荡频率非常稳定。

10.1.2 RC 正弦波振荡电路

实用的 RC 正弦波振荡电路多种多样，如桥式、双 T 网络式和移相式振荡电路，但最典型的是 RC 桥式正弦波振荡电路，也称为文氏桥振荡电路。

图 10－2 所示是 RC 桥式正弦波振荡电路，它由两部分组成，即放大电路 $\dot{A}_u$ 和选频网络 $\dot{F}_u$。$\dot{A}_u$ 为由集成运放所组成的电压串联负反馈放大器。而 $\dot{F}_u$ 则由 Z_1、Z_2 组成，同时兼作正反馈网络。由图可知，Z_1、Z_2、R_1、R_2 正好组成一个四臂电桥，电桥的对角线顶点接到放大器的两个输入端，桥式正弦波振荡器的名称即由此得来。

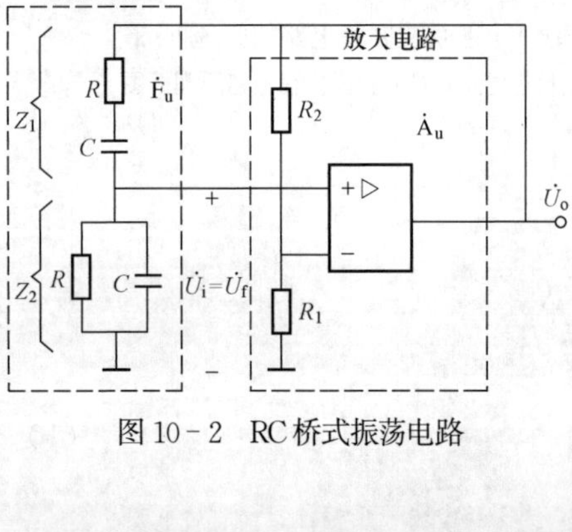

图 10－2 RC 桥式振荡电路

1. RC 串并联选频网络的选频特性

图 10－2 中用虚线框示的 RC 串并联选频网络具有选频作用，它的频率响应是不均匀的。由图 10－2有

$$Z_1=R+\frac{1}{j\omega C}=\frac{1+j\omega CR}{j\omega C}$$

$$Z_2=\frac{R\dfrac{1}{j\omega C}}{R+\dfrac{1}{j\omega C}}=\frac{R}{1+j\omega CR}$$

反馈网络的反馈系数为

$$\dot{F}_u = \frac{\dot{U}_f}{\dot{U}_o} = \frac{Z_2}{Z_1 + Z_2} = \frac{j\omega CR}{1 + 3j\omega CR + (j\omega CR)^2} \tag{10-4}$$

令 $\omega_0 = \frac{1}{RC}$，则式（10－4）变为

$$\dot{F}_u = \frac{1}{3 + j\left(\frac{\omega}{\omega_0} - \frac{\omega_0}{\omega}\right)} \tag{10-5}$$

由此可得，选频网络的幅频响应和相频响应为

$$F_u = \frac{1}{\sqrt{3^2 + \left(\frac{\omega}{\omega_0} - \frac{\omega_0}{\omega}\right)^2}}$$

$$\varphi_F = -\arctan \frac{\left(\frac{\omega}{\omega_0} - \frac{\omega_0}{\omega}\right)}{3} \tag{10-6}$$

由式（10－6）可知，当 $\omega = \omega_0 = \frac{1}{RC}$ 或 $f = f_0 = \frac{1}{2\pi RC}$ 时，幅频响应的幅值为最大，即

$$F_{u\max} = \frac{1}{3} \tag{10-7}$$

而相频响应的相位角为零，即

$$\varphi_F = 0^\circ \tag{10-8}$$

这就是说，当 $\omega = \omega_0 = 1/(RC)$ 时，输出电压的幅值最大（当输入电压的幅值一定，而频率可调时），并且输出电压幅值是输入电压幅值的 1/3，同时输出电压和输入电压同相位。

2. 振荡的建立与稳定

由图 10－2 可知，在 $\omega = \omega_0 = 1/(RC)$ 时，经 RC 选频网络传输到运放同相端的电压 $\dot{U}_f$ 与 $\dot{U}_o$ 同相，即有 $\varphi_F = 0^\circ$ 和 $\varphi_A + \varphi_F = 0^\circ$。这样，放大电路和由 Z_1、Z_2 组成的反馈网络刚好形成正反馈系统，可以满足式（10－2b）的相位平衡条件，因而有可能振荡。

建立振荡，就是要使电路自激，从而产生持续的振荡，由直流电变为交流电。对于 RC 正弦波振荡电路来说，直流电源即是能源。那么自激的因素又是什么呢？由于电路中存在噪声，它的频谱分布很广，其中也包括 $\omega = \omega_0 = 1/(RC)$ 这样一个频率成分。这种微弱的信号经过放大，通过正反馈的选频网络，使输出幅度越来越大，最后受电路中非线性元件的限制，使振荡幅度自动地稳定下来。开始时，$\dot{A}_u$ 略大于 3，达到稳定平衡状态时，$\dot{A}_u = 3$，$\dot{F}_u = 1/3[\omega = \omega_0 = 1/(RC)]$。

3. 振荡频率与振荡波形

前已提及，从正弦稳态的工作情况来看，振荡频率是由相位平衡条件所决定的，这是一个重要的概念。从式（10－6）～式（10－8）已知，只有当 $\omega = \omega_0 = \frac{1}{RC}$，$\varphi_A = 0^\circ$，$\varphi_F = 0^\circ$ 时，才满足相位平衡条件，所以振荡频率 $f = 1/(2\pi RC)$。当适当调整负反馈的强弱，使 $\dot{A}_u$ 的值略大于 3 时，其输出波形为正弦波；如 $\dot{A}_u$ 的值远大于 3，则因振幅的增长使放大器件工作到非线性区域，波形将产生严重的非线性失真。

4. 稳幅措施

为了进一步改善输出电压幅度的稳定问题，可以在放大电路的负反馈回路中采用非线性元件来自动调整反馈的强弱，以维持输出电压恒定。例如，在图 10－2 所示的电路中，R_2 可用一温度系数为负的热敏电阻代替，当输出电压 U_o 增加时，通过负反馈回路的电流也随之增加，结果使热敏电阻的阻值减小，负反馈加强，放大电路的增益下降，从而使输出电压 U_o 下降；反之，当 U_o 下降时，由于热敏电阻的自动调整作用，将使 U_o 回升。因此，电路可以维持输出电压基本恒定。

非线性电阻稳定输出电压的另一种方案是利用场效应管工作在可变电阻区。由第 7 章可知，当场效应管的漏源电压 U_{DS} 较小时，它的漏源电阻 R_{DS} 可通过栅源电压来改变。因此，可利用场效应管进行稳幅。图 10－3 所示就是这样一个振荡电路。图中 A 为运算放大器，负反馈网络由 R_{P3}、R_3 和场效应管的漏源电阻 R_{DS} 组成。正常工作时，输出电压经二极管 VD 整流和 R_4、C_3 滤波后，通过 R_4、R_5、R_{P4} 为场效应管栅极提供控制电压。当幅值增大时，U_{GS} 变负，R_{DS} 将自动加大以加强负反馈。反之亦然。这样，就可达到自动稳幅的目的。

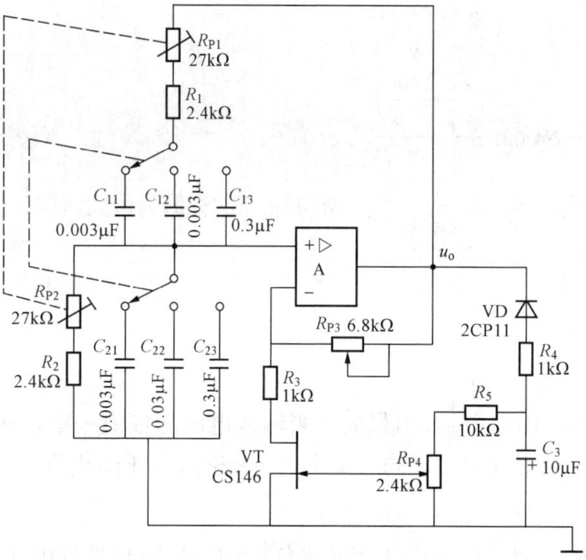

图 10－3 场效应管稳幅音频信号发生器

电路调整时，一般只需调整 R_{P3} 或 R_{P4}，就可使失真最小。该电路的频率范围为 20Hz～20kHz，输出电压约为 1V。

10.1.3 LC 正弦波振荡电路

LC 正弦波振荡电路以 LC 谐振回路作为选频网络。由于 LC 谐振回路的品质因数高，故振荡频率的稳定性较好。LC 正弦波振荡电路常采用分立元件组成，常见的形式有三点式和变压器反馈式两类。这里仅介绍三点式 LC 振荡电路。

三点式 LC 振荡电路包括电容三点式和电感三点式振荡两种，前者又称为 Colpitts **振荡器**，后者又称 Hartly **振荡器**。

1. 电容三点式振荡电路

电容三点式振荡电路如图 10－4 所示，它是在固定分压式偏置发射极放大电路基础上，作了如下改动：将放大电路的负载 R_L 用电感 L 和电容 C_1、C_2 组成的谐振回路来取代，谐振回路的三个端点 1、2、3 分别接到三极管的集电极、发射极（旁路电容 C_e 对交流短路）、基极（通过耦合电容 C_3），将电容 C_2 两端的电压作为反馈信号，引入正反馈。用瞬时极性法可以判断出，从 C_2 上获得的反馈电压的极性与输入电压相同，故满足

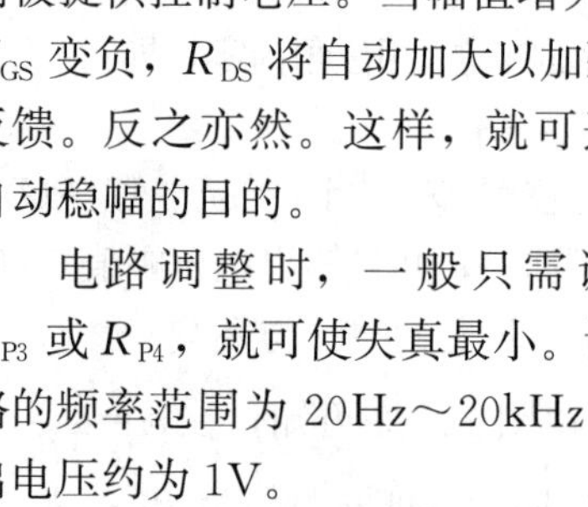

图 10－4 电容三点式振荡电路

自激振荡的相位条件。

至于振幅平衡条件或起振条件，只要将管子的β值选得大一些（如几十），并恰当选取比值C_2/C_1，就有利于起振。一般常取$C_2/C_1=0.01\sim0.5$。由于半导体三极管的输入电阻r_{be}比较低，增大C_2/C_1的值也不会有明显的效果。但在实用上，有时为了方便，也取$C_1=C_2$。

若忽略回路中的损耗和三极管参数的影响，则可认为振荡频率近似等于LC回路的谐振频率，即

$$\omega=\omega_0\approx\frac{1}{\sqrt{L\dfrac{C_1C_2}{C_1+C_2}}}\quad 或 \quad f=f_0\approx\frac{1}{2\pi\sqrt{L\dfrac{C_1C_2}{C_1+C_2}}} \tag{10-9}$$

这种电路的特点是：由于反馈电压是从电容C_2两端取出，对高次谐波阻抗小，因而可将高次谐波滤除，所以输出波形好；调节频率（改变C_2、C_1）容易影响电路的起振，所以适宜用在固定频率的场合。在谐振回路中将一可调电容并联于L的两端，可在小范围内调频。这种振荡电路的工作频率范围可从几百千赫到100MHz以上。它通常用在调幅和调频接收机中，利用同轴电容器来调节振荡频率。

为了能调节f_0，又能进一步提高振荡频率，有时采用图10-5所示的改进型电容三点式振荡电路。该电路电感支路中串联一个小容量电容C，选取C的容量使$C\ll C_1$、C_2，这样

$$\frac{1}{C_1}+\frac{1}{C_2}+\frac{1}{C}\approx\frac{1}{C}$$

总电容约为C，因而电路的振荡频率

$$f=f_0\approx\frac{1}{2\pi\sqrt{LC}} \tag{10-10}$$

几乎与C_1和C_2无关，从而稳定了振荡频率。同时，调节C可调节输出信号的频率。

图10-6所示电路是采用共基极放大电路的电容三点式（也称电容反馈式）振荡电路，这种改进型电容三点式振荡电路又称Clapp **振荡器**。由于三极管在共基极接法时的截止频率是共发射极接法时的（$\beta+1$）倍，因此这种改进型电容三点式振荡电路输出的正弦波频率可以很高，能达到1000MHz以上。

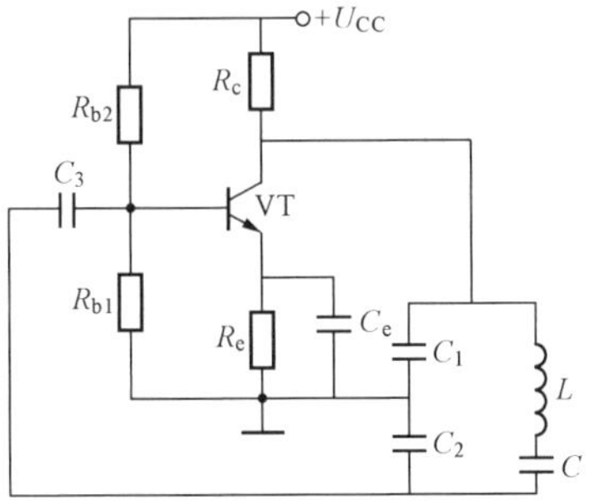

图10-5　改进型电容三点式振荡电路

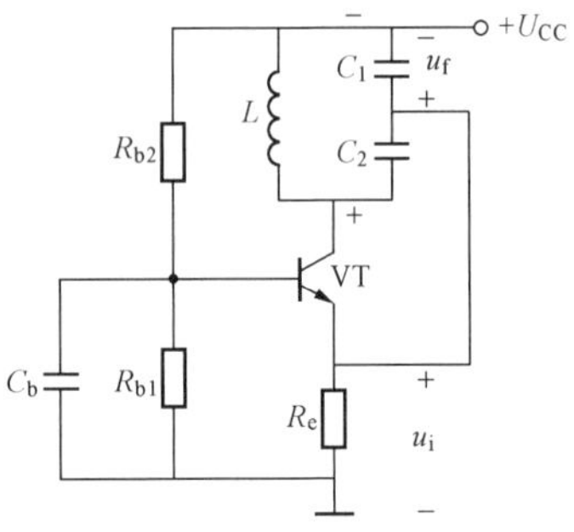

图10-6　采用共基极放大电路的电容三点式振荡电路

2. 电感三点式振荡电路

电感三点式振荡电路如图10-7所示，图中谐振回路的三个端点中的1、3分别接三极管的基极、集电极，而端点2接至直流电源$+U_{CC}$。由于$+U_{CC}$可通过L_1到集电极，形成集

电极电流的直流通路，故不需要接入集电极电阻 R_c。

现在分析图 10-7 所示的相位条件。断开反馈，给放大电路加频率为 f_0 的输入电压，给定极性为上"+"下"−"；判断出从电感 L_2 上获得的反馈电压极性与输入电压相同，故满足正弦波振荡的相位条件，各点瞬时极性如图中所标注。只要 L_1/L_2 的比值选择合适，电路就可满足幅值条件，从而产生正弦波振荡。

图 10-8 所示为电感三点式振荡电路的交流通路。

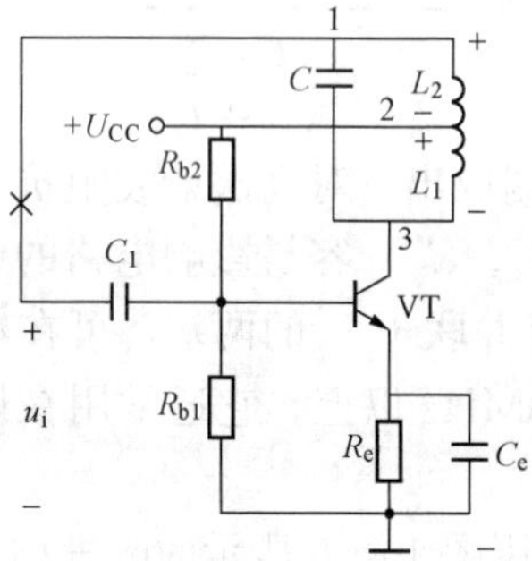

图 10-7　电感三点式振荡电路

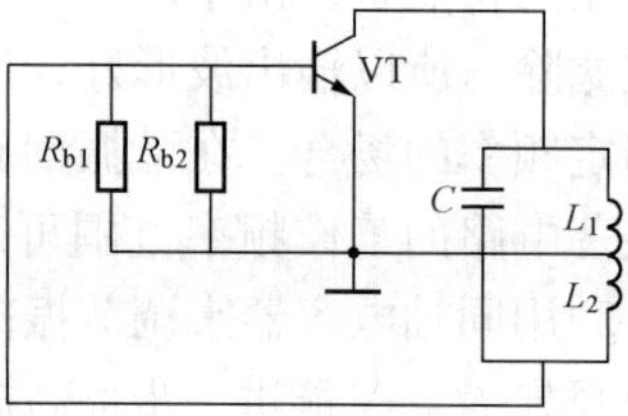

图 10-8　电感三点式振荡电路的交流通路

考虑到 L_1 与 L_2 之间的互感 M，电路的振荡频率可近似表示为

$$\omega=\omega_0\approx\frac{1}{\sqrt{(L_1+L_2+2M)C}} \tag{10-11a}$$

$$\text{或 } f=f_0\approx\frac{1}{2\pi\sqrt{(L_1+L_2+2M)C}} \tag{10-11b}$$

电感三点式振荡电路中 L_1 与 L_2 之间耦合紧密，振幅大。当 C 采用可变电容时，可以获得调节范围较宽的振荡频率，最高频率可达几十兆赫。由于电感三点式振荡电路的反馈信号取自电感，对高频信号具有较大的电抗，输出电压波形中常含有高次谐波。因此，电感三点式振荡电路常用在对波形要求不高的设备之中，如高频加热器、接收机的本机振荡器等。

*10.1.4　石英晶体正弦波振荡电路

在工程应用中，如在实验用的低频及高频信号产生电路中，往往要求正弦波振荡电路的振荡频率有一定的稳定度，有时要求振荡频率十分稳定，如通信系统中的射频振荡电路、数字系统的时钟产生电路等。因此，频率稳定度常作为衡量振荡电路的质量指标之一。

频率稳定度一般用 $\Delta f/f_0$ 来表示，其中 f_0 为振荡频率，Δf 为频率偏移。频率稳定度有时还附加时间条件，如一小时或一日内的频率相对变化量。前面介绍的 RC 振荡电路的频率稳定度大于 10^{-3}，普通 LC 振荡电路也只能达到 10^{-4}。如果对频率稳定度要求更高，就必须采用以下讲述的石英晶体正弦波振荡电路。

石英晶体正弦波振荡电路是由石英晶体谐振器代替 LC 谐振回路作为选频元件构成的一种振荡器。当石英晶体外加交变电压的频率与晶片的固有频率（决定于晶片的切割方式、尺寸等）相等时，机械振动的幅度将急剧增加，这种现象称为**压电谐振**。因此石英晶体又称为**石英晶体谐振器**，其结构、符号和等效电路如图 10-9 所示。

石英晶体正弦波振荡器的基本原理是将石英谐振器接入具有正反馈的电路，晶体产生机械振动时，两电极上就会因压电效应而出现交变电压，经放大后又以相同的相位反馈到晶体电极上，加强了原来的电场，以维持晶体的机械振动。由于石英晶体谐振器具有压电效应、极高的品质因数和极高的稳定性，因此如用来控制振荡器的频率，可使振荡器的频率稳定度提高到 10^{-5}～10^{-6} 数量级，对晶体若采用恒温措施，则可达 10^{-7}～10^{-12} 数量级。

根据石英晶体在振荡电路中的不同作用，分为串联型和并联型两种，分别如图 10－10、图 10－11 所示。在并联型石英晶体正弦波振荡器中，石英晶体呈感性；在串联型晶体正弦波振荡器中，只有在石英晶体呈纯阻性，即产生串联谐振时，反馈电压才与输入电压同相，电路才满足正弦波振荡的相位条件。

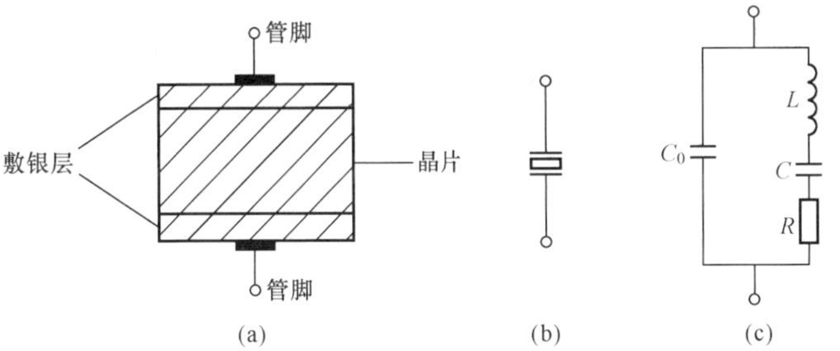

图 10－9　石英晶体谐振器

(a) 结构示意图；(b) 符号；(c) 等效电路

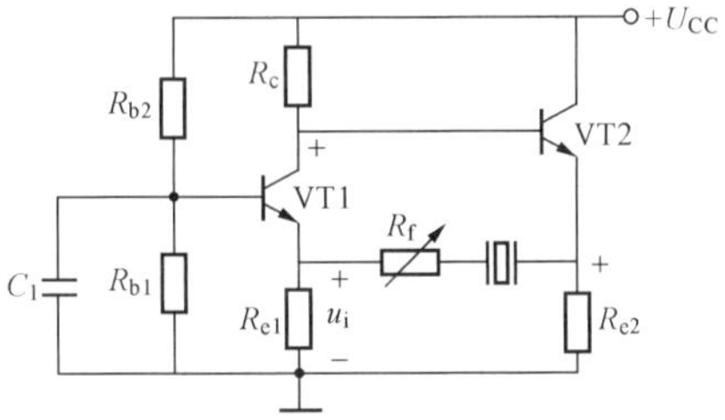

图 10－10　串联型石英晶体振荡电路

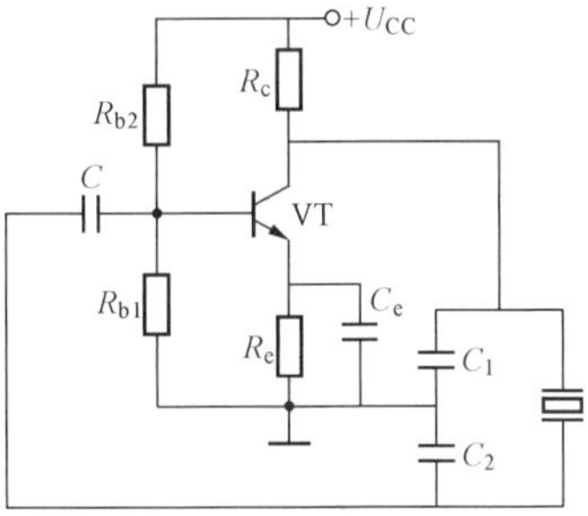

图 10－11　并联型石英晶体振荡电路

10.2　多谐振荡器

在实用电路中除了常见的正弦波外，还有矩形波、三角波、锯齿波等非正弦波信号，它们在测量设备、数字系统及自动控制系统中的应用也非常广泛。

方波或矩形波发生电路是其他非正弦波发生电路的基础。由于方波或矩形波包含极丰富的谐波，因此这种电路又称为**多谐振荡器**。多谐振荡器的电路形式很多，本节只介绍由集成运放构成的矩形波发生电路。

10.2.1　电路组成及工作原理

图 10－12 所示为矩形波发生电路，它由反相输入的滞回比较器和 RC 电路组成。RC 回路既作延迟环节，又作为反馈网络，通过 RC 充放电实现输出状态的自动转换。

图 10－12 中滞回比较器的输出电压 $u_o=\pm U_{VS}$，阈值电压为

$$\pm U_{\rm T}=\pm\frac{R_1}{R_1+R_2}U_{\rm VS} \tag{10-12}$$

因此电压传输特性如图 10－13 所示。

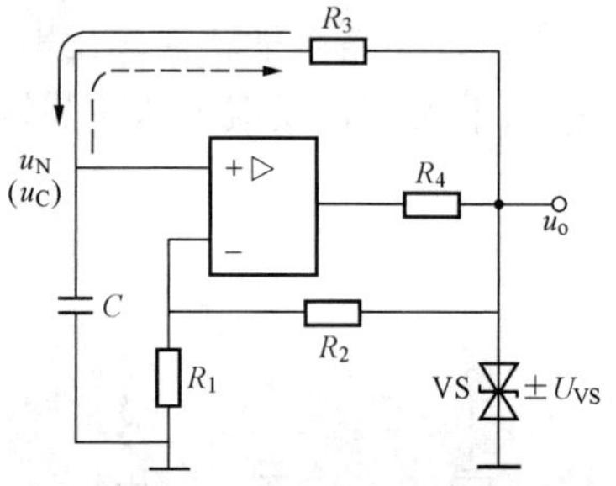

图 10－12 矩形波发生电路

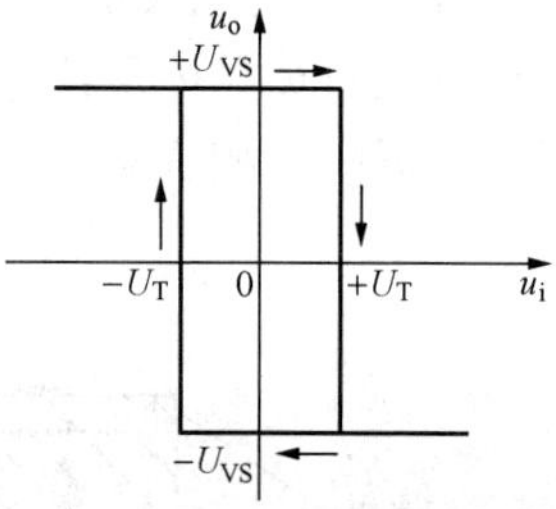

图 10－13 电压传输特性

设某一时刻输出电压 $u_{\rm o}=+U_{\rm VS}$，则同相输入端电位 $u_{\rm P}=+U_{\rm T}$。$u_{\rm o}$ 通过 R_3 对电容 C 正向充电，如图 10－12 中实线箭头所示。反相输入端电位 $u_{\rm N}$ 随时间 t 增长而逐渐升高，当 t 趋于无穷时，$u_{\rm N}$ 趋于 $+U_{\rm VS}$；但是，一旦 $u_{\rm N}=+U_{\rm T}$，再稍增大，$u_{\rm o}$ 就从 $+U_{\rm VS}$ 跃变为 $-U_{\rm VS}$，与此同时，$u_{\rm P}$ 从 $+U_{\rm T}$ 跃变为 $-U_{\rm T}$。随后，$u_{\rm o}$ 又通过 R_3 对电容 C 反向充电，或者说放电，如图中虚线箭头所示。反相输入端电位 $u_{\rm N}$ 随时间 t 增长而逐渐降低，当 t 趋于无穷时，$u_{\rm N}$ 趋于 $-U_{\rm VS}$；但是，一旦 $u_{\rm N}=-U_{\rm T}$，再稍减小，$u_{\rm o}$ 就从 $-U_{\rm VS}$ 跃变为 $+U_{\rm VS}$，与此同时，$u_{\rm P}$ 从 $-U_{\rm T}$ 跃变为 $+U_{\rm T}$，电容又开始正向充电。上述过程周而复始，电路由此产生了自激振荡。

10.2.2 波形分析及主要参数

由于图 10－12 所示电路中电容正向充电与反向放电的时间常数均为 RC，而且充电的总幅值也相等，因而在一个周期内 $u_{\rm o}=+U_{\rm VS}$ 的时间与 $u_{\rm o}=-U_{\rm VS}$ 的时间相等，$u_{\rm o}$ 为对称的方波，所以该电路也称为方波发生电路。电容上电压 $u_{\rm C}$（即集成运放反相输入端电位 $u_{\rm N}$）和电路输出电压 $u_{\rm o}$ 波形如图 10－14 所示。矩形波的宽度 $T_{\rm k}$ 与周期 T 之比称为**占空比**，因此 $u_{\rm o}$ 是占空比为 1/2 的矩形波。

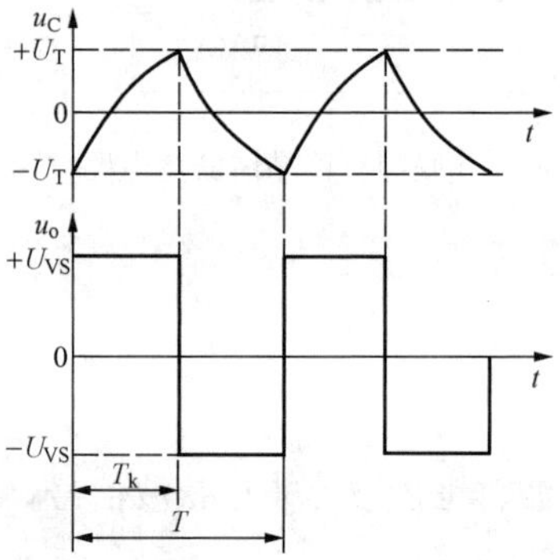

图 10－14 方波发生电路的波形图

根据电容上电压波形可知，在 1/2 周期内，电容充电的起始值为 $-U_{\rm T}$，稳态值为 $+U_{\rm T}$，时间常数为 R_3C；时间 t 趋于无穷时，$u_{\rm C}$ 趋于 $+U_{\rm VS}$，利用一阶 RC 电路的三要素法可列方程

$$+U_{\rm T}=U_{\rm VS}+(U_{\rm T}-U_{\rm VS}){\rm e}^{-\frac{T/2}{R_3C}} \tag{10-13}$$

将式（10－12）代入式（10－13），即可求出振荡周期

$$T=2R_3C\ln\left(1+\frac{2R_1}{R_2}\right) \tag{10-14}$$

振荡频率 $f=1/T$。

通过上述分析可知，调整电压比较器的电路参数 R_1 和 R_2 可以改变 $u_{\rm C}$ 的幅值，调整电阻 R_1、R_2、R_3 和电容 C 的数值可以改变电路的振荡频率。而要调整输出电压 $u_{\rm o}$ 的振幅，则要更换稳压管以改变 $U_{\rm VS}$，此时 $u_{\rm C}$ 的幅值也将随之变化。

10.2.3　占空比可调电路

通过对方波发生电路的分析，可以想象，欲改变输出电压的占空比，就必须使电容正向和反向充电的时间常数不同，即使两个充电回路的参数不同。利用二极管的单向导电性可以引导电流流经不同的通路，从而改变充电回路的参数，使两个充电回路参数不再相同。占空比可调的矩形波发生电路如图 10－15（a）所示，电容上电压波形和输出电压波形如图 10－15（b）所示。

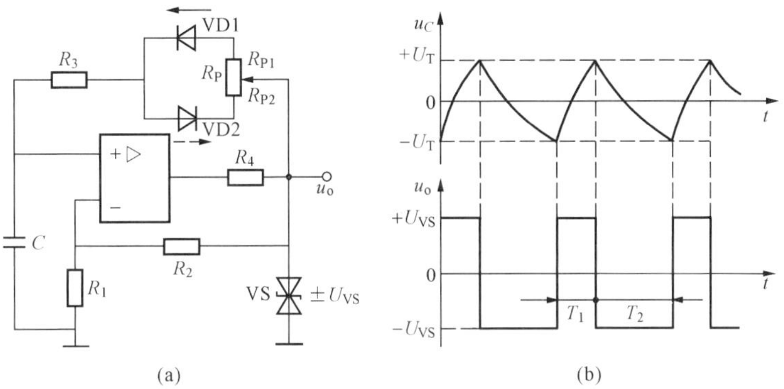

图 10－15　占空比可调的矩形波发生电路
（a）电路图；（b）波形分析

当 $u_o=+U_{VS}$ 时，u_o 通过 R_{P1}、VD1 和 R_3 对电容 C 正向充电，若忽略二极管导通时的等效电阻，则时间常数 $\tau_1\approx(R_{P1}+R_3)C$。

当 $u_o=-U_{VS}$ 时，u_o 通过 R_{P2}、VD2 和 R_3 对电容 C 反向充电，若忽略二极管导通时的等效电阻，则时间常数 $\tau_2\approx(R_{P2}+R_3)C$。

利用一阶 RC 电路的三要素法可以解出

$$T_1\approx\tau_1\ln\left(1+\frac{2R_1}{R_2}\right)$$

$$T_2\approx\tau_2\ln\left(1+\frac{2R_1}{R_2}\right)\qquad(10-15)$$

$$T=T_1+T_2\approx(R_P+2R_3)C\ln\left(1+\frac{2R_1}{R_2}\right)\qquad(10-16)$$

式（10－16）表明改变电位器的滑动端可以改变占空比，但周期不变。占空比为

$$q=\frac{T_1}{T}\approx\frac{R_{P1}+R_3}{R_P+2R_3}\qquad(10-17)$$

【例 10－1】　在图 10－15（a）所示电路中，已知 $R_1=R_2=25\text{k}\Omega$，$R_3=5\text{k}\Omega$，$R_P=100\text{k}\Omega$，$C=0.1\mu\text{F}$，$\pm U_{VS}=\pm8\text{V}$。试求：

（1）输出电压的幅值和振荡频率约为多少？

（2）占空比的调节范围约为多少？

（3）若 VD1 断路，会产生什么现象？

解　（1）输出电压 $u_o=\pm8\text{V}$。将已知参数代入式（10－16），计算出振荡周期及振荡频率

$$T=12.1\text{ms}\quad f=1/T\approx83\text{Hz}$$

（2）根据式（10-17），分别将 R_{P1} 的最小值 0 代入，可得 q 的最小值为

$$q_{min} \approx 0.045$$

将 R_{P1} 的最大值 100kΩ 代入，可得 q 的最大值为

$$q_{max} \approx 0.95$$

占空比 $T_1/T \approx 0.045 \sim 0.95$。

（3）若 VD1 断路，则电路不能振荡，输出电压 u_o 恒为 $+U_{VS}$。因为在 VD1 断路的瞬间，若 $u_o=+U_{VS}$，电容电压将不变，则 u_o 保持 $+U_{VS}$ 不变；若 $u_o=-U_{VS}$，则电容仅有反向充电回路，必将使 $u_N<u_P$，导致 $u_o=+U_{VS}$。

10.3 整 流 电 路

目前市电供给的都是交流电，但在某些场合却需要直流电，如大多数电子设备、直流电动机、工业上的电解和电镀等。较为经济和方便的方法是使用直流稳压电源将交流电变换为直流电。

10.3.1 直流电源的组成

小功率稳压电源的组成可以用图 10-16 表示，它主要由电源变压器和整流、滤波、稳压电路四部分组成。

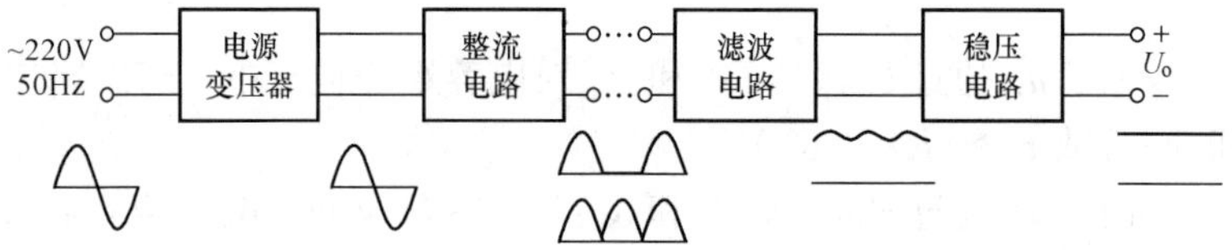

图 10-16 直流稳压电源的组成

电源变压器的作用是将频率为 50Hz、有效值为 220V 的单相交流电压变换（通常为降压）为整流所需要的交流电压，有时也起隔离交流电源作用。

整流电路的作用是将交流电变换成脉动的直流电。由于此脉动的直流电压还含有较大的纹波，不能满足大多数电子设备对直流电源的要求，只能用于电解、电镀和蓄电池充电等对直流电源要求不高的工艺和设备中。

滤波电路的作用是将脉动的直流电压变为平滑的直流电压。理想的情况下，应将交流分量全部滤掉，使滤波电路的输出电压仅为直流电压。然而，由于滤波电路为无源电路，所以接入负载后势必影响其滤波效果。对于稳定性要求不高的电子电路，整流、滤波后的直流电压可以作为供电电源。

稳压电路的作用是使输出的直流电压基本不受电网电压波动和负载变化的影响，从而获得足够高的稳定性。

当负载要求功率较大、效率高时，常采用开关稳压电源。

10.3.2 整流电路

整流电路的作用是将交流电变换成脉动的直流电，完成这一任务主要是靠二极管的单向导电作用，因此二极管是构成整流电路的关键元件。

常见的整流电路有单相半波、全波、桥式和倍压整流电路四种。本节主要讨论单相半波

整流电路和桥式整流电路。

1. 单相半波整流电路

单相半波整流电路是最基本的整流电路，电路如图 10－17 所示。设变压器的二次绕组电压有效值为 U_2，则其瞬时值 $u_2=\sqrt{2}U_2\sin\omega t$。

(1) 工作原理。在 u_2 正半周，A 点为正，B 点为负，二极管 VD 外加正向电压，因而处于导通状态。电流从 A 点流出，经过二极管 VD 和负载电阻 R_L 流入 B 点，$u_o=u_2=\sqrt{2}U_2\sin\omega t$ ($\omega t=0\sim\pi$)。在 u_2 负半周，B 点为正，A 点为负，二极管 VD 外加反向电压，因而处于截止状态，$u_o=0$ ($\omega t=0\sim\pi$)。负载电阻 R_L 上的电压和电流都具有单一方向脉动的特性。图 10－18 所示为变压器二次绕组电压 u_2、输出电压 u_o 和二极管端电压 u_{VD} 的波形。

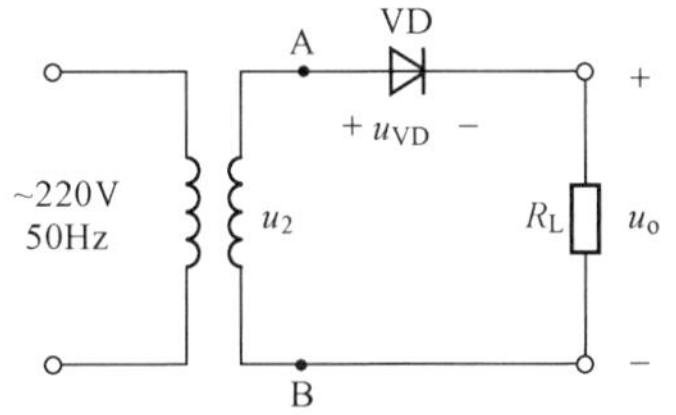

图 10－17　单相半波整流电路

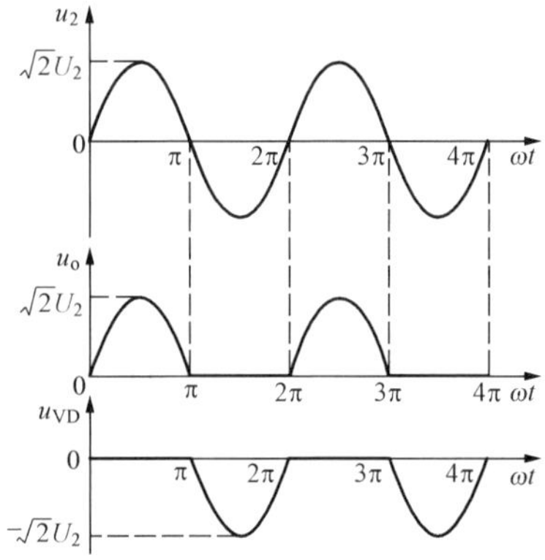

图 10－18　半波整流电路的波形图

(2) 参数计算。根据图 10－18 可知，输出电压在一个周期内，只有正半周导电，在负载上得到的是半个正弦波。则负载上输出平均电压为

$$U_{o(AV)}=\frac{1}{2\pi}\int_0^{\pi}\sqrt{2}U_2\sin\omega t\,d\omega t=\frac{\sqrt{2}U_2}{\pi}\approx 0.45U_2 \qquad (10-18)$$

流过负载和二极管的平均电流为

$$I_{o(AV)}=\frac{U_{o(AV)}}{R_L}\approx\frac{0.45U_2}{R_L} \qquad (10-19)$$

二极管所承受的最高反向电压为

$$U_{VDRM}=\sqrt{2}U_2 \qquad (10-20)$$

利用式 (10－19) 与式 (10－20)，可选择整流二极管。考虑到二极管的正向压降和变压器中电阻、电网电压波动的影响，在实际电路设计选择二极管时，对于最大整流平均电流 I_F 和最高反向工作电压 U_{RM} 应至少留有 10% 的余量，以保证二极管安全工作，即要求

$$I_F>1.1I_{o(AV)},\quad U_{RM}>1.1\sqrt{2}U_2 \qquad (10-21)$$

单相半波整流电路简单、易实现，所用二极管数量少。但是由于它只利用了交流电的半个周期，所以输出电压低，交流分量大（即脉动大），效率低。因此，这种电路仅适用于整流电流小，对脉动要求不高的场合。

2. 单相桥式整流电路

为了克服单相半波整流的缺点，在实际电路中多采用单相全波整流电路，最常用的是单

相桥式整流电路。

单相桥式整流电路由四只二极管组成，其构成原则就是保证在变压器二次绕组电压 u_2 的整个周期内，负载上的电压和电流方向始终不变，其电路如图 10－19（a）所示。

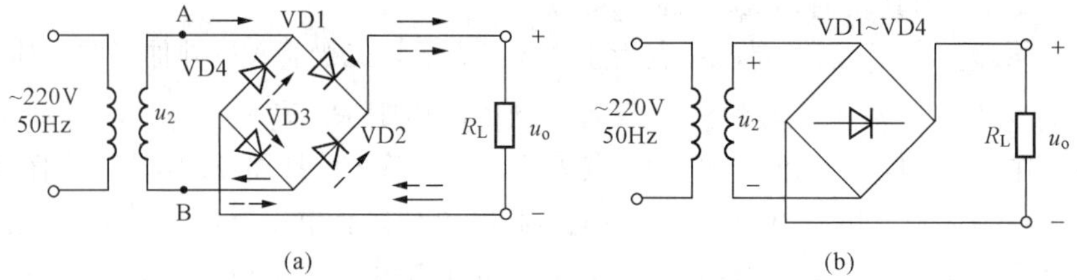

图 10－19 单相桥式整流电路的习惯画法

（a）习惯画法；（b）简化画法

（1）工作原理。设变压器二次绕组电压为 $u_2=\sqrt{2}U_2\sin\omega t$，$U_2$ 为有效值。在 u_2 正半周，电流由 A 点流出，经 VD1、R_L、VD3 流入 B 点，如图 10－19（a）中实线箭头所示，因而负载电阻 R_L 上的电压等于二次绕组的电压，即二极管 $u_o=u_2$，VD2 和 VD4 承受的反向电压为 $-u_2$；在 u_2 负半周，电流由 B 点流出，经 VD2、R_L、VD4 流入 A 点，如图 10－19（a）中虚线箭头所示，负载电阻 R_L 上的电压等于 $-u_2$，即 $u_o=-u_2$，VD1 和 VD3 承受的反向电压为 u_2。这样，由于 VD1、VD3 和 VD2、VD4 两对二极管交替导通，使负载电阻 R_L 在 u_2 的整个周期内都有电流流过，而且方向不变，输出电压 $u_o=|\sqrt{2}U_2\sin\omega t|$。

（2）参数计算。图 10－20 所示为单相桥式整流电路各部分的电压和电流的波形，根据波形可知，负载上输出平均电压为

$$U_{o(AV)}=\frac{1}{\pi}\int_0^{\pi}\sqrt{2}U_2\sin\omega t\,d(\omega t)=\frac{2\sqrt{2}U_2}{\pi}\approx 0.9U_2 \quad (10-22)$$

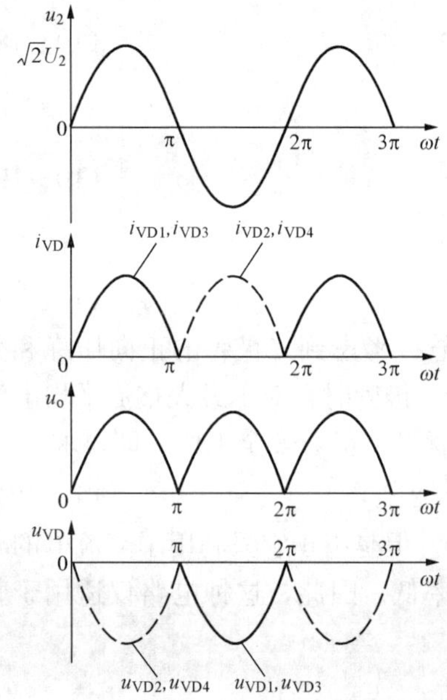

图 10－20 单相桥式整流电路的波形图

输出电流的平均值（即负载电阻中的电流平均值）为

$$I_{o(AV)}=\frac{U_{o(AV)}}{R_L}\approx\frac{0.9U_2}{R_L} \quad (10-23)$$

在变压器二次绕组电压相同、负载也相同的情况下，单相桥式整流电路的输出电压平均值、输出电流平均值都是半波整流电路的 2 倍。

每只二极管的平均电流只有负载电阻上电流平均值的一半，与半波整流电路中二极管的平均电流相同，即

$$I_{VD(AV)}=\frac{I_{o(AV)}}{2}\approx\frac{0.45U_2}{R_L} \quad (10-24)$$

二极管所承受的最高反向电压

$$U_{VDRM}=\sqrt{2}U_2 \quad (10-25)$$

与半波整流电路中二极管承受的最高反向电压也相同。

考虑到电网电压波动范围为±10%，在实际选择二极管时，应至少留有 10%的余量，以保证二极管安全工作，即要求

$$I_F>\frac{1.1I_{o(AV)}}{2} \quad (10-26)$$

$$U_{RM} > 1.1\sqrt{2}U_2 \tag{10-27}$$

【例 10－2】 在图 10－19 所示电路中，已知变压器二次绕组的电压有效值 $U_2=30V$，负载电阻 $R_L=100\Omega$。试问：

(1) 输出电压和输出电流的平均值各为多少？

(2) 当电网电压波动范围为±10%时，二极管的最大整流平均电流 I_F 与最高反向工作电压 U_{RM} 至少应选取多少？

(3) 若整流桥中的二极管 VD1 开路或短路，分别会产生什么现象？

解　(1) 根据式 (10－22)，输出电压的平均值为

$$U_{o(AV)} \approx 0.9U_2 = 0.9\times 30 = 27\ (V)$$

根据式 (10－23)，输出电流的平均值为

$$I_{o(AV)} = \frac{U_{o(AV)}}{R_L} \approx \frac{27}{100} = 0.27\ (A)$$

(2) 根据式 (10－26) 和式 (10－27)，二极管的最大整流平均电流 I_F 与最高反向工作电压 U_{RM} 分别应满足

$$I_F > \frac{1.1I_{o(AV)}}{2} \approx 1.1\times\frac{0.27}{2} \approx 0.149\ (A)$$

$$U_{RM} > 1.1\sqrt{2}U_2 = 1.1\times\sqrt{2}\times 30 \approx 46.7\ (V)$$

(3) 若 VD1 开路，则电路仅能实现半波整流，因而输出电压平均值仅为原来的一半。若 VD1 短路，则在 u_2 的负半周将变压器二次绕组电压全部加在 VD2 上，VD2 将因电流过大而烧坏，且若 VD2 烧坏成为短路，则有可能烧坏变压器。

10.4　滤　波　电　路

无论哪种整流电路，它们的输出电压虽然是单向的，但都含有较大的脉动成分。在大多数电子设备中，整流电路都要加接滤波电路以改善输出电压的脉动程度，同时还要尽量保留其中的直流成分，使输出电压更加平滑，接近直流电压。

电容和电感是基本的滤波元件。利用电容器两端电压、电感中的电流不能突变的特点，将电容和负载电阻并联或将电感与负载电阻串联，即可达到使输出电压趋于平滑的目的。

10.4.1　电容滤波电路

电容滤波电路是最常见的滤波电路，在整流电路的输出端（即负载电阻的两端）并联一个电容即构成电容滤波电路，如图 10－21 所示。滤波电容容量较大，因而一般均采用电解

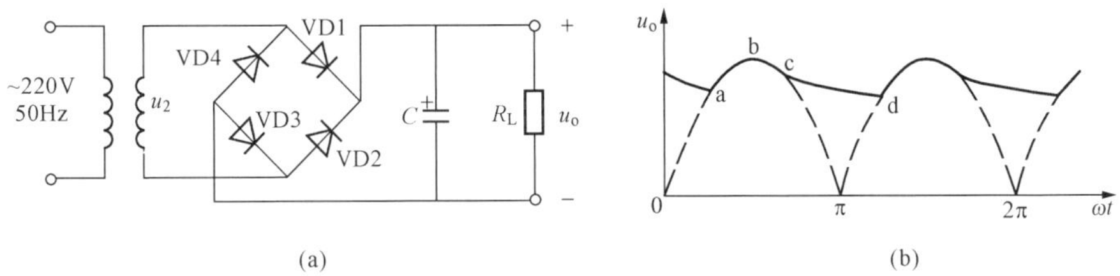

图 10－21　桥式整流电容滤波电路及稳态时的波形分析

(a) 桥式整流电容滤波电路；(b) 稳态时的波形分析

电容，在接线时要注意电解电容的正、负极。电容滤波电路利用电容的充放电作用，使输出电压趋于平滑。

当变压器二次绕组电压 u_2 处于正半周并且数值大于电容两端电压 u_C 时，二极管 VD1、VD3 导通，电流一路流经负载电阻 R_L，另一路对电容 C 充电。因为在理想情况下，变压器二次绕组无损耗，二极管导通电压为零，所以电容两端电压 $u_C(u_L)$ 与 u_2 相等，见图 10－21（b）中曲线 ab 段。当 u_2 上升到峰值后开始下降，电容通过负载电阻 R_L 放电，其电压 u_C 也开始下降，趋势与 u_2 基本相同，见图 10－21（b）中曲线 bc 段。但是由于电容按指数规律放电，所以当 u_2 下降到一定数值后，u_C 的下降速度小于 u_2 的下降速度，使 u_C 大于 u_2，从而导致 VD1、VD3 反向偏置而变为截止。此后电容 C 继续通过 R_L 放电，u_C 按指数规律缓慢下降，见图 10－21（b）cd 段。

当 u_2 的负半周幅值变化到恰好大于 u_C 时，VD2、VD4 因加正向电压变为导通状态，u_2 再次对 C 充电，u_C 上升到 u_2 的峰值后又开始下降；下降到一定数值时 VD2、VD4 变为截止，C 对 R_L 放电，u_C 按指数规律下降；放电到一定数值时 VD1、VD3 变为导通，重复上述过程。

从图 10－21（b）所示波形可以看出，经滤波后的输出电压不仅变得平滑，而且平均值也得到提高。

从以上分析可知，电容充电时，回路电阻为整流电路的内阻，即变压器内阻和二极管的导通电阻之和，其数值很小，因而时间常数很小。电容放电时，回路电阻为 R_L，放电常数为 R_LC，通常远大于充电的时间常数。因此，滤波效果取决于放电时间。电容越大，负载电阻越大，滤波后输出电压越平滑，并且其平均值越大，如图 10－22 所示。换言之，当滤波电容容量一定时，若负载电阻减小（即负载电流增大），则时间常数 R_LC 减小，放电速度加快，输出电压平均值随即下降，且脉动变大。

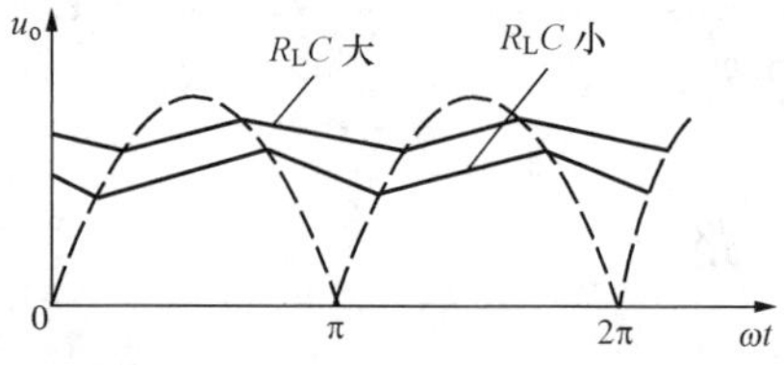

图 10－22 R_LC 不同时的 u_o 的波形

一般要求

$$R_LC \geqslant (3 \sim 5)T/2 \tag{10-28}$$

式中：T 是 u_2 的周期。这时，$U_o \approx 1.2U_2$。

电容滤波器一般用于要求输出电压较高，负载电流较小并且变化也较小的场合。

【例 10－3】 在图 10－21（a）所示电路中，已知负载电阻 $R_L = 200\Omega$，要求直流输出电压 $U_o = 30V$，试选择二极管及滤波电容。

解 （1）选择二极管。

根据式（10－22），流过二极管的电流为

$$I_{o(AV)} = \frac{U_{o(AV)}}{R_L} = \frac{30}{200} = 0.15\ (A) = 150\ mA$$

取 $U_o = 1.2U_2$，所以变压器二次绕组电压的有效值为

$$U_2 = \frac{U_o}{1.2} = \frac{30}{1.2} = 25\ (V)$$

根据式（10－26）和式（10－27）选择二极管

$$I_F > \frac{1.1I_{o(AV)}}{2} = 1.1 \times \frac{150}{2} = 82.5\ (\text{mA})$$

$$U_{RM} > 1.1\sqrt{2}U_2 = 1.1 \times \sqrt{2} \times 25 \approx 38.89\ (\text{V})$$

因此可以选用二极管 2CZ52B，其最大整流电流为 100mA，最高反向电压为 50V。

(2) 选择电容。

根据式（10－28），取 $R_LC = 5\times\frac{T}{2}R_LC = 5\times\frac{T}{2}$，所以，$R_LC = 5\times\frac{1/50}{2} = 0.05\ (\text{s})$

已知 $R_L = 200\Omega$，所以 $C = \frac{0.05}{R_L} = \frac{0.05}{200} = 250\times10^{-6}$（F）$=250\mu\text{F}$

因此可选用 330μF，耐压为 50V 的电解电容。

10.4.2　电感滤波电路

在大电流负载的情况下，由于负载电阻 R_L 很小，若采用电容滤波电路，则电容容量势必很大，而且整流二极管的冲击电流也非常大，这就使得整流管和电容器的选择变得很困难，甚至不太可能，在此情况下应当采用电感滤波。

在桥式整流电路和负载电阻 R_L 之间串入一个电感线圈 L 就构成电感滤波，如图 10－23 所示。由于电感线圈的电感量要足够大，所以一般需要采用有铁芯的线圈。

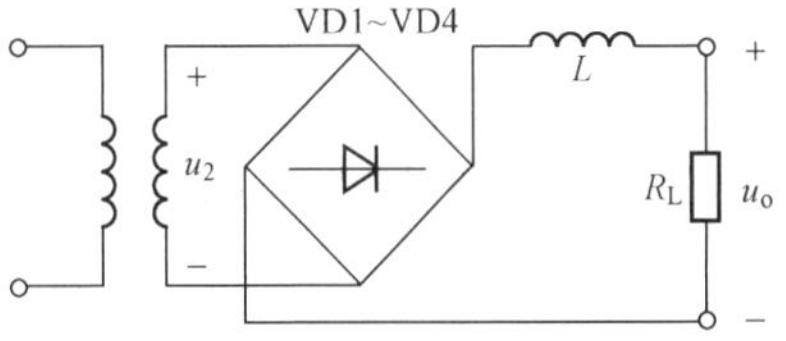

图 10－23　单相桥式整流电感滤波电路

电感的基本性质是当流过它的电流变化时，电感线圈中产生的感应电动势将阻止电流的变化，从而使负载电流和电压脉动程度减小，波形变得平滑。电感 L 越大，滤波效果越好。

电感滤波的特点是整流管的导电角较大（电感 L 的反电动势使整流管导电角增大），峰值电流很小，输出特性比较平坦。其缺点是由于铁芯的存在，笨重、体积大，易引起电磁干扰。一般只适用于负载电压较低，负载电流较大而且变化较大的场合。

10.4.3　复式滤波电路

当单独使用电容或电感进行滤波效果不理想时，可采用复式滤波电路。电容和电感是基本的滤波元件，利用它们对直流量和交流量呈现不同电抗的特点，只要合理地接入电路都可以达到滤波的目的。图 10－24（a）为 LC 滤波电路图，(b)、(c) 为两种 π 型滤波电路。

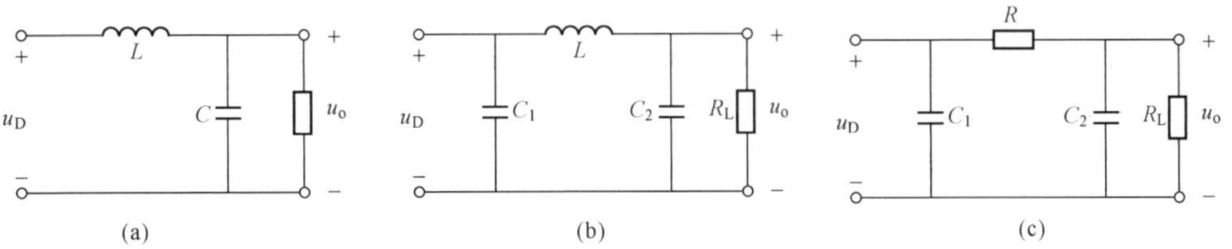

图 10－24　复式滤波电路

(a) LC 滤波电路；(b) LC π 型滤波电路；(c) RC π 型滤波电路

电容滤波、LC π 型或 RC π 型滤波电路适用于小电流负载；电感滤波电路适用于大电流负载；LC 滤波电路的适应性较强，更适合用于高频场合。

10.5 稳 压 电 路

整流滤波电路输出电压会随着电网电压的波动而波动，随着负载的变化而变化。为了获得稳定性好的直流电压，必须采取稳压措施。本节将介绍稳压管稳压电路和集成稳压器电路。

10.5.1 稳压管稳压电路

由稳压二极管 VS 和限流电阻 R 所组成的稳压电路是一种最简单的直流稳压电源，如图 10－25 所示。其输入电压 U_i 是整流滤波后的电压，输出电压 U_o 就是稳压管的稳定电压 U_{VS}，R_L 是负载电阻。

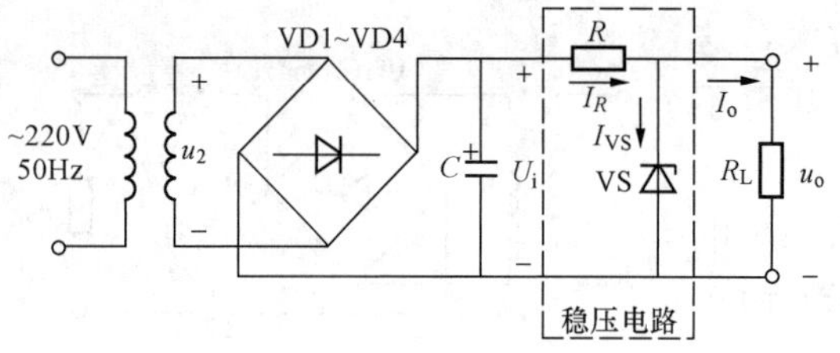

图 10－25 稳压管稳压电路

由图 10－25 可知

$$U_o = U_i - U_R = U_i - I_R R = U_i - (I_{VS} + I_L)R \quad (10-29)$$

当电网电压升高时，稳压电路的输入电压 U_i 随之增大，输出电压 U_o 也随之按比例增大。但是，由于 $U_o = U_{VS}$，根据稳压管的伏安特性，U_{VS} 的增加将使 I_{VS} 急剧增大，根据式（10－29），I_R 必然随着 I_{VS} 急剧增大，U_R 会同时随着 I_R 而急剧增大，U_R 的增大必将使输出电压 U_o 减小。因此，只要参数选择合适，R 上的电压增量就可以与 U_i 的增量近似相等，从而使 U_o 基本不变。

当电网电压下降时，各电量的变化与上述过程相反。

可见，当电网电压变化时，稳压电路通过限流电阻 R 上电压的变化来抵消 U_i 的变化，从而使 U_o 基本不变。

当负载电阻 R_L 减小即负载电流 I_L 增大时，根据式（10－29），I_R 将增大，U_R 也随之增大；根据式（10－29），U_o 必然下降，即 U_{VS} 下降；根据稳压管的伏安特性，U_{VS} 的下降将使 I_{VS} 急剧减小，从而 I_R 随之急剧减小。如果参数选择恰当，就可使 $\Delta I_{VS} \approx -\Delta I_L$，使 I_R 基本不变，从而 U_o 也就基本不变。

相反，如果 R_L 增大，即 I_L 减小，则 I_{VS} 增大，同样可使 I_R 基本不变，从而保证 U_o 基本不变。

显然。在电路中只要能使 $\Delta I_{VS} \approx -\Delta I_L$，就可以使 I_R 基本不变，从而保证负载变化时输出电压 U_o 基本不变。

综上所述，稳压管组成的稳压电路是利用稳压管所起的电流调节作用，通过限流电阻 R 上的电压或电流的变化进行补偿来达到稳压的目的。限流电阻 R 是必不可少的元件，它既限制稳压管中的电流使其正常工作，又与稳压管配合以达到稳压的目的。一般情况下，在电路中如果有稳压管，就必然有与之匹配的限流电阻。

稳压管稳压电路的优点是电路简单，所用元件数量少；缺点是受稳压管最大稳压电流的限制，输出电流不能太大，而且输出电压不可调，因此只适用于负载电流较小，负载电压固定的场合。

10.5.2　集成稳压器电路

集成稳压器具有体积小、使用方便、内部含有过电流和过热保护电路、使用安全可靠等优点。从外形上来看，集成稳压器有三个引脚，分别为输入端、输出端和公共端（或调整端），因此称为三端稳压器。按功能不同，可分为固定式稳压电路和可调式稳压电路。前者的输出电压不能调节，为固定值；后者可通过外接元件使输出电压具有很宽的调节范围。

1. 三端固定式稳压器

7800 系列三端稳压器的输出电压为正，有 3.3、4.7、5、6、8、9、12、15、18、24V 等，78 后面的两位阿拉伯数字表示输出电压值，以 V 为单位。例如，7833 表示输出电压为 3.3V，7805 表示输出电压为 5V。封装形式不同，最大输出电流不同，如 TO－3 封装为 3A，TO－220 封装为 1.5A 或 1A，TO－92 封装为 0.1A。图 10－26 所示分别为 TO－3 封装（即金属封装）、TO－220 封装（即塑料封装）的外形图和方框图。此外，型号中还有英文字母：数字前面的字母如 LM 等，通常表示生产厂家（公司），LM 代表美国 NSC 公司，MC 代表 MOTOROLA 公司，μPC 为日本 NEC 公司，SW 为上海无线电七厂等；数字中间字母通常表示电流等级，L 表示 100mA，M 表示 500mA，无字母表示 1.5A。

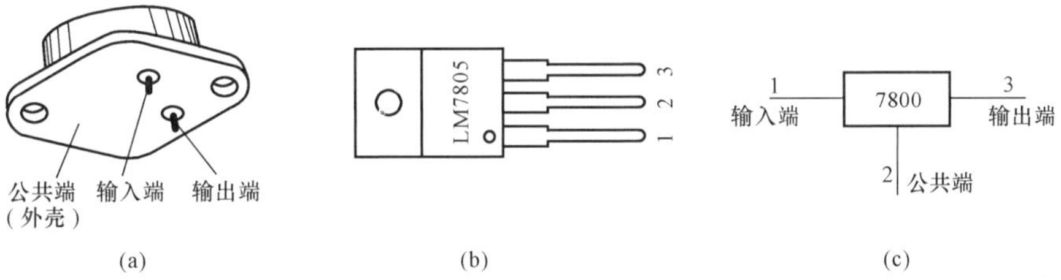

图 10－26　7800 系列的封装外形图和方框图

(a) TO－3 封装；(b) TO－220 封装的外形图；(c) TO－220 封装的方框图

7900 系列三端稳压器的输出电压为负，如 7905 表示输出电压为－5V。7900 系列各管脚功能与 7800 系列不同，1 为公共端，2 为输入端，3 为输出端，其他性能参数与 7800 系列相同。

在实际应用时，除了输出电压和最大电流，还必须注意输入电压的大小。输入电压至少要高于输出电压 2～3V，但又不能超过最大输入电压。至于管脚功能及性能参数，不同厂家的产品不尽相同，使用时需查阅其说明书。

7800 系列三端稳压器的典型应用电路如图 10－27 所示。输入和输出端各接有电容 C_i 和 C_o。电容 C_i 用来抵消输入端接线较长时的电感效应，防止电路产生自激振荡，其容量一般 7800 系列为 0.33μF，7900 系列为 2.2μF。电容 C_o 用于消除输出电压中的高频噪声，改善负载的瞬态响应，其容量一般 7800 系列为 0.1μF，7900 系列为 1μF。

7900 系列使用方法与 7800 系列稳压器相同，只是要特别注意输入电压和输出电压的极性。两者配合使用，可以得到正、负输出的稳压电路，如图 10－28 所示。

2. 三端可调式稳压器

三端可调式稳压器有正电压输出的 LM117、LM217、LM317 系列和负电压输出的 LM137、LM237、LM337 系列两种类型。型号中第一位数字中 1 表示军品级，2 表示工业级，3 表示民用级，不同级别，允许工作温度范围不同。

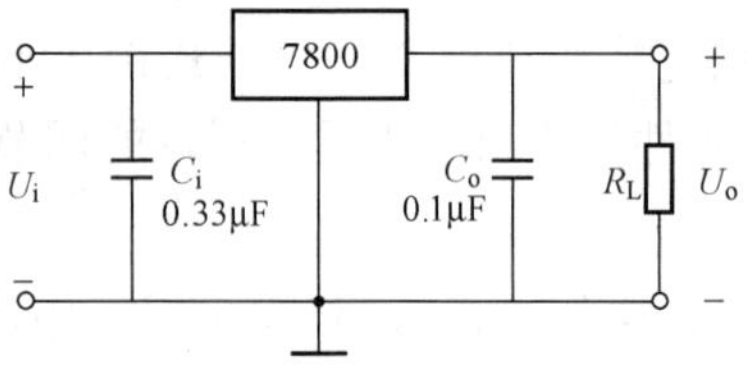

图 10 - 27　7800 系列三端稳压器的典型应用电路

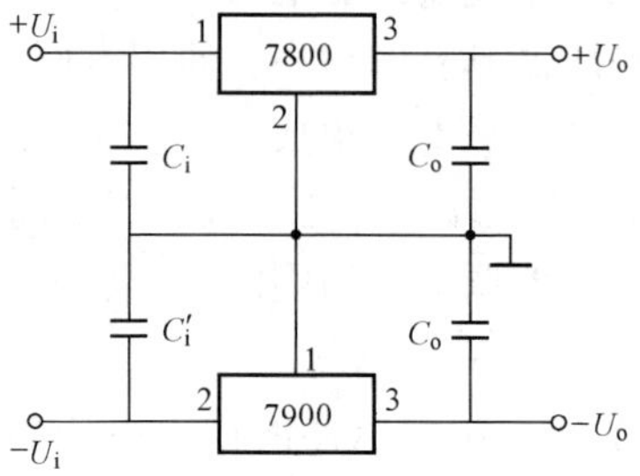

图 10 - 28　正、负输出稳压电路

三端可调式稳压器的外形与三端固定式稳压器相似，正电压输出的三端可调式稳压器，管脚 1 为调整端，2 为输出端，3 为输入端。使用时，只要满足稳压器输入与输出的压差在 3～40V 之间，就能正常工作。三端可调式稳压器（以 LM117 为例）的典型应用电路如图 10 - 29 所示。

稳压器的管脚编号及参数，不同厂家的产品不尽相同，使用时需查阅其说明书。

图 10 - 29 中，电容 C_i 用来抵消输入端接线较长时的电感效应，防止电路产生自激振荡，其容量一般取 0.1μF，C_o 用于抑制高频噪声，改变输出电压的瞬时响应，其值一般取 1μF。泄放电阻 R_1 的值在 120～240Ω，典型值为 240Ω。R_2 为可调电位器，调节 R_2 即可调整输出电压 U_o 的大小。输出电压 U_o 范围为 1.25～37V。最大输出电流根据封装不同有 0.1、0.5、1.5、3A 四种。

为了滤除 R_2 两端的纹波电压，可在其上并联一个 10μF 的电解电容 C。但在输出开路时，C 将向稳压器调整端放电，为了保护稳压器，VD2 提供了一个放电回路，如图 10 - 30 所示。若 C_o 比较大，一旦输入端断开，C_o 将从稳压器输出端向稳压器放电，易使稳压器损坏，因此，VD1 可以保护稳压器。

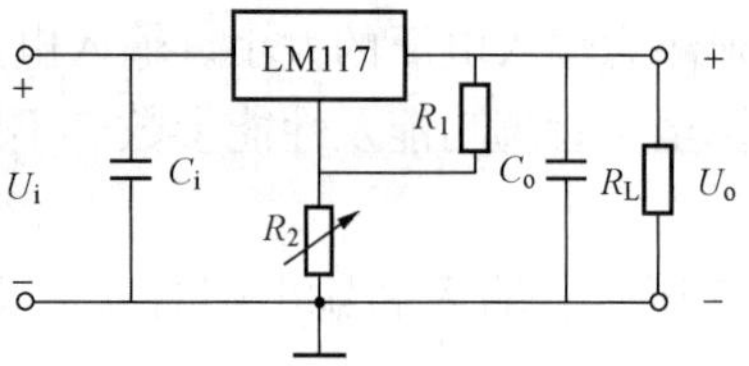

图 10 - 29　三端可调式稳压器（以 LM117 为例）的典型应用电路

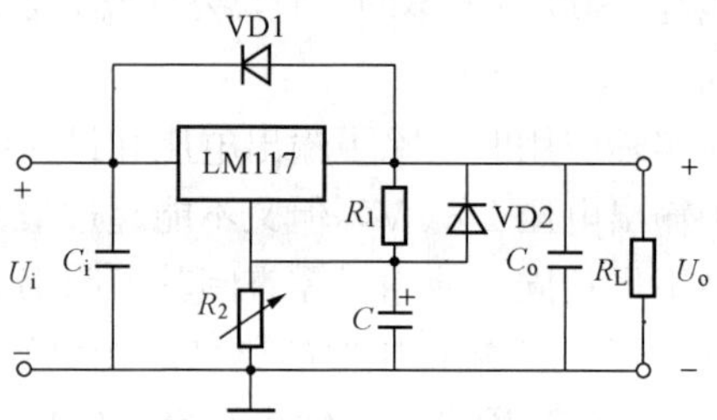

图 10 - 30　LM117 的外加保护电路

由于 LM117 系列产品的输出端和调整端之间的基准电压 U_{REF} 为 1.25V（典型值），忽略调整端的电流（约为 50μA），则图 10 - 30 所示电路输出电压的计算公式为

$$U_o = \left(1 + \frac{R_2}{R_1}\right) \times 1.25\ (\text{V}) \tag{10-30}$$

LM137/LM237/LM337 能够构成负输出电压可调的稳压电路，也可与 LM117/LM217/LM317 一起组成正、负输出电压的稳压电路。

大电流三端可调稳压器 LM196/396 采用 TO - 3 金属封装，输出电压可以在 1.25～15V 范围内调整，最大输出电流为 10A，芯片的耗散功率可达 70W。使用方法与 LM317/LM337 系列相似，但需外加散热器，其典型应用电路及性能参数请参阅产品说明书，这里不再赘述。

*10.6　应　用　举　例

10.6.1　函数发生器

函数发生器是一种工程和实验室常用的仪器设备，它可以产生不同频率方波、三角波和正弦波信号。

图 10-31 是某函数发生器的电路原理图。通过选择功能开关，可以产生正弦波、方波或三角波；输出频率范围 1Hz～80kHz，输出信号的振幅可调，范围在 0～+10V。

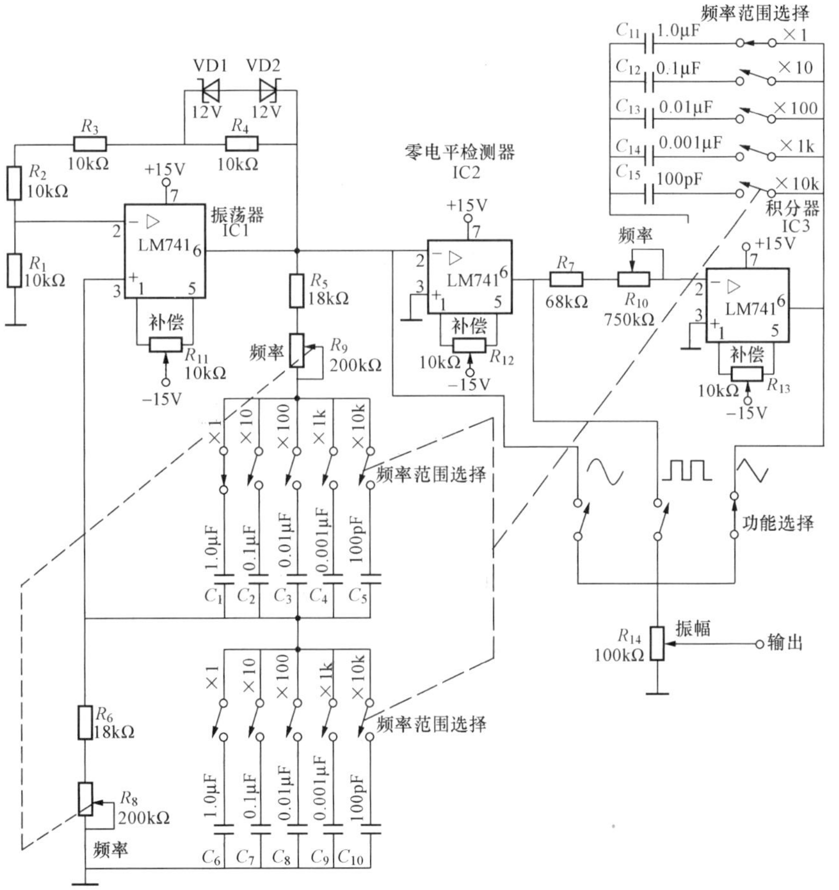

图 10-31　函数发生器电路原理图

该函数发生器使用双电源供电（±15V），由运算放大器 LM741 组成的 RC 振荡器、过零比较器、积分器组成，其核心电路为 10.1 讲述的 RC 正弦波振荡电路。

由可调整 RC 振荡器产生正弦波输出电压来驱动零电平检测器，即过零比较器，比较器产生与振荡器输出频率相同的方波，电压比较器的输出连接到积分器，积分器则产生三角波输出电压，其频率也等于振荡器的输出频率。

正弦波振荡器的频率分五个频率范围，由电容器（C_1～C_{15}）任选三个来决定。每一个频率范围内，可通过电阻 R_8 和 R_9 来调整输出频率。C_1～C_{15} 的选择由三层同轴开关联动实现，R_8 和 R_9 由同轴双联电位器实现同步变化。

如频率范围选择置“×100”，即电容选择 0.01μF，根据 $f=\dfrac{1}{2\pi RC}$ 可以算出输出频率的最大值为

$R=18\text{k}\Omega$ 时

$$f_{\max}=\frac{1}{2\pi RC}=\frac{1}{2\times 3.14\times 18\,000\times 0.01\times 10^{-6}}\approx 885\,(\text{Hz})$$

$R=18\text{k}\Omega+200\text{k}\Omega=218\text{k}\Omega$ 时，输出频率最小值为

$$f_{\min}=\frac{1}{2\pi RC}=\frac{1}{2\times 3.14\times 218\,000\times 0.01\times 10^{-6}}\approx 73\,(\text{Hz})$$

10.6.2　三端稳压器的应用

图 10－32 所示电路为一小型家用豆浆机电源部分的电路。图中电源变电器的匝数比为 20∶1，二次侧电压为 AC11V（输出电流 180mA），经二极管 VD1～VD4（1N4007×4）桥式整流，C_1 滤波后得到直流＋12V，用作继电器的控制电源。＋12V 经固定三端稳压器 7805 后产生＋5V 电压作为控制板上微电脑芯片、传感器电路、蜂鸣器电路、指示电路等的电源。由于电路需要的电流较小，7805 采用了 TO－92 封装形式的 78L05。

图 10－33 所示为三端可调式稳压器的典型应用电路，由 LM117 和 LM137 组成正、负输出电压可调的稳压器。为保证空载情况下输出电压稳定，R_1 和 R_1' 不宜高于 240Ω，典型值为 120～240Ω，此处取 120Ω。电路中的 U_{31}（或 U_{21}）$=U_{\text{REF}}=1.2\text{V}$，$R_2$ 和 R_2' 的大小根据输出电压调节范围确定。该电路输入电压 U_i 为±25V，其输出电压可调范围为±（1.2～20）V。

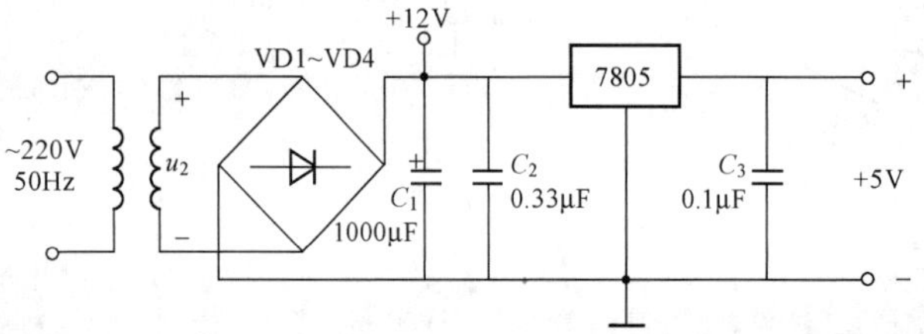

图 10－32　7805 稳压器应用于豆浆机电源电路

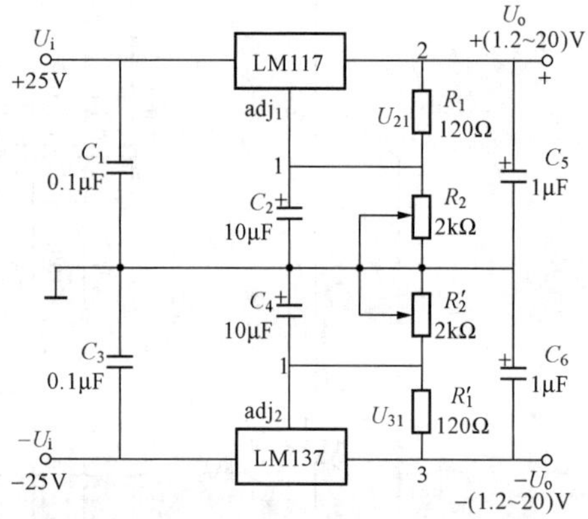

图 10－33　输出正、负输出电压可调的稳压电路

注意

这类稳压器是依靠外接电阻来调节输出电压的，为保证输出电压的精确度和稳定性，要选择精确度高的电阻，同时电阻要紧靠稳压器，防止输出电流在连线电阻上产生误差电压。

习　题　10

10.1　电路如图 10－34 所示，试求解：

(1) R_P 的下限值。

(2) 振荡频率的调节范围。

10.2　已知电路如图 10－35 所示，试求：

(1) 为使电路产生正弦波振荡，标出集成运放的“＋”和“－”；并说明电路是哪种正弦波振荡电路。

(2) 若 R_1 短路，电路将产生什么现象？

(3) 若 R_1 开路，电路将产生什么现象？

(4) 若 R_f 短路，电路将产生什么现象？

(5) 若 R_f 开路，电路将产生什么现象？

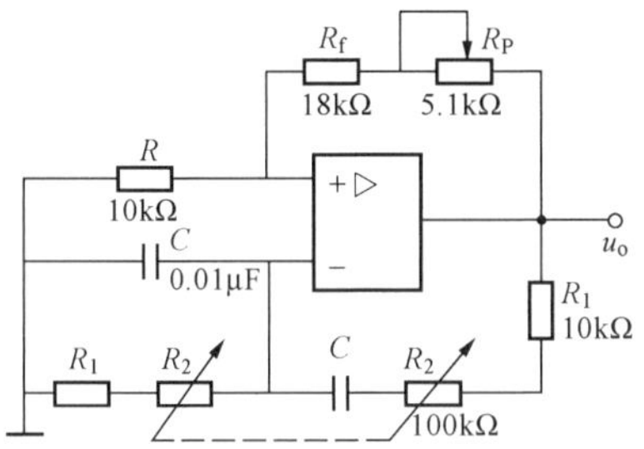

图 10－34　题 10.1 电路

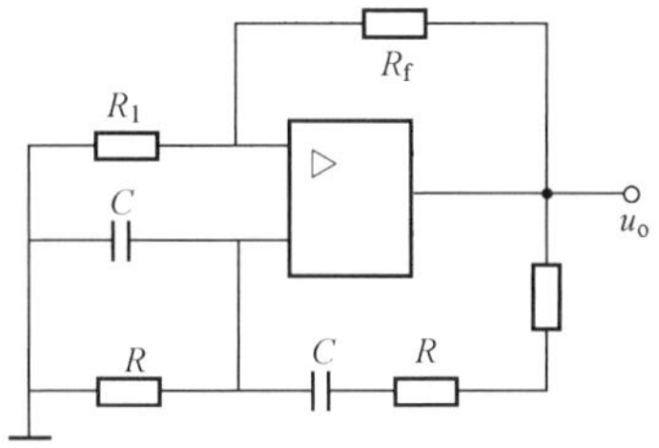

图 10－35　题 10.2 电路

10.3　分别判断图 10－36 所示各电路是否满足正弦波振荡的相位条件。

10.4　电路如图 10－37 所示，已知输出电压平均值 $U_{o(AV)}=15V$，负载电流平均值 $I_{L(AV)}=100mA$。试求：

(1) 变压器二次绕组电压有效值 U_2。

(2) 设电网电压波动范围为±10%。在选择二极管的参数时，其最大整流平均电流 I_F 和最高反向电压 U_{RM} 的下限值约为多少？

10.5　图 10－38 中变压器二次绕组电压有效值为 $2U_2$，试：

(1) 画出 u_2、u_{VD1} 和 u_o 的波形。

(2) 求出输出电压平均值 $U_{o(AV)}$ 和输出电流平均值 $I_{L(AV)}$ 的表达式。

(3) 求出二极管的平均电流 $I_{VD(AV)}$ 和所承受的最高反向电压 U_{RM} 的表达式。

10.6　电路图 10－39 中变压器二次绕组电压有效值 $U_{21}=50V$，$U_{22}=20V$。试问：

(1) 输出电压平均值 $U_{o1(AV)}$ 和 $U_{o2(AV)}$ 各为多少？

(2) 各二极管承受的最高反向电压为多少？

10.7　已知电路如图 10－40 所示，试：

(1) 分别标出 u_{o1} 和 u_{o2} 对地的极性。

(2) u_{o1}、u_{o2} 分别是半波整流还是全波整流？

（3）当 $U_{21}=U_{22}=20\text{V}$ 时，$U_{o1(AV)}$ 和 $U_{o2(AV)}$ 各为多少？

（4）当 $U_{21}=18\text{V}$，$U_{22}=22\text{V}$ 时，画出 u_{o1}、u_{o2} 的波形，并求出 $U_{o1(AV)}$ 和 $U_{o2(AV)}$ 各为多少。

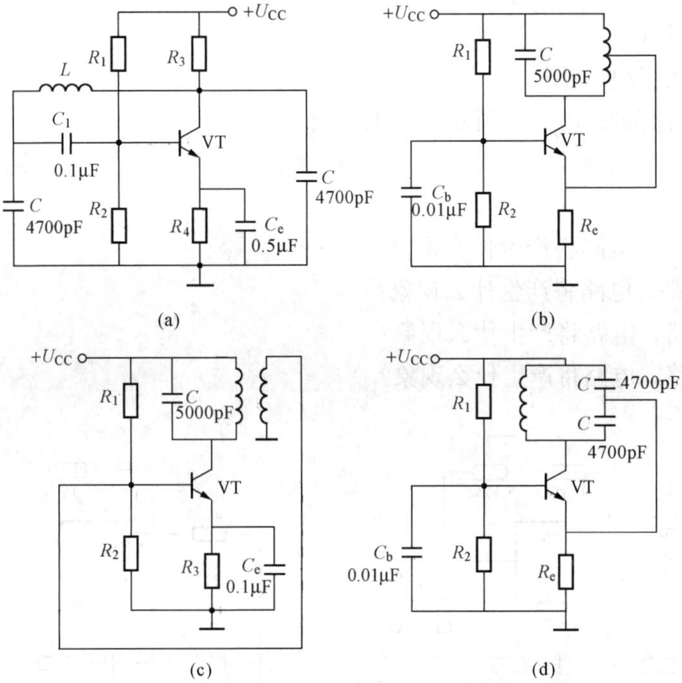

图 10-36　题 10.3 电路

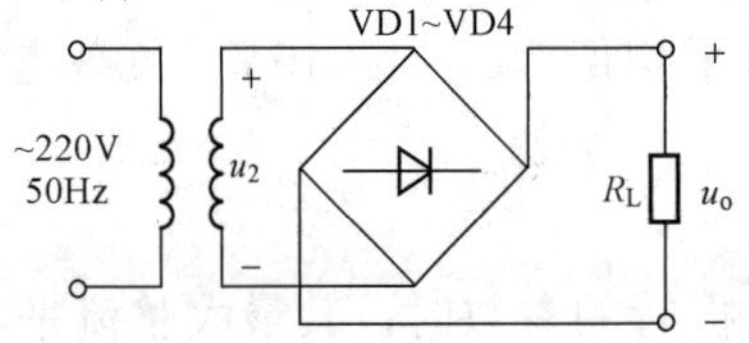

图 10-37　题 10.4 电路

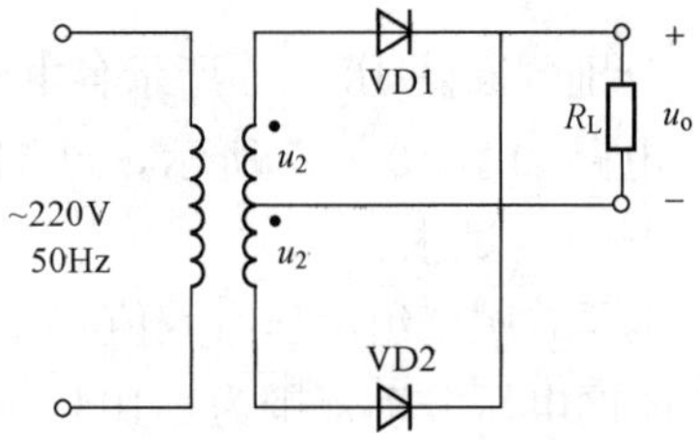

图 10-38　题 10.5 电路

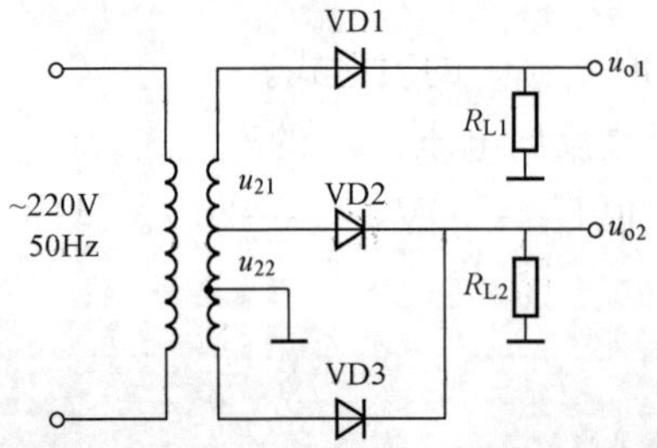

图 10-39　题 10.6 电路

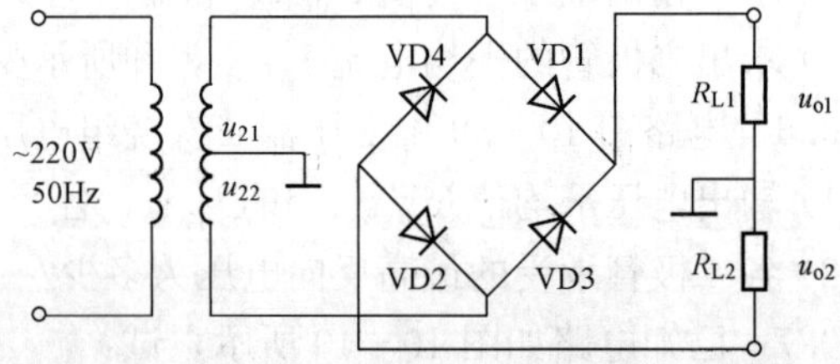

图 10-40　题 10.7 电路

10.8　分别判断图 10－41 所示各电路能否作为滤波电路，简述理由。

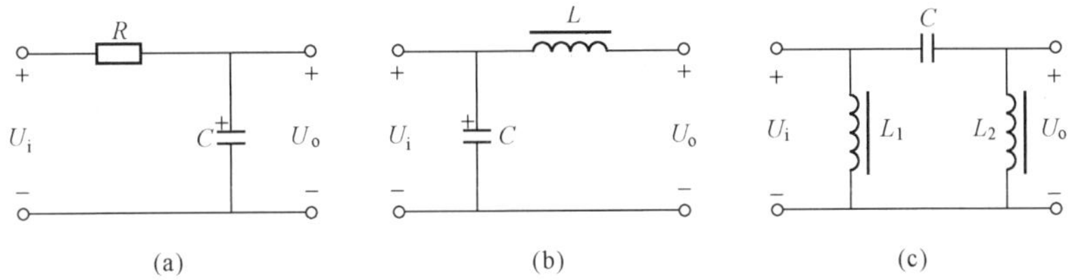

图 10－41　题 10.8 电路

10.9　电路如图 10－42 所示，已知稳压管的稳定电压为 6V，最小稳定电流为 5mA，允许耗散功率为 240mW，输入电压为 20～24V，$R_1=360\Omega$。试问：

(1) 为保证空载时稳压管能够安全工作，R_2 应选多大?

(2) 当 R_2 按上面原则选定后，负载电阻允许的变化范围是多少?

10.10　求图 10－43 所示电路的输出电压。

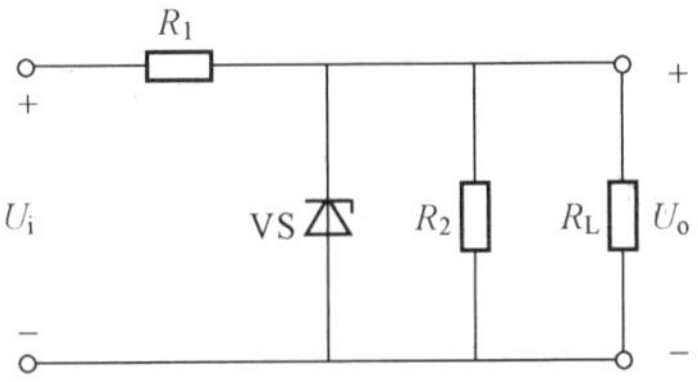

图 10－42　题 10.9 电路

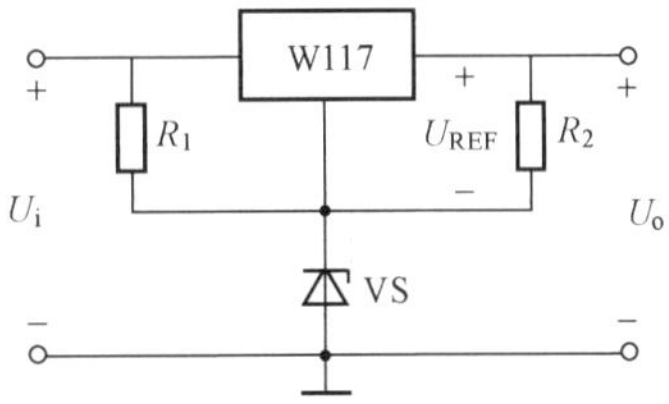

图 10－43　题 10.10 电路

10.11　如图 10－44 所示的恒流源电路，设输入电压为 20V，晶体管饱和压降为 3V，be 间电压数值 $|U_{BE}|=0.7V$，稳压管的稳定电压 $U_{VS}=5V$，$R_1=R_2=50\Omega$。求电路中负载电流 I_o。

10.12　电路如图 10－45 所示，已知 $R_1=240\Omega$，$R_2=3k\Omega$，LM117 输入端和输出端电压允许范围为 3～40V，输出端和调整端之间的电压 U_R 为 1.25V。试求解：

(1) 输出电压的调节范围。

(2) 输入电压允许的范围。

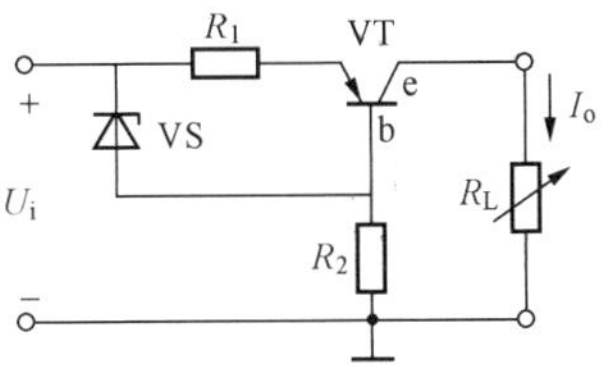

图 10－44　题 10.11 电路

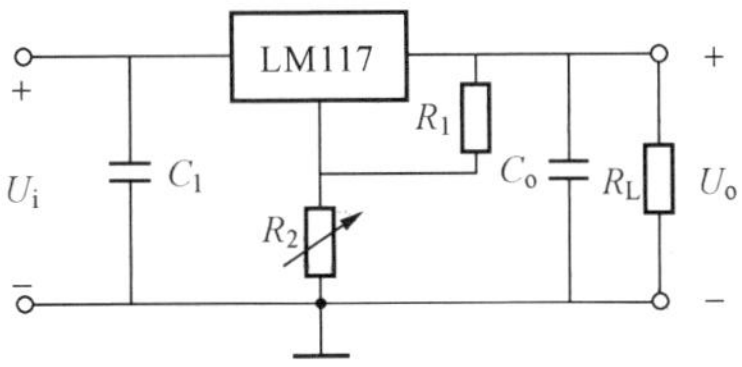

图 10－45　题 10.12 电路

10.13　电路如图 10－46 所示，试合理连线，构成 5V 的直流电源。

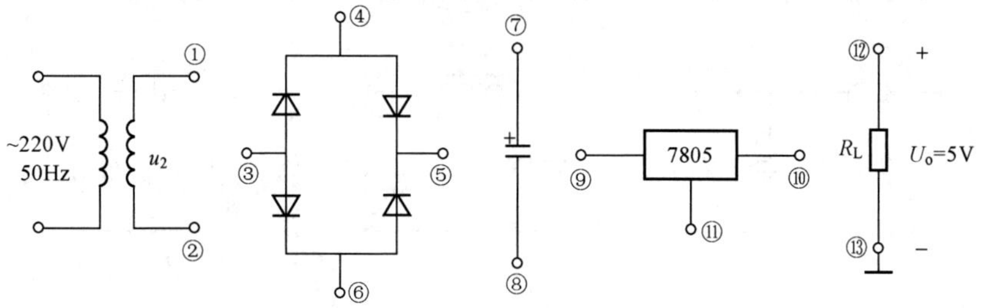

图 10－46　题 10.13 电路

第11章　数字集成电路

本章内容为数字集成电路，着重介绍集成门电路、组合逻辑电路、集成触发器、时序逻辑电路及集成定时器等，并通过应用实例，使读者对数字集成电路的应用有所了解。即指任何时刻的输出仅取决于该时刻输入信号的组合，而与电路原有的状态无关的电路。

本章介绍数字集成电路，数字电路又称逻辑电路，可分为组合逻辑电路和时序逻辑电路两大类。

门电路是数字电路的基本部件，集成门电路是数字集成电路的一部分，本章首先介绍常用的集成门电路。

11.1　集成门电路

门电路又称**逻辑门**，是实现各种逻辑关系的基本电路，它是组成数字电路的基本部件。由于它既能完成一定的逻辑运算功能，又能像“门”一样控制信号的通断，门打开时，信号可以通过；门关闭时，信号不能通过，因此称为门电路或逻辑门。

按逻辑功能的不同，门电路可分为很多种，其中实现**或**、**与**、**非**三种逻辑关系的**或门电路**、**与门电路**和**非门电路**是最基本的门电路。

11.1.1　集成基本门电路

1. 或门电路

在决定某一事件的各种条件中，只要有一个或一个以上的条件具备，事件就会发生，符合这一规律的逻辑关系称为**或逻辑**。例如图 11-1（a）所示电路中，只要开关 A 和 B 中有一个闭合，灯 F 就会亮。这里开关的闭合和灯亮之间的关系即为**或逻辑关系**。

实现或逻辑关系的电路称为**或门电路**，简称**或门**。研究逻辑关系时，关心的是条件是否具备以及事件是否发生，反映在逻辑电路中则是输入和输出电位的高与低两种状态，因此，习惯把电位的高与低称为**高电平**和**低电平**。为便于逻辑运算，分别用 0 和 1 来表示。若规定高电平为 1，低电平为 0，这种逻辑关系称为**正逻辑**，反之则称为**负逻辑**，本书未加特殊说明一律采用正逻辑。

或门的逻辑符号如图 11-1（b）所示。F 是输出端，A 和 B 是输入端。输入端的数量可以不止两个，输入和输出只有高电平 1 和低电平 0 两种状态。或门反映的逻辑关系是：**只要输入中有一个或一个以上为高电平，输出便为高电平**。

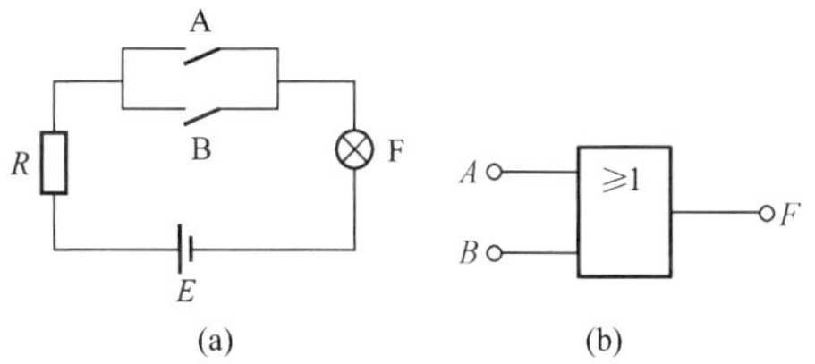

图 11-1　或逻辑和或门

(a) 或逻辑；(b) 或门

反映或逻辑的运算称为**或运算**，又称**逻辑加**，逻辑表达式为

$$F = A + B \qquad (11-1)$$

式中的“+”表示“或运算”或者“逻辑加”（与普通算术中的加号形式一样，意义不同）。读作“或”或者“逻辑加”。F 称为“逻辑和”。

将 A 和 B 两种状态的四种组合代入式（11－1）中便可得到 F 的相应状态，见表 11－1。这种表示逻辑关系的表称为**逻辑状态表**，又称**真值表**。

表 11－1　或门真值表

A	B	F	A	B	F
0	0	0	1	0	1
0	1	1	1	1	1

由真值表可总结出逻辑或运算的特点是：**有** 1 **出** 1，**全** 0 **出** 0。

【例 11－1】 图 11－2 所示为某三层办公楼的防盗报警电路，办公楼的三层大门上各装一个微动开关 S1、S2 和 S3。门关上时，开关闭合；当任一层门被打开时，报警灯亮。试说明该电路的工作原理。

解 该电路采用了一个 3 输入端的或门。三层门都关上时，开关 S1、S2 和 S3 闭合，或门的三个输入端全部接地，$A=0$，$B=0$，$C=0$，因而输出 $F=0$，报警灯不亮。任何一个门打开时，相应的开关断开，该输入端经 1kΩ 电阻接至 5V 电源，为高电平，故输出也为高电平，报警灯亮。

2. 与门电路

在决定某一事件的各种条件中，只有当所有的条件都具备时，事件才会发生，符合这一规律的逻辑关系称为**与逻辑**，例如图 11－3（a）所示电路，只有开关 A 和开关 B 同时闭合时，灯 F 才会亮。这里开关的闭合与灯亮之间的关系为**与逻辑关系**。

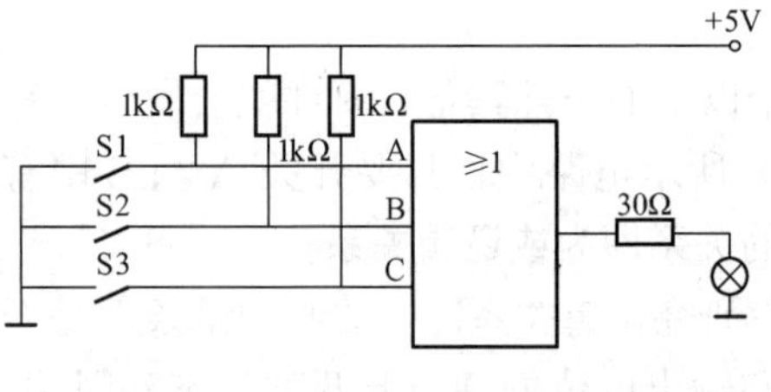

图 11－2 【例 11－1】电路

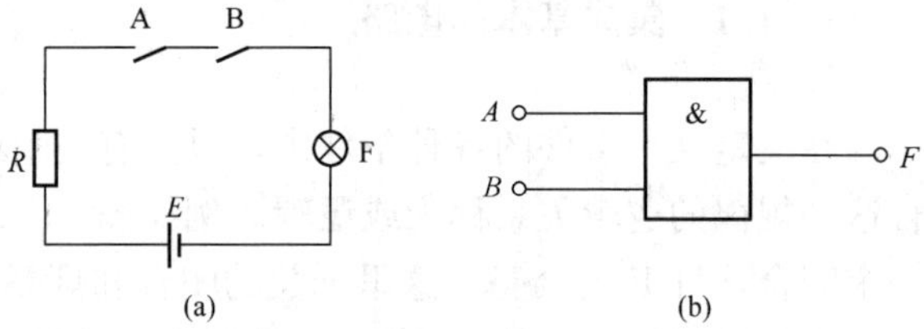

图 11－3 与逻辑和与门

（a）与逻辑；（b）与门

实现与逻辑关系的电路称为**与门电路**，简称**与门**。与门的逻辑符号如图 11－3（b）所示，输入端可以不止两个。与门反映的逻辑关系是：**只有输入都为高电平时，输出才是高电平**。

反映与逻辑的运算称为**与运算**，又称**逻辑乘**，逻辑表达式为

$$F=A\cdot B \tag{11-2}$$

其真值表见表 11－2。

表 11－2　与门真值表

A	B	F	A	B	F
0	0	0	1	0	0
0	1	0	1	1	1

【例 11-2】 有一条传输线，用来传送连续的矩形脉冲（方波信号）。现要求增设一个控制信号，使得只有在控制信号为高电平 1 时方波才能送出，试问应如何解决。

解 可采用一个 2 输入端的与门，将传输线接至与门的输入端 A，控制信号送至与门的输入端 B，与门的输出端 F 作为方波的输出端。$B=1$ 时，门打开，方波可以送出；$B=0$ 时，门关闭，方波不能送出。

3. 非门电路

决定某一事件的条件只有一个，而在条件不具备时，事件才会发生，即事件的发生与条件处于对立状态，符合这一规律的逻辑关系称为**非逻辑**。例如图 11-4（a）所示电路，只有开关 A 不闭合时，灯 F 才会亮。

实现非逻辑关系的电路称为**非门电路**，简称**非门**。非门的逻辑符号如图 11-4（b）所示，它只有一个输入端，输出端加有小圆圈，表示“非”的意思。非门反映的逻辑关系是：**输出与输入的电平相反**。$A=0$ 时，$F=1$；$A=1$ 时，$F=0$。

反映非逻辑的运算称为**非运算**，又称**逻辑非**，逻辑表达式为

$$F=\overline{A} \tag{11-3}$$

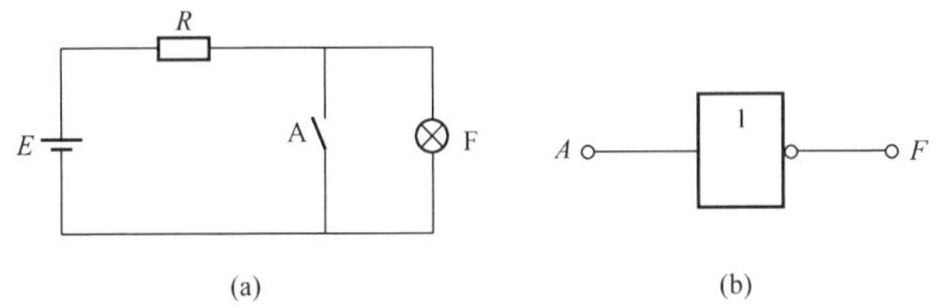

图 11-4　非逻辑和非门

(a) 非逻辑；(b) 非门

其真值表见表 11-3，由于非门的输出与输入的状态相反，因此又称**反相器**或**倒相器**。

表 11-3　非门真值表

A	F
0	1
1	0

11.1.2　集成复合门电路

集成门电路除了或门、与门和非门外，还有将它们的逻辑功能组合起来的复合门电路，如集成或非门、与非门、同或门和异或门等。其中或非门和与非门，尤其是与非门，是目前生产量最大、应用最广泛的集成门电路。本节主要介绍这两种集成门电路，并简单介绍它们的内部电路。

从内部电路来看，在数字电路的众多类型中，目前应用最多的主要是 TTL 电路。这种电路的输入和输出部分都采用晶体管，故称**晶体管-晶体管逻辑电路**，简称 TTL **电路**。这种电路生产较早，制造工艺成熟、产量大、品种全、价格低、速度快、是中小规模集成电路的主流。国产 TTL 电路主要有 CT1000～CT4000 四个系列，四个系列的主要差别是在速度和功耗两个参数上。CT1000 系列为通用系列，CT2000 和 CT3000 为高速系列，CT4000 为低功耗系列。

CMOS 电路是由 PMOS 管和 NMOS 管组成的一种互补型 MOS 集成电路，简称 CMOS **电路**。这种电路制造方便、功耗小、带负载和抗干扰能力强，工作速度接近于 TTL 电路，在大规模和超大规模集成电路中大多数采用这种电路。国产 CMOS 电路主要有 CC0000～CC4000 等系列。

1. 或非门电路

实现或非逻辑关系的电路称为**或非门电路**，简称**或非门**。或非逻辑关系就是先“或”后

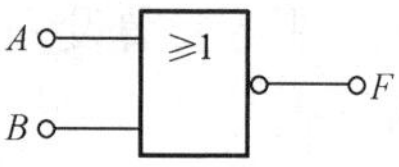

图 11-5　或非门

“非”，逻辑表达式为

$$F=\overline{A+B} \tag{11-4}$$

逻辑符号如图 11-5 所示，真值表见表 11-4。

表 11-4　　**或 非 门 真 值 表**

A	B	F	A	B	F
0	0	1	1	0	0
0	1	0	1	1	0

2. 与非门电路

实现与非逻辑关系的电路称为**与非门电路**，简称**与非门**。与非逻辑关系就是先“与”后“非”，逻辑表达式为

$$F=\overline{A\cdot B} \tag{11-5}$$

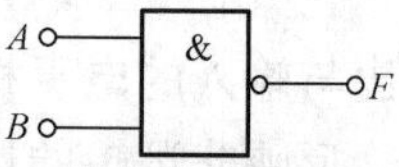

图 11-6　与非门

逻辑符号如图 11-6 所示，真值表见表 11-5 。

表 11-5　　**与 非 门 真 值 表**

A	B	F	A	B	F
0	0	1	1	0	1
0	1	1	1	1	0

不同逻辑功能的门电路可以通过外部接线进行相互转换，下面举例说明。

【例 11-3】　试利用与非门来组成非门和与门。

解　由与非门组成非门的方法如图 11-7（a）所示。因为 $\overline{A}=\overline{A\cdot A}$，因此，只要将与非门的各个输入端并接在一起作为一个输入端 。由于 $A=0$ 时，与非门各输入端都为 0，故 $F=1$；由于 $A=1$ 时，与非门各输入端都为 1，故 $F=0$，实现了非门功能。

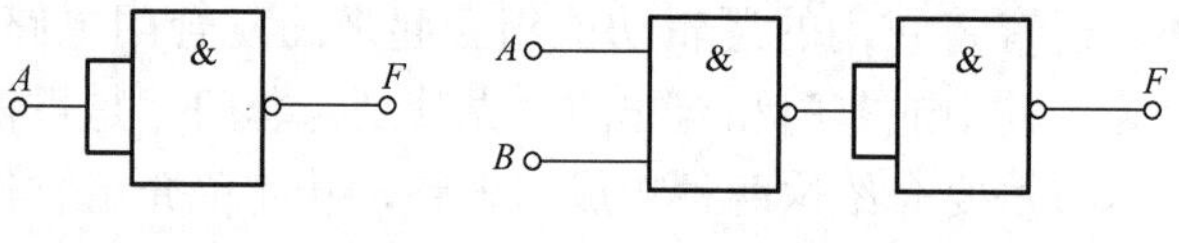

(a)　　(b)

图 11-7　由与非门组成的非门和与门

（a）非门；（b）与门

由于与逻辑表达式可写成 $F=A\cdot B=\overline{\overline{A\cdot B}}=\overline{\overline{A\cdot B}\cdot\overline{A\cdot B}}$，所以，由与非门组成与门的方法如图 11-7（b）所示。在一个与非门后面再接一个与非门组成与门。

11.2　组 合 逻 辑 电 路

把门电路按一定规律加以组合，可以构成具有各种逻辑功能的逻辑电路。它们有一个共同特点：输出状态只与当前的输入状态有关，与原输出状态无关。这类电路称为组合逻辑电路。

11.2.1　组合逻辑电路的分析和设计

1. 组合逻辑电路的分析

组合逻辑电路的分析就是在已知电路结构的前提下，研究其输出和输入之间的逻辑关

系。现以图 11－8 所示电路为例来讨论组合逻辑电路的分析方法。分析的一般步骤如下：

（1）由输入变量（即 A 和 B）开始，逐级推导出各个门电路的输出，最好将结果标明在图上。

（2）利用逻辑代数对输出结果进行变换或化简。

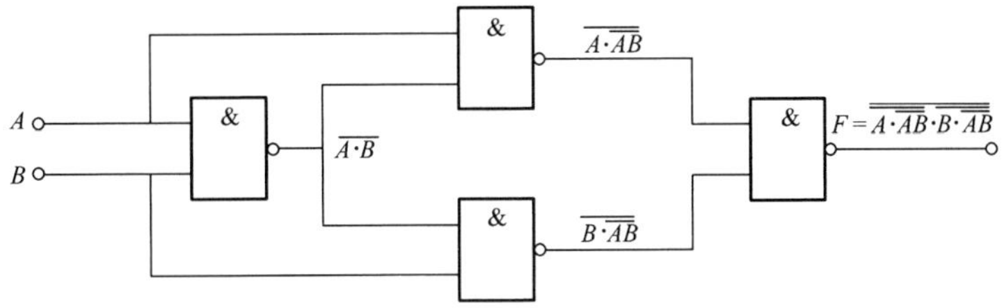

图 11－8　组合逻辑电路分析举例

逻辑代数又称**布尔代数**，它是分析与设计数字电路的工具。逻辑代数与普通代数一样，是以字母代表变量，但是逻辑代数的变量只取 0 和 1 两个值，而且它们没有"量"的概念，只代表两种状态。逻辑代数中最基本的运算是上节介绍的逻辑加、逻辑乘和逻辑非，其他的逻辑运算都由这三种基本运算组成。根据这三种基本运算的规律可以推导出其他常用的定律和公式，参见表 11－6。

表 11－6　逻辑代数的基本公式

公式名称	公式内容	公式名称	公式内容
自等律	$A+0=A$ $A\cdot 1=A$	交换律	$A+B=B+A$ $A\cdot B=B\cdot A$
0－1 律	$A+1=1$ $A\cdot 0=0$	结合律	$A+(B+C)=B+(C+A)=C+(A+B)$ $A\cdot(B\cdot C)=B\cdot(C\cdot A)=C\cdot(A\cdot B)$
重叠律	$A+A=A$ $A\cdot A=A$	分配律	$A+(B\cdot C)=(A+B)\cdot(A+C)$ $A\cdot(B+C)=(A\cdot B)+(A\cdot C)$
互补率	$A+\overline{A}=1$ $A\cdot\overline{A}=0$	吸收律	$A+(A\cdot B)=A$ $A\cdot(A+B)=A$
复原律	$\overline{\overline{A}}=A$	反演律 （摩根定律）	$\overline{A+B}=\overline{A}\cdot\overline{B}$ $\overline{A\cdot B}=\overline{A}+\overline{B}$

对逻辑表达式进行化简的最终结果应得到最简表达式，最简表达式的形式**一般为最简与或式，最简与或式中的与项要最少，而且每个与项中的变量数目也要最少**。现将图 11－8 的输出结果化简如下

$$F=\overline{\overline{A\cdot\overline{AB}}\cdot\overline{B\cdot\overline{AB}}}=\overline{\overline{A\cdot\overline{AB}}}+\overline{\overline{B\cdot\overline{AB}}}\qquad\text{（反演律）}$$

$$=A\cdot\overline{AB}+B\cdot\overline{AB}\qquad\text{（复原律）}$$

$$=A\cdot(\overline{A}+\overline{B})+B\cdot(\overline{A}+\overline{B})\qquad\text{（反演律）}$$

$$=A\overline{A}+A\overline{B}+B\overline{A}+B\overline{B}\qquad\text{（分配律）}$$

$$=0+A\overline{B}+B\overline{A}+0\qquad\text{（互补律）}$$

$$=A\overline{B}+B\overline{A}\qquad\text{（自等律）}$$

(3) 列出真值表。将 A 和 B 分别用 0 和 1 代入，根据计算结果得到的真值表见表 11－7。

表 11－7 异或门真值表

A	B	F	A	B	F
0	0	0	1	0	1
0	1	1	1	1	0

(4) 确定电路的逻辑功能。分析真值表可知本电路的逻辑功能是 A、B 相同时（同为 0 或同为 1），输出 $F=0$；A、B 不相同时（一个为 0，另一个为 1），输出 $F=1$。这种逻辑电路称为**异或门**。逻辑表达式可简写成

$$F=A\overline{B}+B\overline{A}=A\oplus B \tag{11-6}$$

如果 A 和 B 相同时，$F=1$；A 和 B 不相同时，$F=0$。这种逻辑电路称为**同或门**，逻辑表达式为

$$F=AB+\overline{A}\overline{B}=\overline{A\oplus B} \tag{11-7}$$

异或门和同或门的逻辑符号见图 11－9 和图 11－10。

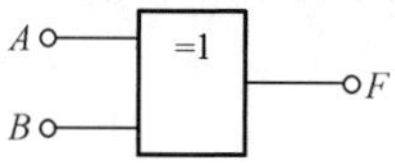

图 11－9 异或门

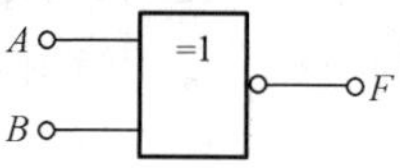

图 11－10 同或门

2. 组合逻辑电路的设计

根据给出的实际逻辑问题，求出实现这一逻辑功能的最简单逻辑电路，这就是设计组合逻辑电路时要完成的工作。

这里说的“最简”，是指电路所用的器件数最少、器件的种类最少，而且器件之间的连线最少。

组合逻辑电路的设计工作通常可按以下步骤进行：

(1) 进行逻辑抽象。在许多情况下，提出的设计要求是用文字描述一个具有一定因果关系的事件。这时就需要通过逻辑抽象的方法，用一个逻辑函数来描述这一逻辑关系。

1) 分析事件的因果关系，确定输入变量和输出变量。一般总是把引起事件的原因定为输入变量，而把事件的结果作为输出变量。

2) 定义逻辑状态的含义。以 0、1 两种状态分别代表输入变量和输出变量的两种不同状态。这里 0 和 1 的具体含义完全是设计者人为选定的。这项工作也称为逻辑状态赋值。

3) 根据给定的因果关系列出逻辑真值表。

至此，便将一个实际的逻辑问题抽象成一个逻辑函数了。而且，这个逻辑函数首先是以真值表的形式给出的。

(2) 写出逻辑函数式。为便于对逻辑函数进行化简和变换，需要把真值表转换成对应的逻辑函数式。具体采用的方法是先分析输出为 1 的条件，将各行中输出为 1 的输入变量为 1 者取原变量，为 0 者取反变量，再将它们用与的关系写出来，显然将输入变量的实际值代入，结果都为 1，由于这些与式中的任何一个为 1，最后的结果都为 1，因此，这些与关系

式之间又是或的关系。除此之外，也可以分析输出为 0 的条件，写法与以上方法类似，只不过写出的是输出变量反变量的与或表达式。利用逻辑代数可以证明这两种方法所得到的结果是一致的。

上述方法可归纳为以下两个公式

$$F = \text{真值为 1 各行的乘积项的逻辑加}$$

$$\overline{F} = \text{真值为 0 各行的乘积项的逻辑加}$$

(3) 选定逻辑器件的类型。为了产生所需要的逻辑函数，既可以用小规模集成的门电路组成相应的逻辑电路，也可以用中规模集成的常用逻辑器件或可编程逻辑器件构成相应的逻辑电路。应根据对电路的具体要求和器件的资源情况决定采用哪一类的器件。

(4) 将逻辑函数化简或变换为适当的形式。在使用小规模集成的门电路进行设计时，为获得最简单的设计结果，应将函数式化成最简形式。如果对所用器件的种类有附加的限制（例如只允许采用单一类型的与非门），还应将函数式变换成与器件种类相适应的形式（例如将函数式化作与非—与非形式）。

目前用于逻辑设计的计算机辅助设计软件几乎都具有对逻辑函数进行化简或变换的功能，因而，在采用计算机辅助设计时，逻辑函数的化简和变换都是计算机自动完成的。

(5) 根据化简或变换后的逻辑函数式，画出逻辑电路的连接图。

【例 11-4】 在一个激光射击游戏中，允许射击游戏者在规定时间内打三枪：这三枪必须一枪打飞机，一枪打坦克，一枪打汽车。获奖条件是命中不少于两枪，且其中必须有一枪命中的是飞机。试设计判别获奖的电路。

解 (1) 首先进行逻辑抽象。定义 A、B、C 为输入变量：

A 表示打飞机。$A=1$ 表示打中，$A=0$ 表示未打中。

B 表示打坦克。$B=1$ 表示打中，$B=0$ 表示未打中。

C 表示打汽车。$C=1$ 表示打中，$C=0$ 表示未打中。

定义 F 为输出变量：$F=1$ 表示射击游戏者获奖，$F=0$ 表示射击游戏者未获奖。

根据题意可列出表 11-8 所示的真值表。

表 11-8　【例 11-4】的逻辑真值表

A	B	C	F
0	0	0	0
0	0	1	0
0	1	0	0
0	1	1	0
1	0	0	0
1	0	1	1
1	1	0	1
1	1	1	1

(2) 写出逻辑函数式。由表 11-8 可知

$$F = A\overline{B}C + AB\overline{C} + ABC \tag{11-8}$$

(3) 选定器件类型为小规模集成门电路。

(4) 将式（11－8）化简后得到

$$F = AB + AC \tag{11-9}$$

(5) 根据式（11－9）画出逻辑电路图，得到图 11－11 所示的电路。

由于式（11－9）为最简与或表达式，所以只有在使用与门和或门组成电路时才得到最简的电路。如果要求用其他类型的门电路来组成这个逻辑电路，则为了得到最简单的电路，化简的结果也需要进行相应的改变。例如，在要求全部用与非门组成这个逻辑电路时，就应该将函数式化为最简与非—与非表达式。这种形式通常可以通过将与或表达式两次求反得到。在【例 11－4】中，将式（11－9）两次求反后可以得到

$$F = \overline{\overline{AB + AC}} = \overline{\overline{AB} \cdot \overline{AC}} \tag{11-10}$$

根据式（11－10）即可画出全部用与非门组成的逻辑电路，如图 11－12 所示。

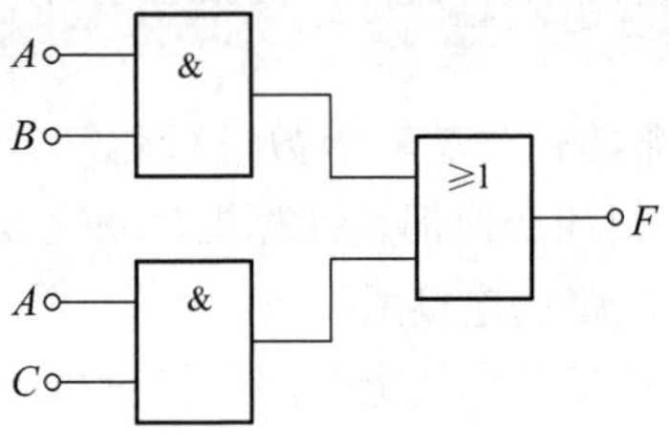

图 11－11 【例 11－4】逻辑图之一

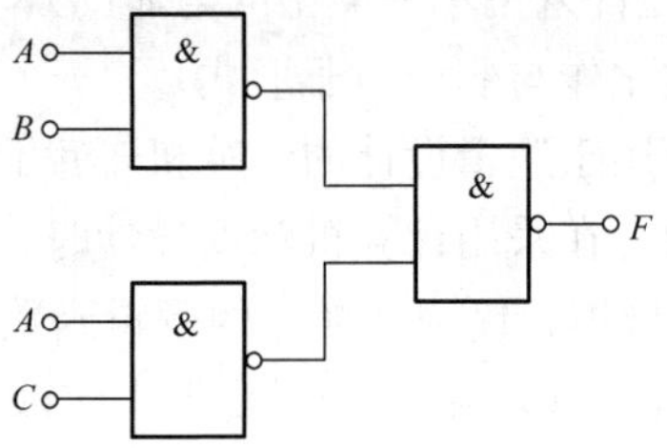

图 11－12 【例 11－4】逻辑图之二

11.2.2 常用组合逻辑电路

1. 加法器

(1) 半加器。半加器和全加器是算术运算电路中的基本单元，它们是完成 1 位二进制数相加的一种组合逻辑电路。

如果只考虑了两个加数本身，而没有考虑低位进位的加法运算，称为半加。实现半加运算的逻辑电路称为**半加器**。两个 1 位二进制的半加运算可用表 11－9 所示的真值表表示，其中 A、B 是两个加数，C 表示和数，S 表示进位数。由真值表可得逻辑表达式

$$\begin{cases} S = \overline{A}B + A\overline{B} = A \oplus B \\ C = AB \end{cases} \tag{11-11}$$

表 11－9 半加器真值表

输入		输出	
A	B	C	S
0	0	0	0
0	1	0	1
1	0	0	1
1	1	1	0

由式（11－11）可以得出由异或门和与门组成的半加器，如图 11－13（a）所示。图 11－13（b）所示是半加器的图形符号。

(2) 全加器。全加器能进行加数、被加数和低位来的进位信号相加，并根据求和结果给

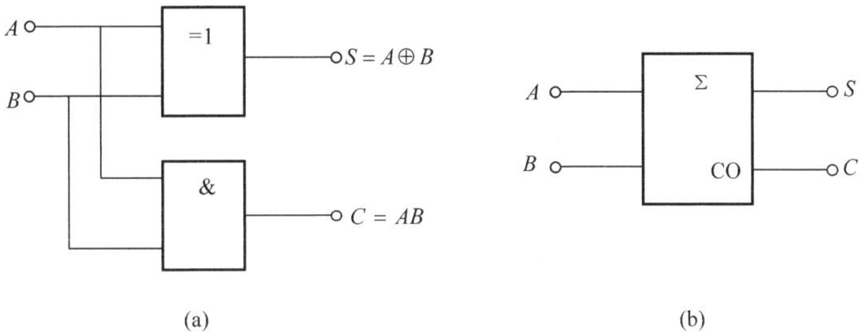

图 11-13　半加器

(a) 半加器逻辑图；(b) 半加器符号

出该位的进位信号。

根据全加器的功能，可列出它的真值表，如表 11-10 所示。其中 A_i 和 B_i 分别是被加数和加数，C_{i-1} 为低位进位数，S_i 为本位和数（称为全加和），C_i 为向高位的进位数。

表 11-10　　全加器真值表

输入			输出	
加数 B_i	被加数 A_i	低位来的进位 C_{i-1}	和数 S_i	进位数 C_i
0	0	0	0	0
0	0	1	1	0
0	1	0	1	0
0	1	1	0	1
1	0	0	1	0
1	0	1	0	1
1	1	0	0	1
1	1	1	1	1

然后利用真值表写出输出的逻辑表达式。可是现在却不能像半加器那样直接看出结果。在这种情况下，可采用前述的方法：先分析输出为 1 的条件，将各行中输出为 1 的输入变量为 1 者取原变量，为 0 者取反变量，再将它们用与的关系写出来。例如，$S_i=1$ 的条件有四个，写出与关系应为 $\overline{A}_i\overline{B}_iC_{i-1}$、$\overline{A}_iB_i\overline{C}_{i-1}$、$A_i\overline{B}_i\overline{C}_{i-1}$ 和 $A_iB_iC_{i-1}$，显然将输入变量的实际值代入，结果都为 1，由于这四者中的任何一个得到满足，S_i 的输出都为 1，因此这四者之间又是或的关系，由此得到的与或表达式为

$$S_i=\overline{A}_i\overline{B}_iC_{i-1}+\overline{A}_iB_i\overline{C}_{i-1}+A_i\overline{B}_i\overline{C}_{i-1}+A_iB_iC_{i-1}$$

同理可得

$$C_i=\overline{A}_iB_iC_{i-1}+A_i\overline{B}_iC_{i-1}+A_iB_i\overline{C}_{i-1}+A_iB_iC_{i-1}$$

根据上式可以画出逻辑电路，但是所用的门电路种类和数量显然太多，因此应进行化简。如果希望利用半加器为主组成全加器，可化简如下

$$\begin{aligned}S_i&=\overline{A}_i\overline{B}_iC_{i-1}+\overline{A}_iB_i\overline{C}_{i-1}+A_i\overline{B}_i\overline{C}_{i-1}+A_iB_iC_{i-1}\\&=(\overline{A}_i\overline{B}_i+A_iB_i)C_{i-1}+(\overline{A}_iB_i+A_i\overline{B}_i)\overline{C}_{i-1}\\&=(\overline{A_i\oplus B_i})C_{i-1}+(A_i\oplus B_i)\overline{C}_{i-1}\\&=(A_i\oplus B_i)\oplus C_{i-1}\end{aligned}$$

$$= A_i \oplus B_i \oplus C_{i-1}$$

$$C_i = \overline{A_i} B_i C_{i-1} + A_i \overline{B_i} C_{i-1} + A_i B_i \overline{C}_{i-1} + A_i B_i C_{i-1}$$

$$= (\overline{A}_i B_i + A_i \overline{B}_i) C_{i-1} + A_i B_i (\overline{C}_{i-1} + C_{i-1})$$

$$= (A_i \oplus B_i) C_{i-1} + A_i B_i$$

根据化简后的逻辑式可以画出全加器的逻辑图和它的逻辑符号，如图 11－14 所示。

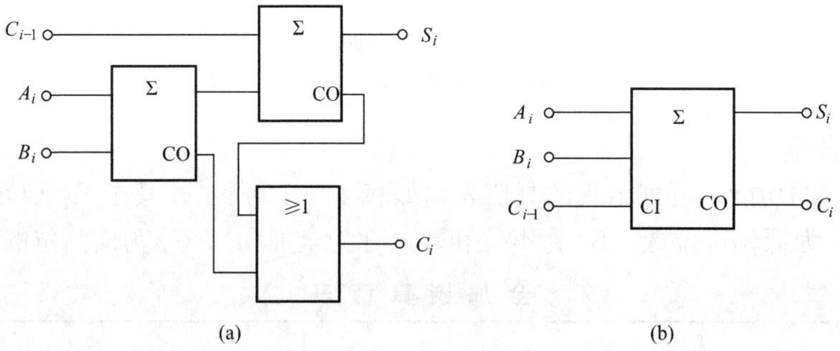

图 11－14　全加器

（a）全加器逻辑图；（b）全加器符号

集成全加器是在一块芯片上有多个独立的全加器，常用的有双全加器、四位全加器等。国产 CT1283 和 CT4283 集成四位全加器是常用的集成全加器芯片，它由四个全加器组成，利用它可以组成四位二进制加法器。

2. 编码器

在数字电路中，有时需要把某种控制信号（如十进制数码等）用一个规定的二进制数来表示，这种表示控制信息的二进制数称为**代码**。将控制信息变换成代码的过程称为**编码**。实现编码功能的组合电路称为**编码器**。例如计算机的输入键盘，就是由编码器组成的，每按下一个键，编码器就将该按键的含义转换成一个计算机能识别的二进制数，用它去控制计算机的操作。

按允许同时输入的控制信息量的不同，编码器分为**普通编码器**和**优先编码器**两类。

普通编码器每次只允许输入一个控制信息，否则会引起输出代码的混乱。它又分**二进制编码器**和**二—十进制编码器**等。

1）二进制编码器。用一个 n 位的二进制数来表示 2^n 个控制信息的编码器称为**二进制编码器**。例如 2 位的二进制数有 00、01、10、11 四种组合（4 个代码），可以用来表示 4 种控制信息，因而这一编码器有 4 根输入线，2 根输出线，示意图如图 11－15 所示。当第 1 个控制信息输入时，第 1 根输入线的电平为 0，其余为 1，输出代码为 00；当第 2 个控制信息输入时，第 2 根输入线的电平为 0，其余为 1，输出代码为 01，以下依此类推。这是采用低电平编码，即输入低电平有效的方式，也可以采用高电平编码，即输入为高电平有效的方式，这时输入线的电平与上述情况相反。上述二进制编码器，由于有 4 根输入线，2 根输出线，故称 4 线- 2 线编码器。同理还有 8 线- 3 线编码器和 16 线- 4 线编码器等。

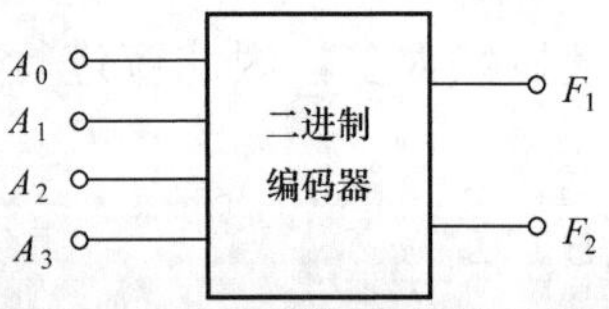

图 11－15　4 线- 2 线编码器

2）二—十进制编码器。用一个 4 位的二进制数来表示十进制的 0～9 十个数字的编码器称为**二—十进制编码器**。

二进制虽然适用于数字电路，但是人们习惯使用的是十进制。因此，在电子计算机和其他数控装置中输入和输出数据时，要进行十进制数与二进制数的相互转换。为了便于人机联系，一般是将准备输入的十进制数的每一位都用一个 4 位的二进制数来表示。它既具有十进制的特点，又具有二进制的形式，是一种用二进制编码的十进制数，称为**二—十进制编码**，简称 BCD **码**。

从前面列举的二进制数与十进制数的对应关系中可以看到，4 位二进制数 0000～1111 共有 16 个，而表示十进制数码 0～9，只需要 10 个 4 位二进制数，有 6 个 4 位二进制数是多余的，从 16 个 4 位二进制数中选择其中的 10 个来表示十进制数码 0～9 的方法有很多种，最常用的方法是只取前面 10 个 4 位二进制数 0000～1001 来表示十进制数码 0～9，舍去后面的 6 个不用。由于 0000～1001 中每位二进制数的权（即基数 2 的幂次）分别为 2^3、2^2、2^1、2^0，即为 8421，所以 BCD 码又称为 8421 **码**。

图 11－16 所示是一种常用的键控二—十进制编码器。它通过 10 个按键 A_0～A_9 将十进制数 0～9 信息输入，从输出端 F_0～F_9 输出相应的 10 个二—十进制代码，这里输出的代码采用 8421 码，故又称为 8421 **编码器**。

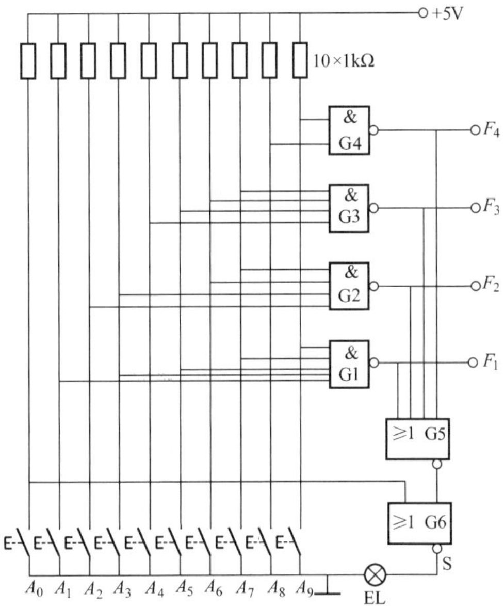

图 11－16 键控二—十进制编码器电路

当代表十进制数 0～9 的 10 个按键 A_0～A_9 未按下时，4 个与非门 G1～G4 的输入都是高电平，按下时因接地变为低电平。G1～G4 的输出端即为编码器的输出端。由电路图 11－16 中可以求得它们的逻辑关系为

$$F_1=\overline{A_1A_3A_5A_7A_9}\quad F_2=\overline{A_2A_3A_6A_7}$$
$$F_3=\overline{A_4A_5A_6A_7}\quad F_4=\overline{A_8A_9}$$

由此得到的真值表见表 11－11。按下任何一个键，输出端便会得到相应的 8421 码。

表 11－11 **编码器真值表**

A_0	A_1	A_2	A_3	A_4	A_5	A_6	A_7	A_8	A_9	F_4	F_3	F_2	F_1
0	1	1	1	1	1	1	1	1	1	0	0	0	0
1	0	1	1	1	1	1	1	1	1	0	0	0	1
1	1	0	1	1	1	1	1	1	1	0	0	1	0
1	1	1	0	1	1	1	1	1	1	0	0	1	1
1	1	1	1	0	1	1	1	1	1	0	1	0	0
1	1	1	1	1	0	1	1	1	1	0	1	0	1
1	1	1	1	1	1	0	1	1	1	0	1	1	0
1	1	1	1	1	1	1	0	1	1	0	1	1	1
1	1	1	1	1	1	1	1	0	1	1	0	0	0
1	1	1	1	1	1	1	1	1	0	1	0	0	1

图 11－16 所示电路在所有按键都未按下时，输出 0000，与按下 A_0 时的输出相同。为了将两者加以区别，增加了或非门 G5 和或非门 G6，通过 G6 控制指示灯 EL，利用指示灯的亮与灭作为使用与否的标志。使用时，只要按下任何一个键，G6 的输出为 1，指示灯亮，否则指示灯灭。G6 输出端 S 的逻辑表达式为

$$S=\overline{A_0\cdot\overline{F_1+F_2+F_3+F_4}}=\overline{A_0}+F_1+F_2+F_3+F_4$$

可见，五者中只要有一个为 1，S 即为 1，也就是说，只有在 $A_0=1$（按键 A_0 未按下）而且 $F_4F_3F_2F_1=0000$ 时，S 才为 0，灯才不亮。

3. 译码器

译码器的作用与编码器相反，它将具有特定含义的二进制代码变换成一定的输出信号，以表示二进制代码的原意，这一过程称为**译码**。实现译码功能的组合电路称为**译码器**。

（1）二进制译码器。二进制译码器的输入信号是 n 位的二进制码，而输出 2^n 个状态。因此二进制译码器需要 n 根输入线，2^n 根输出线，通过输出线电平的高低来表示输入的是哪一个二进制数。二进制译码器可分为 2 线－4 线译码器、3 线－8 线译码器和 4 线－16 线译码器等。输出可采用低电平有效的译码方式，也可以采用高电平有效的译码方式。

图 11－17 所示就是一个 $n=2$ 的译码器电路。其中 A_1、A_2 为输入端；$F_1\sim F_4$ 为输出端；E 为使能端，起控制译码器工作的作用。

由逻辑电路可求得四个输出端的逻辑表达式为

$$F_1=\overline{\overline{E}\,\overline{A_1}\,\overline{A_2}}=E+A_1+A_2\qquad F_2=\overline{\overline{E}\,\overline{A_1}A_2}=E+A_1+\overline{A_2}$$

$$F_3=\overline{\overline{E}A_1\overline{A_2}}=E+\overline{A_1}+A_2\qquad F_4=\overline{\overline{E}A_1A_2}=E+\overline{A_1}+\overline{A_2}$$

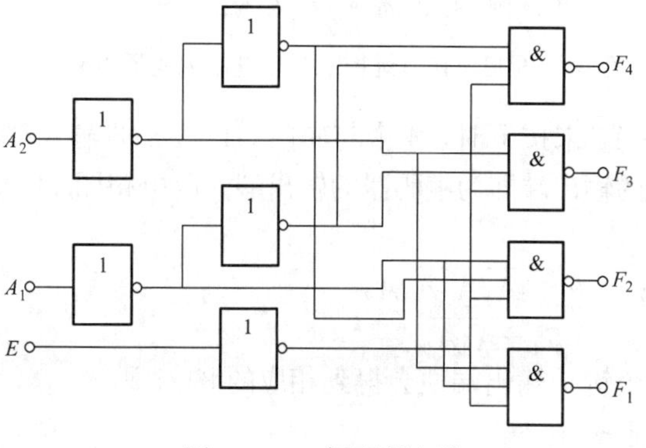

图 11－17　译码器电路

于是可以得到其真值表，见表 11－12。

可见：当 $E=1$ 时，译码器处于非工作状态，无论 A_1 和 A_2 是何电平，输出 $F_1\sim F_4$ 都为 1；当 $E=0$ 时，译码器处于工作状态，对应于 A_1 和 A_2 的四种不同组合，四个输出端中分别只有一个为 0，其余的均为 1。可见，这一译码器是通过四个输出端分别单独处于低电平来识别不同的输入代码的，即是采用低电平译码的。

表 11－12　　**译码器真值表**

E	A_1	A_2	F_1	F_2	F_3	F_4
1	×	×	1	1	1	1
0	0	0	0	1	1	1
0	0	1	1	0	1	1
0	1	0	1	1	0	1
0	1	1	1	1	1	0

国产数字集成电路产品中有双 2 线－4 线、3 线－8 线、4 线－16 线等二进制译码器可供用户选用。CT4139 是常用的国产 2 线－4 线集成译码器。

(2) 显示译码器。在数字电路中，还常常需要将测量和运算的结果直接用十进制数的形式显示出来，这就要把二—十进制代码通过显示译码器变换成输出信号再去驱动数码显示器。

1) 数码显示器。**数码显示器**简称**数码管**，是用来显示数字、文字或符号的器件。常用的有辉光数码管、荧光数码管、液晶显示器及发光二极管（LED）显示器等。不同的显示器对译码器各有不同的要求。下面以应用较多的 LED 显示器为例简述数字显示的原理。

半导体 LED 显示器又称**半导体数码管**，是一种能够将电能转换成光能的发光器件。它的基本单元是 PN 结，目前较多采用磷砷化镓做成的 PN 结，当外加正向电压时，能发出清晰的光亮。将七个 PN 结发光段组装在一起便构成了七段显示 LED 显示器。通过不同发光段的组合，便可显示 0～9 这 10 个十进制数码。

LED 显示器的结构及外引线排列如图 11-18 所示，其内部电路有共阴极和共阳极两种接法。前者如图 11-19（a）所示，七个发光二极管阴极一起接地，阳极加高电平时发光；后者如图 11-19（b）所示，七个发光二极管阳极一起接正电源，阴极加低电平时发光。

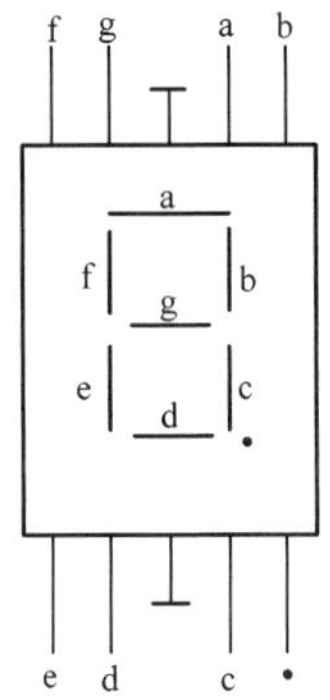

图 11-18　LED 显示器的结构及外引线排列

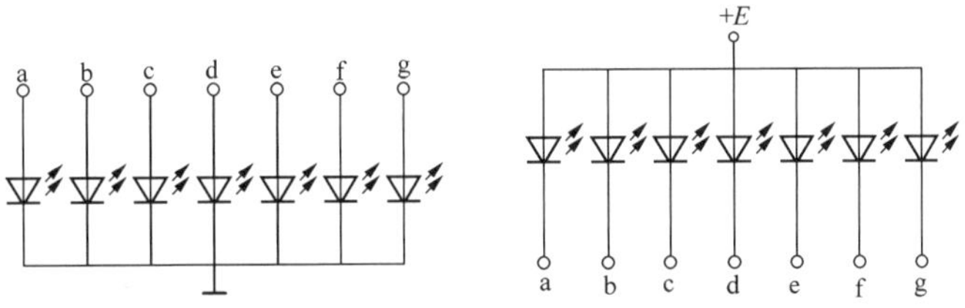

(a)　(b)

图 11-19　LED 显示器的两种接法

(a) 共阴极；(b) 共阳极

2) 显示译码器。供 LED 显示器用的显示译码器有多种型号可供选用。显示译码器有四个输入端，七个输出端，它将 8421 代码译成七个输出信号以驱动七段 LED 显示器。图 11-20 所示是集成电路 CT74LS248 BCD-七段译码器与 LED 显示器的连接示意图，其中 A_1、A_2、A_3、A_4 是 8421 码的四个输入端；$a \sim g$ 是七个输出端，接 LED 显示器。显示译码器的真值表及相应的 LED 显示管显示的数码见表 11-13。

CT1248 和 CT4248 是常用的国产中规模集成显示译码器。

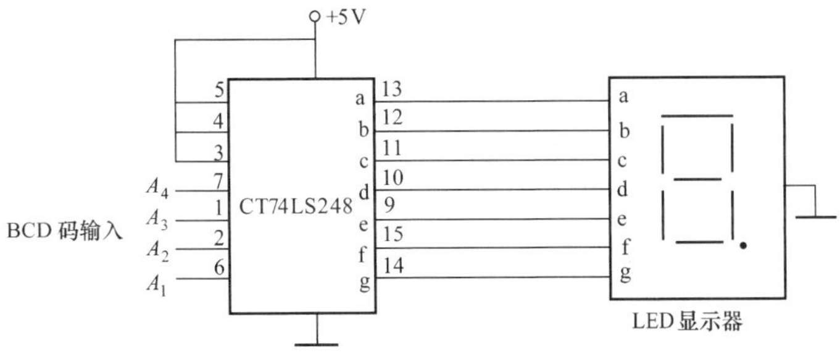

图 11-20　BCD-七段译码器与 LED 显示器的连接示意图

表 11-13 显示译码器真值表

输入				输出							显示数码
A_4	A_3	A_2	A_1	a	b	c	d	e	f	g	
0	0	0	0	1	1	1	1	1	1	0	0
0	0	0	1	0	1	1	0	0	0	0	1
0	0	1	0	1	1	0	1	1	0	1	2
0	0	1	1	1	1	1	1	0	0	1	3
0	1	0	0	0	1	1	0	0	1	1	4
0	1	0	1	1	0	1	1	0	1	1	5
0	1	1	0	1	0	1	1	1	1	1	6
0	1	1	1	1	1	1	0	0	0	0	7
1	0	0	0	1	1	1	1	1	1	1	8
1	0	0	1	1	1	1	1	0	1	1	9

11.3 双稳态触发器

11.3.1 基本双稳态触发器

双稳态触发器是由门电路加上适当的反馈而构成的一种新的逻辑部件。由于它的输出端有两种可能的稳定状态，而通过输入脉冲信号的触发，又能改变其输出状态，故称**双稳态触发器**。

双稳态触发器与门电路的不同之处是它的输出电平的高低不仅取决于当时的输入，还与以前的输出状态有关，因而，它是一种有记忆功能的逻辑部件。

双稳态触发器简称**触发器**，它的种类很多。本节介绍的基本 RS 触发器是构成其他各种触发器的基本部分，输入端分别用 R 和 S 表示，又称为**基本 RS 触发器**，简称**基本触发器**。

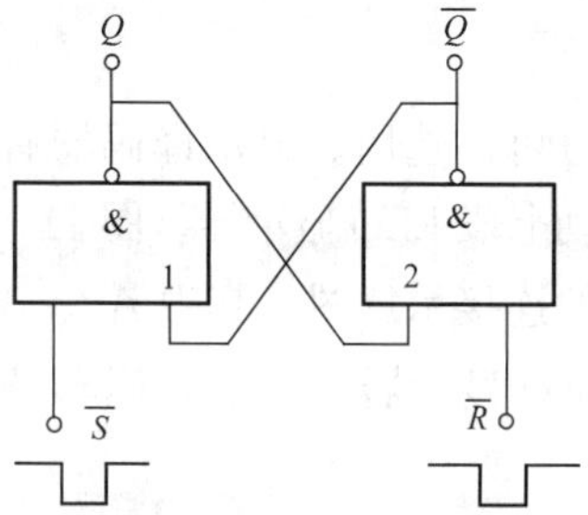

图 11-21 基本 RS 触发器

图 11-21 所示电路是由两个与非门交叉连接而成的基本 RS 触发器。Q 和 $\overline{Q}$ 是输出端，正常情况下两者的逻辑状态相反。通常规定以 Q 端的状态定义触发器的状态，即 $Q=0$，$\overline{Q}=1$ 时，称触发器为 0 态，又称复位状态；$Q=1$，$\overline{Q}=0$ 时，称触发器为 1 态，又称置位状态。

$\overline{R}$ 和 $\overline{S}$ 是触发器的输入端，输入信号采用负脉冲，即信号未到时，$\overline{R}=1$ 或 $\overline{S}=1$；信号到来时，$\overline{R}=0$ 或 $\overline{S}=0$。也就是说，这种由与非门组成的基本 RS 触发器，输入信号为低电平有效。为此，在输入端 R 和 S 上面加上“—”。

下面分四种情况来分析这种触发器的逻辑功能。

(1) $\overline{R}=0$，$\overline{S}=1$ 时，触发器为 0 态。根据与非门的逻辑功能：有 0 出 1（有一个或一个以上输入为 0，输出为 1），全 1 则 0（输入全部为 1，输出为 0），可知输出 $\overline{Q}$ 端的状态一定为1，此状态反馈到1号输入端上，因为另一个输入端 $\overline{S}$ 为1，因此输出 Q 端的状态为0。可见，$\overline{R}$ 端有信号输入时，触发器为0态，因此，$\overline{R}$ 端称为直接置0端或直接复位端。

(2) $\overline{R}=1$，$\overline{S}=0$ 时，触发器为1态。因为 $\overline{S}=0$，则 Q 端的状态一定为1，此状态反馈到2号输入端，因为另一个输入端 $\overline{R}$ 为1，因此 $\overline{Q}$ 端的状态为0。可见，$\overline{S}$ 端有信号输入时，触发器为1态，因此，$\overline{S}$ 端称为直接置1端或直接置位端。

(3) $\overline{R}=1$，$\overline{S}=1$ 时，触发器保持原态。如果触发器原为1态，即 $Q=1$，$\overline{Q}=0$，$Q=1$ 反馈到2号输入端，和 $\overline{R}$ 端一起作用于与非门，其结果 $\overline{Q}=0$，此结果反馈到1号输入端，和 $\overline{S}$ 端一起作用于与非门，其结果 $Q=1$。触发器保持原来状态不变。

如果触发器原为0态，即 $Q=0$，$\overline{Q}=1$，$Q=0$ 反馈到2号输入端，和 $\overline{R}$ 端一起作用于与非门，其结果 $\overline{Q}=1$，此结果反馈到1号输入端，和 $\overline{S}$ 端一起作用于与非门，其结果 $Q=0$。触发器保持原来状态不变。

可见，$\overline{R}$ 和 $\overline{S}$ 端都无信号输入时，触发器保持原态，所以触发器具有存储和记忆功能。

(4) $\overline{R}=0$，$\overline{S}=0$ 时，触发器状态不定。信号存在时，$\overline{R}=0$，$\overline{S}=0$，因此 $Q=1$，$\overline{Q}=1$，破坏了两者应该状态相反的逻辑要求，使触发器既非0态，又非1态，故为不定状态。信号撤消后，$\overline{R}=1$，$\overline{S}=1$，触发器的状态将由两个与非门的信号传输速度来决定，最终结果是随机的，故也为不定状态。

可见，当 $\overline{R}$ 和 $\overline{S}$ 端都有信号输入时，触发器状态不定，这种情况应禁止出现，并以此作为对输入信号的约束条件。

归纳以上逻辑功能，可得到该触发器的真值表，见表11-14。表中以 Q_n 表示触发器在接收信号之前的状态，称为**原态**，以 Q_{n+1} 表示触发器在接收信号之后的状态，称为**现态**。基本RS触发器输出状态的变化也可以用波形图来描述，如图11-22(a)所示。基本RS触发器的图形符号如图11-22(b)所示，在 R 和 S 的端部各加一个小圆圈，以表示输入信号为低电平有效。

表11-14　基本触发器RS真值表

$\overline{R}$	$\overline{S}$	Q_{n+1}
0	0	不定
0	1	0
1	0	0
1	1	Q_n

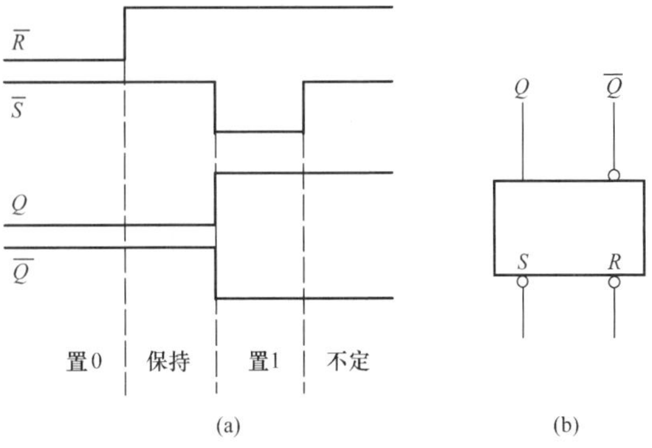

图11-22　基本RS触发器的波形图与图形符号
(a) 波形图；(b) 图形符号

11.3.2　钟控双稳态触发器

基本双稳态触发器虽然具有置0、置1和记忆的功能，但在使用上仍不够完善。因为一个数字系统往往有多个双稳态触发器，它们的动作速度各异，为了避免众多触发器动作参差不齐，就需要用一个统一的信号来协调各触发器的动作。也就是说，各触发器都要受一个统一的指挥信号控制，这个指挥信号称为**时钟脉冲**（简称 CP）。有时钟脉冲的触发器称为**钟控触发器**，又称**同步触发器**。

钟控触发器仍将 Q 端的状态定义为触发器的状态，输入信号都用正脉冲，信号未到时为低电平 0，信号到来时为高电平 1，即输入信号为高电平有效。

按逻辑功能的不同，钟控触发器可分为 RS 触发器、JK 触发器、D 触发器、T 触发器等。

1. 钟控 RS 触发器

（1）电路结构。图 11－23 所示为钟控 RS 触发器的逻辑图和图形符号。门 G1 和 G2 组成基本 RS 触发器，门 G3 和 G4 组成时钟脉冲和输入信号引入的导引电路。

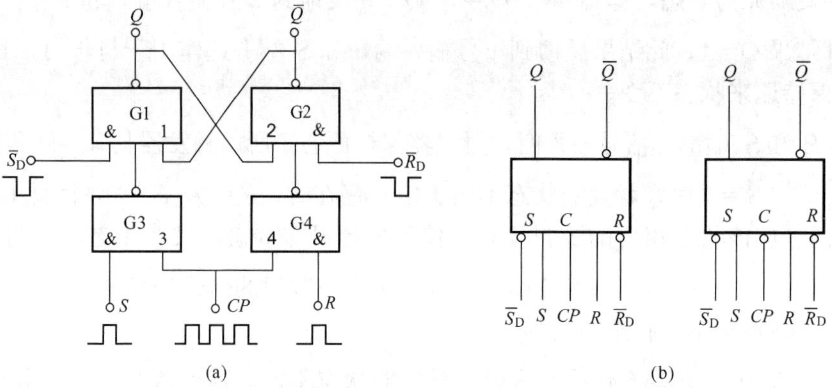

图 11－23　钟控 RS 触发器

（a）逻辑图；（b）图形符号

Q 和 $\overline{Q}$ 是信号输出端，R 和 S 是信号输入端，CP 是时钟脉冲的输入端。它的输入电平称为触发电平，时钟脉冲采用周期一定的正脉冲。

当时钟脉冲未到时，$CP=0$，无论 R 和 S 有无信号输入，与非门 G3 和与非门 G4 的输出都为 1，即 $\overline{R'}=1$，$\overline{S'}=1$，触发器保持原状态不变，R 和 S 不起作用，信号无法输入，这种情况称为导引门 G3、G4 被封锁。

当时钟脉冲到来时，$CP=1$，触发器的状态才由 R 和 S 的输入信号来决定，即 R 和 S 才起作用，信号才能输入，这种情况称为导引门被打开。

由于 CP 脉冲对输入信号起着打开和封锁导引门的作用，因而在多个触发器共存的系统中便可以避免动作的参差不齐。可见，CP 只起统一步调的作用，而每个触发器的输出状态仍由 R 和 S 的输入信号来决定。

$\overline{R}_D$ 和 $\overline{S}_D$ 是直接置 0 端和直接置 1 端，输入信号采用负脉冲。由于它们是从上部的基本触发器直接引入的，故不受时钟脉冲的控制，用于工作前使触发器先预置于某一状态。触发器投入工作后，不再起作用，两者都保持在高电平。

（2）逻辑功能。$CP=1$ 时，触发器工作，其逻辑功能如下：

1）$R=0$，$S=0$ 时，$Q_{n+1}=Q_n$，触发器状态不变；置“1”。

2）$R=0$，$S=1$ 时，$Q_{n+1}=1$，触发器置“1”。

3）R=1，S=0 时，Q_{n+1}=0，触发器置“0”。

4）R=1，S=1 时，触发器失效，工作时不允许。

以上分析说明这种触发器的逻辑功能与基本 RS 触发器相同，所以也称为 RS 触发器。为区别起见，前者称为基本 RS 触发器或异步 RS 触发器，后者称为钟控 RS 触发器或同步 RS 触发器。归纳以上逻辑功能，其真值表见表 11－15。

表 11－15　　钟控 RS 触发器真值表

R	S	Q_{n+1}	R	S	Q_{n+1}
0	0	Q_n	1	0	0
0	1	1	1	1	禁止

（3）触发方式。时钟脉冲由 0 跳变到 1 的时间，称为正脉冲的前沿时间或上升沿时间，由 1 跳变到 0 的时间，称为正脉冲的后沿时间或下降沿时间。触发方式就是指触发器在时钟脉冲的什么时间接收输入信号和输出相应状态。

在图 11－23 所示电路中，只有在 CP=1 时，触发器才能接收输入信号，并立即输出相应状态。而且在 CP=1 的整个时间内，输入信号变化时，输出状态都要发生相应的变化。如果在 CP 端加一个非门，则变成只有在 CP=0 时，触发器才能接收输入信号，并立即输出相应状态，而且在 CP=0 的整个时间内，输入信号变化时，输出状态都要发生相应的变化。

像这种只要在 CP 脉冲为规定的电平时，触发器都能接收输入信号并立即输出相应状态的触发方式称为**电平触发**，它又分为**高电平触发**和**低电平触发**两种方式。图 11－23 所示电路属于高电平触发，而刚才讲到的在 CP 前加非门的电路则为低电平触发。

电平触发的优点是电路结构简单，动作较快，输入信号变化时，输出状态能很快随之变化。在一个 CP 的有效期间，如果输入信号变化，输出状态也会发生相应的变化，触发器输出状态的变化，即由 0 态变为 1 态或由 1 态变为 0 态称为**翻转**。电平触发的缺点是在一个 CP 的有效期间，若输入信号发生多次变化，触发器就可能出现多次翻转，这就破坏了输出状态应与 CP 脉冲同步，即每来一个 CP 脉冲，输出状态只能翻转一次的要求。这一点可以通过下面的例题来说明。

【例 11－5】　已知高电平触发 RS 触发器，R 和 S 端的输入信号波形如图 11－24 所示，而且已知触发器原为 0 态，求输出端 Q 的波形。

解　分析这种触发器的输出波形时，要注意以下几点：

（1）触发器输出的状态由 CP 脉冲前沿对应的 R 和 S 的状态决定。

（2）触发器输出相应状态的时间也在 CP 前沿到来时。

（3）在 CP 的有效状态（CP=1）期间，若输入信号发生变化，输出状态也会发生相应变化，即要注意多次翻转的问题。

根据以上三点可知，在第一个 CP 到来时，由于 R=0，S=1，故 Q=1，这一结果一直维持到第 2 个 CP 到来时。

当第 2 个 CP 到来时，由于 R=1，S=0，故 Q=0，这一结果又要维持到第 3 个 CP 到来时。

当第 3 个 CP 到来时，由于 R=0，S=0，故 Q 不变。

当第 4 个 CP 到来时，由于在 $CP=1$ 期间，输入信号发生了变化，使得输出状态也发生了相应的变化。

最后得到的 Q 的波形如图 11－24 所示。

2. JK 触发器

（1）电路结构。图 11－25 所示是一个主从型电路结构的 JK 触发器，它是由两个钟控 RS 触发器组成。在两个 RS 触发器中，输入信号的 RS 触发器称为主触发器，输出信号的 RS 触发器称为从触发器。主触发器的输出信号也就是从触发器的输入信号。从触发器的输出状态将由主触发器的状态来决定，即主触发器的状态与从触发器的状态相同。这就是主从两字的由来，因此这种触发器称为**主从型触发器**。

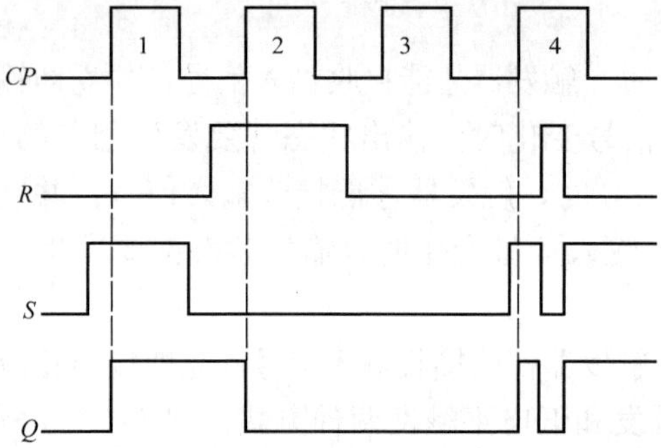

图 11－24 【例 11－5】的波形

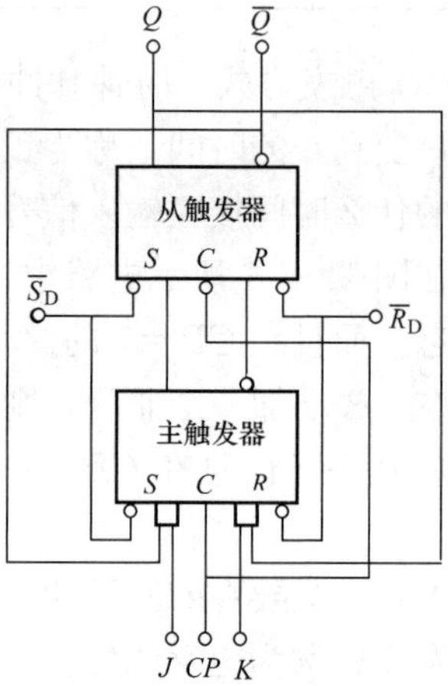

图 11－25 JK 触发器

主触发器为低电平触发，从触发器为高电平触发。输入端改为 J、K 表示，故又称为 **JK 触发器**。

从触发器的输出通过两根反馈线送回到主触发器的 R 和 S 端，因而，主触发器的 R 和 S 都各有两个输入端，这两个输入端之间为逻辑乘的关系，即

$$R=KQ \quad S=J\overline{Q}$$

当 CP 脉冲从 0 上跳至 1，即时钟脉冲前沿到来时，由于 $CP=1$，主触发器（高电平触发）接收输入信号，其输出状态由 J、K、Q、$\overline{Q}$ 决定。而从触发器（低电平触发）不接收输入信号，其输出状态不变。当 CP 脉冲从 1 下跳至 0，即时钟脉冲的后沿到来时，由于 $CP=0$，主触发器不接收输入信号，其输出状态保持 $CP=1$ 时的状态不变，而从触发器接收输入信号，其输出状态由主触发器的状态来决定。可见，在时钟脉冲的前沿到来时，主触发器接收输入信号，在时钟脉冲的后沿到来时，从触发器才输出相应的状态。

$\overline{R}_D$ 和 $\overline{S}_D$ 是直接置 0 端和直接置 1 端，其作用与钟控 RS 触发器中的 $\overline{R}_D$ 和 $\overline{S}_D$ 作用相同。

（2）逻辑功能。

1）$J=0$、$K=0$ 时，触发器保持原态。由于主触发器的

$$R=KQ=0\cdot Q=0 \quad S=J\overline{Q}=0\cdot\overline{Q}=0$$

因此，当 CP 的前沿到来时，主触发器状态不变；当 CP 的后沿到来时，从触发器的状态也不变，即 $Q_{n+1}=Q_n$。

2）$J=0$、$K=1$ 时，触发器为 0 态。如果触发器原为 0 态，则主触发器的

$$R=KQ=1\cdot 0=0 \quad S=J\overline{Q}=0\cdot 1=0$$

当 CP 的前沿到来时，主触发器保持 0 态。

如果触发器原为 1 态，则主触发器的

$$R=KQ=1\cdot 1=1 \quad S=J\overline{Q}=0\cdot 0=0$$

当 CP 的前沿到来时，主触发器翻转为 0 态。

可见，无论触发器原为 0 态还是 1 态，当 CP 的后沿到来时，从触发器都为 0 态，即 $Q_{n+1}=0$，所以 K 为置 0 端。

3）$J=1$、$K=0$ 时，触发器为 1 态。情况与 2）相反，读者可自行分析，所以 J 为置 1 端。

4）$J=1$、$K=1$ 时，触发器翻转。如果触发器原为 0 态，则主触发器的

$$R=KQ=1\cdot 0=0 \quad S=J\overline{Q}=1\cdot 1=1$$

当 CP 的前沿到来时，主触发器变为 1 态。

如果触发器原为 1 态，则主触发器的

$$R=KQ=1\cdot 1=1 \quad S=J\overline{Q}=1\cdot 0=0$$

当 CP 的前沿到来时，主触发器变为 0 态。

可见，当 CP 的后沿到来时，从触发器翻转，即 $Q_{n+1}=\overline{Q}_n$。不会像 RS 触发器那样出现不允许的不定状态。

归纳以上逻辑功能，可得到 JK 触发器的真值表，见表 11－16。以上分析说明，JK 触发器不但具有记忆和置数（置 0 和置 1）功能，而且还具有计数功能。计数就是每来一个脉冲，触发器就翻转一次，从而记下脉冲的数目。JK 触发器在 $J=1$、$K=1$ 时，若将 CP 脉冲改作计数脉冲，便可实现计数。

表 11－16　　JK 触发器真值表

J	K	Q_{n+1}	J	K	Q_{n+1}
0	0	Q_n	1	0	1
0	1	0	1	1	$\overline{Q}_n$

（3）触发方式。前面讲到主从型结构的触发器，触发过程是分两步进行的。在图 11－25 所示电路中，主触发器在 $CP=1$ 时接收信号，从触发器在 CP 由 1 下跳到 0 时，即 CP 后沿到来时输出相应的状态。如果改变电路结构，例如将主触发器改用低电平触发，从触发器改为高电平触发，则变成主触发器在 $CP=0$ 时接收信号，而从触发器在 CP 由 0 上跳到 1，即 CP 前沿到来时输出相应的状态。像这种在 CP 为规定的电平时，主触发器接收输入信号，当 CP 再跳变时，从触发器输出相应的触发方式称为**主从触发**。主从触发按输出状态时间的不同又分为**后沿主从触发**和**前沿主从触发**两种。图 11－25 所示电路属于后沿主从触发，前面提到的将主、从两触发器的触发电平颠倒过来的电路则属于前沿主从触发。目前，应用最多的是后沿主从触发。

由于 Q 和 $\overline{Q}$ 的反馈作用，主从触发不会在 CP 的有效期间发生多次翻转的现象，但仍

有可能存在一次翻转的问题。一次翻转破坏了 JK 触发器的逻辑功能，使其结果与真值表不符。因此，主从触发方式不允许输入信号在 CP 的有效期间发生变化。

【例 11-6】 已知后沿主从触发的 JK 触发器，J 和 K 端的输入信号波形如图 11-26 所示，而且已知触发器原为 0 态，求输出端 Q 的波形。

解 分析这种触发器的输出波形时，要注意以下几点：

(1) 触发器输出的状态由 CP 前沿所对应的 J 和 K 端的状态决定。

(2) 触发器输出相应状态的时间是在 CP 后沿到来时。

(3) 在 CP 的有效期间，输入信号不应变化，不会发生一次翻转的现象。

根据以上三点可知，当第一个 CP 前沿到来时，由于 $J=1$、$K=0$，所以在第 1 个 CP 的后沿到来时，Q 变为 1，这一结果一直要维持到第 2 个 CP 的后沿到来时为止。

当第 2 个 CP 前沿到来时，由于 $J=0$、$K=1$，所以，在第 2 个 CP 后沿到来时 Q 变为 0。

当第 3 个 CP 前沿到来时，由于 $J=1$、$K=1$，所以，在第 3 个 CP 后沿到来时，触发器翻转，即 Q 由 0 变为 1。

当第 4 个 CP 前沿到来时，由于 $J=0$、$K=0$，所以，在第 4 个 CP 后沿到来时，触发器状态不变，Q 仍为 1。

由以上分析，可得到 Q 端波形，如图 11-26 所示。

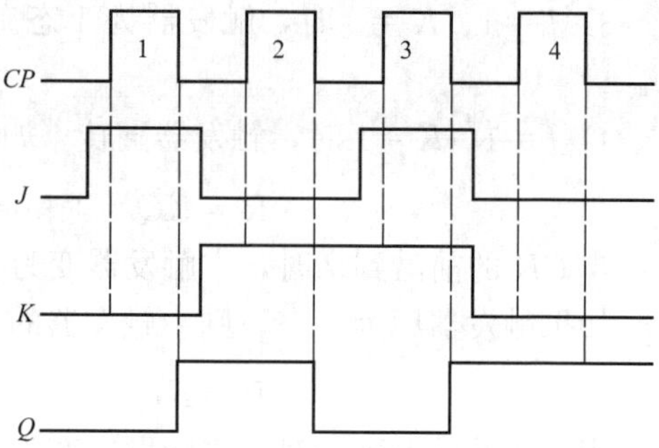

图 11-26 【例 11-6】的波形图

3. D 触发器

(1) 电路结构。图 11-27 所示为 D 触发器的电路图。钟控 RS 触发器对输入条件有限制，R、S 不能同时为 1。这给实际使用带来不便。为避免出现这种状态，只要保证 R、S 始终不同时为 1，那么对钟控 RS 触发器稍作改进，把图 11-23 (a) 所示的 R 端接至 D 门输出端，这样就构成 D **触发器**。其逻辑符号如图 11-28 所示。

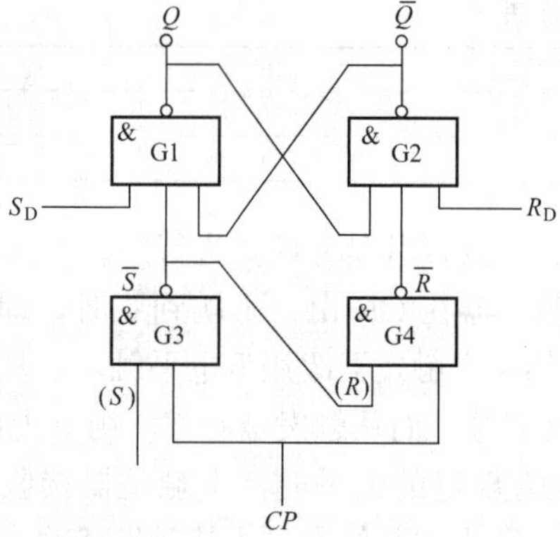

图 11-27 D 触发器电路图

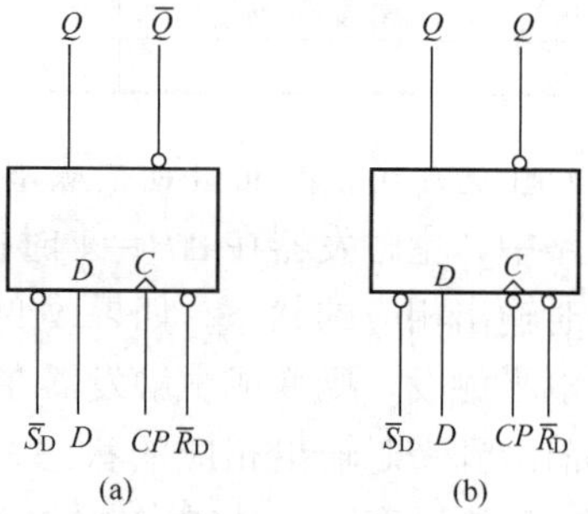

图 11-28 边沿触发器 D 触发器的逻辑符号

(a) 上升沿触发；(b) 下降沿触发

(2) 逻辑功能。当 $CP=0$ 时，触发器不工作，触发器处于维持状态。当 $CP=1$ 时，触发器功能如下：

$D=0$，与非门 G2 输出为 1，与非门 G3 输出为 0，则 $Q_{n+1}=0$。

$D=1$，G4 门输出为 0，G3 门输出为 1，则 $Q_{n+1}=1$。

归纳以上逻辑功能，得到 D 触发器的真值表，见表 11－17。

表 11－17　D 触发器真值表

D	Q_{n+1}
0	0
1	1

(3) 触发方式。上述 D 触发器是在 CP 由 0 跳变到 1 时，接收输入信号，并输出相应状态。如果改变电路结构，例如在 CP 端前面加一个非门，便可以变成在 CP 由 1 跳变到 0 时，接收输入信号，并输出相应状态。像这种只有在时钟脉冲的电平跳变时，接收输入信号并输出相应状态的触发方式称为**边沿触发**，边沿触发又分为上升沿触发和下降沿触发两种。前述电路属于上升沿触发，而上面讲到的在时钟脉冲的前面加非门的电路则为下降沿触发。边沿触发不会在一个 CP 的有效期内出现多次翻转现象，因而抗干扰能力强，应用日益增多。

在 TTL 集成电路中，CT1174、CT74LS273 等都属于正边沿触发的 D 触发器。

【例 11－7】 已知上升沿触发 D 触发器 D 端的输入信号波形如图 11－29 所示，而且已知触发器原为 0 态，求输出端 Q 端的波形。

解　分析这种触发器的输出波形时，要注意以下几点：

(1) 触发器输出的状态，由 CP 的上升沿对应的 D 决定。

(2) 触发器输出相应状态的时间也在 CP 上升沿到来时。

(3) 在 CP 的有效期间，即使输入信号变化，输出状态也不会再变化。

根据以上三点可知，第一个 CP 上升沿到来时，由于 $D=1$，故 Q 从第一个 CP 的上升沿开始变为 1；第二个 CP 上升沿到来时，由于 $D=0$，故 Q 从第 2 个 CP 的上升沿开始变为 0；第三个 CP 上升沿到来时，由于 $D=1$，故 $Q=1$，虽然第 3 个 CP 期间 D 发生了变化，但对 Q 没有影响，第四个 CP 上升沿到来时，由于 $D=1$，故 Q 仍为 1。由此得到 Q 的波形如图 11－29 所示。

4. T 触发器

T 触发器只有一个输入端，当 $T=0$ 时，触发器保持原态，当 $T=1$ 时，触发器翻转，真值表见表 11－18。由于 $T=1$ 时，每来一个 CP 脉冲，触发器就翻转一次，所以它不但像其他触发器一样具有记忆功能，而且还具有计数功能，是一种受控计数触发器。

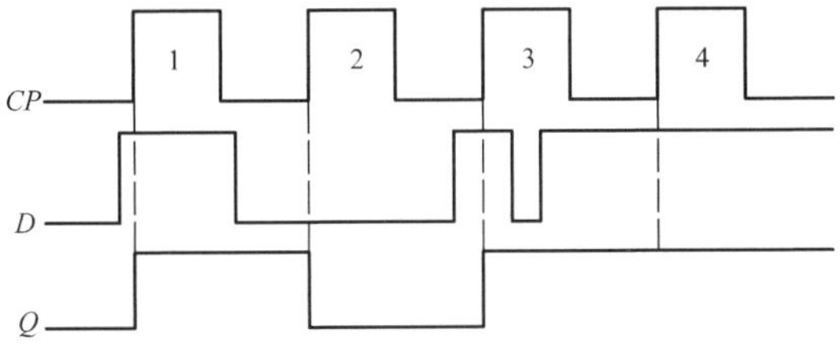

图 11－29　【例 11－7】的波形图

表 11－18　T 触发器真值表

T	Q_{n+1}
0	Q_n
1	$\overline{Q}_n$

由 JK 触发器和 D 触发器的工作原理可以推知：由 JK 触发器和 D 触发器可以转换成 T 触发器。具体转换方法如图 11－30 和图 11－31 所示。其工作原理此处不再赘述，读者可自行分析。

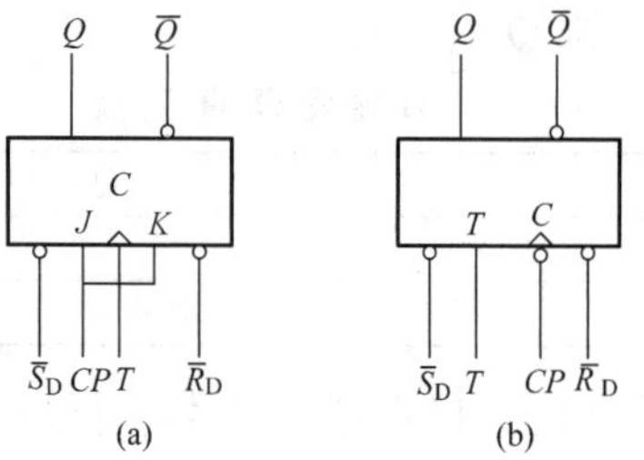

图 11－30 JK 触发器改为 T 触发器

(a) 改接方法；(b) 逻辑符号

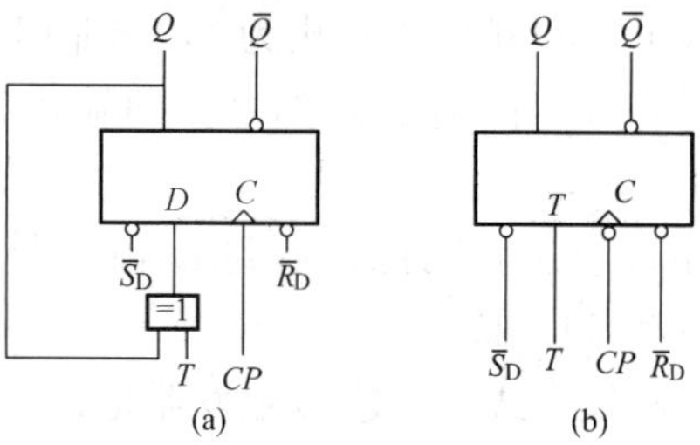

图 11－31 D 触发器改为 T 触发器

(a) 改接方法；(b) 逻辑符号

*11.4 应 用 举 例

11.4.1 四人抢答电路

图 11－32（a）所示是四人（组）参加智力竞赛的抢答电路，电路的主要器件是如图 11－32(b) 所示 CT74LS175 型四上升沿 D 触发器。

抢答前先清零，1Q～4Q 均为“0”，相应的发光二极管 LED1～LED4 都不亮；1$\overline{Q}$～4$\overline{Q}$ 均为“1”，与非门 G1 输出为“0”，扬声器不响。同时，G2 输出为“1”，将 G3 打开，时钟脉冲 C 可以经过 G3 进入 D 触发器。此时，由于 S1～S2 均未按下，1D～4D 均为“0”，所以触发器的状态不变。

抢答开始，若 S1 首先被按下，1D 和 1Q 均变为“1”，相应的发光二极管 LED1 亮；1$\overline{Q}$ 变为“0”，G1 的输出为“1”，扬声器鸣响。同时，G2 输出为“0”，将 G3 封闭，时钟脉冲 C 便不能经过 G3 进入 D 触发器。由于没有时钟脉冲，因此再接着按其他按钮，就不起作用了，触发器的状态不会改变。

抢答判决完毕，清零，准备下次抢答用。

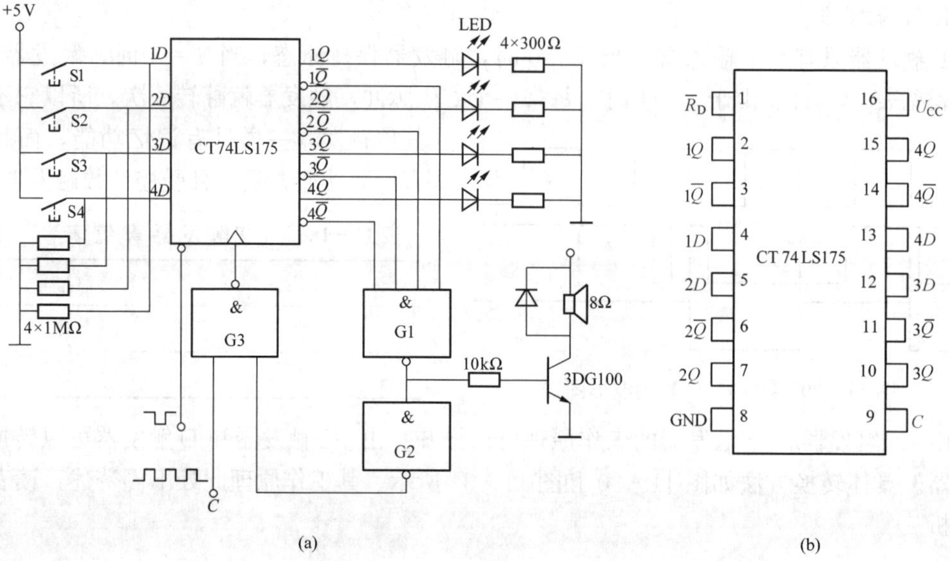

图 11－32 四人抢答电路

(a) 四人参加智力竞赛的抢答电路；(b) 电路的主要器件

11.4.2　报警控制电路

有一火灾报警系统，设有烟感、温感、紫外光感三种不同类型的火灾探测器。为了防止误报警，只有当其中有两种或两种以上类型的探测器发出火灾探测信号时，报警系统才产生报警控制信号，试设计产生报警控制信号的电路。

解　(1) 根据逻辑要求设置逻辑输入、输出变量。

用 A、B、C 分别代表烟感、温感、紫外光感三种探测器的探测输出信号，作为报警控制电路的输入变量，以"1"表示高电平，"0"表示低电平，高电平表示有火灾报警，低电平表示无火灾报警。

F 为报警控制电路的输出，以"1"表示高电平，"0"表示低电平，同样高电平表示有火灾报警，低电平表示无火灾报警。

(2) 列出逻辑真值表，见表 11－19。

表 11－19　逻辑真值表

输入			输出
A	B	C	F
0	0	0	0
0	0	1	0
0	1	0	0
0	1	1	1
1	0	0	0
1	0	1	1
1	1	0	1
1	1	1	1

由真值表可得逻辑函数表达式为

$$F=\overline{A}BC+A\overline{B}C+AB\overline{C}+ABC$$

(3) 利用图 11－33 所示卡诺图化简，得

$$F=BC+AC+AB$$

$$F=\overline{\overline{AB+BC+AC}}=\overline{\overline{AB}\cdot\overline{BC}\cdot\overline{AC}}$$

(4) 画出逻辑电路图，如图 11－34 所示。

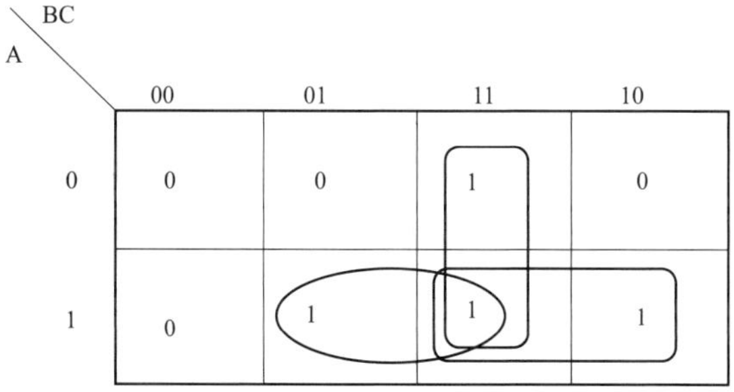

图 11－33　卡诺图

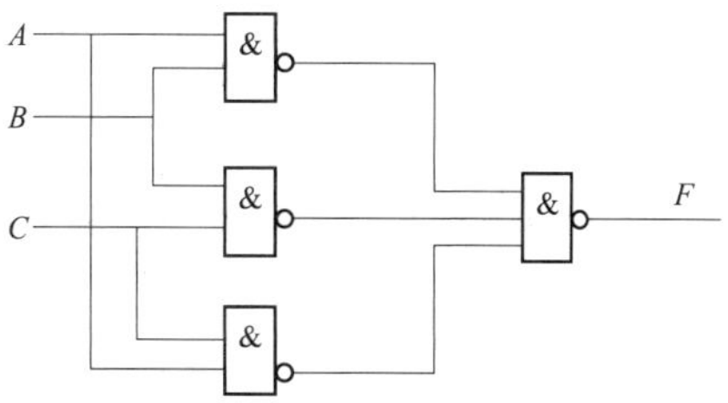

图 11－34　用与非门实现逻辑电路图

习　题　11

11.1　已知四种门电路的输入和对应的输出波形如图 11－35 所示。试分析它们分别是哪四种门电路。

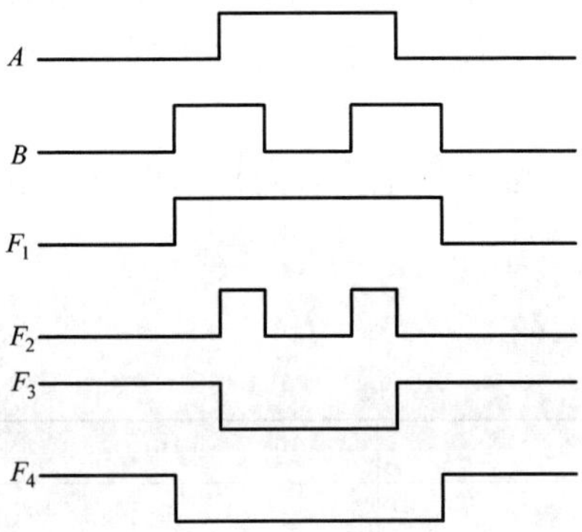

图 11－35　题 11.1～题 11.3 图

11.2　已知或非门和与非门的输入波形如图 11－35 中 A 和 B 所示，试画出它们的输出波形。

11.3　已知异或门和同或门的输入波形如图 11－35 中 A 和 B 所示，试画出它们的输出波形。

11.4　试画出图 11－36 所示中与非门的输出 Y 的波形。

11.5　根据下列各逻辑式，画出逻辑图：

(1) $Y=(A+B)C$。

(2) $Y=AB+BC$。

(3) $Y=(A+B)(A+C)$。

(4) $Y=A+BC$。

(5) $Y=A(B+C)+BC$。

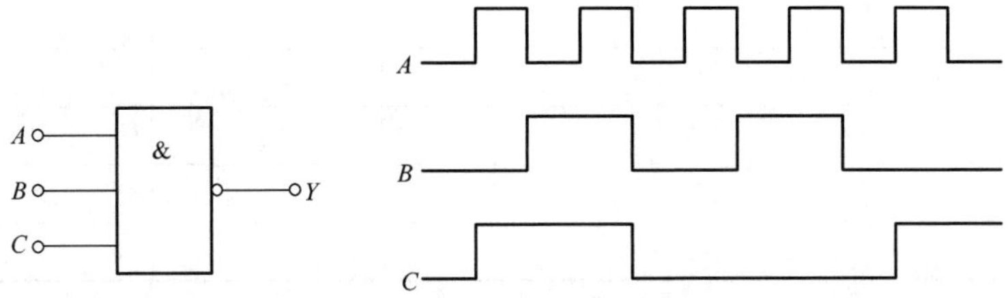

图 11－36　题 11.4 图

11.6　用与非门实现以下逻辑关系，画出逻辑图：

(1) $Y=AB+\bar{A}C$。　　(2) $Y=A+B+\bar{C}$。

(3) $Y=\overline{AB}+(\bar{A}+B)\bar{C}$。　　(4) $Y=A\bar{B}+A\bar{C}+\bar{A}BC$。

11.7　写出图 11－37 所示两图的逻辑式。

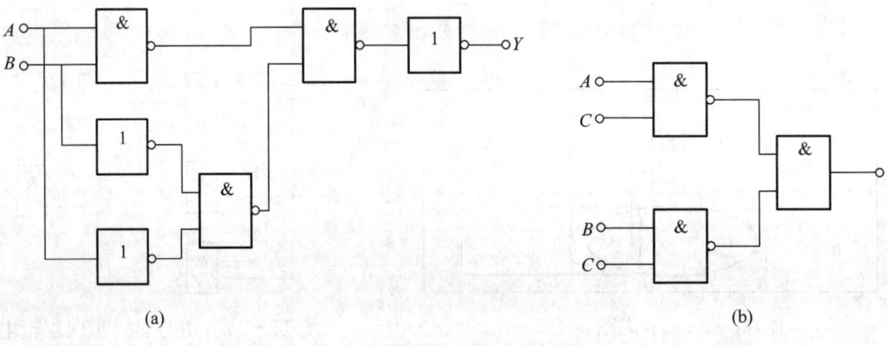

图 11－37　题 11.7 图

11.8　应用逻辑代数运算法则化简下列各式：

(1) $Y=AB+\overline{A}\,\overline{B}+AB$。

(2) $Y=ABC+\overline{A}B+AB\overline{C}$。

(3) $Y=\overline{\overline{(A+B)}+AB}$。

(4) $Y=(AB+A\overline{B}+\overline{A}B)(A+B+D+\overline{ABD})$。

(5) $Y=ABC+\overline{A}+\overline{B}+\overline{C}+D$。

11.9　证明图 11－38 中两电路具有相同的逻辑功能。

11.10　图 11－39 所示是一个三人表决电路，只有在两个或三个输入为 1 时，输出才是 1。分析该电路是否能实现这一功能。

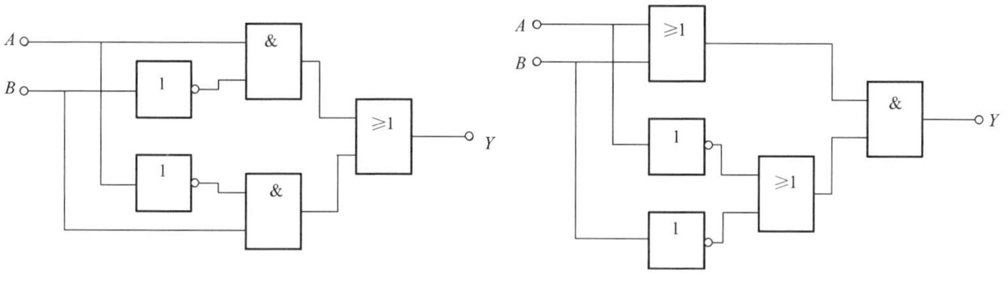

(a)　　(b)

图 11－38　题 11.9 图

11.11　某车间有 A、B、C、D 四台电动机，要求：①A 机必须开机；②其他三台电动机中至少有两台开机。如不满足上述要求，则指示灯熄灭。设指示灯亮为“1”，灭为“0”。电动机的开机信号通过某种装置送到各自的输入端，使该输入端为“1”，否则为“0”。试设计满足上述要求由与非门组成的逻辑电路。

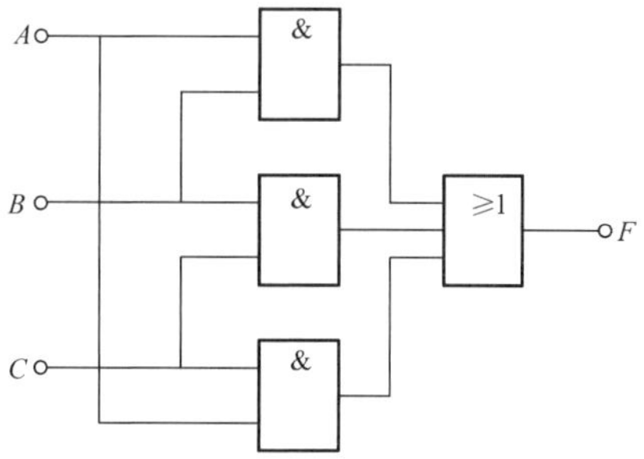

图 11－39　题 11.10 图

11.12　旅客列车分特快、直快和普快，并依次为优先通行次序。某站在同一时间只能有一趟列车从车站开出，即只能给出一个开车信号，画出满足上述要求的逻辑电路。设 A、B、C 分别代表特快、直快和普快，开车信号分别为 Y_A，Y_B，Y_C。

11.13　甲、乙两单位举行联欢会，入场券分红、黄两种，甲单位员工持红票入场，乙单位员工持黄票入场。会场入口处如设一自动检票机，符合条件者可放行，否则不准入场。试画出此检票机的放行逻辑电路。

11.14　某同学参加四门课程考试，规定如下：

(1) 课程 A 及格得 1 分，不及格得 0 分。

(2) 课程 B 及格得 2 分，不及格得 0 分。

(3) 课程 C 及格得 4 分，不及格得 0 分。

(4) 课程 D 及格得 5 分，不及格得 0 分。

若总得分大于 8 分（含 8 分），就可结业。试用“与非”门画出实现上述要求的逻辑电路。

11.15 试用反相器和“与或非”门设计1位二进制全加器。

11.16 仿照半加器和全加器的设计方法，试设计一个半减器和一个全减器，所用的门电路由自己选定。

11.17 试用与非门设计一个4输入的优先编码器，要求输入、输出及工作状态均为高电平有效。列出真值表，画出逻辑图。

11.18 试用译码器74HC138和适当的逻辑门实现函数 $F=\overline{A}\,\overline{B}\,\overline{C}+A\overline{B}\,\overline{C}+AB\overline{C}+ABC$。

11.19 初始状态为0输入低电平有效的基本RS触发器，$\overline{R}$ 和 $\overline{S}$ 端的输入信号波形如图11-40所示，求 Q 和 $\overline{Q}$ 的波形。

11.20 初始状态为0输入高电平有效的基本RS触发器，R 和 S 端的输入信号波形如图11-41所示，求 Q 和 $\overline{Q}$ 的波形。

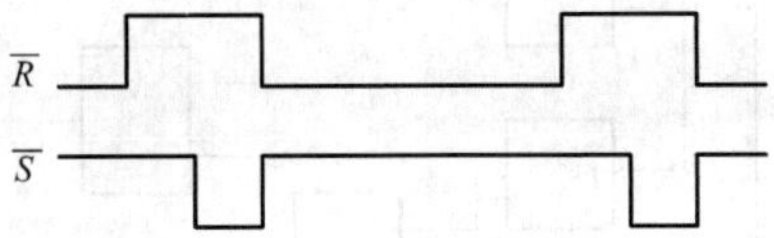

图11-40 题11.19图

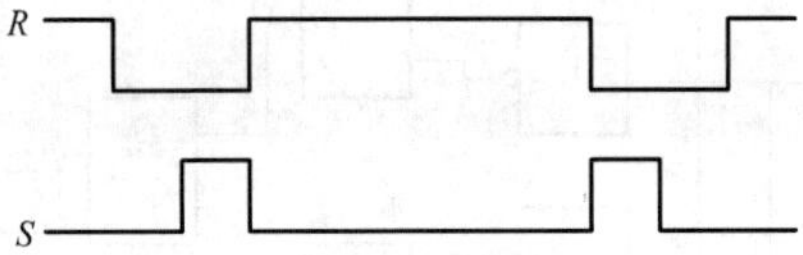

图11-41 题11.20图

11.21 图11-42所示电路中，已知各触发器输入端的波形如图11-42（b）所示，工作前各触发器先置0，求 Q_1 和 Q_2 的波形。

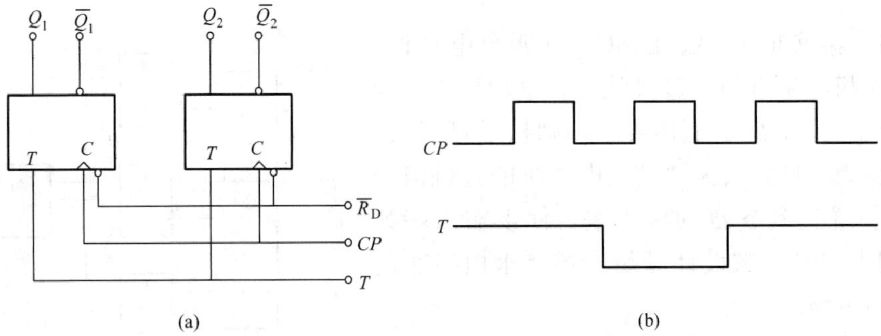

图11-42 题11.21图

11.22 图11-43（a）所示电路中，已知输入端 D 的波形如图11-43（b）所示，各触发器的初始状态均为0，求 Q_1 和 Q_2 的波形。

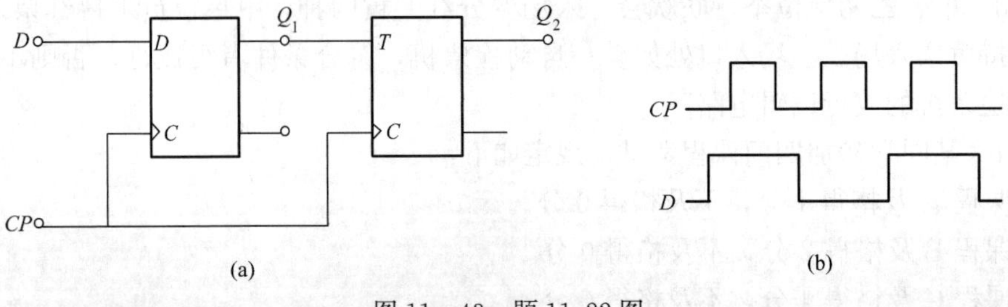

图11-43 题11.22图

第12章　时序逻辑电路

时序逻辑电路是数字逻辑电路的重要组成部分，主要由存储电路和组合逻辑电路两部分组成。它在任何一个时刻的输出状态由当时的输入信号和电路原来的状态共同决定，而它的状态主要由存储电路来记忆和表示。

12.1　时序逻辑电路概述

12.1.1　时序逻辑电路的特点

若逻辑电路由触发器或触发器加组合逻辑电路组成，则电路的输出不仅与当前时刻的输入状态有关，而且与电路原来状态（触发器的状态）有关，这种电路称为**时序逻辑电路**。这里的“时序”指电路的状态与时间顺序有密切的关系。

由图12-1可以看出，对组合逻辑电路而言，它有两组输入和两组输出，其中 X_1，X_2，…，X_n 称为时序电路的外部信号，或称**输入变量**；Q_1^n，Q_2^n，…，Q_n^n 称为时序逻辑电路的内部输入，或称为记忆元件的**状态输出函数**；F_1，F_2，…，F_r 称为时序逻辑电路的外部输出即**输出函数**；W_1，W_2，…，W_m 称为时序逻辑电路的内部输出，或称为记忆元件的**控制函数或激励函数**。

时序逻辑电路是**通过记忆元件的不同状态，来记忆以前的状态**。设时间 t 时刻记忆元件的状态输出为 Q_1^n，Q_2^n，…，Q_n^n，称为时序逻辑电路的**现态**。那么，在该时刻的输入 X_n 及现态 Q_n^n 的共同作用下，时序逻辑电路将产生输出函数 F_r 及控制函数 W_m。而控制函数用来建立记忆元件的新的状态输出函数，用 Q_1^{n+1}，Q_2^{n+1}，…，Q_n^{n+1} 表示，称为**次态**。时序**逻辑**电路的输出和次态是现时刻的输入和现态的函数。必须指出，状态输出函数简称状态函数，它是建立次态所必需的，它是构成时序电路最重要的函数。

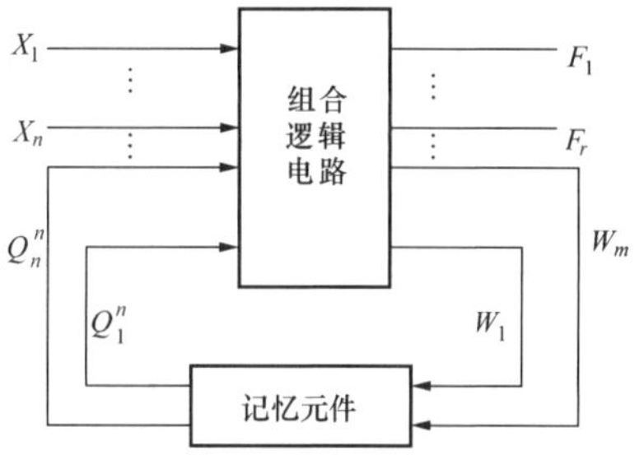

图12-1　时序逻辑电路框图

12.1.2　时序逻辑电路的分类

时序逻辑电路根据时钟脉冲加入方式的不同，分为**同步时序电路**和**异步时序电路**。在同步时序逻辑电路中，电路的状态仅在统一的时钟脉冲控制下才同时变化一次。如果脉冲没来，即使输入信号发生变化，它可能会影响输出，但绝对不会改变电路的状态（即记忆电路的状态）。

在异步时序逻辑电路中，记忆元件的状态变化不是同时发生的。这种电路中没有统一的时钟脉冲，任何输入信号的变化都可能立刻引起异步时序电路状态的变化。

12.1.3　时序逻辑电路逻辑功能的表达

组合逻辑电路的逻辑功能可以用一组输出方程来表示，也可用真值表和波形图来表达。相应的，时序逻辑电路可用**方程组、状态表、状态图**和**时序图**来表达。

从理论上讲，有了输出方程组、激励方程组和状态方程组，时序逻辑电路的逻辑功能就被唯一地确定了。但是，对于许多时序电路而言，仅从这三组方程还不易判断其逻辑功能。在设计时序逻辑电路时，往往很难根据给出的逻辑需求直接写出这三组方程，因此，还需要用能够直观反映电路状态变化序列全过程的状态表和状态图。

三组方程、状态表和状态图之间可以直接实现相互转换，根据其中任意一种表达方式，都可以画出时序图。下面通过实例来讨论时序逻辑电路逻辑功能的四种表达方式。

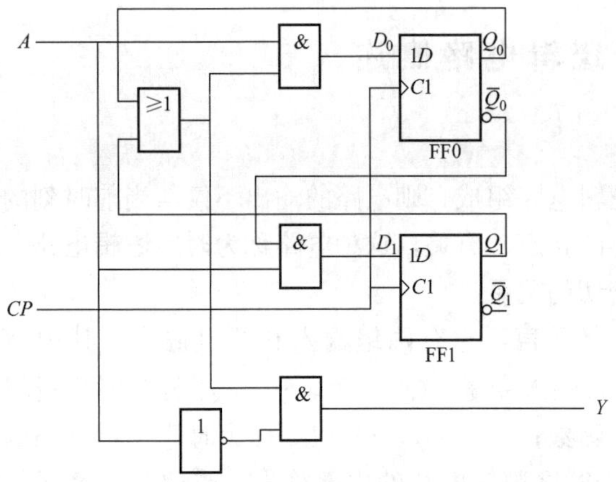

图 12-2　时序逻辑电路一例

(1) 逻辑方程组。考虑图 12-2 所示的时序逻辑电路，它由组合逻辑电路与存储电路两部分组成。其中，存储电路由两个 D 触发器 FF1、FF0 构成，二者共用一个时钟信号 CP，从而构成同步时序电路。电路的输入信号为 A，输出信号为 Y。对触发器的激励信号分别为 D_1 和 D_0，Q_1、Q_0 为电路的状态变量。

1) 输出方程组。图 12-2 所示的逻辑图中只有一个输出变量 Y，可写出输出方程

$$Y=(Q_0+Q_1)\overline{A} \tag{12-1}$$

2) 激励方程组。根据图 12-2 中的组合逻辑电路，可写出对两个 D 触发器的激励方程组

$$D_0=(Q_0+Q_1)A \tag{12-2}$$

$$D_1=\overline{Q_0}A \tag{12-3}$$

3) 状态方程组。将式（12-2）和式（12-3）分别代入 D 触发器的特性方程 $Q^{n+1}=D$，得到状态方程组

$$Q_0^{n+1}=(Q_0^n+Q_1^n)A \tag{12-4}$$

$$Q_1^{n+1}=\overline{Q_0^n}A \tag{12-5}$$

式（12-4）和式（12-5）表明，触发器的次态 Q_0^{n+1} 和 Q_1^{n+1} 是输入变量 A 和触发器现态 Q_0^n、Q_1^n 的函数，因此该电路为 Mealy 型时序逻辑电路。

上述三组方程中，只有状态方程组存在触发器从现态到次态的变化，因此，需要分别用上标 n 和 $n+1$ 区别这两种状态，其他未标注的变量全部为现态值。

(2) 逻辑状态表。与组合逻辑电路类似，根据逻辑表达式（12-1）、式（12-4）、式（12-5）可以列出真值表，如表 12-1 所示。其中，输入变量为 Q_0^n、Q_1^n 和 A，输出变量为 Q_0^{n+1}、Q_1^{n+1} 和 Y。由于该表反映了触发器从现态到次态的转换，故称为状态转换真

值表。

表 12 - 1　　图 12 - 2 所示电路的状态转换真值表

Q_1^n	Q_0^n	A	Q_1^{n+1}	Q_0^{n+1}	Y
0	0	0	0	0	0
0	0	1	1	0	0
0	1	0	0	0	1
0	1	1	0	1	0
1	0	0	0	0	1
1	0	1	1	1	0
1	1	0	0	0	1
1	1	1	0	1	0

在分析和设计时序逻辑电路时，更常用的是状态表，如表 12 - 2 所示，它与表 12 - 1 完全等效，为其集约形式。表 12 - 2 用矩阵形式表达出在不同现态和输入条件下，电路的状态转换和输出逻辑值。需要注意的是，表中的输出值 Y 是现态和输入的函数，而不是次态的函数。

表 12 - 2　　图 12 - 2 所示电路的状态表

$Q_1^n Q_0^n$	$Q_1^{n+1}Q_0^{n+1}/Y$	
	$A=0$	$A=1$
00	00/0	10/0
01	00/1	01/0
10	00/1	11/0
11	00/1	01/0

(3) 逻辑状态图。将表 12 - 2 转换为如图 12 - 3 所示的状态图，可以更直观形象地表示出电路的状态转换过程，它以信号流图的方式表达电路逻辑功能。图中，圆圈表示电路的状态，圆圈中的二进制代码为状态编码。带箭头的方向线指示状态转换的方向，当方向线的起点和终点都在一个圆圈上时，则表示状态不变。标在方向线左、右两侧二进制数分别表示状态转换前输入信号的逻辑值和相应的输出逻辑值。

需要强调指出，图 12 - 3 中状态转换的方向，取决于电路下一个时钟脉冲触发沿到来时瞬间的输入信号，如果在此之前输入信号发生变化，则状态转换的方向也会立即改变。例如，当状态处于 10 时，如果输入值保持为 1，则输出为 0，下一个状态转换为 11。若在状态转换前输入由 1 变化为 0，则输出值立即变化为 1，下一个状态则转换为 00。

(4) 时序图。与组合逻辑电路一样，波形图能直观地表达时序逻辑电路中各信号在时间上的对应关系，通常把时序逻辑电路的状态和输出对时钟脉冲序列和输入信号响应的波形图称为**时序图**。它可很方便地用于电路实验测量时检查逻辑功能和排查故障或差错。时序图可以从上述三组逻辑方程、状态表或状态图得到。图 12 - 2 中电路的时序图如图 12 - 4 所示。

使用时序图时需要注意，有时它并不完全表达出电路状态转换的全部过程，而是根据需要，仅画出部分典型的波形图，例如图 12 - 4 中就没有表达出当状态为 11 而输入 A 为 0 时状态转换和输出的波形。

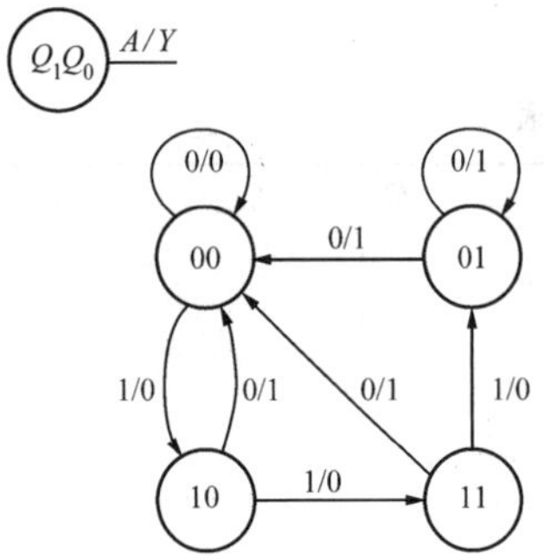

图 12-3 图 12-2 所示电路的状态图

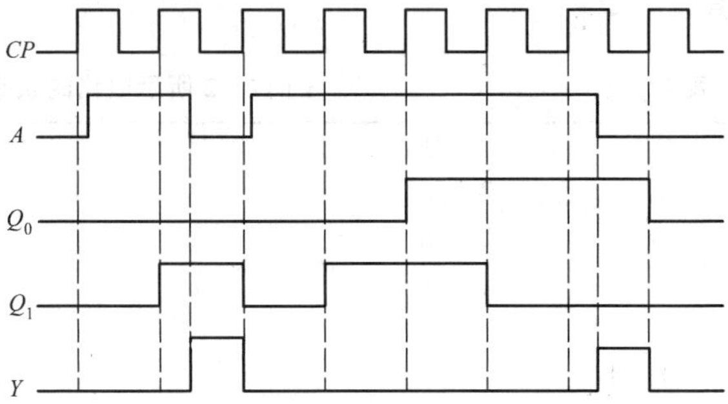

图 12-4 图 12-2 所示电路的时序图

12.2 时序逻辑电路的分析

下面以同步时序逻辑电路为例来说明时序逻辑电路的一般分析方法，异步时序逻辑电路的分析方法本书从略，感兴趣的读者可自行参阅相关资料。

1. 分析同步时序逻辑电路的一般步骤

同步时序逻辑电路的分析实际上是一个读图、识图的过程：按照给定的同步时序逻辑电路，通过分析其状态和输出信号在输入变量和时钟作用下的转换规律，理解其逻辑功能和工作特性。

(1) 根据给定的同步时序逻辑电路列出下列逻辑方程组：

1) 对应每个输出变量导出输出方程，组成输出方程组。

2) 对每个触发器导出激励方程，组成激励方程组。

3) 将各触发器的激励方程代入相应触发器的特性方程，得到各触发器的状态方程，从而组成状态方程组。

上述 1) 和 2) 表达了同步时序电路中全部组合电路的特性，而 3) 则表达了电路的状态转换特性。

(2) 根据状态方程组和输出方程组，列出电路的状态表，画出状态图或时序图。

(3) 确定电路的逻辑功能。

2. 同步时序逻辑电路分析举例

【例 12-1】 分析图 12-5 所示同步时序逻辑电路。

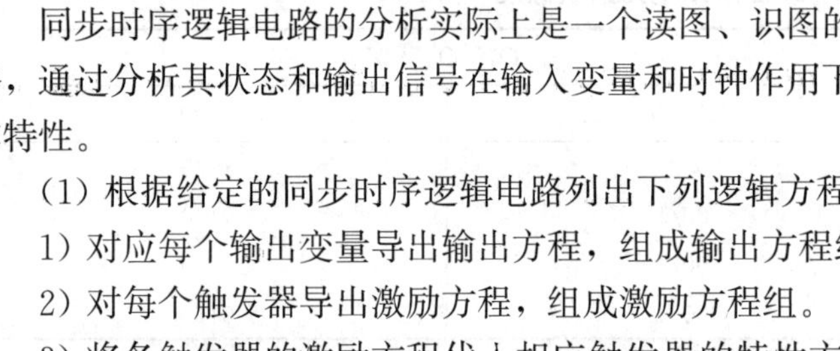

图 12-5 【例 12-1】的逻辑电路图

解 这是一个由两个下降沿触发的 JK 触发器、一个异或门及一个与门组成的时序逻辑电路。

(1) 根据电路列出三个方程组：

输出方程组

$$Z=Q_1Q_0$$

激励方程组

$$J_0=K_0=1 \quad J_1=K_1=A\oplus Q_0$$

状态方程组

$$Q_0^{n+1}=J_0\overline{Q}_0^n+\overline{K}_0Q_0^n=\overline{Q}_0^n$$

$$\begin{aligned}Q_1^{n+1}&=J_1\overline{Q}_1^n+\overline{K}_1Q_1^n\\&=(A\oplus Q_0^n)\overline{Q}_1^n+\overline{A\oplus Q_0^n}Q_1^n\\&=A\oplus Q_0^n\oplus Q_1^n\end{aligned}$$

(2) 列出状态表。根据输出方程组和状态方程组可以列出状态表，如表 12－3 所示。

表 12－3　　【例 12－1】的状态表

$Q_1^nQ_0^n$	$Q_1^{n+1}Q_0^{n+1}$		Z
	A=0	A=1	
0 0	0 1	1 1	0
0 1	1 0	0 0	0
1 0	1 1	0 1	0
1 1	0 0	1 0	1

由于该电路的输出仅与电路的状态有关，因此其状态表中的每一行都有固定的输出。为了直观地表明这一点，可把输出单独列出，如表 12－3 中输出信号 Z 的一列。

(3) 画出状态图。根据状态表可以画出状态图，如图 12－6 所示。同样，由于该电路的输出仅取决于电路的状态，因而在状态图中可把输出与状态标注在一起，二者用斜线隔开，即圆圈内的内容改为"状态/输出"。

(4) 画出时序图。设电路的初始状态为 $Q_1Q_0=00$，根据状态表和状态图，可画出在一系列时钟脉冲作用下的时序图，如图 12－7 所示。

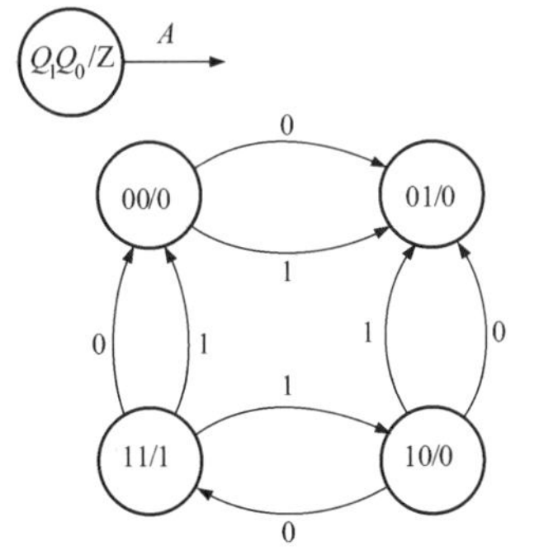

图 12－6　【例 12－1】的状态图

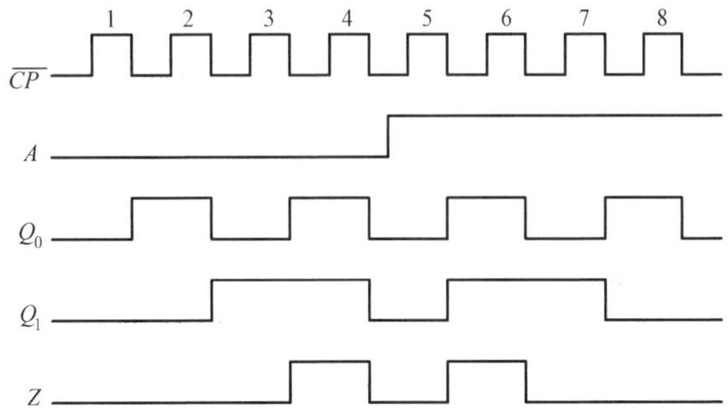

图 12－7　【例 12－1】电路的时序图

(5) 逻辑功能分析。由状态图可以看出，图 12－5 所示的电路是一个可逆二进制计数器。当 $A=0$ 时，进行加计数，每来一个时钟脉冲，计数器值 Q_1Q_0 加 1，依次为 00—01—10—11。每经过 4 个时钟脉冲作用，电路的状态循环一次。当 $A=1$ 时，进行减 1 计数，依次为 11—10—01—00。Z 端在 Q_1Q_0 为 11 时输出为 1。在进行加计数时，可以利用 Z 信号的下降沿触发进位操作；在进行减计数时，则可用 Z 信号的上升沿触发借位操作。有关计数器的详细内容将在后文进行详细讨论。

12.3　常用时序逻辑电路

12.3.1　寄存器

寄存器是数字电路中用来存放数码和指令等的主要部件。按功能的不同，寄存器可分为**数码寄存器**和**移位寄存器**两种。数码寄存器只提供暂时存储数码，然后根据需要取出数码。移位寄存器不仅能存储数码，而且具有移位的功能，即每从外部输入一个移位脉冲，其存储数码的位置就同时向左或向右移动一位。这是进行算术运算时所必需的。按存放和取出数码方式的不同，寄存器又有并行和串行之分。前者一般用在数码寄存器中，后者一般用在移位寄存器中。

（1）数码寄存器。图 12－8 所示是一个可以存放 4 位二进制数码的数码寄存器。一般来说，一个双稳态触发器可以存放 1 位二进制数码。因此，一个 4 位二进制数码寄存器需要四个双稳态触发器。图中采用了四个高电平触发的 RS 触发器。它们的输入和输出端都利用门电路进行控制。A_4、A_3、A_2、A_1 是数码存入端，Q_4、Q_3、Q_2、Q_1 是数码寄存端，O_4、O_3、O_2、O_1 是数码取出端。图中双稳态触发器的 $\overline{Q}$ 和 S_D 端不用，故未画出。该寄存器的工作过程如下：

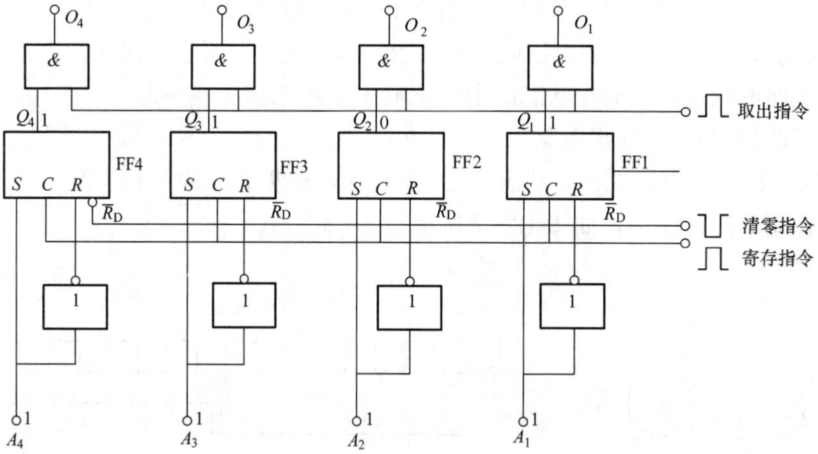

图 12－8　数码寄存器

1）预先清零。在清零输入端输入清零负脉冲，使得各触发器的直接置 0 端 $\overline{R}_D$ 都为 0，各触发器都处于 0 态。

2）存入数码。设待存数码为 1101，将它们分别加到 A_4、A_3、A_2、A_1 端，利用时钟脉冲 CP 为寄存指令。在寄存指令未到时，CP 端为 0，各触发器保持原态，即清 0 后的 0 态，这时数码尚未存入。寄存指令到来时，触发器 FF4、FF3 和 FF1 的 $R=0$，$S=1$，Q_4、Q_3 和 Q_1 都为 1，FF2 的 $R=1$，$S=0$，Q_2 为 0，故 Q_4、Q_3、Q_2、Q_1 为 1101，数码已被存入。寄存指令过后，各触发器保持原态，即数码被寄存。

3）取出数码。取出指令未到时，由于四个与门的右边输入为 0，它们的输出也为 0，即 O_4、O_3、O_2、O_1 都为 0，故数码虽已存入，但未取出。取出指令到来时，四个与门右边输入都为 1，其输出取决于它们的另一输入，即取决于四个 Q 端的数码。由于 Q_4、Q_3 和 Q_1 为 1，Q_2 为 0，故 O_4、O_3、O_2、O_1 分别为 1、1、0、1，寄存数码被取出。

上述寄存器，寄存时数码是从四个存入端同时存入，取出时又从四个取出端同时取出，所以又称为并行输入并行输出寄存器。

(2) 移位寄存器。移位寄存器按移位方向的不同又有右移、左移和双向移位之分。图 12-9所示是一个 4 位的右移寄存器，它由四个上升沿触发的D触发器组成，它只有一个输入端和一个输出端。数码是从输入端 D_4 逐位输入，从输出端 Q_1 逐位输出，其工作过程可通过表 12-4 来说明。

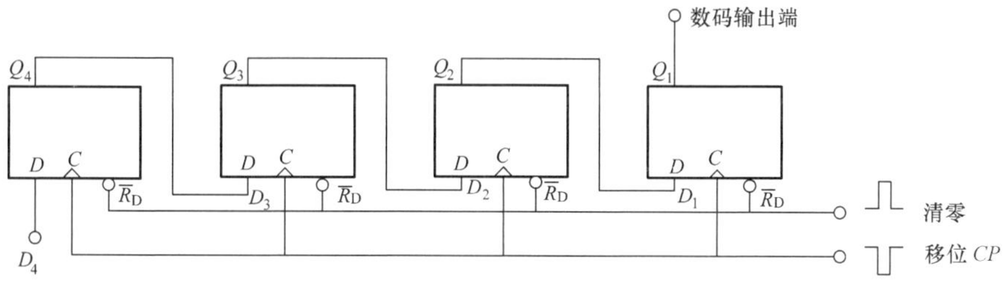

图 12-9　移位寄存器

1) 预先清零。在清零输入端输入清零脉冲，使得 Q_4、Q_3、Q_2、Q_1 都等于 0。

表 12-4　　**移位寄存器状态表**

CP 的顺序	D_4	Q_4	Q_3	Q_2	Q_1	存取过程
0	×	0	0	0	0	清零
1	1	1	0	0	0	存入 1 位
2	0	0	1	0	0	存入 2 位
3	1	1	0	1	0	存入 3 位
4	1	1	1	0	1	存入 4 位
5	0	0	1	1	0	取出 1 位
6	0	0	0	1	1	取出 2 位
7	0	0	0	0	1	取出 3 位
8	0	0	0	0	0	取出 4 位

2) 存入数码。设待存数码仍是 1101，将它按时钟脉冲（即移位脉冲）CP 的节拍从低位数到高位数，即从第 1 位数到第 4 位数依次串行送到数码输入端 D_4。由于 D_3、D_2、D_1 分别接至 Q_4、Q_3 和 Q_2，因此在每个 CP 脉冲的上升沿到来时，它们的电平分别等于上一个 CP 时的 Q_4、Q_3 和 Q_2 的电平。于是可知存入数码的过程如下：

首先令 $D_4=1$（第 1 位数），在第 1 个 CP 的上升沿到来时，由于 $D_4=1$、$D_3=0$、$D_2=0$、$D_1=0$，所以 $Q_4=1$、$Q_3=0$、$Q_2=0$、$Q_1=0$，存入第 1 位。

再令 $D_4=0$（第 2 位数），在第 2 个 CP 的上升沿到来时，由于 $D_4=0$、$D_3=1$、$D_2=0$、$D_1=0$，所以 $Q_4=0$、$Q_3=1$、$Q_2=0$、$Q_1=0$，又存入第 2 位。

然后令 $D_4=1$（第 3 位数），在第 3 个 CP 的上升沿到来时，$Q_4=1$、$Q_3=0$、$Q_2=1$、

$Q_1=0$，又存入第3位。

最后令 $D_4=1$（第4位数），在第4个 CP 的上升沿到来时，$Q_4=1$、$Q_3=1$、$Q_2=0$、$Q_1=1$，4位二进制数全部存入。

3）取出数码。只需令 $D_4=0$，再连续输入四个移位脉冲 CP，结合表12-4可知，所存的1101将从低位到高位依次由数码输出端 Q_1 输出。

在移位脉冲的作用下，寄存器 Q_4、Q_3、Q_2 和 Q_1 的波形如图12-10所示。也可以先画出波形图，再确定状态表。画波形图时，可先根据待存数码 D_4 画出 Q_4 的全部波形，再依次由高位触发器的输出画出相邻低位触发器的输出。但要注意，D_3、D_2 和 D_1 分别等于上个 CP 时的 Q_4、Q_3 和 Q_2。例如第3个 CP 时的 Q_3 应由第2个 CP 过后的 $Q_4=D_3$ 来确定。

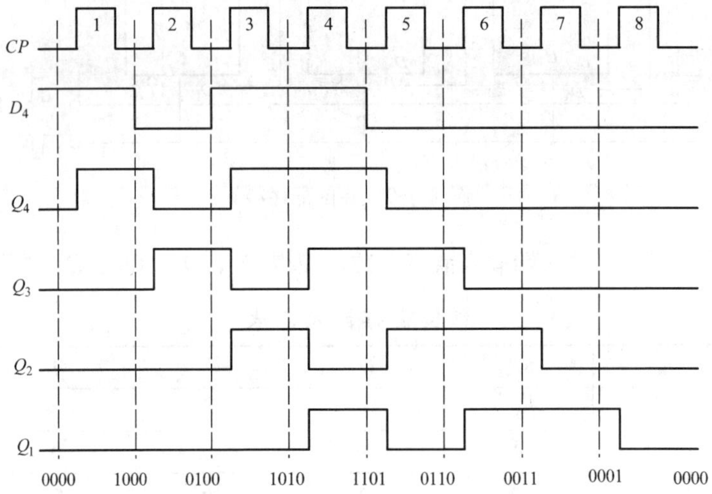

图12-10　移位寄存器的波形图

上述寄存器，数码是逐位串行输入、逐位串行输出的，所以又称为串行输入串行输出寄存器。

如果将上述寄存器中的每个触发器的输出端都引到外部，则4位数码经四个移位脉冲串行输入后，便可从各个触发器的输出端 $Q_4Q_3Q_2Q_1$ 并行输出，这样就成了串行输入、并行输出的移位寄存器。

从以上的分析可以看到，右移寄存器的特点是右边的触发器受左边触发器的控制，在移位脉冲的作用下，寄存器内存放的数码均从高位向低位移一位。如果反过来，左边的触发器受右边触发器的控制，待存数码从高位数到低位数依次串行送到输入端，在移位脉冲的作用下，寄存器内存放的数码均从低位向高位移一位，则这样的寄存器称为左移寄存器。

目前国产集成寄存器的种类很多，CT1194四位双向移位寄存器的功能比较全面，既可并行输入，又可串行输入；既可并行输出，又可串行输出；既可右移，又可左移。

12.3.2　计数器

计数器是用来累计脉冲数目的，还可以用作分频、定时和数学运算，在数字电路中应用十分广泛。

按计数器中各触发器翻转情况的不同，计数器分为**同步计数器**和**异步计数器**两种。在同步计数器中，输入计数脉冲作为各触发器的时钟脉冲同时作用于各触发器的 CP 端，它们的动作是同步的；在异步计数器中，有的触发器将输入计数脉冲作为时钟脉冲，受其直接控制，有的触发器是将其他触发器的输出作为时钟脉冲，因为它们的动作有先有后，所以是异步的。

按数制的不同，计数器又分为**二进制计数器、十进制计数器和 N（任意）进制计数器**。一般来说，几个状态构成一个计数循环，就称为几进制计数器。但二进制计数器是个例外。N 位的二进制计数器共有 2^n 个状态，例如 4 位二进制计数器有 0000～1111 共 $2^4=16$ 个状态，故也可称为十六进制计数器。

按计数过程中数字的增减来分，计数器又有**加法计数器、减法计数器和可逆计数器**三种。

计数器的种类很多，这里不可能对每一种计数器都一一加以介绍，下面仅通过几个例子来说明计数器的基本工作原理。

（1）二进制计数器。图 12－11 所示是利用四个主从型 T 触发器组成的二进制计数器。CP 是计数脉冲的输入端，如果以 Q_4、Q_3、Q_2、Q_1 作为计数器的输入端，则该电路即为一个二进制加法计数器。工作前首先清零，工作时，每来一个 CP 脉冲，便增加一个数，因此，加法器的状态表见表 12－5 中的 Q_4、Q_3、Q_2、Q_1 部分。由于四个触发器只能累计 4 位二进制数，所以到第 16 个 CP 脉冲到来时，已经超出计数的范围，这种现象称为“溢出”。这时，计数器应回到 0000。

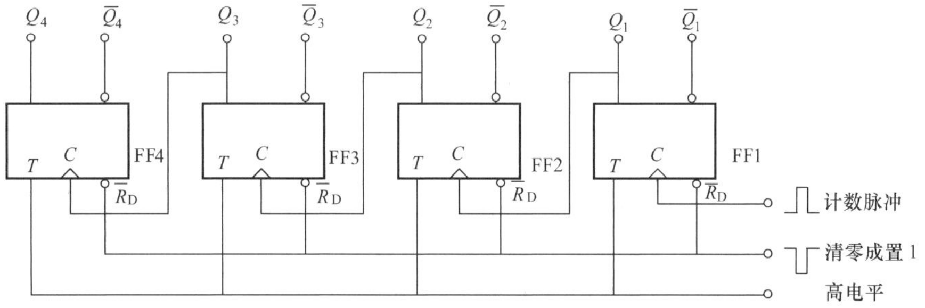

图 12－11　二进制计数器电路

现在来分析该电路是如何实现这一计数功能的。分析时，首先写出各触发器的翻转条件，了解其触发方式；然后根据翻转条件和触发方式求出每个 CP 脉冲到来时各触发器的输出，列出状态表，或者画出各触发器的输出波形，从而可知该电路是哪一种计数器。

在图 12－11 所示电路中，由于 T 触发器的翻转条件为 $T=1$，而这四个触发器的输入端 T 都接高电平 1，所以每来一个时钟脉冲，触发器都应翻转一次。由于各触发器采用后沿主从触发，所以触发器应在每个时钟脉冲的前沿到来时，主触发器接收信号，在每个时钟脉冲的后沿到来时，从触发器翻转。

因此，触发器 FF1 在每个 CP 到来时都应翻转，故 Q_1 应如表 12－5 所示不断从 0 变 1，再由 1 变 0…，其波形如图 12－12 所示。由于触发器 FF2 的 CP 端是接至 Q_1 端的，即 Q_1 的输出就是 FF2 的时钟脉冲，因而每当 Q_1 由 0 变 1 时，它的主触发器接收信号，而由 1 变 0 时，从触发器翻转，故 Q_2 的状态和波形应如表 12－5 和图 12－12 中的 Q_2 所示。

同理，触发器 FF3 和 FF4 的翻转时间应分别在每个 Q_2 和 Q_3 由 1 变 0，即后沿到来时，故 Q_3、Q_4 的状态和波形应如表 12－5 和图 12－12 中的 Q_3 和 Q_4 所示。

可见，该电路正好满足表 12－5 中所列二进制加法计数器的计数功能。

表 12－5　　二进制计数器状态表

CP 顺序	Q_4	Q_3	Q_2	Q_1	$\overline{Q}_4$	$\overline{Q}_3$	$\overline{Q}_2$	$\overline{Q}_1$
0	0	0	0	0	1	1	1	1
1	0	0	0	1	1	1	1	0
2	0	0	1	0	1	1	0	1
3	0	0	1	1	1	1	0	0
4	0	1	0	0	1	0	1	1
5	0	1	0	1	1	0	1	0
6	0	1	1	0	1	0	0	1
7	0	1	1	1	1	0	0	0
8	1	0	0	0	0	1	1	1
9	1	0	0	1	0	1	1	0
10	1	0	1	0	0	1	0	1
11	1	0	1	1	0	1	0	0
12	1	1	0	0	0	0	1	1
13	1	1	0	1	0	0	1	0
14	1	1	1	0	0	0	0	1
15	1	1	1	1	0	0	0	0
16	0	0	0	0	1	1	1	1

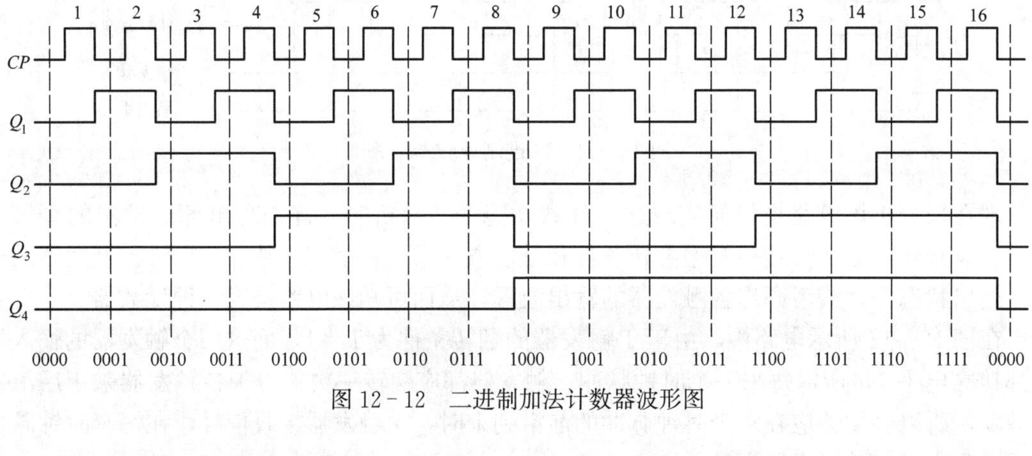

图 12－12　二进制加法计数器波形图

反之，如果将该电路中的 $\overline{Q}_4$、$\overline{Q}_3$、$\overline{Q}_2$、$\overline{Q}_1$ 作为计数器的输入端，该电路就成为二进制减法计数器。因为 $\overline{Q}$ 端的电平是与 Q 端的电平相反的，因此由 Q 端的状态表可以列出 $\overline{Q}$ 端的状态表，如表 12－5 中的 $\overline{Q}_4$、$\overline{Q}_3$、$\overline{Q}_2$、$\overline{Q}_1$ 部分所示。工作前，$\overline{Q}_4$、$\overline{Q}_3$、$\overline{Q}_2$、$\overline{Q}_1$ 先被置于 1111，每来一个 CP，便减少一个数，当第 16 个 CP 到来时，计数器便溢出，返回到 1111。

这种二进制计数器计数脉冲 CP 不是同时加到各个触发器上的，而只是加到最低位的触发器上，其他触发器的时钟脉冲控制端是与相邻的低位触发器的输出端相连的，各触发器的动作有先有后，所以称为异步计数器。

由波形图还可以看出，每经过一个触发器，脉冲的周期就增加了一倍，频率减为一半，于是从 Q_1 端引出的波形为二分频，从 Q_2 端引出的波形为四分频，依此类推，从 Q_n 端引出的波形为 2^n 分频。因此计数器又常用作**分频器**。

(2) 十进制计数器。十进制计数器与二进制计数器工作原理基本相同，只是将十进制数的每一位数都用二进制数来表示而已。最常用的是 8421 码。由于十进制数只有 0～9 十个数码。因此采用 4 位二进制计数器来累计十进制数的每一位数时，只能取用 0000～1001，剩余的 1010～1111 六个数舍去不用。也就是说，当计数到 9，即四个触发器的状态为 1001 时，再来一个计数脉冲，计数器不能像二进制计数器那样翻转成 1010，而必须返回到 0000，同时向另一组十进制计数器进位。其状态表见表 12-6。

表 12-6　十进制计数器状态表

CP 脉冲	Q_4	Q_3	Q_2	Q_1	十进制数
0	0	0	0	0	0
1	0	0	0	1	1
2	0	0	1	0	2
3	0	0	1	1	3
4	0	1	0	0	4
5	0	1	0	1	5
6	0	1	1	0	6
7	0	1	1	1	7
8	1	0	0	0	8
9	1	0	0	1	9
10	0	0	0	0	进位

前面介绍的是异步二进制计数器，现在再来介绍同步十进制加法计数器。电路如图 12-13 所示，它是由四个主从型 JK 触发器组成。计数前先清零。

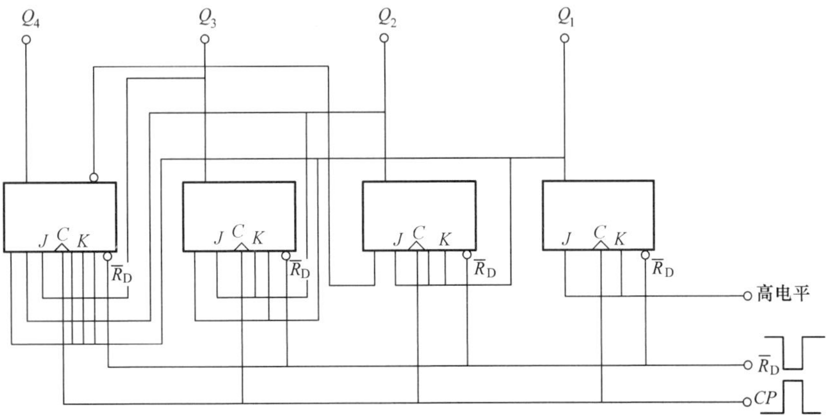

图 12-13　十进制加法计数器

第一个触发器的翻转条件是 $J=K=1$，由于 J 和 K 都接高电平 1，故每来一个计数脉冲都要翻转一次。由于触发器采用的是后沿主从触发，所以翻转时间是在每个 CP 的后沿到来时，故 Q_1 的状态和波形如表 12-6 和图 12-14 中的 Q_1 所示。

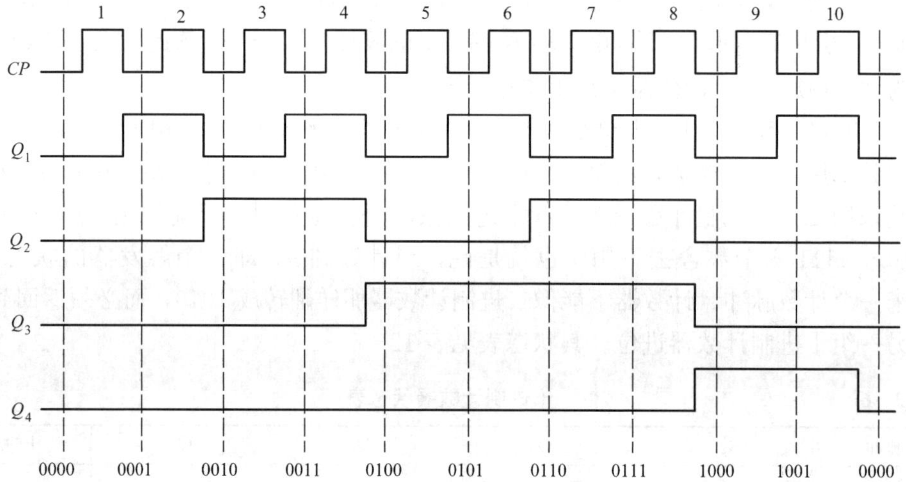

图 12-14 十进制加法计数器波形

第二个触发器有两个 J 和两个 K 端，一个 J 接 $\overline{Q}_4$，另一个 J 与两个 K 一起都接至 Q_1 端。由于两个 J 之间和两个 K 之间是逻辑乘的关系，因此触发器的翻转条件是 $\overline{Q}_4 \cdot Q_1=1$。即在 $Q_4=0$ 的情况下，每当 $Q_1=1$ 后的下一个 CP 后沿到来时 Q_2 翻转。

第三个触发器的两个 J 和两个 K 端分别接至 Q_1 和 Q_2，因此其翻转条件是 $Q_2 \cdot Q_1=1$，即在 Q_2 和 Q_1 同时为 1 的下一个 CP 后沿到来时 Q_3 才能翻转。

第四个触发器各有三个 J 和 K，三个 K 与 1 个 J 接至 Q_1，其余两个 J 分别接至 Q_2 和 Q_3。所以它的翻转条件是 $Q_3 \cdot Q_2 \cdot Q_1=1$，即 Q_3、Q_2 和 Q_1 都为 1 的下一个 CP 后沿到来时，Q_4 才能翻转。同时，要注意：当 $K=Q_1=1$，$J=Q_3 \cdot Q_2 \cdot Q_1=0$ 时，即 $Q_1=1$，而 Q_3 或 Q_2 为 0 时，触发器应为 0 态。

根据上述翻转条件和触发方式，便可分段求每个 CP 时的 Q_4、Q_3 和 Q_2 的状态和波形，如表 12-6 和图 12-14 中的 Q_4、Q_3 和 Q_2 所示。

可见，该电路正好满足表 12-6 十进制加法计数器的功能。

由于该电路的时钟脉冲是同时作用于四个触发器的时钟脉冲输入端的，故称为同步计数器。该电路只能做十进制加法计数器，做减法计数器时，电路需作适当修改。

目前，计数器有多种集成电路产品可供选择。常用的 CT1192 是一种具有双时钟脉冲的十进制可逆计数器。

12.4 集成定时器

12.4.1 555 集成定时器

555 集成定时器是将模拟电路和数字电路相结合的中规模集成电路。由于它使用灵活方便，带负载能力强，目前应用十分广泛。

555集成定时器的内部结构如图12－15（a）所示。它包括：一个由3个阻值相等的电阻R组成的分压器、两个电压比较器C1和C2、一个基本RS触发器、一个MOS管或晶体管。整个组件共有八个引线端，排列如图12－15（b）所示。

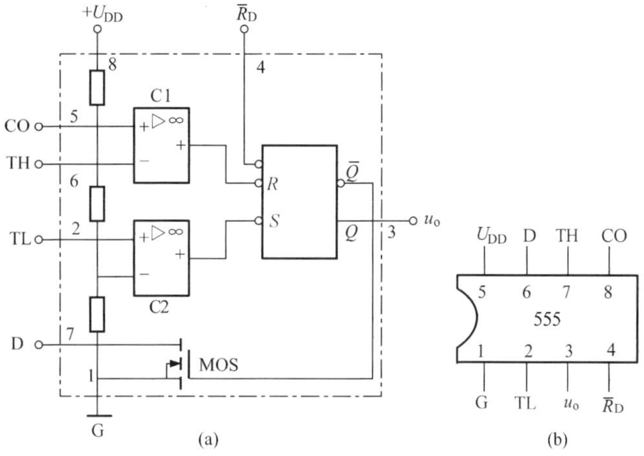

图12－15　555集成定时器

（a）内部结构图；（b）外引线排列图

C1的同相输入端和C2的反相输入端分别接至分压器中间电阻的两端，使它们的电压被分别固定在$\frac{2}{3}U_{DD}$和$\frac{1}{3}U_{DD}$。这两个固定电压作为电压比较器的参考电压。C1和C2的另一输入端分别引出，通过这两个引线端可以分别输入触发脉冲。C1和C2的输出作为基本RS触发器的输入，从而确定该触发器的输出状态。各引线的作用如下：

6（TH）是高电平触发端。当6端的输入电压小于$\frac{2}{3}U_{DD}$时，C1输出为高电平1；大于$\frac{2}{3}U_{DD}$时，C1输出为低电平0，使触发器置0，即$Q=0$。

2（TL）是低电平触发端。当2端的输入电压大于$\frac{1}{3}U_{DD}$时，C2输出为高电平1；小于$\frac{1}{3}U_{DD}$时，C2输出为低电平0，使触发器置1，即$Q=1$。

3（u_o）是定时器的输出端，即基本RS触发器的Q端。

4（$\overline{R}_D$）是复位端，是专门设置，以便基本RS触发器可以从外部进行直接置0。需要置0时，从4端输入负脉冲，即$\overline{R}_D=0$时，$Q=0$。

5（CO）是电压控制端，由此端可以外加一电压以改变电压比较器的参考电压。不用时，应经过0.01μF的电容接地，以防干扰的侵入。

7（D）是放电端，从MOS管的漏极D引出。MOS场效应管构成开关，其状态受$\overline{Q}$控制。$\overline{Q}=1$时，$U_{GS}>U_{GS(th)}$ MOS管导通，为外接电容元件提供放电通路；$\overline{Q}=0$时，$U_{GS}<U_{GS(th)}$，MOS管截止。

8（U_{DD}）是电源端，电压可在4.5～18V范围内工作。

1（G）是接地端。

综上所述，555集成定时器状态见表12－7。

表12－7　　555集成定时器状态表

U_6	U_2	R	S	Q	$\overline{Q}$	MOS管
$>\frac{2}{3}U_{DD}$	$>\frac{1}{3}U_{DD}$	0	1	0	1	导通

续表

U_6	U_2	R	S	Q	$\overline{Q}$	MOS 管
$<\frac{2}{3}U_{DD}$	$<\frac{1}{3}U_{DD}$	1	0	1	0	截止
$<\frac{2}{3}U_{DD}$	$>\frac{1}{3}U_{DD}$	1	1	保持		保持

可见，555 集成定时器不仅提供了一复位电平$\frac{2}{3}U_{DD}$和置位电平$\frac{1}{3}U_{DD}$，而且提供了可通过$\overline{R}_D$端直接从外部进行直接置 0 的基本 RS 触发器，还提供了一个状态受该触发器控制的 MOS 管开关或晶体管开关。因此，555 集成定时器使用起来极为方便，应用范围非常广泛，只需要通过外部适当的连接和接入合适的电阻、电容，便能以多种方式工作。

12.4.2 单稳态触发器

单稳态触发器是只有一个稳态的触发器。它的特点是在外来触发信号的作用下，能够由稳态（例如 0 态）翻转成另一暂稳状态（例如 1 态），暂稳状态维持一定时间后，又会自动返回到稳态。

集成单稳态触发器有现成的产品可供选用，也可以由 555 集成定时器来组成，其电路如图 12-16（a）所示，R 和 C 是外接元件，两者的连接点接至高电平触发器端 6 和放电端 7，R 的另一端接电源$+U_{DD}$，C 的另一端接地。外来触发信号 u_1 采用负脉冲，由低电平触发端 2 输入。输出信号从输出端 3 输出。电压控制端 5 不用时，应经 0.01μF 电容接地。

在触发脉冲未输入时，$u_o=Q=0$，这是触发器的稳态。因为在接通电源$+U_{DD}$瞬间：

若 $Q=0$，$\overline{Q}=1$，则 MOS 管导通，$u_C\approx0$，$u_6=u_C<\frac{2}{3}U_{DD}$，$u_2=u_1>\frac{1}{3}U_{DD}$，故 $R=1$，$S=1$，基本 RS 触发器保持 0 态。

若 $Q=1$，$\overline{Q}=0$，则 MOS 管截止，$+U_{DD}$ 通过 R 对 C 充电。当 $u_6=u_C$ 升至刚大于$\frac{2}{3}U_{DD}$时，$u_2=u_1$ 仍大于$\frac{1}{3}U_{DD}$，这时，$R=0$，$S=1$，基本 RS 触发器将翻转至 0 态，即 $Q=0$，$\overline{Q}=1$。这时 MOS 管又导通，电容迅速放电，$u_6=u_C$ 下降。当 $u_6=u_C<\frac{2}{3}U_{DD}$，$u_2=u_1>\frac{1}{3}U_{DD}$，$R=1$，$S=1$ 触发器又保持 0 态不变。

可见，在稳态时，$u_o=Q=0$。若以稳定后作为计时的起点，则可分成以下五个阶段来分析其工作原理，对应的波形如图 12-16（b）所示。

（1）$t=0\sim t_1$ 时，u_1 未输入，这时电路的状态已如前述，$u_o=0$。

（2）$t=t_1\sim t_2$ 时，输入触发负脉冲。$u_2=u_1<\frac{1}{3}U_{DD}$，$u_C$ 不能突变，$u_6=u_C<\frac{2}{3}U_{DD}$。$R=1$，$S=0$，$u_o=Q=1$，进入暂稳状态。这时，MOS 管截止，电容 C 充电，其电压按指数规律上升。

（3）$t=t_2\sim t_3$ 时，触发负脉冲过去。$u_2=u_1>\frac{1}{3}U_{DD}$，$u_6=u_C<\frac{2}{3}U_{DD}$。$R=1$，$S=1$，$u_o=Q$ 保持 1，电容继续充电。

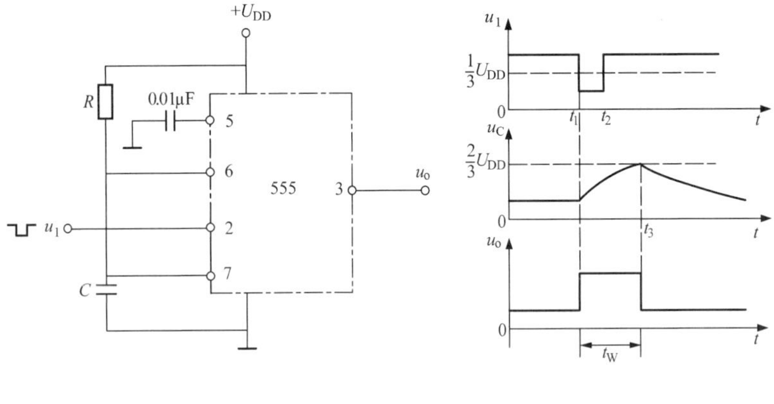

(a)　　　　　　　　　　(b)

图 12-16　单稳态触发器

(a) 电路图；(b) 波形图

(4) $t=t_3$ 时，$u_6=u_C>\frac{2}{3}U_{DD}$，$u_2=u_1>\frac{1}{3}U_{DD}$。$R=0$，$S=1$，基本 RS 触发器自动翻转到 $u_o=Q=0$，重新恢复稳态。这时 MOS 管导通，电容迅速放电。

(5) $t>t_3$ 后，$u_6=u_C<\frac{2}{3}U_{DD}$，$u_2=u_1>\frac{1}{3}U_{DD}$。$R=1$，$S=1$，$u_o=Q$ 保持 0。

以上各阶段的状态见表 12-8。可见，这一单稳态触发器，其稳定状态为 0，在触发脉冲作用下，它翻转成暂稳状态 1，输出矩形脉冲，脉冲宽度 t_W 即暂稳状态的持续时间。t_W 与充电的时间常数 τ 有关，由于

$$u_C=U_{DD}(1-e^{-\frac{t}{\tau}})$$

将 $t=t_W$，$u_C=\frac{2}{3}U_{DD}$ 带入，整理后得

$$e^{\frac{t_W}{\tau}}=3$$

两边取对数得

$$t_W=\tau\ln3=1.1RC$$

表 12-8　　　　单稳态触发器状态表

时间	u_1	u_C	$u_6=u_C$	$u_2=u_1$	R	S	$u_o=Q$	MOS	状态
$0\sim t_1$	未输入，高电平	≈0	$<\frac{2}{3}U_{DD}$	$>\frac{1}{3}U_{DD}$	1	1	保持 0	导通	稳态
t_1	负脉冲开始输入，低电平	≈0	$<\frac{2}{3}U_{DD}$	$<\frac{1}{3}U_{DD}$	1	0	1	截止	跳变
$t_1\sim t_2$	负脉冲，低电平	充电，指数上升	$<\frac{2}{3}U_{DD}$	$<\frac{1}{3}U_{DD}$	1	0	1	截止	暂稳
$t_2\sim t_3$	负脉冲过去，高电平	继续充电	$<\frac{2}{3}U_{DD}$	$>\frac{1}{3}U_{DD}$	1	1	保持 1	截止	暂稳
t_3	负脉冲过去，高电平	刚大于$\frac{2}{3}U_{DD}$	$>\frac{2}{3}U_{DD}$	$>\frac{1}{3}U_{DD}$	0	1	0	导通	跳变
t_3 后	负脉冲过去，高电平	放电，指数下降	$<\frac{2}{3}U_{DD}$	$>\frac{1}{3}U_{DD}$	1	1	保持 0	导通	稳态

单稳态触发器在数字系统中一般用于定时（产生一定宽度的方波）、整形（把不规则的波形变换成宽度、幅值都相等的脉冲）、延时（使输入信号延迟一定时间后输出）。

12.4.3 无稳态触发器

无稳态触发器又称**多谐振荡器**，是一种产生方波（即矩形波）的电路。由于方波包含有很多谐波，故名多谐振荡器。由于它没有稳定状态，所以又称为无稳态触发器。由555集成定时器组成的多谐振荡器电路如图12-17（a）所示。R_1、R_2 和 C 是外接元件。2端和6端都接到 R_2 与 C 之间。该电路不需要外来触发信号，接通电源后，即可输出方波。其工作原理可通过表12-9来说明，波形如图12-17（b）所示。

表12-9　多谐振荡器状态表

时间	u_C	R	S	$u_o=Q$	MOS	状态
0	$u_C=0$	1	0	1	截止	开始
$0\sim t_1$	充电，$u_C<\frac{1}{3}U_{DD}$	1	0	1	截止	过渡
$t_1\sim t_2$	充电，$\frac{1}{3}U_{DD}<u_C<\frac{2}{3}U_{DD}$	1	1	保持1	截止	暂稳
t_2	$u_C\geqslant\frac{2}{3}U_{DD}$	0	1	0	导通	跳变
$t_2\sim t_3$	放电，$\frac{1}{3}U_{DD}<u_C<\frac{2}{3}U_{DD}$	1	1	保持0	导通	暂稳
t_3	$u_C\leqslant\frac{1}{3}U_{DD}$	1	0	1	截止	跳变

以后重复表中 $t_1\sim t_3$ 的过程。可见，该电路没有稳态，只有两个暂稳状态。接通电源后，电路自动地从一个暂稳状态变换为另一暂稳状态。周而复始，循环不停。

第1个暂稳状态即 C 充电的时间

$$t_{W1}=\tau_1\ln2=0.7(R_1+R_2)C$$

第2个暂稳状态即 C 放电的时间

$$t_{W2}=\tau_1\ln2=0.7R_2C$$

振荡周期

$$T=t_{W1}+t_{W2}=0.7(R_1+2R_2)C$$

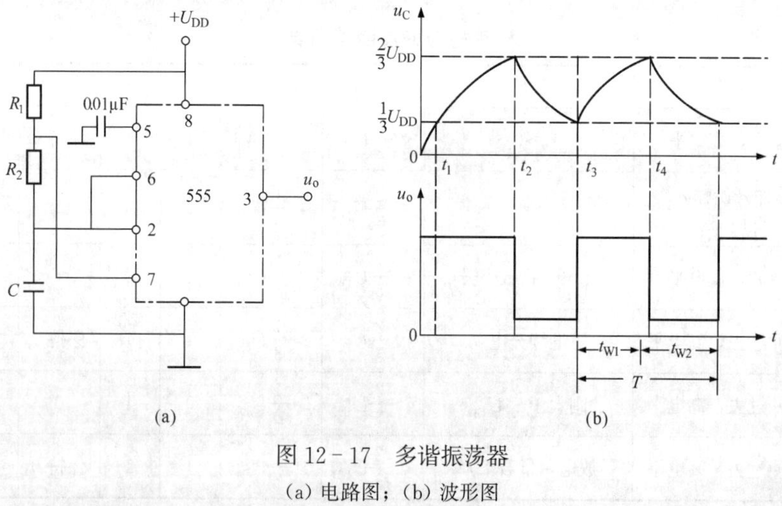

图12-17　多谐振荡器

（a）电路图；（b）波形图

方波宽度 t_{W1} 与振荡周期 T 之比称为占空比或空度比，即

$$k_{PDR}=\frac{t_{W1}}{T}=\frac{R_1+R_2}{R_1+2R_2}$$

显然，改变 R_1 和 R_2 的大小，尤其是改变 R_2 的大小，即可改变占空比。

*12.5 应 用 举 例

12.5.1 数字钟

图 12－18 所示是数字钟的原理电路，它由下列三部分组成。

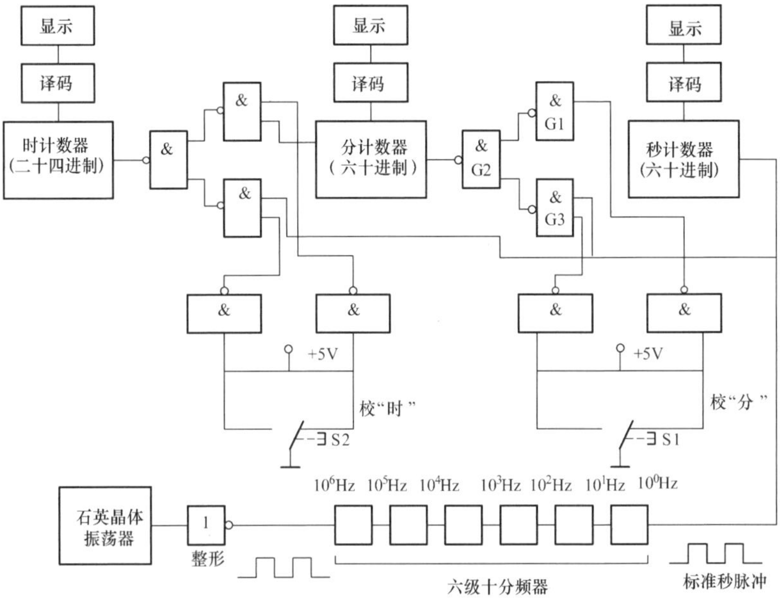

图 12－18　数字钟的原理电路

1. 标准秒脉冲发生电路

这部分电路由石英晶体振荡器和六级十分频器组成。

石英晶体的振荡频率极为稳定，因而用它构成的多谐振荡器产生的矩形波脉冲的稳定性很高。为了进一步改善多谐振荡器的输出波形，在其输出端再接一非门，作整形用。

分频就是脉冲频率每经一级触发器就减低一半，即周期增加一倍。由二进制计数器的波形图可见，每一级触发器输出端 Q_0 的波形的频率是计数脉冲的 1/2，即每输入两个计数脉冲，Q_0 端输出一个脉冲。因此一位二进制计数器是一个二分频器。同理，每输入四个计数脉冲，第二级触发器的 Q_1 端输出一个脉冲，即其频率为计数脉冲的 1/4。依此类推，当二进制计数器有 n 位时，第 n 级触发器输出脉冲的频率是计数脉冲的 $1/2^n$。对十进制计数器而言，每输入十个计数脉冲，第四级触发器的 Q_3 端输出一个脉冲，所以它是一个十分频器。如果石英晶体振荡器的振荡频率为 1MHz（即 10^6 Hz），则经六级十分频后，输出脉冲的频率为 1Hz，即周期为 1s。此脉冲即为标准秒脉冲。

2. 译码、显示电路

这部分包括两个六十进制计数器、一个二十四进制计数器及相应的译码显示器。标准秒脉冲进入秒计数器进行六十分频（即经过 60 个脉冲）后，得出分脉冲；分脉冲进入分计数

器再经六十分频得出时脉冲；时脉冲进入时计数器。时、分、秒各计数器的计数经译码显示。最大显示为 23 小时 59 分 59 秒，再输入一个秒脉冲后，显示归零。

3. 时、分校准电路

校“时”和校“分”的标准电路是相同的，下面以校“分”电路来说明时间的校准。

(1) 在正常计时时，与非门 G1 的一个输入端为“1”，将它打开，使秒计数器输出的分脉冲加到 G1 的另一输入端，并经 G3 进入分计数器，而此时 G2 由于一个输入端为“0”，因此被封闭，校准用的秒脉冲进不去。

(2) 在校“分”时，按下开关 S1，情况与 (1) 适反，G1 被封闭，G2 打开，标准秒脉冲直接进入分计数器进行快速校“分”。

同理，在校“时”时，按下开关 S2，标准秒脉冲直接进入时计数器进行快速校“时”。

可见，G1，G2，G3 构成的是一个二选一电路。

12.5.2 八路彩灯控制器

八路彩灯控制器由编码器、驱动器和显示器（彩灯）组成，编码器根据彩灯显示的花型按节拍送出八位状态编码信号，通过驱动器使彩灯点亮、熄灭。八路彩灯控制器电路如图 12－19所示，编码器用两片双向移位寄存器 74LS194 实现，接成自启动脉冲分配器（扭环形计数器），其中 D1 为左移方式，D2 为右移方式。当寄存器输出 Q 为高电平时，三极管 T 导通，继电器 K 通电，其动合触点闭合，彩灯亮；当 Q 为低电平时，三极管截止，继电器复位，彩灯灭。

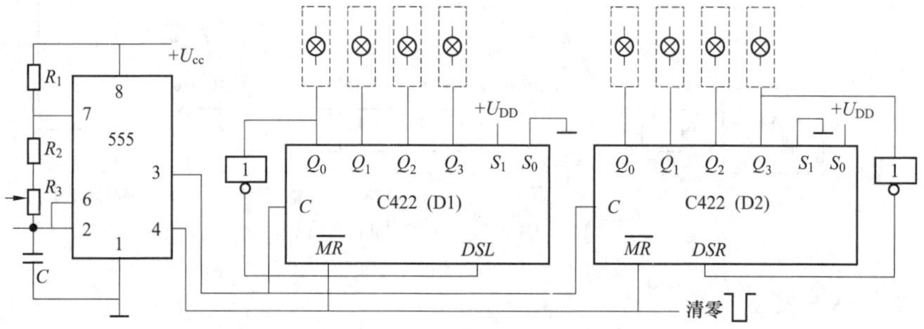

图 12－19 八路彩灯控制器

工作时，先用负脉冲清零，使寄存器输出全部为 0，然后在节拍脉冲（可由 555 定时器构成的多谐振荡器输出）的控制下，寄存器的各个输出 Q 按表 12－9 所示的状态变化，每 8 个节拍重复一次，驱动器电路如图 12－20 所示。这里假定 8 路彩灯的花型是：由中间向两边对称地逐次点亮，全亮后，再由中间向两边逐次熄灭。寄存器输出状态见表 12－10。

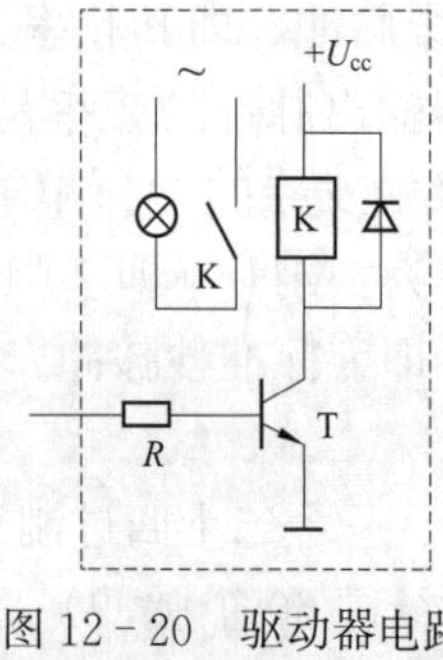

图 12－20 驱动器电路

表 12-10 寄存器输出状态表（彩灯花型）

节拍脉冲（c）	寄存器 D1				寄存器 D2			
	Q_0	Q_1	Q_2	Q_3	Q_0	Q_1	Q_2	Q_3
0	0	0	0	0	0	0	0	0
1	0	0	0	1	1	0	0	0
2	0	0	1	1	1	1	0	0
3	0	1	1	1	1	1	1	0
4	1	1	1	1	1	1	1	1
5	1	1	1	0	0	1	1	1
6	1	1	0	0	0	0	1	1
7	1	0	0	0	0	0	0	1
8	0	0	0	0	0	0	0	0

习　题　12

12.1　分析图 12-21 所示电路寄存码的原理和过程，说明它是数码寄存器还是移位寄存器。

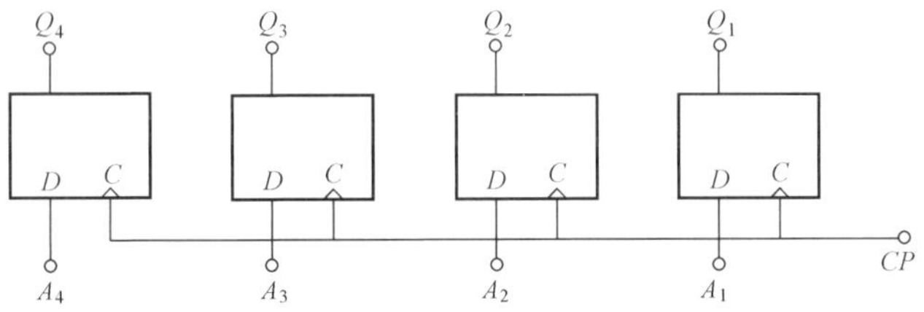

图 12-21　题 12.1 图

12.2　图 12-22 所示电路是右移寄存器还是左移寄存器？设待存数码为 1001，画出 Q_4、Q_3、Q_2 和 Q_1 的波形，列出状态表。

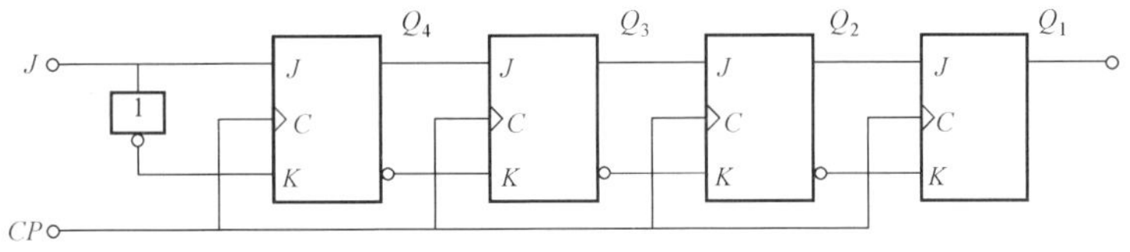

图 12-22　题 12.2 图

12.3　图 12-23 所示的寄存器采用串行输入，输入数码为 1001，但输出方式有两种，既可串行输出，也可并行输出。试分析：

(1) 该寄存器是右移寄存器还是左移寄存器？

(2) 画出前四个 CP 脉冲时 Q_4、Q_3、Q_2 和 Q_1 的波形。

(3) 说明串行和并行输出的方法。

12.4　图 12-24 所示为自动控制灯电路，当用手触摸金属片时，小电珠就能亮 10s 左右，作为晚上应急使用，试说明其工作原理。

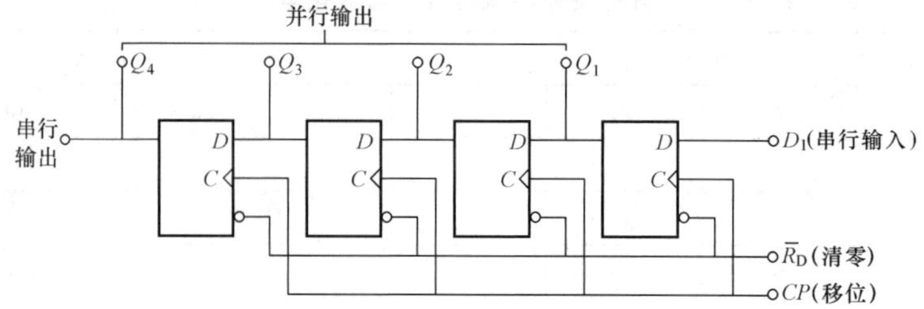

图 12-23 题 12.3 图

12.5 图 12-25 所示是一个电子门铃电路，SB 为门铃按钮，试分析其工作原理。

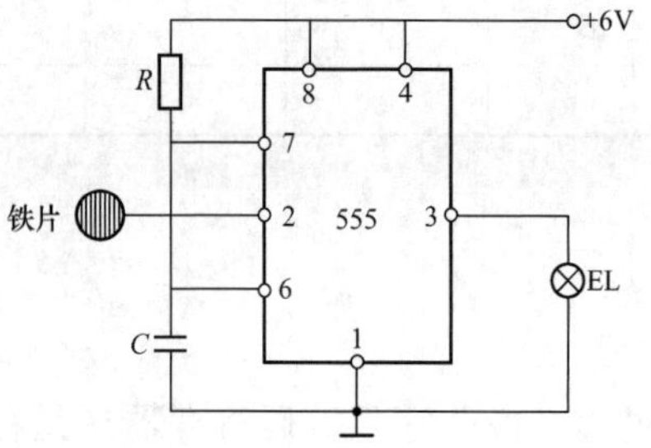

图 12-24 题 12.4 图

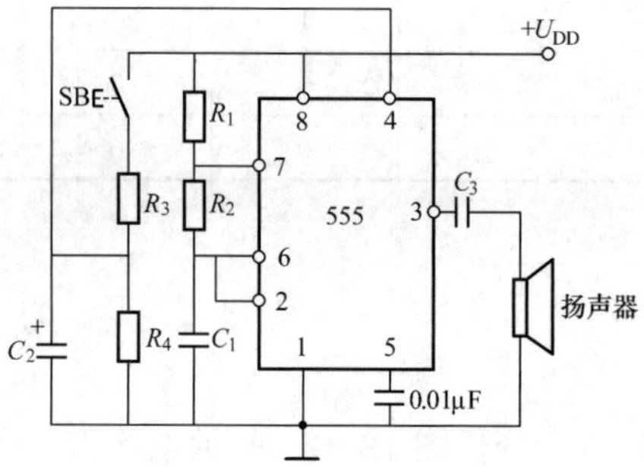

图 12-25 题 12.5 图

下篇　电工电子技术实验

实验须知

电工电子技术实验是电工电子技术课程重要的实践教学环节，一方面帮助学生巩固、加深对理论知识的理解，提高分析解决问题的能力，另一方面使学生得到电工电子技术方面实践技能的基本训练，培养学生的动手能力。

学生在每次实验之前，必须认真预习，明确实验目的，理解实验原理，掌握实验步骤，了解实验所需的设备和仪器、仪表的规格、使用条件和使用方法。

实验过程中，必须严格遵守实验室的各项规章制度和安全操作规程，认真进行实践操作，严格遵守“先接线后通电、先断线后拆线”的操作程序，重视人身和设备的安全，服从指导老师的指导。

实验结束后，实验数据需经指导老师检查签字，方可拆除电路，并在做好仪器设备的整理和环境清洁工作后，方可离开。

实验结束后，要认真整理分析实验数据，写出数据真实、条理清楚、内容完整的实验报告。

实验报告包括实验目的、实验原理、实验设备、实验步骤、实验数据、数据处理、实验总结、心得体会。

实验 1　基尔霍夫定律的验证

一、实验目的

(1) 验证基尔霍夫定律，加深对定律的理解。

(2) 使用练习控制屏上的电压表、电流表，为以后实验做准备。

二、实验基本原理

基尔霍夫电流定律说明了电路中某一节点中各电流之间的相互关系。定律指出：在任何瞬间，流入和流出任一节点的电流代数和恒等于零。数学式表达为

$$\sum I=0$$

基尔霍夫电流定律不仅使用于任一节点，而且可以推广应用到电流的某一闭合面。

基尔霍夫电压定律说明电路中任一闭合回路中各部分电压之间的相互关系。定律指出：在任一瞬间环绕电路中任一闭合回路，所得各段电压的代数和恒等于零。数学表达式为

$$\sum U=0$$

三、实验设备

(1) 直流稳压电源（6、12V 切换）1 个、可调直流稳压电源（0～30V）1 个。

(2) 直流数字电压表 1 个、直流数字电流（毫安）表 1 个。

(3) DJG－03 电压、电位测定实验板。

四、实验内容

（1）按 DGJ－03 上的叠加原理实验线路连线。如实验图 1－1 所示。

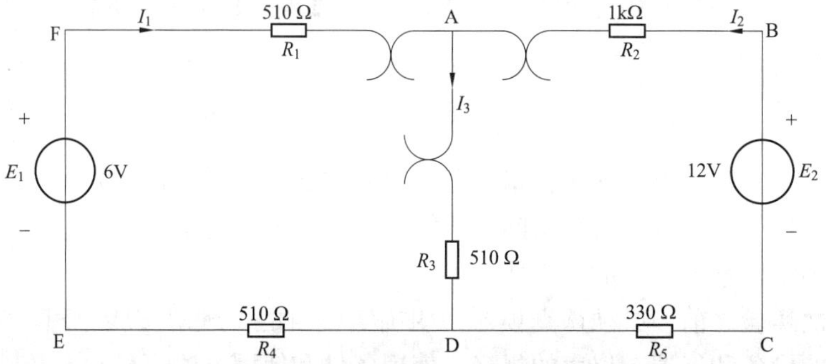

实验图 1－1　基尔霍夫定律和叠加定律实验电路图

（2）任意设定各支路电流的参考方向。如图中 I_1，I_2，I_3。

（3）分别将两路直流稳压电源接入电路，E_1 用固定输出 6V 电压源，E_2 用可调电源将其调出 12V。

（4）用电流插头和直流数字电流（毫安）表测量各支路电流，填入实验表 1－1 中。

（5）用直流数字电压表测量各段电压值，记入实验表 1－1 中。

（6）按实验表 1－1 中要求进行数据计算处理。

实验表 1－1　　基尔霍夫定律数据表

被测值	I_1（mA）	I_2（mA）	I_3（mA）	E_1（V）	E_2（V）	E_{FA}（V）	U_{AB}（V）	U_{AD}（V）	U_{CD}（V）	U_{DE}（V）
计算值										
测量值										
相对误差										

五、注意事项

（1）直流数字电压表与被测电路并联，电流表串入被测电路，注意表的极性。

（2）防止电压源两端短路。

（3）所有读数以直流数字电压表测量读数为准，而不应以电源盘指示值为准。

（4）实验过程中可能会测量到负的电压、电流值，此时应检查直流数字电压表或电流表是否接反，如果没有接反，则负值是由于选择的参考方向引起的；如果表接反，此时测量值应为正。

六、预习和思考题

（1）根据实验图 1－1 的电路参数，计算出 I_1，I_2，I_3 值，填入实验表 1－1 中，以便实验测量时，可以准确地判断直流数字电流表和直流数字电压表的量程。

（2）在实验图 1－1 的电路中，可以列出几个回路电压方程，它们与绕行方向有无关系？

七、实验报告要求

（1）根据实验数据，选择电路中任一节点，验证基尔霍夫电流定律的正确性。

（2）根据实验数据，选择电路中任一闭合回路，验证基尔霍夫电压定律的正确性。

（3）分析误差存在的原因。

实验 2　戴维南定理的验证

一、实验目的

（1）验证戴维南定理。

（2）重点掌握测量有源二端网络等效参数的一般方法。

二、实验基本原理

（1）戴维南定理。任何一个线性有源单口网络（二端网络）都可以用一个对外与它等效的电压源代替，等效电压源的电动势 E_S 等于有源单口网络输出端的开路电压，内阻 R_0 等于输出端开路电压 U_{OC} 与短路电流 I_{SC} 之比。如实验图 2－1 所示。

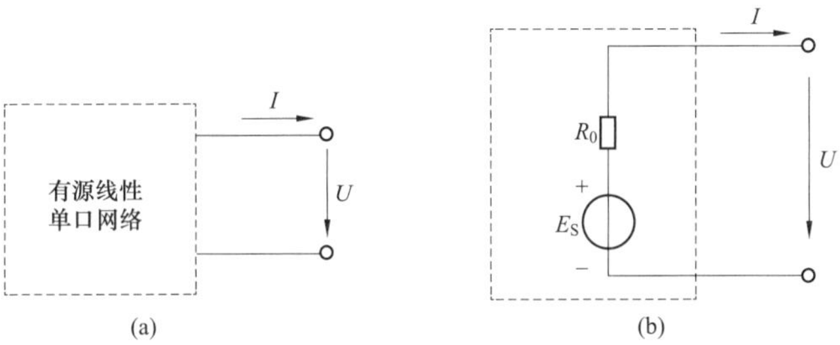

实验图 2－1　有源二端网络及其等效电路

（a）有源二端网络；（b）等效电路

一个线性有源二端网络，可以用实验方法测出它的开路电压 U_{OC}，这个电压即戴维南等效电路中的电动势 E_S。在网络允许短路的条件下，测出它的短路电流 I_{SC}，电阻 $R_0=U_{OC}/I_{SC}$，即戴维南等效电路中的等效电阻（或称串联电阻），如实验图 2－2 所示。如果网络不允许短路，可分别测出网络的开路电压 U_{OC} 和支路电压 U_L，如实验图 2－3 所示。由实验图 2－3 可得

$$U_L=\frac{R_L}{R_L+R_0}U_{OC}$$

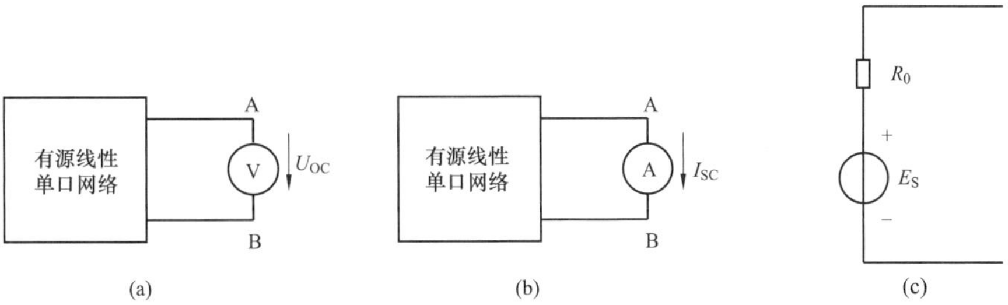

实验图 2－2　有源二端网络开路电压、短路电流测试方法及等效电路

（a）有源二端网络开路电压测试方法；（b）有源二端网络短路电流测试方法；（c）有源二端网络等效电路

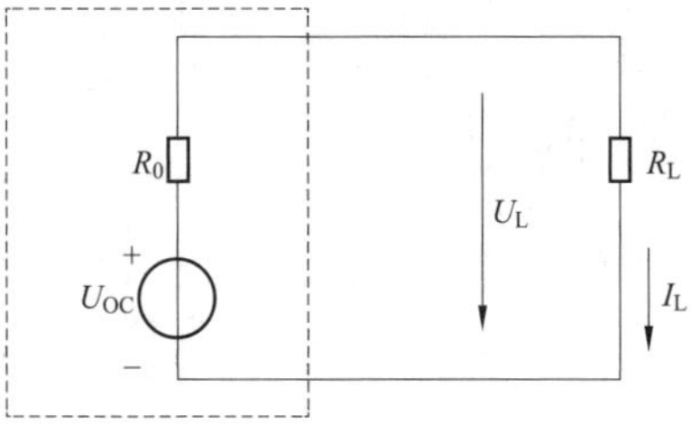

实验图 2-3 不允许短路情况下的有源二端网络的测试方法

若 R_L 已知，可求得

$$R_0=\frac{U_{OC}-U_L}{U_L}R_L$$

等效电动势 E_S 与等效电阻 R_0 串联，即构成戴维南等效电路。所谓等效是指它们的外特性关系 $U=f(I)$ 完全相同。

（2）有源二端网络等效参数的测量方法。U_{OC} 与 R_0 为有源二端网络的等效参数，常采用以下方法测量获得：

1）开路电压、短路电流法。在有源二端网络输出端开路时，用电压表直接测其输出端的开路电压 U_{OC}，而后再将输出端短路（允许短路的情况下），用电流表测其短路电流 I_{SC}，如实验图 2-2 所示。则内阻为

$$R_0=\frac{U_{OC}}{I_{SC}}$$

2）伏安法。在有源二端网络的内阻极低时，输出端不允许短路，可以采用伏安法来测量等效参数。先测量开路电压 U_{OC}，再测量额定电流 I_N 时的输出端电压 U_N。则内阻为

$$R_0=\frac{U_{OC}-U_N}{I_N}$$

三、实验设备

（1）可调直流稳压电源（0～30V）1 个，可调直流恒流源（0～200mA）1 个。

（2）直流数字电压表 1 个，直流数字电流表 1 个，万用表 1 块。

（3）可调电阻箱（0～9999.9Ω）1 个，电位器（1kΩ/1W）1 个。

（4）戴维南定理实验线路板。

四、实验内容

被测有源二端网络如实验图 2-4（a）所示。

（1）按 DGJ-03 上的戴维南定理实验线路连线，接入稳压电源 E_S 和恒流源 I_S。

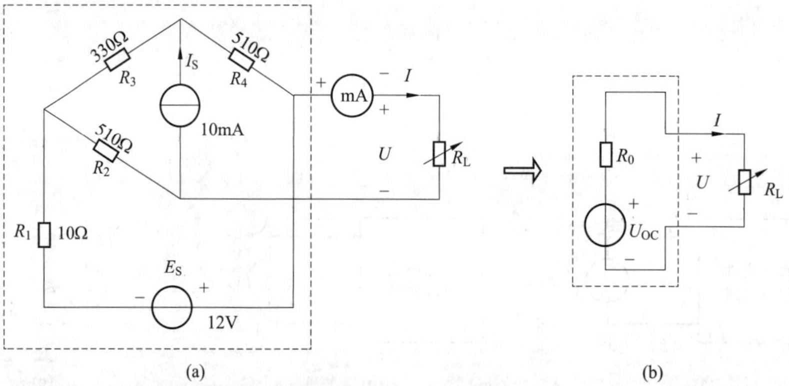

实验图 2-4 戴维南定理实验电路及其等效电路

（a）戴维南定理实验电路；（b）等效电路

(2) 测定戴维南等效电路开路电压 U_{OC}，短路电流 I_{SC}，计算出 R_0。

在测定时应注意 DGJ－03 戴维南定理线路中开关的作用，开关拨向左边为短路线，此时可测定短路电流 I_{SC}；开关拨向右边为负载 R_L，此时可测定开路电压 U_{OC}。记入实验表 2－1中。

实验表 2－1　　戴维南定理实验电路的开路电压和短路电流

U_{OC} (V)	I_{SC} (mA)	$R_0=U_{OC}/I_{SC}$ (Ω)

(3) 按实验图 2－4 (a) 改变 R_L 电阻值，测量有源二端网络的外特性，记入实验表 2－2。至少测量 5 组数据。

实验表 2－2　　有源二端网络的外特性

R_L (Ω)	
U (V)	
I (mA)	

(4) 用一只 1kΩ 电位器，将其阻值调整到等于按步骤 (2) 所计算的等效电阻 R_0 值，然后令其与直流稳压电源［调到步骤 (2) 时所测开路电压 U_{OC} 之值］串联，如实验图 2－4 (b) 所示，仿照步骤 (3) 测其外特性［所选外电阻 R_L 应与步骤 (3) 中电阻相对应］，对戴维南定理进行验证。结果记入实验表 2－3。

实验表 2－3　　有源二端网络等效电路的外特性

R_L (Ω)	
U (V)	
I (mA)	

五、注意事项

(1) 测量时，应根据被测电流大小更换直流数字电流表的量程。

(2) 用万用表直接测 R_0 时，网络内的独立源必须先置零，以免损坏万用表。

(3) 改接线路时，一定要关掉电源。

六、预习和思考题

(1) 根据实验图 2－4 (a) 的电路参数，计算开路电压 U_{OC}、短路电流 I_{SC} 和等效电阻 R_0 值，以便调整实验线路时准确选取直流数字电流、电压表的量程。另外在实验测量时，可以将计算值和实测数据做比较，并判断实测数据是否正确。

(2) 用电压源等效代替有源二端网络的依据是什么？

七、实验报告要求

(1) 根据实验内容 (3) 和 (4) 所测数据，验证戴维南定理的正确性，分别汇出曲线。

(2) 归纳总结实验结果。

(3) 心得体会及其他。

实验 3　日光灯电路功率因数的提高

一、实验目的

（1）研究正弦稳态电路中电压、电流相量之间的关系。

（2）重点掌握日光灯线路的连接。

（3）理解改善电路功率因数的意义并掌握其方法。

二、实验基本原理

（1）日光灯线路。实验图 3－1 所示为日光灯线路，可等效为实验图 3－2。A 为日光灯管（假设为纯电阻，其阻值为 R），L 为镇流器，S 为启辉器，C 为补偿电容器，用以改善电路的功率因数 $\cos\phi$。日光灯是一感性负载，功率因数 $\cos\phi$ 较小，为了提高其功率团数，可用并联电容器的方法。

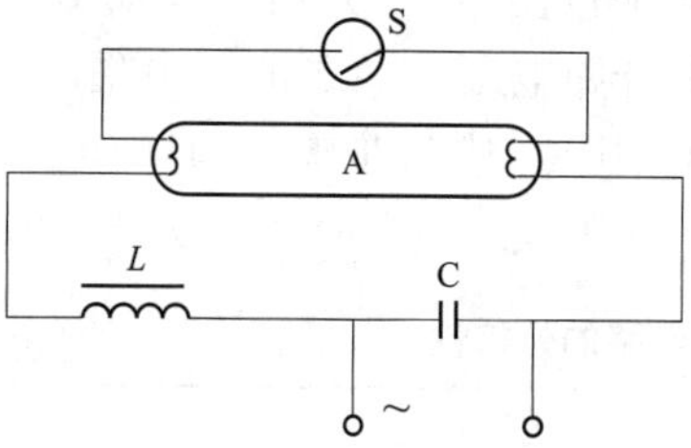

实验图 3－1　日光灯线路

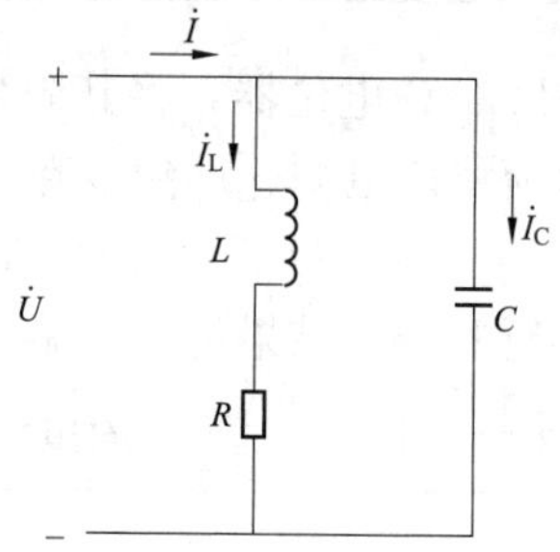

实验图 3－2　日光灯线路等效电路

1）未并联电容前，总电流 $\dot{I}$ 等于负载电流 $\dot{I}_L$，$\dot{I}_L=P/U\cos\phi_1$，由于是电感性负载，$\dot{I}$ 滞后 $\dot{U}$ 的角度是 ϕ_1。

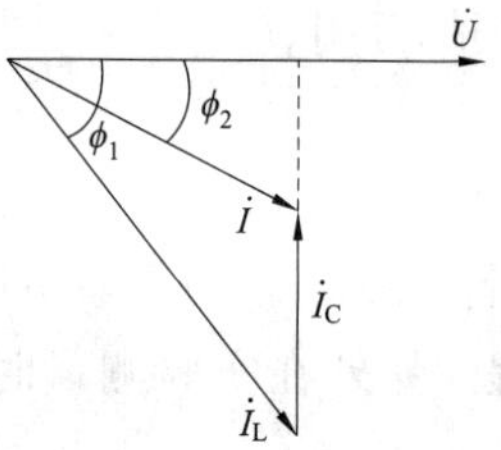

实验图 3－3　相量图

2）并联电容后，总电流 $\dot{I}=\dot{I}_L+\dot{I}_C$，如实验图 3－2 所示。由于 $\dot{U}$ 不变，流过负载的电流 $\dot{I}_L$ 也不会发生变化，$\dot{I}_C$ 因超前 $\dot{U}90°$，并联电容后总电流 $\dot{I}$ 有效值将减小，且总电压与总电流的相位差也减小（$\phi_2<\phi_1$），因而提高了电路的功率因数。从相量图 3－3 可知，流过电容器的无功电流分量与感性负载中的无功电流分量相互补偿，使总电流的无功分量减小。

（2）日光灯电路工作原理。日光灯管工作时，可以认为是一个电阻负载。镇流器是一个铁芯线圈，可以认为是一个很大的感性负载，两者串联起来构成一个 RL 串联电路。

当电源接通后，启辉器内的双金属卡与定片间的气隙被击穿而连续发生火花，使双金属片受热伸张与定片接触，于是灯管的灯丝接通。灯丝预热，发射电子，这时双金属片逐渐冷却与定片分开。镇流器线圈因电路突然断开而感应出很高的感应电动势，它和电源电压串联加到灯管的两端，使管内的气体电离产生弧光放电而发光。这时启辉器停止工作，镇流器起降压限流作用。30W 和 40W 的灯管点燃后的管压降仅 100V 左右，8W 日光灯的管压降为 60V 左右。

三、实验设备

(1) 单相交流电源（0～200V）1 台，三相自耦调压器 1 个。

(2) 交流电压表 1 个，交流电流表 1 个。

(3) 日光灯（30W）1 根，镇流器（与灯管 30W 配用）1 个，启辉器（与灯管 30W 配用）1 个。

(4) 电容器：1μF、2μF、4.7μF/450W 各 1 个。

四、实验内容

(1) 连接日光灯电路。按实验图 3-4 连接实验线路，经指导老师检查后，接至三相调压器输出端的一相，调节自耦调压器的输出，使其输出电压调至 220V，测量 U、U_L、U_A 及 I 等值，验证电压、电流相量关系。并计算出 P、$\cos\phi$。实验数据记入实验表 3-1。

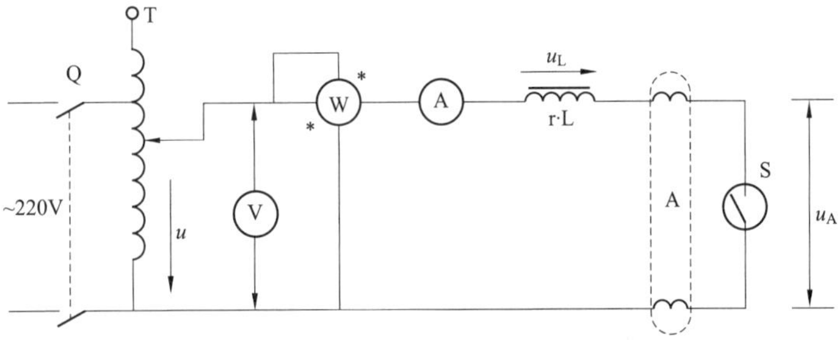

实验图 3-4　日光灯正常工作实验电路

实验表 3-1　日光灯正常工作值

工作状态	U（V）	U_L（V）	U_A（V）	I（A）	P（W）	$\cos\phi$
正常工作值						

(2) 并联电容以改善电路的功率因数。按实验图 3-5 接电路，经指导教师检查后，接通电源（$U=220$V），分别测出接 C_1、C_2、C_3 时的 U、U_A、I 及 I_L 等值。并计算出 P、$\cos\phi$。数据记入实验表 3-2。

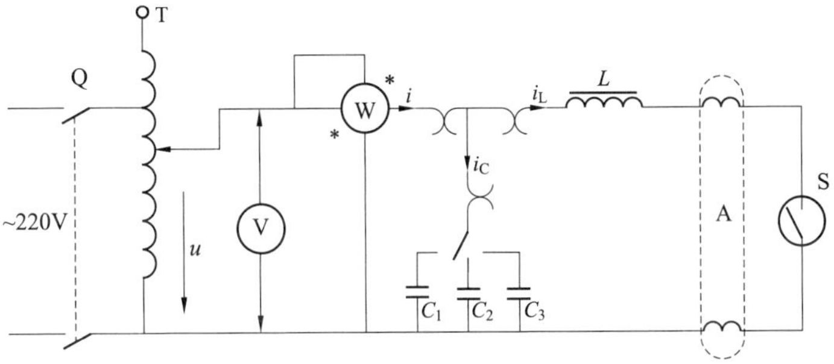

实验图 3-5　日光灯功率因数提高实验电路

实验表 3-2 日光灯功率因数提高数据表

电容值（μF）	测量值					计算值	
	U（V）	U_A（V）	I（A）	I_L（A）	I_C（A）	P（W）	$\cos\phi$
1							
2.2							
4.7							
6.9							

五、注意事项

（1）本实验用交流电 220V，务必注意用电和人身安全。

（2）接通电源前，应将自耦调压器手柄置在零位上。

（3）如线路接线正确，日光灯不能启辉时，应检查启辉器及其接触是否良好。

（4）改接线路时，一定要关掉电源。

六、预习和思考题

（1）参阅课外资料，了解日光灯的工作原理。

（2）为提高电路的功率因数采用并联电容的方法，总电路的电流将如何变化？此时感性元件上的电流和功率是否改变？

（3）为什么不采用串联电容的方法提高功率因数？并联电容时，电容器的值是不是越大越好？

七、实验报告要求

（1）根据表格中的数据进行计算，并进行必要的误差分析。

（2）归纳总结实验结果。

（3）根据实验数据，分别画出电压、电流相量图，验证相量形式的基尔霍夫定律。

（4）论述改善电路功率因数的方法及意义。

实验4　三相交流电路

一、实验目的

(1) 掌握三相负载作星形连接、三角形连接的方法，并验证连接方法中，线电压、相电压之间的关系，线电压、相电流之间的关系。

(2) 充分理解三相四线制供电线路中中性线的作用。

二、实验基本原理

三相交流电路由三相交流电源与三相负载按照一定方式连接而成。

三相交流电源向外提供的电压可以认为是对称的。三相电源在使用时可以作三角形(△)连接，也可以作星形(Y)连接。当作三角形连接时，可以提供一种对称的三相线电压。当作星形连接时，又分两种形式：一种是带中性线的星形连接(Y_0)，即三相四线制，可以提供两种规格的电压——相电压和线电压，供对称负载和非对称负载使用；另一种是不带中性线的星形连接(Y)，仅能提供一种规格的电压——线电压。

作Y_0连接时，相电压与线电压的关系为

$$U_L = \sqrt{3} U_{Ph}$$

三相交流负载有两种类型，一种是阻抗相等、性质相同的对称负载，另一种是不对称的三相负载。对于对称负载，根据使用电压要求可以连成星形，也可以连成三角形。

当作Y形连接时，则有

$$U_L = \sqrt{3} U_{Ph}, \quad I_L = I_P, \quad \dot{I}_A + \dot{I}_B + \dot{I}_C = \dot{I}_0 = 0$$

即中性线电流为零，可以不要中性线。

当作三角形连接时，则有

$$U_L = U_{Ph}, \quad I_L = \sqrt{3} I_{Ph}$$

非对称的三相负载，一般连成Y_0形，电压电流关系为

$$U_L = \sqrt{3} U_{Ph}, \quad \dot{I}_A + \dot{I}_B + \dot{I}_C = \dot{I}_0 \neq 0$$

中性线电流不为零，故中性线必须有，而且中性线上不允许安装熔断器和开关，否则，当中性线断开后，将使不对称负载上的相电压严重失衡。

三、实验设备

(1) 三相交流电源(0～200V) 1台，三相自耦调压器1个。

(2) 交流电压表1个，交流电流表1个。

(3) 三相灯组负载(15W/220V)三组共9个。

(4) 电门插座3个。

四、实验内容

(1) 三相负载作Y_0形连接。按实验图4-1连电路，三相灯组负载由三相自耦调压供电(先置零)，电路连好后，经实验指导老师检查后加电，按实验表4-1内容进行测量。

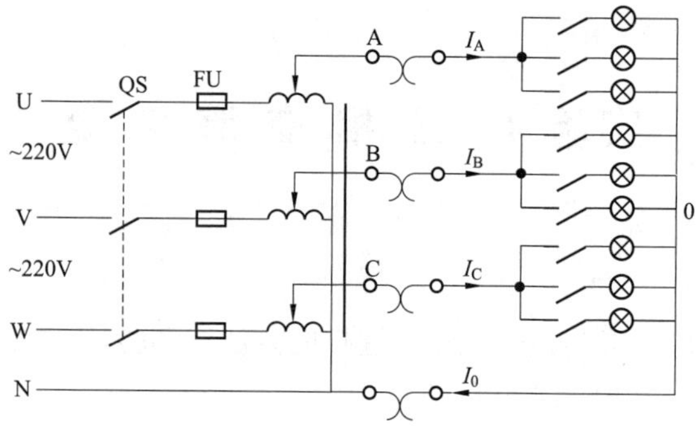

实验图 4－1　三相负载作Y_0形连接电路

实验表 4－1　　　　**三相负载作Y_0形连接实验数据表**

负载情况＼测量数据	开灯盏数			线电流（A）			线电压（V）			相电压（V）			中性线电流	中间点电压
	A相	B相	C相	I_A	I_B	I_C	U_{AB}	U_{BC}	U_{CA}	U_{A0}	U_{B0}	U_{C0}	I_0（A）	U_{N0}（V）
Y_0平衡负载	3	3	3											
Y平衡负载	3	3	3											
Y_0不平衡负载	1	2	3											
Y不平衡负载	1	2	3											
Y_0B相断开	1	断	3											
Y B相断开	1	断	3											
Y B相短路	1	短	3											

（2）负载三角形连接。按实验图 4－2 连好电路，经指导教师检查后，按表 4－2 测量数据。

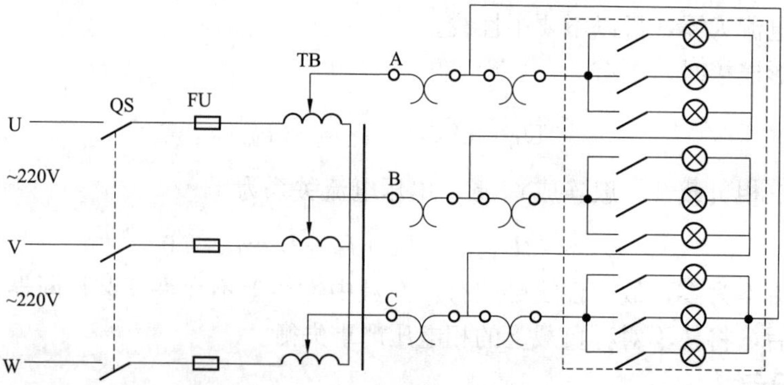

实验图 4－2　三相负载作三角形连接电路

实验表 4－2　　　　**三相负载作三角形连接实验数据表**

负载情况＼测量数据	开灯盏数			线电压＝相电压（V）			线电流（A）			相电流（A）		
	A－B相	B－C相	C－A相	U_{AB}	U_{BC}	U_{CA}	I_A	I_B	I_C	I_{AB}	I_{BC}	I_{CA}
平衡负载	3	3	3									
不载	3	3	3									

五、注意事项

(1) 本实验为380V交流市电，注意人身安全，不许触及导电部件。

(2) 每次接线完毕，同学先自检，后经指导老师检查后才可接通电源，实验完毕后，先断电再拆线。

(3) 星形连接作短路实验时，必须首先断开中线，以免发生短路事故。

(4) 在实验中将380V交流市电线电压降为220V的线电压使用。

(5) 测量数据较多，实验中认真细心，仔细检查，防止烧负载，并注意观察试验得到的数据是否合理，以验证实验的正确性。

六、预习和思考题

(1) 复习三相电路有关内容，分析三相星形连接不对称负载在无中性线情况下，当某相负载开路或短路时会出现什么情况？如果接上中性线，情况又如何？

(2) 本次实验中为什么要通过调压器将380V交流市电线电压降为220V的线电压使用？

七、实验报告要求

(1) 用实验测得的数据验证对称三相电路中的$\sqrt{3}$关系。

(2) 用实验数据及观察到的现象，总结三相四线制供电系统中中性线的作用。

(3) 不对称三相负载，三角形连接是否正常工作，为什么？

(4) 心得体会及其他。

实验5 三相笼型异步电动机正反转控制

一、实验目的

（1）通过对三相笼型异步电动机正反转控制线路安装接线，掌握由电气原理图接成实际操作电路的方法。

（2）加深对电气控制系统各种保护、自锁、互锁等环节的理解。

（3）学会分析、排除继电-接触控制线路故障的方法。

（4）理解点动控制和自锁的特点。

二、实验基本原理

继电-接触控制在各类生产机械中得到广泛地应用，凡是需要进行前后、上下、左右、进退等运动形式的生产机械，均采用传统的、典型的正转、反转继电-接触控制。

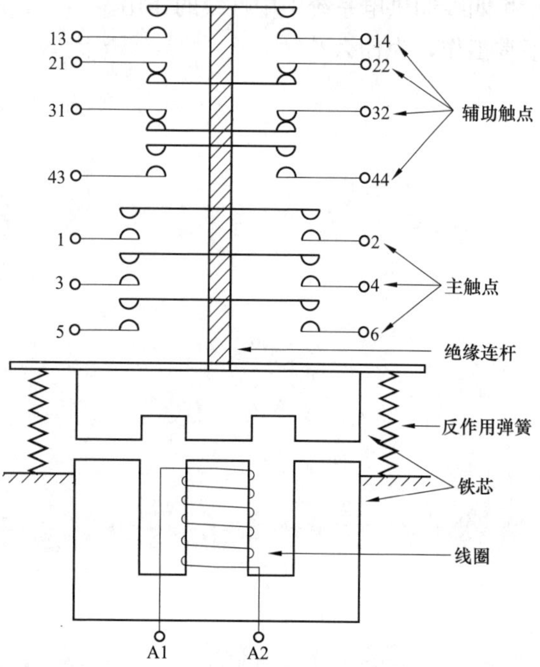

实验图5-1 交流接触器作用原理示意图

三相交流电动机继电-接触控制电路的主要设备是交流接触器，其作用原理示意图如实验图5-1所示。

主要构造有以下部分：

（1）电磁机构。电磁机构由线圈、动铁芯（衔铁）和静铁芯组成。

（2）触点系统。交流接触器的触点系统包括主触点和辅助触点。主触点用于通断主电路，有三对或四对动合触点；辅助触点用于控制电路，起电气连锁或控制作用，通常有两对动合和两对动断触点。

（3）灭弧装置。容量在10A以上的接触器都有灭弧装置。对于小容量的接触器，常采用双断口桥形触点以利于灭弧；对于大容量的接触器，常采用纵缝灭弧罩及栅片灭弧结构。

（4）其他部件包括反作用弹簧、缓冲弹簧、触点压力弹簧、传动机构及外壳等。

交流接触器的主触点主要用于主回路，控制主回路的通断。在控制回路中用辅助触点实现自锁和互锁控制。自锁是交流接触线圈得电后能自动保持动作后的状态，通常采用动合触点与启动按钮并联来实现自锁，以保持电动机的长期运行状态，这一动合触点称为“自锁触点”。互锁是使两个电器不能同时得电动作的控制，如何避免正转、反转两个接触器同时得电而造成三相电源短路事故，必须设置互锁控制。通常在具有正反转控制的线路中，既有接触器的动断辅助触点的电气互锁，又有复合按钮机械互锁的双重互锁控制环节。

电动机在运行时，应对可能出现的故障进行保护。其方法有在主回路中串入熔断器作短路保护，当电路发生短路故障时，熔断器迅速熔断，达到保护线路和电源的目的。另一种方法是采用热继电器实现过载保护，使电动机免受长期过载的危害。

在电气控制线路中，最常见的故障发生在接触器上，线路电压等级分为220、380V，使用时必须认清，切勿弄错，否则电压过高容易烧毁线圈；电压过低容易吸力不够，不容易吸合或吸合频繁，不仅产生很大的噪声，也因磁路气隙增大，致使电流大，也容易烧毁线圈。

生产上的许多设备如磨合、吊床等，工作时需要前后、左右等两个方向的往复运动，这样对拖动它们的电动机也要求能向正反两方向旋转。

实现电动机正反转的方法很多，最简单的方法是用手动电器（刀开关、转换开关或专用于正反转的倒顺开关等）进行控制。本实验采用两只交流接触器（或可逆磁力启动器）组成正反转控制线路，如实验图5－2所示。两个主回路上的相序不同，电动机的旋转方向不同。其工作过程如下：

正转时，按下正转启动按钮SB1，正转交流接触器KM1线圈通电，三个主触头KM1闭合，电动机正转，与SB1并联的动合辅助触点KM1闭合，实现自锁。动断辅助触点KM1断开，以防止反转触发器KM2得电而实现互锁。

停转时，按下停止按钮SB3，控制回路断电，KM1线圈断电，主触点断开，切断电动机电源，电机停转。

反转时，按下反转启动按钮SB2，反转交流接触器KM2线圈通电，三个主触点KM2闭合，电动机反转，与SB2并联的动合辅助触点KM2闭合，实现自锁。动断辅助触点KM2断开，以防正转触发器KM1得电而实现互锁。

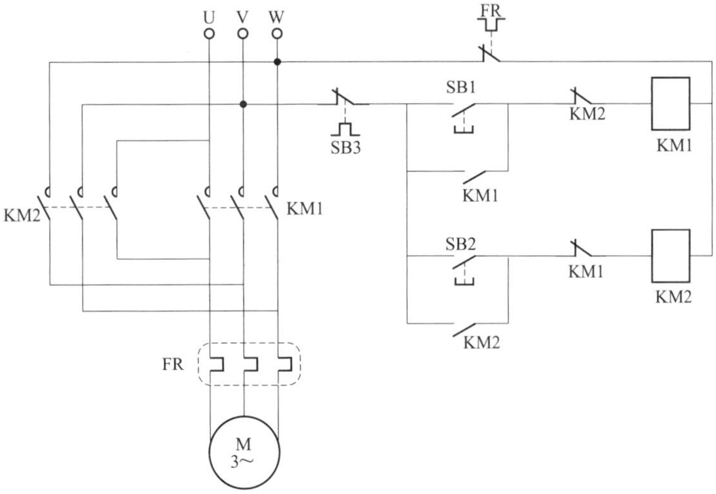

实验图5－2　三相笼型异步电动机的正反转控制

三、实验设备

（1）三相交流电源（200V）1台，三相自耦调压器1个。

（2）三相笼型异步电动机（DJ24）1台。

（3）交流接触器（CJ1010）1个。

（4）按钮一个。

（5）热继电器（JR16B－20/3D）1个。

（6）交流电流表1个。

四、实验内容

（1）认识实验各电气的结构，图形符号，接线方法；认真查看异步电动机铭牌上的数据，按铭牌要求将电动机定子三相绕组接成Y型。三相调压器线电压调至220V。

（2）点动控制。开启电源控制屏总开关，按启动按钮，调节调压器输出线电压220V后，按停止按钮，断开三相电源。按实验图5－3点动控制线路接线，先接主电路，即从三相调压输出端U、V、W开始，经接触器KM的主触点，热继电器FR的热元件到异步电机M的三个定子绕组端，用导线按顺序串联起来。主电路检查无误后，再连接控制回路，即从三相调压输出端的某相（如V）开始，经过热继电器FR的动断触点、接触器KM的线圈、动合（启动）按钮SB1到三相调压输出的另一相（如W）。接好线路，经指导教师检查后，方可进行通电操作。

1）按电源控制屏启动按钮，接通220V三相交流电源。

2）按下动合按钮SB1，对异步电机M进行点动操作，比较按下SB1与松开SB1时，电机和接触器的运行情况。

3）实验完毕，按电源控制屏停止按钮，切断电源。

（3）自锁控制。实验图5－4所示为自锁控制线路，它与实验图5－3的不同点在于控制电路中多串联了一个动断（停止）按钮SB2，同时在SB1上并联一个接触器KM的动合触点，起自锁作用。

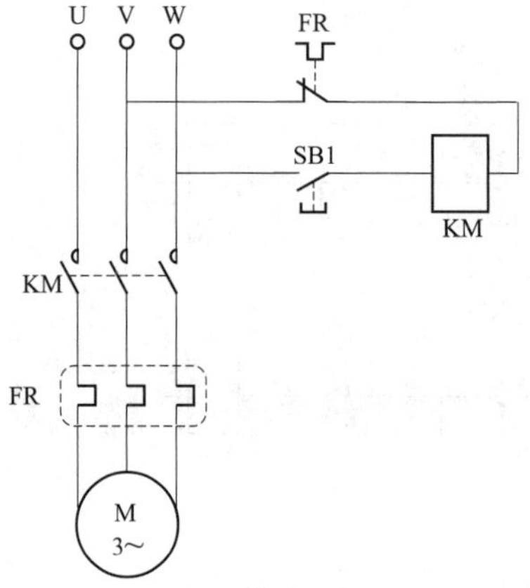

实验图5－3　三相笼型异步电动机的点动控制

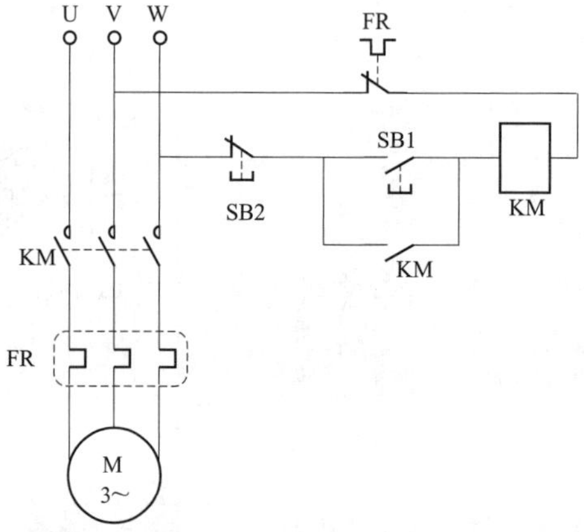

实验图5－4　三相笼型异步电动机的自锁控制

按实验图5－4接线，经指导教师检查后，方可进行通电操作。

1）按电源控制屏启动按钮，接通220V三相交流电源。

2）按启动按钮SB1，松手后观察电机M是否继续运转。

3）按停止按钮SB2，松手后观察电机M是否停止运转。

（4）正反转控制。实验图5－2为正反转控制线路，按图接线，经指导教师检查后，方可通电进行如下操作：

1）按电源控制屏启动按钮，接通220V三相交流电源。

2）按正向启动按钮 SB1，观察并记录电机的转向和接触器的运行情况。

3）按停止按钮 SB3，电机停止运行后，按反向启动按钮 SB2，观察并记录电机和接触器的运行情况。

4）实验完毕，按电源控制屏停止按钮，切断三相交流电源，拆除导线。

五、注意事项

（1）接线要牢靠。

（2）每次接线完毕，同学先自检，后经指导老师检查后才可接通电源，实验完毕后，先断电再拆线。

（3）操作既要大胆，又要细心，不能用手触摸导电部分及电动机转动部分。

六、预习和思考题

（1）复习三相异步电动机直接启动和正反转控制线路的工作原理，并理解自锁、互锁及点动的概念，以及短路保护、过载保护和零电压保护的概念。

（2）复习交流接触器的工作原理。

（3）自锁控制线路在长期工作后，可能会失去自锁作用，试分析产生的原因？

（4）在电动机正反转控制线路中，为什么必须保证两个接触器不能同时工作？采用哪些措施可以解决此问题？

七、实验报告要求

（1）用观察到的现象，总结实验结果。

（2）心得体会及其他。

实验6 常用电子仪器的使用

一、实验目的

（1）学习电子电路实验中常用的电子仪器，如函数信号发生器、示波器、万用表、交流毫伏表等的主要技术指标、性能及正确的使用方法。

（2）掌握使用函数信号发生器 SFG－2110 调制波形参数的方法。

（3）掌握使用双踪示波器 GDS－1072A－U 观察信号波形及获取波形参数的方法。

（4）掌握使用 DY2101 数字式万用表测量电阻、电流，电压的方法。

（5）掌握使用 DF1930A 交流毫伏表测量交流信号电压有效值的方法。

二、实验原理

在电工电子技术实验中，经常使用函数信号发生器、直流稳压电源、示波器及万用表对电子电路的静态和动态工作情况进行测试。

实验中我们要按照设计及测试需要，综合运用各种电子仪器。各仪器之间的布局原则是信号流向、连线简洁、易于操作及观察和读取数据方便准确。

为了提高设计系统的安全性和精确性，各仪器的公共接地端共地、各仪器使用专用电缆线。各仪器与被测装置之间的布局和连接如实验图 6－1 所示。

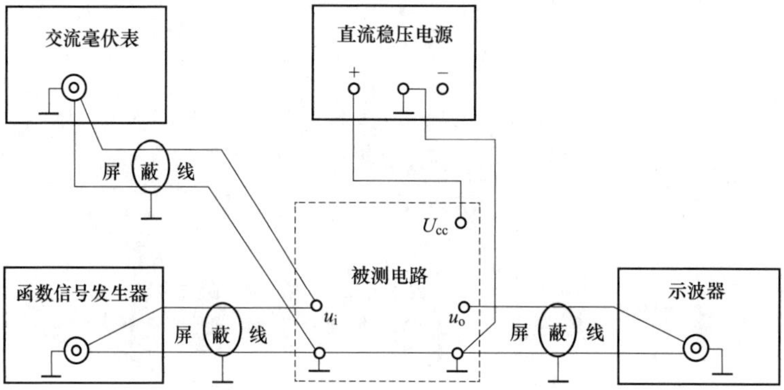

实验图 6－1 电工电子技术中常用电子仪器布局

三、实验设备和仪器

（1）函数信号发生器按需要输出正弦波、方波、三角波三种信号波形。本实验选用 SFG－2110 函数信号发生器，控制面板，如实验图 6－2 所示。SFG－2110 函数信号发生器使用最先进的直接数字合成（DDS）技术来产生稳定高分辨率的输出频率，克服传统信号发生器采用锁相回路（PLL）技术产生的相位颤动、频率切换响应、输出频率精确度和稳定度较差等问题。SFG－2110 函数信号发生器使用方法如下：

1）选择波形。点击函数信号发生器左下角的“POWER”键，根据所需波形，重复按“WAVE”键，相对应的波形图标会出现在显示器上面。

2）设定并编辑频率。使用数字键输入波形频率，同时点击数字键盘最右一列灰色按键选择输出频率的单位，单位有 MHz、kHz、Hz%。输入频率值后，点击“SHIFT”键，使显示器上的 SHIFT 消失，这时可以使用控制面板右上角的光标键左移或右移开启的光标，使用编辑旋钮向左旋转降低或向右旋转增加频率值。注：三角波频率最大限制在 1MHz，超过时会出现“Freq - Err2”提示。

3）设定并编辑工作周期（方波）。点击“SHIFT”键和数字“7”键进入工作周期编辑模式“DUTY”，指示灯出现在显示器上。方波周期默认值为 50%，可设定范围为 20%～80%，利用数字键即可输入工作周期。使用编辑旋钮调整工作周期值，并用光标移动数字（与编辑频率的方法一样）。5s 之内没有操作，显示器会自动回到前一个模式（检视频率）。注：在正弦波和三角波的操作模式下，不能设定工作周期，并有信号提醒。

4）设定振幅。对于一般的输出，将函数信号发生器的信号输出端“OUTPUT 50Ω”与外部设备连接后，向右或向左旋转振幅旋钮“AMPL”，即可实现幅值大小的调整，输出范围为 10Vpp，50Ω 的负载。如果需要对输出的幅值进行衰减，方法有二：第一，拉起振幅旋钮“AMPL”，输出振幅衰减－20dB（没有信号显示）；第二，按“SHIFT＋8”键，输出衰减－20dB，指示灯出现在显示器上。

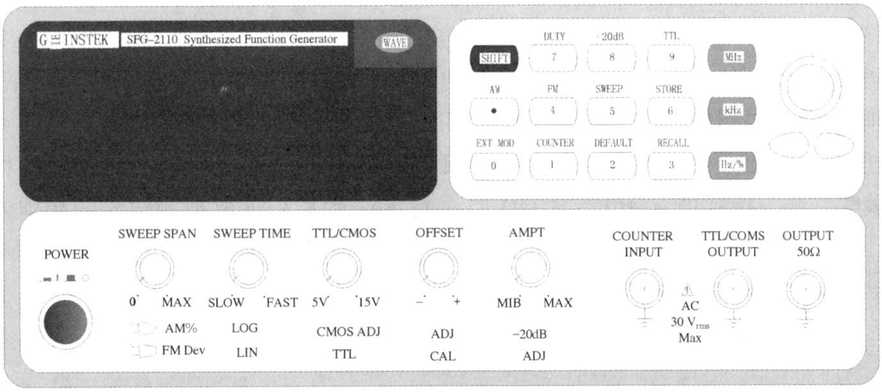

实验图 6 - 2　SFG - 2110 函数信号发生器控制面板

（2）示波器是一种具有广泛用途的电子测量仪器，本实验使用 GDS - 1072A - U 双踪示波器来观察和获取波形参数，它的控制面板如实验图 6 - 3 所示，其主要参数及使用方法如下。

1）自我校准（探棒补偿信号）。点击双踪示波器左下角的“POWER”键开机预热后，在没有 DUTY 信号或比较信号的情况下，我们使用探棒补偿信号。具体方法为：

a. 使用探棒将信号补偿输出端与通道出入端相连。

b. 按“Utility”键，在出现的菜单中选择第二项（探棒补偿菜单），同时在信号类型中选择方波信号，并用“VARIABLE”旋钮将频率设置为 1kHz、占空比（Duty Cycle）为 50%。

c. 点击双踪示波器右上角的自动设置“Auto set”键，将看到校准方波及 CH1 通道的一些参数设置。点击面板上的“Measure”键，观察检测到的校准方波的峰-峰值、频率及占空比的数值是否与系统设置数值（2V、1kHz、50%）相同。若相同，则不需要调整探头，可以进行被测信号的检测。

2）适当调整垂直“VERTICAL”、水平“HORI20NTAL”移动旋钮，使扫描光迹位于屏幕基准线的中央。GDS－1072A－U 双踪示波器具有“CH1”和“CH2”双信号输入通道按钮，可以单通道、双通道同时显示。波形运算“MATH”设置具有（ADD）加、（SUB）减、（Multi）乘、FFT 计算及 FFT RMS 计算的类型。视窗类型可根据被测波形适当选择。

3）为了获取清晰稳定的信号波形，并得到准确的参数值，请注意双踪示波器面板上以下控制开关的功能：

a. 扫描速率控制旋钮“TIME/DIV”。根据被测信号周期大小及双踪示波器显示窗口大小进行适当调整。

b. 微调旋钮“VARIABLE”。增大或减小数值，移至下一个或上一个参数。当波形不太稳定时，可以适当的旋转此旋钮，同时可以对“CH1”和“CH2”通道的电压及电流参数进行选择和调整。

4）采样模拟输入信号，并将其转化为方便内部处理的数字格式，需对获取模式进行设置。点击控制面板上的“Acquire”键，选择获取模式：Normal、Average 和 Peak Detect，通常选用 Normal 模式。

5）适当调节“TIME/DIV（扫描速率）旋钮”及“VOLTS/DIV（Y 轴灵敏度）旋钮”开关使屏幕上显示 1～3 个周期的被测信号波形，并通过上下键和左右键调整好波形的位置，使其位于窗口基准线的中心。由于 GDS－1072A－U 双踪示波器具有自动测量数值的功能，在获取清晰稳定的波形后，点击控制面板的“Measure”键，即可在窗口的最右一列读取关于输入波形的相关参数值。同时，测试者也可以通过读取波形波峰和波谷之间的格数并与“Y 轴灵敏度”开关指示值（VOLTS/DIV）进行乘法运算来求取被测信号的幅值。通过读取被测波形一个周期在屏幕坐标刻度水平方向格数并与“扫速”开关指示值（TIME/DIV）进行乘法运算来求取信号的频率值。

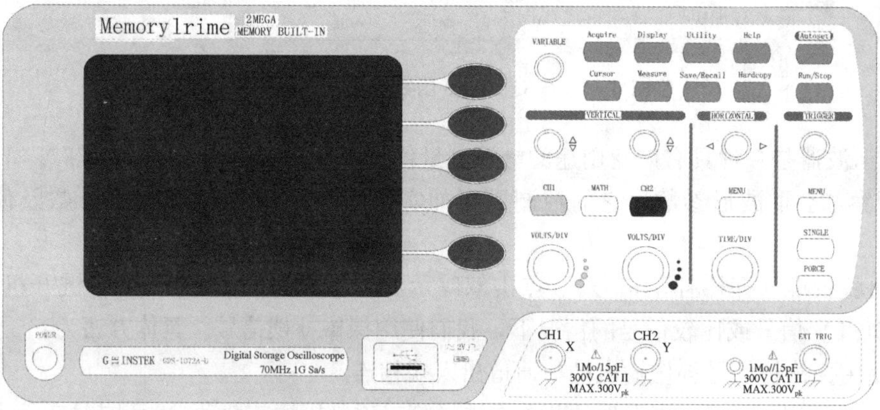

实验图 6－3　GDS－1072A－U 双踪示波器控制面板

（3）DF1930A 交流毫伏表。交流毫伏表用来测量输入交流信号的电压有效值。DF1930A 交流毫伏表采用单片机控制技术，集模拟与数字技术于一体，是一种通用型智能化的全自动单通道数字交流毫伏表；具有测量精确度高、速度快、输入阻抗高、频率影响误差小等优点；具备自动/手动测量功能，同时显示电压值的 dB/dBm 值。使用方法如下：

a. 开机预热，仪器通过自检后即进入测量状态，自动测量方式时，仪器能根据被测信号的大小自动选择量程，同时允许手动方式干预量程选择。自动方式下量程处于300V挡时，若OVER灯亮表示过量程，此时，电压显示HHHHV，dB显示为HHHH dB。

b. 当采用手动测量方式时，加入信号前请选择合适的量程。OVER灯亮表示过量程，UNDER灯亮表示测量欠量程，需切换到较小的量程进行测量。

(4) 万用表是测量电阻、电压、电流等参数的常用仪器。它具有体积小、使用方便、检测精度较高、造价低等一系列优点，应用极为广泛。目前，常用的万用表有指针式和数字式两大类，本实验选用DY2101数字式万用表，控制面板如实验图6-4所示。

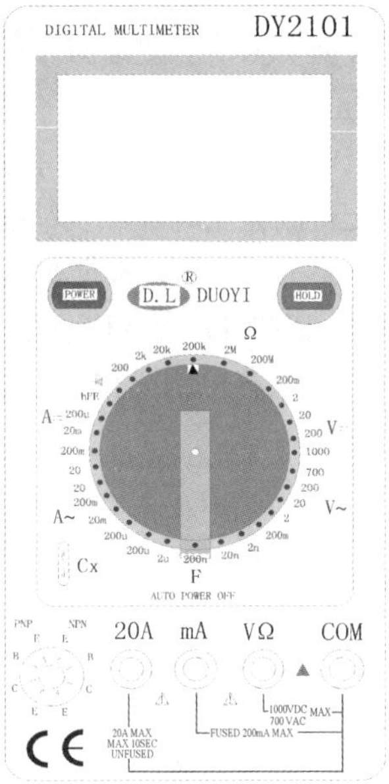

实验图6-4　DY2101数字万用表控制面板

数字万用表与指针式万用表相比，具有以下优点：测量值直接用数字显示，读数直观、准确；机内采用大规模集成电路，极大地提高了测量内阻，从而减小测量误差，提高测量精确度；提高了防磁能力，使其在强磁场下也能正常工作；增加了保护装置，具备了输入超限显示功能，提高了可靠性和耐久性。DY2101数字万用表采用大号数字LCD显示，使用旋钮式量程转换开关，操作简便；表内装有蜂鸣器，可提高连续检测的速度；电池能量消耗较小，并设有电池低电压指示功能，可防止电池低电压而引起测量误差。

1) DY2101数字万用表主要技术指标。直流基本精确度为±0.05%，输入阻抗为10MΩ，具有全程保护功能，测量范围见实验表6-1。

实验表6-1　　DY2101数字万用表测量范围

项目	测量范围
直流电流	0～200μA～20mA～200mA～20A
交流电流	0～200μA～20mA～200mA～20A
直流电压	0～200mV～2V～20V～200V～1000V
交流电压	0～2V～20V～200V～700V
电阻	0～200Ω～20kΩ～20MΩ～200MΩ
电容	0～2nF～20nF～200nF～2μF～200μF
二极管和线路通断测量	显示二极管正向电压值，导通电阻小于200Ω时，机内蜂鸣器响
晶体三极管 h_{FE} 参数测量	0～1000β

2) 各主要旋钮的的作用。DY2101数字万用表的控制面板上半部有一个数字显示屏，下半部有4个输入插孔，中间是量程开关、电源开关和 h_{FE} 插孔。各部分功能如下：

a. 显示屏。能显示 $3\frac{1}{2}$ 的位数和多种提示符。即满量程为±2000，实际显示最大值为±1999，其中最高位只显示0和1，而后三位的每一位可显示0～9。若将满量程的最高位2作为分母，将实际显示最大值最高位1作为分子，则显示屏的显示位数可表示为 $3\frac{1}{2}$ 位。

b. 电源开关。点击“POWER”键开机，电源接通；再次点击该键关机。

c. 量程旋转开关。所有项目和量程都由此旋转开关来决定。应根据不同测量信号的要求，首先确定该旋转开关的挡位。当被测信号值未知时，应将量程开关置于最大挡位，然后再根据实测情况逐渐减小量程，直到满意为止。

d. 输入插孔。将黑表笔插入“COM”孔。当测交直流电压、电阻、二极管时，红表笔插入“VΩ”孔。当测量小于200mA交直流电流时，红表笔插入“A”孔，当测量200mA～20A的交直流电流时，红表笔插入“20A”孔。

e. h_{FE} 插孔。根据被测三极管的种类、型号，将三极管的e、b、c三个极分别插入对应的“NPN”或“PNP”插孔内。

f. 电容检测插孔。将单个电容的两个管脚分别插入该插孔中（务必在测量前将电容完全放电）。

3）使用方法。

a. 测量直流电压。将量程开关置于“DCV”的相应挡位，黑表笔插在“COM”插孔，红表笔插在“VΩ”插孔，打开电源到“ON”处，将表笔接到测量点上，读数即现。

b. 测量交流电压。将量程开关置于“ACV”的相应挡位，红、黑表笔的插入位置与直流电压测量时的相应位置相同，将表笔接到测试点上，读数即现。

c. 测量直流电流。将量程开关置于“DCA”的相应挡位，当被测电流超过200mA时，应将红表笔插入“20A”插孔；当被测电流小于200mA时，应将红表笔插入“200mA”插孔。黑表笔仍插在“COM”孔中，然后将红、黑表笔串入被测电路中，读数即现。

d. 测量交流电流。将量程开关置于“ACA”的相应挡位，其测量方法与测量直流电流的方法相同。

e. 测量电阻。将量程开关置于电阻的相应挡位，黑表笔插入“COM”插孔，红表笔插入“VΩ”孔，然后将表笔接到电阻两端，读数即现。

f. h_{FE} 检测。根据被测三极管是NPN型或PNP型，将量程开关置于相应的位置，然后将被测三极管的e、b、c三个极分别插入对应的“e”“b”“c”插孔内，此时，将显示出40～1000的β值。

g. 测量二极管压降。将量程开关置于二极管挡，因为数字万用表的红表笔接表内电池的正极，因此在测试时将红表笔插入“VΩ”孔，接二极管的正极；黑表笔插入“COM”孔，接二极管的负极。

4）注意事项。

a. 数字万用表使用9V叠层电池，如电池电压不足，显示屏将有低电压字符显示，此时应及时更换电池，以免引起测量误差。在电池盒内，还装有0.5A的熔断器。当熔断器断开后，显示屏上将无显示，打开电池盖可进行更换。

b. 在使用中，特别是测量电流时应注意量程开关当前的挡位是否合适，红、黑表笔所插的孔是否正确。否则，容易引起数字万用表的损坏。

c. 应在显示数字稳定后再读数，若显示数字一直在一个范围内变化，则应取中间值。

d. 不允许在测220V以上高压或0.5A以上大电流时拨动量程开关，以免产生电弧，烧坏开关触点。

e. 不允许在被测线路带电的情况下测量电阻，也不允许测量电池的内阻，因为这样做不仅对测试结果毫无意义，还容易烧坏数字万用表。

f. 在选用电阻挡检测二极管时，红表笔为正极，黑表笔为负极，与指针式万用表用法相反。

四、实验内容

(1) 测量示波器内的校准信号。用示波器内校准信号（方波 $f=1\text{kHz}\pm2\%$，$V_{PP}=2\text{V}\pm10\%$，占空比为50%）对示波器进行自检。

1) 调出校准信号波形。将示波器校准信号输出端通过专用电缆线与CH1或CH2输入插口接通，调节示波器周期（TIME/DIV）旋钮及Y轴灵敏度（VOLTS/DIV）旋钮，则在窗口显示出一个或数个周期的方波。

2) 测量校准信号幅度、周期、上升时间和下降时间。点击自动设置按钮（Auto set），待方波波形稳定后，点击测量按钮（Measure），在窗口的波形右侧将显示出示波器自检的方波参数值（幅度、频率、上升/下降沿时间），依次记入实验表6-2中。也可调节“Y轴灵敏度”旋钮及微调旋钮，并移动波形，使方波波形在垂直方向上正好占据中心轴上，且上下、左右对称，读取方波一个周期横向和纵向所占栅格数，通过计算得到幅度、频率及上升/下降沿时间。

实验表6-2　　校准信号测试数据表

	标准值	实测值
幅度	2V	
频率	1kHz	
上升沿时间	$\leqslant 2\mu s$	
下降沿时间	$\leqslant 2\mu s$	

(2) 用示波器、交流毫伏表和数字万用表测量信号参数。使用函数信号发生器输出频率分别为100Hz、1kHz、10kHz、100kHz，有效值均为1V（交流毫伏表测量值）的正弦波信号。

调整示波器周期（TIME/DIV）及“Y轴灵敏度（VOLTS/DIV）”旋钮，测量信号的频率及峰峰值，记入实验表6-3。

实验表6-3　　正弦波信号测试数据表

信号频率	示波器测量值		交流毫伏表读数（V）	数字万用表读数（V）	示波器测量值	
	周期（ms）	频率（Hz）			峰-峰值（V）	有效值（V）
100Hz						
1kHz						
10kHz						
100kHz						

(3) 用双踪示波器显示并测量两波形的相位差。

1) 按实验图6-5连接实验电路，利用函数信号发生器产生频率为1kHz，幅值为2V的正弦波，经RC移相网络获得频率相同但相位不同的两路信号 u_i 和 u_R，通过CH1和CH2输入示波器。

2）点击示波器控制面板“CH1”“CH2”键，分别调节↑↓移位旋钮，使两条扫描基线重合。同时调整示波器周期（TIME/DIV）及“Y 轴灵敏度（VOLTS/DIV）”旋钮，使荧屏上显示出易于观察的两个相位不同的正弦波 u_i 和 u_R，如实验图 6－6 所示。通过两波形在水平方向差距 X，及信号周期 X_T，即可求得两波形相位差。

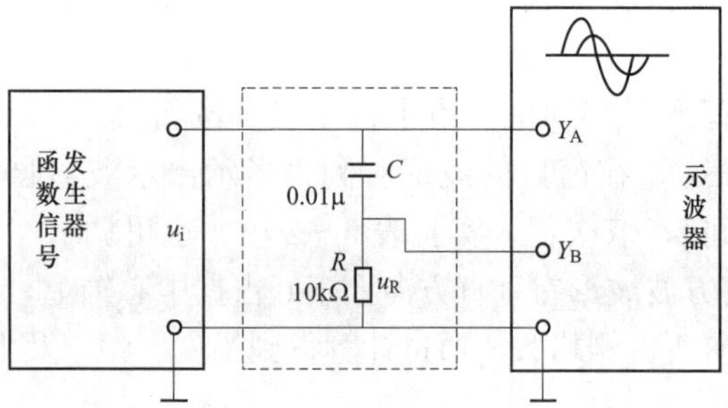

实验图 6－5　两波形间相位差测量电路

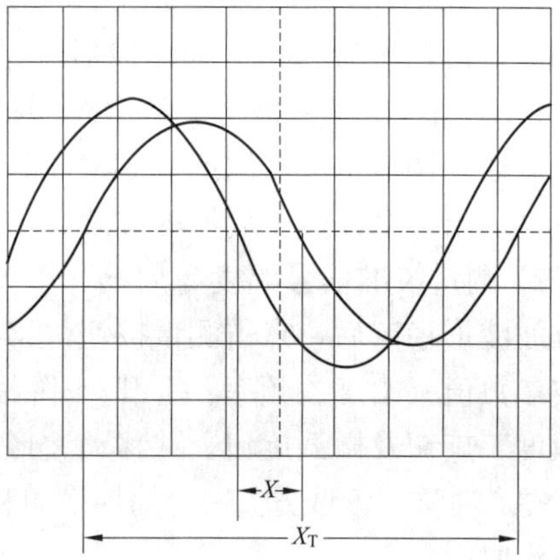

实验图 6－6　双踪示波器显示两相位不同的正弦波

相位差为

$$\theta=\frac{X\ (\text{div})}{X_T\ (\text{div})}\times 360^\circ$$

式中：X_T 为一周期所占格数；X 为两波形在 X 轴方向差距格数。记录两波形相位差于实验表 6－4。

实验表 6－4　　两波形相位差

一周期格数	两波形 X 轴差距格数	相位差	
		实测值	计算值
X_T=	X=	θ=	θ=

注　为读数和计算方便，可适当调整示波器周期及“Y 轴灵敏度”旋钮，使波形一周期占整数格。

五、预习和思考题

（1）阅读实验基本原理中有关示波器部分内容。

（2）已知 C=0.01μf、R=10kΩ，计算实验图 6－5 RC 移相网络的阻抗角 θ。

六、实验报告要求

（1）整理实验数据，并进行分析。

（2）如何调整示波器相关旋钮，当双踪显示比较相位时，可以观察到稳定、清晰的相位差？

（3）函数信号发生器有哪几种输出波形？频率如何设置？衰减信号的方式有哪些？

实验 7　晶体管共射极单管放大器

一、实验目的

（1）学会放大器静态工作点的调试方法，分析静态工作点对放大器性能的影响。

（2）掌握放大器电压放大倍数、输入电阻、输出电阻及最大不失真输出电压的测试方法。

（3）熟悉常用电子仪器及模拟电路实验设备的使用。

二、实验基本原理

实验图 7-1 为共射极单管放大器实验电路图。它的偏置电路采用 R_{B1} 和 R_{B2} 组成的分压电路，并在发射极中接有电阻 R_E，以稳定放大器的静态工作点。当在放大器的输入端加入输入信号 u_i 后，在放大器的输出端便可得到一个与 u_i 相位相反，幅值被放大了的输出信号 u_0，从而实现电压放大。

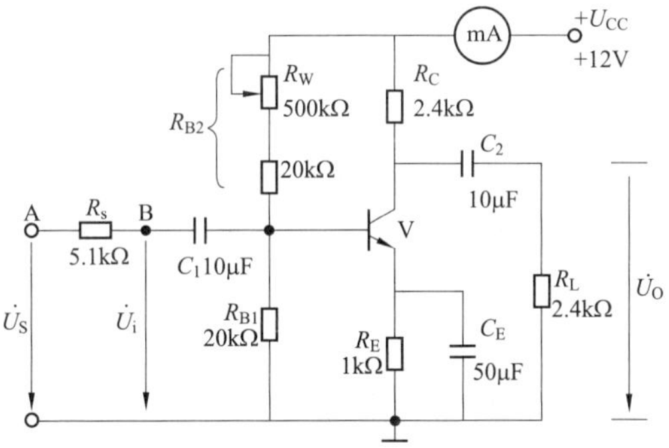

实验图 7-1　共射极单管放大器实验电路

在实验图 7-1 电路中，当流过偏置电阻 R_{B1} 和 R_{B2} 的电流远大于晶体管 V 的基极电流 I_B 时（一般 5～10 倍），则它的静态工作点可估算为

$$U_B \approx \frac{R_{B1}}{R_{B1}+R_{B2}} V_{CC}$$

$$I_E \approx \frac{U_B - U_{BE}}{R_E} \approx I_C$$

$$U_{CE} = U_{CC} - I_C(R_C + R_E)$$

电压放大倍数为

$$A_u = -\beta \frac{R_C // R_L}{r_{be}}$$

输入电阻为　　$R_i = R_{B1} // R_{B2} // r_{be}$

输出电阻为　　$R_0 \approx R_C$

由于电子器件性能的分散性比较大，因此在设计和制作晶体管放大电路时，离不开测量和调试技术。在设计前应测量所用元器件的参数，为电路设计提供必要的依据，在完成设计和装配以后，还必须测量和调试放大器的静态工作点和各项性能指标。一个优质放大器，必定是理论设计与实验调整相结合的产物。因此，除了学习放大器的理论知识和设计方法外，还必须掌握必要的测量和调试技术。

放大器的测量和调试一般包括放大器静态工作点的测量与调试，消除干扰与自激振荡及放大器各项动态参数的测量与调试等。

（1）放大器静态工作点的测量与调试。

1）静态工作点的测量。测量放大器的静态工作点，应在输入信号 $u_i=0$ 的情况下进行，即将放大器输入端与地端短接，然后选用量程合适的直流毫安表和直流电压表，分别测量晶体管的集电极电流 I_C 及各电极对地的电压 U_B、U_C 和 U_E。一般实验中，为了避免断开集电极，所以采用测量电压 U_E 或 U_C，然后算出 I_C 的方法，例如，只要测出 U_E，即可用

$I_C\approx I_E=\dfrac{U_E}{R_E}$算出 $I_C$$\left(\text{也可根据 } I_C=\dfrac{U_{CC}-U_C}{R_C}\text{，由 } U_C \text{ 确定 } I_C\right)$，同时也能算出 $U_{BE}=U_B-U_E$，$U_{CE}=U_C-U_E$。

为了减小误差，提高测量精确度，应选用内阻较高的直流电压表。

2）静态工作点的调试。放大器静态工作点的调试是指对管子集电极电流 I_C（或 U_{CE}）的调整与测试。

静态工作点是否合适，对放大器的性能和输出波形都有很大影响。如工作点偏高，放大器在加入交流信号以后易产生饱和失真，此时 u_0 的负半周将被削底，如实验图 7-2（a）所示。如工作点偏低则容易产生截止失真，即 u_0 的正半周被缩顶（一般截止失真不如饱和失真明显），如实验图 7-2（b）所示。这些情况都不符合不失真放大的要求。所以在选定工作点以后还必须进行动态调试，即在放大器的输入端加入一定的输入电压 u_i，检查输出电压 u_0 的大小和波形是否满足要求。如不满足，则应调节静态工作点的位置。

改变电路参数 U_{CC}、R_C、R_B（R_{B1}、R_{B2}）都会引起静态工作点的变化，如实验图 7-3 所示。但通常多采用调节偏置电阻 R_{B2} 的方法来改变静态工作点，如减小 R_{B2}，则可使静态工作点提高等。

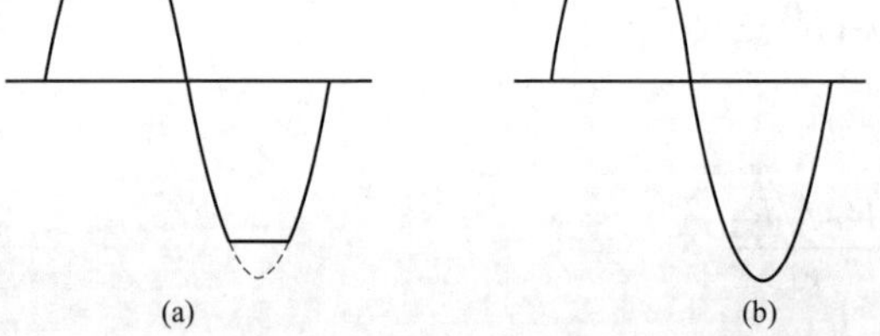

实验图 7-2 静态工作点对 u_0 波形失真的影响

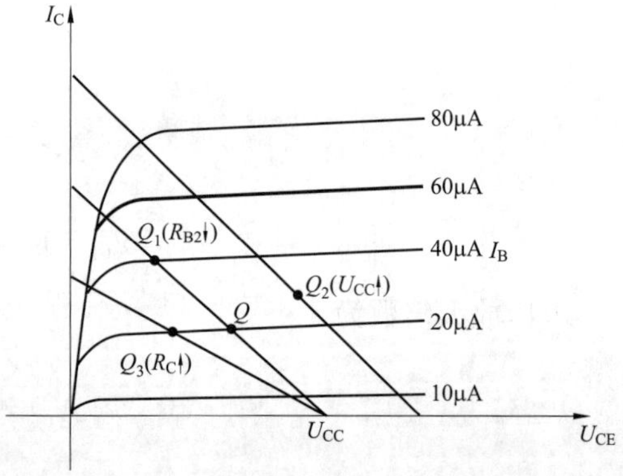

实验图 7-3 电路参数对静态工作点的影响

最后还要说明的是，上面所说的工作点“偏高”或“偏低”不是绝对的，应该是相对信号的幅度而言，如输入信号幅度很小，即使工作点较高或较低也不一定会出现失真。所以确切地说，产生波形失真是信号幅度与静态工作点设置配合不当所致。如需满足较大信号幅度的要求，静态工作点最好尽量靠近交流负载线的中点。

(2) 放大器动态指标测试。放大器动态指标包括电压放大倍数、输入电阻、输出电阻、最大不失真输出电压（动态范围）和通频带等。

1) 电压放大倍数 A_V 的测量。调整放大器到合适的静态工作点，然后加入输入电压 u_i，在输出电压 u_0 不失真的情况下，用交流毫伏表测出 u_i 和 u_0 的有效值 U_i 和 U_0，则

$$A_V=\frac{U_0}{U_i}$$

2) 输入电阻 R_i 的测量。为了测量放大器的输入电阻，按实验图 7－4 电路在被测放大器的输入端与信号源之间串入一已知电阻 R，在放大器正常工作的情况下，用交流毫伏表测出 U_S 和 U_i，则根据输入电阻的定义可得

$$R_i=\frac{U_i}{I_i}=\frac{U_i}{\dfrac{U_R}{R}}=\frac{U_i}{U_S-U_i}R$$

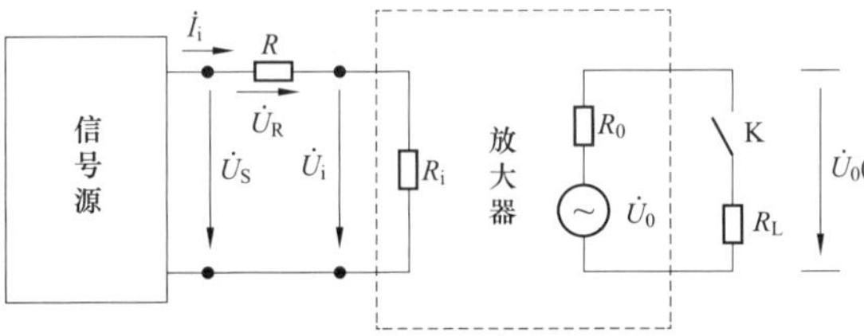

实验图 7－4　输入、输出电阻测量电路

测量时应注意下列几点：

a. 由于电阻 R 两端没有电路公共接地点，所以测量 R 两端电压 U_R 时必须分别测出 U_S 和 U_i，然后按 $U_R=U_S-U_i$ 求出 U_R 值。

b. 电阻 R 的值不宜取得过大或过小，以免产生较大的测量误差，通常取 R 与 R_i 为同一数量级为好，本实验可取 $R=1\sim2\text{k}\Omega$。

3) 输出电阻 R_0 的测量。按实验图 7－4 电路，在放大器正常工作条件下，测出输出端不接负载 R_L 的输出电压 U_0 和接入负载后的输出电压 U_L，根据 $U_L=\frac{R_L}{R_0+R_L}U_0$，即可求出

$$R_0=\left(\frac{U_0}{U_L}-1\right)R_L$$

在测试中应注意，必须保持 R_L 接入前后输入信号的大小不变。

4) 最大不失真输出电压 U_{OPP} 的测量（最大动态范围）。如上所述，为了得到最大动态范围，应将静态工作点调在交流负载线的中点。为此在放大器正常工作情况下，逐步增大输入信号的幅度，并同时调节 R_W（改变静态工作点），用示波器观察 u_0，当输出波形同时出现削底和缩顶现象（如实验图 7－5）时，说明静态工作点已调在交流负载线的中点。然后反复调整输入信号，使波形输出幅度最大，且无明显失真时，用交流毫伏表测出 U_0（有效值），

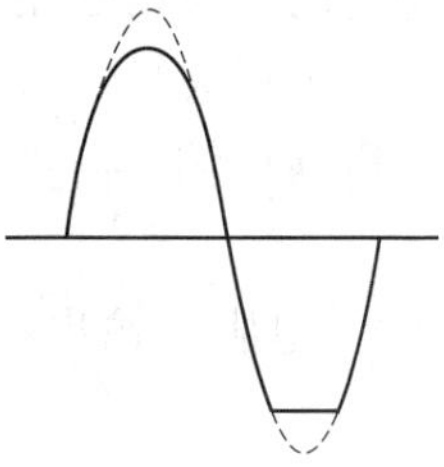

实验图 7-5 静态工作点正常，输入信号太大引起的失真

则动态范围等于 $2\sqrt{2}U_0$，或用示波器直接读出 U_{OPP} 来。

5）放大器幅频特性的测量。放大器的幅频特性是指放大器的电压放大倍数 A_u 与输入信号频率 f 之间的关系曲线。单管阻容耦合放大电路的幅频特性曲线如实验图 7-6 所示，A_{um} 为中频电压放大倍数，通常规定电压放大倍数随频率变化下降到中频放大倍数的 $1/\sqrt{2}$ 倍，即 $0.707A_{um}$ 所对应的频率分别称为下限频率 f_L 和上限频率 f_H，则通频带为

$$f_{BW}=f_H-f_L$$

放大器的幅率特性就是测量不同频率信号时的电压放大倍数 A_u。为此，可采用前述测 A_u 的方法，每改变一个信号频率，测量其相应的电压放大倍数，测量时应注意取点要恰当，在低频段与高频段应多测几点，在中频段可以少测几点。此外，在改变频率时，要保持输入信号的幅度不变，且输出波形不得失真。

三、实验设备与器件

（1）+12V 直流电源。

（2）函数信号发生器。

（3）双踪示波器。

（4）交流毫伏表。

（5）直流电压表。

（6）直流毫安表。

（7）频率计。

（8）万用电表。

（9）晶体三极管 3DG6×1(β=50～100）或 9011×1（管脚排列如实验图 7-7 所示）。

（10）电阻器、电容器若干。

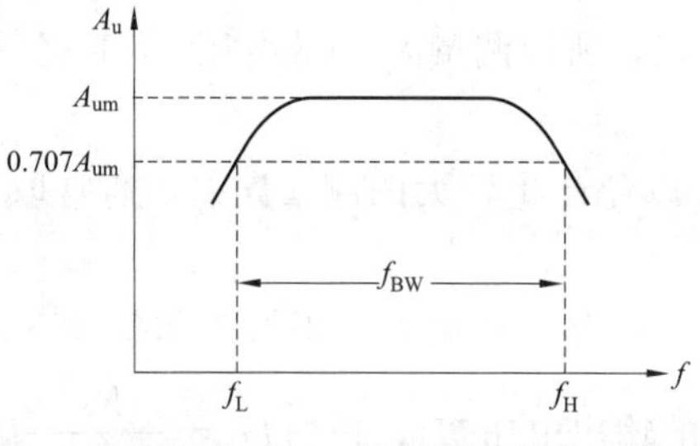

实验图 7-6 幅频特性曲线

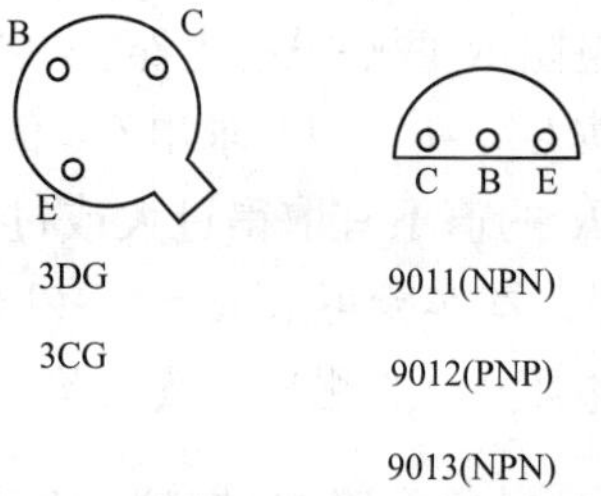

实验图 7-7 晶体三极管管脚排列

四、实验内容

实验电路如实验图 7-1 所示。各电子仪器可按实验六中实验图 6-1 所示方式连接，为防止干扰，各仪器的公共端必须连在一起，同时信号源、交流毫伏表和示波器的引线应采用专用电缆线或屏蔽线，如使用屏蔽线，则屏蔽线的外包金属网应接在公共接地端上。

（1）调试静态工作点。接通直流电源前，先将 R_W 调至最大，函数信号发生器输出旋钮旋至零。接通+12V 电源、调节 R_W，使 I_C=2.0mA（即 U_E=2.0V)，用直流电压表测量 U_B、U_E、U_C 及用万用电表测量 R_{B2} 值。记入实验表 7-1。

实验表 7-1　　I_C=2mA 时的静态工作点

测量值				计算值		
U_B（V）	U_E（V）	U_C（V）	R_{B2}（kΩ）	U_{BE}（V）	U_{CE}（V）	I_C（mA）

（2）测量电压放大倍数。在放大器输入端加入频率为 1kHz 的正弦信号 u_S，调节函数信号发生器的输出旋钮使放大器输入电压 $U_i \approx 10$mV（可用交流毫伏表监测），同时用示波器观察放大器输出电压 u_0 波形，在波形不失真的条件下用交流毫伏表测量下述三种情况下的 u_0 值，并用双踪示波器观察 u_0 和 u_i 的相位关系，记入实验表 7-2。

实验表 7-2　　I_C=2.0mA，U_i=10mV 时的电压放大倍数

R_C（kΩ）	R_L（kΩ）	u_0（V）	A_u	观察记录一组 u_0 和 u_i 波形
2.4	∞			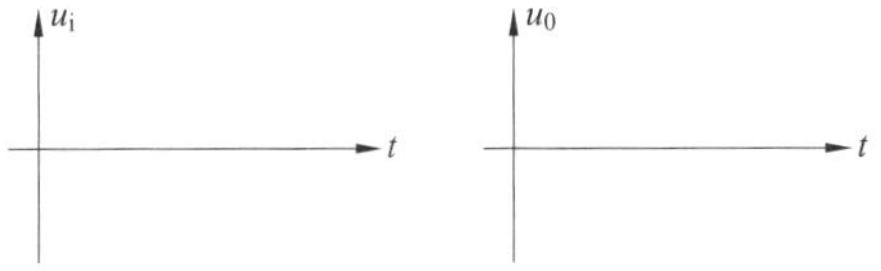
1.2	∞			
2.4	2.4			

（3）观察静态工作点对电压放大倍数的影响。置 R_C=2.4kΩ，R_L=∞，U_i 适当，调节 R_W（改变静态工作点），用示波器监视输出电压波形，在 u_0 不失真的条件下，测量数组 I_C 和 U_0 值，记入实验表 7-3。测量 I_C 时，要先将信号源输出旋钮调至零（即使 U_i=0）。

实验表 7-3　　R_C=2.4kΩ，R_L=∞时静态工作点对放大倍数的影响

I_C（mA）			2.0		
U_0（V）					
A_u					

（4）观察静态工作点对输出波形失真的影响。置 R_C=2.4kΩ，R_L=2.4kΩ，u_i=0，调节 R_W 使 I_C=2.0mA，测出 U_{CE} 值，再逐步加大输入信号，使输出电压 u_0 足够大，但不失真。然后保持输入信号不变，分别增大和减小 R_W，使波形出现截止失真和饱和失真，绘出 u_0 的波形，并测出失真情况下的 I_C 和 U_{CE} 值，记入实验表 7-4 中。每次测 I_C 和 U_{CE}值时都要将信号源的开关关掉，保证使 u_i=0。

实验表 7-4　　R_C=2.4kΩ，R_L=∞时，静态工作点对输出波形失真的影响

I_C（mA）	U_{CE}（V）	u_0 波形	失真情况	管子工作状态

2.0				

续表

I_C（mA）	U_{CE}（V）	u_0 波形	失真情况	管子工作状态
		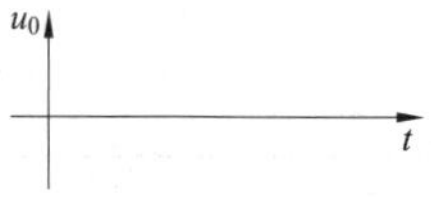		

（5）测量最大不失真输出电压。置 $R_C=2.4k\Omega$，$R_L=2.4k\Omega$，按照实验基本原理（2）中 4）所述方法，同时调节输入信号的幅度和电位器 R_W，用示波器和交流毫伏表测量 U_{OPP} 及 U_0 值，记入实验表 7－5。

实验表 7－5　　$R_C=2.4k\Omega$，$R_L=2.4k\Omega$ 时，最大不失真输出电压

I_C（mA）	U_{im}（mV）	U_{om}（V）	U_{OPP}（V）

（6）测量输入电阻和输出电阻。置 $R_C=2.4k\Omega$，$R_L=2.4k\Omega$，$I_C=2.0mA$。输入 $f=1kHz$ 的正弦信号，在输出电压 u_o 不失真的情况下，用交流毫伏表测出 U_S，U_i 和 U_L 记入实验表 7－6。

保持 U_S 不变，断开 R_L，测量输出电压 U_0，记入实验表 7－6。

实验表 7－6　$I_C=2mA$，$R_C=2.4k\Omega$，$R_L=2.4k\Omega$ 时，测量输入电阻和输出电阻

U_S（mV）	U_i（mV）	R_i（kΩ）		U_L（V）	U_0（V）	R_0（kΩ）	
		测量值	计算值			测量值	计算值

（7）测量幅频特性曲线。使 $I_C=2.0mA$，$R_C=2.4k\Omega$，$R_L=2.4k\Omega$。保持输入信号 u_i 的幅度不变，改变信号源频率 f，逐点测出相应的输出电压 U_0，记入实验表 7－7。

实验表 7－7　　$U_i=$　　mV 时测量幅频特性曲线

频率 / 测量值	f_1	f_o	f_n
f（kHz）	500		50000
U_0（V）			
$A_u=U_0/U_i$			

为了信号源频率 f 取值合适，可先粗测一下，找出中频范围，然后再仔细读数。

五、预习和思考题要求

（1）阅读本书中有关单管放大电路的内容并估算实验电路的性能指标。

假设：3DG6 的 $\beta=100$，$R_{B1}=20k\Omega$，$R_{B2}=60k\Omega$，$R_C=2.4k\Omega$，$R_L=2.4k\Omega$。

估算放大器的静态工作点，电压放大倍数 A_u，输入电阻 R_i 和输出电阻 R_0。

（2）能否用直流电压表直接测量晶体管的 U_{BE}？为什么实验中要采用测 U_B、U_E，再间接算出 U_{BE} 的方法？

（3）怎样测量 R_{B2} 阻值？

（4）当调节偏置电阻 R_{B2}，使放大器输出波形出现饱和或截止失真时，晶体管的管压降 U_{CE} 怎样变化？

（5）改变静态工作点对放大器的输入电阻 R_i 有否影响？改变外接电阻 R_L 对输出电阻 R_0 有否影响？

（6）在测试 A_u，R_i 和 R_0 时怎样选择输入信号的大小和频率？为什么信号频率一般选 1kHz，而不选 100kHz 或更高？

（7）测试中，如果将函数信号发生器、交流毫伏表、示波器中任一仪器的两个测试端子接线换位（即各仪器的接地端不再连在一起），将会出现什么问题？

六、实验报告要求

（1）列表整理测量结果，并把实测的静态工作点、电压放大倍数、输入电阻、输出电阻之值与理论计算值比较（取一组数据进行比较），分析产生误差原因。

（2）总结 R_C，R_L 及静态工作点对放大器电压放大倍数、输入电阻、输出电阻的影响。

（3）讨论静态工作点变化对放大器输出波形的影响。

（4）分析讨论在调试过程中出现的问题。

实验8　组合逻辑电路

一、实验目的

(1) 掌握组合逻辑电路的分析、设计方法和测试方法。

(2) 掌握半加器、全加器的实现方法及状态测试方法，了解输入、输出逻辑关系。

二、实验基本原理

(1) 组合电路是最常见的逻辑电路，用一些门电路可以实现具有一定功能的组合逻辑电路。

(2) 可以用一些常用的门电路组成具有其他功能的门电路。例如，根据与门的逻辑表达式

$$Z=A\cdot B=\overline{\overline{A\cdot B}}$$

可以用两个与非门组合成一个与门。采用不同的种类、不同数量的门电路还可以组成更复杂的逻辑关系。

(3) 组合电路的分析是根据所给的逻辑电路，写出其输入与输出之间的逻辑函数表达式或真值表，从而确定该电路的逻辑功能。

(4) 组合电路的设计是根据所要求的逻辑功能，确定输入与输出之间的逻辑关系，写出逻辑函数表达式，最后绘出逻辑电路。

三、实验设备

(1) +5V 直流电源。

(2) 连续脉冲源。

(3) 逻辑电平开关。

(4) 0－1 指示器。

(5) CC4011×2，CC4030×1。

四、实验内容

(1) 用与非门 CC4011 组成半加器并分析测试其逻辑功能。

1) 写出实验图 8－1 的逻辑表达式。实验图 8－1 是由与非门组成的半加器电路。

2) 根据表达式写出真值表，填写实验表 8－1 中 Z_1、Z_2、Z_3、S、C 的值。并画出卡诺图判断能否化简。

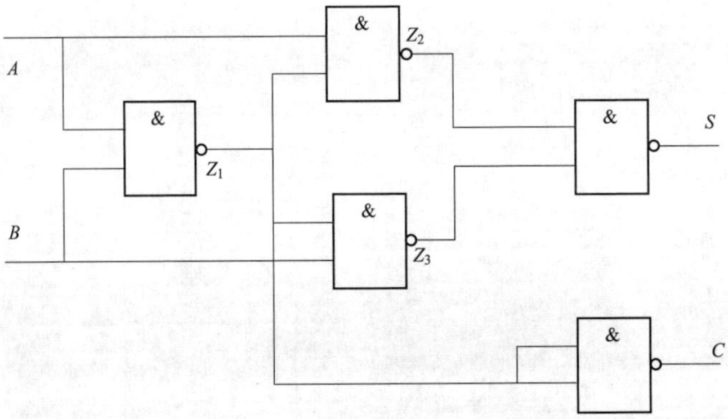

实验图 8－1　由与非门组成的半加器电路

实验表 8－1　由与非门组成的半加器真值表

A	B	Z_1	Z_2	Z_3	S	C
0	0					
0	1					
1	0					
1	1					

3）根据实验图 8－1，在实验板上选定两个 14P 插座，插好两片 CC4011，并接好连线，A、B 两输入接至逻辑开关的输出插口。S、C 分别接至逻辑电平输入插口。按实验表 8－2 的要求进行逻辑状态的测试，并将结果填入表中，同时与上面真值表进行比较，看两者是否一致。

实验表 8－2　与非门组成的半加器逻辑状态表

A	B	S	C
0	0		
0	1		
1	0		
1	1		

（2）用异或门 CC4030 和与非门 CC4011 组成半加器，并分析测试其逻辑功能。根据半加器的逻辑表达式可知，半加的和 S 是 A、B 的异或，而进位 C 是 A、B 的相与，故半加器可以用一个集成异或们和两个与非门组成，如实验图 8－2 所示。测试方法同实验内容（1）中 3）项，将测试结果填入实验表 8－3 中，并验证逻辑功能。

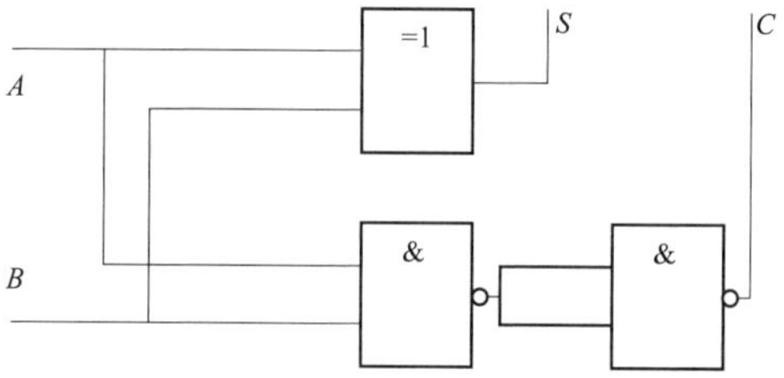

实验图 8－2　由异或门和与非门组成的半加器电路

实验表 8－3　由异或门和与非门组成的半加器逻辑状态表

A	B	S	C
0	0		
0	1		
1	0		
1	1		

（3）设计用异或门、与非门和或门组成全加器，并分析测试其逻辑功能。

根据全加器的逻辑表达式：

全加和位　$S_i=(A_i\oplus B_i)\oplus C_{i-1}$

进位　$C_i=(A_i\oplus B_i)\cdot C_{i-1}+A_i\cdot B_i$

及反演律可知，一位全加器可以用两个异或门、四个与非门、一个或门组成（请自己根据反演律进行变换）。

1）画出用异或门、与非门、或门等门电路实现的全加器逻辑电路。

2）按所画的原理图，选择器件，并在实验板上接线。

3）进行逻辑功能测试，将测试结果填写入实验表 8-4 中，判断测试是否正确。

实验表 8-4　全加器逻辑状态表

A_i	B_i	C_{i-1}	S_i	C_i
0	0	0		
0	1	0		
1	0	0		
1	1	0		
0	0	1		
0	1	1		
1	0	1		
1	1	1		

五、注意事项

（1）接线要牢靠。

（2）每次接线完毕，先自检，实验完毕后，先断电再拆线。

六、预习和思考题

（1）复习组合逻辑电路的分析方法。

（2）复习组合逻辑电路的设计方法。

（3）复习用与非门和异或门等构成半加器、全加器的工作原理。

（4）根据实验任务要求，设计好实验时必要的实验线路。

七、实验报告要求

（1）整理实验数据、图表，并对实验结果进行分析讨论。

（2）总结组合逻辑电路的分析与测试方法。

附录 A 国标集成电路型号命名方法

国标集成电路型号命名由五部分组成。第一部分用字母“C”表示该集成电路为中国制造，符合国家标准；第二部分用字母表示集成电路的类型；第三部分用数字或数字与字母混合表示集成电路的系列和品种代号；第四部分用字母表示电路的工作温度范围；第五部分用字母表示集成电路的封装形式。国标集成电路型号组成部分及字母含义见表 A. 1。

表 A. 1 **国标集成电路型号组成部分及字母含义**

<table>
<tr><th colspan="2">第一部分：
国标</th><th colspan="2">第二部分：
电路类型</th><th rowspan="2">第三部分：
电路系列和代号</th><th colspan="2">第四部分：
温度范围</th><th colspan="2">第五部分：
封装形式</th></tr>
<tr><th>字母</th><th>含义</th><th>字母</th><th>含义</th><th>字母</th><th>含义</th><th>字母</th><th>含义</th></tr>
<tr><td rowspan="16">C</td><td rowspan="16">中国制造</td><td>B</td><td>非线性电路</td><td rowspan="16">用数字或数字与字母混合表示集成电路系列和代号</td><td rowspan="2">C</td><td rowspan="2">0～70℃</td><td>B</td><td>塑料扁平</td></tr>
<tr><td>C</td><td>CMOS 电路</td><td>C</td><td>陶瓷芯片载体封装</td></tr>
<tr><td>D</td><td>音响、电视电路</td><td rowspan="3">G</td><td rowspan="3">－25～70℃</td><td>D</td><td>多层陶瓷双列直插</td></tr>
<tr><td>E</td><td>ECL 电路</td><td rowspan="2">E</td><td rowspan="2">塑料芯片载体封装</td></tr>
<tr><td>F</td><td>线性放大器</td></tr>
<tr><td>H</td><td>HTL 电路</td><td rowspan="3">L</td><td rowspan="3">－25～85℃</td><td>F</td><td>多层陶瓷扁平</td></tr>
<tr><td>J</td><td>接口电路</td><td rowspan="2">G</td><td rowspan="2">网络阵列封装</td></tr>
<tr><td>M</td><td>存储器</td></tr>
<tr><td>W</td><td>稳压器</td><td rowspan="2">E</td><td rowspan="2">－40～85℃</td><td>H</td><td>黑瓷扁平</td></tr>
<tr><td>T</td><td>TTL 电路</td><td>J</td><td>黑瓷双列直插封装</td></tr>
<tr><td>μ</td><td>微型机电路</td><td rowspan="3">R</td><td rowspan="3">－55～85℃</td><td>K</td><td>金属菱形封装</td></tr>
<tr><td>A/D</td><td>A/D 转换器</td><td rowspan="2">P</td><td rowspan="2">塑料双列直插封装</td></tr>
<tr><td>D/A</td><td>D/A 转换器</td></tr>
<tr><td>SC</td><td>通信专用电路</td><td rowspan="3">M</td><td rowspan="3">－55～125℃</td><td>S</td><td>塑料单列直插封装</td></tr>
<tr><td>SS</td><td>敏感电路</td><td rowspan="2">T</td><td rowspan="2">金属圆形封装</td></tr>
<tr><td></td><td></td></tr>
</table>

附录B 部分数字集成电路引脚排列图

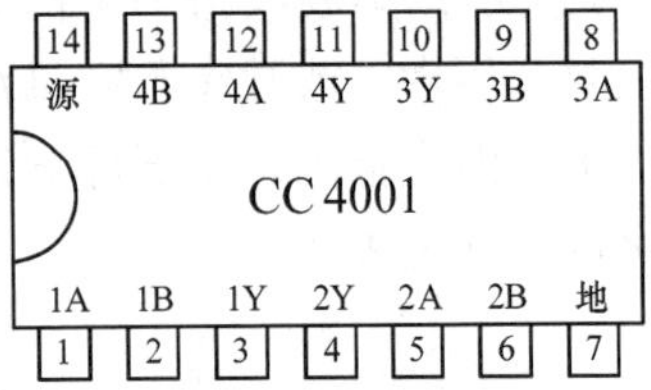

（1）COMS或非门

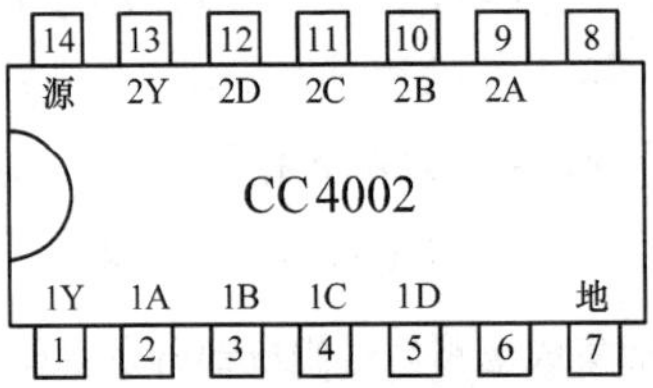

（2）CMOS或非门

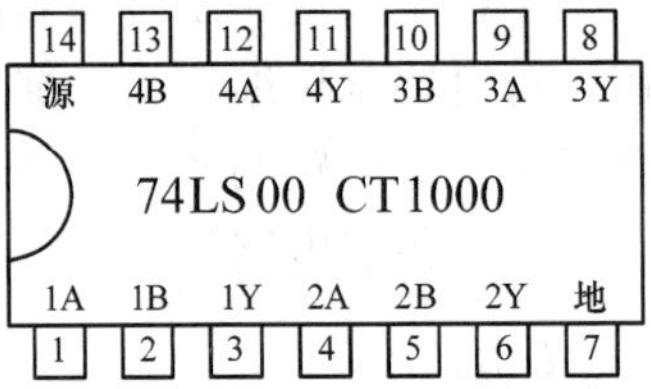

（3）TTL与非门

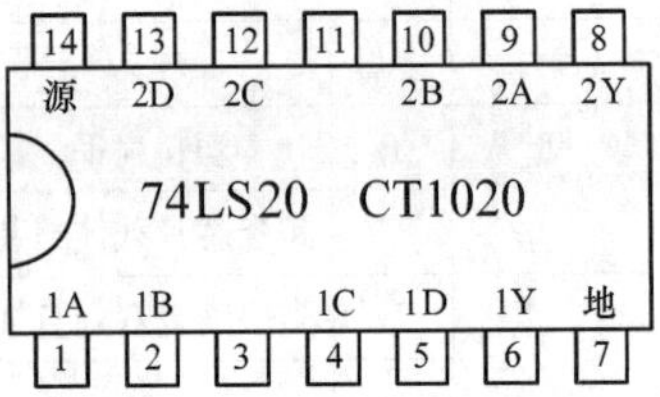

（4）TTL与非门

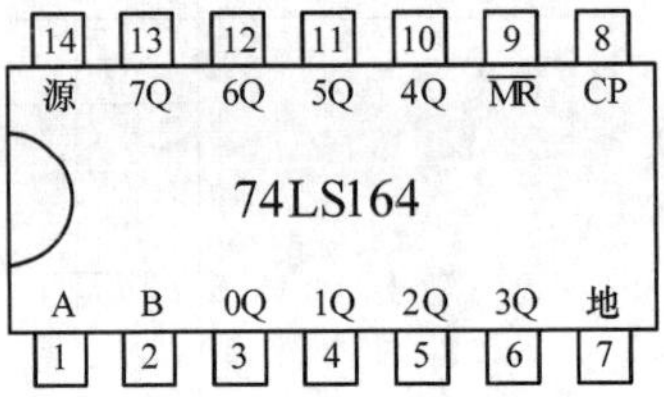

（5）8位移位寄存器

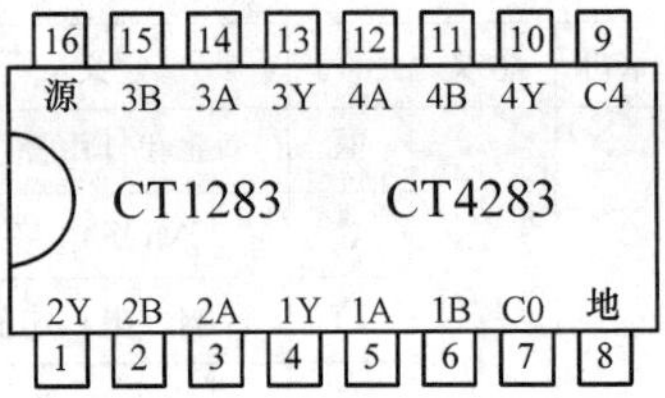

（6）全加器

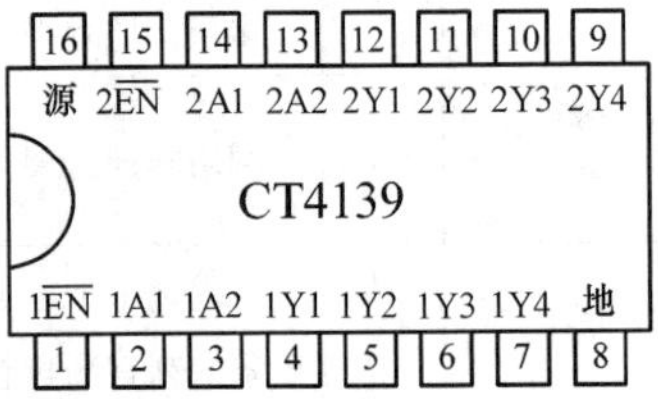

（7）译码器

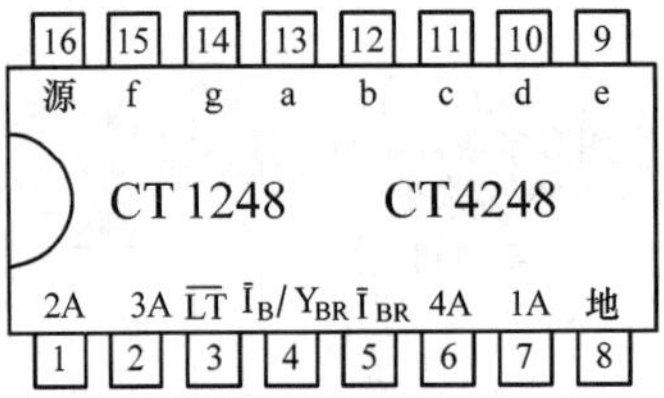

（8）显示译码器

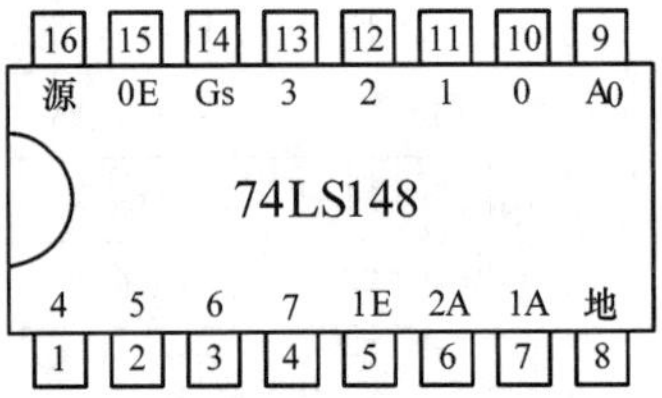

（9）编码器

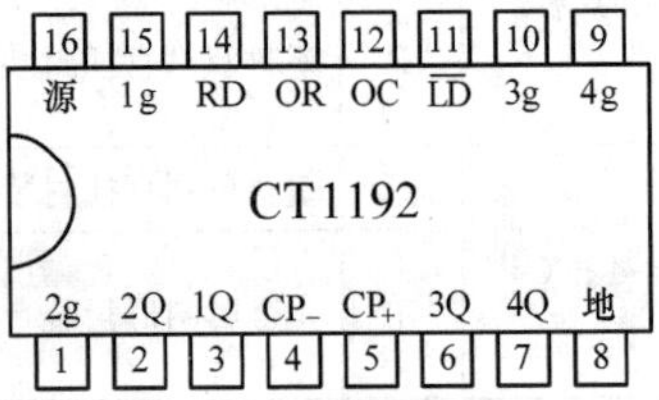

（10）计数器

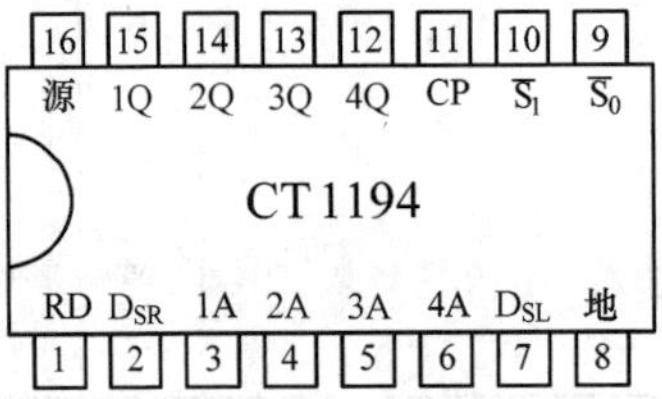

（11）双向移位寄存器

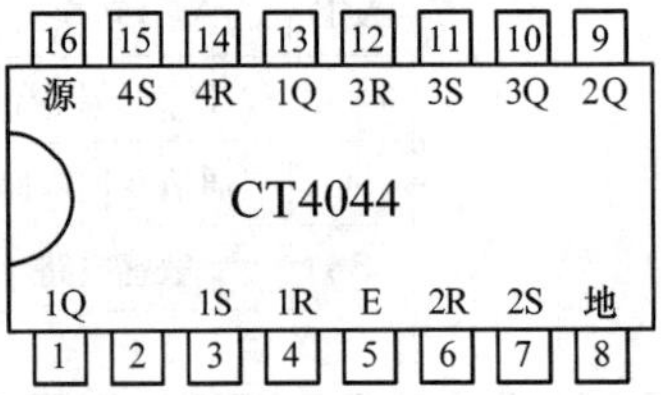

（12）基本RS触发器

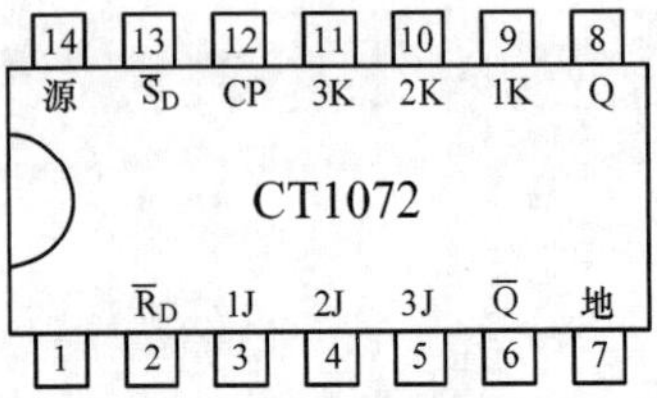

（13）JK触发器

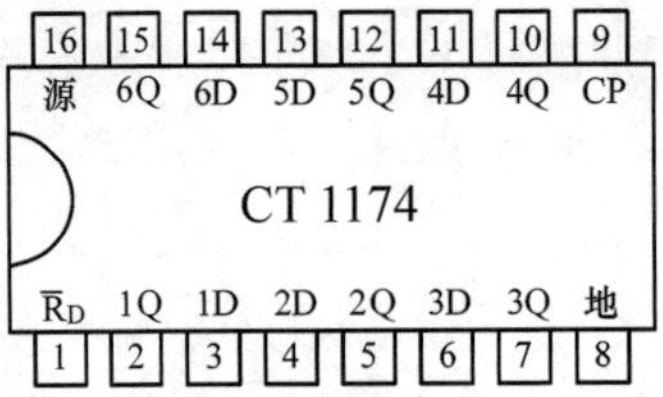

（14）D触发器

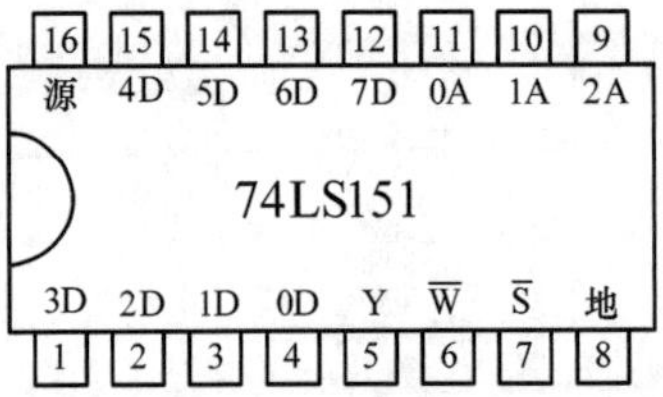

（15）数据选择器

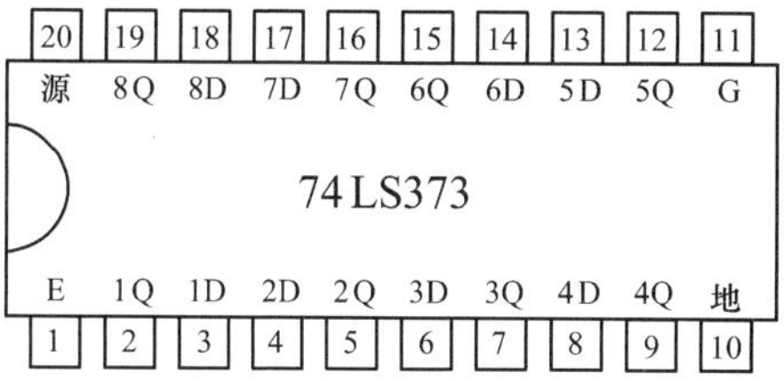

（16）锁存器

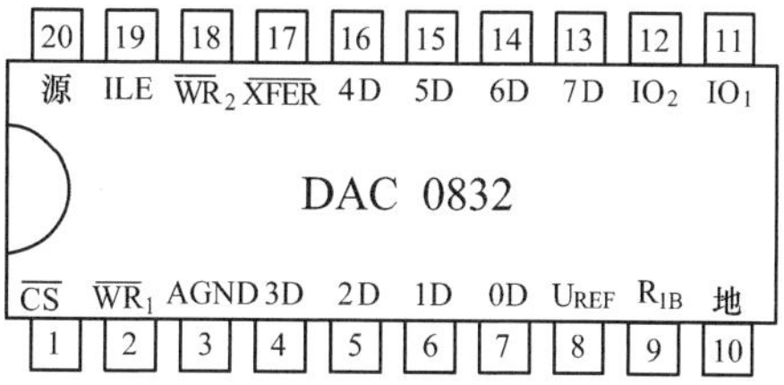

（17）数/模转换器

参 考 文 献

[1] 邱关源. 电路（5 版）. 北京：高等教育出版社，2006.
[2] 秦曾煌. 电工学简明教程（3 版）. 北京：高等教育出版社，2015.
[3] 唐介. 电工学（3 版）. 北京：高等教育出版社，2009.
[4] 朱荣，晋帆. 电工学. 北京：中国人民大学出版社，2015.
[5] 李柏龄. 电工学（土建类）（3 版）. 北京：机械工业出版社，2015.
[6] 叶挺秀，张伯尧. 电工电子学（4 版）. 北京：高等教育出版社，2014.
[7] 贾爱民，龙胜春，韩秀荣. 现代电工学（3 版）. 北京：科学出版社，2015.
[8] Allan R. Hambley. 电工学原理与应用（5 版）. 熊兰，彭光金，等译. 北京：电子工业出版社，2014.
[9] Charles K. Alexander，Matthew N. O. Sadiku. 电路基础（5 版）. 周巍，等译. 北京：机械工业出版社，2014.
[10] 徐淑华. 电工电子技术（3 版）. 北京：电子工业出版社，2013.
[11] 罗力渊. 电工电子技术及应用. 北京：北京航空航天大学出版社，2015.
[12] 史仪凯. 电工电子应用技术（2 版）. 北京：科学出版社，2015.
[13] 黄冠斌，胡冬全，等. 电路基础. 武汉：华中科技大学出版社，2010.
[14] 王士军，张绪光. 电工学实验教程（2 版）. 北京：北京大学出版社，2015.
[15] 杨风. 电工学实验（2 版）. 北京：机械工业出版社，2014.